OpenHarmony
轻量设备开发理论与实战

齐耀龙　主编
江苏润开鸿数字科技有限公司　编著

電子工業出版社
Publishing House of Electronics Industry
北京•BEIJING

内 容 简 介

本书系统地介绍了 OpenHarmony 轻量设备开发的必备知识。在本书完稿时，相关课程已经在高校完成了三个学期的教学，并持续优化迭代。

本书的学习门槛低、内容深入浅出、知识结构合理。本书注重知识间的关联性、连贯性和阶梯性，将计算机理论知识和 OpenHarmony 实践紧密结合，更加注重实践内容对理论理解的反哺，同步培养知识和能力，"授人以鱼，并且授人以渔"。本书的内容支持目前所有在用的 OpenHarmony 版本，并且有能力支持未来的新版本，注重教/学效率，创立了"OpenHarmony 轻量设备教/学全家桶"。

全书共分 10 章，包括 OpenHarmony 及其开发套件、搭建 OpenHarmony 开发环境、OpenHarmony 开发入门、OpenHarmony 内核编程接口、控制 I/O 设备、感知环境状态、OLED 显示屏的驱动和控制、控制 Wi-Fi、网络编程及 MQTT 编程。

本书适合高等院校作为建设 OpenHarmony 课程的指定教材，可以完善相关专业人才培养体系，也非常适合个人或企业开发者阅读学习。

图书在版编目（CIP）数据

OpenHarmony 轻量设备开发理论与实战 / 齐耀龙主编；江苏润开鸿数字科技有限公司编著. —北京：电子工业出版社，2023.7

ISBN 978-7-121-45677-0

Ⅰ. ①O… Ⅱ. ①齐… ②江… Ⅲ. ①移动终端－应用程序－程序设计－高等学校－教材 Ⅳ. ①TN929.53

中国国家版本馆 CIP 数据核字（2023）第 092997 号

责任编辑：石　悦
印　　刷：三河市良远印务有限公司
装　　订：三河市良远印务有限公司
出版发行：电子工业出版社
　　　　　北京市海淀区万寿路 173 信箱　　邮编：100036
开　　本：787×1092　1/16　印张：36　字数：876 千字
版　　次：2023 年 7 月第 1 版
印　　次：2023 年 7 月第 1 次印刷
印　　数：1～3000 册　　定价：149.00 元

凡所购买电子工业出版社图书有缺损问题，请向购买书店调换。若书店售缺，请与本社发行部联系，联系及邮购电话：（010）88254888，88258888。

质量投诉请发邮件至 zlts@phei.com.cn，盗版侵权举报请发邮件至 dbqq@phei.com.cn。

本书咨询联系方式：faq@phei.com.cn。

目　录

第 1 章　OpenHarmony 及其开发套件

亲爱的读者朋友，您好！本书将带您进入 OpenHarmony 的知识殿堂。

OpenHarmony 是一个完整的操作系统，在现阶段（截至 2023 年 4 月）我们可以使用 OpenHarmony 开发轻量设备、复杂的富媒体设备，也可以只开发 OpenHarmony 的上层应用（类似于安卓平板电脑/安卓手机 App 开发）。本书重点介绍的是轻量设备的相关开发，具备软硬件结合的特性。因此，上层应用开发（纯软件方向）、硬件设计与制造（纯硬件方向）不是本书介绍的重点内容。

在本书中，您将会系统地学习 OpenHarmony 轻量设备开发的必备知识。

本书有以下几个特点：

第一，学习门槛较低，便于快速入门、快速学习核心知识。入门的门槛高，是现阶段很多 OpenHarmony 初学者遇到的最大的困难。为了解决这个痛点问题，我将 OpenHarmony 的知识体系进行了完整的梳理，将知识呈现的方式进行了优化。只有“踏平门槛”，才能让初学者轻松入门、愉悦地进入 OpenHarmony 的知识殿堂。

第二，文字通俗易懂，内容的呈现由浅入深，阶梯性强。作为一名从业 20 余年并撰写过十余本高校教材的高等教育工作者，我深知阅读一本过于“文言化”的技术类图书是非常头疼的。因此，我将文字通俗化，让您能够阅读得轻松、理解得透彻，这是本书的重要着力点。另外，我非常尊重学习的规律，将 OpenHarmony 的知识体系从易到难逐级展开，并且注重知识间的关联性、连贯性和阶梯性。您在阅读本书时会发现，每向前走一步，都会有一种水到渠成的感觉。这将使您持续地拥有学习动力和积极的学习心态，不会出现“从入门到放弃”的尴尬结果。从这个角度来讲，本书非常适合个人开发者作为上手 OpenHarmony 开发的“第一本书”。

第三，将计算机的理论知识和 OpenHarmony 实践紧密结合，并以案例驱动。我会打通理论和实践环节，让您学有所用。比如，大学本科阶段的计算机专业设置了“数字电路”“操作系统”“数据结构”“计算方法”“C 语言程序设计”“计算机网络”“数据库原理”等课程。对这些课程中的相关理论知识，我都进行了恰当的融合。理论可以指导实践，而实践反过来又能帮助我们加深对理论的理解。从这个角度来讲，本书不仅适合个人开发者阅读学习，还非常适合高校将其作为建设 OpenHarmony 应用型课程的教材，完善计算机专业人才培养体系。

第四，本书采用了“知识主线+能力辅线”的双线结构。我既讲授知识本身，又培养您的自主学习能力，也就是人们常说的“授人以渔”。

1.1 初识OpenHarmony

本节内容：

OpenHarmony 是什么和它的重要性；OpenHarmony 南向开发和北向开发的含义；OpenHarmony 的系统类型；OpenHarmony 的版本更替；OpenHarmony 的官网和官网文档的获取方法；本书内容概述，以及学习本书需要掌握的基础知识。

1.1.1 OpenHarmony 是什么

OpenHarmony 是由华为公司捐赠智能终端操作系统基础能力相关代码，由全球开发者共建的开源分布式操作系统，具备面向全场景、分布式等特点，是一款“全（全领域）• 新（新一代）• 开（开源）• 放（开放）”的操作系统。OpenHarmony 开源项目是由开放原子开源基金会孵化及运营的开源项目，由开放原子开源基金会 OpenHarmony 项目群工作委员会负责运作。

开源最初是作为一种软件开发方式为人们所熟悉的。开源即开放源代码，基于开源许可证（明确了他人对开放源代码的权利和义务）的要求，允许他人使用、拷贝、修改及重新发布源代码，也就是允许他人在开放源代码的基础上进行创新和完善。随着这种开发方式的普及，人们逐渐意识到开源具有“开放、平等、共享、协作、贡献、合规”等价值取向和重要特征。这使其作为一种文化日益受到推崇。在开源的协作过程中，随着开源贡献者规模的扩大，知识、智慧、技术、成果得到了广泛地分享与叠加，使得开源成为一种先进的、大规模智力协同的创新协作模式。这种模式正在通过汇聚创新资源、构建信任环境，加速创新要素高效流动，不断创造出更大的价值。这种模式已经从软件开发延伸到更多的领域，能够为更多行业的创新发展赋能，为数字经济发展提供动力。

当代码成为新的生产力时，开源就代表了生产关系的优化升级。“个体、集中、封闭”转向了“众研、众创、众用”，从而实现了能力复用，加快了技术迭代，推动了产业升级。在战略性新兴信息技术产业领域，以开源模式“打造生态、构建事实标准”已经成为行业共识。

开源模式的经济价值和社会价值越来越被重视。随着《中华人民共和国国民经济和社会发展第十四个五年规划和 2035 年远景目标纲要》（“十四五”规划）的发布，我国开源政策的顶层设计正式启动，“开源”首次被写入国家五年发展规划。围绕“十四五”

规划，多部委、多地方、多行业密集出台了开源促进政策。我国开源事业的发展、开源体系的构建、开源生态的培育得到了自上而下的政策保障。

在 OpenHarmony 的概念中，出现了一个重要的机构名称，那就是开放原子开源基金会（OpenAtom Foundation）。开放原子开源基金会是一个致力于推动国产开源事业发展的非营利机构，是由华为、阿里巴巴、百度、腾讯等多家龙头企业联合发起的，于 2020 年 6 月注册成立的国内首家开源基金会。

1.1.2 OpenHarmony 的重要性

下面从以下四个角度理解 OpenHarmony 的重要性。

第一，国家战略的角度。我们都知道我国的基础软硬件的研发与生产在产业链安全和信息安全方面都受到了前所未有的挑战。像国产芯片、操作系统、数据库和工业软件等“卡脖子”领域，已经得到了国家和业界的充分重视。尤其是芯片和操作系统的研发与生产，事实上已经上升到了国家战略的高度。

第二，自主可控的角度。OpenHarmony 是我国在万物互联时代的一张王牌，让我国在物联网时代有了一个自主可控的基座，可以在关键必要时刻，保障人民的利益和国家的信息安全。

第三，行业的角度。OpenHarmony 是面向下一个十年的泛终端操作系统，同时也是一个开源的、服务于全行业的操作系统。OpenHarmony 还是首个面向跨设备的操作系统，不但支持消费级的产品，而且支持工业级的产品。

第四，个人的角度。开放原子开源基金会下属的“OpenHarmony 项目群工作委员会”在 2022 年预测，在未来 5～8 年，OpenHarmony 的装机量将达到 20 亿台，其在手机操作系统中可以进入前三名，而在物联网（IoT）领域也会进入前三名，开发者的数量将增加到 1000 万人以上。

OpenHarmony 的市场规模预测如图 1-1 所示。这里总结了多个行业，我们挑选其中的一部分展开介绍。比如，在金融行业中，典型的设备有 POS 机、柜面清设备等。金融行业对设备的需求量能够达到 4285 万台左右。当然，我们都知道，金融行业的诉求是非常明确的。首先，必须要自主可控；其次，要做到安全可信。

再如，在教育行业中，手写笔、电子学生证、教学大屏等都是典型的设备。这个行业对设备的需求量能够达到 6000 万台，这是一个很庞大的体量。教育行业的诉求是，要具备多设备互动能力，而且要具备很好的易用性。

请记住，有需求就会有市场，有市场就会有机会，并且机会从来都是留给有准备的人。在风口上翱翔的是那些有准备的“牛”。

图 1-1　OpenHarmony 的市场规模预测

1.1.3　OpenHarmony 南向开发与北向开发

1. OpenHarmony 南向开发与北向开发的含义

南向开发和北向开发都是业内的专有名词。

首先，什么叫南向开发呢？南向开发指的是软硬件结合的智能终端设备开发，也就是我们通常所说的嵌入式开发。在一般情况下，南向开发会使用 C 语言或 C++语言，它注重的是硬件操作和能力封装。比如，控制可编程 LED（Light Emitting Diode，发光二极管）灯的亮灭（硬件操作）、读取按键的状态（硬件操作）、控制蜂鸣器发声（硬件操作）、为数字温湿度传感器编写驱动程序（能力封装）、编写 OLED（Organic Light-Emitting Diode，有机发光二极管）显示屏驱动程序（能力封装）等。

北向开发在通常情况下指的是纯软件的应用开发。当然，我们也可以简单地将其理解为 App 开发。在一般情况下，北向开发会用到 Java、JavaScript、TypeScript、eTS 等语言，它注重的是业务逻辑。

北向开发的目标是实现应用的功能，从而满足客户的需求，这是南向开发和北向开发的主要区别。其实，有一个很好记的口诀，就是“上北下南”。上层开发属于北向开发，下层开发属于南向开发，这就叫“上北下南”。怎么样，是不是很容易就记住了？

2. OpenHarmony 的系统类型

OpenHarmony 是一个跨设备的操作系统，可以运行在不同体量的硬件设备上。如果硬件资源有限，OpenHarmony 就会变得很精简；如果硬件资源丰富，OpenHarmony 就会变得很庞大。于是，OpenHarmony 就形成了不同类型的系统。在入门阶段，第一时间搞清楚 OpenHarmony 的系统类型是很重要的，这与您去星巴克买咖啡要分清楚“中杯、大杯、超大杯”是一个道理。

目前，OpenHarmony 分为轻量系统、小型系统和标准系统三种类型。

（1）轻量系统（Mini System）。轻量系统面向的是 MCU（Microcontroller Unit，微控制单元）类型的处理器，比如 Arm Cortex-M、RISC-V 的 32 位处理器等。我们都知道，这类处理器的硬件资源是极其有限的。OpenHarmony 的轻量系统被打造得“身轻如燕”，支持的设备的最小内存可以低至 128KB，同时可以做到提供多种轻量级的网络协议、轻量级的图形框架和丰富的 IoT（Internet of Things，物联网）总线读写部件等。仅凭 128KB 的内存就可以做这么多事情，可谓是“麻雀虽小，五脏俱全”。

轻量系统面向的产品其实很丰富，比如智能家居领域的连接类模组、传感器类的设备，以及穿戴类的设备等。

在这三种类型的系统中，轻量系统相对简单易学、硬件成本相对较低，是入门 OpenHarmony 的首选系统类型，也是本书主要面向的系统。典型的轻量系统产品如图 1-2 所示。

（2）小型系统（Small System）。小型系统面向应用处理器，比如 Arm 的 Cortex-A 处理器。这时，OpenHarmony 的小型系统支持的设备的最小内存是 1MB。在轻量系统的基础上，小型系统可以提供更好的安全能力、标准的图形框架和视频编解码能力等。

小型系统面向的产品主要是智能家居领域的 IP Camera、电子猫眼、路由器，以及智慧出行领域的行车记录仪等。典型的小型系统产品如图 1-3 所示。

图 1-2　典型的轻量系统产品

图 1-3　典型的小型系统产品

（3）标准系统（Standard System）。与小型系统一样，标准系统也面向应用处理器，比如 Arm 的 Cortex-A 处理器。在一般情况下，OpenHarmony 标准系统支持的设备的最小内存是 128MB。标准系统在小型系统的基础上可以提供更强的交互能力、3D 的 GPU（Graphics Processing Unit，图形处理器）加速和硬件合成能力等，还提供了更多的控件，以及动效更丰富的图形能力和完整的应用框架。

标准系统面向的产品包括高端冰箱的显示屏、汽车的中控屏等，如图 1-4 所示。

图 1-4　典型的标准系统产品

1.1.4　OpenHarmony 的版本

作为一个快速发展的操作系统，OpenHarmony 的特点是版本多并且迭代速度快。

截至2023年4月9日，OpenHarmony一共发布了三个主版本，分别是第一版（1.x）、第二版（2.x）和第三版（3.x）。OpenHarmony的版本演进如图1-5所示。

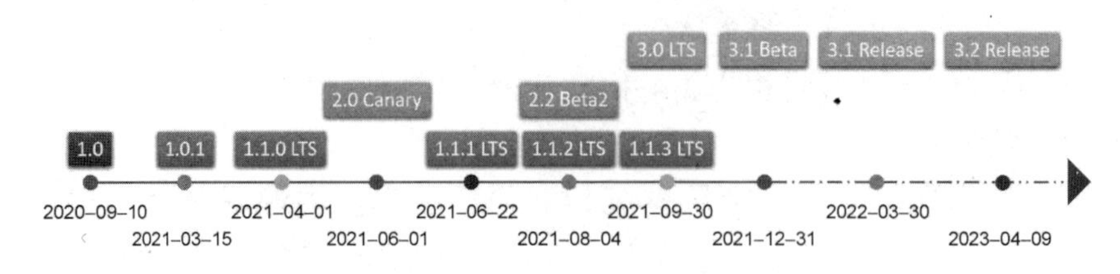

图1-5 OpenHarmony的版本演进

从2020年9月10日OpenHarmony发布1.0版开始，到2021年3月15日发布1.0.1版，历时半年左右。接下来，它就进入了一个密集的版本更替状态。我们可以看到，2021年4月1日，1.1.0 LTS（Long Time Support，长期支持）版发布；6月1日，2.0 Canary版（一个内部预览版）发布；6月22日，1.1.1 LTS版发布。到了8月4日，请注意，OpenHarmony开始“双线作战”了，1.1.2 LTS版发布，同时2.2 Beta2版也发布了。9月30日，OpenHarmony发布了1.1.3 LTS版和3.0 LTS版，这两个版本也就是我们俗称的“930”版本。12月31日，OpenHarmony又发布了3.1 Beta版。2022年3月30日，3.1 Release（正式）版发布（2022的1月1日到2022年3月29日期间发布的3个版本在图中未列出）。2023年3月30日，3.2 Release版发布（2022年3月31日到2023年4月8日期间发布的17个版本在图中未列出）。所以，我们可以看到，OpenHarmony的版本目前快速迭代。

OpenHarmony的版本发布计划和各个版本的特性交付清单参见本节的配套资源（“OpenHarmony-RoadMap”）。

那么既然版本这么多，我们作为学习者，在学习轻量系统的时候，应该选择哪一个版本呢？下面来做一下客观分析。

首先，从版本状态来看，可以得出以下几个结论：

第一，1.0版目前已经不再维护了，但是从IoT接口的完整度上来讲，1.0版的IoT接口是最完善的。

第二，与1.0版相比，1.0.1版的IoT接口的变动比较大，但是从1.0.1版到3.2 Release版之间IoT接口的变化并不大。

第三，2.x版是没有Release版的。

第四，2021年9月30日发布了两个长期支持版，即1.1.3 LTS版和3.0 LTS版。

基于版本状态，我们给出3个候选版本。第一个候选版本是1.0.1版，这是IoT接口变动以后代码仓的容量最小的。第二个候选版本是1.1.3 LTS版，这是IoT接口变动以后最新的1.x主版本。第三个候选版本是3.0 LTS版，这是IoT接口变动以后整个代码仓中最新的LTS版本。

其次，从代码仓的容量来看，1.0.1版的代码仓包含98 902个文件，也就是将近10万个文件，总共占1.1GB的存储空间，而1.1.3 LTS版的文件数量是10万个出头（100 829个文件），总共占1.2GB的存储空间，比1.0.1版大一点点。但是到了3.0 LTS版就不一样了，3.0 LTS 版的代码仓包含 455 660 个文件，它的存储空间暴增到了 6.5GB。

最后，我们再分析一下候选版本对 HDF 的支持度。

这里出现了一个新名词——HDF。HDF 的全称是 Hardware Driver Foundation，即硬件驱动框架。HDF 的目标是构建一个统一的驱动架构的平台，为驱动的开发者提供更精准、更高效的开发环境，力争做到“一次开发，多系统部署”。很明显，HDF 是 OpenHarmony 控制硬件的趋势。但是，截至 2023 年 4 月 9 日，轻量系统的驱动框架还没有采用 HDF，期待未来的新版本会做 HDF 驱动框架的适配。简而言之，HDF 虽好，但是目前轻量系统还用不上。

基于以上的分析，在学习轻量系统的时候，本书推荐的版本是 1.1.3 LTS 版。理由如下：

第一，从 IoT 接口上来讲，1.1.3 LTS 版向前兼容到 3.2 Release 版，向后兼容到 1.0.1 版。

第二，1.1.3 LTS 版是一个 Release 版，同时也是一个长期支持版，相对稳定、成熟一些，既有利于个人开发者和学生学习，也有利于教师和学校顺利地开展课程建设。

第三，1.1.3 LTS 版的代码仓相对来说并不大，使用起来会更方便一些。

另外，有一点需要注意的是，虽然本书推荐的是 1.1.3 LTS 版，但是不代表本书只使用这个版本。前面提到了轻量系统的 IoT 接口在 1.0.1 版到 3.2 Release 版之间的变化是不大的，甚至可以说是非常小的。事实上，本书中的所有示例的源码在 1.0.1 版到 3.1 beta 版上都可以编译运行（3.2 Beta 版到 3.2 Release 版需要简单适配）。

1.1.5　OpenHarmony 官网

请注意，OpenHarmony 的官网在不断地改版和完善中。所以，随着时间的推移，官网页面的内容、布局会有相应的更新。从某个时间点开始，官网页面和我们的截图可能就不太一致了。OpenHarmony 官网如图 1-6 所示。OpenHarmony 官网的网址参见本节的配套资源（“网址 1-OpenHarmony 官网”）。您现在就可以打开浏览器，输入网址来熟悉一下 OpenHarmony 官网。

图 1-6　OpenHarmony 官网

1.1.6 OpenHarmony 官网文档获取

下面介绍如何从 OpenHarmony 官网中获取技术文档。官网文档是 OpenHarmony 权威的和准确的知识来源，所以强烈建议您要养成在遇到问题时多去官网查阅文档的习惯。

官网文档如图 1-7 所示，网址参见本节的配套资源（“网址 2-OpenHarmony 官网文档”）。目前，官网文档包括“了解 OpenHarmony”、“设备开发文档”和“应用开发文档”三部分，并且根据版本进行了划分。您可以打开浏览器，输入网址，熟悉一下官网文档。

图 1-7 OpenHarmony 官网文档

1.1.7 本书内容概述

在开始具体知识的学习之前，我们有必要对本书的目标、内容和使用的开发板进行简要的介绍。

本书面向的 OpenHarmony 系统类型是轻量系统，也就是 L0 级别的系统。

从学习目标上来讲，通过阅读本书并完成案例练习，您将掌握 OpenHarmony 南向开发的相关理论和技术，具备使用 Visual Studio Code（简称 VS Code）、开发板等开发工具构建 OpenHarmony 智能终端设备的能力，初步具备基于完全国产知识产权技术的产品研发能力，初步具备开源意识，有能力参与 OpenHarmony 的开源建设。

从学习内容上来讲，本书会系统地讲授 OpenHarmony 南向开发应具备的相关知识，具体包括开发套件、开发和编译环境的构建、编译构建系统的使用、内核编程接口、I/O 设备的控制、环境状态的感知、OLED 显示屏的驱动和控制、Wi-Fi（包括 AP 模式和客户端模式等）的控制、网络编程（包括 TCP 客户端编程、TCP 服务端编程、UDP 客户端编程和 UDP 服务端编程）。此外，我们还会介绍 MQTT 编程、设备上云等知识。

请注意，学习 OpenHarmony 设备开发是需要开发板的。本书使用的开发板是由江苏润和软件股份有限公司（简称润和软件）出品的“润和满天星系列 Pegasus 智能家居开发套件”。我们通常将其简称为“Pegasus 智能家居开发套件”。它的主要部件如图 1-8 所示，稍后会详细地介绍每一块板卡。

图 1-8　润和满天星系列 Pegasus 智能家居开发套件

1.1.8　学习本书需要的基础知识

严格来讲，学习 OpenHarmony 是不能做到零基础入门的。尽管本书的学习门槛较低，但学习本书还是需要具备一些必要的基础知识。您需要掌握 C 语言这门编程语言。也就是说，要想学好 OpenHarmony 轻量设备开发，C 语言的基础是必不可少的。下面简要罗列一些必要的、关键的知识点，供您查漏补缺。

第一，要掌握 C 语言中的基本数据类型、常量、变量、运算符、表达式、结构体、数组、枚举，还有 C 语言中的宏的使用。

第二，在 C 程序的结构设计方面，要掌握顺序结构的程序、分支结构的程序和循环结构的程序的编写方法。

第三，要会定义函数、调用函数、向函数传递参数和获取函数的返回值。

第四，在 C 语言中有一个很重要的东西叫指针，这也是需要熟练掌握的。C 语言的指针就像一把双刃剑，指针用得好，您的程序会非常灵活、高效，但是如果指针用得不好，它随时有可能成为您的噩梦。

除了 C 语言，您还需要具备阅读英文文档的能力。第一，OpenHarmony 的源码注释是以英文为主的；第二，第三方组件的源码注释和文档也是以英文为主的。当然，本书会把一些相关的注释和文档翻译成中文供您学习，但是您在查阅资料的时候，也要有能力读懂英文文档。

1.2 润和Pegasus智能家居开发套件简介

本节内容：

海思 Hi3861V100 芯片简介；Pegasus 智能家居开发套件的核心板、底板、交通灯板、炫彩灯板、环境监测板、OLED 显示屏板和 NFC（Near Field Communication，近场通信）扩展板介绍；Pegasus 智能家居开发套件的组装和拆卸方法；OpenHarmony 轻量系统开发的快速入门；开发套件的硬件速查图。

OpenHarmony 可用的开发套件有很多，本书使用润和软件出品的 Pegasus 智能家居开发套件。这款开发套件非常适合 OpenHarmony 的初学者使用。图 1-9 所示为 Pegasus 智能家居开发套件的全部板卡，它们将会陪伴您度过整个学习阶段。如果您希望更深入地了解硬件原理图，那么在本节的配套资源中，可以找到底板和 NFC 扩展板的原理图，其他板卡的原理图可以在后续章节的配套资源中找到。

图 1-9 Pegasus 智能家居开发套件的全部板卡

1.2.1 海思 Hi3861V100 芯片简介

Pegasus 智能家居开发套件使用了由海思半导体有限公司（简称海思）设计和生产的 2.4GHz Wi-Fi SoC 芯片——Hi3861V100。这颗芯片支持 IEEE802.11 b/g/n 协议，其物理层的最大传输速率能够达到 72.2Mb/s。

此外，在 Wi-Fi 模式支持方面，Hi3861V100 支持 STA（Station，工作站）和 AP（Wireless Access Point，无线接入点）两种模式。它在作为 AP 的时候，最大可以支持 6 个 STA 接入。从工作温度上来说，这颗芯片支持-40℃～+85℃很宽泛的温度范围。Hi3861V100 适用于智能家居、智能穿戴、智能门锁、低功耗的摄像头、按钮等物联网低功耗智能终端领域。

在通常情况下，我们会把这颗芯片和晶振、电容、电阻等外围器件封装成一个模组，将其称为“Hi3861V100 模组”，如图 1-10 所示。由于 Hi3861V100 芯片既支持常用的外设控制接口，也支持 2.4GHz 的 Wi-Fi，我们可以使用这颗芯片简单、快速、低成本地实现设备控制和网络连接功能，所以它非常适合用在智能家居、智能穿戴等物联网智能终端领域。

图 1-10 Hi3861V100 模组

下面介绍一下这颗芯片的关键特性。

它的 CPU 具备 32 位高能效的 RISC-V 指令集架构，最大工作频率能够达到 160MHz。

在内置存储方面，Hi3861V100 拥有 352KB 的 SRAM（Static Random Access Memory，静态随机存取存储器），具备 2MB 的 Flash 容量。

它的外设接口比较丰富，包括 15 个通用输入/输出（General Purpose Input/Output，GPIO）接口，支持 7 路模数转换器（Analog to Digital Converter，ADC）输入，支持 6 路脉宽调制（Pulse Width Modulation，PWM）输出，支持 3 个通用异步收发器（Universal Asynchronous Receiver & Transmitter，UART）接口，支持 2 个串行外设接口（Synchronous Peripheral Interface，SPI），集成了两个内部集成电路（Inter Integrated Circuit，I2C）接口。另外，它还具备一个内部集成电路音频（Inter-IC Sound，I2S）接口和一个安全数字输入输出（Secure Digital Input/Output，SDIO）从机接口。

请注意一点，您有可能第一次接触这些外设接口的名称，请记住它们的名称和缩写，后面会对其中的多数接口的使用方式进行详细的介绍。

由于篇幅所限，我们只列举了 Hi3861V100 芯片的关键特性。您可以到海思的官网查阅这颗芯片的全部特性，网址参见本节的配套资源（“网址 1-Hi3861V100”）。Hi3861V100 芯片的参数如图 1-11 所示。

HISILICON　场景应用　产品　开发者　获取支持　关于我们

通用规格	• 1x1 2.4GHz 频段（ch1～ch14） • PHY 支持 IEEE 802.11b/g/n MAC 支持 IEEE802.11 d/e/h/i/k/v/w • 内置 PA 和 LNA，集成 TX/RX Switch、Balun 等 • 支持 STA 和 AP 形态，作为 AP 时最大支持 6 个 STA 接入 • 支持 WFA WPA/WPA2 personal、WPS2.0 • 支持与 BT/BLE 芯片共存的 2/3/4 线 PTA 方案 • 电源电压输入范围：2.3V～3.6V IO 电源电压支持 1.8V 和 3.3V • 支持 RF 自校准方案 • 低功耗 在环境温度 25℃条件下测试：Ultra Deep Sleep 模式：3μA@3.3V 在环境温度 25℃、接收 RX 时间长度 1ms、芯片 BUCK 供电、屏蔽环境的条件下测试： DTIM1：1.27mA@3.6V DTIM3：0.523mA@3.6V DTIM10：0.233mA@3.6V
PHY 特性	• 支持 IEEE802.11b/g/n 单天线所有的数据速率 • 支持最大速率：72.2Mbps@HT20 MCS7 • 支持标准 20MHz 带宽和 5MHz/10MHz 窄带宽 • 支持 STBC • 支持 Short-GI
MAC 特性	• 支持 A-MPDU，A-MSDU • 支持 Blk-ACK • 支持 QoS，满足不同业务服务质量需求
CPU 子系统	• 高性能 32bit 微处理器，最大工作频率 160MHz • 内嵌 SRAM 352KB、ROM 288KB • 内嵌 2MB Flash

图 1-11　Hi3861V100 芯片的参数

1.2.2　核心板

按顺时针方向观察，核心板（如图 1-12 所示）的主要部件如下：

- Hi3861V100 模组；
- Wi-Fi 天线；
- 外置 Wi-Fi 天线的预留焊点；
- 两个跳线帽；
- 一个可编程 LED 灯；
- 一个复位按键；
- 一个 USB Type-C 接口；
- 一个可编程按键；
- 一个跳线帽。

另外，为了能够与 PC（Personal Computer，个人计算机）通信，它还具备一个 CH340 USB 转串口芯片。

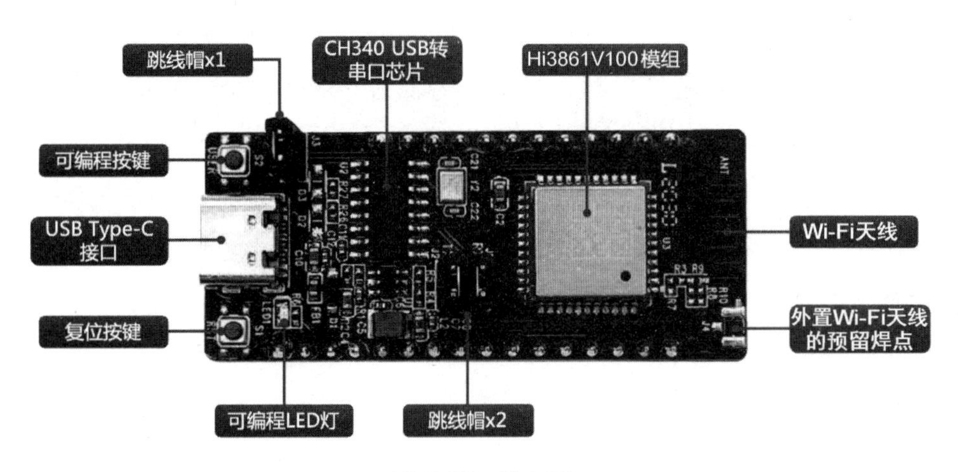

图 1-12　核心板

1. Hi3861V100模组

Hi3861V100 模组内部封装了主控芯片 Hi3861V100，还包括晶振、电容、电阻等外围器件。

Hi3861V100 芯片内部集成了 CPU、Flash、SRAM 和 Wi-Fi 等器件。其中，Flash 用于存放二进制的程序代码、配置参数等静态数据，CPU 用来执行程序，SRAM 是内存，用来加载程序、存放程序运行时产生的数据，Wi-Fi 可以为应用程序提供网络连接的能力。

2. CH340 USB 转串口芯片

有经验的读者应该知道，这是一个经典的串口调试芯片，被广泛地应用在路由器、机顶盒等设备中。我们通过这个芯片连接主控芯片的 UART 接口和核心板的 USB Type-C 接口，从而实现 UART 接口和 USB Type-C 接口间的信号转换。

3. USB Type-C 接口

核心板的 USB Type-C 接口具有以下两个功能：

第一，为核心板及整个套件进行供电；

第二，连接到电脑的 USB 接口，进行串口调试和系统烧录。

4. 复位按键

复位按键被标记为“RST”，也就是 RESET。它可以触发主控芯片的 CPU 硬件复位，使得程序重新开始执行。

5. 可编程按键

可编程按键被标记为“USER”，用于程序的按键输入。我们可以通过程序读取按键当前的状态。

6. 可编程 LED 灯

可编程 LED 灯被标记为“LED1”，用于显示程序的运行时状态。我们可以编写程序控制它的点亮或者熄灭。

7. 两组跳线帽

右侧的两个跳线帽分别被标记为 RX 和 TX，分别用于连接主控芯片 UART 接口的 TX 和 RX 引脚与 CH340 USB 转串口芯片的 RX 和 TX 引脚。如果把它们拔掉，主控芯片和 CH340 USB 转串口芯片的连接就会断开，从而空出主控芯片 UART 接口的 TX 和 RX 引脚，可以用于连接其他外部设备。

左侧的一个跳线帽被标记为 GPIO-09，用于连接主控芯片和可编程 LED 灯。把它拔掉之后，两者的连接会被断开。

请注意，作为轻量设备，Hi3861V100 模组的硬件资源是十分有限的。整个板卡一共只有 2MB 的 Flash 和 352KB 的 SRAM。所以，我们在编写代码的时候，一定要注意硬件资源的使用效率。

下面给出两个在学习和开发过程中的注意事项：

第一，要避免内存溢出（Out Of Memory，OOM）。那么如何避免内存溢出？我们要注意程序使用的内存总量。

第二，要避免内存泄漏（Memory Leak）。我们都知道，内存泄漏会导致内存溢出。由于 Hi3861V100 模组的内存资源十分有限，所以它的内存泄漏的堆积后果会来得更快。因此，您在写程序的时候，一定要注意手动分配的内存是否及时回收了。

1.2.3 底板

按顺时针方向观察，底板（如图 1-13 所示）的主要部件如下：

- 连接核心板的插排；
- 连接 NFC 扩展板的接口；
- 连接 NFC 扩展板的插针；
- 连接 OLED 显示屏板的插排；
- 连接炫彩灯板、交通灯板、环境监测板的插排；
- 两组连接扩展外设的插针；
- 连接 JTAG 调试板的插针；
- 电源选择跳线；
- 外部电池接口；
- 电池选择开关。

图 1-13　底板

其中的电源选择跳线用于选择供电方式。我们用跳线帽连接 5V 和 5V_VBAT，也就是连接左边两个接口，可以选择由电池供电，用跳线帽连接 5V 和 5V_MAIN，也就是右边两个接口，可以选择由主电源，也就是 USB 线进行供电。

通常在开发和调试阶段，可以使用 USB 线进行供电，以便烧录和测试。在程序调试完成之后，可以使用电池供电，或者通过 USB 线连接移动电源供电。

再来看电池选择开关。电池接口分为外部电池接口和主电池接口。主电池接口在主板上，目前主板不提供主电池接口。当把电池选择开关拨到上方的时候，表示选择主电池供电，当拨到下方的时候，表示选择外部电池供电，这时就可以使用底板的外部电池接口了。

1.2.4　交通灯板

自上而下观察，交通灯板（如图 1-14 所示）的主要部件如下：

- 红色 LED 灯；
- 黄色 LED 灯；
- 绿色 LED 灯；
- 按键；
- 蜂鸣器。

要注意的是，交通灯板的主要部件都是可以编程的。比如，我们可以通过编程控制 LED 灯的亮灭，控制 LED 灯的亮度，控制蜂鸣器发声和检测按键是否被按下。

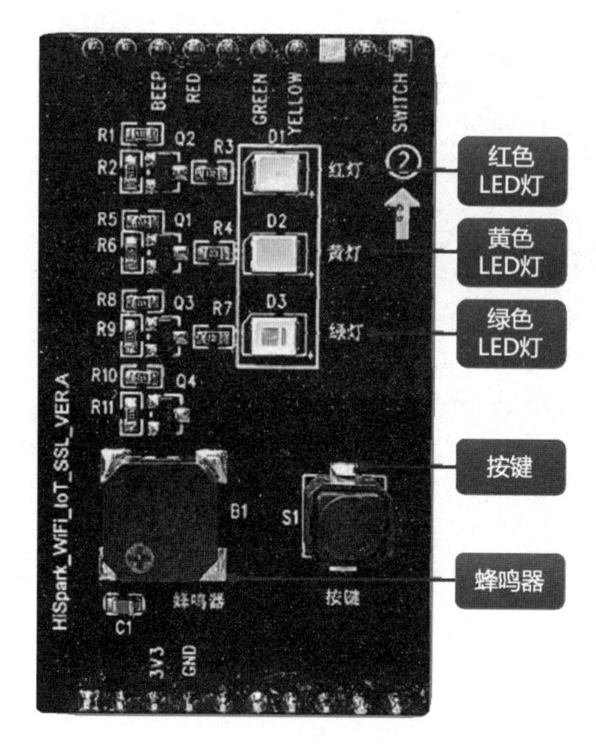

图 1-14　交通灯板

1.2.5　炫彩灯板

自上而下观察，炫彩灯板（如图 1-15 所示）的主要部件如下：

- 三色 LED 灯；
- 人体红外传感器；
- 光敏电阻。

（1）三色 LED 灯。它的内部封装了红色、绿色、蓝色三个 LED 灯，我们可以通过编程控制每个灯的亮灭状态和亮度，从而实现 RGB 混色。

（2）人体红外传感器。它的内部集成了一个比较器，可以感应人体的移动。我们可以通过编程读取数值，从而判断是否有人靠近。

（3）光敏电阻。光敏电阻的电阻值会根据光照强度而发生变化，所以我们可以通过编程读取它的数值，从而判断环境光的亮度。

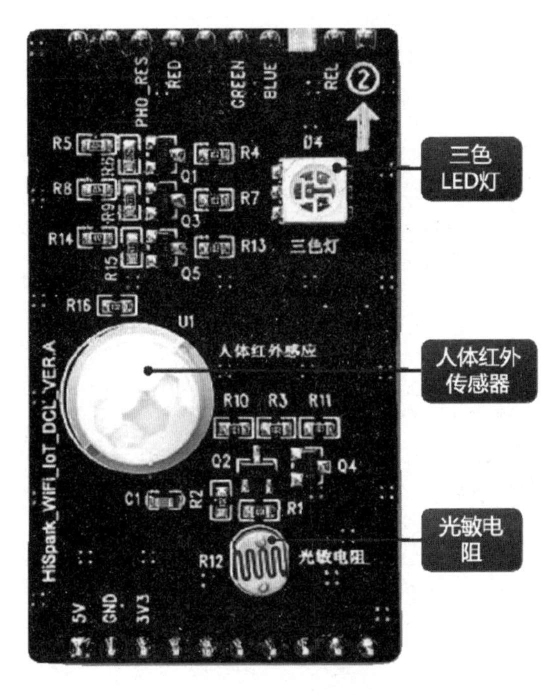

图 1-15　炫彩灯板

1.2.6　环境监测板

自上而下观察，环境监测板（如图 1-16 所示）的主要部件如下：

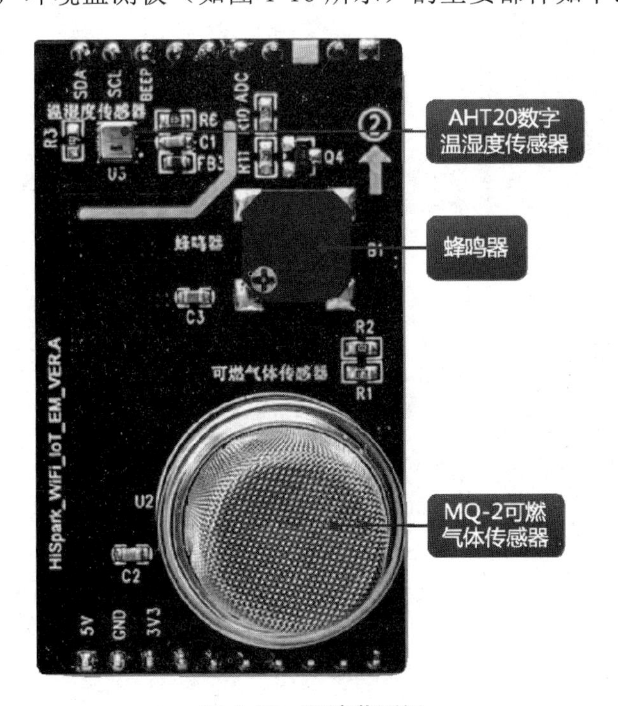

图 1-16　环境监测板

- AHT20 数字温湿度传感器；
- 蜂鸣器；
- MQ-2 可燃气体传感器。

（1）AHT20 数字温湿度传感器。它用于感知环境的温度和相对湿度。它的温度测量范围是-40℃～80℃，误差是±0.3%；湿度的测量范围是 0～80%RH，误差是±2%。

（2）蜂鸣器。蜂鸣器用于发出报警声音。它在 10cm 的范围内输出的声音的音量大于 80dB。

（3）MQ-2 可燃气体传感器。它用于检测烟雾和可燃气体的浓度。它对可燃气体的检测浓度范围是 0.3‰～10‰。MQ-2 可燃气体传感器使用的气敏材料是在清洁空气中电导率较低的二氧化锡，当传感器所处环境中存在可燃气体的时候，传感器的电导率会随着空气中可燃气体的浓度增加而增大。所以，使用一个简单的电路，就可以将电导率的变化转化为与该气体浓度相对应的输出信号。

MQ-2 可燃气体传感器对丙烷、烟雾的检测灵敏度是很高的，同时对天然气和其他可燃蒸气的检测也很理想。

1.2.7 OLED 显示屏板

自上而下观察，OLED 显示屏板（如图 1-17 所示）的主要部件如下：

- 一个 0.96 英寸[①]的 OLED 显示屏；
- 一颗 SSD1306 显示屏驱动芯片；
- 两个按键。

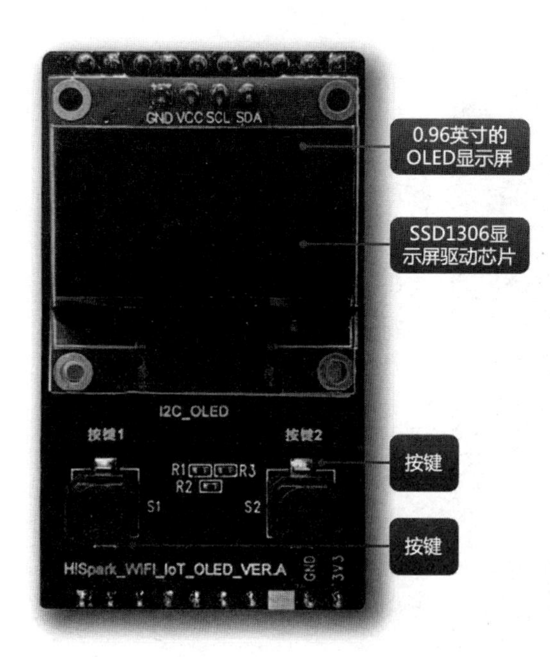

图 1-17　OLED 显示屏板

下面先介绍一下 0.96 英寸的 OLED 显示屏。它的分辨率是 128px×64px，也就是说在横向上分布着 128 个像素，在纵向上分布着 64 个像素，总计 8192 个像素。

在显色方面，它能够显示黑、白两色。这个显示屏的可视角度大于 160°，而功耗则低至 0.06W。我们可以使用它显示文字、图形，实现简单的用户界面交互。

在这个显示屏的后面隐藏着一颗 SSD1306 显示屏驱动芯片，它采用 I2C 接口对外连接和通信。

OLED 显示屏的底部有两个按键，它们分别被标记为“按键 1”和“按键 2”。我们

① 1 英寸≈2.54 厘米。

可以通过编程检测按键是否被按下。

1.2.8 NFC 扩展板

自上而下观察，NFC 扩展板（如图 1-18 所示）的主要部件如下：

- 印制电路 NFC 线圈；
- 两位拨码开关；
- 一颗型号为 FM11NT082C 的 NFC 芯片。

图 1-18 NFC 扩展板

印制电路 NFC 线圈用于接收 NFC 信号。

型号为 FM11NT082C 的 NFC 芯片是用来为 NFC 信号编码和解码的。它集成了第一代芯片 FM11NC08 的通道功能和 FM11NT081D 的双界面标签功能。同时，它内置了 8Kb/s 的 EEPROM（Electrically Erasable Programmable Read-Only Memory，带电可擦写可编程只读存储器），其用户区的数据容量达到了 900 字节。

两位拨码开关分别被标记为“CSN”和“IRQ”，用于功能选择。简单来说，当拨码开关置于“ON”状态的时候，就可以启动 NFC 芯片。

请注意，J1 和 J2 接口，也就是下侧的排针和左下角的接口，只需要有一个与底板连接即可。

1.2.9 开发套件的组装

下面展示 Pegasus 智能家居开发套件的组装方法。

1. 核心板

核心板的安装位置如图 1-19 所示。

图 1-19 核心板的安装位置

首先，将底板正向放置，可以观察底板文字的方向。接下来，将核心板 USB 接口向下，垂直向下插入底板的左侧接口。

在拆卸核心板的时候，要用一只手按住底板，用另一只手捏住核心板的左右或者上下两侧，垂直向上拉起核心板。切勿从一端用力地撬核心板。

其他板卡的安装和拆卸也采用类似的方式。

2. OLED 显示屏板

它需要连接到底板的中部接口上，方向是屏幕在上、按键在下，如图 1-20 所示。请注意，这个 OLED 显示屏是不具备触控能力的，请勿尝试使用手指去触控，并且要避免用力地按压屏幕，以免造成损坏。

3. 交通灯板

它需要连接到底板的右侧接口上，如图 1-21 所示，注意不要插反。可以看到，交通灯板的右上角有一个箭头，底板的相应位置也有一个箭头，将它们保持一致，就是正确的方向。

图 1-20　OLED 显示屏板的安装位置

图 1-21　交通灯板的安装位置

4. 环境监测板

它也需要连接到底板的右侧接口上，如图 1-22 所示。连接时需要注意箭头的指向。

图 1-22　环境监测板的安装位置

5. 炫彩灯板

炫彩灯板同样需要连接到底板的右侧接口上，如图 1-23 所示。由于底板的右侧接口只有一组，因此交通灯板、环境监测板和炫彩灯板是不能同时组装到底板上的。

图 1-23　炫彩灯板的安装位置

6. NFC 扩展板

它需要插入底板中部接口上方的一排接口上，如图 1-24 所示。

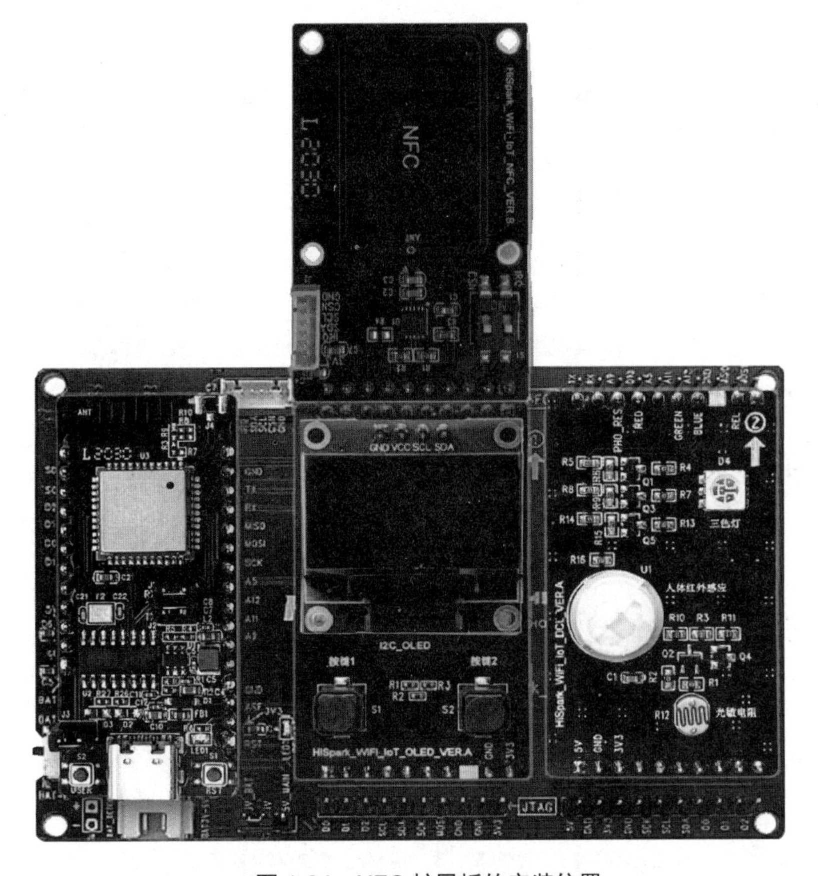

图 1-24　NFC 扩展板的安装位置

上面介绍了 Pegasus 智能家居开发套件的组装和拆卸方法。要注意的是，在学习具体的硬件编程的时候，并不需要组装好每一块板卡，只需要组装好要学习的板卡即可。

1.2.10　轻量系统开发快速入门

这是十分重要的知识，将对后续的学习起到总体上的指导作用。

1. 轻量系统开发的总体流程

进行轻量系统开发的总体流程一共分为八个步骤，如图 1-25 所示。

第一步，搭建轻量系统的开发环境；

第二步，搭建轻量系统的编译环境；

第三步，获取 OpenHarmony 的系统源码；

第四步，构建开发使用的网络环境；

第五步，在开发环境中编写应用程序代码；

第六步，在编译环境中编译系统和应用程序源码；

第七步，将编译生成的固件烧录到开发套件的核心板中；

第八步，在核心板上运行 OpenHarmony 系统及应用程序。

请注意，前四步是一次性的，也就是说可以一次建好，长期使用，而后四步则是重复性的，也就是说对于每次编写或者修改代码，都要经过一个编写应用程序代码、编译、烧录和运行的过程。

2. 轻量系统的开发方式

请注意，前面提到的“轻量系统开发的总体流程”的所有步骤并不是在同一个操作系统中完成的，会涉及三个操作系统：Windows、Ubuntu 和开发套件的 OpenHarmony。其中，涉及 Windows 的步骤是搭建开发环境、编写应用程序代码和烧录，涉及 Ubuntu 的步骤是搭建编译环境、获取系统源码和编译；涉及 OpenHarmony 的步骤是程序的运行，构建开发网络会同时涉及 Windows、Ubuntu 和 OpenHarmony。

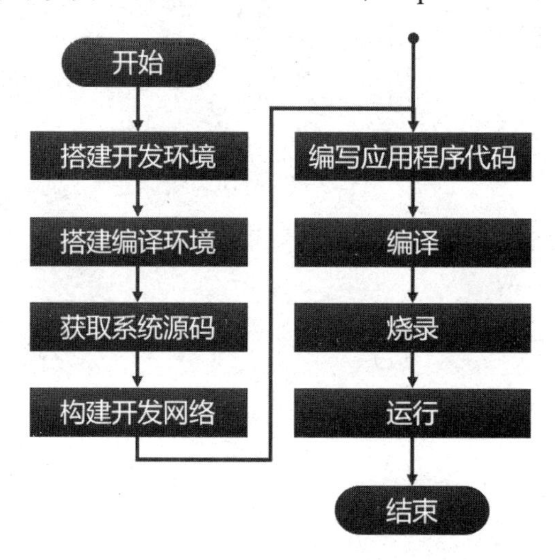

图 1-25 轻量系统开发的总体流程

第 2 章、第 3 章会对这个总体流程中的每一步都进行详细的介绍。

3. Pegasus 智能家居开发套件的硬件速查图

在本节的最后，我们给出 Pegasus 智能家居开发套件的硬件速查图（如图 1-26 所示），以便在后续内容的学习过程中，可以快速地查阅相关硬件的参数和基本的使用方法。

您可以在本节的配套资源中查看这个硬件速查图的高清版本，其文件名是“Pegasus 智能家居开发套件硬件速查.png”。

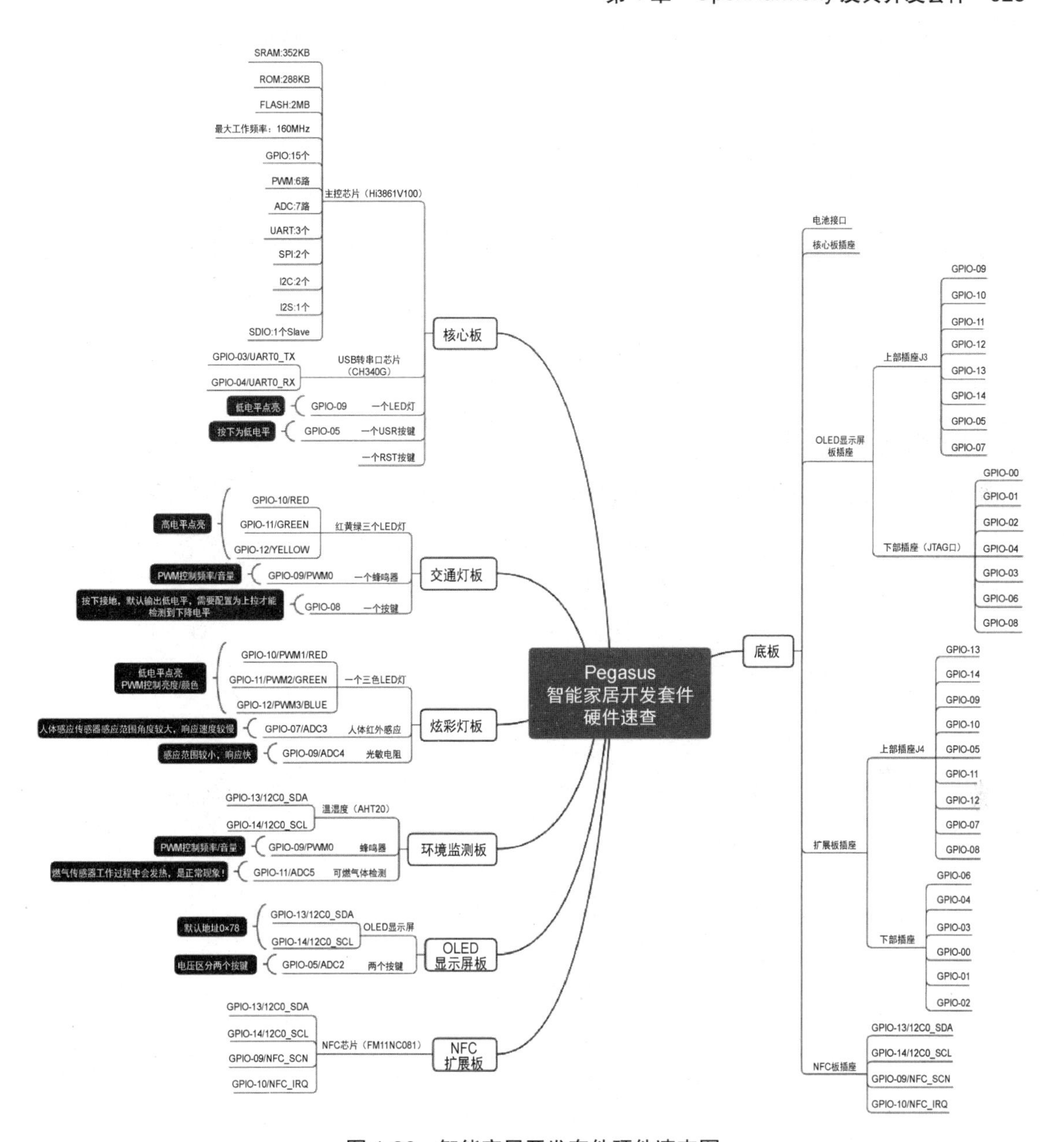

图 1-26　智能家居开发套件硬件速查图

第 2 章　搭建 OpenHarmony 开发环境

2.1　搭建开发环境（Windows系统）

本节内容：

如何安装虚拟机工具，包括 VMware 和 VirtualBox；如何安装 CH340 芯片驱动；如何安装串口调试工具 MobaXterm；如何安装开发工具 VS Code 和烧录工具 HiBurn；首次烧录并运行一个小游戏——太空避障游戏。

2.1.1　安装虚拟机工具

1. 为什么要使用虚拟机工具

虚拟机（Virtual Machine）是通过软件模拟的、具有完整的硬件系统功能的，运行在一个完全隔离的环境中的完整计算机系统。前面已经介绍过 OpenHarmony 源码的编译是在 Ubuntu 系统中进行的，所以我们的目标是在 Ubuntu 系统中搭建一个 OpenHarmony 的编译环境。那么，是应该在物理机上安装 Ubuntu 系统，还是应该在虚拟机上安装 Ubuntu 系统呢？本书给出一些原则：

第一，如果您有多台电脑，那么可以使用物理机。如果您只有一台电脑，那么建议使用虚拟机。

第二，PC 的硬件性能早已经不再是稀缺的资源，并且虚拟化本身就是主流的趋势。

第三，虽然物理机的性能是最佳的，但是虚拟机切换起来要相对方便一些。

本书将使用虚拟机。

2. 虚拟机工具的选择

既然选择了虚拟机，接下来面临的问题是应该选择哪一款虚拟机工具更合适。我们有以下几个备选方案：

第一，可以使用 VMware。这是一个商业的虚拟机软件，但是它提供了免费版本。VMware 是一个久经考验的工程化的方案，适合生产级的开发，但是它的快照功能不是免费的。经过实际测试，在 VMware 中编译 OpenHarmony，大概需要 3 秒。

第二，可以使用 VirtualBox。这款软件是一个开源的并且免费的虚拟机软件，具备快照功能，同时支持导入 VMware 虚拟机文件。经过实际测试，在 VirtualBox 虚拟机中编译 OpenHarmony 大概需要 8 秒。

第三，WSL。这个虚拟机工具是没有 Linux 内核的，所以比较适合作为 cygwin 或者 msys2 的替代品。WSL 的架构如图 2-1 所示。

第四，WSL2。这是 WSL 的升级版本，其架构如图 2-2 所示。WSL2 是基于 Hyper-V 的。从本质上来讲，它与 VMware 和 VirtualBox 是没有区别的。WSL2 具备 Linux 内核，但是它的跨操作系统的 IO 性能要稍差一些。不过，它也有优点，那就是支持 GPU 加速，所以很适合使用 CUDA（Compute Unified Device Architecture，统一计算设备架构）进行深度学习。

图 2-1　WSL 的架构

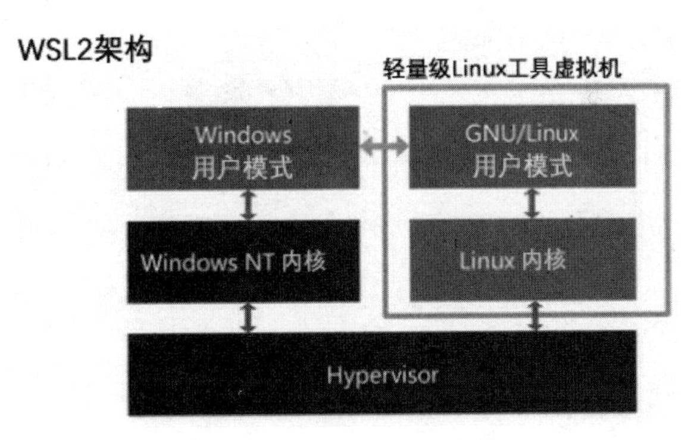

图 2-2 WSL2 的架构

综上所述，对于个人学习的场景来说，优先推荐的是 VMware，其次是 VirtualBox，最后是 WSL2。对于个人商用的场景来说，优先推荐的是 VirtualBox，其次是 VMware，最后是 WSL2。

3. VMware 的安装方法

首先，VMware 有两个版本，分别是 Player 版本和 Pro 版本。它们的主要区别是，Pro 版本支持建立快照、创建克隆，也支持虚拟网络的自定义。

那么在这两个版本中，我们应当如何选择呢？我们建议安装 Player 版本。Player 版本是有免费版的，适合个人和非商业用途。但是，如果您对建立快照、虚拟网络自定义和创建克隆有需求，那么也可以安装 Pro 版本。Pro 版本分成了试用或付费两种形式，这是允许商业用途的。

下面给出两个版本的下载网址。

Player 版本的下载网址参见本节的配套资源(“网址 1-VMware Workstation Player”)。

Pro 版本的下载网址参见本节的配套资源（“网址 2-VMware Workstation Pro”）。

下面展示 Player 版本的下载过程。

首先，打开浏览器，输入 Player 版本的下载网址。在如图 2-3 所示的页面中，单击“免费下载”按钮。

图 2-3 下载 VMware Workstation Player

然后，单击“GO TO DOWNLOADS”链接，如图 2-4 所示。

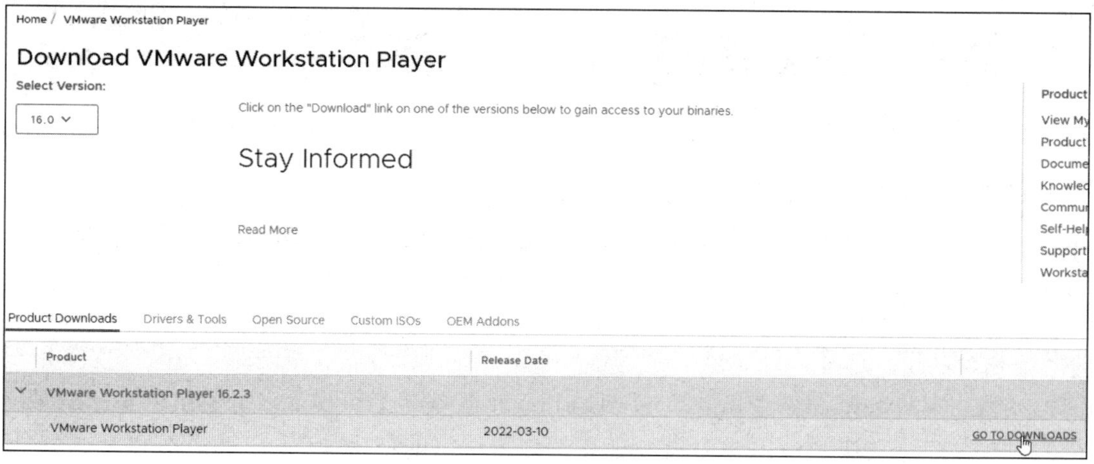

图 2-4 “GO TO DOWNLOADS”链接

在新的页面中，我们要选择合适的操作系统版本。如图 2-5 所示，选择“VMware Workstation 16.2.3 Player for Windows 64-bit Operating Systems”版本进行下载。单击“DOWNLOAD NOW”按钮就可以开始下载了。

下载完毕之后，找到下载好的文件所在的位置。双击“VMware-player-full-16.2.3-19376536.exe”文件就可以进行安装了，如图 2-6 所示。

安装过程很简单，本书就不再具体展示了。

4. VirtualBox 的安装方法

请注意，本书使用的虚拟机软件是 VirtualBox。首先给出下载网址（参见本节的配套资源“网址 3-Oracle VM VirtualBox”）。下面展示它的下载和安装过程。

打开浏览器，输入下载网址，在出现的页面中找到“VirtualBox 6.1.32 platform packages”。其中的第一项是 Windows 版本 VirtualBox 的下载，如图 2-7 所示。

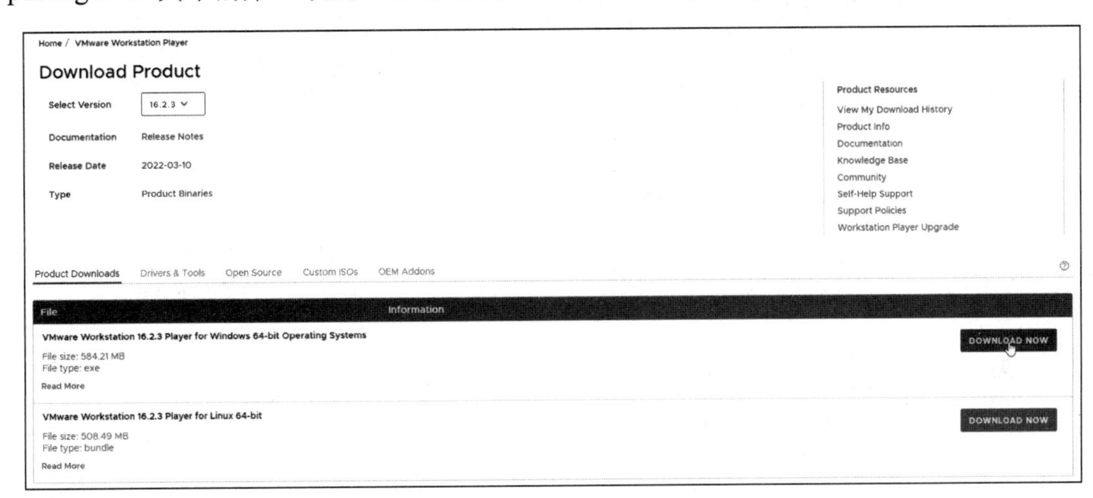

图 2-5　选择合适的操作系统版本

名称	日期	类型	大小
ChromeCache	2022/3/28 7:07	文件夹	
NV_Cache	2022/3/28 7:07	文件夹	
TEMP	2022/3/28 7:07	文件夹	
CH341SER.exe	2022/3/2 0:00	应用程序	632 KB
CH341SER.zip	2022/3/28 15:08	WinRAR Z...	286 KB
Hi3861_wifiiot_app_allinone.bin	2022/1/14 21:10	BIN 文件	756 KB
MobaXterm_Portable_v22.0.zip	2022/3/5 1:03	WinRAR Z...	26,971 KB
Oracle_VM_VirtualBox_Extension_Pack-6.1.32.vb...	2022/3/28 14:25	VirtualBo...	10,877 KB
VirtualBox-6.1.32-149290-Win.exe	2022/1/17 20:29	应用程序	105,756 KB
VMware-player-full-16.2.3-19376536.exe	2022/3/11 21:32	应用程序	598,234 KB
VSCodeUserSetup-x64-1.65.2.exe	2022/3/10 23:20	应用程序	73,927 KB

图 2-6　找到下载好的文件

单击该选项就可以完成下载过程。下载好之后，找到下载成功的文件，双击它就可以进行安装了。具体的安装过程也是比较简单的，所以在这里就不再展示了。安装好 VirtualBox 之后，还要安装它的扩展包（Extension Pack）。其下载网址和上面是一样的。

首先，回到图 2-7 所示的网页，下拉页面找到“VirtualBox 6.1.32 Oracle VM VirtualBox Extension Pack”。单击其下方的“All supported platforms”链接就可以下载，如图 2-8 所示。

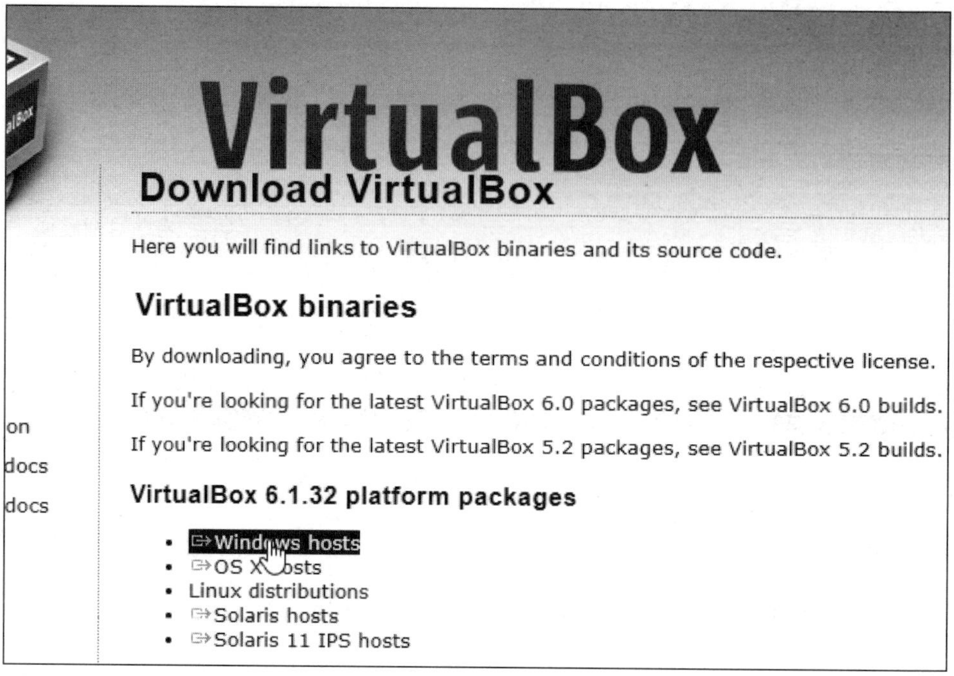

图 2-7　Windows 版本 VirtualBox 的下载

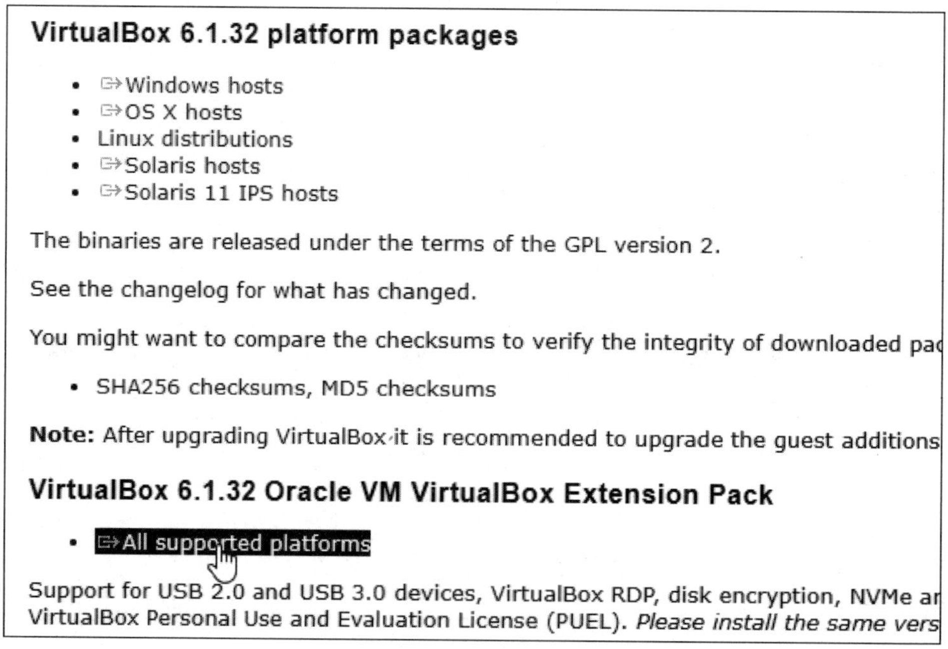

图 2-8　下载 VirtualBox 的扩展包

然后，找到下载好的文件，双击它就可以进行安装。

2.1.2　安装 CH340 芯片驱动

在 Win 10 以上的操作系统中，一般情况下联网后会自动安装驱动。那么是否需要手动地安装驱动呢？您需要进行核实，具体方法如下。

首先，连接核心板，也就是使用开发套件自带的线缆连接核心板和 PC。您既可以使用台式机，也可以使用笔记本电脑。稍等片刻，给 Windows 系统一个自动安装驱动的时间，然后检查有没有自动安装好驱动。

然后，打开设备管理器。在“开始”按钮上单击鼠标右键，选择“设备管理器”选项。在设备管理器的窗口中，找到“端口”选项。单击“端口”选项，如果能够发现“USB-SERIAL CH340（COM3）”选项（如图 2-9 所示），那么表示驱动已经自动安装成功了。在这种情况下，就不需要手动安装驱动，否则需要下载，并且手动安装驱动。

下面给出驱动的下载链接，并且展示下载过程。下载链接参见本节的配套资源（“网址 4-ch340 芯片驱动”）。在浏览器中输入下载链接的网址，在网页中找到“CH341SER.EXE”或者“CH341SER.ZIP”，如图 2-10 所示。选择这两个文件中的哪一个都可以，把它下载下来。比如单击“CH341SER.EXE”选项，再单击“下载”按钮就可以完成下载。

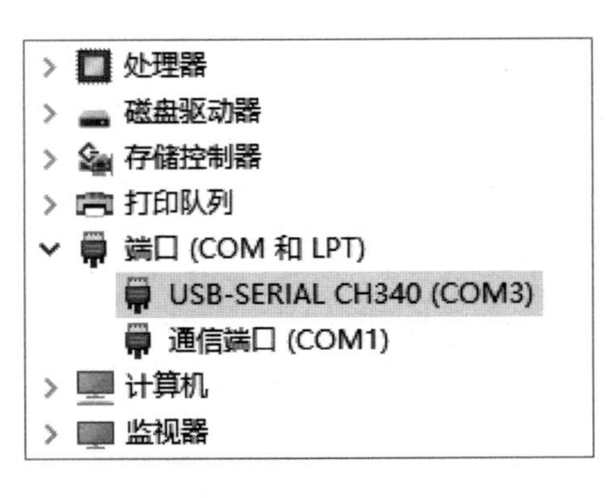

图 2-9　检查有无驱动

关键字 ch340g

资料下载（14）

资料分类	资料简介
产品手册	
CH340DS1.PDF	CH340技术手册
驱动&工具	
CH341SER.EXE	CH340/CH341 USB转串口WINDOWS驱动程序
CH341SER.ZIP	CH340/CH341 USB转串口WINDOWS驱动程序

图 2-10　下载 CH340 芯片驱动

找到下载好的驱动文件，双击它就可以完成驱动的安装。

2.1.3　安装串口调试工具

在安装好 CH340 芯片驱动之后，我们来介绍如何安装串口调试工具。在 OpenHarmony 轻量设备的开发和测试过程中，串口调试工具是必不可少的工具之一。借助串口调试工具，我们可以向开发板传递一些命令，也可以看到系统和应用程序的输出信息。

本书将会使用 MobaXterm 作为串口调试工具。MobaXterm 是一款终端仿真程序，支持 SSH / Telnet / FTP / 串口等通信协议。我们将使用它的免费版本，也就是 Home 版。Home 版的下载网址参见本节的配套资源（“网址 5-MobaXterm Home Edition”）。下面来展示一下它的下载和安装步骤。

首先，在浏览器中打开下载网址，可以看到它提供了两种版本，一个叫 Portable edition（便携版），另一个叫 Installer edition（安装版），如图 2-11 所示。使用哪一个版本都可以，本书使用便携版。

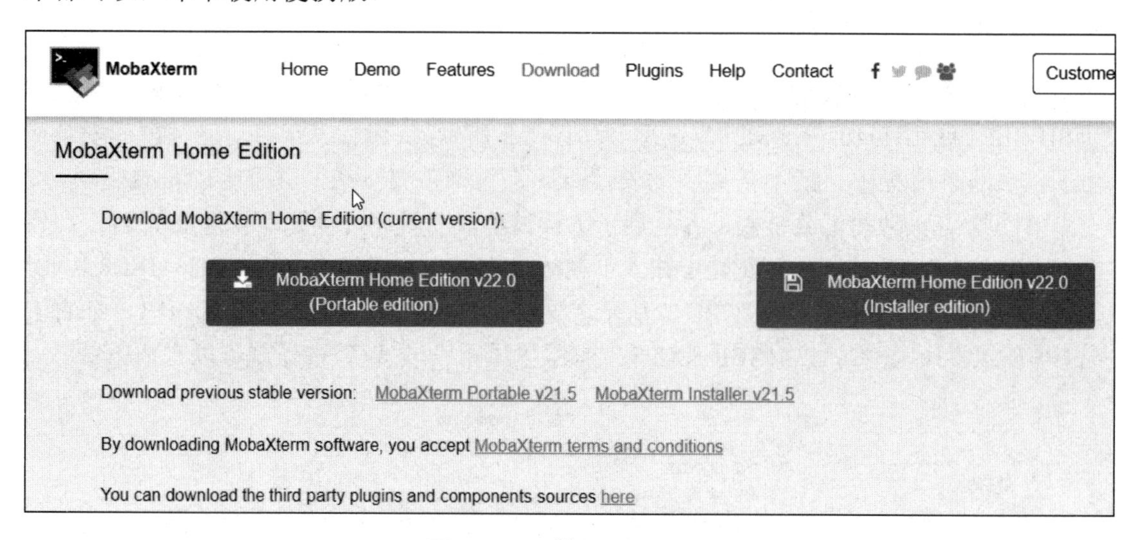

图 2-11　下载 MobaXterm

单击链接，把它下载下来。找到下载好的文件，接下来需要把它安装到系统中。建议把这个工具安装到“当前用户\AppData\Local\Programs”文件夹下。当然，您也可以选择将其安装到其他的位置。

下面来展示一下安装过程。在屏幕左下角的“开始”按钮上单击鼠标右键，选择“运行”选项。然后，输入“C:\Users\你的用户名\AppData\Local\Programs\”。注意：图 2-12 所示的“Dragon”是我的用户名，您需要替换成自己的用户名。

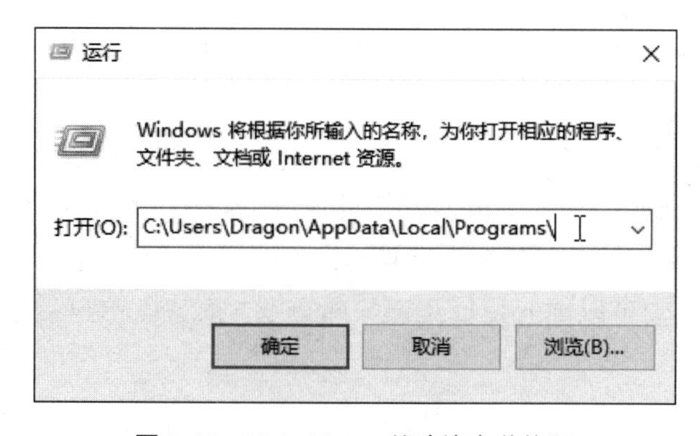

图 2-12　MobaXterm 的建议安装位置

单击“确定”按钮，我们将进入目标位置。建议您在目标位置新建一个文件夹，比如“MobaXterm_Portable”。在打开的“MobaXterm_Portable”文件夹中，把下载好的文件中的内容解压缩，如图 2-13 所示。

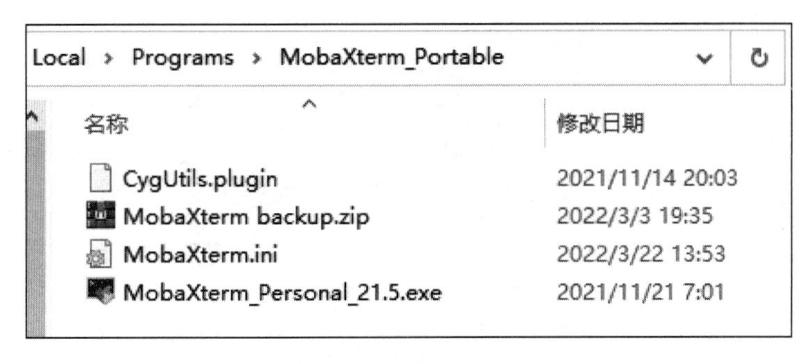

图 2-13 解压缩 MobaXterm

在这个操作完成之后，MobaXterm 的安装过程就结束了。

建议在桌面上新建一个 MobaXterm 主程序的快捷方式，以便后续使用。将光标放在“MobaXterm_Personal_21.5”这个 exe 文件上。按住鼠标右键，将其拖曳到桌面上，松开鼠标，选择“在当前位置创建快捷方式”选项，并重命名为“MobaXterm”。

在安装好 MobaXterm 之后，为了方便以后使用，我们要对它进行一些必要的设置。下面介绍一下如何创建一个 Session（会话）并且保存它。

首先，双击桌面上的 MobaXterm 快捷方式，启动 MobaXterm。在 MobaXterm 启动之后，单击“Sessions”—“New session”选项来创建一个 Session，如图 2-14 所示。

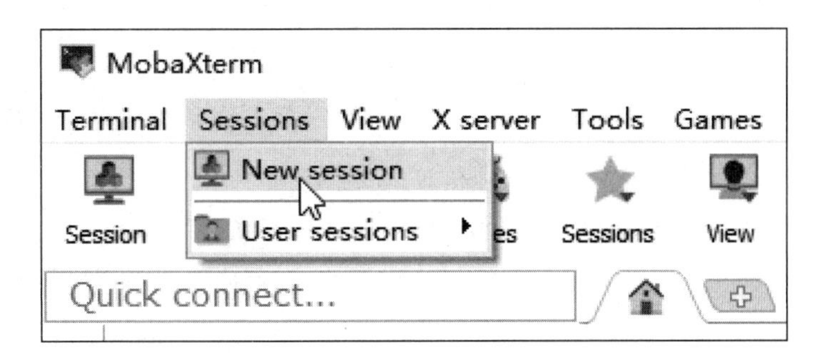

图 2-14 在 MobaXterm 中创建 Session

在“Session settings”窗口中选择“Serial”（串口）选项，如图 2-15 所示。

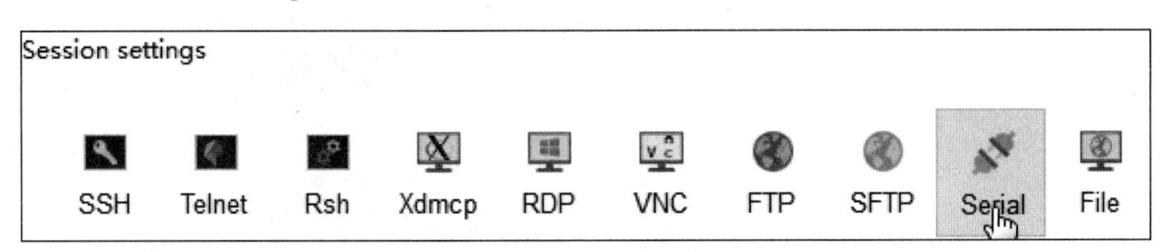

图 2-15 选择串口

展开串口端口的列表，选择“COM3（USB-SERIAL CH340（COM3））”选项，如图 2-16 所示。

图 2-16　选择串口号

当然，在这里看到的是 COM3（USB-SERIAL CH340（COM3））。您可以根据自己的实际情况选择对应的端口，如图 2-17 所示。

在串口速度列表中，选择“115200”选项，如图 2-18 所示。

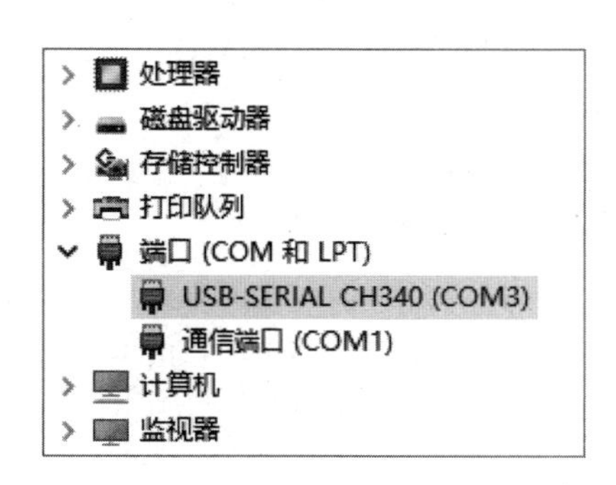

图 2-17　连接核心板，查看串口号

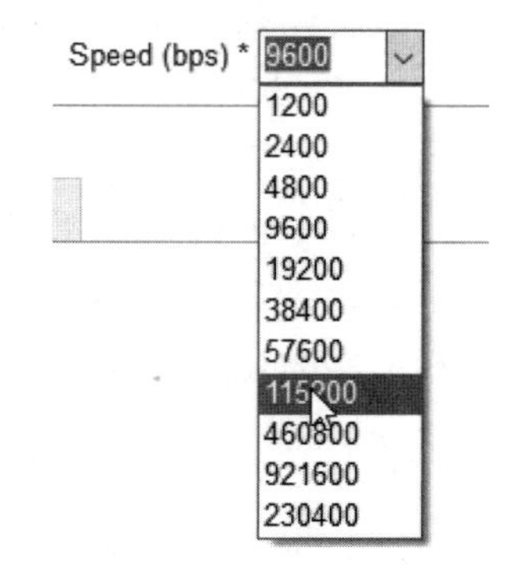

图 2-18　选择串口速度

然后，单击“OK”按钮，完成 Session 的创建。

在 Session 创建好之后，展开左侧的“Sessions”面板，核对刚刚创建好的 Session。同时，可以单击鼠标右键对它进行重命名，如图 2-19 所示，比如可以给它起一个名称，叫“Pegasus”。

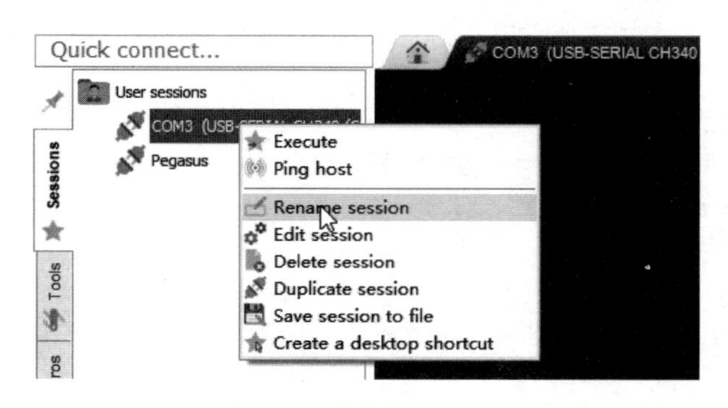

图 2-19　重命名 Session

2.1.4　安装开发工具

本书使用 VS Code 作为开发工具。VS Code 的全称是“Visual Studio Code”，这是一个免费的、开源的、跨平台的轻量级代码编辑器。它支持几乎所有的编程语言。VS Code 的下载网址参见本节的配套资源（“网址 6-Visual Studio Code”）。

在浏览器中输入网址，单击“Download for Windows”按钮，稍等片刻就可以开始下载了，如图 2-20 所示。

图 2-20　下载 VS Code

如果下载过程没有开始，那么可以单击图 2-21 所示的链接手动下载。

Thanks for downloading VS Code for Windows!
Download not starting? Try this direct download link.
Please take a few seconds and help us improve ... click to take survey.

图 2-21　VS Code 的下载链接

找到下载好的文件“VSCodeUserSetup-x64-版本号.exe”，双击它就可以开始安装。由于 VS Code 的安装过程很简单，这里就不再展示了。

在 VS Code 安装好之后，建议在桌面上生成一个它的快捷方式，便于日后使用。此外，我们需要安装几个必要的 VS Code 插件，以便日后使用。

第一个是汉化插件“Chinese (Simplified)（简体中文）Language Pack for Visual Studio Code”；

第二个是“C/C++”插件；

第三个是“Doxygen Document Generator”插件；

第四个是“Visual Studio IntelliCode”插件；

第五个是选择安装的插件“Github Copilot”。

下面展示插件的安装方法。首先，启动 VS Code，然后在其界面的左侧找到“扩展”选项，搜索要安装的插件。比如汉化插件，可以搜索“chinese”，在搜索结果中会列出来要安装的插件“Chinese (Simplified)（简体中文）Language Pack for Visual Studio Code”，单击它，如图 2-22 所示。

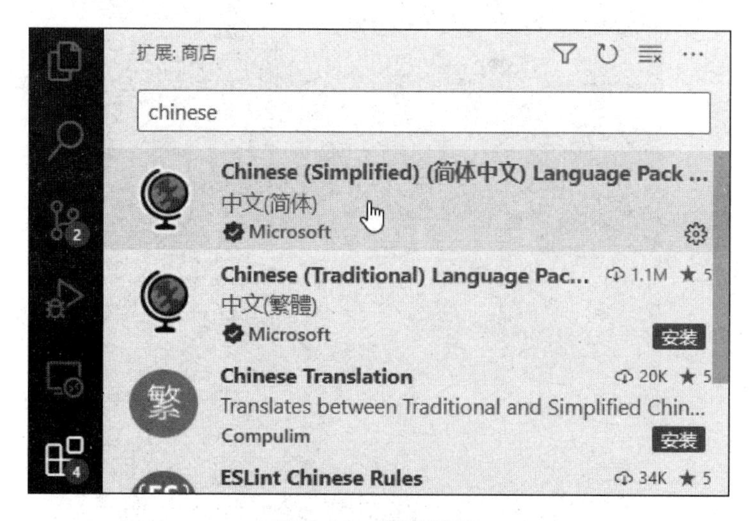

图 2-22　搜索插件

在其界面的右侧可以进行安装或者卸载。如果某个插件没有安装过，那么会显示“安装”，否则，会显示“卸载”，如图 2-23 所示。

图 2-23　插件的安装或卸载按钮

其他插件的安装也采用类似的方式。比如，如果要安装“C/C++”插件，那么只需要在搜索框中输入“C/C++”，在搜索结果中就可以看到要安装的插件，单击之后在界面的右侧可以进行安装或者卸载。

2.1.5　安装烧录工具

我们还需要用到一个工具，那就是烧录工具。它可以将 OpenHarmony 的镜像文件（固件）下载并写入开发板中，我们把这个过程形象地叫“烧录”。

1. 烧录工具的选择

对烧录工具有两个选择。

第一个工具是 DevEco Device Tool。这是官方提供的烧录工具，其下载网址参见本节的配套资源（“网址 7-DevEco Device Tool”）。

第二个工具是本书中使用的工具，叫 HiBurn。与 DevEco Device Tool 相比，HiBurn 有一些优点。它可以单文件运行，不需要安装 nodejs、JDK 和 npm 包等。它的烧录速度快，其串口波特率最高可以设置到 3 000 000Baud/s，而 DevEco Device Tool 的串口波特率最高只能够设置到 921 600 Baud/s，所以 HiBurn 的烧录速度是 DevEco Device Tool 的 3 倍左右，在实际测试中 25 秒左右就可以完成一次烧录过程。

当然，HiBurn 也不是十全十美的，有一些不足。第一，我们需要手动单击“Disconnect”按钮主动断开连接，否则在默认的情况下它会重复下载，即在烧录成功后，如果不断开串口，并且再次按下核心板的 RESET 键，您会发现它又烧录了一遍。第二，HiBurn 的串口参数是没有办法保存的。在软件关闭后，下次再打开软件还需要重新进行设置，而 DevEco Device Tool 则可以保存串口参数。第三，与 DevEco Device Tool 相比，HiBurn 的操作步骤会更多一些。但是，上面这些不足其实是可以解决的，在后面的章节中，本书会给您提供一个基于 HiBurn 的快速烧录脚本，带给您更方便、更高效的烧录体验。

2. 安装 HiBurn

在本节的配套资源中，可以下载“HiBurn.exe”文件。下载好之后，建议把它放在适当的位置，并且在桌面上建立一个快捷方式，以便今后使用。

例如，在桌面上有一个快捷方式叫“HiBurn”，它指向了 HiBurn.exe 实际的位置，如图 2-24 所示。

图 2-24　HiBurn 的快捷方式

HiBurn 的主界面如图 2-25 所示。接下来，我们介绍如何对 HiBurn 进行启动后的设置。

设置涉及三个方面。第一，波特率要设置为“2000000”。与最大波特率 3 000 000 Baud/s 相比，2 000 000 Baud/s 提供了一个稳定的烧录过程。第二，要设置串口号。第三，要勾选“Auto burn”复选框。下面展示具体的过程。

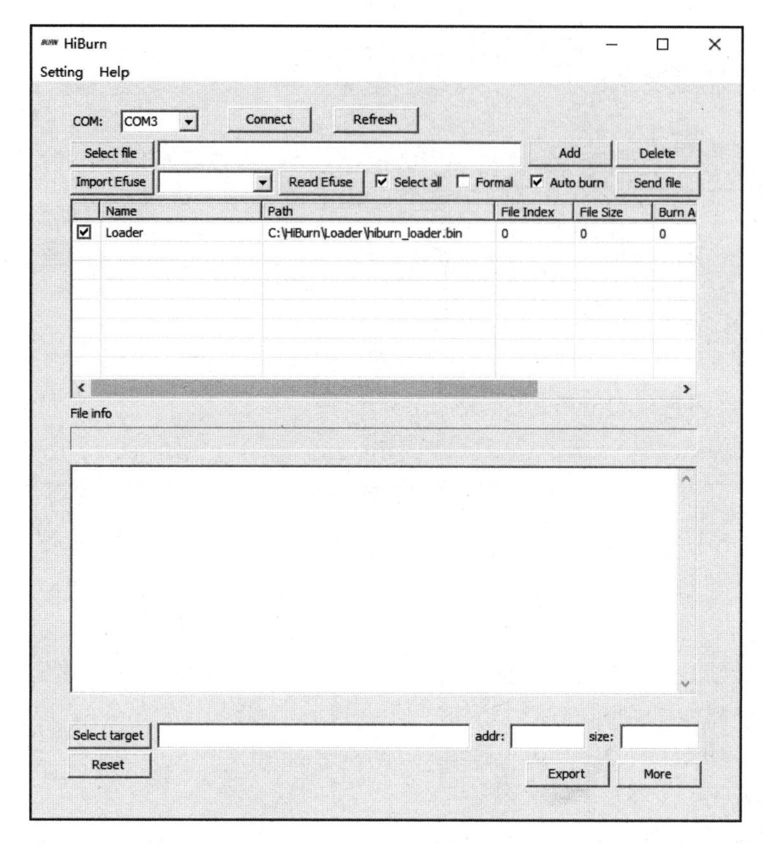

图 2-25 HiBurn 的主界面

第一步，在桌面上双击 HiBurn 的快捷方式，启动它。然后，在“Setting”菜单中选择“Com settings”选项，在波特率列表中选择“2000000”，单击“确定”按钮，如图 2-26 和图 2-27 所示。

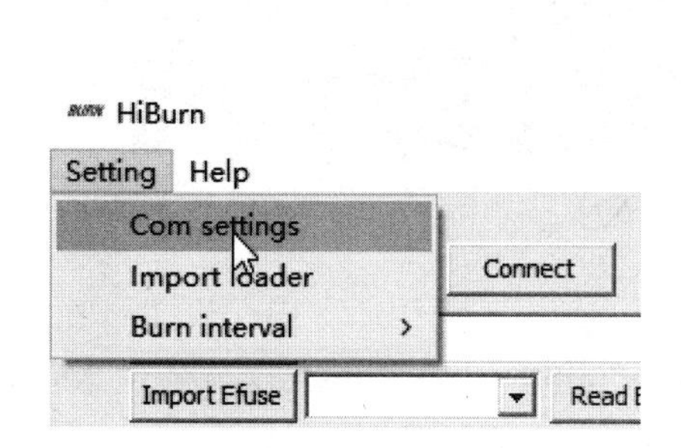

图 2-26 选择“Com settings”选项

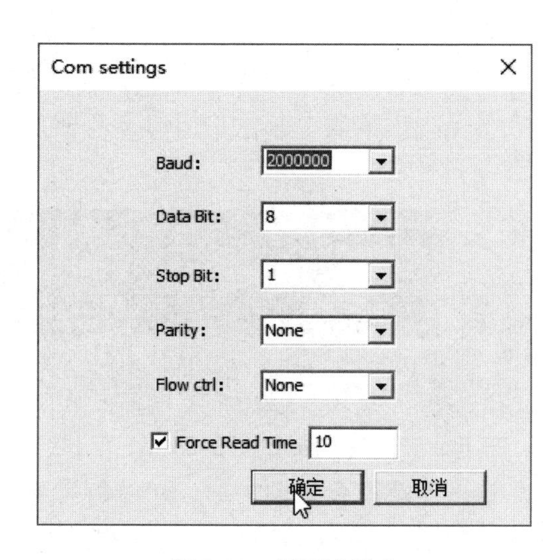

图 2-27 设置波特率

第二步，在串口列表中选择正确的串口号（串口是端口的一种），如图 2-28 所示。

请注意，图 2-28 所示的端口是 COM3，您需要核对端口是不是 COM3。具体的核对方法如下：把光标放在“开始”按钮上，单击鼠标右键，选择“设备管理器”选项，展开“端口”，查看“USB-SERIAL CH340”后边的端口号，比如您看到的是 COM3，那么在这里就选择 COM3，如图 2-29 所示。

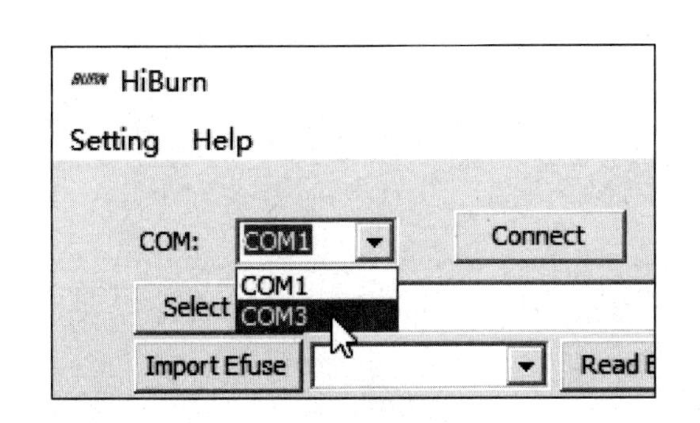

图 2-28　设置串口号

图 2-29　核对串口号

第三步，勾选“Auto burn”复选框，如图 2-30 所示。

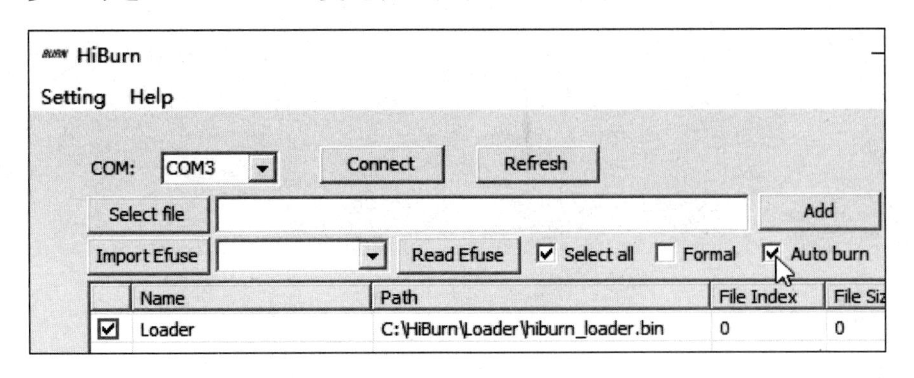

图 2-30　勾选“Auto burn”复选框

以上是 HiBurn 启动之后的必要设置。

2.1.6　首次烧录运行

经过上面的流程，您已经搭建起 OpenHarmony 的 Windows 开发环境。下面进行首次烧录运行操作。

1. 太空避障游戏

通过一个游戏开启学习知识的旅程，总是让人感觉新奇而有趣。请在本节的配套资源中下载“Hi3861_wifiiot_app_allinone.bin”文件，这是一个预先编译好的 OpenHarmony 镜像文件。

2. 准备开发套件

下载好镜像文件，也就是固件之后，请您开始准备开发套件。对于本次烧录运行，我们将使用底板、核心板和 OLED 显示屏板。

请如图 2-31 所示，将它们组装完毕。

图 2-31　准备开发套件：底板+核心板+OLED 显示屏板

3. 烧录

首先，使用配套的 USB Type-C 线缆，将核心板与 PC 连接起来。

其次，启动并设置 HiBurn（波特率设置为“2000000”；设置串口号；勾选“Auto burn”复选框）。

再次，在 HiBurn 中单击“Select file”按钮，找到下载好的固件“Hi3861_wifiiot_app_allinone.bin”，选中它，单击“打开”按钮，如图 2-32 所示。

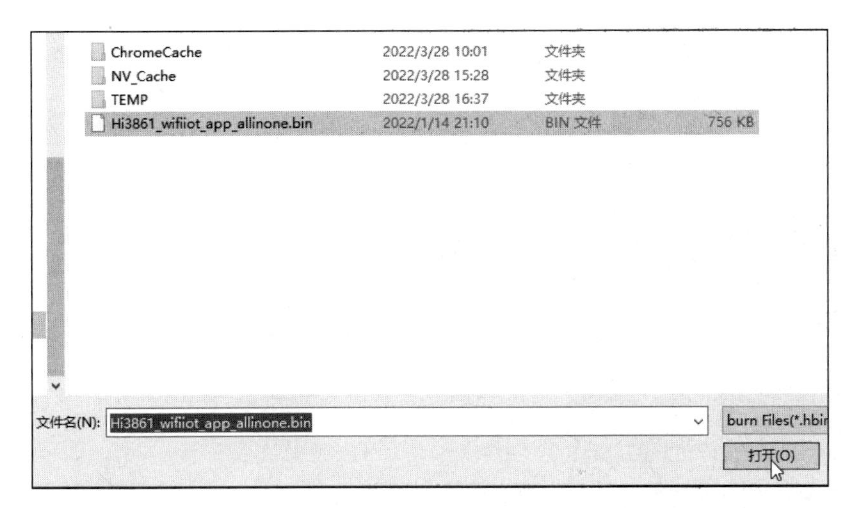

图 2-32　选择固件

之后，单击“Connect”按钮，如图 2-33 所示。

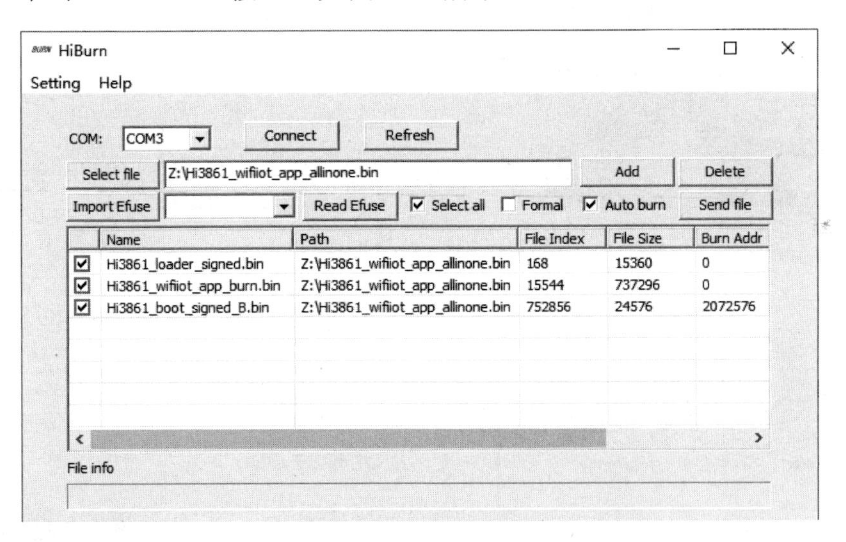

图 2-33　烧录固件

可以看到，在输出窗口中出现了一行提示信息“Connecting...”，如图 2-34 所示。这个时候需要按一下核心板右下角的“RST”按钮，也就是“RESET”按钮。

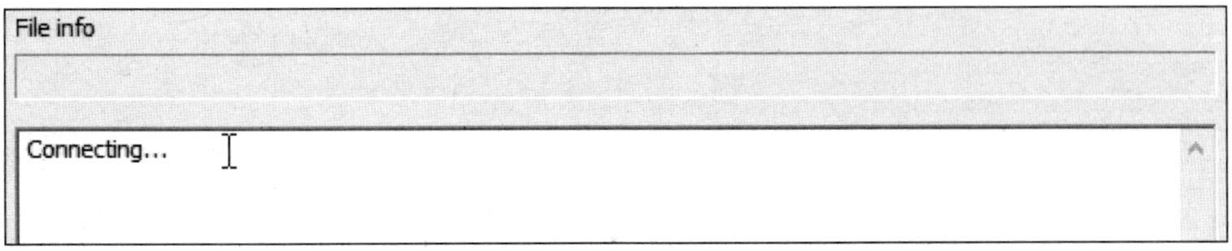

File info

Connecting...

图 2-34　“Connecting...”提示信息

在单击“RESET”按钮之后，烧录就开始了。您可以在输出窗口中随时查看烧录进度，如图 2-35 所示。

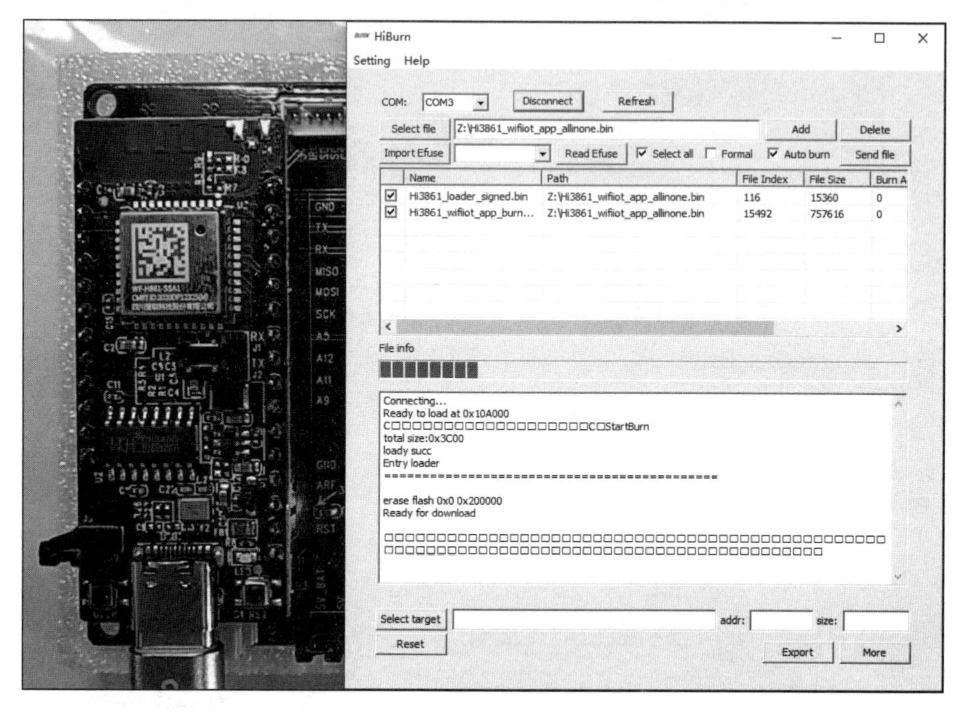

图 2-35 烧录过程

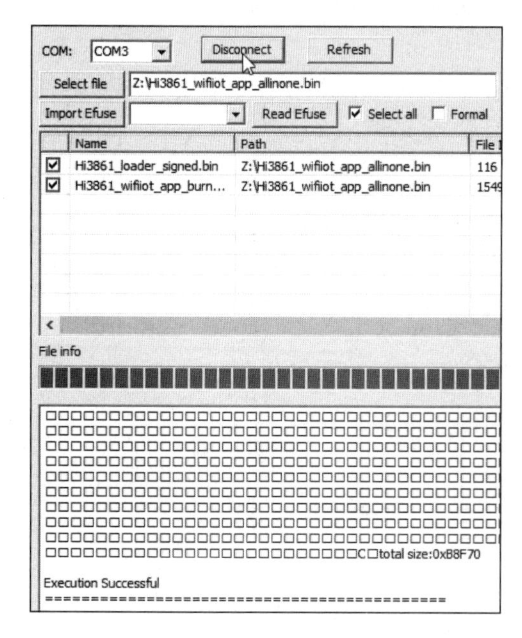

图 2-36 烧录完成

当看到“Execution Successful”时，代表烧录完成了，这个时候需要单击一下“Disconnect”按钮，如图 2-36 所示。

4. 运行

OpenHarmony 轻量系统的镜像文件既包含操作系统本身，也包含应用程序。请先记住这一点，本书将在第 3 章中进行详细介绍。镜像文件在烧录完成之后就可以运行了。请您按一下核心板右下角的“RESET”按钮重启开发板。在开发板重启后，就可以看到游戏画面了，如图 2-37 所示。

按一下核心板左下角的“USER”按键，游戏就开始了，我们来一起开心一下。使用 OLED 显示屏板下方的两个按键（“按键 1”和“按键 2”）可以控制宇航员左右移动，躲避飞过来的野蛮卫星，看看您能够坚持多久。

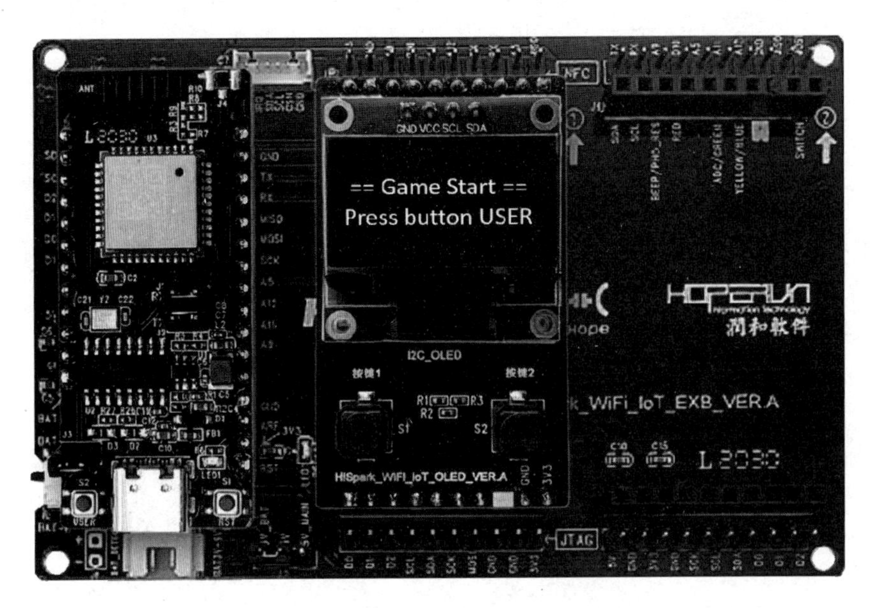

图 2-37　重启开发板之后的游戏画面

2.2　搭建编译环境（Ubuntu系统）

本节内容：

如何安装 Ubuntu 系统；如何配置编译环境；如何使用预搭建的编译环境。

本书采用了循序渐进的介绍方式，在对本节内容的学习过程中，会使用 2.1 节搭建好的 Windows 开发环境。所以，如果您还没有学习完 2.1 节的内容，请先去学习。

首先要说明一点，搭建编译环境是一项比较烦琐的工作。搭建编译环境不仅步骤多，而且大多数的步骤都采用命令行的方式，这对于大部分的 OpenHarmony 初学者来说，是一个较高的门槛。所以，建议您使用预搭建的编译环境主要基于以下几点考虑：

第一，可以省略烦琐的编译环境搭建过程；

第二，可以避免搭建编译环境出错导致编译失败；

第三，可以和本书内容保持高度的一致，大大降低出现问题的概率。

如果您想使用预搭建的编译环境，可以直接阅读 2.2.3 节。

2.2.1　安装 Ubuntu 系统

1. 下载 Ubuntu 桌面系统

本书使用 Ubuntu 桌面系统，推荐采用 20.04 以上的版本。下载网址参见本节的配套资源（“网址 1-下载 Ubuntu 桌面系统”），请您自行下载，如图 2-38 所示。

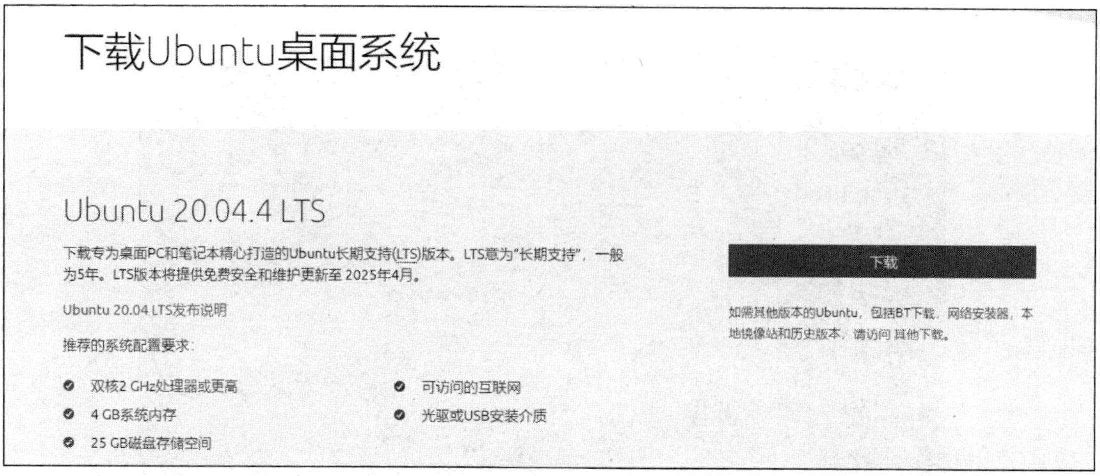

下载Ubuntu桌面系统

Ubuntu 20.04.4 LTS

下载专为桌面PC和笔记本精心打造的Ubuntu长期支持(LTS)版本。LTS意为"长期支持"，一般为5年。LTS版本将提供免费安全和维护更新至2025年4月。

Ubuntu 20.04 LTS发布说明

推荐的系统配置要求：

- 双核2 GHz处理器或更高
- 4 GB系统内存
- 25 GB磁盘存储空间
- 可访问的互联网
- 光驱或USB安装介质

下载

如需其他版本的Ubuntu，包括BT下载，网络安装器，本地镜像站和历史版本，请访问 其他下载。

图 2-38 下载 Ubuntu 桌面系统

2. 虚拟机配置

下载好 Ubuntu 镜像文件之后，就可以使用 VirtualBox 安装 Ubuntu 虚拟机了。虚拟机的建议配置如下：

- CPU：4 核以上；
- 内存：2～4GB；
- 硬盘：100GB；
- 显存：128MB 以上；
- 网络：连接方式选择“桥接网卡”。

这里要解释一下，网络连接方式为什么要选择桥接网卡呢？请看图 2-39。

类型	NAT	桥接网卡	内部网络	仅主机
虚拟机→宿主机	√	√	×	默认不能，需设置
宿主机→虚拟机	×	√	×	默认不能，需设置
虚拟机→其他主机	√	√	×	默认不能，需设置
其他主机→虚拟机	×	√	×	默认不能，需设置
虚拟机→虚拟机	×	√	界面名称需相同	√

图 2-39 网络连接方式对网络连通性的影响

在一个拥有虚拟机的环境中，存在着各种类型的网络访问方向。比如，从虚拟机到宿主机的方向、从宿主机到虚拟机的方向、从虚拟机到其他主机的方向、从其他主机到虚拟机的方向，甚至虚拟机之间相互访问的方向。

VirtualBox 提供了多种网络连接方式，有 NAT（Network Address Translation，网络地址转换）、桥接网卡、内部网络和仅主机等。但是我们可以看到，只有桥接网卡才能够做到支持所有类型的网络访问方向，而其他方式是做不到的。尤其是前两种网络访问方向，即从虚拟机访问宿主机、从宿主机访问虚拟机，是我们在开发中必须要用到的。

所以，网络连接方式要选择桥接网卡。

3. 开始安装

在确定好虚拟机的配置之后，就进入了安装阶段。在这里有两个注意事项：

第一，需要断网安装。也就是在安装 Ubuntu 之前，先要断开网卡，在安装好之后，再连接网卡。为什么要这样做呢？是因为 Ubuntu 在安装的过程中，会联网到其官网去更新一些组件，这样会导致安装过程过于缓慢，所以我们断网安装，安装好之后再恢复网络连接。

第二，Ubuntu 在安装的过程中，会有个别步骤的界面是显示不全的，这会阻碍安装正常进行。在这种情况下，我们可以通过一个特殊的操作方式来解决这个问题：按"Alt+F7"组合键，然后移动鼠标。图 2-40 就是一个安装界面显示不全的情况，这个界面中的"继续"按钮被完全遮挡了。

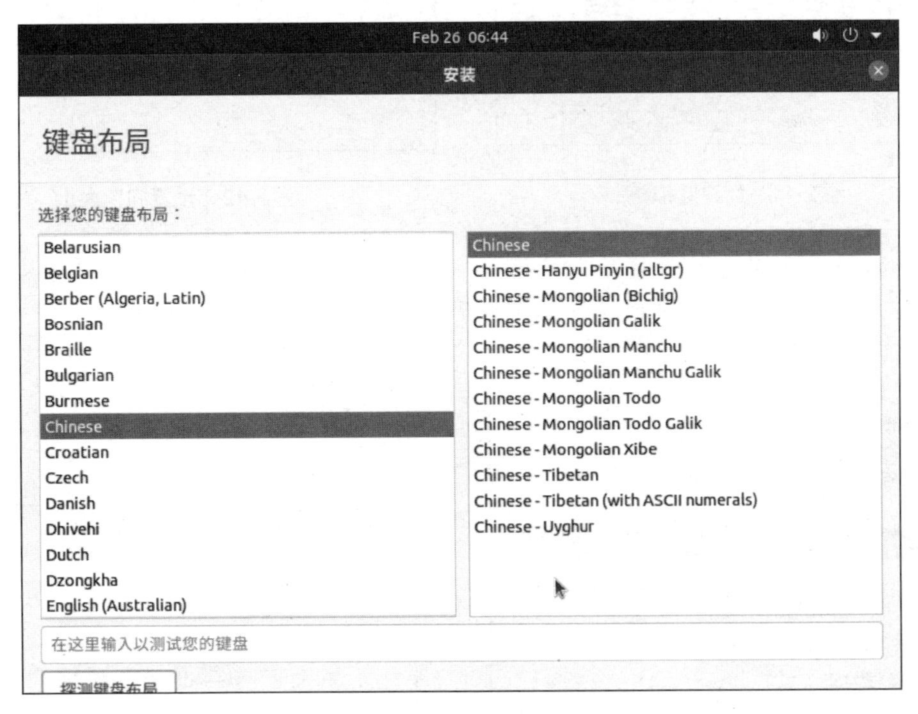

图 2-40 安装界面显示不全

下面展示使用 VirtualBox 安装 Ubuntu 虚拟机的具体过程。

首先，启动 VirtualBox。单击"新建"按钮，给要建立的虚拟机起一个名称，比如"test"。建议采用一个有意义的名称，比如"OpenHarmony"等。

然后，确定这个虚拟机要存放在什么位置，比如 G 盘。

展开"类型"列表，选择"Linux"选项。

展开"版本"列表，选择"Ubuntu（64-bit）"选项。

单击“下一步”按钮，如图 2-41 所示[①]。

按照之前的建议，把虚拟机的内存设置为 4GB（4096MB），单击“下一步”按钮，如图 2-42 所示。

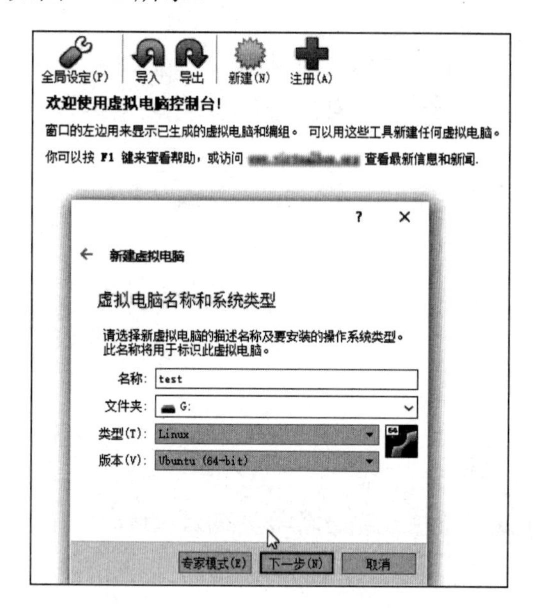

图 2-41 新建虚拟机

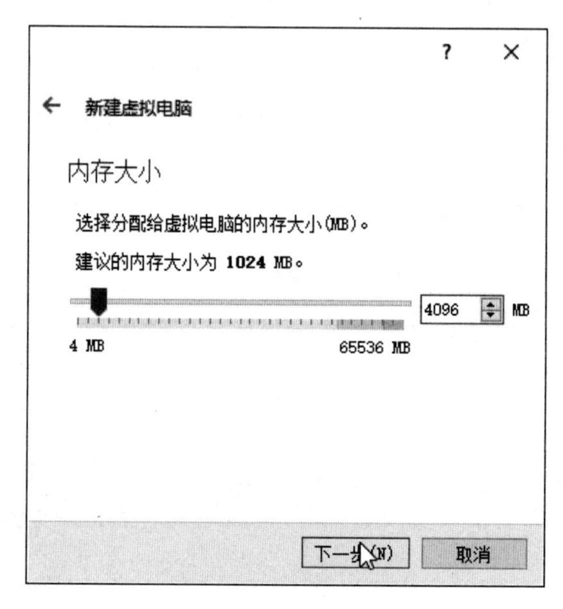

图 2-42 设置内存大小

单击“现在创建虚拟硬盘”单选按钮，单击“创建”按钮，如图 2-43 所示。

选择 VDI 格式的虚拟硬盘文件类型，单击“下一步”按钮，如图 2-44 所示。

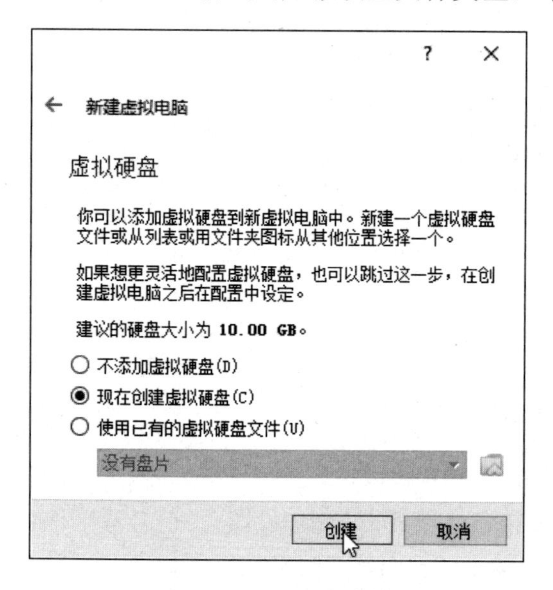

图 2-43 创建虚拟硬盘

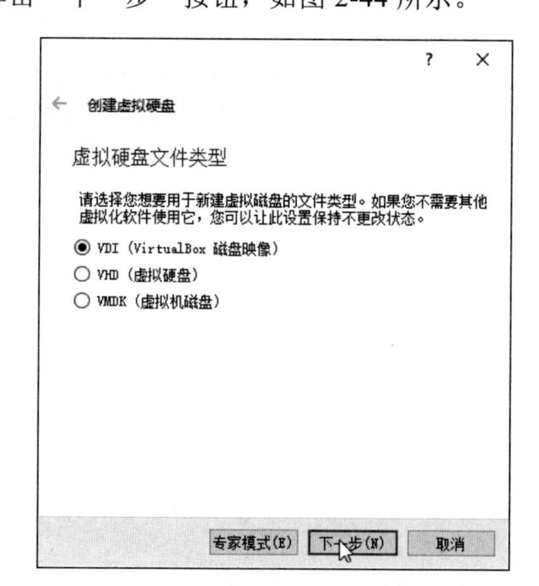

图 2-44 选择虚拟硬盘文件类型

① 本书图中的虚拟电脑和虚拟机意思相同，本书采用虚拟机的说法。

选择硬盘空间分配策略为“动态分配”，单击“下一步”按钮，如图 2-45 所示。

设置硬盘容量，输入“100GB”，单击“创建”按钮，如图 2-46 所示。

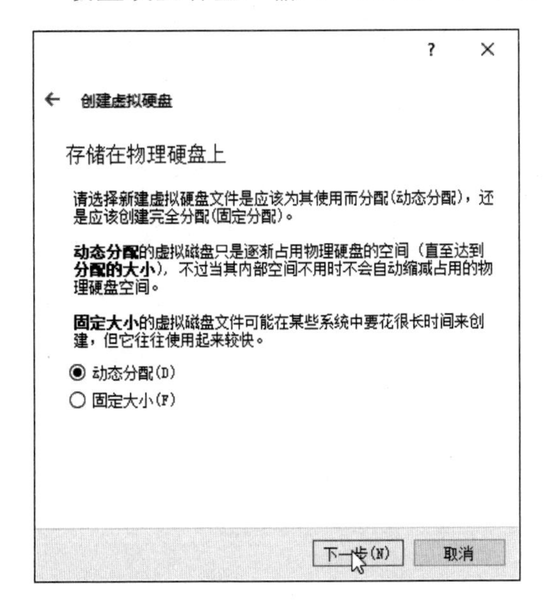

图 2-45　选择硬盘空间分配策略

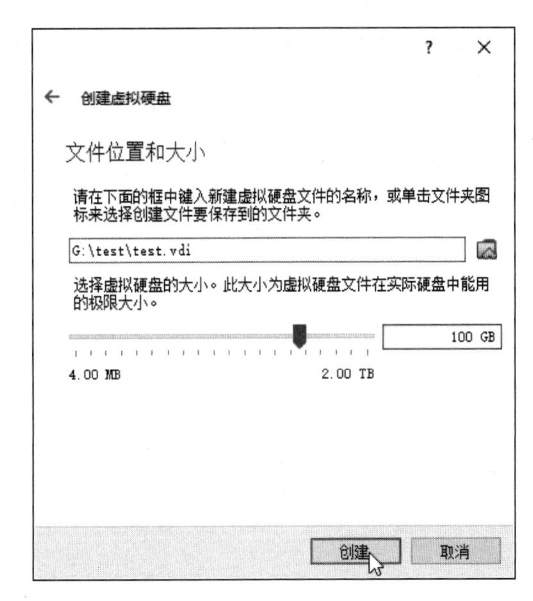

图 2-46　设置硬盘容量

设置显存大小，单击“显示”—“显存大小”区域，在弹出的窗口中将显存大小设置为“128MB”，单击“OK”按钮，如图 2-47 所示。

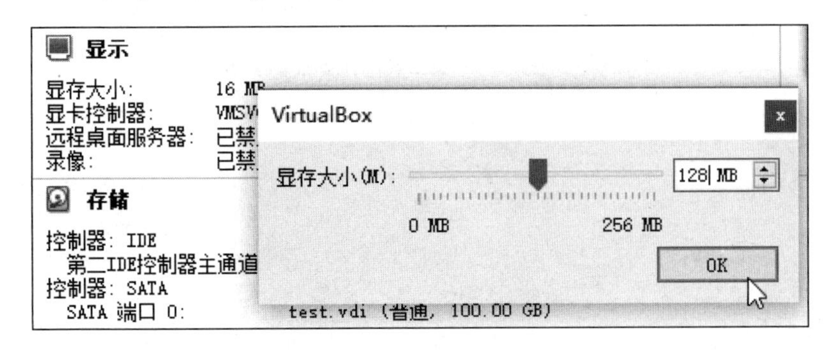

图 2-47　设置显存大小

然后，设置网络连接方式。单击“网络”选区的“网络地址转换”，在弹出的窗口中选择连接方式为“桥接网卡”，单击“OK”按钮，如图 2-48 所示。

至此，虚拟机配置完毕，下面开始安装。

首先，选择 Ubuntu 镜像文件。单击“存储”选区的“[光驱]没有盘片”。在弹出的菜单中单击“选择虚拟盘...”选项，如图 2-49 所示。找到之前下载好的 Ubuntu 镜像文件，选择它，单击“打开”按钮。

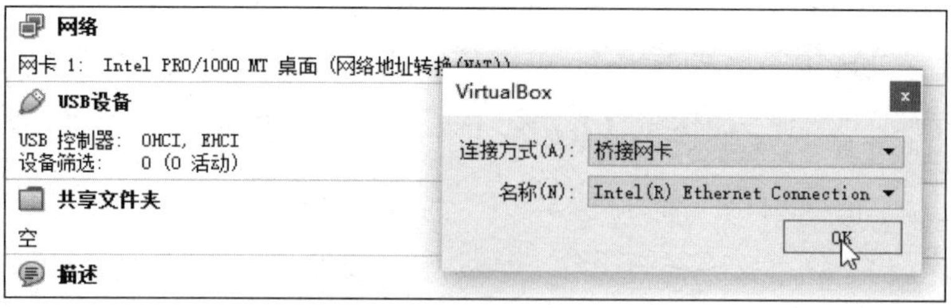

图 2-48 设置网络连接方式

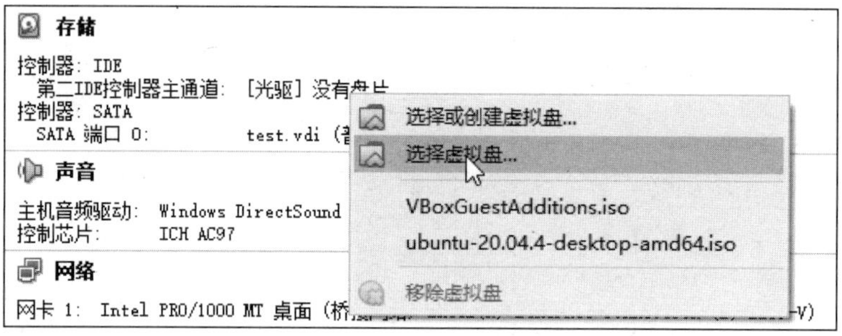

图 2-49 选择 Ubuntu 镜像文件

然后，需要断开网络。单击“网络”这两个字。在网络设置对话框中取消勾选“启用网络连接”复选框，单击“OK”按钮，如图 2-50 所示。

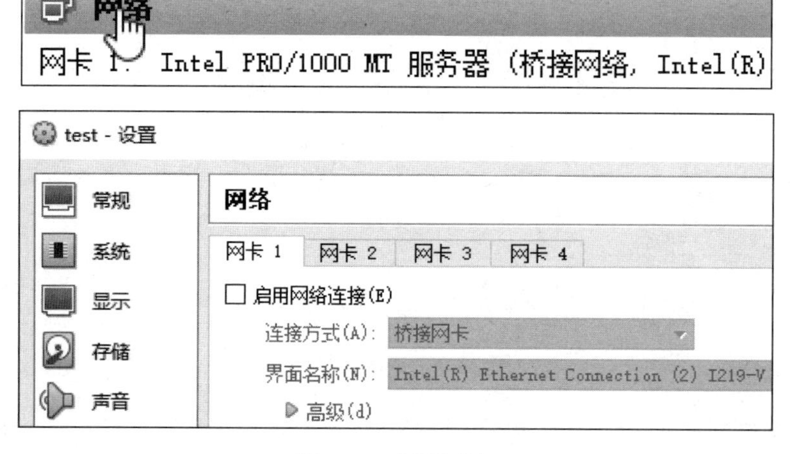

图 2-50 断开网络

启动 Ubuntu 虚拟机（单击“启动”按钮），如图 2-51 所示。

选择语言，选择“中文（简体）”，单击“安装 Ubuntu”按钮，如图 2-52 所示。

现在可以看出安装界面是显示不全的。根据前面给出的方案，按“Alt+F7”组合键，接下来移动鼠标，让下面的按钮显示出来。然后，单击鼠标左键，再单击“继续”按钮，如图 2-53 所示。

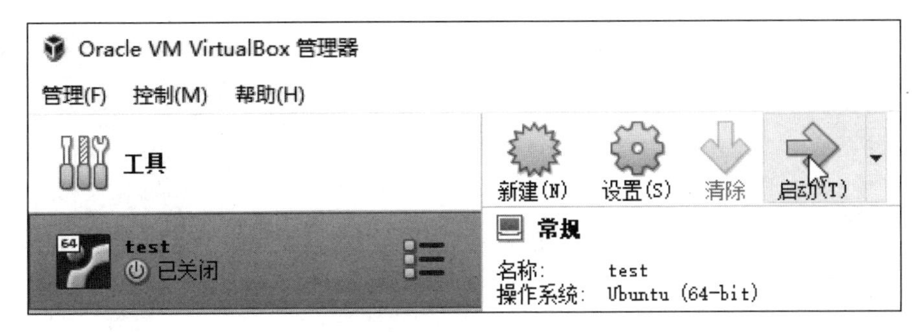

图 2-51　启动系统

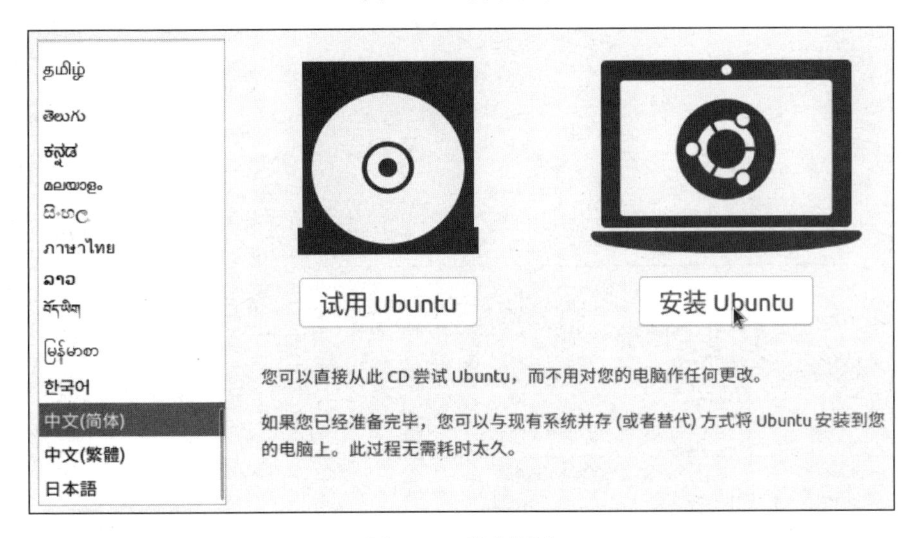

图 2-52　选择语言

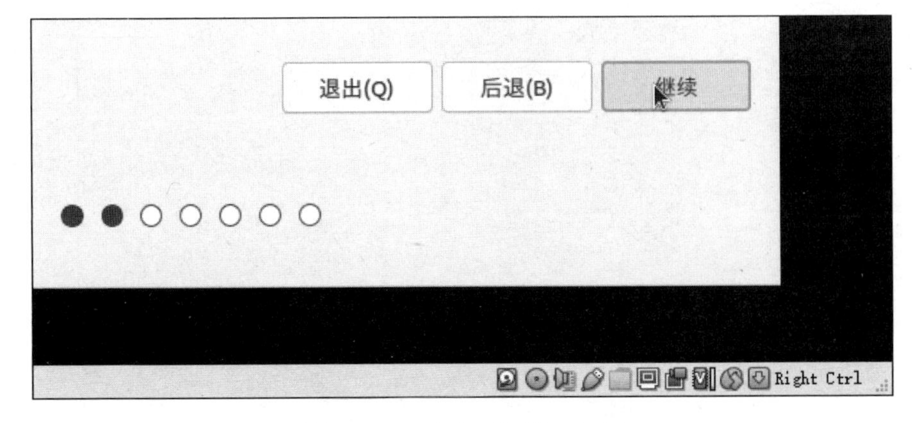

图 2-53　显示出“继续”按钮

再按“Alt+F7”组合键，移动窗口，单击“正常安装”单选按钮，单击“继续”按钮，如图 2-54 所示。

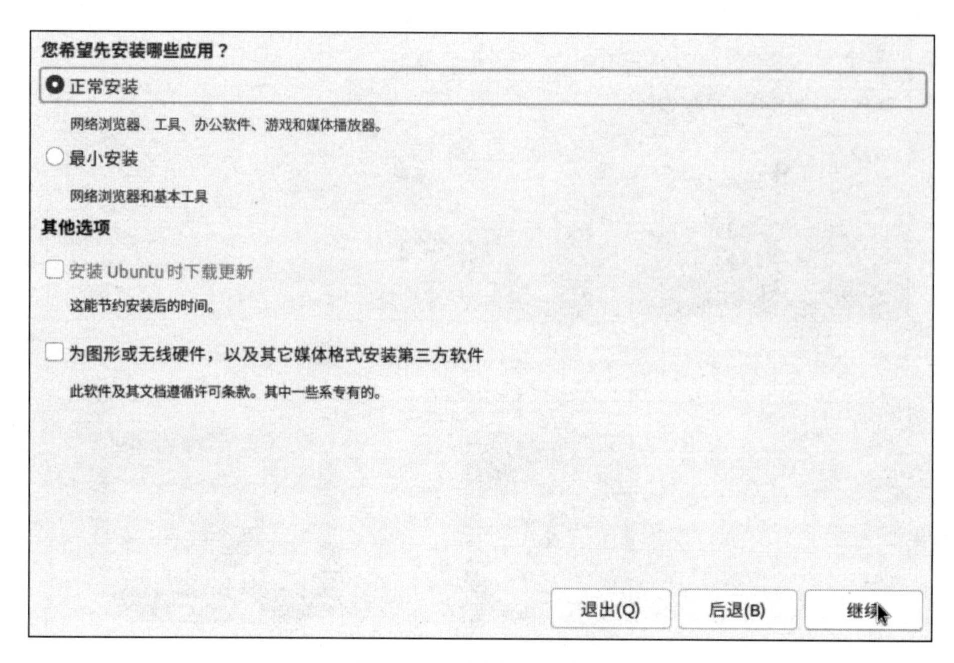

图 2-54　选择正常安装

单击“清除整个磁盘并安装 Ubuntu”单选按钮，单击“现在安装”按钮，如图 2-55 所示。

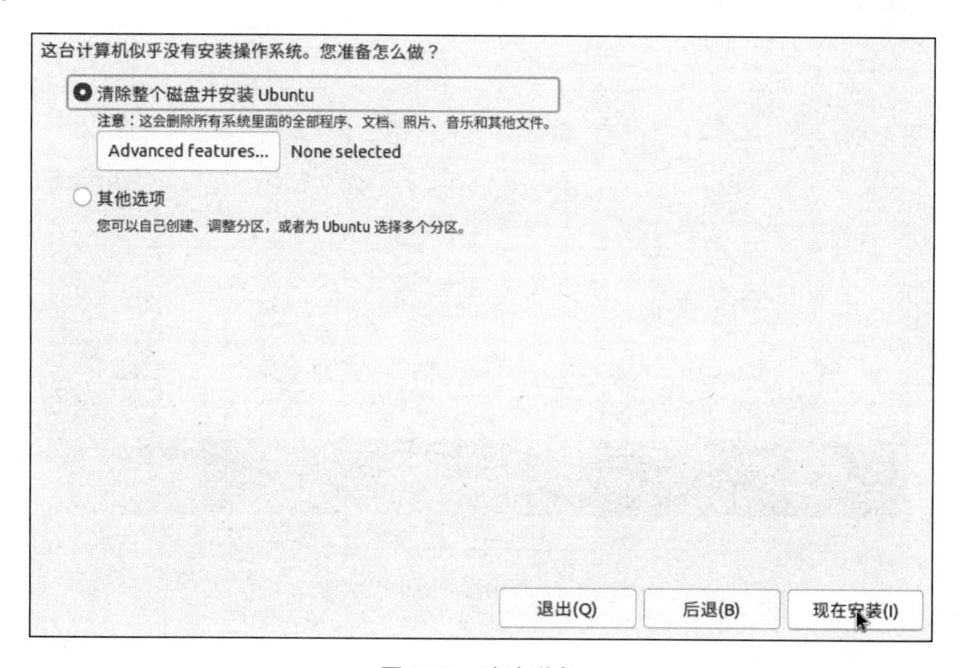

图 2-55　清除磁盘

时区默认为“上海”，单击“继续”按钮。输入用户名，比如“dragon”，输入密码，比如“0”，单击“继续”按钮，如图 2-56 所示。

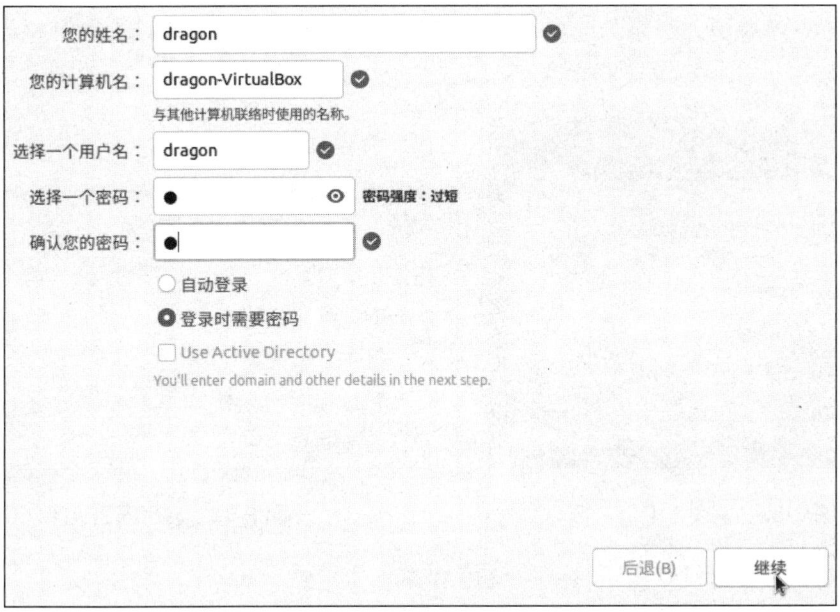

您的姓名：
dragon
您的计算机名：
dragon-VirtualBox
与其他计算机联络时使用的名称。
选择一个用户名：
dragon
选择一个密码：
密码强度：过短
确认您的密码：
自动登录
登录时需要密码
Use Active Directory
You'll enter domain and other details in the next step.
后退(B)
继续

图 2-56　设置用户信息

安装完毕，单击“现在重启”按钮，如图 2-57 所示。

安装完成
安装完毕。您需要重新启动计算机以使用新安装的系统。
现在重启

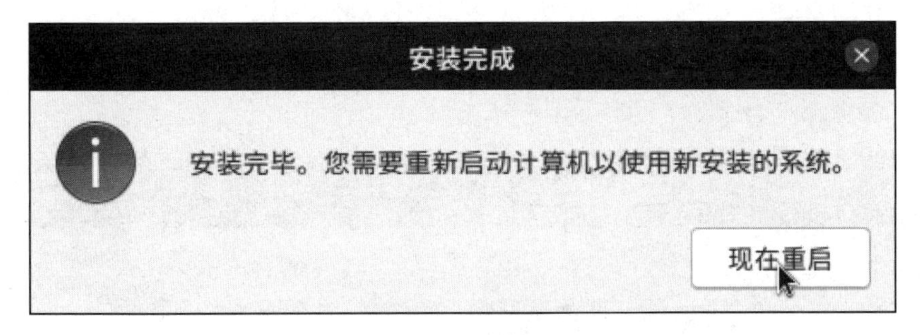

图 2-57　重新启动

按回车键，虚拟机就可以启动了，如图 2-58 所示。

Please remove the installation medium, then press ENTER:
ubuntu
Right Ctrl

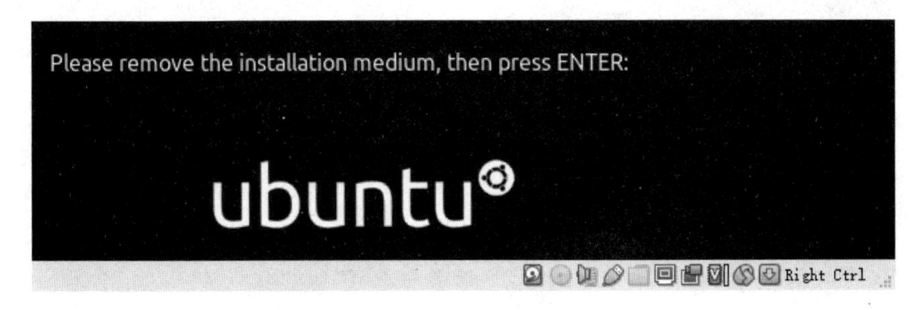

图 2-58　启动虚拟机

现在关机，以便恢复虚拟机的网络连接。单击界面右上角的关机按钮，回到 VirtualBox 的主窗口，如图 2-59 所示。

在网络部分单击“网络”选项。在网络设置对话框中勾选“启用网络连接”复选框，注意核对连接方式是“桥接网卡”模式，单击“OK”按钮，如图2-60所示。

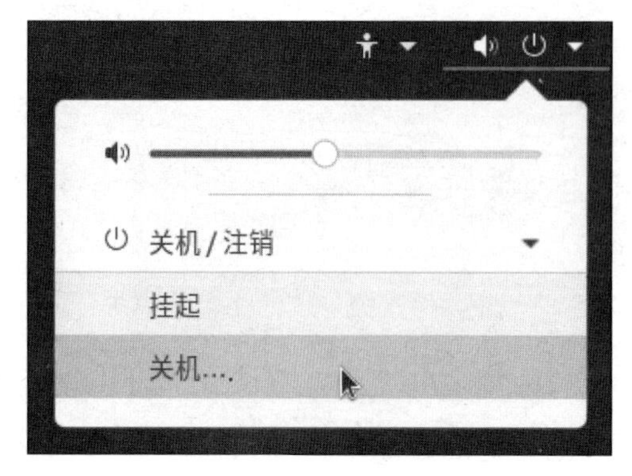

图2-59 关闭虚拟机

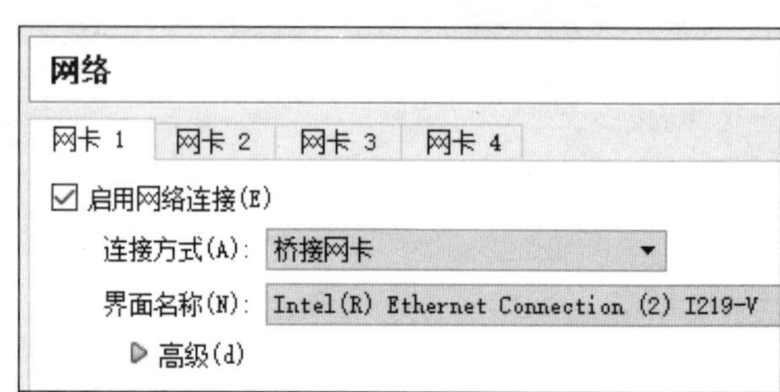

图2-60 启用网络连接

接下来启动虚拟机。

4. 在Ubuntu虚拟机中安装VirtualBox的增强功能

在Ubuntu虚拟机安装好后，可以在虚拟机中安装VirtualBox的增强功能。这是一个可选步骤，具体步骤如下。

首先，登录Ubuntu虚拟机，由于这是首次登录，需要单击“跳过”按钮，如图2-61所示。单击“前进”按钮，直到“完成”。

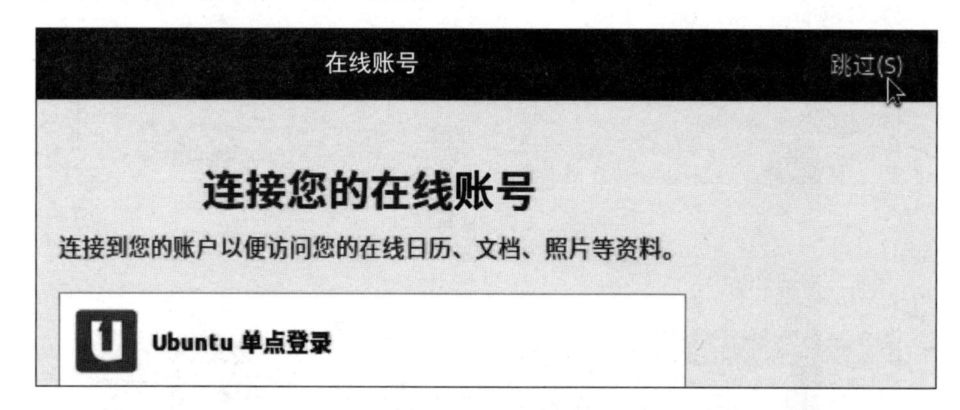

图2-61 首次登录

为了后续操作方便，建议配置一下屏幕分辨率。在Ubuntu桌面上单击鼠标右键，选择“显示设置”选项，把分辨率选择为“1280×800（16∶10）”，单击“应用”按钮，如图2-62所示。单击“保留更改”按钮，并关闭设置窗口。

然后，打开一个终端窗口。在Ubuntu桌面上单击鼠标右键，选择“在终端中打开”选项，如图2-63所示。

图 2-62　调整分辨率

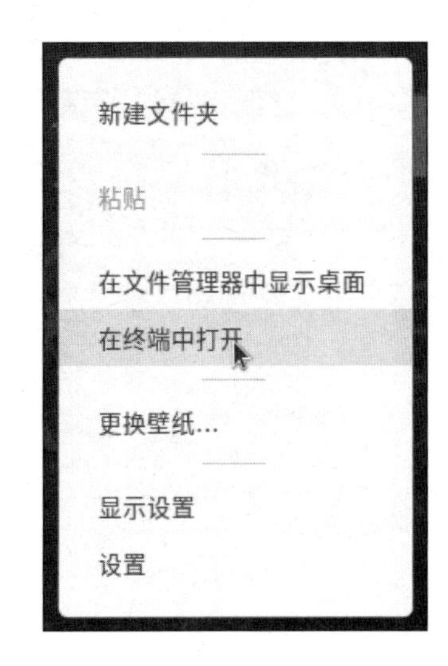

图 2-63　打开一个终端窗口

（1）更新软件源。在终端窗口中输入以下命令并按回车键（即执行命令）：

```
sudo apt-get update
```

（2）安装 3 个必要的工具：gcc、make 和 perl。在终端窗口中执行以下命令：

```
sudo apt-get install gcc make perl
```

最后，在“设备”菜单中选择“安装增强功能...”选项，如图 2-64 所示。

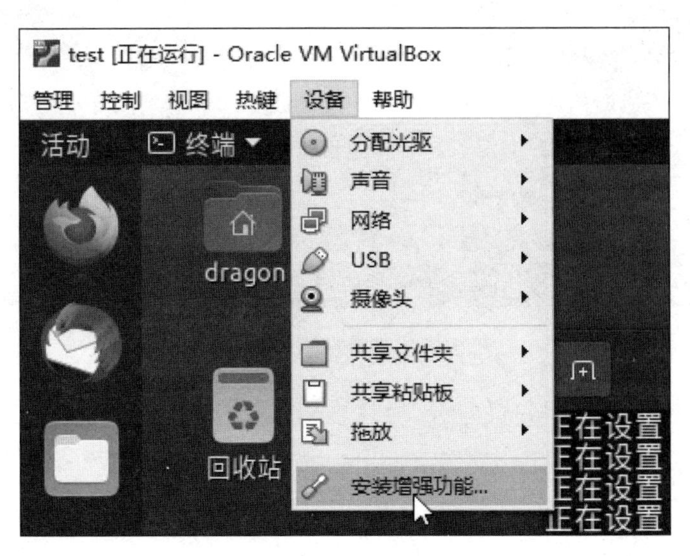

图 2-64　安装增强功能

输入用户的密码，单击“认证”按钮。增强功能安装完成后，需要重启虚拟机，如图 2-65 所示。

```
VirtualBox Guest Additions installation
Verifying archive integrity... All good.
Uncompressing VirtualBox 6.1.32 Guest Additions for Linux........
VirtualBox Guest Additions installer
Copying additional installer modules ...
Installing additional modules ...
VirtualBox Guest Additions: Starting.
VirtualBox Guest Additions: Building the VirtualBox Guest Additions kernel
modules.  This may take a while.
VirtualBox Guest Additions: To build modules for other installed kernels, run
VirtualBox Guest Additions:   /sbin/rcvboxadd quicksetup <version>
VirtualBox Guest Additions: or
VirtualBox Guest Additions:   /sbin/rcvboxadd quicksetup all
VirtualBox Guest Additions: Building the modules for kernel 5.13.0-30-generic.
update-initramfs: Generating /boot/initrd.img-5.13.0-30-generic
VirtualBox Guest Additions: Running kernel modules will not be replaced until
the system is restarted
Press Return to close this window...
```

图 2-65 增强功能安装完成

在虚拟机重启后，登录虚拟机，调整一下分辨率[建议选择“1280×800（16∶10）”]。在“设备”菜单中选择“共享粘贴板”—“双向”选项，如图 2-66 所示。在“设备”菜单中选择“拖放”—“双向”选项。

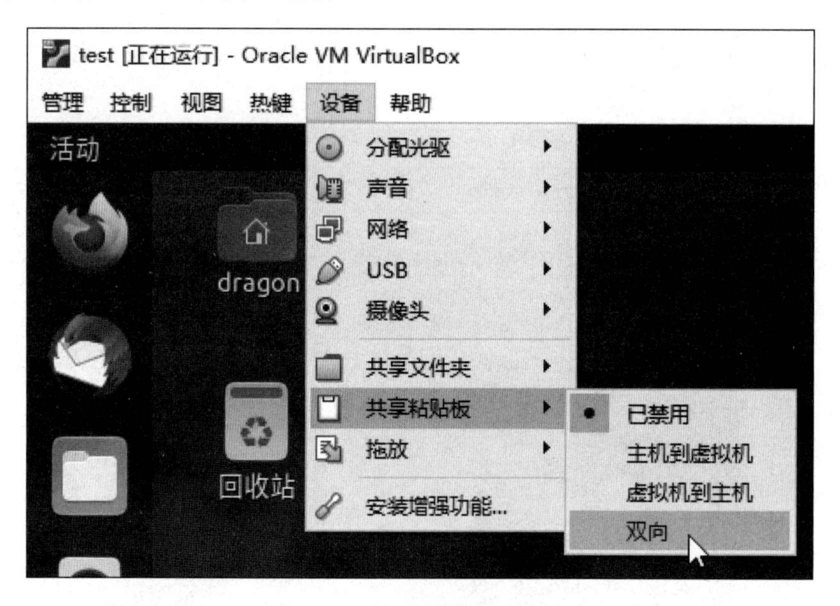

图 2-66 设置粘贴板和拖放

至此，VirtualBox 的增强功能就已经在虚拟机中安装完成并且激活了。

5. 建立快照

我们给这个虚拟机建立一个快照。建立快照的目的是保留一个干净的裸系统，可以随时还原。

首先，把虚拟机关机。在虚拟机关机之后，回到 VirtualBox 的主界面。

然后，使用虚拟机的备份生成功能来完成快照的建立。在该虚拟机右侧的菜单图标中选择“备份［系统快照］”选项，如图 2-67 所示。

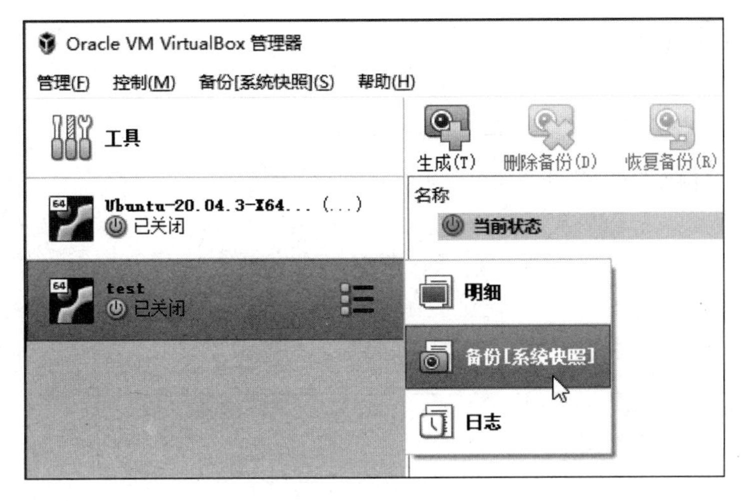

图 2-67　虚拟机备份

在虚拟机上方的工具栏中选择“生成”选项，如图 2-68 所示。

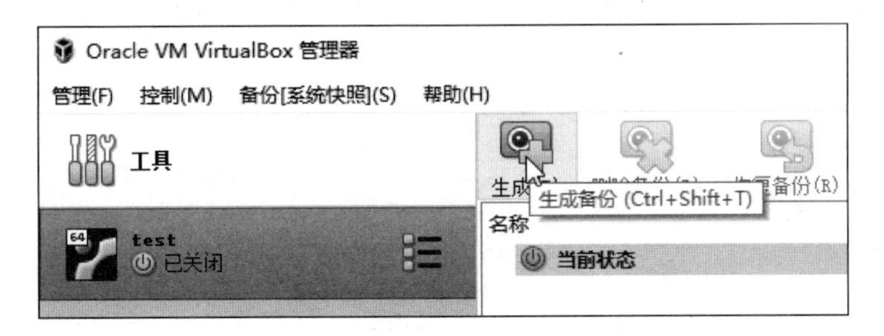

图 2-68　生成备份

您可以定义备份名称，比如“Original”或者“原始快照”，如图 2-69 所示。

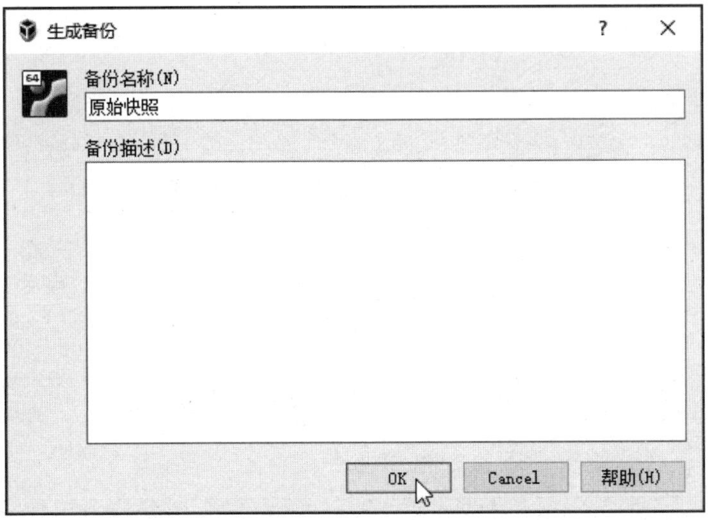

图 2-69　定义备份名称

2.2.2 配置编译环境

1. 替换 Ubuntu 的软件源

下面开始配置编译环境。先替换 Ubuntu 的软件源，以提高软件安装和更新的速度。我们使用软件源生成器，网址参见本节的配套资源（“网址 2-LUG's repo file generator”）。

（1）下载对应版本最新的源。首先，把虚拟机开机。然后，打开虚拟机中的 Firefox 网络浏览器，输入上述网址，下载对应版本最新的源。在这里找到 Ubuntu，版本选择“focal（20.04）”，单击“Download”按钮，保存文件，如图 2-70 所示。

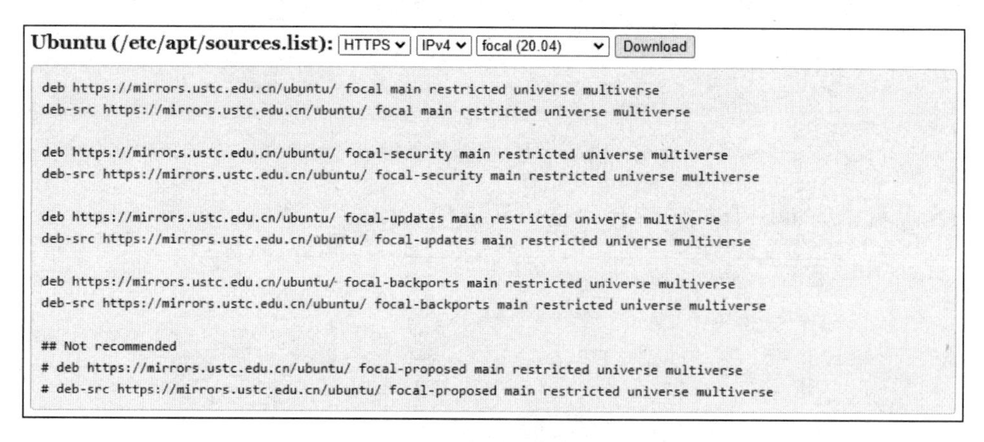

图 2-70 下载软件源

接下来，找到下载的文件所在的位置，如图 2-71 所示。

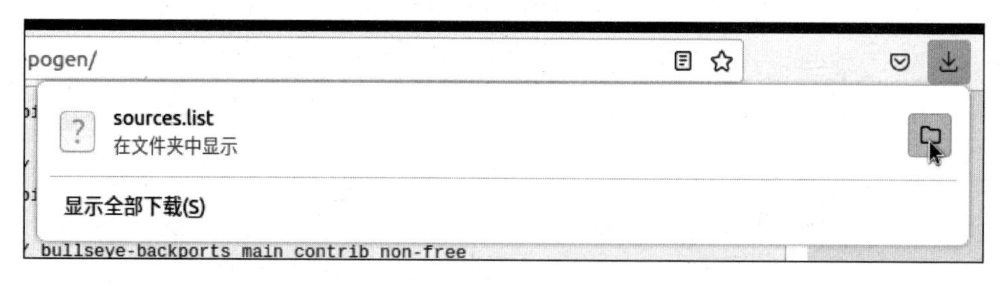

图 2-71 找到下载的文件所在的位置

在此文件夹中单击鼠标右键，选择“在终端打开”选项，打开一个终端窗口，如图 2-72 所示。

（2）备份原始文件。在终端窗口中执行以下命令：

```
sudo cp /etc/apt/sources.list /etc/apt/source.list.bak
```

（3）替换源。在终端窗口中执行以下命令：

```
sudo mv -f sources.list /etc/apt/
```

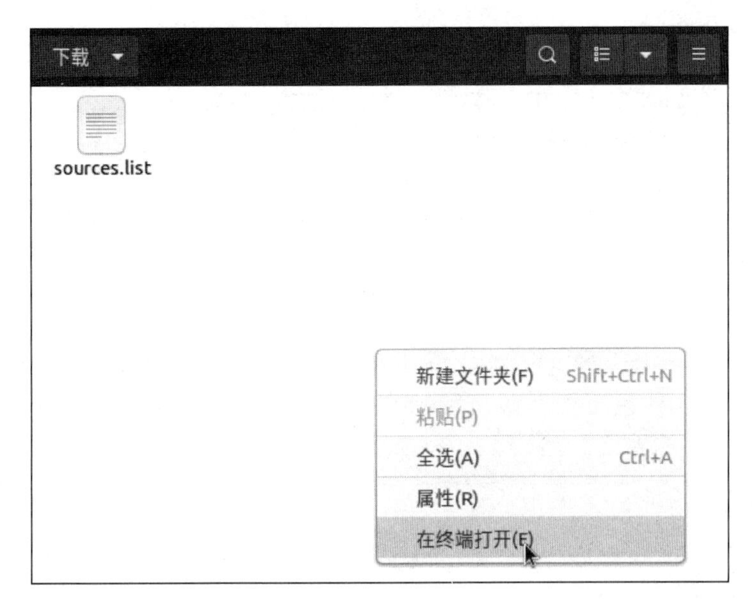

图 2-72　打开一个终端窗口

（4）更新软件包索引。在终端窗口中执行以下命令：

```
sudo apt update
```

2. 安装必要的库和工具

必要的库和工具包括 gcc、g++、make、perl、bc、openssl 等。

首先，安装工具的第一部分。在终端窗口中执行以下命令：

```
sudo apt-get install build-essential gcc g++ make zlib* libffi-dev
```

然后，安装工具的第二部分。在终端窗口中执行以下命令：

```
sudo apt-get install e2fsprogs pkg-config flex bison perl bc openssl libssl-dev
libelf-dev libc6-dev-amd64 binutils binutils-dev libdwarf-dev u-boot-tools
mtd-utils gcc-arm-linux-gnueabi cpio device-tree-compiler
```

3. 配置 Python

（1）设置默认 Python 解释器。将 Python 和 Python 3 的软链接更改为 Python 3.8。在终端窗口中分别执行以下命令：

```
➢ sudo update-alternatives --install /usr/bin/python python /usr/bin/python3.8 1
➢ sudo update-alternatives --install /usr/bin/python3 python3 /usr/bin/python3.8 1
```

我们来验证一下。在终端窗口中执行以下命令：

```
python -version
```

可以看到，默认 Python 解释器已经更改为 Python 3.8.10，如图 2-73 所示。

```
dragon@dragon-VirtualBox:~/下载$ python --version
Python 3.8.10
dragon@dragon-VirtualBox:~/下载$ ▌
```

图 2-73 默认 Python 解释器已更改

（2）安装 Python 的包管理工具。在终端窗口中执行以下命令：

```
sudo apt install python3-pip
```

（3）配置 pip 软件包的更新源。我们使用华为云作为 pip 软件包的更新源。在终端窗口中分别执行以下命令：

```
➢ mkdir ~/.pip
➢ pip3 config set global.index-url https://mirrors.huaweicloud.com/
  repository/ pypi/simple
➢ pip3 config set global.trusted-host mirrors.huaweicloud.com
➢ pip3 config set global.timeout 120
```

4. 安装 LLVM（仅 OpenHarmony 1.x 需要）

请注意，LLVM 是 OpenHarmony 1.x 版本所需要的。安装 LLVM 分为以下四个步骤。

（1）下载。在终端窗口中执行以下命令：

```
wget https://repo.huaweicloud.com/harmonyos/compiler/clang/9.0.0-36191/
linux/llvm-linux-9.0.0-36191.tar
```

（2）安装。安装过程其实也是解压缩的过程。我们将会把它解压缩到当前用户的 home 目录下。在终端窗口中执行以下命令：

```
tar -xvf llvm-linux-9.0.0-36191.tar -C ~/
```

（3）删除安装包。在终端窗口中执行以下命令：

```
rm llvm-linux-9.0.0-36191.tar
```

（4）添加到 PATH 环境变量中。在终端窗口中执行以下命令：

```
echo 'export PATH=~/llvm/bin:$PATH' | tee -a ~/.bashrc
```

5. 安装 hb

安装 hb，也就是编译工具，分为以下四个步骤。请注意，安装目前版本的 hb，需要在 OpenHarmony 源码的根目录下去执行相应的命令。由于我们目前还没有介绍下载源码，所以安装 hb 这一步，请推迟到看完 2.3.1 节之后再进行操作。

首先，在 OpenHarmony 源码的根目录下打开一个终端窗口。

（1）安装。在终端窗口中执行以下命令：

```
python3 -m pip install --user build/lite
```

（2）将 pip 包的 bin 文件所在的目录添加到 PATH 环境变量中。在终端窗口中执行以下命令：

```
echo 'export PATH=~/.local/bin:$PATH' | tee -a ~/.bashrc
```

（3）使环境变量生效。在终端窗口中执行以下命令：

```
source ~/.bashrc
```

（4）检查是否安装成功。在终端窗口中执行以下命令：

```
hb -h
```

如果能看到 hb 的版本信息，就表明安装成功。

6. 安装 gn

gn 用于根据 BUILD.gn 文件生成 ninja 编译脚本。请注意，gn 是安装到 OpenHarmony 源码目录中的。由于我们目前还没有介绍下载源码，所以安装 gn 这一步，请推迟到看完 2.3.1 节之后再进行操作。

安装 gn 包括以下四个步骤。

（1）新建目录。在终端窗口中执行以下命令：

```
mkdir -p ~/openharmony/1.1.3/prebuilts/build-tools/linux-x86/bin/
```

（2）下载。在终端窗口中执行以下命令：

```
wget https://repo.huaweicloud.com/harmonyos/compiler/gn/1717/linux/gn-
linux-x86-1717.tar.gz
```

（3）解压缩安装。在终端窗口中执行以下命令：

```
tar -xvf gn-linux-x86-1717.tar.gz -C ~/openharmony/1.1.3/prebuilts/build-
tools/linux-x86/bin/
```

（4）删除安装包。在终端窗口中执行以下命令：

```
rm gn-linux-x86-1717.tar.gz
```

7. 安装 ninja

在 gn 安装好后，需要安装 ninja。这个工具用于执行 ninja 的编译脚本，运行编译命令，生成目标二进制文件。请注意，与 gn 类似，ninja 也是安装到 OpenHarmony 源码目录中的。由于我们目前还没有介绍下载源码，所以安装 gn 这一步，请推迟到看完 2.3.1 节之后再进行操作。安装 ninja 包括以下三个步骤。

（1）下载。在终端窗口中执行以下命令：

```
wget https://repo.huaweicloud.com/harmonyos/compiler/ninja/1.10.1/linux/
ninja-linux-x86-1.10.1.tar.gz
```

（2）解压缩安装。在终端窗口中执行以下命令：

```
tar -xvf ninja-linux-x86-1.10.1.tar.gz -C ~/openharmony/1.1.3/prebuilts/
build-tools/linux-x86/bin/
```

（3）删除安装包。在终端窗口中执行以下命令：

```
rm ninja-linux-x86-1.10.1.tar.gz
```

8. 安装编译和构建工具

安装编译和构建工具包括以下四个步骤。

（1）安装 scons 软件包。scons 软件包用于 Hi3861 SDK（Software Development Kit，软件开发工具包）编译和构建。在终端窗口中执行以下命令：

```
pip3 install scons
```

然后，将 pip 包的 bin 文件所在的目录添加到 PATH 环境变量中，之后使环境变量生效。在终端窗口中分别执行以下命令：

```
➢ echo 'export PATH=~/.local/bin:$PATH' | tee -a ~/.bashrc
➢ source ~/.bashrc
```

我们来验证一下 scons 软件包是否安装成功。在终端窗口中执行以下命令：

```
scons -v
```

当看到如图 2-74 所示的提示时，说明安装已经成功。

```
dragon@dragon-VirtualBox:~/下载$ scons -v
SCons by Steven Knight et al.:
        SCons: v4.2.0.fcdadeef19fe5fead09fa7544a27502be65312be,
        SCons path: ['/home/dragon/.local/lib/python3.8/site-pac
Copyright (c) 2001 - 2021 The SCons Foundation
dragon@dragon-VirtualBox:~/下载$
```

图 2-74 scons 软件包安装成功

（2）安装 GUI menuconfig 工具（Kconfiglib 软件包）。Kconfiglib 软件包用于根据 Kconfig 配置文件生成 Makefile 代码段和头文件。在终端窗口中执行以下命令：

```
pip3 install kconfiglib
```

（3）安装 pycryptodome 和 ecdsa 软件包。这两个软件包用于对编译生成的二进制文件进行签名。在终端窗口中执行以下命令：

```
pip3 install pycryptodome ecdsa
```

（4）安装 gcc_riscv32（编译工具链）。gcc_riscv32 作为一个交叉编译工具，用来编译出 Hi3861 平台的二进制代码。请在终端窗口中依次执行下列命令。

首先，下载 gcc_riscv32。

```
wget https://repo.huaweicloud.com/harmonyos/compiler/gcc_riscv32/7.3.0/
linux/gcc_riscv32-linux-7.3.0.tar.gz
```

然后，安装，我们把它解压缩到当前用户的 home 目录下。

```
tar -xvf gcc_riscv32-linux-7.3.0.tar.gz -C ~/
```

安装完毕后，可以删除安装包。

```
rm gcc_riscv32-linux-7.3.0.tar.gz
```

把 gcc_riscv32 的 bin 目录添加到 PATH 环境变量中。

```
echo 'export PATH=~/gcc_riscv32/bin:$PATH' | tee -a ~/.bashrc
```

最后，使环境变量生效。

```
source ~/.bashrc
```

9. 安装 Samba 服务

Samba 服务用于建立共享目录。我们通过 Samba 服务建立文件夹共享，将 OpenHarmony 的源码共享给 Windows 开发环境，这样就可以使用 Windows 下的 VS Code 和 HiBurn 进行开发与烧录了。

安装 Samba 服务包括以下两个步骤。请在终端窗口中依次执行下列命令。

（1）安装 Samba。

```
sudo apt install samba
```

（2）配置 Samba。使用 gedit 编辑器打开 Samba 配置文件。

```
sudo gedit /etc/samba/smb.conf
```

在配置文件的末尾添加以下内容：

```
[home]
comment = User Homes
path = /home
```

```
guest ok = no
writable = yes
browsable = yes
create mask = 0755
directory mask = 0755
```

保存文件，并且关闭 gedit 编辑器。

然后，指定共享账号。

```
sudo smbpasswd -a dragon
```

我们指定的用户名为“dragon”，将密码设置为“0”，您可以自定义密码。

最后，重启 Samba 服务。

```
sudo service smbd restart
```

10. 安装获取源码的必要工具和配置

最后，我们来安装获取 OpenHarmony 源码需要用到的工具，并且对它们进行配置，包括以下 3 个步骤。请在终端窗口中依次执行下列命令。

（1）安装 git 和 git-lfs。

```
sudo apt install git-lfs
```

（2）安装 repo 和 requests。

```
➢ wget https://gitee.com/oschina/repo/raw/fork_flow/repo-py3
➢ sudo mv repo-py3 /usr/local/bin/repo
➢ sudo chmod a+x /usr/local/bin/repo
➢ pip install requests
```

（3）配置 git 的用户信息。请注意，下面的邮箱和用户名仅供展示，在配置 git 用户信息的时候，要设置为自己的邮箱和用户名。

```
➢ git config --global user.email "29882387@qq.com"
➢ git config --global user.name "dragon"
```

11. 建立快照

至此，Ubuntu 编译环境就搭建完毕了。我们来建立一个快照。建立快照的目的是保留一个干净的编译环境，可以随时还原。

首先，把虚拟机关机，然后使用虚拟机备份生成功能来建立一个快照，名称可以随意。具体过程就不再赘述了。

2.2.3　使用预搭建的编译环境

手动配置编译环境确实是比较烦琐的，而使用预搭建的编译环境会极大地提高 OpenHarmony 初学者的入门效率，从而获得更好的学习体验。下面介绍如何使用预搭建的编译环境。

1. 下载

请在本节的配套资源中下载“OVF-OpenHarmony-Pegasus.7z”文件。这是我们预先搭建好的编译环境的一个压缩包。

2. 安装

找到下载好的预搭建的编译环境，把它解压缩，如图 2-75 所示。

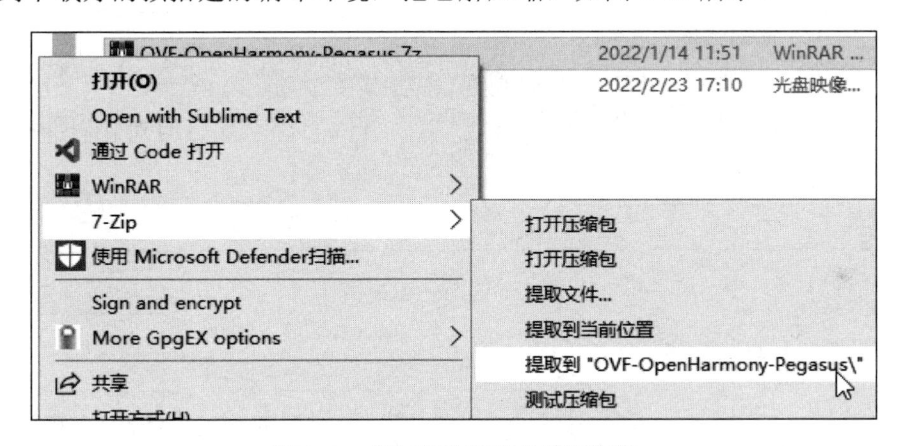

图 2-75　解压缩预搭建的编译环境

接下来，找到.ovf 文件，双击进行导入，如图 2-76 所示。

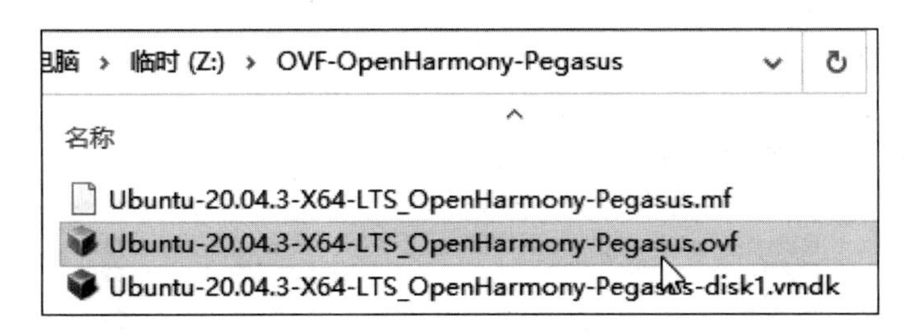

图 2-76　导入.ovf 文件

设置好虚拟机的位置后，单击“导入”按钮，如图 2-77 所示。

导入完成之后，单击“网络”选区的“网络地址转换”，在弹出的窗口中选择连接方式为“桥接网卡”，单击“OK”按钮。

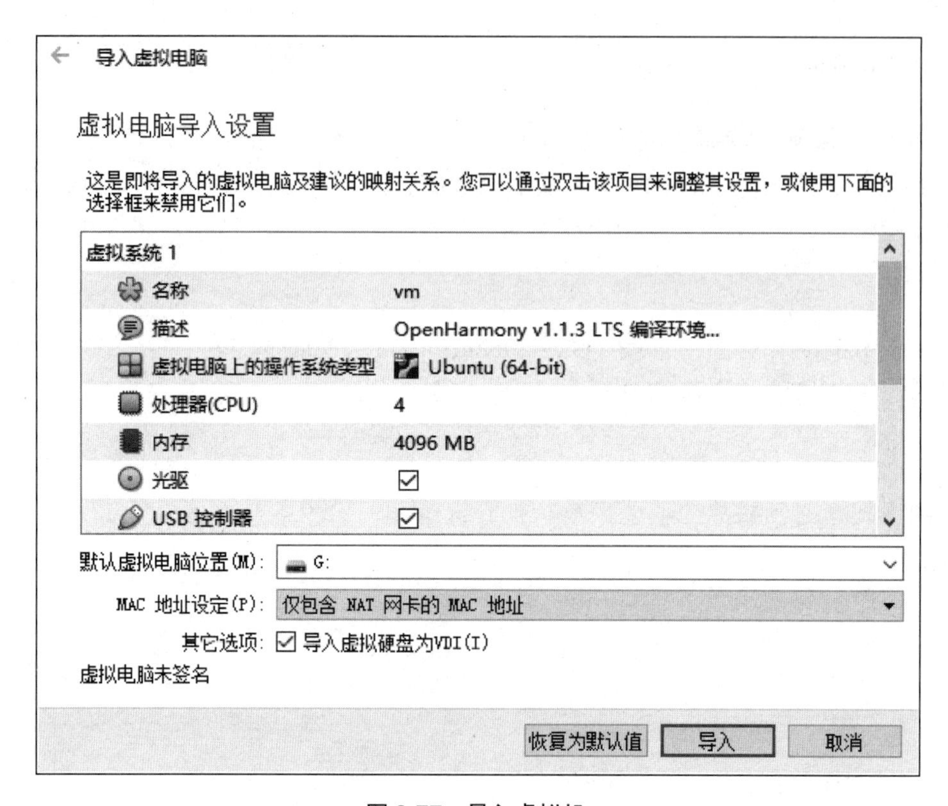

图 2-77 导入虚拟机

3. 启动虚拟机后的配置

启动虚拟机，并进行一些初始设置。首先登录，用户名为“dragon”，密码为“0”。

（1）设置分辨率。为了后续操作方便，建议配置一下屏幕分辨率。具体的配置选项如图 2-62 所示。

（2）安装 VirtualBox 增强功能（可选步骤）。首先，在“控制”菜单中单击“设置...”选项，如图 2-78 所示。

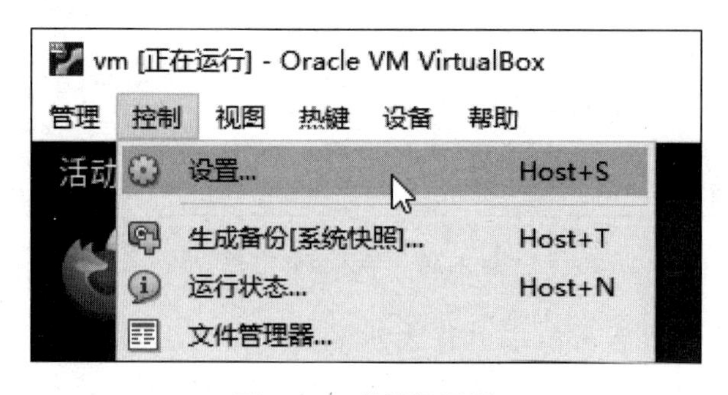

图 2-78 虚拟机设置

选择“存储”选项，单击 SATA 控制器右侧的“添加 虚拟 光驱”按钮，如图 2-79 所示。

图 2-79　添加虚拟光驱

单击“留空”按钮，如图 2-80 所示。之后单击“OK”按钮关闭设置窗口。

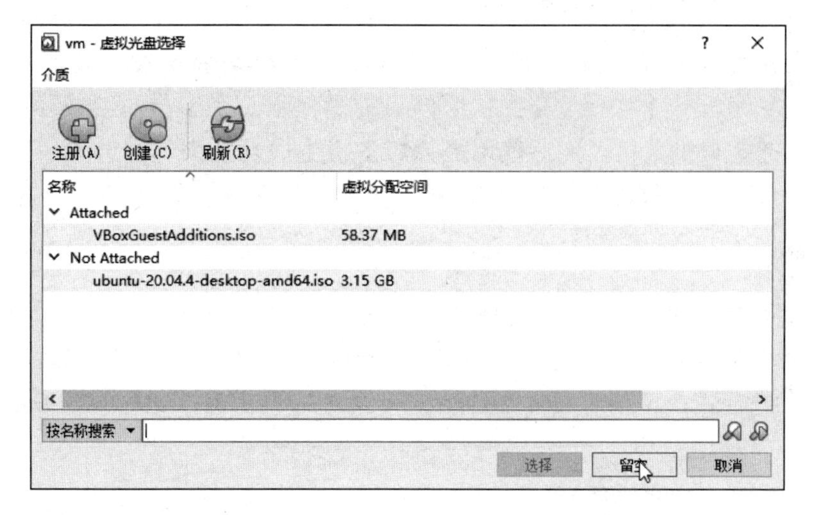

图 2-80　介质留空

然后，在“设备”菜单中选择“安装增强功能...”选项。

单击“运行”按钮，如图 2-81 所示。输入用户的密码，单击“认证”按钮。

图 2-81　运行安装程序

在增强功能安装完成后，需要重启虚拟机，如图 2-82 所示。

虚拟机重启后，登录虚拟机，可以看到分辨率恢复为默认值了，调整一下分辨率（建议调整为 1280px×800px）。接下来，在设备菜单中选择“共享粘贴板”—“双向”选项。在设备菜单中选择“拖放”—“双向”选项。

```
VirtualBox Guest Additions installation
Verifying archive integrity... All good.
Uncompressing VirtualBox 6.1.32 Guest Additions for Linux........
VirtualBox Guest Additions installer
Copying additional installer modules ...
Installing additional modules ...
VirtualBox Guest Additions: Starting.
VirtualBox Guest Additions: Building the VirtualBox Guest Additions kernel
modules.  This may take a while.
VirtualBox Guest Additions: To build modules for other installed kernels, run
VirtualBox Guest Additions:   /sbin/rcvboxadd quicksetup <version>
VirtualBox Guest Additions: or
VirtualBox Guest Additions:   /sbin/rcvboxadd quicksetup all
VirtualBox Guest Additions: Building the modules for kernel 5.13.0-30-generic.
update-initramfs: Generating /boot/initrd.img-5.13.0-30-generic
VirtualBox Guest Additions: Running kernel modules will not be replaced until
the system is restarted
Press Return to close this window...
```

图 2-82　增强功能安装完成

（3）建立快照（可选步骤）。至此，预搭建的编译环境就安装完成了。

您可以给它建立一个快照。建立快照的目的是保留一个干净的编译环境，可以随时还原。首先，把虚拟机关机，然后使用虚拟机备份生成功能来建立一个快照，名称可以随意。建立快照的具体过程可以参考 2.2.1 节，这里就不再赘述了。

4. 建立快捷方式

最后，建议在桌面上新建一个编译环境的快捷方式，具体方法如下。

找到虚拟机所在的位置，找到扩展名为“vbox”的文件，如图 2-83 所示。在桌面上新建它的快捷方式。可以对桌面上的快捷方式进行重命名，比如“Ubuntu”。

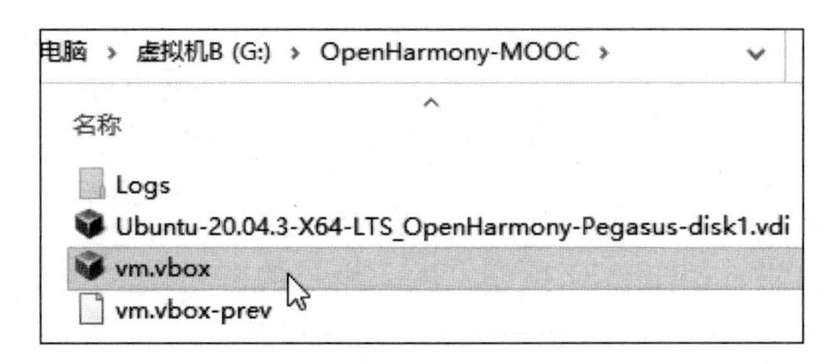

图 2-83　新建快捷方式

在学习了本节和 2.1 节的内容后，您已经在桌面上新建了以下几个快捷方式：

（1）Ubuntu——编译环境。

（2）VS Code——开发工具。

（3）HiBurn——烧录工具。

（4）MobaXterm——串口调试工具。

随着今后的学习，您还会新建另外两个工具的快捷方式，第一个是快速烧录工具，第二个是 USB 热点工具。这些工具会伴随着您的整个学习过程，建议把它们放在称手的位置上。

2.3　下载和编译OpenHarmony源码

本节内容：

如何获取 OpenHarmony 源码；本书内容的兼容度；如何适配 OpenHarmony 3.1.x 版本；如何适配 OpenHarmony 的未来版本；源码目录的构成和各部分的含义；如何编译源码、如何烧录和运行；OpenHarmony 的系统架构。

2.3.1　获取 OpenHarmony 源码

OpenHarmony 开源项目的网址参见本节的配套资源（“网址 1-OpenHarmony 开源项目”）。目前，它由 300 多个仓库构成，如图 2-84 所示。

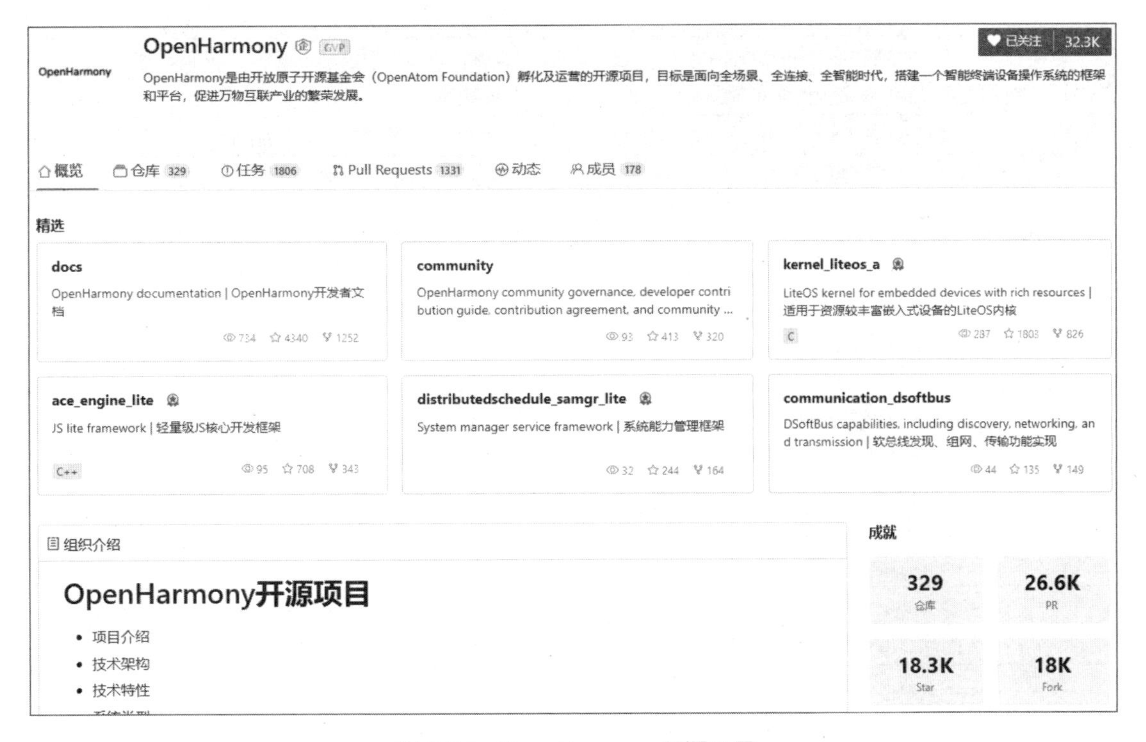

图 2-84　OpenHarmony 开源项目

1. 本书内容的兼容度

目前，OpenHarmony 处于快速发展期，它的版本多，并且迭代速度快。OpenHarmony 在大版本之间出现过头文件路径变更、头文件名变更、函数名变更、宏名称变更、代码路径变更等兼容性问题。这就给教材及其案例编写带来了一定的困难。

本书不针对某个特定的 OpenHarmony 版本，而是力图兼容所有目前以及未来的 OpenHarmony 版本。只有这样，才会让您手上的图书不会轻易过时，而且可以给您更大的版本选择权。

截至 2023 年 4 月 9 日，OpenHarmony 共有 32 个已发布版本，包括 Beta 版、Release 版和 LTS 版。本书内容的兼容度见表 2-1。

表 2-1 本书内容的兼容度（截至 2023 年 4 月 9 日）

OpenHarmony 版本	案例兼容度	本书兼容度	备注
1.0 版（2020-09-10）	不兼容	不兼容	该版本已淘汰
1.0.1 版（2021-03-15）	兼容	兼容	最低可用版本
1.1.0 LTS 版（2021-04-01）	兼容	兼容	建议使用的最低版本
1.1.1 LTS 版（2021-06-22）	兼容	兼容	
1.1.2 LTS 版（2021-08-04）	兼容	兼容	
1.1.3 LTS 版（2021-09-30）	兼容	兼容	本书使用的版本
1.1.4 LTS 版（2022-02-11）	兼容	兼容	
1.1.5 LTS 版（2022-08-24）	兼容	兼容	
2.0 Canary 版（2021-06-01）	兼容	兼容	
2.2 Beta2 版（2021-08-04）	兼容	兼容	
3.0 LTS 版（2021-09-30）	兼容	兼容	
3.0.1 LTS 版（2022-01-12）	兼容	兼容	
3.0.2 LTS 版（2022-03-18）	兼容	兼容	
3.0.3 LTS 版（2022-04-08）	兼容	兼容	
3.0.5 LTS 版（2022-07-01）	兼容	兼容	
3.0.6 LTS 版（2022-09-15）	兼容	兼容	
3.0.7 LTS 版（2022-12-05）	兼容	兼容	
3.0.8 LTS 版（2023-02-24）	兼容	兼容	建议使用的最高版本
3.1 Beta 版（2021-12-31）	兼容	兼容	
3.1 Release 版（2022-03-30）	兼容	需简单适配	
3.1.1 Release 版（2022-05-31）	兼容	需简单适配	
3.1.2 Release 版（2022-08-24）	兼容	需简单适配	
3.1.3 Release 版（2022-09-30）	兼容	需简单适配	
3.1.4 Release 版（2022-11-02）	兼容	需简单适配	
3.1.5 Release 版（2023-01-03）	兼容	需简单适配	
3.1.6 Release 版（2023-02-06）	兼容	需简单适配	
3.2 Beta1 版（2022-05-31）	兼容	需简单适配	
3.2 Beta2 版（2022-07-30）	兼容	需简单适配	
3.2 Beta3 版（2022-09-30）	兼容	需简单适配	
3.2 Beta4 版（2022-11-30）	兼容	需简单适配	
3.2 Beta5 版（2023-01-31）	兼容	需简单适配	
3.2 Release 版（2023-04-09）	兼容	需简单适配	

本书内容均不兼容 1.0 版，事实上这个版本已经被淘汰了。本书内容在 1.0.1 版～3.1 Beta 版的范围内是完全兼容的。这意味着，您可以在 1.0.1 版～3.1 Beta 版的范围内任意选用版本，本书内容完全适用，不需要做任何更改。截至 2023 年 4 月 9 日，在 3.1 Release 版～3.2 Release 版的范围内，书中的所有案例完全兼容，但是本书内容需要修改适配极个别的地方。

对于初学者，我们建议最低使用版本为 1.1.0 LTS 版，建议最高使用版本为 3.0.8 LTS 版。如果您有一定的基础，那么可以使用 3.1 Release 版～3.2 Release 版，只需要进行简单的适配即可。本书使用 1.1.3 LTS 版。

2. 适配3.1 Release 版 ~ 3.1.6 Release 版

首先，要明确的一点是，轻量系统目前已经基本稳定，在 OpenHarmony 的版本升级中保持着基本不变的状态。OpenHarmony 的版本升级目前主要面向小型系统和标准系统。这是在 1.0.1 版～3.2 Release 版如此大的版本范围内本书的案例和代码能够始终保持兼容的重要原因。可以说，本书的案例兼容目前（截至 2023 年 4 月 9 日）所有的 OpenHarmony 可用版本。但是，随着 OpenHarmony 版本的增加，某些代码的路径可能会变得更加规范，例如 Hi3861 SDK 的路径。这时，本书中相关的表述就需要进行适配。

如果您想在 3.1 Release 版～3.1.6 Release 版上进行本书的学习，需要简单地进行适配。本书的案例和代码不需要改动，改动涉及以下 3 个方面：

（1）路径“device/hisilicon/hispark_pegasus”变更为“device/soc/hisilicon/hi3861v100”。

① 涉及“usr_config.mk”文件（开启 hi3861_sdk 的 PWM 和 I2C 支持）。

适配前：修改“device/hisilicon/hispark_pegasus/sdk_liteos/build/config/usr_config.mk”文件。

适配后：修改“device/soc/hisilicon/hi3861v100/sdk_liteos/build/config/usr_config.mk”文件。

② 涉及“.vscode\c_cpp_properties.json”文件。

将该文件中所有的“device/hisilicon/hispark_pegasus”替换为“device/soc/hisilicon/hi3861v100”。

③ 其他涉及此路径变更的表述文字。

（2）需要升级 hb。很简单，卸载重新安装即可。首先，启动编译环境（Ubuntu 虚拟机），在 OpenHarmony 源码根目录下打开一个终端窗口，然后在终端窗口中依次执行下列命令。

```
➤ python3 -m pip uninstall ohos-build
➤ python3 -m pip install --user build/lite
```

这将会根据 OpenHarmony 的版本安装对应版本的 hb。

（3）hb build 命令的工作机制变化。

涉及 3.3.1 节的相关命令，见表 2-2。

表 2-2 hb build 命令的工作机制变化

命令	变化前	变化后
hb build -f -T 路径:目标	组件/模块的全量编译	固件的全量编译。参数“-f”后面的参数“-T”无效
hb build -T 路径:目标	组件/模块的增量编译	含义不变，但是需要去掉路径前面的“//”。将组件配置到产品后才能执行此命令
hb build -f 组件名称	组件的全量编译	命令已失效
hb build 组件名称	组件的增量编译	命令已失效

3. 适配3.2 Beta1版 ~ 3.2 Release 版

如果您想在 3.2 Beta1 版～3.2 Release 版本上进行本书的学习，同样需要简单适配。具体方法参见本节的配套资源（“适配 3.2Beta1- 3.2Release.pdf”）。

4. 适配 OpenHarmony 的未来版本

对于 OpenHarmony 的未来版本，书中的案例将大概率保持兼容，只需要进行简单的适配即可使用。您可以在本节的配套资源中，找到本书适配 OpenHarmony 未来版本的指引文档。

5. 获取1.1.3 LTS 版的源码

下面介绍如何获取 OpenHarmony 源码。首先，介绍本书使用 1.1.3 LTS 版的源码如何获取。1.1.3 LTS 版的源码一共包含 100 829 个文件，总计 1.2GB。采用以下步骤将源码下载到编译环境（Ubuntu 虚拟机）中。

（1）启动 Ubuntu 虚拟机。请注意，预搭建的编译环境是自带 1.1.3 LTS 版源码的，为了学习源码的下载过程，您可以把它先删掉。具体方法如下：打开当前用户的 home 目录，打开 openharmony 文件夹，找到名称为“1.1.3”的文件夹，将其删除，如图 2-85 所示。

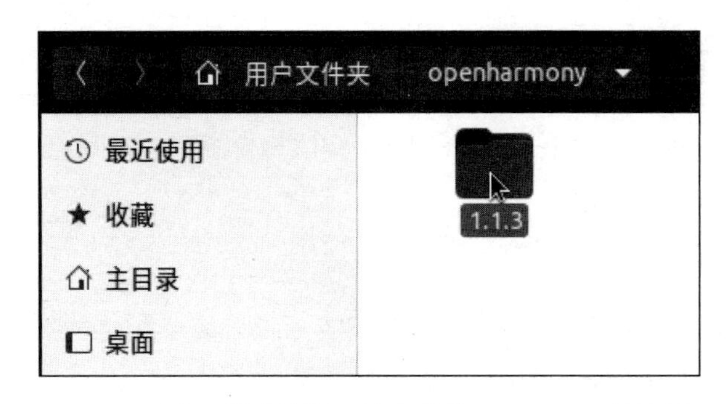

图 2-85 删除预搭建编译环境自带的 1.1.3 LTS 版的源码

由于在之前的学习中，您已经给虚拟机建立了快照，所以可以随时恢复虚拟机的初始状态。

（2）建立源码根目录。在虚拟机桌面上单击鼠标右键，选择“在终端中打开”选项，打开一个终端窗口。请在终端窗口中依次执行下列命令。

首先，需要在虚拟机中建立一个相应的文件夹存放源码，我们把这个文件夹叫“源码根目录”。比如，在当前用户的 home 目录中，新建一个“openharmony”文件夹，在之下建立一个“1.1.3”文件夹，在里面放置源码。在当前用户的 home 目录下，建立一个“openharmony/1.1.3”层级目录。

```
mkdir -p ~/openharmony/1.1.3
```

然后，进入该目录。

```
cd ~/openharmony/1.1.3
```

（3）使用 repo 工具初始化源码仓。

```
repo init -u https://gitee.com/openharmony/manifest.git -b refs/tags/
OpenHarmony-v1.1.3-LTS --no-repo-verify
```

在初始化源码仓的时候，我们采用指定“分支”或者“分支标签”的方法来拉取特定版本的 OpenHarmony 源码。在这里我们指定的是 1.1.3 LTS 版。

（4）使用 repo 工具同步源码仓。

```
repo sync -c
```

因为 1.1.3 LTS 版的源码仓有 1.2GB，所以同步过程需要一定的时间。在同步完成之后，我们使用 repo 工具将源码仓中的大型文件拉取下来。

```
repo forall -c 'git lfs pull'
```

至此，1.1.3 LTS 版的源码就下载完成了。

6. 获取3.0.7 LTS 版的源码

首先，需要明确的一点是，3.0.7 LTS 版的源码仓很大，拥有超过 45 万个文件，总计超过 6.5GB。它的获取步骤与获取 1.1.3 LTS 版的源码类似，其中主要的区别在于拉取的分支标签不同。

```
➢ mkdir -p ~/openharmony/3.0.7
➢ cd ~/openharmony/3.0.7
➢ repo init -u https://gitee.com/openharmony/manifest.git -b
refs/tags/OpenHarmony-v3.0.7-LTS --no-repo-verify
➢ repo sync -c
➢ repo forall -c 'git lfs pull'
```

7. 获取3.1.4 Release 版的源码

再次提醒，使用 3.1 Release 版及以上版本需要进行简单的适配。请参阅前面介绍的适配方法。

```
➢ mkdir -p ~/openharmony/3.1.4
➢ cd ~/openharmony/3.1.4
➢ repo init -u https://gitee.com/openharmony/manifest.git -b refs/tags/
  OpenHarmony-v3.1.4-Release --no-repo-verify
➢ repo sync -c
➢ repo forall -c 'git lfs pull'
```

8. OpenHarmony 版本注释

事实上，OpenHarmony 源码仓中包含了从 1.0 版到最新版的所有分支，当拉取源码的时候，我们只需要获取对应分支的源码即可。作为学习者，如果我们知道每个分支标签的名称，就可以拉取任意版本的源码了。

在 OpenHarmony 的文档仓中有"Release Notes"，也就是版本注释，如图 2-86 所示。它记录了 OpenHarmony 自诞生以来的版本历史，包括每一个版本的获取方法。Release Notes 的网址参见本节的配套资源（"网址 2-OpenHarmony Release Notes"）。

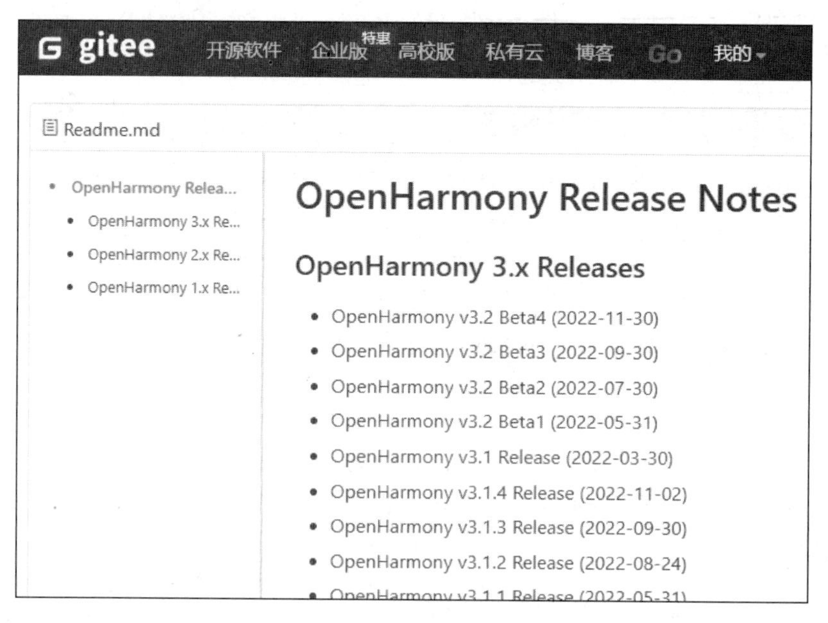

图 2-86　OpenHarmony 版本注释（Release Notes）

如果想了解特定版本的获取方法，那么只需要单击这个版本的链接，定位到"源码获取"—"通过 repo 获取"部分（如图 2-87 所示），就可以查看具体的步骤。本书使用方式二，也就是通过 repo + https 下载。

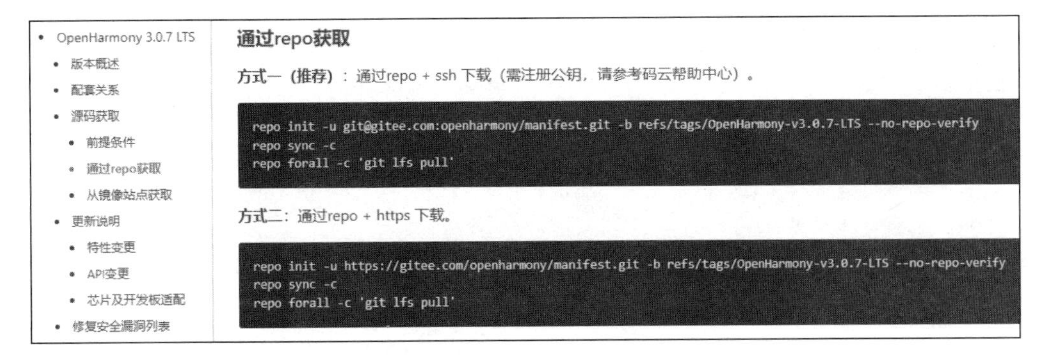

图 2-87　3.0.7 LTS 版的注释

9. 配置编译环境的未尽事项

在 2.2.2 节中，我们曾经提到过，安装 hb、gn 和 ninja，需要推迟到看完 2.3.1 节之后再操作。现在，您可以完成这 3 个步骤了。当然，如果您使用的是预搭建的编译环境，这些步骤就可以省去了。

2.3.2　源码目录简介

图 2-88 所示为下载的 1.1.3 LTS 版的源码目录的展开结构。

```
∨ 1.1.3
  > .repo
  > .vscode
  > applications
  > base
  > build
  > developtools
  > device
  > docs
  > domains
  > drivers
  > foundation
  > kernel
  > out
  > prebuilts
  > test
  > third_party
  > utils
  > vendor
  build.py
  {} ohos_config.json
```

目录名	描述
applications	应用程序样例（应用层）
base	基础软件服务子系统集&硬件服务子系统集（服务层+框架层）
build	组件化编译、构建和配置脚本
device	各个厂商开发板的HAL和SDK接口
docs	说明文档
domains	增强软件服务子系统集（服务层+框架层）
drivers	驱动子系统（内核层）
foundation	系统基础能力子系统集（服务层+框架层）
kernel	内核子系统（内核层）
prebuilts	编译器及工具链子系统
test	测试子系统
third_party	开源第三方组件
utils	常用的工具集
vendor	厂商提供的软件
build.py	编译脚本文件

图 2-88　1.1.3 LTS 版的源码目录的展开结构

2.3.3　编译源码

编译源码就是将源码编译成能够在目标平台上运行的二进制文件。

1. 设置目标开发板

（1）在源码根目录中打开一个终端窗口。回到编译环境（Ubuntu 虚拟机），进入当前用户的 home 目录，双击进入 openharmony 文件夹，在这里可以看到刚刚下载完的 1.1.3

版的（或其他版本）源码根目录。在此文件夹上单击鼠标右键，选择“在终端打开”选项，就可以建立一个终端窗口，并且当前的位置位于源码根目录中，如图 2-89 所示。

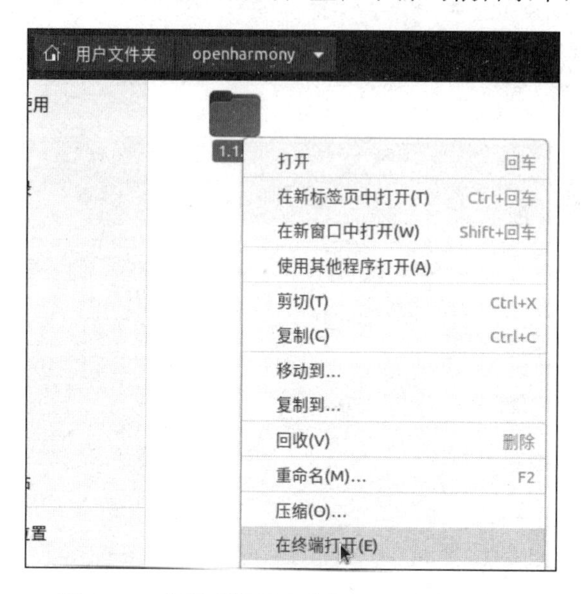

图 2-89　在源码根目录中打开一个终端窗口

（2）选择开发板。在终端窗口中执行以下命令：

```
hb set
```

系统会提示我们确定代码路径。在这里按回车键，表示使用当前路径。接下来，要做一次选择，选择我们目前所使用的开发板。使用键盘的上下箭头按钮，选择“wifiiot_hispark_pegasus”这款开发板，按回车键。这样一来，目标开发板就设置完成了，如图 2-90 所示。

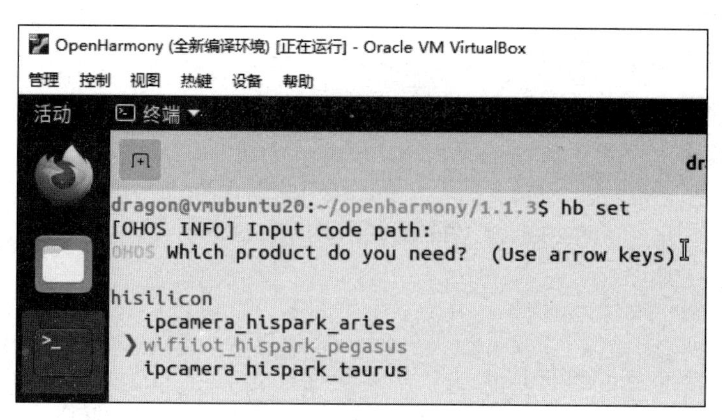

图 2-90　设置目标开发板

请注意，这个操作只需要设置一次，今后就不需要重复设置了。

2. 开始编译

如果之前的终端窗口被关闭了，请在源码根目录中打开一个终端窗口。在终端窗口中执行以下命令：

```
hb build
```

在编译完成后，我们观察信息的输出。如图 2-91 所示，在输出信息的倒数第二行中，如果我们可以看到“wifiiot_hispark_pegasus build success”这样的信息，就代表编译成功。输出信息的倒数第一行显示“cost time: 0:00:09”，这是当前完成整个编译过程所花费的时间。

```
[OHOS INFO] wifiiot_hispark_pegasus build success
[OHOS INFO] cost time: 0:00:09
```

图 2-91 编译结果

3. hb 快速入门

下面简单地介绍一下 hb 命令的使用方法。hb 的全称是“OHOS Build System”，从字面上理解就是“OpenHarmony 操作系统构建系统”。它是用来编译源码并构建 OpenHarmony 镜像文件的。常用的 hb 命令如下：

（1）hb -h：用于显示帮助，也就是这个命令的具体用法。

（2）hb set：用于设置要编译的产品，也就是目标开发板。

（3）hb build：用于进行增量编译。

（4）hb build -f：用于进行全量编译。

（5）hb clean：用于清除 out 目录中对应产品的编译产物。

一次全量编译相当于一次清除和一次增量编译的过程，等同于“hb clean”+“hb build”。

2.3.4 烧录固件

1. 编译生成的固件位置

首先，我们要找到编译生成的固件所在的位置。请注意，每次编译生成的固件都是源码根目录下的“out/hispark_pegasus/wifiiot_hispark_pegasus/Hi3861_wifiiot_app_allinone.bin”文件。

因为我们需要使用 Windows 下的 HiBurn 工具对开发板进行烧录，而固件在 Ubuntu 虚拟机中，所以需要通过 Windows 来访问 Ubuntu 虚拟机。为了做到这一点，我们要查看并且记录下虚拟机的 IP 地址。

回到编译环境（Ubuntu 虚拟机），在界面的右上角找到网卡标记，单击“有线已连接”—“有线设置”选项，如图 2-92 所示。

图 2-92　进入有线设置

在有线设置中，单击右侧的齿轮按钮，如图 2-93 所示。

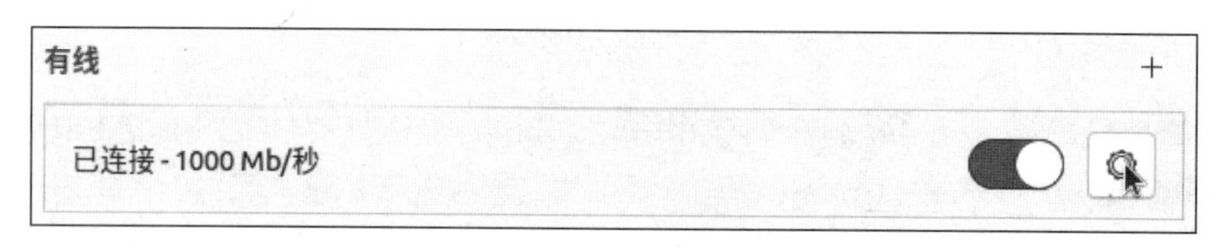

图 2-93　齿轮按钮

“IPv4 地址”显示的就是当前虚拟机的 IPv4 地址，如图 2-94 所示。我这里显示的是“192.168.8.215”，请记录下您的虚拟机的 IP 地址。

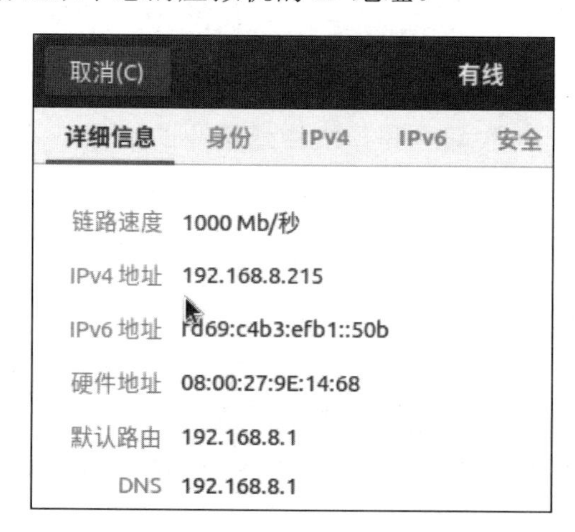

图 2-94　查看虚拟机的 IPv4 地址

2. 准备开发套件

在烧录固件之前，需要准备开发套件。本次烧录运行所采用的开发套件需要用到底板和核心板，请按图 2-95 所示组装好智能家居开发套件。

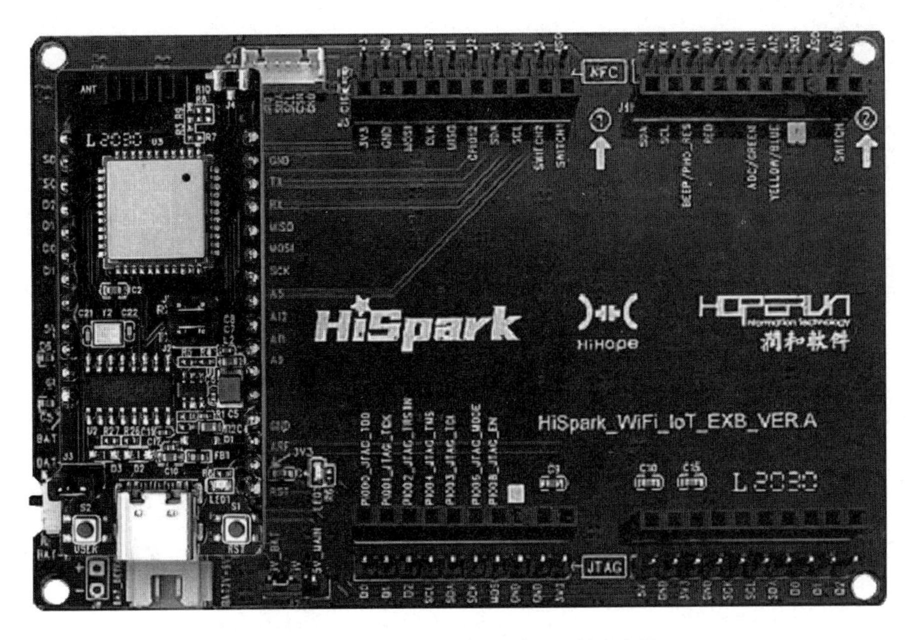

图 2-95　准备开发套件（底板+核心板）

3. 烧录

（1）将核心板和 PC 进行连接。

（2）启动 HiBurn。

（3）配置 HiBurn。将波特率设置为“2000000”，设置正确的串口号，并勾选“Auto burn”复选框。具体的操作方法您应该比较熟悉了，这也是在前面的学习中反复练习过的。

（4）选择固件并开始烧录。在 HiBurn 中单击“Select file”选项，在打开的文件窗口中，我们要通过 Ubuntu 虚拟机的 IP 地址来访问虚拟机内部的固件文件。所以，在文件名的输入框中，首先输入两个反斜杠（\\），然后输入虚拟机的 IP 地址（我在这里输入的是 192.168.8.215），单击“打开”按钮，如图 2-96 所示。

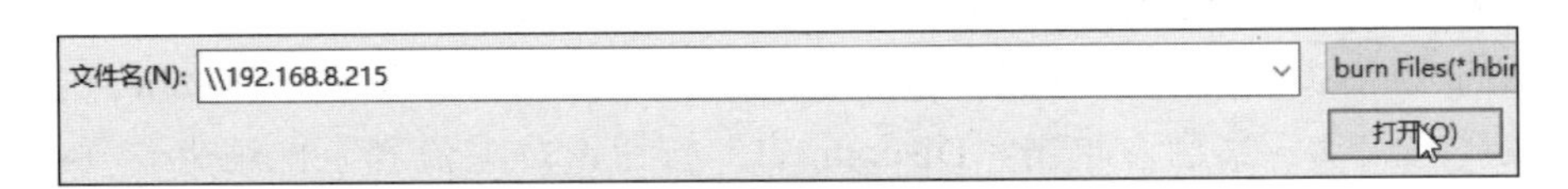

图 2-96　访问虚拟机的文件共享

接下来，需要输入网络凭据，就像我们登录 Ubuntu 一样。用户名是“dragon”，默认密码是“0”。勾选“记住我的凭据”复选框，单击“确定”按钮，如图 2-97 所示。

可以看到“home”目录，双击进入，如图 2-98 所示。

依次进入“dragon”—“openharmony”—“1.1.3”—“out”—“hispark_pegasus”—“wifiiot_hispark_pegasus”目录，就可以看到这个叫“Hi3861_wifiiot_app_allinone.bin”的固件文件（如图 2-99 所示）。选中它，单击“打开”按钮。

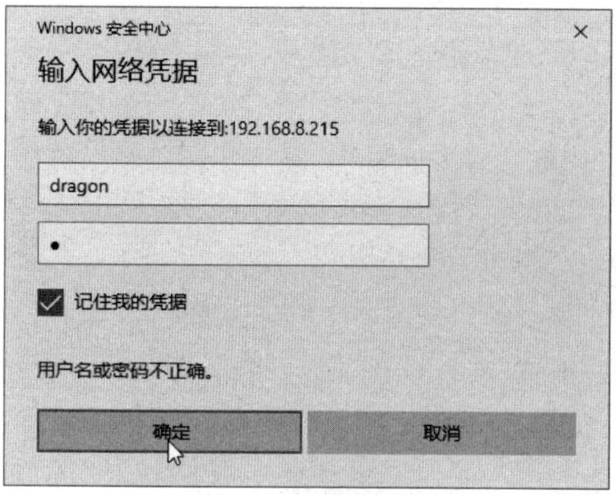

图 2-97 输入网络凭据

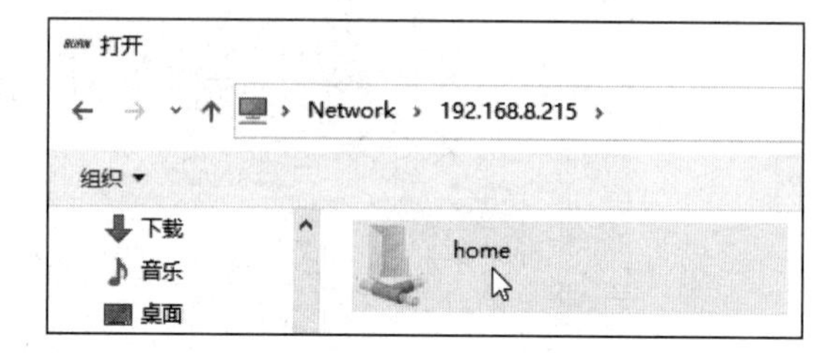

图 2-98 进入“home”目录

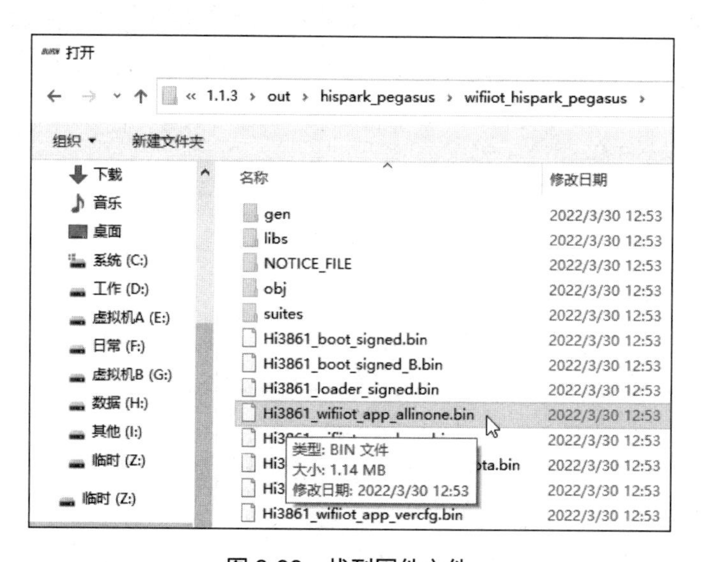

图 2-99 找到固件文件

接下来，单击“Connect”按钮，当看到“Connecting...”提示的时候，按一下核心板右下角的“RESET”按钮，烧录就开始了。当看到“Execution Successful”提示的时候，代表烧录成功。最后，单击“Disconnect”按钮，烧录流程至此结束。具体的操作方法也是我们在前面的学习中反复练习过的。

2.3.5 在智能家居开发套件上运行

在烧录完成后，就可以运行了。按一下核心板右下角的“RESET”按钮，重启开发板。如果接入了 OLED 显示屏模块，就会发现在 OLED 显示屏上是没有任何内容输出的。这是因为在 OpenHarmony 的源码中，在默认情况下并没有向 OLED 显示屏输出内容的代码。

那么我们如何观察源码的运行结果呢？可以使用“MobaXterm”这个串口调试工具。首先，启动 MobaXterm。由于我们之前已经建立好了一个叫“Pegasus”的 Session（会话），所以在 Sessions 面板中双击它就可以打开这个 Session。可以看到，开发板正在通过串口进行信息输出（如图 2-100 所示）。您可以尝试着重启一下开发板，按一下核心板右下角的“RESET”按钮，可以看到，开发板进行了重启。

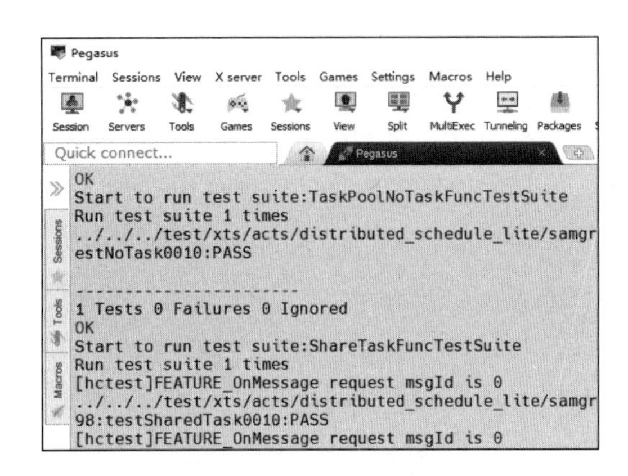

图 2-100　串口输出的信息

恭喜！至此，您已经成功地完成了 OpenHarmony 的源码获取、源码编译、固件烧录和运行操作。

2.3.6　OpenHarmony 的系统架构

在进行更深入的学习之前，了解一下 OpenHarmony 的系统架构是非常有必要的。从整体上来说，OpenHarmony 遵从分层设计的原则，从下到上分别是内核层、系统服务层、框架层和应用层，如图 2-101 所示。OpenHarmony 的系统按照“系统>子系统>组件”的方式逐级展开，并且支持根据实际需求“裁剪”非必要的组件。

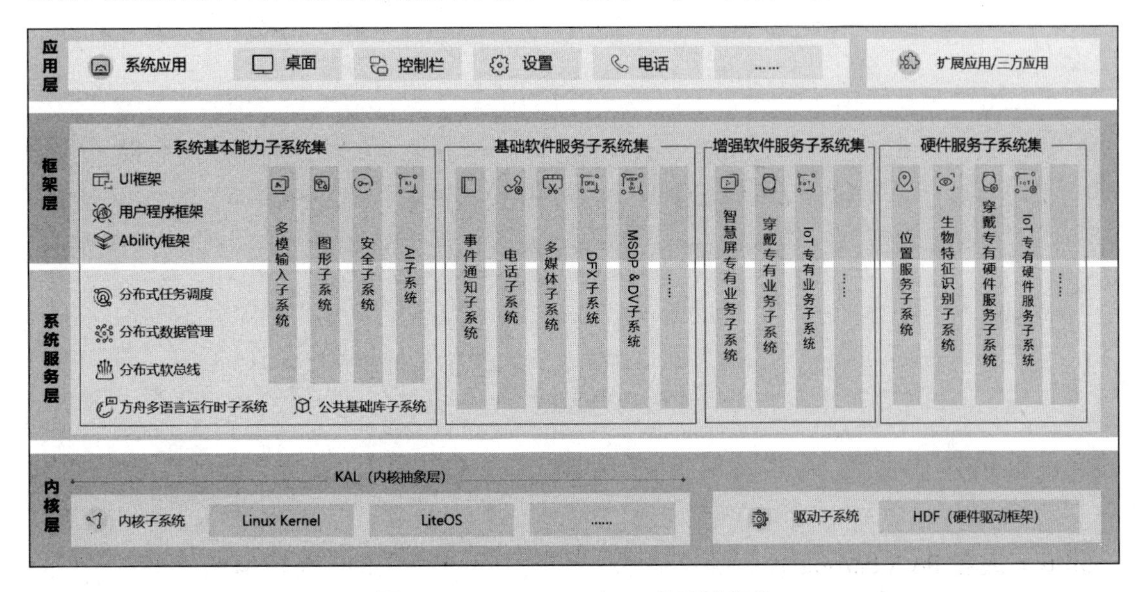

图 2-101　OpenHarmony 的系统架构

1. 内核层

内核层分成内核子系统和驱动子系统两个部分。

（1）内核子系统。内核子系统采用了多内核（例如 Linux 内核或者 LiteOS 内核）设计，支持针对不同的、资源受限的设备选用适合的操作系统内核。内核抽象层（Kernel Abstract Layer，KAL）通过屏蔽多内核的差异，对上层提供基础的内核能力，包括进程/线程管理、内存管理、文件系统、网络管理和外设管理等。

（2）驱动子系统。驱动子系统包含了一个十分重要的硬件驱动框架——HDF。HDF是系统硬件生态开放的基础，提供了统一外设访问的能力和驱动开发、管理的框架。

2. 系统服务层

系统服务层是 OpenHarmony 的核心能力集合，通过框架层对应用程序提供服务。系统服务层由 4 个子系统集构成，分别是系统基本能力子系统集、基础软件服务子系统集、增强软件服务子系统集和硬件服务子系统集。

（1）系统基本能力子系统集。它为分布式应用在多设备上的运行、调度、迁移等操作提供了基础能力。它由分布式软总线、分布式数据管理、分布式任务调度，以及公共基础库、多模输入、图形、安全、AI 等子系统构成。

（2）基础软件服务子系统集。它提供了公共的、通用的软件服务，由事件通知、电话、多媒体、DFX（Design For X）等子系统构成。

（3）增强软件服务子系统集。它提供了针对不同设备的、差异化的能力增强型软件服务，由智慧屏专有业务、穿戴专有业务、IoT 专有业务等子系统构成。

（4）硬件服务子系统集。它提供了硬件服务，由位置服务、生物特征识别、穿戴专有硬件服务和 IoT 专有硬件服务等子系统构成。

请注意，OpenHarmony 具备灵活的裁剪能力，根据不同设备形态的部署环境，基础软件服务子系统集、增强软件服务子系统集、硬件服务子系统集的内部可以按照子系统的粒度进行裁剪，而每个子系统内部又都可以按照功能的粒度进行裁剪。

3. 框架层

框架层为应用的开发提供了 C / C++ / JavaScript 等多语言的用户程序框架和 Ability 框架，适用于 JavaScript 语言的 JS-UI 框架，以及各种软硬件服务对外开放的多语言框架 API（应用程序接口）。根据系统的组件化裁剪程度，设备支持的 API 也会有所不同。

4. 应用层

应用层包括系统应用和第三方的非系统应用。应用由一个或多个 FA（Feature Ability）或者 PA（Particle Ability）构成。FA 是有用户界面的，可以提供与用户交互的能力；PA 没有用户界面，提供了后台运行任务的能力，以及统一的数据访问抽象。

基于 FA 和 PA 开发的应用，能够实现特定的业务功能，支持跨设备调度与分发，可以为用户提供一致的、高效的应用体验。

2.4　构建开发网络

本节内容：

物联网、开发网络的含义；适用于个人和团队的开发网络的构建方法；适用于学校机房的开发网络的构建方法；AT 命令和使用 AT 命令建立网络连接的方法；如何使用 MobaXterm 的脚本快速联网；开发板联网最佳实践。

2.4.1　物联网

1. 物联网

物联网（Internet of Things，IoT）即万物相连的互联网。物联网通过信息传感器、射频识别技术、全球定位系统、红外感应器、激光扫描器等各种装置与技术，实时采集任何需要监控、连接、互动的物体或过程，采集它们的声、光、热、电、力学、化学、生物、位置等各种需要的信息，然后通过各类可能的网络接入，实现物与物、物与人的泛在连接，实现对物品和过程的智能化感知、识别与管理。

物联网的概念最早出现于比尔·盖茨在 1995 年所写的《未来之路》一书中。在《未来之路》中，比尔·盖茨已经提及物联网的概念，只是当时受限于无线网络、硬件及传感器设备的发展，并未引起世人的重视。

在中国互联网协会于 2021 年 7 月 13 日发布的《中国互联网发展报告（2021）》中，提到了中国物联网产业规模已经突破 1.7 万亿元，预计 2025 年，中国移动物联网连接数将达到 80.1 亿。我们来做一下对比，当时人工智能的市场规模是 3031 亿元。

物联网的核心和基础仍然是互联网，物联网是在互联网的基础上延伸和扩展的网络。物联网的用户则从人和计算机延伸、扩展到了任何物品，如图 2-102 所示。也就是说，任何物品与物品之间可能都存在着信息的交换和通信。

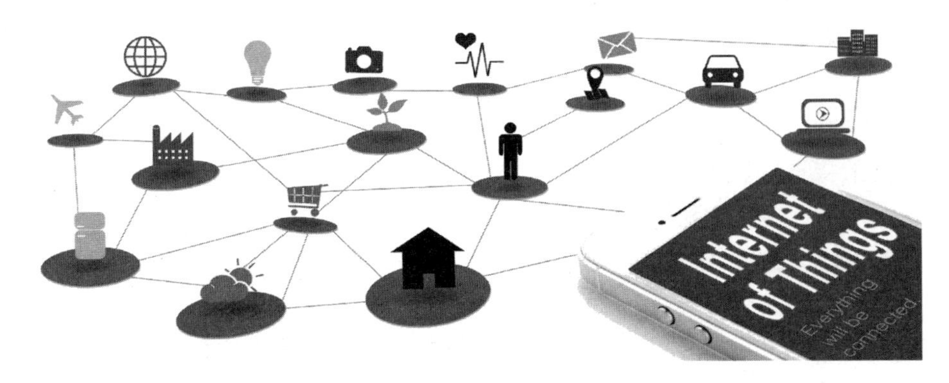

图 2-102　物联网的用户

2. 开发网络的含义

在本书中，开发网络指的是使用智能家居开发套件进行物联网开发和学习所使用的网络环境。

3. 使用网络的章

本书需要使用网络的章还是比较多的，包括第 8 章、第 9 章和第 10 章。因此，构建一个能够满足学习需要的开发网络是非常有必要的。

2.4.2 构建适用于个人和团队的开发网络

我们都知道，网络的拓扑结构与人们的生活、学习和工作环境是紧密相关的。在典型的家庭环境中，我们使用无线路由器作为网络的中央节点，而在企业上班的人，可能会通过交换机来访问企业的内部网络。大学生在上计算机实验课的时候，则会使用机房的计算机网络。

由于本书的学习者既涵盖个人和团队，又涵盖学校的学生，所以我会分两种场景来介绍开发网络的构建方式。你可以根据自己的实际情况选择其中一种。

首先，介绍如何构建适用于个人和团队的开发网络。

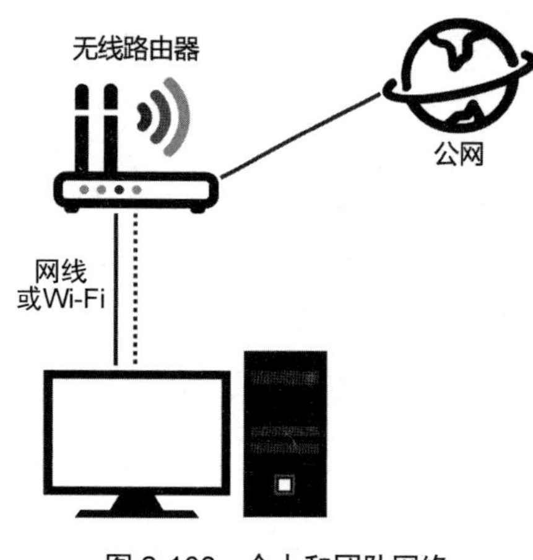

图 2-103 个人和团队网络

1. 个人和团队网络的特点

个人和团队网络（如图 2-103 所示）通常有以下特点：

（1）网络拓扑结构简单，一般情况下是单层的星形网络；

（2）上级网络是公网；

（3）通常以路由器作为出口设备；

（4）网络使用场景相对简单；

（5）使用者拥有整个内网的管理权限；

（6）无线和有线网络节点之间相互访问十分便利。

2. 开发网络的构建方法

基于以上特点，我们采用以下的网络布局方式，如图 2-104 所示。

首先，使用一台物理机作为开发环境，它可以是一台台式机，也可以是一台笔记本电脑。物理机中安装有 Windows 操作系统，在开发环境中使用 Ubuntu 虚拟机建立编译环境。开发环境和编译环境之间通过虚拟网络进行连接。

然后，将智能家居开发套件通过 USB 线与开发环境建立连接。开发环境通过网线或者 Wi-Fi 连接到无线路由器，而智能家居开发套件通过 Wi-Fi 连接到无线路由器。无线路由器可以访问上级公网。

可以看到，在适用于个人和团队的开发网络中，无线路由器是整个网络环境的中央节点。开发环境和开发套件通过无线路由器进行通信，同时也通过无线路由器访问互联网。

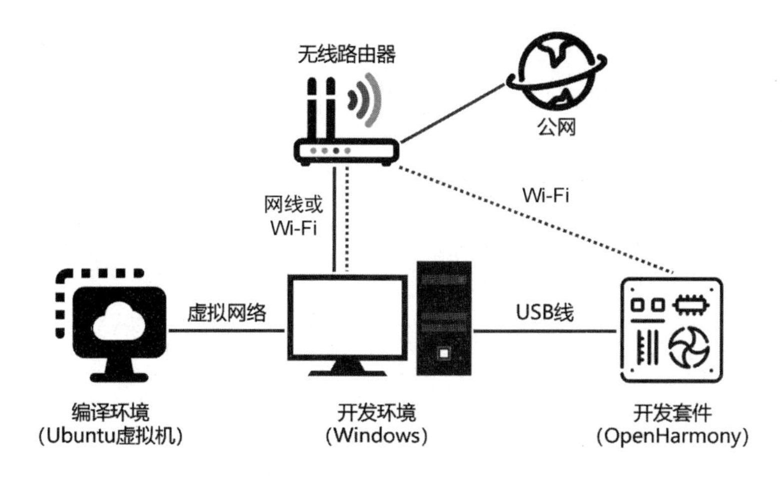

图 2-104　适用于个人和团队的开发网络布局方式

2.4.3　构建适用于学校机房的开发网络

1. 学校机房网络的特点

学校机房网络（如图 2-105 所示）通常有以下特点：

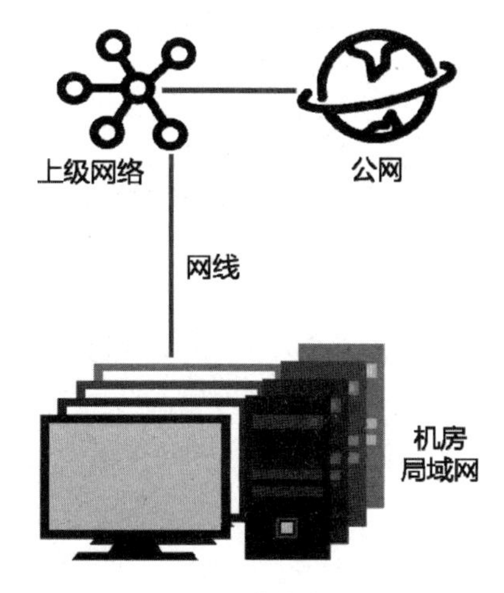

图 2-105　学校机房网络

（1）机位多，网络拓扑结构复杂多样；

（2）上级网络是更复杂的校园网；

（3）通常以交换机作为出口设备；

（4）机房网络承载的课程多，网络使用场景相对复杂；
（5）使用者往往没有整个内网（校园网）的管理权限；
（6）无线和有线网络节点之间相互访问困难；
（7）改变网络拓扑结构的风险高、影响面大。

2. 单机位构建方法

基于以上特点，我们采用以下的网络布局方式。先来看单机位的布局方式，如图 2-106 所示。

每位学习者都拥有一个完整的、独立的开发网络。开发环境通过虚拟网络与编译环境建立连接，然后通过 USB 线与智能家居开发套件建立连接。接下来，我们在开发环境的计算机上安装一个 USB 无线网卡作为 AP（热点）。智能家居开发套件通过 Wi-Fi 连接到 USB 无线网卡建立的热点上。开发环境通过网线与上级网络建立连接，而上级网络与公网建立连接。

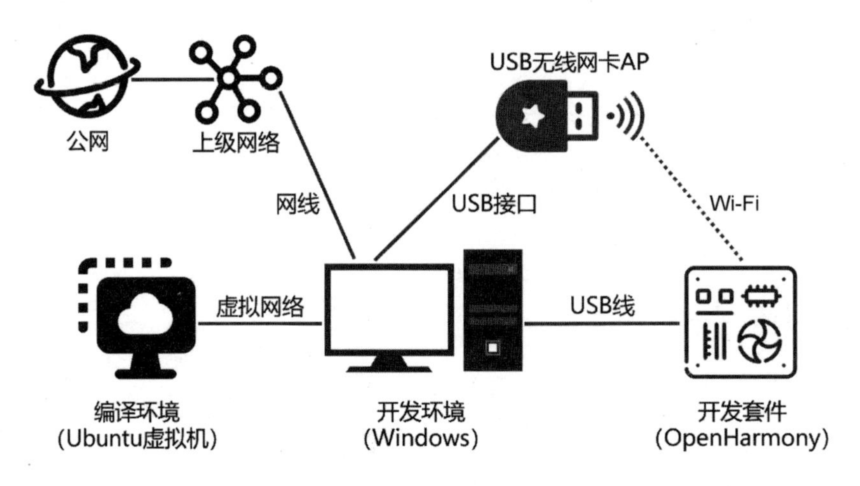

图 2-106　适用于学校机房的开发网络布局方式（单机位）

3. 多机位构建方法

再来看多机位的布局方式，如图 2-107 所示。每位学习者都拥有自己独立的、单机位的开发网络，这个单机位的环境可以被称为“开发机位”。所有的开发机位都通过机房的交换机相互连接在一起，形成机房局域网。机房的交换机通过网线连接到上级网络中，而上级网络可以连接到公网中。

4. 使用 USB 无线网卡的优点

可以看到，在构建适用于学校机房的开发网络时，我们使用了 USB 无线网卡。使用 USB 无线网卡有以下几个优点：

第一，它不会改变机房网络的拓扑结构，从而把对其他课程的影响降低到了最低的程度。

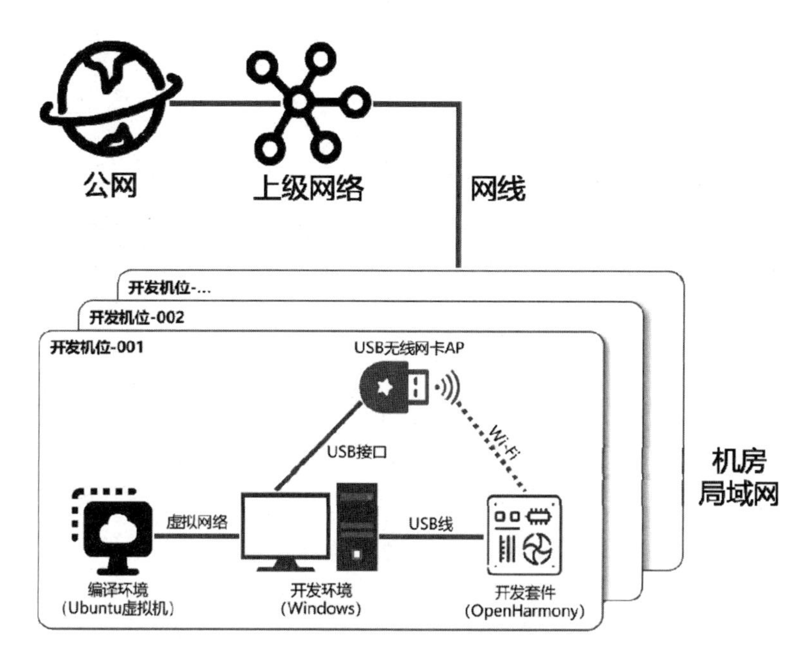

图 2-107　适用于学校机房的开发网络布局方式（多机位）

第二，每个开发机位都拥有独立的网络环境，相互之间不会影响。

第三，支持开发板和 PC 相互访问。

第四，开发板可以访问公网。具体路径如下：开发板—USB 无线网卡—PC—校园网—公网。

第五，满足机房大规模部署的要求。这种方式对 AP 的负载小，同时构建和移除十分简单、快捷。

第六，适合可移动场景。例如，自带电脑出差、自带电脑接入校园网、比赛展示等。

5. USB 无线网卡的选择建议

并不是任何 USB 无线网卡都可以用来构建开发网络。下面给出 USB 无线网卡的选择建议。

第一，USB 无线网卡驱动必须支持承载网络。

第二，尽量不使用网卡自带的管理软件。我们测试了 TP-LINK、腾达、360 等主流品牌，它们自带的管理软件并不能满足 OpenHarmony 轻量设备开发的需要。

经过测试，“水星 MW150US 免驱版”能够满足需要，可以用于构建适用于学校机房的开发网络。

6. USB 无线网卡驱动的安装

USB 无线网卡驱动的安装十分简单。插入 USB 无线网卡，运行其自带的驱动安装程序即可。具体步骤不再演示，请您自行安装。USB 无线网卡驱动必须支持承载网络，这是使用 USB 无线网卡建立热点的前提条件。下面介绍如何验证一个 USB 无线网卡是否支持承载网络。

首先，回到开发环境（Windows），用鼠标右键单击“开始”按钮，选择“命令提示符（管理员）”选项，以管理员模式打开一个命令窗口。

接下来，输入命令：

```
netsh wlan show drivers
```

在命令的执行结果中，我们要核对它对承载网络的支持情况。如图 2-108 所示，在窗口的下部显示“支持的承载网络：是”，就说明网卡驱动支持承载网络。如果看到的是“否”，那么说明这个网卡驱动是不支持承载网络的。

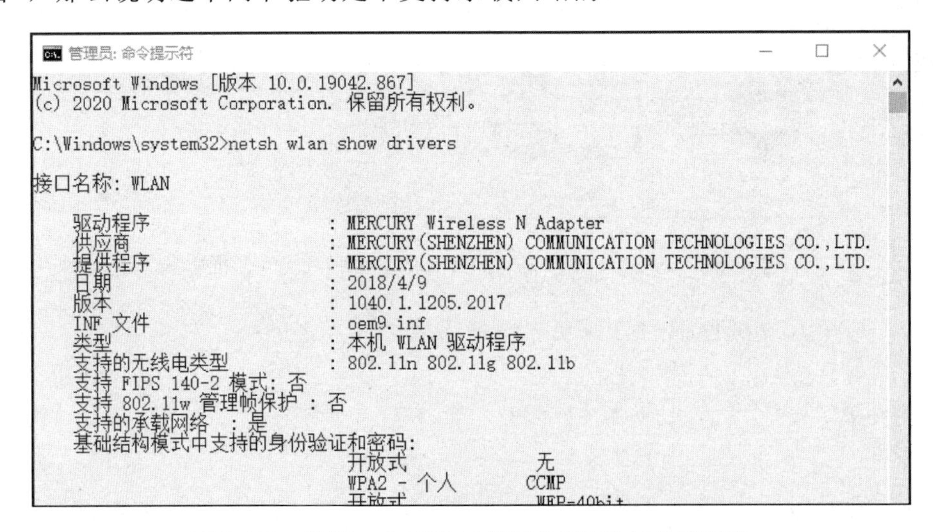

图 2-108　验证一个 USB 无线网卡是否支持承载网络

如果您的 USB 无线网卡驱动不支持承载网络，应当如何处理呢？我们有以下两个方案：

第一，更换驱动，再次验证它对承载网络的支持度；

第二，更换其他品牌或者其他型号的 USB 无线网卡。

7. Wi-Fi 热点工具

使用 USB 无线网卡自带的管理软件所建立的热点，在通常情况下是不能满足学习需要的。因此，我们编写了一个 Wi-Fi 热点工具，用来代替无线网卡自带的管理软件。

我们把它开源，源码仓网址参见本节的配套资源（“网址 1-usbAPTool”）。这个开源软件使用了 GPL-2.0 开源许可协议，如图 2-109 所示①。

下面介绍这个工具的使用方法。请在本节的配套资源中（或者开源网址中）下载“Wi-Fi 热点工具.cmd”文件，并找到下载完成的文件。

① 本书图中的 WiFi 应为 Wi-Fi。

图 2-109　Wi-Fi 热点工具

首先，我们需要对它的基本参数进行配置。用鼠标右键单击该文件，选择一种文本编辑工具对它进行修改，比如记事本、Notepad++、Sublime Text 等。

Wi-Fi 热点工具支持两种使用场景，第一种场景是学校机房、实验室这一类的教学场景，第二种场景是个人网络环境。可以通过“SCENE”参数进行设置，当“SCENE=lab”时，代表学校机房、实验室这样的教学场景；当“SCENE=indi”时，代表个人网络环境。您可以根据自己的实际情况进行设置。

（1）教学场景的配置方法。将“SCENE”设置为“lab”，如图 2-110 所示。

```
31  set PRODUCT=Wi-Fi热点工具
32  set VERSION=v2022.03.14
33  set AUTHOR=Dragon
34
35  @REM 使用场景。
36  @REM lab：学校机房、实验室等教学场景。
37  @REM indi：个人网络环境。
38  set SCENE=lab
```

图 2-110　将“SCENE”设置为“lab”

在教学场景中，需要进一步设置学号（STUDENTID），如图 2-111 所示。学号将会作为热点的名称和密码，请使用您自己的学号。学号最短为 8 位，最长为 16 位，比如“2022001001”。不符合要求的学号将无法成功地建立热点。如果不设置学号，也就是“STUDENTID”留空，那么在这个工具启动之后，则需要输入学号。

```
40  @REM 学生学号。在lab场景下，作为热点的名称（SSID）和密码。
41  @REM 学号最短为8位，最长为16位。不符合要求将无法成功地建立热点。
42  @REM 留空则需要使用学号登录。
43  set STUDENTID="2022001001"
```

图 2-111　设置学号

（2）个人网络环境的配置方法。将“SCENE”设置为“indi”，如图 2-112 所示。

```
35  @REM 使用场景。
36  @REM lab: 学校机房、实验室等教学场景。
37  @REM indi: 个人网络环境。
38  set SCENE=indi
```

图 2-112　将“SCENE”设置为“indi”

在这个场景中可以进一步自定义热点的名称（INDI_SSID）和用户安全密钥（我们习惯称之为密码）（INDI_PASSWORD）。个人网络环境默认的 SSID 名称是“ohdev”，默认的密码是“openharmony”。可以通过“INDI_SSID”和“INDI_PASSWORD”这两个参数进行修改。请注意，SSID 最短为两位，而密码的长度需要在 8 到 16 位之间，若不符合要求，则无法成功地建立热点。

本示例使用个人网络环境，热点的名称和密码均采用默认值。接下来，保存并关闭文件。

（3）Wi-Fi 热点工具的运行和使用。插入 USB 无线网卡之后，双击并运行 Wi-Fi 热点工具。有以下两点需要提醒：第一，此工具需要以管理员模式运行；第二，USB 无线网卡要接入开发环境（Windows）而不是编译环境（Ubuntu）。

Wi-Fi 热点工具的主界面如图 2-113 所示。

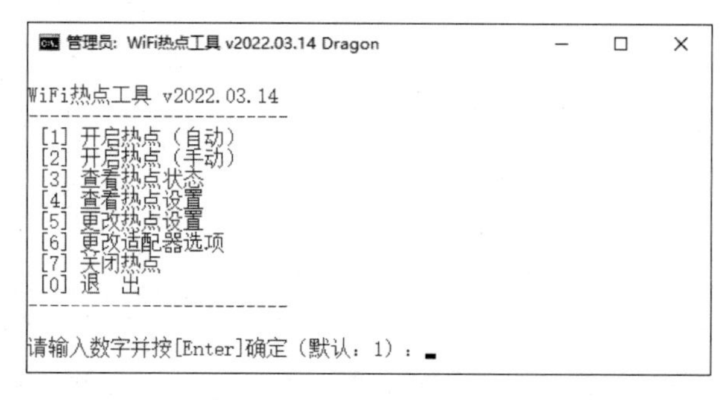

图 2-113　Wi-Fi 热点工具的主界面

简单介绍一下 Wi-Fi 热点工具的使用方法。这个工具包含以下几个功能：开启热点（自动方式和手动方式）；查看热点状态；查看热点设置；更改热点设置；更改适配器选项；关闭热点和退出。我们最常使用的功能是[1]开启热点（自动）、[3]查看热点状态和[4]查看热点设置。

在主界面下方输入每个功能对应的数字，之后按回车键就可以使用相应的功能。默认是“1”，即自动开启热点。所以，在主界面中，可以直接按回车键。当看到“Internet 连接共享设置成功！”的提示时，说明 Wi-Fi 热点已经成功建立了，如图 2-114 所示。

可以按任意键继续，接下来会回到主界面。可以按“3”来查看热点状态，默认就是“3”，可以直接按回车键。如图 2-115 所示，我们可以观察到承载网络的状态：模式已启用，状态已启动，当前连接的客户端数为 0。

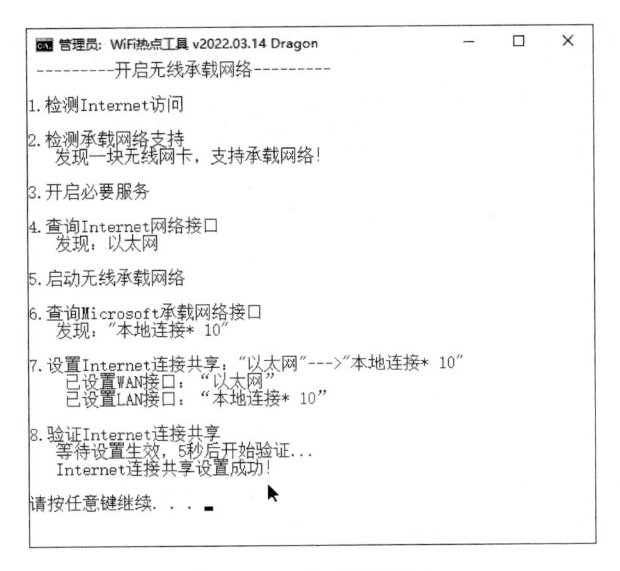

图 2-114　自动开启热点

按任意键继续，然后按“4”查看热点设置。如图 2-116 所示，可以看到当前建立的热点的 SSID 名称是“ohdev”，用户安全密钥是“openharmony”，身份验证采用“WPA2-个人”模式，允许连接的最多客户端数为 100 个。

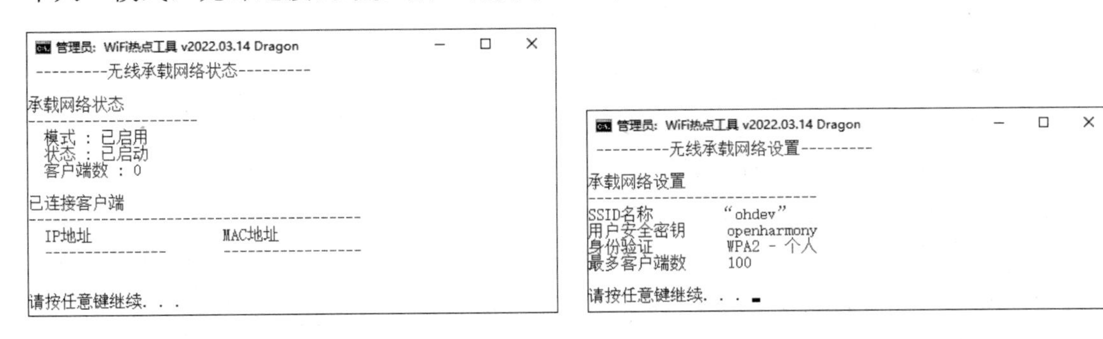

图 2-115　查看热点状态

图 2-116　查看热点设置

按任意键继续。除了开启热点（自动）、查看热点状态、查看热点设置这 3 个最常用的功能，Wi-Fi 热点工具还提供了开启热点（手动）、更改热点设置、更改适配器选项和关闭热点等功能。

按“0”退出 Wi-Fi 热点工具。注意：退出 Wi-Fi 热点工具之后，不代表 Wi-Fi 热点被关闭了，只是 Wi-Fi 热点工具的界面被关闭了而已。

建议把 Wi-Fi 热点工具放置在一个合适的位置，之后在桌面上建立它的快捷方式，以便以后使用。可以给这个快捷方式起一个名称，比如“usbAPTool”或者“Wi-Fi 热点工具”，如果您愿意，还可以给它设置一个喜欢的图标。图 2-117 所示的是我在桌面上建立的快捷方式“usbAPTool”，供您参考。

图 2-117 Wi-Fi 热点工具的快捷方式

2.4.4 AT 命令介绍

1. 准备工作

首先，我们要做一些准备工作，才能学习 AT 命令。

（1）建立 Wi-Fi 热点。再次提醒，个人或团队可以使用无线路由器，而学校机房可以使用 USB 无线网卡结合刚刚介绍的 Wi-Fi 热点工具来建立热点。

（2）准备开发套件。请组装好底板和核心板。

（3）烧录固件。请在本节的配套资源中下载“Hi3861_wifiiot_app_allinone.bin”文件。需要说明的是，这个固件去掉了默认的测试输出（XTS），以便输入 AT 命令和观察 AT 命令的执行结果。

然后，烧录固件，具体过程不再赘述。之后启动 MobaXterm，并且建立串口连接。最后，重启开发板，可以看到开发板在启动之后，已经不再进行测试输出了。

2. AT 命令

在准备工作完成后，我们来学习 AT 命令。AT 命令是控制开发板的一系列串口命令。它的命令集合可以通过“AT+HELP”命令来获取。

回到 MobaXterm 的主界面，输入“AT+HELP”，按回车键。请注意，在按回车键之后，这个命令并没有真正执行，需要按“Ctrl+J”组合键来发送这个命令。可以看到，“AT+HELP”命令执行的结果列出了 AT 命令集合，如图 2-118 所示。所有的 AT 命令都以“AT+”开头，后边跟上各自命令的名称。

```
AT+HELP
+HELP:
AT              AT+RST          AT+MAC          AT+HELP
AT+SYSINFO      AT+DHCP         AT+DHCPS        AT+NETSTAT
AT+PING         AT+PING6        AT+DNS          AT+DUMP
AT+IPSTART      AT+IPLISTEN     AT+IPSEND       AT+IPCLOSE
AT+XTALCOM      AT+RDTEMP       AT+STOPSTA      AT+SCAN
AT+SCANCHN      AT+SCANSSID     AT+SCANPRSSID   AT+SCANRESULT
AT+CONN         AT+FCONN        AT+DISCONN      AT+STASTAT
AT+RECONN       AT+STARTAP      AT+SETAPADV     AT+STOPAP
AT+SHOWSTA      AT+DEAUTHSTA    AT+APSCAN       AT+RXINFO
AT+CC           AT+TPC          AT+TRC          AT+SETRATE
AT+ARLOG        AT+VAPINFO      AT+USRINFO      AT+SLP
AT+WKGPIO       AT+USLP         AT+ARP          AT+PS
AT+ND           AT+CSV          AT+FTM          AT+FTMERASE
AT+SETUART      AT+IFCFG        AT+STARTSTA     AT+ALTX
AT+ALRX         AT+CALFREQ      AT+SETRPWR      AT+RCALDATA
AT+SETIOMODE    AT+GETIOMODE    AT+GPIODIR      AT+WTGPIO
AT+RDGPIO       AT+SYSPARA
```

图 2-118 AT 命令集合

3. 例："AT+CONN"命令的用法

AT 命令集合中包含的命令很多，而且每一个命令都有自己的语法格式。比如，"AT+CONN"这个命令用于连接指定的 Wi-Fi 热点，它的语法格式如下：

```
AT+CONN=<ssid>,<bssid>,<auth_type>[,<passwd>]
```

（1）ssid 是热点名称，需要用双引号（""）引起来。

（2）bssid 是热点的 MAC 地址。

（3）auth_type 是认证方式，有以下几种取值：

① 0 代表 OPEN，也就是开放式的热点，没有密码；

② 1 代表 WEP 加密方式；

③ 2 代表 WPA2_PSK 加密方式；

④ 3 代表 WPA、WPA2 混合加密方式。

（4）passwd 是热点的密码，需要用双引号（""）引起来。

请注意，在使用的时候，ssid 和 bssid 选择一个即可。如果使用 ssid，就需要用双引号（""）引起来，而使用 bssid 则不需要。

例如：

```
AT+CONN="myap",,2,"12345678"
```

4. 与 Wi-Fi 有关的命令

虽然 AT 命令集合中包含的命令很多，但是目前并不需要学习和掌握所有的命令，只需要掌握与 Wi-Fi 有关的命令即可。这些命令有以下几个：

（1）启动 STATION 模式：AT+STARTSTA。

（2）扫描周边 AP：AT+SCAN。

（3）显示扫描结果：AT+SCANRESULT。

（4）连接指定的 AP：AT+CONN=<ssid>,<bssid>,<auth_type>[,<passwd>]。

（5）查看连接结果：AT+STASTAT。

（6）通过 DHCP（Dynamic Host Configuration Protocol，动态主机配置协议）向 AP 请求获取 wlan0 的 IP 地址：AT+DHCP=wlan0,1。其中，"wlan0"代表开发板的无线网卡接口，而"1"代表请求获取动态的 IP 地址。

（7）查看开发板获取到的 IP 地址：AT+IFCFG。

（8）PING：AT+PING=<IP>。

2.4.5　使用 AT 命令建立网络连接

使用 AT 命令建立网络连接的具体流程分为连接和验证两个阶段。请在 MobaXterm 中依次执行（输入命令，按回车键，然后按"Ctrl+J"组合键）下列串口命令，并观察命令的执行结果。

1. 连接

首先，请确保无线路由器可以正常连接，或者使用USB无线网卡建立了Wi-Fi热点。

（1）启动开发板的STATION模式。

```
AT+STARTSTA
```

（2）扫描周边AP。

```
AT+SCAN
```

（3）显示扫描结果。

```
AT+SCANRESULT
```

（4）连接指定的AP，例如：

```
AT+CONN="ohdev",,2,"openharmony"
```

（5）查看连接结果。

```
AT+STASTAT
```

（6）向AP请求获取wlan0的IP地址。只连接热点还不足以让开发板能够访问内网或者互联网，需要给它分配IP地址。

```
AT+DHCP=wlan0,1
```

（7）查看开发板获取到的IP地址。

```
AT+IFCFG
```

2. 验证

如果使用USB无线网卡作为热点，那么可以在Wi-Fi热点工具中查看热点状态。如果使用路由器作为热点，那么可以在路由器的后台管理界面中查看已接入的客户端。

然后，需要设置开发环境的防火墙，让它能够对PING命令进行回应。具体的设置方法很简单，您可以在网上搜索，这里就不再展示了。

（1）验证开发板与PC的连通性。

```
AT+PING=<PCIP>
```

（2）验证开发板与外网的连通性。

```
AT+PING=www.gov.cn
```

2.4.6　使用 MobaXterm 脚本快速联网

1. 开发板快速联网

事实上，使用 AT 命令手动建立网络连接的过程是比较烦琐的。为了提高学习效率，我们来介绍如何使用 MobaXterm 脚本快速联网。

（1）编写脚本。首先，需要准备好快速联网脚本。请在本节的配套资源中下载“Hi3861 联网_USB 无线网卡.mxtmacros”文件。然后，回到 MobaXterm 的主界面，单击“Macros”选项，在空白位置单击鼠标右键，选择“Import macros”选项，如图 2-119 所示。

找到之前下载好的文件，选中，单击“打开”按钮。导入成功之后，再次单击“Macros”选项，在刚刚导入的脚本上单击鼠标右键，选择“Edit‘Hi3861 联网_USB 无线网卡’”选项，如图 2-120 所示。

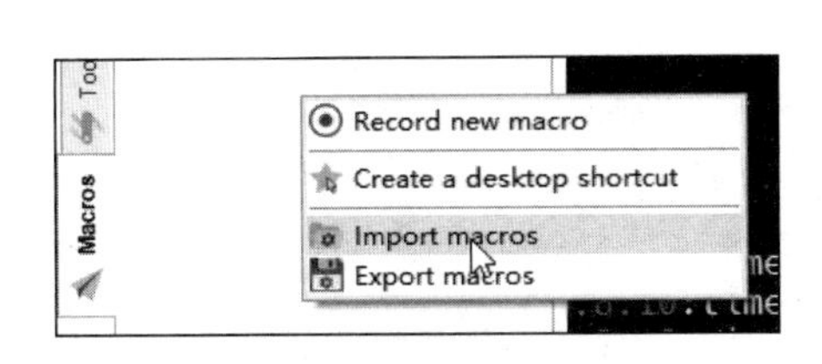

图 2-119　导入脚本

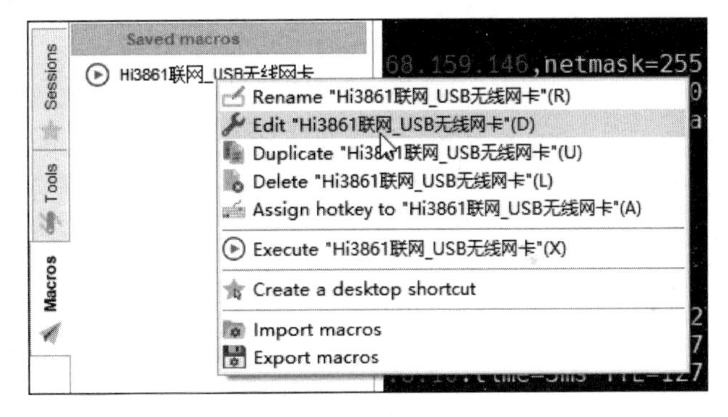

图 2-120　编辑脚本

需要修改脚本中的 SSID 名称和用户安全密钥。定位到 AT+CONN 这一行，单击界面右侧的“Edit selected line”按钮，如图 2-121 所示。将文本中的“ohdev”和“openharmony”修改为你的热点的 SSID 名称和用户安全密钥。然后，单击“OK”按钮，再次单击“OK”按钮，脚本就适配完成了。

（2）运行脚本。在准备好快速联网脚本之后，就可以运行它了。首先，确保 MobaXterm 已经连接到开发板的串口。接下来，单击“Macros”选项，单击脚本。

可以看到，开发板已经建立好了网络连接，并且验证完成了，如图 2-122 所示。

2. 开发板联网的最佳实践流程

下面给出开发板联网的最佳实践流程，如图 2-123 所示。在熟练掌握之后，就可以快速地构建开发网络了。

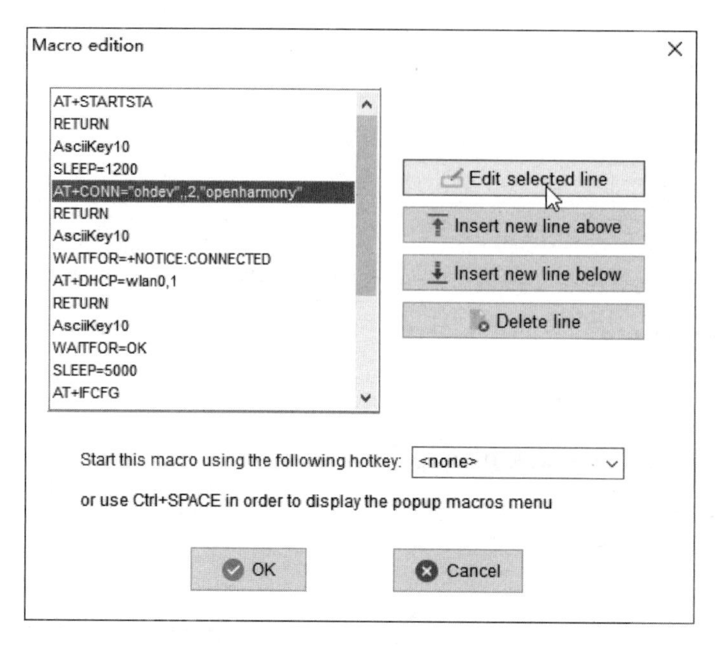

图 2-121　修改脚本中的 SSID 名称和用户安全密钥

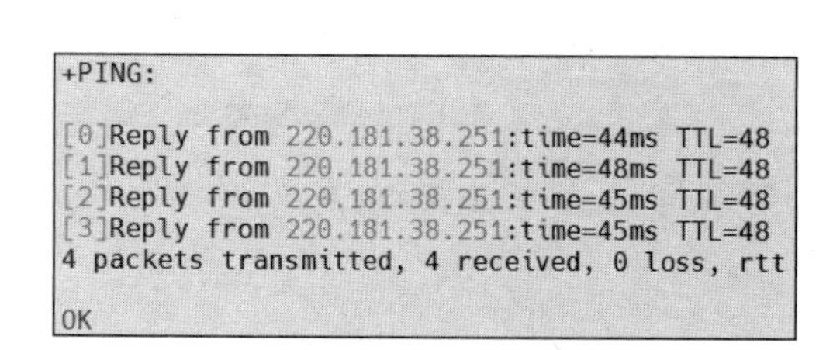

图 2-122　快速联网

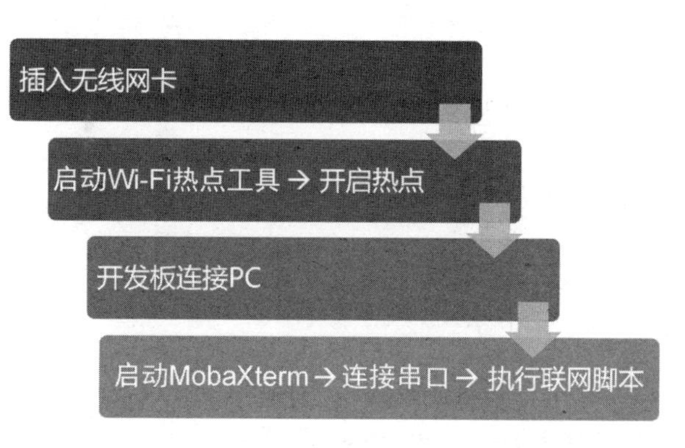

图 2-123　开发板联网的最佳实践流程

值得注意的是，如果使用无线路由器，那么执行后两步即可。建立开发网络是学习后面很多章节内容的基本要求，请务必熟练掌握。

第3章　OpenHarmony 开发入门

3.1　HelloWorld

本节内容：

编写 HelloWorld 程序代码；将源码编译成目标平台的二进制文件；将二进制文件烧录到开发板上；通过串口调试工具查看程序的运行结果；OpenHarmony 系统启动的 8 个阶段；给 VS Code 增加代码提示、自动补全和代码导航的功能；解析.gn 文件；屏蔽 OpenHarmony 内置的 test suite；快速查找文件和代码；快速重复烧录测试的最佳实践方案。

3.1.1　编写程序源码

“HelloWorld”是程序设计初学者的经典案例。但是很快您将发现，OpenHarmony 的“HelloWorld”可不只是简单的“printf”。

首先，准备智能家居开发套件，组装好底板和核心板。

1. 打开源码根目录

首先，启动虚拟机。然后，启动 VS Code，在“文件”菜单中选择“打开文件夹”选项，输入“\\虚拟机 IP 地址”，然后按回车键，如图 3-1 所示。

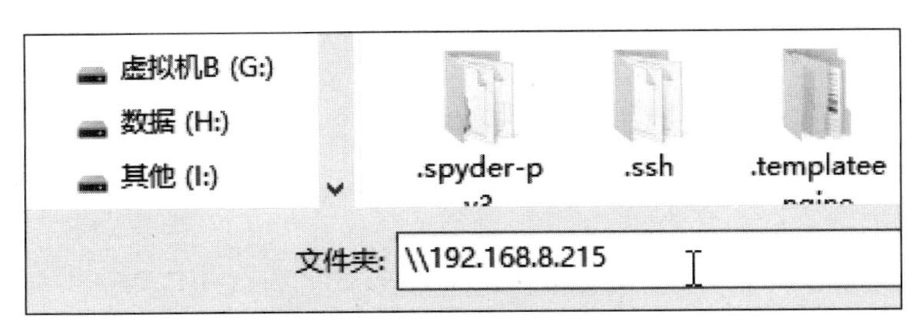

图 3-1　访问虚拟机的共享文件

进入 home\dragon\openharmony\1.1.3 目录中，单击“选择文件夹”按钮，如图 3-2 所示。这样就打开了虚拟机中的 1.1.3 版的源码根目录。

work › 192.168.8.215 › home › dragon › openharmony › 1.1.3 ›   搜索"1.1.3

名称	修改日期	类型	大小
applications	2021/11/26 12:55	文件夹	
base	2021/11/26 12:55	文件夹	
build	2021/11/26 12:55	文件夹	
developtools	2021/11/26 12:55	文件夹	
device	2021/11/26 12:55	文件夹	
docs	2021/11/26 12:55	文件夹	
domains	2021/11/26 12:55	文件夹	
drivers	2021/11/26 12:55	文件夹	
foundation	2021/11/26 12:55	文件夹	
kernel	2021/11/26 12:55	文件夹	
prebuilts	2021/11/26 12:55	文件夹	
test	2021/11/26 12:55	文件夹	
third_party	2021/11/26 12:55	文件夹	
utils	2021/11/26 12:55	文件夹	
vendor	2021/11/26 12:55	文件夹	

1.1.3

选择文件夹

图 3-2　打开源码根目录

2. 新建目录

在源码根目录下的 applications\sample\wifi-iot\app 目录中新建一个 startup 目录，如图 3-3 所示。如果这个目录已经存在，那么我们可以直接使用。

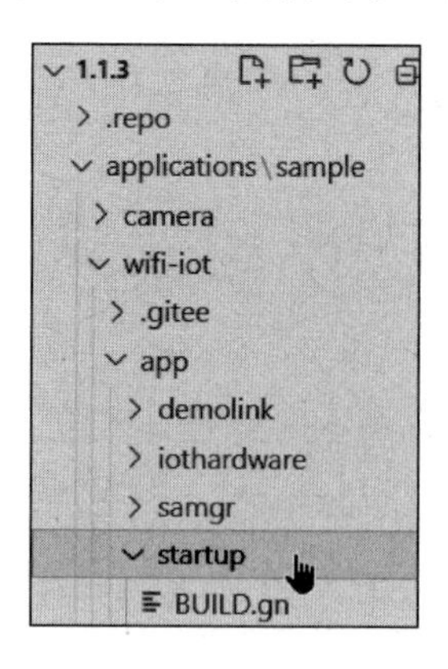

图 3-3　新建目录

3. 编写源码

在 startup 目录中新建 hello.c 文件，并编写以下的 C 程序代码。请注意，本书主要通过注释对代码进行说明，因此所有案例的代码中都包含大量注释，可以帮助您充分理解代码的含义，请仔细阅读。

```
1. // 标准输入输出头文件
2. #include <stdio.h>
```

```
 3.
 4. // ohos_init.h是OpenHarmony的特有头文件
 5. // 位置：utils\native\lite\include\ohos_init.h
 6. // Provides the entries for initializing services and features during
service development
 7. // 在开发中，它提供了一系列入口，用于初始化服务(service)和功能(feature)的头文件
 8. #include "ohos_init.h"
 9.
10. // 定义一个函数，输出hello world
11. void hello(void)
12. {
13.     printf("Hello world!\r\n");
14. }
15.
16. // SYS_RUN 是ohos_init.h中定义的宏，让函数在系统启动时执行
17. // 让hello函数以“优先级2”在系统启动过程的“阶段4. system startup”执行
18. SYS_RUN(hello);
```

如果您有 C 语言基础，那么可能会感觉比较奇怪，平常在写 C 程序的时候，需要写一个 main 函数，但是现在为什么只有一个 hello 函数？事实上，我们使用 SYS_RUN 这个宏，让 hello 函数在系统启动的时候执行。SYS_RUN 是 ohos_init.h 头文件中定义的一个宏，它的功能是让函数在系统启动时执行，后边会做详细的介绍。

4. 编写编译脚本

编译脚本涉及两个，一个是 startup 目录中的 BUILD.gn 文件，另一个是上层 app 目录中的 BUILD.gn 文件。请注意文件名的大小写。

在 startup 目录中新建 BUILD.gn 文件（如果这个文件已经存在，那么将其内容清空），并编写以下代码。

```
 1. # 第一次接触.gn文件，注意语法格式
 2. # 做成静态库，"hello_world"是库名称，最终被编译为"libhello_world.a"
 3. static_library("hello_world") {
 4.   # 定义这个静态库需要编译的源文件
 5.   sources = [ "hello.c" ]
 6.   # include目录
 7.   include_dirs = [
 8.     # 加入ohos_init.h所在的目录
 9.     # "//"表示源码根目录，后面是目录名称
10.     "//utils/native/lite/include",
11.   ]
12. }
```

接下来，编辑 applications\sample\wifi-iot\app 目录中的 BUILD.gn 文件，代码如下。

```
 1. import("//build/lite/config/component/lite_component.gni")
 2. # for "Hello World" example.
 3. lite_component("app") {
 4.     # features 字段指定业务模块，使目标模块参与编译。
 5.     features = [
 6.         # 在 features 字段中增加索引，包括路径和目标。
 7.         # 路径"startup": "applications\sample\wifi-iot\app\startup"目录
 8.         # 目标"hello_world":
"applications\sample\wifi-iot\app\startup\BUILD.gn"中的静态库名称
 9.         "startup:hello_world",
10.         # 如果"applications\sample\wifi-iot\app\startup\BUILD.gn"中的静态
库名称与所在的目录"startup"同名，
11.         # 即目标与路径同名，可以简写为：
12.         # "startup",
13.     ]
14. }
```

3.1.2 编译源码

在源码根目录中打开一个终端窗口，在终端窗口中执行以下命令：

```
hb build -f
```

如果能看到“build success”，就说明编译成功完成了。如果编译出错，那么也不要着急，原因可能有很多种，也许是.c 文件的编写错误，也许是.gn 文件的编写错误，可以通过分析编译结果来定位具体的错误。

3.1.3 烧录固件

使用 HiBurn 工具烧录“\\<虚拟机 IP>\<源码根目录>\out\hispark_pegasus\wifiiot_hispark_pegasus\Hi3861_wifiiot_app_allinone.bin”文件，具体步骤不再赘述。

3.1.4 通过串口调试工具查看程序的运行结果

启动 MobaXterm，并且连接开发板的串口（提示：在 Sessions 面板中打开已经建立好的 Session）。

然后，重启开发板，可以看到在 MobaXterm 的窗口中出现了开发板的输出信息，而在信息的开头部分出现了“Hello world!”，如图 3-4 所示。请注意，因为开发板不断地输出信息，所以一定要往前找。

```
The VersionID is [****/****/****/****/OpenHarmony/
ug]
The buildType is [debug]
The buildUser is [jenkins]
The buildHost is [linux]
The buildTime is [1642454071840]
The BuildRootHash is []
******To Obtain Product Params End  ******
Hello world!

hiview init success.00 00:00:00 0 196 D 0/HIVIEW:
00 00:00:00 0 196 I 1/SAMGR: Bootstrap core servic
00 00:00:00 0 196 I 1/SAMGR: Init service:0x4b05c8
00 00:00:00 0 196 I 1/SAMGR: Init service:0x4b05d4
```

图 3-4　程序的运行结果

3.1.5　OpenHarmony 系统启动的 8 个阶段

1. 服务和功能的初始化顺序

在 OpenHarmony 系统启动的过程中，服务（service）和功能（feature）按以下顺序进行初始化。

阶段 1. core，即启动内核；

阶段 2. core system service，即启动内核系统服务；

阶段 3. core system feature，即启动内核系统功能；

阶段 4. system startup，即启动系统；

阶段 5. system service，即启动系统服务；

阶段 6. system feature，即启动系统功能；

阶段 7. application-layer service，即启动应用层服务；

阶段 8. application-layer feature，即启动应用层功能。

2. 如何让函数随系统启动而执行

那么如何让一个函数随系统启动而执行呢？在 ohos_init.h 中定义了 8 个宏，这 8 个宏可以让一个函数以“优先级 2”在系统启动过程的 1～8 阶段执行。也就是说，函数会被标记为入口，在系统启动过程的 1～8 阶段，以“优先级 2”被调用。

这里出现了“优先级”这个概念，什么是优先级呢？在系统启动的某一个阶段，会有多个函数被调用，优先级决定了函数的调用顺序。在 OpenHarmony 中，优先级的范围是 0～4，而优先级的顺序是 0、1、2、3、4，也就是标记为“0”的具有最高的优先级。

我们来看这 8 个具体的宏，见表 3-1。

表 3-1 让函数随系统启动而执行的宏

宏名称	启动阶段
CORE_INIT()	阶段 1. core
SYS_SERVICE_INIT()	阶段 2. core system service
SYS_FEATURE_INIT()	阶段 3. core system feature
SYS_RUN()	阶段 4. system startup
SYSEX_SERVICE_INIT()	阶段 5. system service
SYSEX_FEATURE_INIT()	阶段 6. system feature
APP_SERVICE_INIT()	阶段 7. application-layer service
APP_FEATURE_INIT()	阶段 8. application-layer feature

3. HelloWorld 的启动时机

在“HelloWorld”这个案例中，我们使用的是“SYS_RUN”宏，从而可以让 hello 函数以“优先级 2”在系统启动过程的“阶段 4. system startup”执行。

3.1.6 VS Code 的 IntelliSense 设置

1. IntelliSense

IntelliSense 也叫智能感知功能，具备自动代码补全、代码提示、代码导航、右键跳转、实时错误检查等特性。

2. IntelliSense 设置方法

为什么要使用这个功能呢？是因为 IntelliSense 可以让写代码变得更高效，可以让学习 OpenHarmony 开源代码变得更便捷。那么我们在什么时候需要对 VS Code 的 IntelliSense 进行设置呢？下面来举一个例子，请看图 3-5。

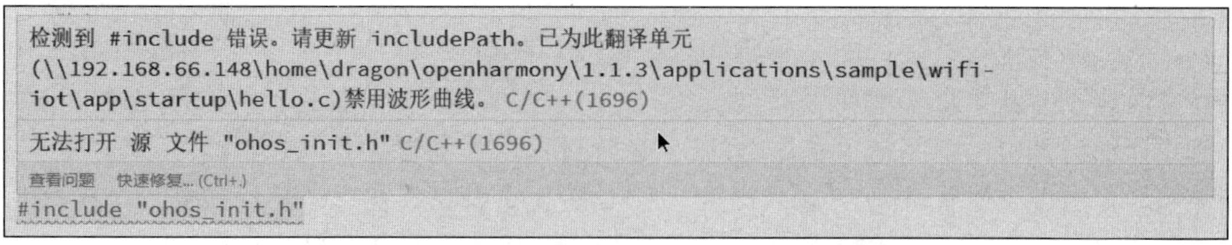

```
检测到 #include 错误。请更新 includePath。已为此翻译单元
(\\192.168.66.148\home\dragon\openharmony\1.1.3\applications\sample\wifi-
iot\app\startup\hello.c)禁用波形曲线。 C/C++(1696)
无法打开 源 文件 "ohos_init.h" C/C++(1696)
查看问题  快速修复... (Ctrl+.)
#include "ohos_init.h"
```

图 3-5 需要对 VS Code 的 IntelliSense 进行设置

您会发现在“#include "ohos_init.h"”这行代码下方有一条波浪线。当用鼠标指向这行代码的时候，会有一个提示，提示的核心内容是“检测到#include 错误，请更新 includePath……无法打开源文件"ohos_init.h"”。在这种情况下，说明 C/C++插件需要更新 includePath，具体操作如下。

首先，回到 VS Code 的主界面，在源码根目录中找到“.vscode”文件夹，在这个文件夹中打开“c_cpp_properties.json”这个配置文件。在“includePath”部分添加“"${workspaceFolder}/utils/native/lite/include"”，也就是 ohos_init.h 文件所在的目录，如图 3-6 所示。

```
{
    "configurations": [
        {
            "name": "Win32",
            "includePath": [
                "${workspaceFolder}/**",
                "${workspaceFolder}/utils/native/lite/include"
            ],
            "defines": [
```

图 3-6　添加 ohos_init.h 文件所在的目录

保存文件，接下来就可以看到“#include "ohos_init.h"”这行代码下方的波浪线消失了，这说明刚刚的设置已经生效了。

再来举一个例子，比如图 3-7 所示的“#include <stdio.h>”。

```
检测到 #include 错误。请更新 includePath。已为此翻译单元
(\\192.168.8.232\home\dragon\openharmony\1.1.3\applications\sample\wifi-
iot\app\startup\hello.c)禁用波形曲线。 C/C++(1696)
无法打开 源 文件 "stdio.h" C/C++(1696)
查看问题　快速修复...(Ctrl+.)
#include <stdio.h>
```

图 3-7　需要添加 stdio.h 文件所在的目录

我们可以在配置文件“c_cpp_properties.json”中的“includePath”部分添加 stdio.h 文件所在的目录“"${workspaceFolder}/device/hisilicon/hispark_pegasus/sdk_liteos/platform/os/Huawei_LiteOS/components/lib/libc/musl/include"”。

这样一来，我们就可以利用 IntelliSense 的功能了。但是，看到这里，您可能会有一个疑问，“我怎么知道哪个头文件所在的目录在哪里呢？”这确实是一个非常好的问题，我们会在 3.1.9 节详细讲解。

3. 建议的额外设置

此外，我们建议对“c_cpp_properties.json”配置文件添加一些额外的设置，包括编译器路径、C 语言标准、C++语言标准、IntelliSense 模式等。请打开该文件，将以下几项配置设置为我们建议的内容，如图 3-8 所示。

```
"compilerPath": "",
"cStandard": "gnu17",
"cppStandard": "gnu++17",
"intelliSenseMode": "linux-gcc-x64"
```

图 3-8　建议的额外设置

4. 使用方法

设置好 C/C++插件的 includePath 之后，VS Code 就具备了以下能力。第一，鼠标指向后的代码提示；第二，编写代码时的自动补全；第三，可以做到“Ctrl+单击”进行代码导航；第四，单击鼠标右键可以跳转到速览定义、查看声明、快速查看类型定义或者查看引用，如图 3-9 所示。

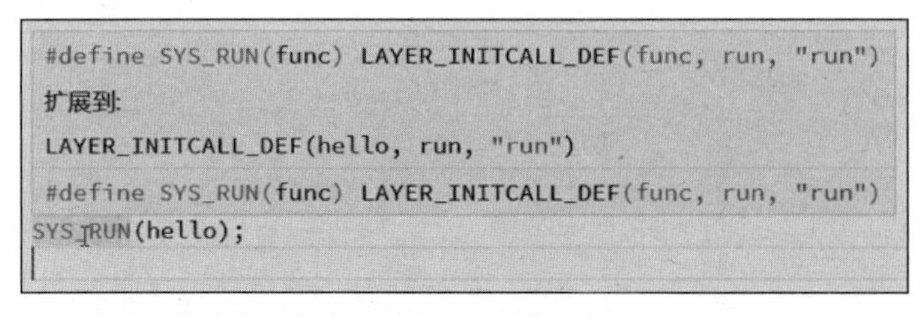

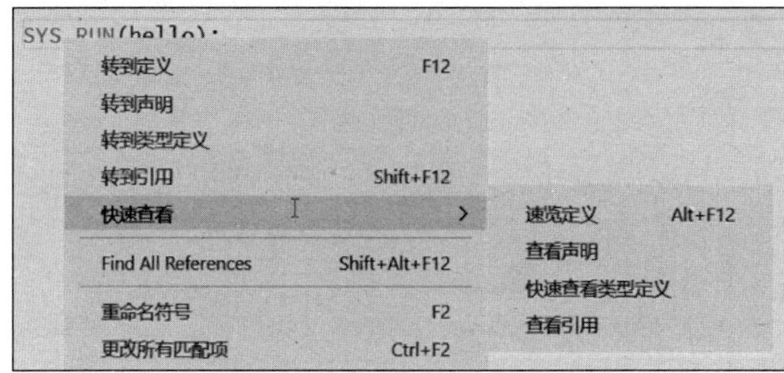

图 3-9 IntelliSense 的使用方法

3.1.7 VS Code 解析.gn 文件

1. 安装 gn.exe

解析.gn 文件需要用到一些 VS Code 插件，而有些插件需要用到 Windows 下的 gn.exe。请在本节的配套资源中下载“gn-windows-amd64.zip”文件。下载完成后，建议将 gn.exe 放置到“C:\Windows\system32”文件夹中。当然，gn.exe 也可以解压缩到任意的位置，只需要将其加入 PATH 环境变量中即可。

2. 安装 GN 和 GNFormat 插件

下面在 VS Code 中安装 GN 相关的插件。首先，回到 VS Code 的主界面，单击“扩展”按钮，在搜索框中输入“gn”，安装 GN 插件和 GNFormat 插件，如图 3-10 所示，具体的安装过程请自行完成。

3. 格式化.gn 文件

打开 VS Code 的资源管理器面板，单击 startup 目录下的 BUILD.gn 文件。我们使用“Alt+Shift+F”组合键对它进行格式化，如图 3-11 所示。

GN
Edit GN files in Visual Studio Code
npclaudiu

GNFormat
persidskiy

图 3-10 安装 GN 插件和 GNFormat 插件

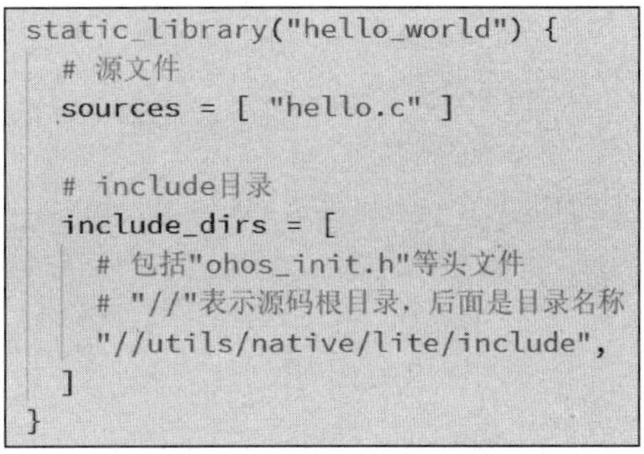

```
static_library("hello_world") {
  # 源文件
  sources = [ "hello.c" ]

  # include目录
  include_dirs = [
    # 包括"ohos_init.h"等头文件
    # "//"表示源码根目录，后面是目录名称
    "//utils/native/lite/include",
  ]
}
```

图 3-11 格式化.gn 文件

再试一次格式化操作，打开 app 目录下的 BUILD.gn 文件，按“Alt+Shift+F”组合键，然后保存文件。

3.1.8 屏蔽 OpenHarmony 内置的 XTS

XTS（X Test Suite）是 OpenHarmony 兼容性测试套件的集合，当前包括应用兼容性测试套件（Application Compatibility Test Suite，ACTS），以后会加入设备兼容性测试套件（Device Compatibility Test Suite，DCTS）等。

OpenHarmony 内置的 XTS 主要用来测试一款产品是否符合 OpenHarmony 的标准，其实就是通常意义上的测试集。XTS 默认处于开启状态，会影响我们观察程序的运行结果，所以需要把它屏蔽掉。具体的屏蔽方法如下。

在源码根目录中找到 vendor\hisilicon\hispark_pegasus\config.json 文件，在这个文件中删除图 3-12 所示的选中部分，并且重新编译固件。

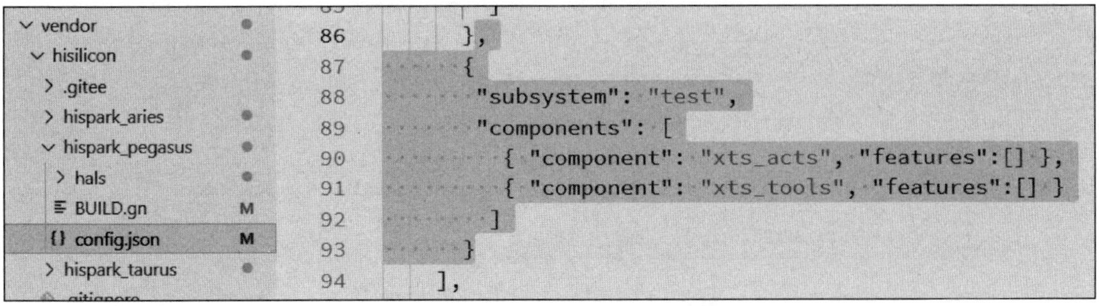

```
vendor
  hisilicon
    .gitee
    hispark_aries
    hispark_pegasus
      hals
      BUILD.gn          M
      config.json       M
    hispark_taurus
```

```
86        },
87        {
88          "subsystem": "test",
89          "components": [
90            { "component": "xts_acts", "features":[] },
91            { "component": "xts_tools", "features":[] }
92          ]
93        }
94      ],
```

图 3-12 屏蔽 OpenHarmony 内置的 XTS

接下来，重新烧录固件。请注意，如果出现了串口被占用的提示，比如图 3-13 所示的“Com3 open fail，please check com is busy or exist”，那么需要回到 MobaXterm 的主界面，关掉打开的串口终端，再进行烧录。

重启开发板，就可以看到串口输出日志已经不再包含测试输出了。

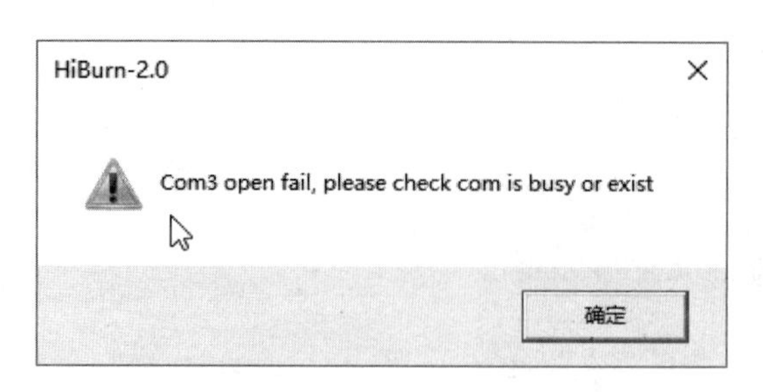

图 3-13 串口被占用

3.1.9 快速查找文件和代码

首先解释一下为什么要在 OpenHarmony 源码中快速地查找文件和代码。这有以下两个原因：

第一，OpenHarmony 在 2021 年 9 月 30 日发布了第一个成熟版本，它的官方文档需要一个完善的过程，目前不会面面俱到。

第二，有时候我们快速查找文件和代码，比查官方文档能够更快地解决问题。

当需要在 OpenHarmony 的源码中查找特定问题的答案时，我们可以使用快速查找文件和代码的方式。如果想按照内容查找特定的文件，那么可以使用 grep 命令。具体的用法是“grep -nr 要查找的内容”。如果想按照文件名查找，那么可以使用 find 命令。具体的用法是“find . -name 要查找的文件名”。

下面举两个例子。首先回到编译环境（Ubuntu 虚拟机），在源码根目录中打开一个终端窗口。

第一个例子，我们要想知道 SYS_RUN 这个宏到底是在哪一个文件中定义的，就要去查找这个宏的“定义部分”，可以这样做：

```
grep -nr '#define SYS_RUN(func)'
```

搜索结果如图 3-14 所示，SYS_RUN 这个宏定义在 utils/native/lite/include 目录中的 ohos_init.h 头文件中。

```
dragon@vmubuntu20:~/openharmony/1.1.3$ grep -nr '#define SYS_RUN(func)'
utils/native/lite/include/ohos_init.h:166:#define SYS_RUN(func) LAYER_INI
dragon@vmubuntu20:~/openharmony/1.1.3$
```

图 3-14 按内容查找特定的文件

第二个例子，我们要想知道 ohos_init.h 这个头文件具体在什么位置，就可以这样搜索：

```
find . -name ohos_init.h
```

可以看到，这个头文件在如图 3-15 所示的目录中。

```
dragon@vmubuntu20:~/openharmony/1.1.3$ find . -name ohos_init.h
./utils/native/lite/include/ohos_init.h
```

图 3-15 按文件名查找特定的文件

在 OpenHarmony 源码中快速地查找文件和代码，配合 VS Code 中的 IntelliSense 的自动代码补全、代码提示、代码导航、右键跳转等功能，可以让您学习开源代码事半功倍，请务必充分利用好它们。

3.1.10 快速重复烧录和测试最佳实践方案

在实际的学习和开发过程中，我们会经常遇到程序运行出错的情况，需要改正错误、重新编译、烧录、运行、测试。有时，这个过程会反复进行多次，如图 3-16 所示。因此，烧录和测试的效率在一定程度上影响着学习和开发的效率。

图 3-16 重复的烧录和测试过程

下面介绍快速重复烧录和测试的最佳实践方案。

1. 最佳实践方案 A

与以往一样，我们使用 HiBurn 工具。以下步骤会循环多次。

（1）在 MobaXterm 中断开串口连接；

（2）使用 HiBurn 工具进行烧录；

（3）在 MobaXterm 中连接串口；

（4）重启开发板，进行测试。

该方案作为一个手动烧录方案，它的效率不会再有更大的提升了，因此本书并不推荐这个方案。

2. 最佳实践方案 B

（1）下载快速烧录工具。为了快速地完成烧录过程，本书制作了一个 Windows 脚本文件，可以实现烧录过程的自动化。请在本节的配套资源中下载“快速烧录.cmd”文件。

（2）快速烧录工具的适配。这个脚本文件是不能直接使用的，需要进行编辑适配。请使用一种文本编辑工具打开下载完成的文件。这个文件有以下几个需要适配的地方，请结合图 3-17 确定修改位置。

首先，HiBurn.exe 文件的路径、开发板的串口号、虚拟机的 IP 地址都需要根据实际情况进行修改。其次是固件的路径，如果您的源码是按照本书的要求放置的，那么这部分是不需要修改的，否则需要根据实际情况进行相应的改动。文件修改完成后，保存并关闭。

```
28 @ECHO OFF
29 set PRODUCT=快速烧录工具
30 set VERSION=v2022.03.14
31 set AUTHOR=Dragon
32
33 @REM HiBurn.exe文件的路径。根据实际位置进行修改。
34 set hiburn=D:\[课程教学]\担任课程\《OpenHarmony南向开发基础》\software\HiBurn-2.0.exe
35
36 @REM 开发板的串口号。根据实际情况进行修改。
37 set port=3
38
39 @REM 虚拟机IP地址。根据实际情况进行修改。
40 set vmip=192.168.8.215
41
42 @REM 固定的路径。如果源码按课程要求放置，此部分无须修改，否则需要根据实际情况进行修改。
43 set firmware=\\%vmip%\home\dragon\openharmony\1.1.3\out\hispark_pegasus\wifiiot
```

图 3-17 “快速烧录.cmd”文件的编辑适配

（3）使用快速烧录工具烧录和测试。以下步骤会循环多次。

① 在 MobaXterm 中断开串口连接；

② 使用快速烧录工具进行烧录；

③ 在 MobaXterm 中连接串口；

④ 重启开发板，进行测试。

该方案能明显提升效率，这也是本书推荐的快速重复烧录和测试的最佳实践方案。下面展示使用快速烧录工具进行烧录的步骤。

第一步，运行烧录脚本，在看到“Connecting, please reset device...”提示后，重启开发板。

第二步，等待烧录完成（烧录完成后，窗口会消失），如图 3-18 所示。

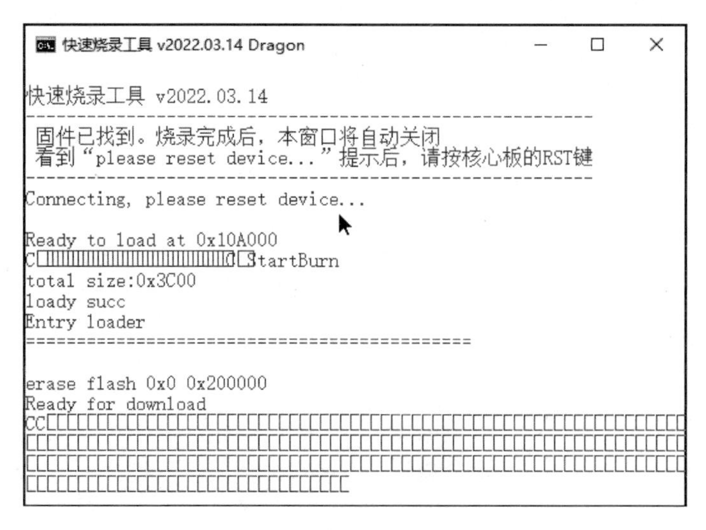

图 3-18 快速烧录工具的界面

（4）新建快捷方式。建议在桌面上生成一个快速烧录工具的快捷方式，将其重命名为“快速烧录”，以便以后使用。到本节为止，本书需要使用到的桌面快捷方式（如图 3-19 所示）就准备齐全了，我们来总结一下。

① Ubuntu——编译环境。
② VS Code——开发工具。
③ HiBurn——烧录工具。
④ 快速烧录——快速烧录工具。
⑤ MobaXterm——串口调试工具。
⑥ usbAPTool——Wi-Fi 热点工具。

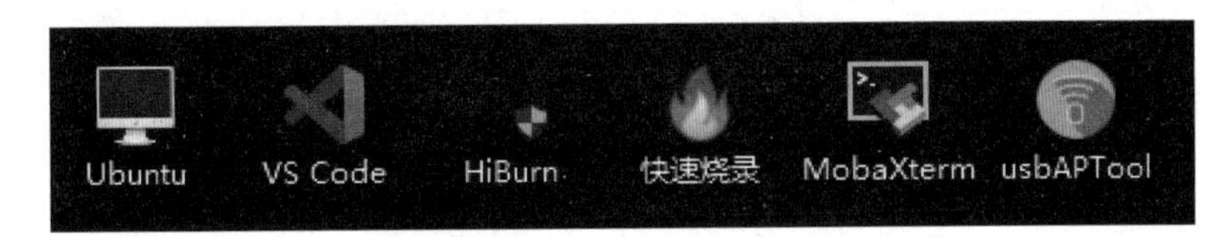

图 3-19　全部桌面快捷方式

在对后面内容的学习过程中，我们会频繁地用到它们，请您把它们放在称手的位置上。

3.2　轻量系统的编译构建

本节内容：
OpenHarmony 的编译构建系统；编译构建系统的配置规则。

3.2.1　OpenHarmony 的编译构建系统

OpenHarmony 的编译构建系统是一个基于 gn 和 ninja 的，以支持 OpenHarmony 组件化开发为目标的，现代化的编译构建系统。它有三大基本功能：可以独立构建单个组件；可以独立构建芯片解决方案厂商源码（开发板）；支持按组件拼装产品，并且编译，如图 3-20 所示。

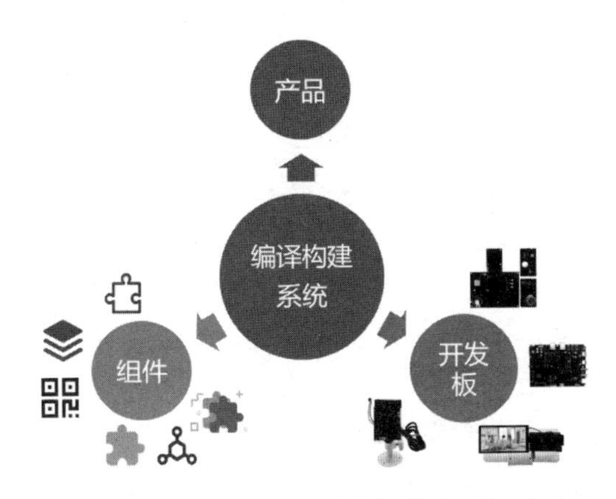

图 3-20　OpenHarmony 的编译构建系统的功能

编译构建系统对一个技术和产品生态是非常重要的，一个好的编译构建系统可以在一定程度上推动技术和产品生态繁荣。

OpenHarmony 是一个开放的生态，它的参与者包括但不限于以下角色：芯片解决方案厂商、产品解决方案厂商、组件解决方案厂商、培训师、独立开发者、学习者和用户。优秀的编译构建系统会造就优秀的生态，而优秀的生态又可以吸引更多的参与者参与。例如，用户可以变为学习者；学习者可以变为独立开发者；独立开发者又可以变为培训师，培养更多的独立开发者。编译构建系统产出的优秀产品，又可以吸引更多的用户，从而形成一个良性的循环，如图 3-21 所示。

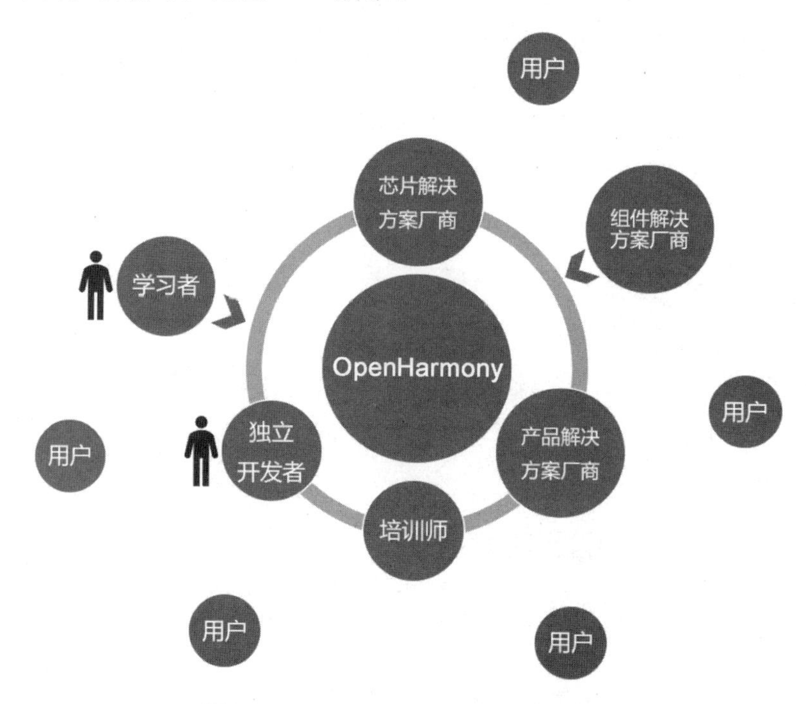

图 3-21　OpenHarmony 的生态参与者

1. 相关概念

下面介绍 OpenHarmony 的编译构建系统的基础知识。请注意，一个优秀的编译构建系统不一定是一个简单易懂的系统。我们所说的优秀指的是它的理念、技术和工程化的路线等非常先进，并不意味着您可以很轻松地学会它，并且掌握它。所以，请保持足够的耐心来学习本节和下节的知识。因为这些知识对于 OpenHarmony 的初学者来说非常重要，只有理解了 OpenHarmony 的编译构建系统的原理和使用方法，才能从容地进行 OpenHarmony 的学习和开发。

下面先来介绍相关的概念。

（1）子系统。子系统是一个逻辑概念，由一个或多个具体的组件构成。OpenHarmony 系统的功能按照“系统（子系统集）>子系统>组件”逐级展开，支持裁剪子系统或者组件。

（2）组件。那么什么是组件呢？组件是一个可复用、可配置、可裁剪的系统最小功能单元。App 也是组件的一种。组件的目录是独立的，可以并行开发、单独编译、单独测试。

请重点观察图 3-22。顶层的 OpenHarmony 是一个操作系统，由多个系统（子系统集）构成，而每个系统又由多个子系统构成，每个子系统又包括了多个组件。子系统和组件都是可以被裁剪的。所谓裁剪，就是去掉它，不要它，在最终的构建中不包括它。这体现了巨大的灵活性，可以根据实际产品的需要进行功能的自由定制化。这是 OpenHarmony 编译构建系统的核心理念。

（3）ninja。ninja 是一个专注于速度的小型的编译构建系统，是随 Google Chrome 项目而诞生的一个构建工具。ninja 的诞生目标是速度。换句话说，在 Google Chrome 项目的开发过程中，开发者们认为同类型的其他构建工具都不给力，所以才会考虑重新开发更高效的工具。作为一个底层工具，ninja 不是本书重点介绍的内容。hb、gn 和 ninja 的关系如图 3-23 所示。

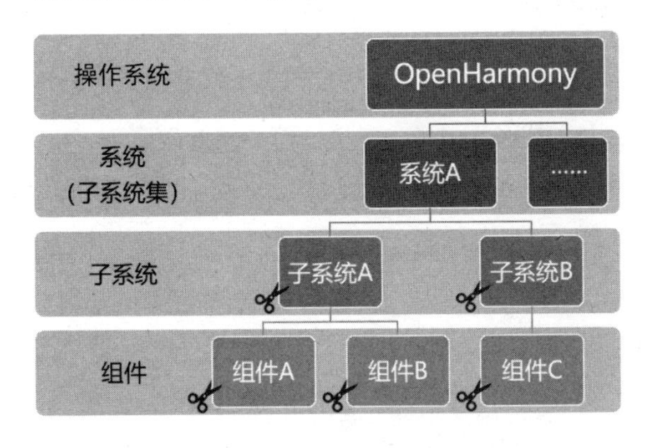

图 3-22 OpenHarmony 系统功能的展开方式

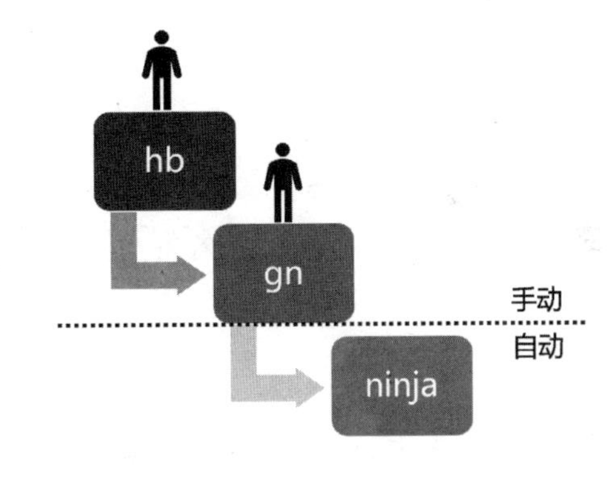

图 3-23 hb、gn 和 ninja 的关系

（4）gn。gn 是“generate ninja”的缩写，用于产生 ninja 文件。gn 是一种现代化的跨平台的编译构建工具。之所以强调现代化，是因为它能够做的事情，别的工具也能做，比如 make 和 cmake，但是 gn 会做得更好。

这几种工具从时间上来看有以下进化关系：make→cmake→gn。make 的跨平台能力不太完善，所以有了 cmake，用 cmake 来屏蔽不同平台 make 的差异；cmake 对做大型项目有些吃力，所以才有了 gn。gn 作为连接 hb 和 ninja 的中间层工具，有自己的语法格式和使用方法。本书不深入介绍 gn，只讨论其与 OpenHarmony 的编译构建系统有关的部分。

（5）hb。hb 是 OpenHarmony 的命令行工具，用来执行编译命令。在前面几章中，我们不止一次接触 hb，比如“hb set”“hb build”等命令，稍后会对它的原理做简单的介绍。

2. build 目录结构

下面简单介绍一下 OpenHarmony 源码中 build 目录的结构和内容。这个目录存放了组件化编译、构建和配置的脚本。下面重点介绍其中的 lite 目录中的内容，如图 3-24 所示。

图 3-24 build 目录结构

3. 编译构建流程

OpenHarmony 编译构建流程主要包括设置和编译两个阶段，如图 3-25 所示。在设置阶段使用 hb set 命令设置源码路径，并且选择解决方案。在编译阶段，需要使用 hb build 命令编译出组件、产品或者开发板。

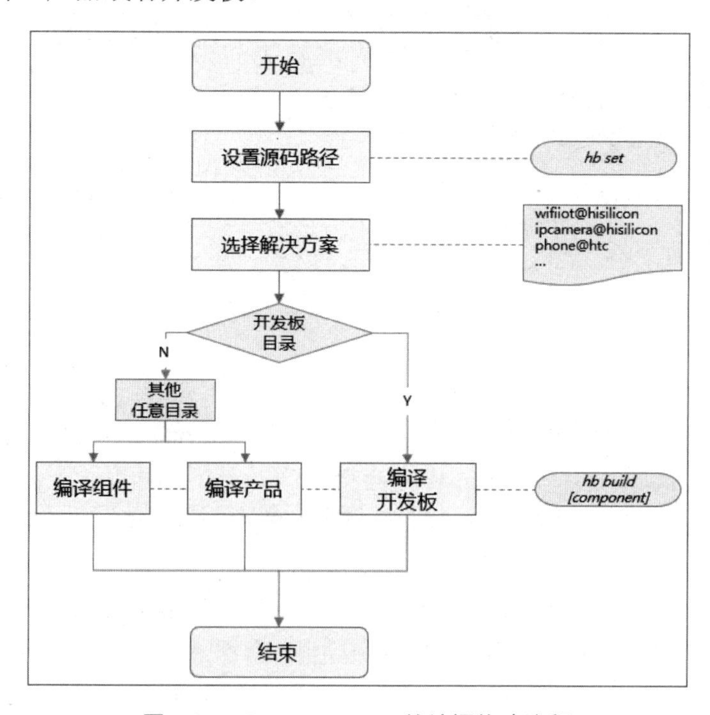

图 3-25 OpenHarmony 的编译构建流程

值得注意的是，在轻量系统中，组件作为一个单独的模块是不能够直接烧录到开发板中的，必须要加入一个产品或者一个开发板方案中，作为一个完整的固件之中的一个功能点。这和您不能只拿着一个方向盘在公路上冒充机动车是一个道理。

（1）hb set。从原理或者工作方式上来说，hb set 将我们选择的 OpenHarmony 源码目录和要编译的目标保存到相应的配置文件中。

（2）hb build。hb build 则经历了一个相对复杂的过程，主要包括以下几个阶段。

第一步，读取编译配置。也就是根据产品选择的开发板，读取开发板 config.gni 文件的内容，主要包括编译工具链、编译链接命令和选项等。

第二步，调用 gn。也就是调用“gn gen”命令读取产品配置，生成产品解决方案 out 目录和 ninja 文件。

第三步，调用 ninja。也就是调用“ninja -C out/board/product”命令来启动编译。

第四步，系统镜像文件打包。就是将组件编译产物进行打包，设置文件的属性和权限，制作文件系统的镜像文件。

3.2.2 编译构建系统的配置规则

下面介绍编译构建系统的配置规则。请注意，本节的难度稍大，建议反复阅读理解。

首先，请回顾一下 OpenHarmony 的系统架构。

我们知道“高内聚、低耦合”是软件工程中的概念，它的目的是增强程序模块的可重用性和可移植性。为了实现组件、芯片解决方案、产品解决方案与 OpenHarmony 是解耦的和可插拔（可裁剪）的，组件、芯片解决方案和产品解决方案的路径、目录树和配置必须要遵循特定的规则。本书重点讨论组件和产品的配置规则。

1. 组件的配置规则

（1）源码路径的命名规则。要创建一个组件，就肯定要有一个具体的位置去存放它。在一般情况下，我们会为一个组件建立一个单独的目录。组件的源码路径要分为 3 个层级。第一层目录是领域，也就是子系统集，第二层目录是子系统，第三层目录才是组件本身，即“{领域} / {子系统} / {组件}”。

（2）源码目录树的构建原则。在确定好组件的具体位置后，相当于组件就有了一个“家”，而这个“家”需要简单地装修一下，划分一下功能区。就像您的家有客厅、卧室、厨房，组件的家也需要有一定的结构，这个结构其实就是目录树。

下面来看组件源码目录树的构建原则。在组件的根目录下建立以下结构的目录和文件，如图 3-26 所示。

下面来举个例子，分析一下 IoT 外围设备控制组件的源码。这个组件提供了 GPIO、PWM、I2C、ADC 等硬件接口的访问能力。说得再直白一点儿就是，我们通过这个组件来控制各种类型的外围硬件。下面先来看这个组件在什么位置，也就是它的源码路径。

```
component
├── interfaces
│   ├── innerkits    # 系统内接口，供组件间使用
│   └── kits         # 应用接口，供应用开发者使用
├── frameworks       # framework的实现
├── services         # service的实现
└── BUILD.gn         # 组件的编译脚本
```

图 3-26　组件源码目录树的构建原则

IoT 外围设备控制组件从属于 IoT 专有硬件服务子系统，而 IoT 专有硬件服务子系统又从属于硬件服务子系统集（如图 3-27 所示）。硬件服务子系统集的位置在源码根目录下的 base 目录中，而 IoT 专有硬件服务子系统的位置在 base 目录下的 iot_hardware 目录中。我们要分析的这个 IoT 外围设备控制组件则在 iot_hardware 目录下的 peripheral 目录中。

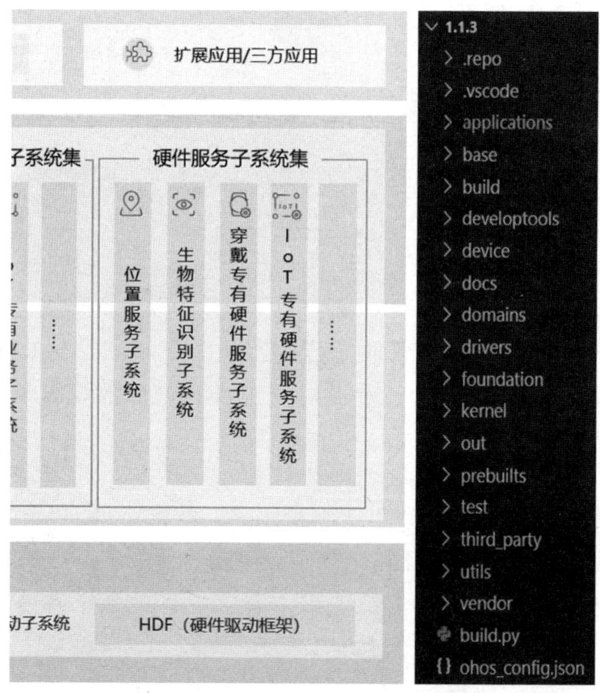

图 3-27　IoT 外围设备控制组件

所以，IoT 外围设备控制组件的源码的具体路径如图 3-28 所示。

图 3-28　IoT 外围设备控制组件的源码路径

再次强调，base 是领域，也就是子系统集，iot_hardware 是子系统，peripheral 是组件。这个组件内部的目录结构如图 3-29 所示。

在 interfaces 目录下的 kits 目录中提供了应用接口，供应用开发者使用。扩展名为“h”的文件是接口的头文件，我们在使用具体接口的时候，必须要包含（include）它们。这和要调用 printf 函数就需要包含 stdio.h 头文件是一个道理。最后，组件根目录下的 BUILD.gn 文件是这个组件的编译脚本。

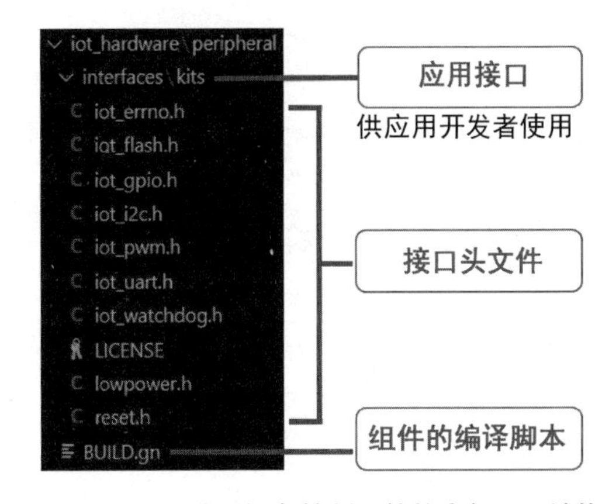

图 3-29　IoT 外围设备控制组件的内部目录结构

如果您看懂了上面的例子，那么在理解 OpenHarmony 的编译构建系统的路上就迈了一大步。

（3）组件的定义。上面介绍了应该如何放置或者新建一个组件。下面介绍如何将放置好的组件定义到 OpenHarmony 系统中。这和您生了一个小孩需要去上户口是一个道理。

首先，找到 OpenHarmony 源码根目录下的 build\lite\components 目录（如图 3-30 所示），组件要在这里进行定义。

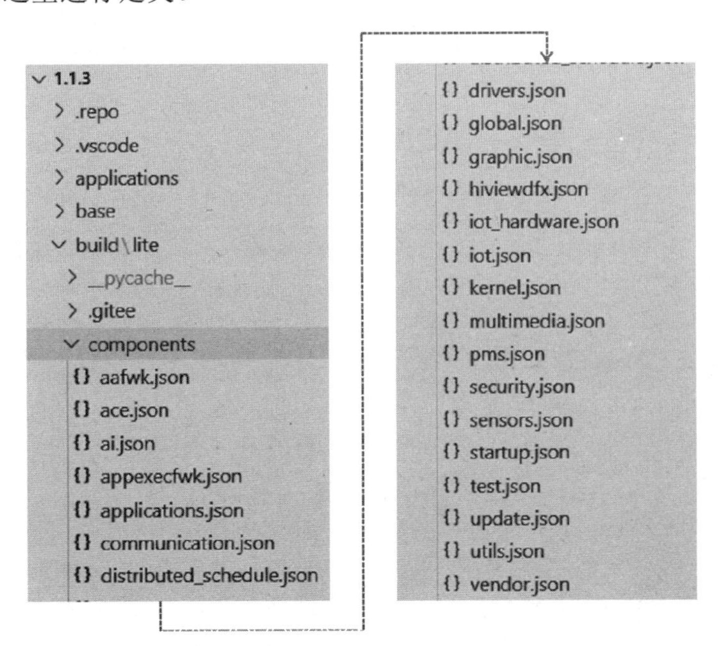

图 3-30　build\lite\components 目录

可以看到，这里存放了很多.json 文件，而每个.json 文件都代表了一个子系统。您可以在图 3-30 中找到刚刚提到的 iot_hardware 子系统的配置文件 iot_hardware.json。也就是说，作为一个组件，“我”必须要注册到一个子系统中，OpenHarmony 才会意识到

“我”的存在。在确定好要加入的子系统之后，接下来“我”需要把自己的基本情况告诉这个子系统，比如“我是谁、我从哪里来、我能干什么”，这就是组件的定义。下面来看都需要定义哪些内容（属性）。组件的属性包括名称、功能简介、是否必选、源码路径、编译目标、编译输出、ROM（Read-Only Memory，只读存储器）容量、RAM（Random Access Memory，随机存储器）容量、已适配的内核、可配置的特性和依赖等。

请注意，新增组件时需要在对应的子系统的.json文件中添加相应的组件定义，产品所配置的组件必须在某个子系统中被定义过，否则会校验失败。

还以IoT外围设备控制组件为例来分析一下它的组件定义。这个组件定义在iot_hardware子系统中，配置文件是iot_hardware.json，我们来看具体定义的内容，如图3-31所示。

```
{
  "components": [                                                   // 所有组件
    {                                                               // 单个组件定义
      "component": "iot_controller",                                // 组件名称
      "description": "Iot peripheral controller.",                  // 组件一句话功能描述
      "optional": "false",                                          // 组件是否为最小系统必选
      "dirs": ["base/iot_hardware/peripheral"],                     // 组件源码路径
      "targets": ["//base/iot_hardware/peripheral:iothardware"],    // 组件编译目标
      "output": [],                                                 // 组件编译输出
      "rom": "",                                                    // 组件ROM容量
      "ram": "",                                                    // 组件RAM容量
      "adapted_kernel": ["liteos_m"],                               // 组件已适配的内核
      "features": [],                                               // 组件可配置的特性
      "deps": {                                                     // 组件依赖
        "components": [],                                           // 组件依赖的其他组件
        "third_party": []                                           // 组件依赖的三方开源软件
      }
    }
  ]
}
```

图3-31 IoT外围设备控制组件的定义

components这个json数组包含了所有的组件定义，IoT外围设备控制组件只是其中之一，但是目前是iot_hardware子系统唯一的组件。

（4）组件的编译目标（编译入口）。我们已经学会了如何新建组件、如何定义组件，接下来需要详细介绍一下组件的编译目标，也就是编译入口。首先，我们已经知道了它其实就是组件定义中的targets参数。它的具体格式约定如下：

```
"targets":["路径:目标名称"]
```

其中，路径用绝对路径表示，以“//”开头，从源码根目录开始，目标名称是由路径中的BUILD.gn文件来定义的。举个例子：

```
"targets":["//base/iot_hardware/peripheral:iothardware"]
```

它的路径是“//base/iot_hardware/peripheral”，目标名称是“iothardware”。

OpenHarmony 的编译构建系统会去这个路径中找 BUILD.gn 文件（编译脚本），在这个文件中找到 iothardware 这个目标部分，按这部分的要求进行编译。

BUILD.gn 文件是谁写的？我们写的。我们让它编译哪个.c 文件，它就得编译哪个.c 文件。

（5）组件的编译脚本。下面介绍应该如何编写 BUILD.gn 文件，也就是如何编写组件的编译脚本。首先，要新建一个 BUILD.gn 文件，然后使用 gn 语言的特有语法来书写编译脚本。我们不会把 gn 的语法完整地介绍一遍，只介绍需要的部分。请结合图 3-32 理解本部分知识。

```
类型("目标") {
  sources = [
    ".c",
    ".c",
    …,
  ]
  include_dirs = [
    "绝对路径或相对路径",
    "绝对路径或相对路径",
    …,
  ]
}
```

图 3-32 组件的编译脚本

这里涉及的基础语法如下：

第一，编译结果的类型。可以是静态库，也就是.a 文件，用 static_library 来定义。可以是动态库，也就是.so 文件，用 shared_library 来定义。可以是可执行文件，也就是.bin 文件，用 executable 来定义。也可以是组，用 group 来定义。

第二，目标，也就是编译目标名称。这与我们刚刚介绍的组件定义中的 targets 参数的目标名称是一致的。官方建议其与组件名称保持一致。

第三，sources，也就是源文件列表。用逗号隔开多个.c 文件，这些文件都将被编译。

第四，include_dirs，也就是头文件路径列表。列出引用的头文件的所在位置，用逗号隔开。可以使用绝对路径或者相对路径。

还以 IoT 外围设备控制组件为例来分析一下它的编译目标和脚本。先来看编译目标，在 iot_hardware.json 文件中，也就是在 IoT 专有硬件服务子系统中，这个 IoT 外围设备控制组件定义中的 targets 参数是这样写的（如图 3-33 所示）。

```
"targets": ["//base/iot_hardware/peripheral:iothardware"],  // 组件编译目标
```

图 3-33 IoT 外围设备控制组件定义中的 targets 参数

也就是说，这个组件的编译脚本将是 base\iot_hardware\peripheral\BUILD.gn 文件。这个文件的内容如图 3-34 所示。

```
lite_subsystem("iothardware") {
  subsystem_components = [
    "$ohos_vendor_adapter_dir/hals/iot_hardware/wifiiot_lite:hal_iothardware",
  ]
}
```

图 3-34 base\iot_hardware\peripheral\BUILD.gn 文件的内容

请注意，这个脚本文件负责整个 IoT 专有硬件服务子系统的编译。通过 subsystem_components（子系统组件）的方式指定 IoT 外围设备控制组件，指向下级编译脚本。“$ohos_vendor_adapter_dir”表示 device\hisilicon\hispark_pegasus\hi3861_adapter

目录。

继续跟踪，找到 device\hisilicon\hispark_pegasus\hi3861_adapter\hals\iot_hardware\wifiiot_lite\BUILD.gn 文件，这个文件的内容如图 3-35 所示。

```
static_library("hal_iothardware") {
  if (board_name == "hispark_pegasus") {
    sources = [
      "hal_iot_flash.c",
      "hal_iot_gpio.c",
      "hal_iot_i2c.c",
      "hal_iot_pwm.c",
      "hal_iot_uart.c",
      "hal_iot_watchdog.c",
      "hal_lowpower.c",
      "hal_reset.c",
    ]
    include_dirs = [
      "//utils/native/lite/include",
      "//base/iot_hardware/peripheral/interfaces/kits",
      "//device/hisilicon/hispark_pegasus/sdk_liteos/include",
    ]
  }
}
```

图 3-35 device\hisilicon\hispark_pegasus\hi3861_adapter\hals\iot_hardware\wifiiot_lite\ BUILD.gn 文件的内容

编译类型是静态库（static_library），目标名称为 hal_iothardware。如果开发板是 hispark_pegasus，就编译以下这些.c 文件，并且包含以下这些头文件路径。怎么样？是不是有一种豁然开朗的感觉？如果您还没有搞明白，不要紧，把本节再看一遍，就会越来越清楚。

再举个例子，kv_store 组件，也就是键值存储组件。先来看编译目标，在 utils.json 文件中，也就是在公共基础子系统中，这个键值存储组件定义中的 targets 参数如图 3-36 所示。

```
"targets": ["//utils/native/lite/kv_store"],
```

图 3-36 键值存储组件定义中的 targets 参数

也就是说，这个组件的编译脚本将是 utils\native\lite\kv_store\BUILD.gn 文件。这个文件的内容如图 3-37 所示。

```
import("//build/lite/config/component/lite_component.gni")

lite_component("kv_store") {
  features = [ "src:utils_kv_store" ]
}
```

图 3-37 utils\native\lite\kv_store\BUILD.gn 文件的内容

请注意，这个脚本通过 lite_component（轻量组件）的 feature（模块）方式指定 utils_kv_store 模块，指向下级（src 子目录中的）编译脚本。继续跟踪，找到 utils\native\lite\kv_store\src\BUILD.gn 文件，这个文件的内容如图 3-38 所示。

```
if (ohos_kernel_type == "liteos_m") {
  static_library("utils_kv_store") {
    sources = [
      "kvstore_common/kvstore_common.c",
      "kvstore_impl_hal/kv_store.c",
    ]
    include_dirs = [
      "//utils/native/lite/include",
      "kvstore_common",
    ]
  }
} else {
  shared_library("utils_kv_store") {
    cflags = [ "-Wall" ]
```

图 3-38　utils\native\lite\kv_store\src\BUILD.gn 文件的内容

如果内核类型是 liteos_m，就编译为静态库，目标名称为 utils_kv_store，编译以下这些.c 文件，并且包含以下这些头文件路径。这里面既有绝对路径，也有相对路径。

再来举个例子，wifi_iot_sample_app 组件，也就是样例程序。先来看编译目标，在 applications.json 文件中，也就是在应用子系统中，这个样例程序组件定义中的 targets 参数如图 3-39 所示。

```
"targets": [
  "//applications/sample/wifi-iot/app"
],
```

图 3-39　样例程序组件定义中的 targets 参数

也就是说，这个组件的编译脚本将是 applications\sample\wifi-iot\app\BUILD.gn 文件。这个文件的内容如图 3-40 所示。

```
import("//build/lite/config/component/lite_component.gni")

lite_component("app") {
    features = ["startup:hello_world"]
}
```

图 3-40　applications\sample\wifi-iot\app\BUILD.gn 文件的内容

请注意，这个脚本通过 lite_component（轻量组件）的 features（模块）方式指定了 hello_world 模块，指向下级（startup 子目录中的）编译脚本。继续跟踪，找到 applications\sample\wifi-iot\app\startup\BUILD.gn 文件，这个文件的内容如图 3-41 所示。

```
static_library("hello_world") {
  # 源文件
  sources = [ "hello.c" ]

  # include目录
  include_dirs = [
    # 包括"ohos_init.h"等头文件
    # "//"表示源码根目录，后面是目录名称
    "//utils/native/lite/include",
  ]
}
```

图 3-41　applications\sample\wifi-iot\app\startup\BUILD.gn 文件的内容

编译为静态库，目标名称为 hello_world，编译 hello.c 文件，并且包含 ohos_init.h 这个头文件所在的路径。您应该已经看出来了，这其实就是之前介绍过的 hello_world 实例。怎么样，是不是理解得又深刻了一些？

2. 总结：子系统的构建模型

现在可以画出 OpenHarmony 子系统的构建模型了，如图 3-42 所示。这个模型涵盖了目前 OpenHarmony 中已有的分层模式，请仔细观看，并且认真理解。之后，您对 OpenHarmony 编译架构的理解将会更进一步。

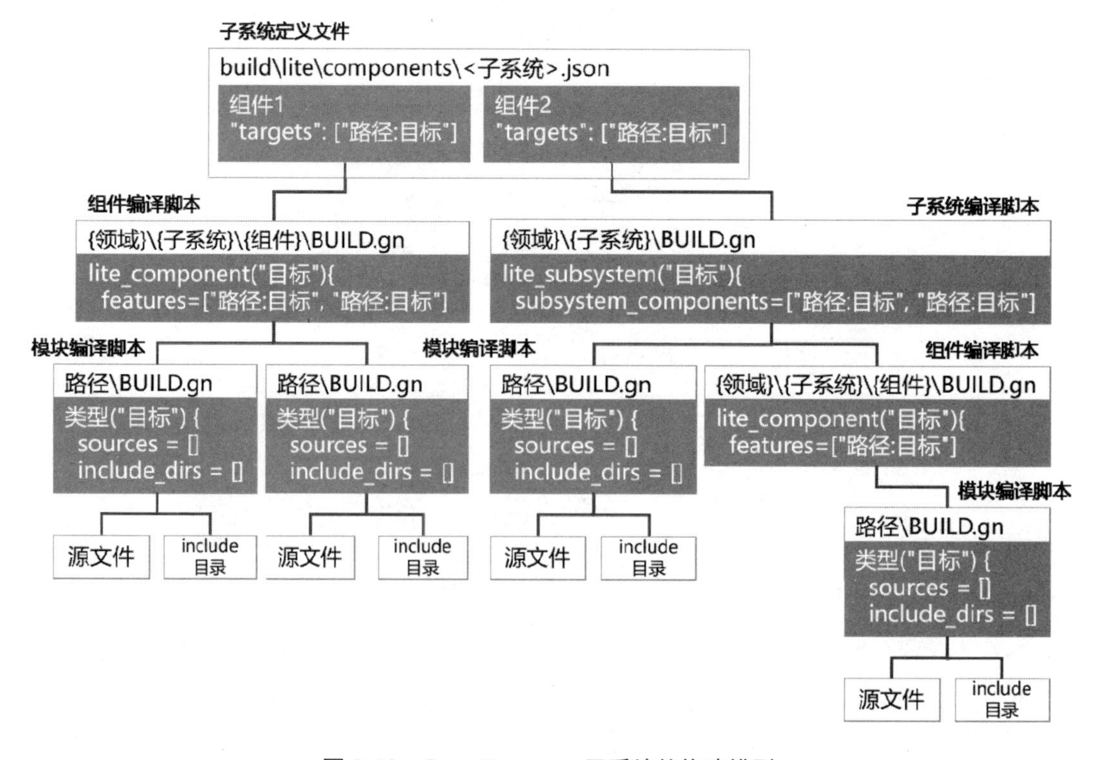

图 3-42　OpenHarmony 子系统的构建模型

3. 芯片解决方案的配置规则

芯片解决方案是指基于某款开发板的完整解决方案，包括驱动、设备侧的接口适配、开发板 SDK 等。芯片解决方案是一个特殊的组件，它的源码路径规则是：

```
device/{芯片解决方案厂商}/{开发板}
```

例如，图 3-43 所示的“device/hisilicon/hispark_pegasus”对应的就是“智能家居开发套件”芯片解决方案。

请注意，芯片解决方案组件会随着产品所选择的开发板而默认编译。

4. 产品解决方案的配置规则

产品解决方案是基于开发板的完整产品，主要包含产品对操作系统的适配、组件拼装配置、启动配置和文件系统配置等。产品解决方案也是一个特殊的组件，它的源码路径规则是：

```
vendor/{产品解决方案厂商}/{产品名称}
```

例如，图 3-44 所示的“vendor/hisilicon/hispark_pegasus”对应的就是“智能家居开发套件”产品解决方案。

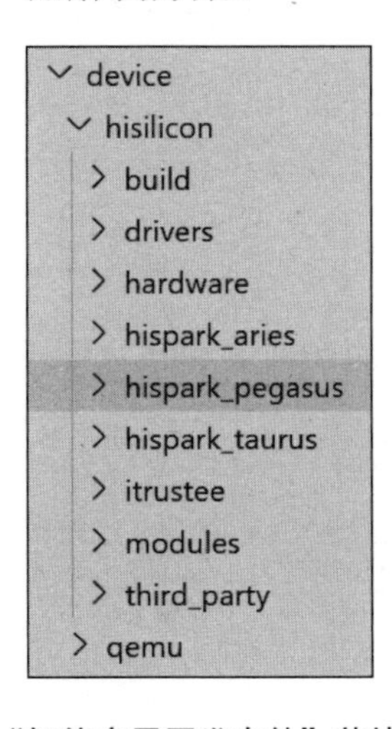

图 3-43　“智能家居开发套件”芯片解决方案

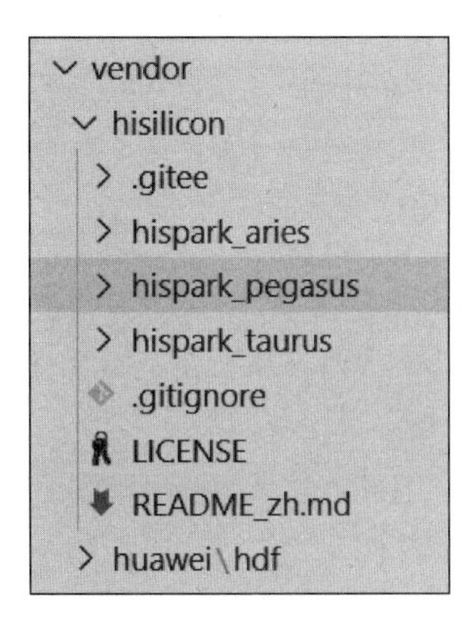

图 3-44　“智能家居开发套件”产品解决方案

下面介绍产品解决方案的定义方法。首先，一个产品需要定义在以下位置：

```
vendor/{产品解决方案厂商}/{产品名称}/config.json
```

在 config.json 配置文件中包含了产品名称、操作系统的版本、解决方案厂商、开发板的名称、内核类型、包含的内核版本、选择的子系统、选择的组件和组件特性配置等信息。

以 vendor/hisilicon/hispark_pegasus/config.json 配置文件为例。该文件的内容如图 3-45 所示。

```
"product_name": "wifiiot_hispark_pegasus",
"ohos_version": "OpenHarmony 1.0",
"device_company": "hisilicon",
"board": "hispark_pegasus",
"kernel_type": "liteos_m",
"kernel_version": "",
"subsystems": [
  {
    "subsystem": "applications",
    "components": [
      { "component": "wifi_iot_sample_app", "features":[] }
    ]
  },
  {
    "subsystem": "iot_hardware",
    "components": [
      { "component": "iot_controller", "features":[] }
    ]
  },
```

图 3-45 vendor/hisilicon/hispark_pegasus/config.json 文件的内容

product_name 表示产品名称；ohos_version 表示 OpenHarmony 的版本；device_company 表示解决方案厂商；board 表示开发板的名称；kernel_type 表示内核类型；subsystems 表示包含的子系统，可以包含多个子系统，而每个子系统又可以包含多个组件。我们就是在这里对 OpenHarmony 进行裁剪的。您发现了吗？

请注意，如果某个产品被选择为要编译的产品，对应的产品名称目录下的 BUILD.gn 文件会默认参与编译。还记得如何将某个产品选择为要编译的产品吗？很简单，通过 hb set 命令选择产品即可，如图 3-46 所示。

```
dragon@vmubuntu20:~/openharmony/1.1.3$ hb set
[OHOS INFO] hb root path: /home/dragon/openharmony/1.1.3
OHOS Which product do you need?  (Use arrow keys)

hisilicon
   ipcamera_hispark_aries
 ❯ wifiiot_hispark_pegasus
   ipcamera_hispark_taurus
```

图 3-46 通过 hb set 命令选择产品

5. 总结：产品解决方案的构建模型

现在可以画出 OpenHarmony 产品解决方案的构建模型了，如图 3-47 所示。这其实也是 OpenHarmony 的编译架构。请仔细观看，并且认真理解。

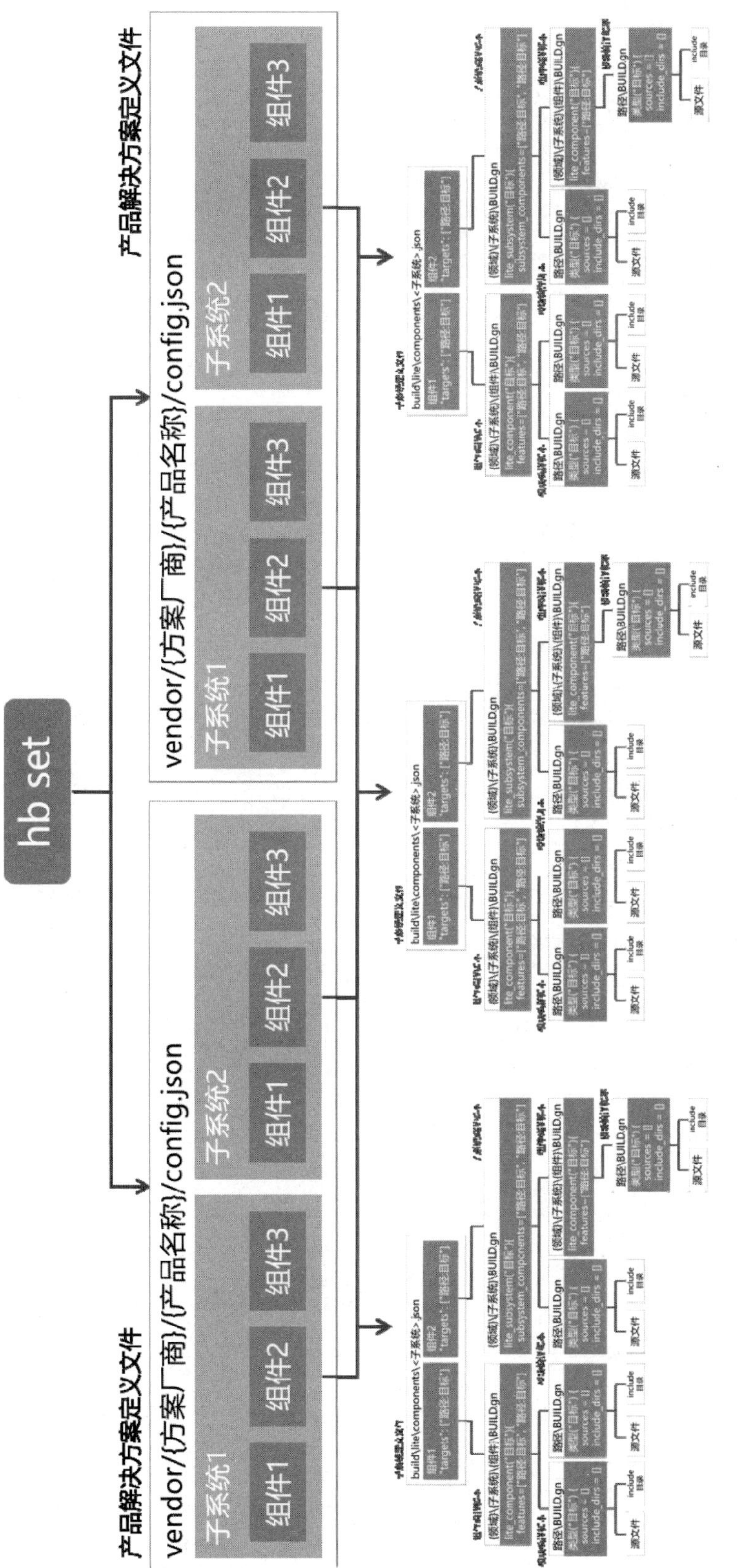

图 3-47　OpenHarmony 产品解决方案的构建模型

3.3 编译构建系统的使用

本节内容：

新增组件的案例；总结新增组件的流程；新增产品解决方案的案例；总结新增产品解决方案的流程；组件/模块开发的案例；总结组件/模块开发的流程。

3.3.1 案例：新增组件

1. 准备开发套件

请准备好智能家居开发套件，安装好底板和核心板。

2. 编写组件的源码

启动虚拟机。在 VS Code 中打开 OpenHarmony 源码根目录。

建立 applications\sample\component_demo 目录，并在该目录下新建一个 demo.c 文件，编写以下源码并保存文件。

```
1. // 标准输入输出头文件
2. #include <stdio.h>
3.
4. // ohos_init.h 是 OpenHarmony 的特有头文件
5. // 位置：utils\native\lite\include\ohos_init.h
6. // 在开发中，它提供了一系列入口，用于初始化服务(service)和功能(feature)的头文件
7. #include "ohos_init.h"
8.
9. // 组件的入口函数
10. void entry(void)
11. {
12.     printf("I am a component.\r\n");
13. }
14.
15. // 让 entry 函数以“优先级 2”在系统启动过程的“阶段 4. system startup”执行
16. SYS_RUN(entry);
```

3. 编写组件的编译脚本

在 component_demo 目录下新建一个 BUILD.gn 文件，源码如下。

```
1. # 做成静态库，"TestComponent"是库名称，最终被编译为"libTestComponent.a"
```

```
2. static_library("TestComponent") {
3.   # 源文件
4.   sources = [ "demo.c" ]
5.
6.   # include 目录
7.   include_dirs = [
8.     # 包含"ohos_init.h"等头文件
9.     # "//"表示源码根目录，后面是目录名称
10.    "//utils/native/lite/include",
11.  ]
12. }
```

4. 单独编译目标（可省略）

在组件源码和编译脚本编写完后，我们尝试单独编译目标。命令语法如下：

```
hb build -T 路径:目标
```

回到编译环境（Ubuntu 虚拟机），在源码根目录中打开一个终端窗口，执行编译命令：

```
hb build -f -T //applications/sample/component_demo:TestComponent
```

如图 3-48 所示，可以看到编译成功完成。

```
[OHOS INFO] [1/4] STAMP obj/build/lite/ndk.stamp
[OHOS INFO] [2/4] gcc cross compiler obj/applications/sample/component_demo/libTestComponent.demo.o
[OHOS INFO] [3/4] AR libs/libTestComponent.a
[OHOS INFO] [4/4] STAMP obj/build/lite/ohos.stamp
[OHOS INFO] wifiiot_hispark_pegasus build success
[OHOS INFO] cost time: 0:00:00
```

图 3-48　单独编译目标成功

5. 添加组件定义

我们需要把当前组件添加到应用子系统中，也就是 build\lite\components\applications.json 文件中。回到 VS Code 的资源管理器面板，打开 build\lite\components\applications.json 文件，把组件定义添加进去。可以添加到组件数组的最前边，代码如下。

```
1. {
2.   "component": "TestComponent",
3.   "description": "A test component",
4.   "optional": "true",
5.   "dirs": [
6.     "applications/sample/component_demo"
7.   ],
8.   "targets": [
```

```
 9.     "//applications/sample/component_demo:TestComponent"
10.   ],
11.   "adapted_kernel": [ "liteos_m" ]
12. },
```

6. 将组件配置到产品解决方案中

可以把组件配置到 hispark_pegasus 产品解决方案中。回到 VS Code 的资源管理器面板，打开 vendor\hisilicon\hispark_pegasus\config.json 文件，定位到 applications 子系统，把刚刚建立好的组件配置进去（如图 3-49 所示），保存文件。

```
{
  "subsystem": "applications",
  "components": [
    { "component": "wifi_iot_sample_app", "features":[] },
    { "component": "TestComponent", "features":[] }
  ]
},
```

图 3-49　将 TestComponent 组件配置到产品解决方案中

7. 单独编译组件

单独编译组件与前面单独编译目标的效果是一样的（目标就是一个组件），但是更快捷一些。命令语法如下：

```
hb build 组件名称
```

回到编译环境（Ubuntu 虚拟机），在源码根目录中打开一个终端窗口，执行命令：

```
hb build -f TestComponent
```

如图 3-50 所示，可以看到编译成功完成。

```
[OHOS INFO] [1/4] STAMP obj/build/lite/ndk.stamp
[OHOS INFO] [2/4] gcc cross compiler obj/applications/sample/component_demo/libTestComponent.demo.o
[OHOS INFO] [3/4] AR libs/libTestComponent.a
[OHOS INFO] [4/4] STAMP obj/build/lite/ohos.stamp
[OHOS INFO] wifiiot_hispark_pegasus build success
[OHOS INFO] cost time: 0:00:00
```

图 3-50　单独编译组件成功

8. 编译产品

在轻量系统中，单独编译的目标或者组件是不能独立运行的。这种编译方式更适合发现编译错误。要想烧录运行，就要进行固件的编译。回到编译环境（Ubuntu 虚拟机），在源码根目录中打开一个终端窗口，执行命令：

```
hb build -f
```

9. 烧录固件并运行

接下来烧录固件（建议使用快速烧录工具）。烧录完成后，启动 MobaXterm，连接串口，重启开发板。可以看到，在输出信息中有一行代码为“I am a component.”，如图 3-51 所示。

```
The buildType is [debug]
The buildUser is [jenkins]
The buildHost is [linux]
The buildTime is [1642707257160]
The BuildRootHash is []
******To Obtain Product Params End  ******
I am a component.
Hello world!
```

图 3-51 输出信息

10. 总结：新增组件的流程

新增组件的流程如图 3-52 所示。

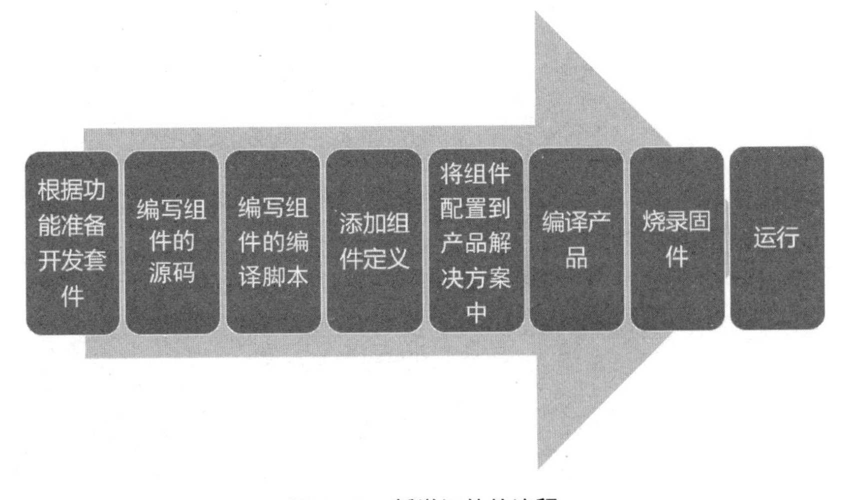

图 3-52 新增组件的流程

请结合本案例继续理解 3.2 节介绍的子系统的构建模型。

3.3.2 案例：新增产品解决方案

OpenHarmony 的编译构建系统支持芯片解决方案和组件的灵活拼装，从而形成了定制化的产品解决方案。在新增产品解决方案的时候，可以在 vendor\hisilicon\hispark_pegasus 开发板产品方案的基础上进行定制化，这样可以更快捷一些。相关目录和文件可以复制使用。

1. 准备开发套件

请准备好智能家居开发套件，组装好底板和核心板。

2. 创建产品目录

启动虚拟机。在 VS Code 中打开 OpenHarmony 源码根目录。根据位置规则"vendor/{方案厂商}/{产品名称}"，新建 vendor\dragon\product1 目录。

3. 拼装产品

新建 vendor\dragon\product1\config.json 文件。可以在 hispark_pegasus 开发板产品方案的基础上进行定制化，也就是把 vendor\hisilicon\hispark_pegasus\config.json 文件的内容先复制过来，然后进行修改。

例如，对以下部分进行定制化（如图 3-53 所示）：product_name 定义为 dragon_product1；ohos_version 定义为 OpenHarmony 1.1.3；在下边的子系统列表中，保留需要的子系统，裁剪掉不需要的子系统；组件也一样，在每个子系统中保留需要的组件，去掉不需要的组件。将 product_adapter_dir 定义为//vendor/dragon/product1/hals。最后保存文件。

```
vendor > dragon > product1 > {} config.json > ...
1  {
2      "product_name": "dragon_product1",
3      "ohos_version": "OpenHarmony 1.1.3",
4      "device_company": "hisilicon",
5      "board": "hispark_pegasus",
6      "kernel_type": "liteos_m",
7      "kernel_version": "",
8      "subsystems": [
```

图 3-53　定制化产品解决方案

请注意，编译构建系统在编译前会对 device_company、board、kernel_type、kernel_version、subsystem、component 等字段进行有效性检查。其中，device_company、board、kernel_type、kernel_version 字段应该与已知的芯片解决方案匹配，而 subsystem、component 字段应该与 build\lite\components 下的组件描述匹配。

4. 适配操作系统接口

新建 vendor\dragon\product1\hals 目录，然后需要将产品解决方案对操作系统适配的源码和编译脚本放入 hals 目录。我们可以直接使用 hispark_pegasus 开发板产品方案的相关目录和文件，如图 3-54 所示。找到 vendor\hisilicon\hispark_pegasus\hals\utils 目录，单击鼠标右键，选择"在文件资源管理器中显示"选项，接下来复制 utils 目录，回到 vendor\dragon\product1\hals 目录，粘贴即可。

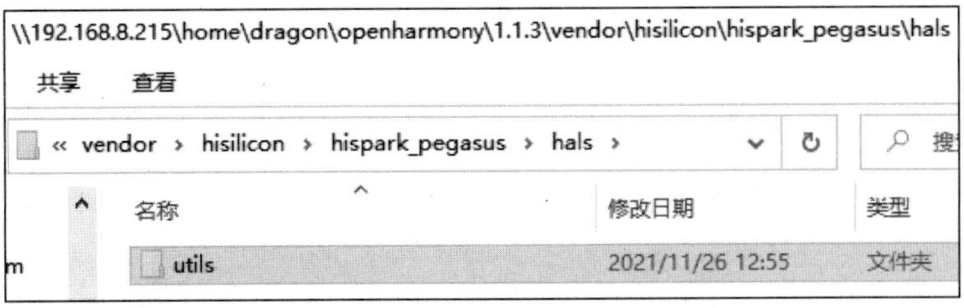

\\192.168.8.215\home\dragon\openharmony\1.1.3\vendor\hisilicon\hispark_pegasus\hals
共享　查看
« vendor › hisilicon › hispark_pegasus › hals ›
名称　修改日期　类型
utils　2021/11/26 12:55　文件夹

图 3-54　hispark_pegasus 开发板产品方案的 utils 目录

回到 VS Code 的资源管理器面板核对一下，vendor\dragon\product1\hals\utils 目录是刚复制过来的，如图 3-55 所示。

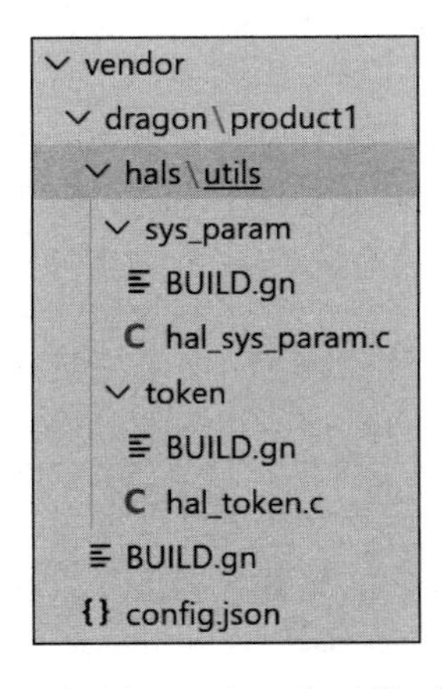

图 3-55　vendor\dragon\product1\hals\utils 目录

5. 编写产品的编译脚本

新建 vendor\dragon\product1\BUILD.gn 文件，源码如下：

```
1. group("product1") {
2. }
```

请注意 product1 是 target 名称，需要与上级目录的名称（product1）一致，如图 3-56 所示。

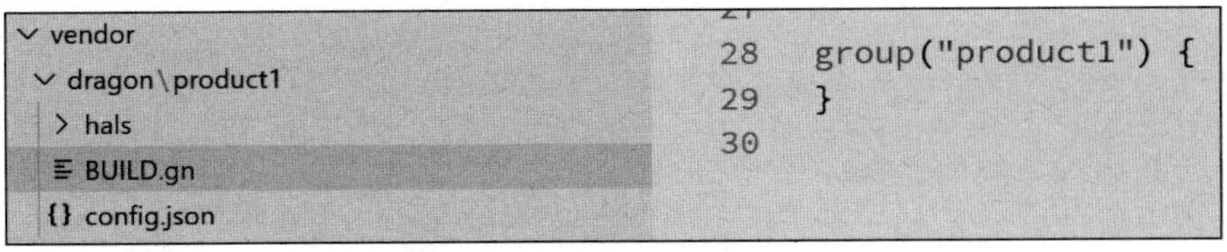

vendor
dragon \ product1
hals
BUILD.gn
config.json

```
28  group("product1") {
29  }
30
```

图 3-56　产品的编译脚本

6. 编译产品

回到编译环境（Ubuntu 虚拟机），在源码根目录中打开一个终端窗口，执行以下命令（如图 3-57 所示）：

```
hb set
```

选择要编译的产品（dragon_product1），然后进行全量编译，执行以下命令：

```
hb build -f
```

7. 烧录固件并运行

请注意，产品不同，固件位置自然也不相同，因此不能直接使用之前的快速烧录工具。刚刚编译产品生成的固件在源码根目录下的 out/hispark_pegasus/dragon_product1 目录中，如图 3-58 所示。

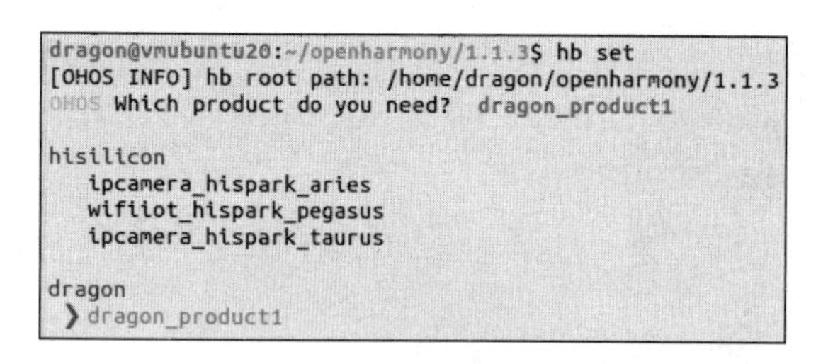

图 3-57　选择并编译产品

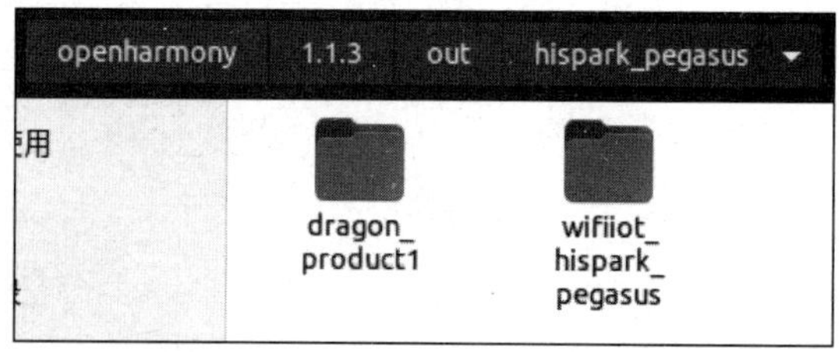

图 3-58　固件位置

烧录完成后，启动 MobaXterm，连接串口，重启开发板。我们新建的产品就烧录并且运行成功了，如图 3-59 所示。

```
ready to OS start
sdk ver:Hi3861V100R001C00SPC025 2020-09-03 18:10:00
FileSystem mount ok.
wifi init success!
I am a component.

hiview init success.00 00:00:00 0 68 D 0/HIVIEW: log limit init success.
00 00:00:00 0 68 I 1/SAMGR: Bootstrap core services(count:3).
00 00:00:00 0 68 I 1/SAMGR: Init service:0x4af77c TaskPool:0xe4afc
00 00:00:00 0 68 I 1/SAMGR: Init service:0x4af788 TaskPool:0xe4b1c
00 00:00:00 0 68 I 1/SAMGR: Init service:0x4afc44 TaskPool:0xe4b3c
```

图 3-59　输出信息

8. 总结：新增产品解决方案的流程

新增产品解决方案的流程如图 3-60 所示。

请结合本案例继续理解 3.2 节学到的产品解决方案的构建模型，重点理解在产品解决方案的 config.json 文件中，我们是如何对子系统及其组件进行裁剪的。

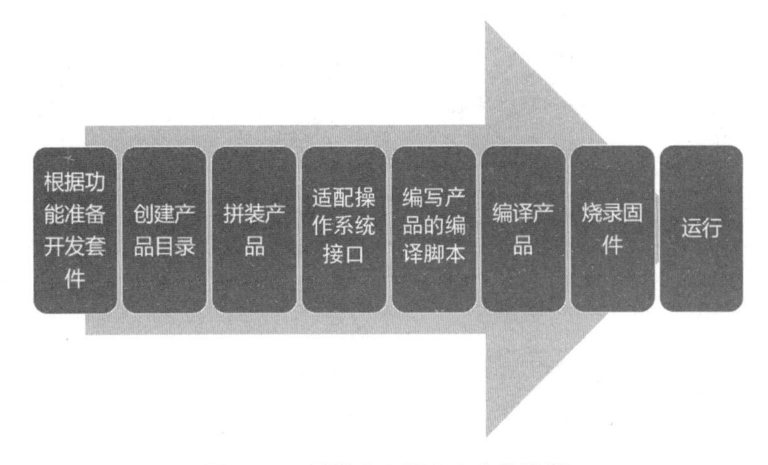

图 3-60　新增产品解决方案的流程

3.3.3　案例：组件/模块开发

1. 目标

下面介绍组件和模块的开发方法。本案例的目标是实现 applications 子系统的 wifi_iot_sample_app 组件（也可以理解为轻量系统的一个 App），如图 3-61 所示。请注意，以前介绍过的 HelloWorld 案例，其本质也是 wifi_iot_sample_app 这个组件的一个模块。

2. 准备开发套件

请准备好智能家居开发套件，组装好底板和核心板。

3. 设计 App 架构

这个 App 由应用程序模块、驱动模块、库模块 3 部分构成，如图 3-62 所示。当然，我们只是举一个例子，您可以根据实际情况自己设计。

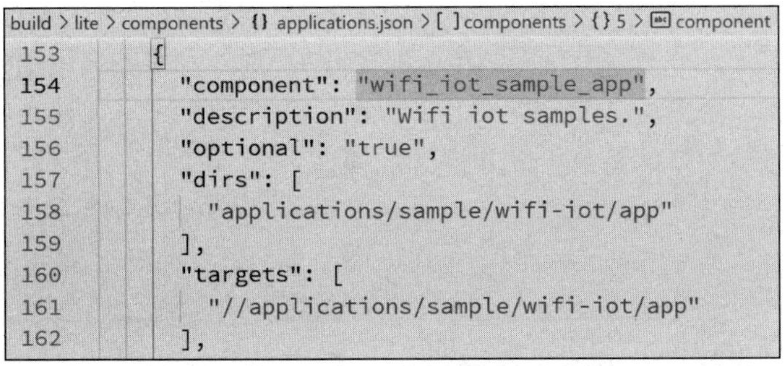

```
build > lite > components > {} applications.json > [ ] components > {} 5 > component
153      {
154        "component": "wifi_iot_sample_app",
155        "description": "Wifi iot samples.",
156        "optional": "true",
157        "dirs": [
158          "applications/sample/wifi-iot/app"
159        ],
160        "targets": [
161          "//applications/sample/wifi-iot/app"
162        ],
```

图 3-61　applications 子系统的 wifi_iot_sample_app 组件

图 3-62　App 架构

4. 建立根目录

启动虚拟机。在 VS Code 中打开 OpenHarmony 源码根目录。新建 applications\sample\

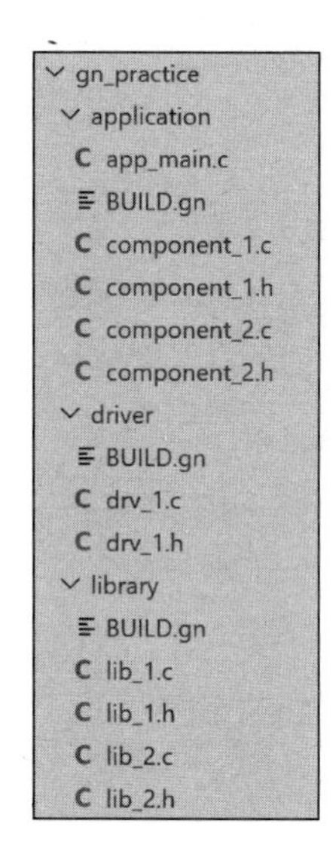

图 3-63 源码文件

wifi-iot\app\gn_practice 目录。

5. 新建目录树

在根目录中新建 3 个子目录：

（1）application 目录，用来存放应用程序模块；

（2）driver 目录，用来存放驱动模块；

（3）library 目录，用来存放库模块。

6. 编写各模块的源码

新建完目录树后就可以编写各个模块的源码了。图 3-63 给出的文件和相关代码均为示例，供您参考，可以自行修改。

（1）应用程序模块。在应用程序模块中有一个主程序文件 app_main.c，有两个子模块分别是 component_1 和 component_2，还有一个编译脚本文件 BUILD.gn。请按图 3-63 所示新建文件，并编写相应的源码。

新建 applications\sample\wifi-iot\app\gn_practice\application\app_main.c 文件，源码如下：

```
1. #include <stdio.h>
2. #include "ohos_init.h"
3. #include "component_1.h"
4. #include "component_2.h"
5. #include "../driver/drv_1.h"
6. #include "../library/lib_1.h"
7. #include "../library/lib_2.h"
8.
9. // App 的入口函数
10. void myApp(void){
11.     printf("project run!\n");
12. }
13.
14. // 让 myApp 函数以“优先级 2”在系统启动过程的“阶段 8. application-layer feature”
执行
15. APP_FEATURE_INIT(myApp);
```

新建 applications\sample\wifi-iot\app\gn_practice\application\component_1.c 文件，源码如下：

```
1. #include "component_1.h"
```

新建 applications\sample\wifi-iot\app\gn_practice\application\component_1.h 文件，无源码：

```
（无代码）
```

新建 applications\sample\wifi-iot\app\gn_practice\application\component_2.c 文件，源码如下：

```
1. #include "component_2.h"
```

新建 applications\sample\wifi-iot\app\gn_practice\application\component_2.h 文件，无源码：

```
（无代码）
```

（2）驱动模块。请按图 3-63 所示新建文件，并编写相应的源码。

新建 applications\sample\wifi-iot\app\gn_practice\driver\drv_1.c 文件，源码如下：

```
1. #include "drv_1.h"
```

新建 applications\sample\wifi-iot\app\gn_practice\driver\drv_1.h 文件，无源码：

```
（无代码）
```

（3）库模块。请按图 3-63 所示新建文件，并编写相应的源码。

新建 applications\sample\wifi-iot\app\gn_practice\library\lib_1.c 文件，源码如下：

```
1. #include "lib_1.h"
```

新建 applications\sample\wifi-iot\app\gn_practice\library\lib_1.h 文件，无源码：

```
（无代码）
```

新建 applications\sample\wifi-iot\app\gn_practice\library\lib_2.c 文件，源码如下：

```
1. #include "lib_2.h"
```

新建 applications\sample\wifi-iot\app\gn_practice\library\lib_2.h 文件，无源码：

```
（无代码）
```

7. 编写各模块的编译脚本

（1）应用程序模块。新建 applications\sample\wifi-iot\app\gn_practice\application\BUILD.gn 文件，源码如下：

```
1. static_library("my_app") {
2.   sources = [
```

```
3.      "app_main.c",
4.      "component_1.c",
5.      "component_2.c",
6.    ]
7.
8.    include_dirs = [
9.      "../driver",
10.     "../library",
11.     "//utils/native/lite/include",
12.   ]
13.
14.   cflags = [ "-Wno-unused-variable" ]
15.   cflags += [ "-Wno-unused-but-set-variable" ]
16.   cflags += [ "-Wno-unused-parameter" ]
17. }
```

下面解释一下这个编译脚本的内容。使用静态库的方式，目标名称为 my_app。要编译的.c 源文件包括 app_main.c、component_1.c 和 component_2.c。接下来设置头文件路径，包括上一级目录下的 driver 目录，上一级目录下的 library 目录和 ohos_init.h 所在的目录。

然后，设置 3 个编译参数（可选步骤）：-Wno-unused-variable（未使用的变量）、-Wno-unused-but-set-variable（已初始化但是未使用的变量）、-Wno-unused-parameter（未使用的参数）。这 3 种情况在默认的编译方式下是不允许的，也就是说它们会引发编译错误。通过设置这 3 个编译参数，可以让编译系统把它们不作为错误来处理。

（2）驱动模块。新建 applications\sample\wifi-iot\app\gn_practice\driver\BUILD.gn 文件，源码如下：

```
1. static_library("my_driver") {
2.    sources = [
3.      "drv_1.c",
4.    ]
5.
6.    include_dirs = [
7.      "//utils/native/lite/include",
8.    ]
9. }
```

（3）库模块。新建 applications\sample\wifi-iot\app\gn_practice\library\BUILD.gn 文件，源码如下：

```
1. static_library("my_library") {
2.    sources = [
```

```
3.     "lib_1.c",
4.     "lib_2.c",
5.   ]
6.
7.   include_dirs = [
8.     "//utils/native/lite/include",
9.   ]
10. }
```

8. 定位组件的编译目标

在各模块代码编写完后，就该编写组件的编译脚本了。首先，要定位组件的编译目标。在 build\lite\components\applications.json 文件中可以找到 wifi_iot_sample_app 组件，它的编译目标是 applications/sample/wifi-iot/app 目录（如图 3-64 所示）。也就是说，我们需要找到 applications\sample\wifi-iot\app\BUILD.gn 文件。

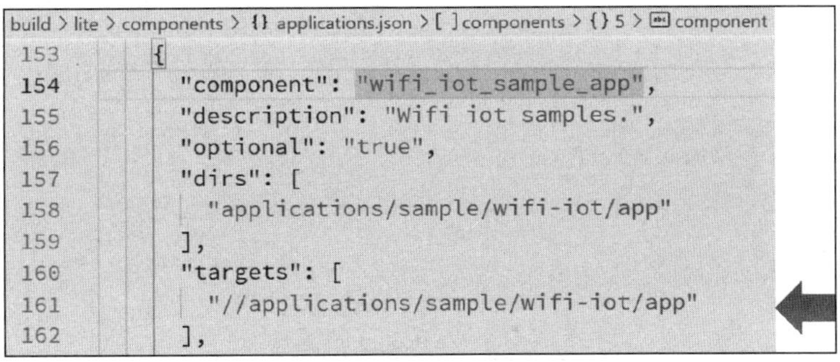

```
build > lite > components > {} applications.json > [ ] components > {} 5 > component
153     {
154       "component": "wifi_iot_sample_app",
155       "description": "Wifi iot samples.",
156       "optional": "true",
157       "dirs": [
158         "applications/sample/wifi-iot/app"
159       ],
160       "targets": [
161         "//applications/sample/wifi-iot/app"
162       ],
```

图 3-64　定位组件的编译目标

9. 编写组件的编译脚本

修改 applications\sample\wifi-iot\app\BUILD.gn 文件，源码如下：

```
1. import("//build/lite/config/component/lite_component.gni")
2.
3. # for "gn_practice" example.
4. lite_component("app") {
5.   features = [
6.     "gn_practice/application:my_app",     # 应用程序模块
7.     "gn_practice/driver:my_driver",       # 驱动模块
8.     "gn_practice/library:my_library",     # 库模块
9.   ]
10. }
```

这个编译脚本的 features 部分指定编译应用程序模块、驱动模块和库模块。在这里我们使用了相对路径的方式，applications\sample\wifi-iot\app\gn_practice 目录和 applications\

sample\wifi-iot\app\BUILD.gn 文件是平级的，请注意相对路径的写法。

OpenHarmony 的编译构建系统会找到每个模块目录下对应的 BUILD.gn 文件，然后编译目标所指定的部分。以应用程序模块为例，我们指定的编译目标是 my_app，那么在 application 目录下的 BUILD.gn 文件中，编译构建系统就会找到 my_app 这一部分进行编译。

10. 编译产品

回到编译环境（Ubuntu 虚拟机），在源码根目录中打开一个终端窗口，执行以下命令（如图 3-65 所示）：

```
hb set
```

选择要编译的产品（wifiiot_hispark_pegasus），然后进行全量编译：

```
hb build -f
```

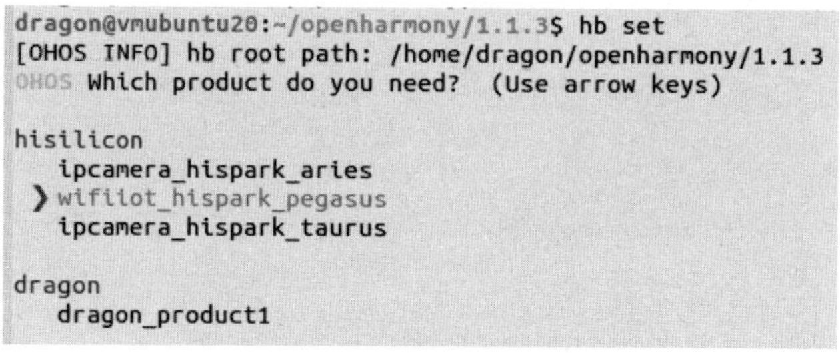

```
dragon@vmubuntu20:~/openharmony/1.1.3$ hb set
[OHOS INFO] hb root path: /home/dragon/openharmony/1.1.3
OHOS Which product do you need?  (Use arrow keys)

hisilicon
   ipcamera_hispark_aries
 ❯ wifiiot_hispark_pegasus
   ipcamera_hispark_taurus

dragon
   dragon_product1
```

图 3-65　选择并编译产品

11. 烧录固件并运行

使用快速烧录工具进行固件烧录。烧录完成后，回到 MobaXterm 的主界面，打开串口，重启开发板。运行结果如图 3-66 所示。

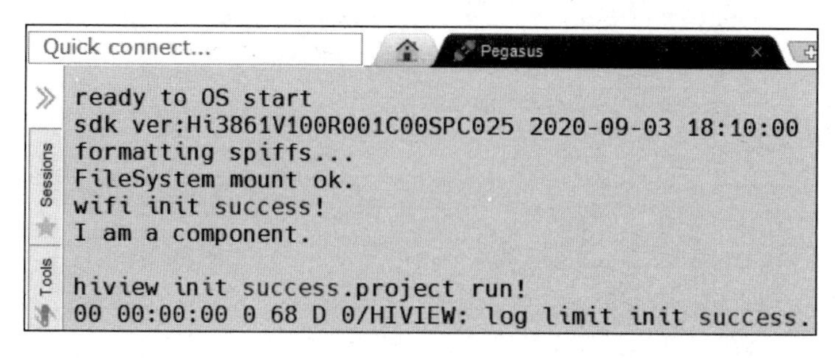

图 3-66　运行结果

12. 总结：组件/模块开发的流程

组件/模块开发的流程如图 3-67 所示。

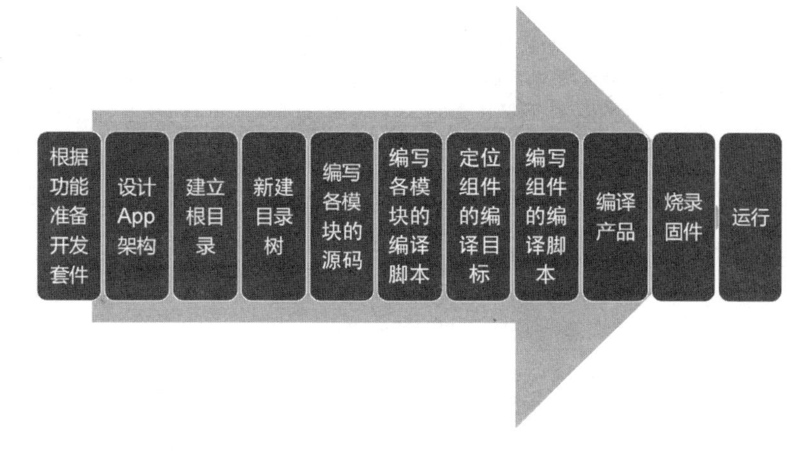

图 3-67　组件/模块开发的流程

3.4　轻量系统的数据持久化

本节内容：

数据持久化的含义；键值存储和文件操作的相关接口；通过案例程序掌握相关接口的使用方法；在 OpenHarmony 源码中获取接口信息。

3.4.1　数据持久化概述

1. 数据持久化

数据持久化是指将内存中的数据模型转换为存储模型，以及将存储模型转换为内存中数据模型的统称。数据模型可以是任何数据结构或对象模型，而存储模型可以是关系模型、XML、JSON、键值、图形、二进制流等，甚至是自定义的数据格式。

典型的数据持久化是将对象模型和关系型数据进行相互转换。因为对象模型和关系模型的应用十分广泛，所以在通常情况下人们会误认为数据持久化就只是对象模型到关系型数据的转换。数据持久化的基本操作包括增加（Create）、检索（Read）、更新（Update）和删除（Delete）4 种，简称为 CRUD。

OpenHarmony 的轻量系统提供了两种数据持久化的方法：键值存储和文件操作。

2. 键值存储

键就是 key，值就是 value，所以键值存储也叫 KV 存储。其中，key 最大为 32 字节，请注意这里是包含字符串结束符的，而 value 最大为 128 字节，同样包含字符串结束符。value 中的内容可以是任意的，既可以是结构化的数据结构（比如 JSON），也可以是任意自定义的数据结构。

OpenHarmony 在具体实现的时候，以 key 作为文件名，将 value 保存到对应的文件中，而不是存储在键值数据库中。这一点需要引起注意。

3. 文件操作

文件的内容可以是 JSON、XML、键值、自定义的数据结构等。在使用数据持久化功能前，建议您阅读一下 OpenHarmony 官方提供的隐私与安全规范文档，其网址参见本节的配套资源（“网址 1-隐私保护”）。

4. 键值存储和文件操作组件的位置

请回忆一下键值存储和文件操作组件在 OpenHarmony 系统架构中的位置。之所以说回忆，是因为我们曾经介绍过它。键值存储和文件操作组件位于公共基础库子系统（如图 3-68 所示）中。这个子系统中存放着 OpenHarmony 通用的基础组件，这些组件可以被各个业务子系统及上层应用使用。

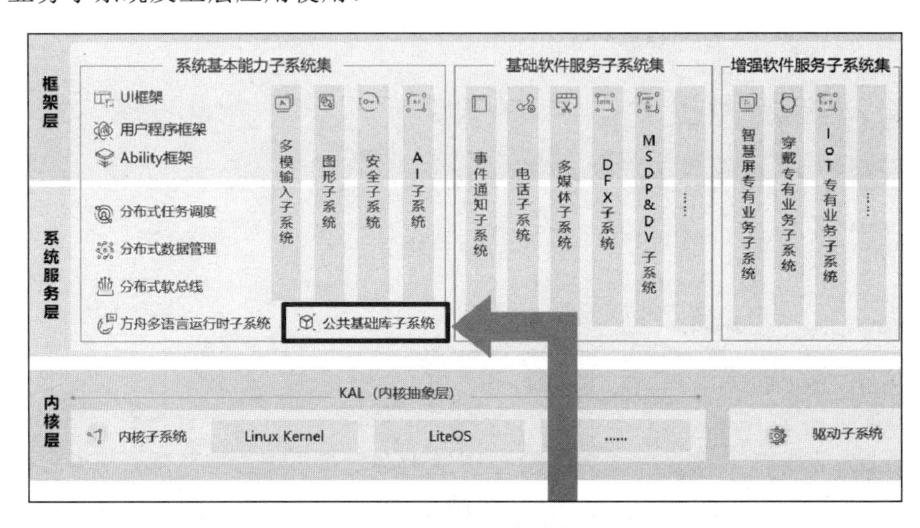

图 3-68　键值存储和文件操作组件的位置

3.4.2　键值存储

1. API 列表

下面介绍如何进行键值存储。首先给出键值存储 API（Application Program Interface，应用程序接口），见表 3-2。

表 3-2　键值存储 API

API 名称	描述
UtilsGetValue	根据 key 获取对应的数据项
UtilsSetValue	存储/更新 key 对应的数据项
UtilsDeleteValue	删除 key 对应的数据项

您可能感觉很奇怪，参数和返回值怎么没有介绍呢？这是因为我们希望您具备在 OpenHarmony 源码中获取 API 信息的能力。

2. 在 OpenHarmony 源码中获取 API 信息

我们都知道，开源的优势之一就是一目了然，您可以在开源项目中看到几乎所有的实现细节。所以，在源码中获取 API 信息的能力，对于一个开源项目的学习者或开发者来说是非常重要的。下面来看几个典型的场景。

（1）场景一：UtilsGetValue 这个函数我不太会用。我不知道它有多少个参数、每个参数的含义都是什么、返回值是什么。

可以把光标指向这个函数名，VS Code 会给出这个函数（API）的具体信息（包括函数名、参数列表、函数的功能描述、每个参数的具体含义），以及返回值（包括成功返回什么、失败返回什么），如图 3-69 所示。

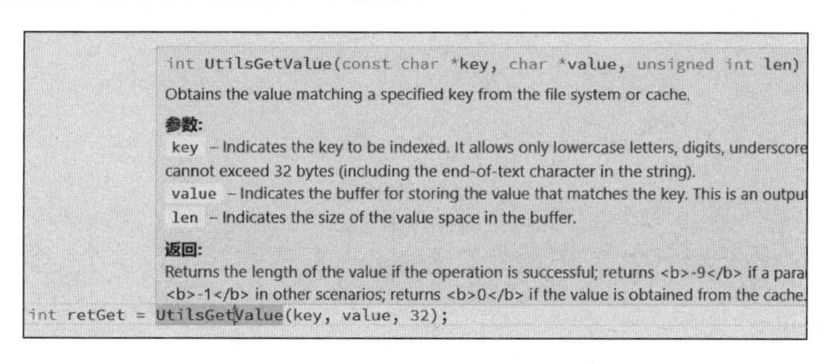

图 3-69　把光标指向函数名

（2）场景二：UtilsGetValue 这个函数是在哪个头文件中声明的？

可以在函数名上单击鼠标右键，在菜单中选择“转到声明”选项，就可以打开这个函数的头文件，如图 3-70 所示。

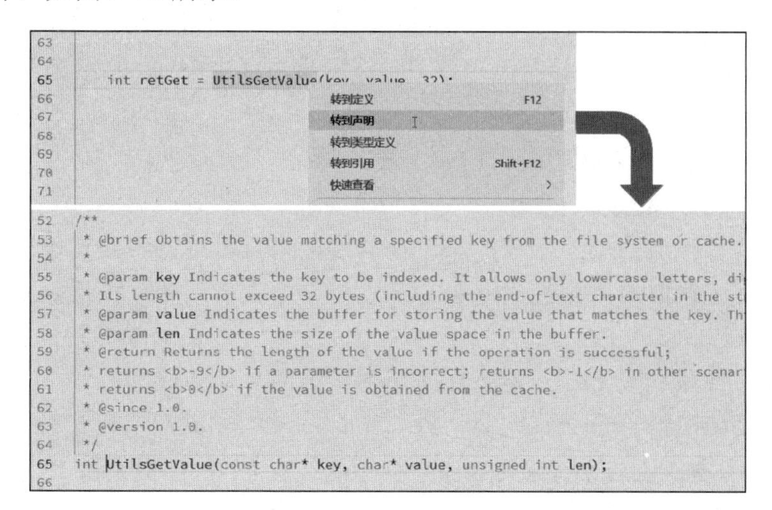

图 3-70　转到声明

（3）场景三：UtilsGetValue 这个函数是如何实现的？

在函数名上单击鼠标右键，选择“转到定义”选项，就可以打开这个函数的源文件，从而可以看到这个函数具体的实现，如图 3-71 所示。

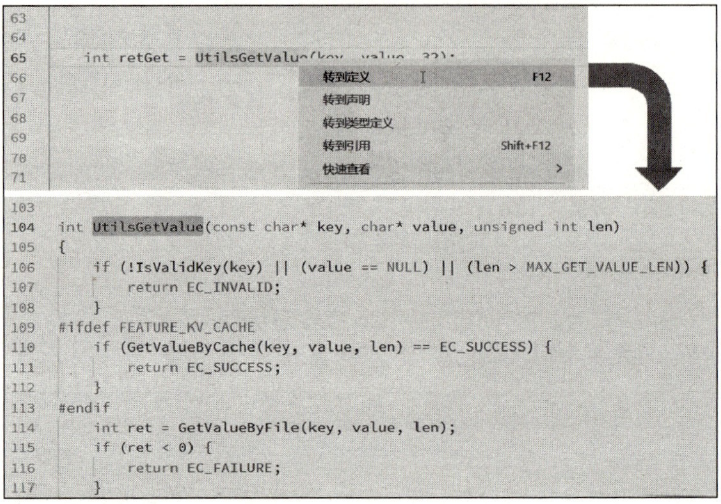

```
63
64
65      int retGet = UtilsGetValu
66                                  转到定义                F12
67                                  转到声明
68                                  转到类型定义
69                                  转到引用          Shift+F12
70                                  快速查看                  >
71

103
104  int UtilsGetValue(const char* key, char* value, unsigned int len)
105  {
106      if (!IsValidKey(key) || (value == NULL) || (len > MAX_GET_VALUE_LEN)) {
107          return EC_INVALID;
108      }
109  #ifdef FEATURE_KV_CACHE
110      if (GetValueByCache(key, value, len) == EC_SUCCESS) {
111          return EC_SUCCESS;
112      }
113  #endif
114      int ret = GetValueByFile(key, value, len);
115      if (ret < 0) {
116          return EC_FAILURE;
117      }
```

图 3-71 转到定义

在 OpenHarmony 源码中获取 API 信息是非常重要的技能，请务必熟练掌握。

3. API 的使用方法

由于这是您第一次在 OpenHarmony 中接触具体组件的 API，所以本书为您总结一下这些 API 的功能和使用方法。

（1）UtilsGetValue。

功能：从文件系统或者 Cache（缓存）中读取指定的 key 的值。

定义：int UtilsGetValue(const char* key, char* value, unsigned int len)

- 参数 key：键；支持小写字母、数字、下画线、点（.）；最大为 32 字节（包括字符串结束符）。
- 参数 value：用于存储值的缓冲区；输出参数。
- 参数 len：值的长度。

返回值：若操作成功则返回值的长度；若参数错误则返回-9；其他情况返回-1；如果值是从 Cache 中读取的，则返回 0。

（2）UtilsSetValue。

功能：在文件系统或 Cache 中添加或更新指定的 key 的值。

定义：int UtilsSetValue(const char* key, const char* value)

- 参数 key：键；支持小写字母、数字、下画线、点（.）；最大为 32 字节（包括字符串结束符）。

- 参数 value：要添加或更新的值；最大为 128 字节（包括字符串结束符）。

返回值：若操作成功则返回 0；若参数错误则返回-9；其他情况返回-1。

（3）UtilsDeleteValue。

功能：在文件系统或 Cache 中删除指定的 key 的值。

定义：int UtilsDeleteValue(const char* key)

- 参数 key：键；支持小写字母、数字、下画线、点（.）；最大为 32 字节（包括字符串结束符）。

返回值：若操作成功则返回 0；若参数错误则返回-9；其他情况返回-1。

3.4.3 键值存储案例程序

1. 目标

本案例的目标如下：如果键值对不存在，就写入一个键值对；否则就读取并且打印这个键值对。

2. 准备开发套件

请准备好智能家居开发套件，组装好底板和核心板。

3. 新建目录

启动虚拟机。在 VS Code 中打开 OpenHarmony 源码根目录。新建 applications\sample\wifi-iot\app\kvstore_demo 目录，这个目录将作为本案例程序的根目录。

4. 编写源码与编译脚本

新建 applications\sample\wifi-iot\app\kvstore_demo\kvstore.c 文件，源码如下：

```
 1. #include <stdio.h>     // 标准输入输出头文件
 2. #include "ohos_init.h" // 用于初始化服务(service)和功能(feature)的头文件
 3.
 4. // utils\native\lite\include\kv_store.h
 5. // utils\native\lite\kv_store\src\kvstore_impl_hal\kv_store.c
 6. #include "kv_store.h"  // 键值存储接口，操作键值对
 7.
 8. // 入口函数
 9. void test(void)
10. {
11.     // 定义键值对
12.     // key 由小写字母、数字、下画线和"."构成
13.     const char *key = "name";
14.     // value 的长度最大为 32 字节（包括字符串结束符）
15.     char value[32] = {0};
```

```
16.     // UtilsGetValue: 从文件系统或 Cache 中读取指定的 key 的值
17.     // 若操作成功则返回值的长度;若参数错误则返回-9;其他情况返回-1;如果值是从 Cache
中读取的，则返回 0
18.     int retGet = UtilsGetValue(key, value, 32);
19.     // 读取失败，添加键值对
20.     if (retGet < 0)
21.     {
22.         // 定义要添加的值
23.         const char *valueToWrite = "OpenHarmony";
24.         // UtilsSetValue: 在文件系统或 Cache 中添加或更新指定的 key 的值
25.         // 若操作成功则返回 0; 若参数错误则返回-9; 其他情况返回-1
26.         int retSet = UtilsSetValue(key, valueToWrite);
27.         printf("SetValue, result = %d\n", retSet);
28.     }
29.     // 读取成功，打印值
30.     else
31.     {
32.         printf("GetValue, result = %d, value = %s\n", retGet, value);
33.     }
34. }
35.
36. // 让 test 函数以“优先级 2”在系统启动过程的“阶段 8. application-layer feature”
执行
37. APP_FEATURE_INIT(test);
```

新建 applications\sample\wifi-iot\app\kvstore_demo\BUILD.gn 文件，源码如下：

```
 1. # 做成静态库
 2. static_library("kvstore_demo") {
 3.   # 源文件
 4.   sources = [ "kvstore.c" ]
 5.
 6.   include_dirs = [
 7.     # 包含"ohos_init.h","kv_store.h"等头文件
 8.     # "//"表示源码根目录，后面是目录名称
 9.     "//utils/native/lite/include",
10.   ]
11. }
```

修改 applications\sample\wifi-iot\app\BUILD.gn 文件，源码如下：

```
1. import("//build/lite/config/component/lite_component.gni")
2.
3. # for "kvstore_demo" example.
```

```
4. lite_component("app") {
5.     features = [
6.         "kvstore_demo",
7.     ]
8. }
```

请注意，在 applications\sample\wifi-iot\app\kvstore_demo\BUILD.gn 文件中，静态库的目标名称与该文件所在的目录是同名的（kvstore_demo）。在这种情况下，在 applications\sample\wifi-iot\app\BUILD.gn 文件中，第 6 行就不用再写成“kvstore_demo:kvstore_demo”这种形式，只需要采用“kvstore_demo”这种简写的形式即可。

5. 编译、烧录、运行

回到编译环境（Ubuntu 虚拟机），在源码根目录中打开一个终端窗口，进行全量编译：

```
hb build -f
```

使用快速烧录工具进行固件烧录。在烧录完成后，启动 MobaXterm，连接串口，重启开发板，并且观察输出。可以看到，在串口日志中出现了“SetValue, result = 0”，如图 3-72 所示。模块在初次运行的时候，开发板中并没有对应的 key 和 value，所以它将指定的 key 和 value 进行了一次写入操作。

然后，重启开发板，可以看到日志输出变成了“GetValue, result = 11, value = OpenHarmony”，如图 3-73 所示。11 就是读取到的 OpenHarmony 字符串的长度。我们再进行一次断电验证，首先断开串口，接下来将开发板与 PC 断开连接（断开开发板的电源），然后重新建立连接，打开串口，重启开发板，可以看到之前保存的键值对在断电之后并没有消失。

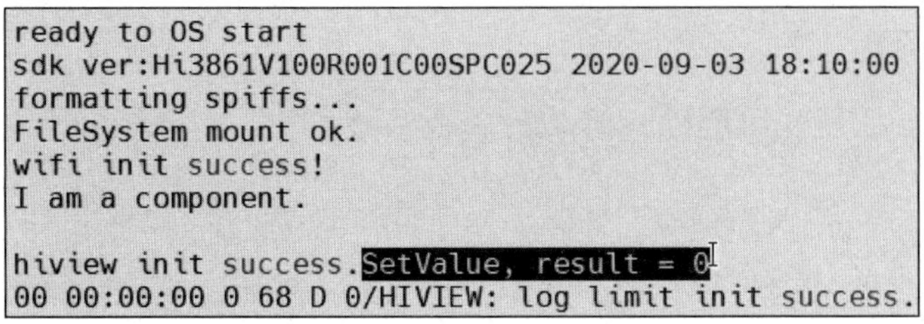

```
ready to OS start
sdk ver:Hi3861V100R001C00SPC025 2020-09-03 18:10:00
formatting spiffs...
FileSystem mount ok.
wifi init success!
I am a component.

hiview init success.SetValue, result = 0
00 00:00:00 0 68 D 0/HIVIEW: log limit init success.
```

图 3-72 初次运行的串口日志

```
ready to OS start
sdk ver:Hi3861V100R001C00SPC025 2020-09-03 18:10:00
FileSystem mount ok.
wifi init success!
I am a component.

hiview init success.GetValue, result = 11, value = OpenHarmony
00 00:00:00 0 68 D 0/HIVIEW: log limit init success.
```

图 3-73 后续运行的串口日志

3.4.4 文件操作

与键值存储相比，文件操作更加灵活。文件操作 API 见表 3-3。

表 3-3 文件操作 API

API 名称	描述
UtilsFileOpen	打开或创建文件
UtilsFileClose	关闭文件
UtilsFileRead	读取特定长度的文件数据
UtilsFileWrite	向文件中写入特定大小的数据
UtilsFileDelete	删除指定的文件
UtilsFileStat	获取文件大小
UtilsFileSeek	重新定位文件读/写偏移量
UtilsFileCopy	将源文件复制一份并存储到目标文件中
UtilsFileMove	将源文件移动到指定的目标文件中

请注意，所有这些 API 的参数和返回值都可以在 OpenHarmony 的源码中获取。

3.4.5 文件操作案例程序

1. 目标

本案例的目标如下：将路由器的 SSID 和 password 写入一个文件。如果这个文件不存在，就创建文件，写入内容；如果这个文件存在，就读取这个文件的内容，并删除这个文件。请注意本案例程序的逻辑，删除文件只是为了展示 API 的使用方法，在实际开发中通常不应当删除。

2. 准备开发套件

请准备好智能家居开发套件，组装好底板和核心板。

3. 新建目录

启动虚拟机。在 VS Code 中打开 OpenHarmony 源码根目录。新建本案例程序的根目录，也就是 applications\sample\wifi-iot\app\file_demo 目录。

4. 编写源码与编译脚本

新建 applications\sample\wifi-iot\app\file_demo\file.c 文件，源码如下：

```
1. #include <stdio.h>      // 标准输入输出头文件
2. #include "ohos_init.h" // 用于初始化服务(service)和功能(feature)的头文件
3.
4. // utils\native\lite\include\utils_file.h
```

```
5. // utils\native\lite\file\src\file_impl_hal\file.c
6. #include "utils_file.h" // 文件操作 API 头文件
7.
8. /**
9.  * @brief 入口函数。如果文件不存在，就创建文件，写入内容。如果文件存在，就读取文件的
内容，并删除文件
10.  * @return 无
11.  */
12. void test(void)
13. {
14.     // 定义文件名
15.     char fileName[] = "wifiAccount";
16.
17.     // 获取文件大小，可以用来检查文件是否存在
18.     int fileLen = 0;
19.     // 若失败，则返回-1
20.     int ret = UtilsFileStat(fileName, &fileLen);
21.
22.     // 如果文件不存在，就创建文件，写入内容
23.     if (ret == -1)
24.     {
25.         // 输出文件不存在
26.         printf("file %s not exist\n", fileName);
27.
28.         // 定义文件数据
29.         // 格式: SSID,password
30.         static const char dataWrite[] = "dragon,123456";
31.
32.         // 打开文件
33.         // O_WRONLY_FS: write-only (只有写操作)
34.         // O_CREAT_FS: create file if not exist (如果文件不存在，就创建文件)
35.         // O_TRUNC_FS: clear file content if the file exists and can be opened
in write mode (如果文件存在，并且可以以写模式打开，就清除文件的内容)
36.         int fd = UtilsFileOpen(fileName, O_WRONLY_FS | O_CREAT_FS |
O_TRUNC_FS, 0);
37.         printf("file handle = %d\n", fd);
38.
39.         // 写入数据
40.         ret = UtilsFileWrite(fd, dataWrite, strlen(dataWrite));
41.         printf("write ret = %d\n", ret);
42.
43.         // 关闭文件
```

```
44.         ret = UtilsFileClose(fd);
45.     }
46.     // 如果文件存在，就读取文件的内容，并删除文件
47.     else
48.     {
49.         // 输出文件存在
50.         printf("file %s exist\n", fileName);
51.
52.         // 打开文件
53.         // O_RDWR_FS: 读写模式
54.         int fd = UtilsFileOpen(fileName, O_RDWR_FS, 0);
55.         printf("file handle = %d\n", fd);
56.
57.         // 重新定位文件读/写偏移量
58.         ret = UtilsFileSeek(fd, 0, SEEK_SET_FS);
59.         printf("seek ret = %d\n", ret);
60.
61.         // 读取 SSID
62.         char ssid[64] = {0};
63.         int readLen = UtilsFileRead(fd, ssid, 6);
64.         printf("read len = %d : ssid = %s\n", readLen, ssid);
65.
66.         // 重新定位文件读/写偏移量
67.         ret = UtilsFileSeek(fd, 7, SEEK_SET_FS);
68.         printf("seek ret = %d\n", ret);
69.
70.         // 读取 password
71.         char password[64] = {0};
72.         readLen = UtilsFileRead(fd, password, 6);
73.         printf("read len = %d : password = %s\n", readLen, password);
74.
75.         // 关闭文件
76.         ret = UtilsFileClose(fd);
77.
78.         // 获取文件大小
79.         fileLen = 0;
80.         ret = UtilsFileStat(fileName, &fileLen);
81.         printf("file size = %d\n", fileLen);
82.
83.         // 删除文件（只是为了展示 API 的使用方法，在实际开发中不应当删除）
84.         ret = UtilsFileDelete(fileName);
85.         printf("delete ret = %d\n", ret);
86.     }
87. }
88.
```

```
89. // 让 test 函数以“优先级 2”在系统启动过程的“阶段 8. application-layer feature”执行
90. APP_FEATURE_INIT(test);
```

新建 applications\sample\wifi-iot\app\file_demo\BUILD.gn 文件，源码如下：

```
1. # 做成静态库
2. static_library("file_demo") {
3.   # 源文件
4.   sources = [ "file.c" ]
5.
6.   include_dirs = [
7.     # 包含"ohos_init.h","kv_store.h"等头文件
8.     # "//"表示源码根目录，后面是目录名称
9.     "//utils/native/lite/include",
10.   ]
11. }
```

修改 applications\sample\wifi-iot\app\BUILD.gn 文件，源码如下：

```
1. import("//build/lite/config/component/lite_component.gni")
2.
3. # for "file_demo" example.
4. lite_component("app") {
5.     features = [
6.         "file_demo",
7.     ]
8. }
```

5. 编译、烧录、运行

回到编译环境（Ubuntu 虚拟机），在源码根目录中打开一个终端窗口，进行全量编译：

```
hb build -f
```

使用快速烧录工具进行固件烧录。烧录完成后，启动 MobaXterm，连接串口，重启开发板，并且观察输出（如图 3-74 和图 3-75 所示）。

```
hiview init success.file wifiAccount not exist
file handle = 1
write ret = 13
```

图 3-74　初次运行的串口日志

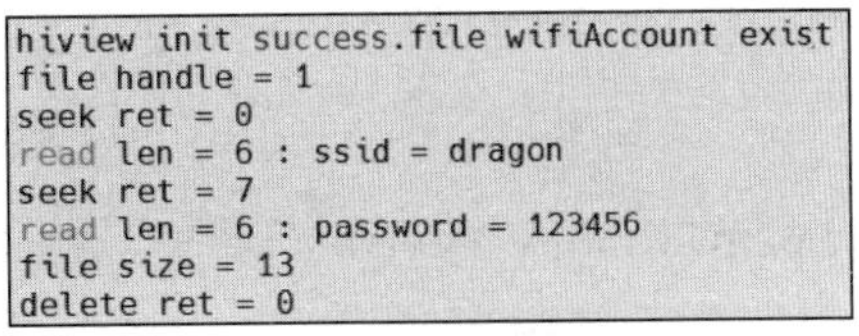

```
hiview init success.file wifiAccount exist
file handle = 1
seek ret = 0
read len = 6 : ssid = dragon
seek ret = 7
read len = 6 : password = 123456
file size = 13
delete ret = 0
```

图 3-75　第二次运行的串口日志

第 4 章 OpenHarmony 内核编程接口

4.1 OpenHarmony内核简介

> 本节内容：
>
> 内核子系统；轻量系统内核、小型系统内核和标准系统内核；CMSIS 和 CMSIS-RTOS2。

4.1.1 内核子系统

下面先介绍内核子系统所在的位置。在 OpenHarmony 的系统架构中，内核子系统在内核层，包括 Linux Kernel、LiteOS 等内核，如图 4-1 所示。

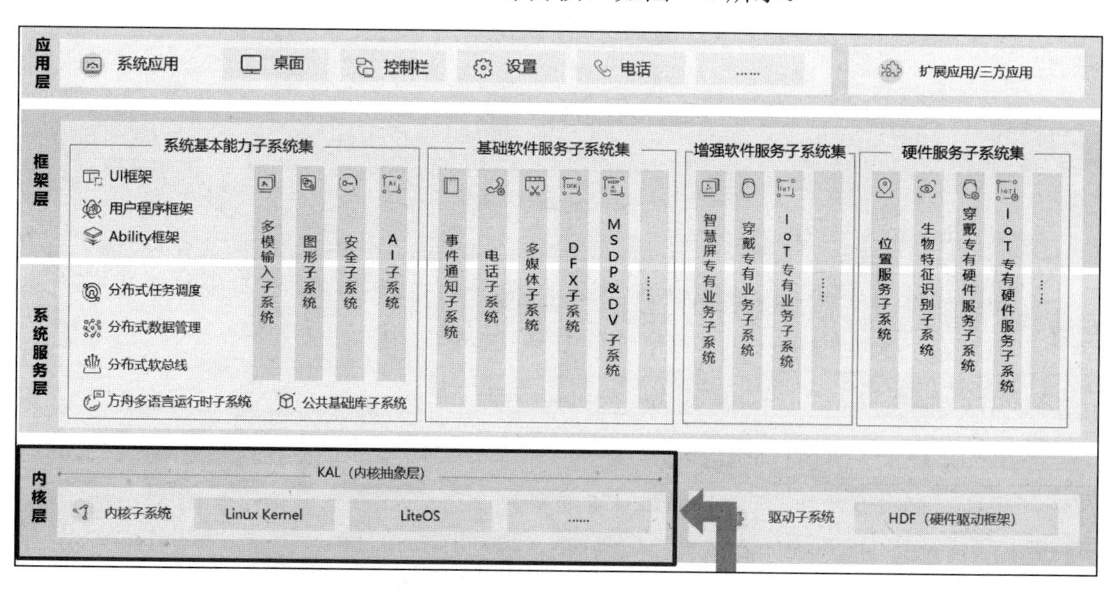

图 4-1 内核子系统的位置

OpenHarmony 针对不同量级的系统分别使用了不同形态的内核，分别是 LiteOS 和 Linux Kernel。其中，LiteOS 支持轻量系统和小型系统，不支持标准系统，而 Linux Kernel 支持小型系统和标准系统，不支持轻量系统。内核的适用性见表 4-1。

表 4-1　内核的适用性

系统级别	轻量系统	小型系统	标准系统
LiteOS	√	√	×
Linux Kernel	×	√	√

作为轻量设备开发范畴的图书，本书只介绍 LiteOS 的编程接口。

1. LiteOS

作为面向 IoT 领域的实时操作系统内核，LiteOS 同时具备了 RTOS（Real Time Operating System，实时操作系统）的轻快和 Linux 的易用的特点。它的基本功能主要包括进程和线程调度、内存管理、IPC（Inter-Process Communication，进程间通信）机制、定时器管理等。

LiteOS 分为 LiteOS-M 和 LiteOS-A 两种类型。其中，LiteOS-M 主要针对轻量系统（Mini System），典型的产品有智能手表，而 LiteOS-A 则主要针对小型系统（Small System），典型的产品有路由器、监控摄像头等，如图 4-2 所示。

所以，准确地说，本章将重点介绍 LiteOS-M 的编程接口。

2. Linux

很多人都听说过 Linux，也有很多人对 Linux 很熟悉，毕竟它在操作系统领域的地位太重要了。这就像有一头大象，天天在您家客厅的沙发上坐着，您不可能对它视而不见。

Linux 的全称是 GNU/Linux，它是一套免费使用和自由传播的基于 POSIX（Portable Operating System Interface of UNIX，可移植操作系统接口）标准的多用户、多任务、支持多线程和多 CPU 的类 Unix 操作系统。

OpenHarmony 基于 Linux 内核 4.19 和 5.10 的 LTS 分支，在此基础上合入 CVE（Common Vulnerabilities and Exposures，通用漏洞披露）补丁及 OpenHarmony 的特性，作为 OpenHarmony 内核基线。各厂商针对不同的芯片，合入对应的板级驱动补丁，完成对内核基线的适配，如图 4-3 所示。

图 4-2　LiteOS 家族

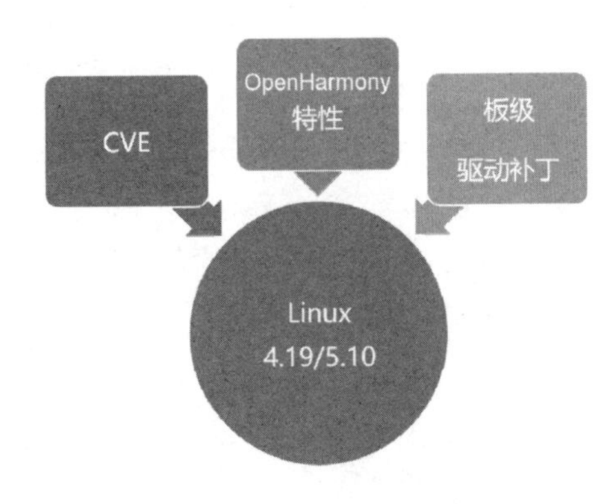

图 4-3　Linux 内核基线适配

4.1.2 轻量系统内核简介

1. LiteOS-M

轻量系统内核，也就是 LiteOS-M，是一个面向 IoT 领域构建的轻量级物联网操作系统内核。它的特点是小体积、低功耗、高性能。LiteOS-M 的源码仓网址参见本节的配套资源（“网址 1-轻量系统内核源码仓”）。它使用 C 和 C++作为开发语言，支持低至百 KB 级的内存容量。在业界中，同类的内核有 FreeRTOS、ThreadX 等。

2. 内核架构

（1）硬件相关层。OpenHarmony 的 LiteOS-M 的架构包含了硬件相关层和硬件无关层。其中，硬件相关层（如图 4-4 所示）按不同的编译工具链、芯片架构分类，提供统一的 HAL（Hardware Abstraction Layer，硬件抽象层）接口。我们之前提到过 HAL，它提升了硬件的易适配性，满足了 AIoT 领域类型丰富的硬件和编译工具链的扩展。

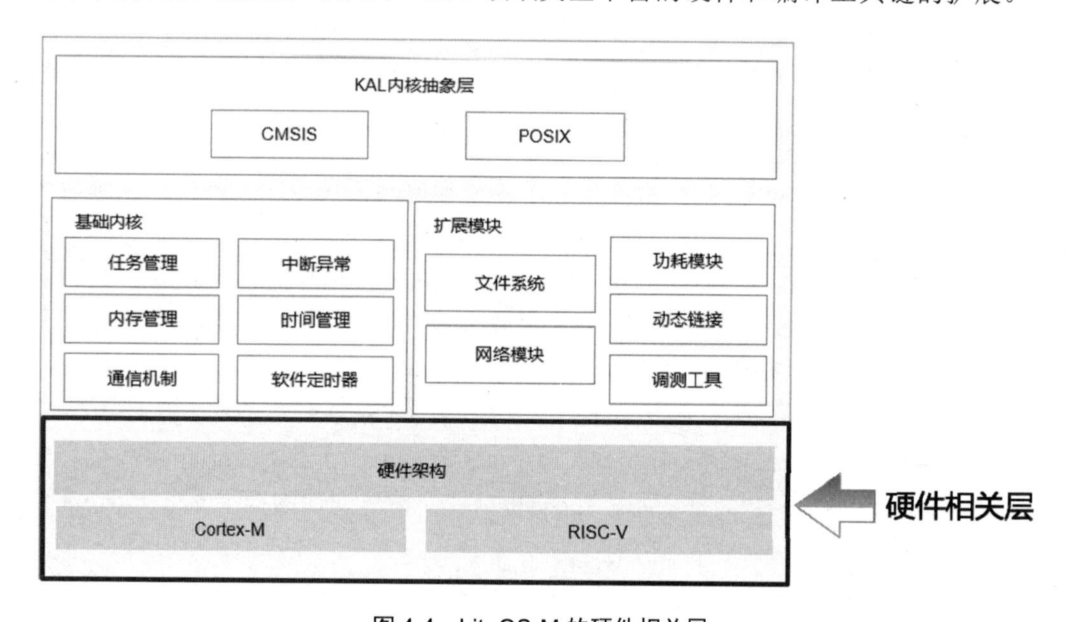

图 4-4 LiteOS-M 的硬件相关层

（2）硬件无关层。硬件无关层包括基础内核、扩展模块和 KAL 内核抽象层 3 部分，如图 4-5 所示。其中，基础内核提供基础能力；扩展模块提供网络模块、文件系统等组件能力，以及错误处理、调测等能力；KAL 内核抽象层提供统一的标准接口。

KAL 这个概念我们之前也提到过了。它是 Kernel Abstraction Layer（内核抽象层）的缩写。KAL 对操作系统内核之上的部分很重要，屏蔽了具体操作系统内核之间的接口差异，让它们以统一的接口形态对上层提供服务。后面会对它进行详细的介绍。

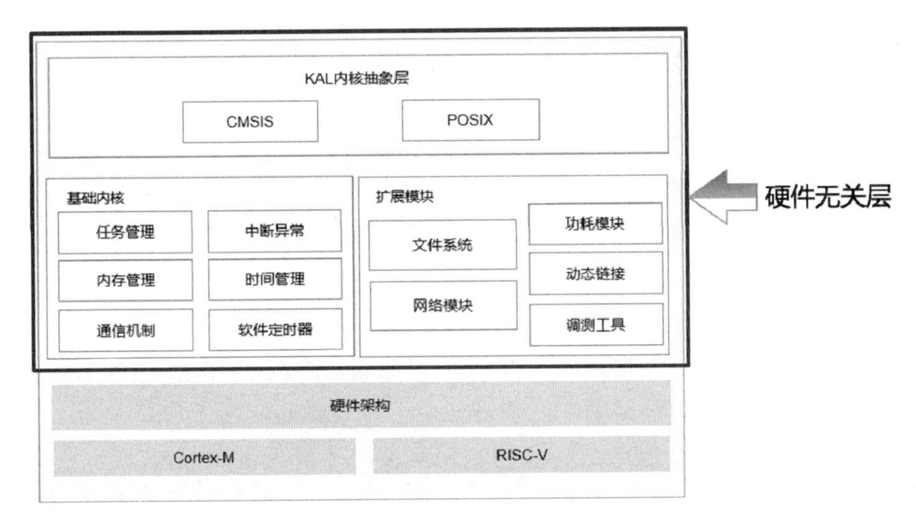

图 4-5　LiteOS-M 的硬件无关层

3. 轻量系统的启动流程

下面简单地介绍一下轻量系统的启动流程。它的总体流程包括外设初始化、系统时钟配置、内核初始化、操作系统启动等步骤，如图 4-6 所示。

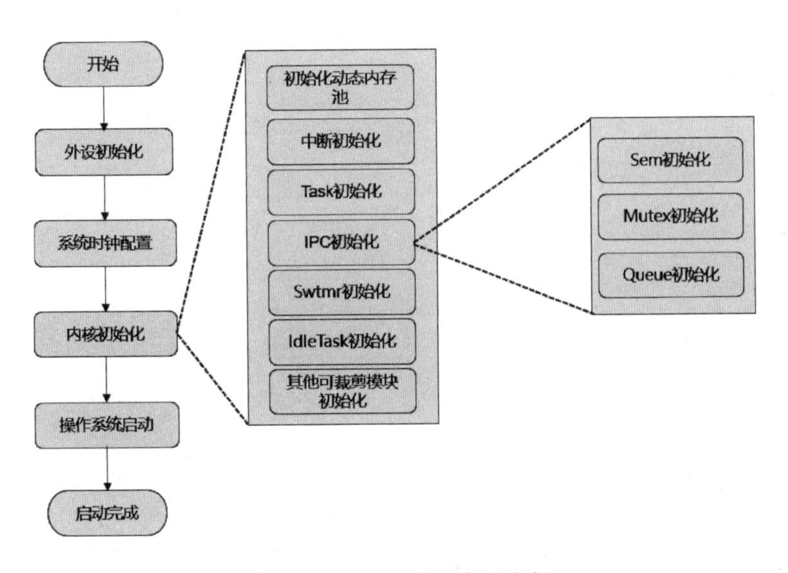

图 4-6　轻量系统的启动流程

首先进行外设初始化，然后配置系统时钟，接下来初始化内核，包括初始化动态内存池、中断初始化、Task 初始化、IPC 初始化、Swtmr 初始化、IdleTask 初始化和其他可裁剪模块初始化。在 IPC 初始化的过程中，又包括 Sem（信号量）、Mutex（互斥锁）、Queue（消息队列）等对象的初始化。在内核初始化完成之后，开始启动操作系统，从而完成整个启动流程。

4.1.3 小型系统内核简介

1. LiteOS-A

小型系统内核主要是指 LiteOS-A。我们重点介绍它和 LiteOS-M 的主要区别。它的源码仓网址参见本节的配套资源（“网址 2-小型系统内核源码仓”）。小型系统内核支持 MB 级别的内存容量。在业界中，同类的内核还有 Zircon 和 MINIX 3 等。

与 LiteOS-M 相比，LiteOS-A 引入了一些重要的新特性。

第一，新增内核机制，包括虚拟内存、系统调用、多核、轻量级 IPC、多进程等。

第二，引入了硬件驱动框架 HDF（Hardware Driver Foundation）。

第三，更加全面地支持 POSIX，使得应用软件易于开发和移植。

第四，内核和硬件做到了高解耦。所以，如果新增单板，内核代码基本是不用修改的。

2. 内核架构

（1）硬件相关层。LiteOS-A 的架构也包含硬件相关层和硬件无关层两部分。其中，硬件相关层（如图 4-7 所示）提供了统一的硬件驱动框架 HDF，支持多内核平台，支持用户态驱动，可以配置组件化驱动模型，提供了基于消息的驱动接口模型，具备基于对象的驱动和设备管理能力，提供了 HDI（硬件设备接口），支持电源管理和 PnP（Plug-and-Play，即插即用）。

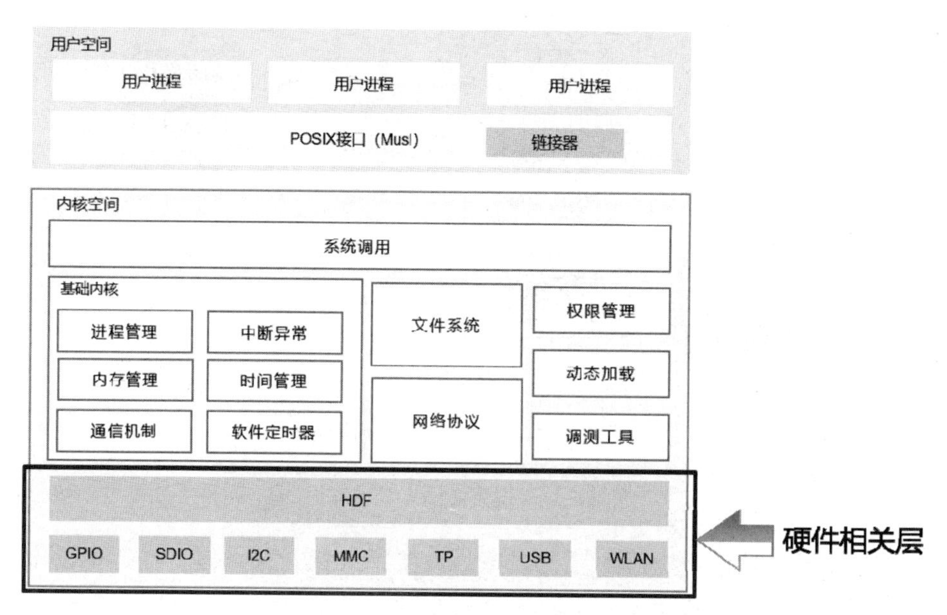

图 4-7 LiteOS-A 的硬件相关层

（2）硬件无关层。硬件无关层主要由基础内核、扩展组件和 POSIX 等部分构成，如图 4-8 所示。其中，基础内核提供内核的基础机制，例如调度、内存管理、中断异常、内核通信等；扩展组件包含文件系统、网络协议和安全等扩展功能；POSIX 的引入可以让兼容 POSIX 标准的应用方便地移植到 OpenHarmony 中，从而快速地丰富软件生态。

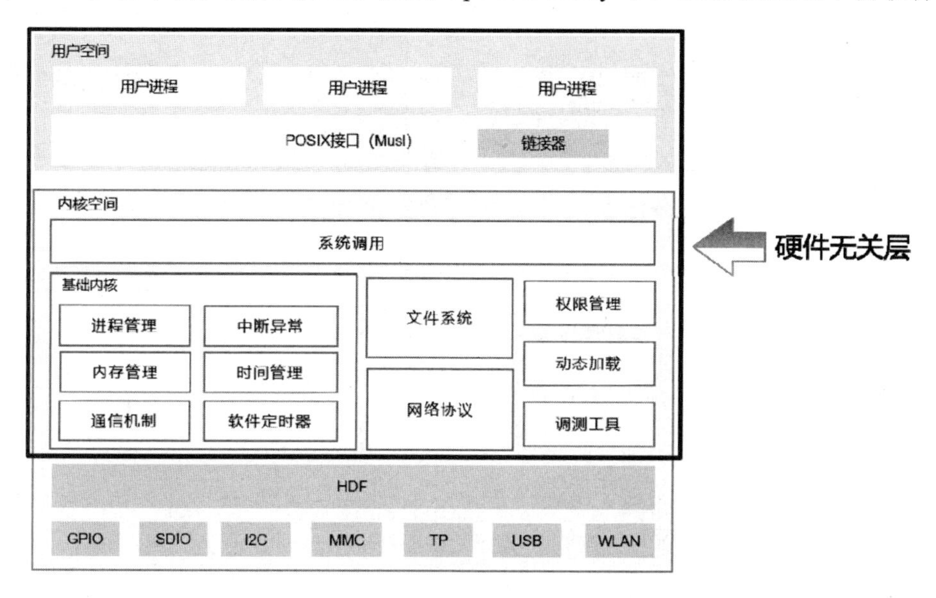

图 4-8　LiteOS-A 的硬件无关层

3. LiteOS-M vs LiteOS-A

小型系统比轻量系统拥有更多的硬件资源，必然会在软件能力上有所提升，在系统架构上也会更加复杂。我们来看从 LiteOS-M 到 LiteOS-A 的重要进化特征，如图 4-9 所示。

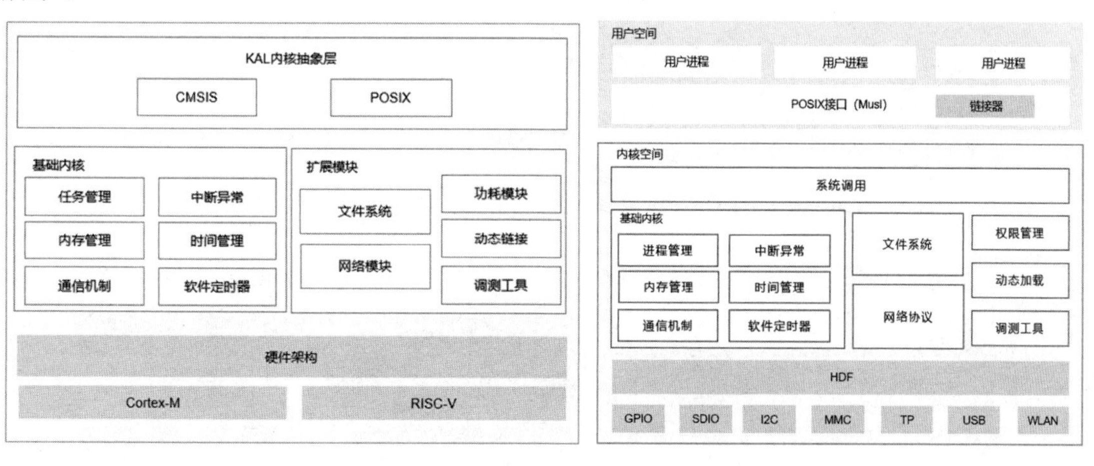

图 4-9　LiteOS-M vs LiteOS-A

第一，从任务管理进化到进程管理。进程的出现，使得应用之间实现了内存隔离，相互之间不会影响，提升了系统的健壮性。

第二，从没有权限管理进化到出现了权限管理能力。LiteOS-A 支持进程粒度的特权划分和管控，支持 UGO（属主/属组/其他）3 种权限配置。

第三，从 HAL 进化到 HDF。HDF 为开发者提供了更精准、更高效的开发环境，力求做到一次开发，多系统部署。使用 HDF 也是轻量系统未来的规划。

第四，从 CMSIS+POSIX 演进到 POSIX。LiteOS-A 对 POSIX 的支持更加完整，支持 1200 个以上的标准 POSIX，使得应用软件易于开发和移植。

第五，从单一内核空间进化到内核空间与用户空间分离。这使得应用的运行状态不会对内核产生影响，从而提升了系统的健壮性和安全性。

4.1.4 标准系统内核简介

1. Linux Kernel

OpenHarmony 的标准系统使用 Linux Kernel 作为操作系统内核。下面的两个网址是 4.19 版本和 5.10 版本的源码仓：

4.19 版本网址参见本节的配套资源（“网址 3-OpenHarmony kernel_linux_4.19”）；

5.10 版本网址参见本节的配套资源（“网址 4-OpenHarmony kernel_linux_5.10”）。

其实不管哪个版本都是从 Linux 的原始仓派生（fork）过来的，原始仓的网址参见本节的配套资源（“网址 5-Linux kernel source tree”）。

在我撰写本书时，Linux 的源码仓拥有 12 198 个贡献者。可以说，这是全世界最牛的“码农”Linus 在全球最大的代码托管网站 GitHub 上发起的人类有史以来最大的开源项目。Linux 使用 C 语言开发，在 OpenHarmony 的标准系统中，最小支持 128MB 内存。在业界中，同类内核都是鼎鼎大名的，比如 Unix、XNU（MacOS 内核）和 NT（Windows 内核）。

2. 内核架构

下面来看一下 Linux 内核的架构，如图 4-10 所示。

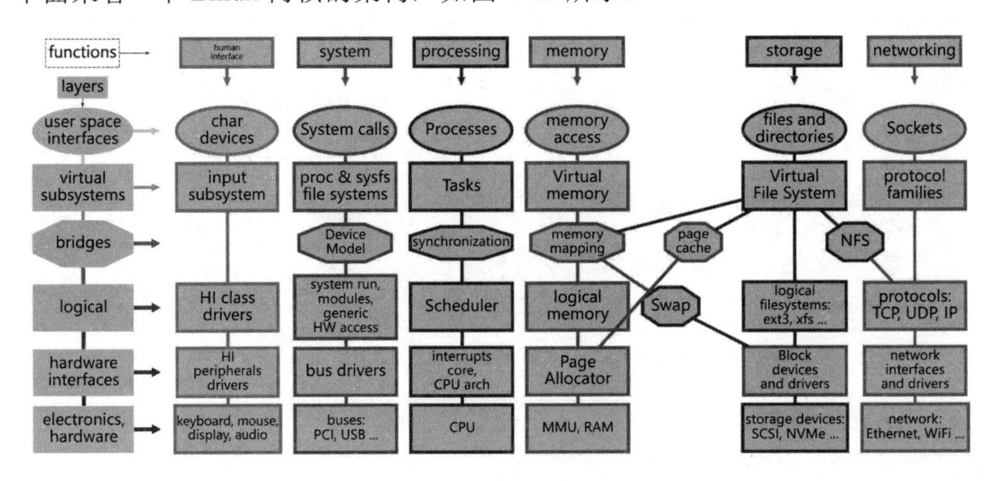

图 4-10 Linux 内核的架构

请放心，我们不会深入地讨论 Linux 内核的架构。事实上，本书根本就不会去介绍 Linux 内核的具体构成，因为它不属于我们要学习的知识的范畴。如果您对 Linux 内核感兴趣，请自行查阅相关的资料。

4.1.5　CMSIS 简介

1. CMSIS

按照 ARM 公司官方的定义，CMSIS 的全称是 Cortex Microcontroller Software Interface Standard（Cortex 微控制器软件接口标准），它是 Cortex-M 处理器系列与供应商无关的硬件抽象层。

概括来说，CMSIS 的功能是为内核和外设实现一致且简单的软件接口，从而简化软件的重用，加速产品上市。CMSIS 的架构如图 4-11 所示。

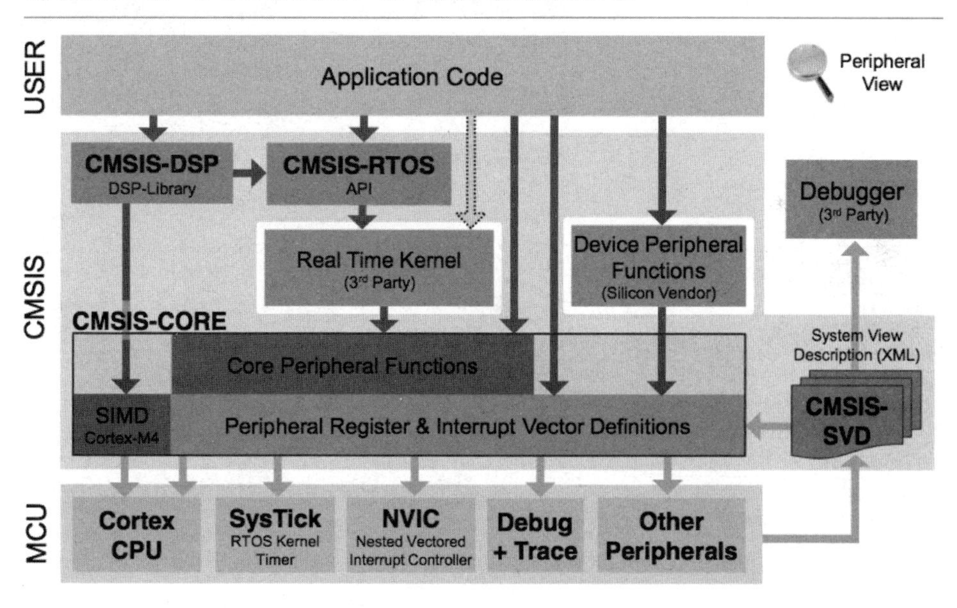

图 4-11　CMSIS 的架构

2. CMSIS-RTOS

CMSIS 包含多个组件层，其中的 RTOS 层叫 CMSIS-RTOS。CMSIS-RTOS 定义了一套通用及标准化的 RTOS API，减少了应用开发者对特定 RTOS 的依赖，方便软件的移植重用。

CMSIS-RTOS 有两个版本，一个是 CMSIS-RTOS v1，另一个是 CMSIS-RTOS v2（又称为 CMSIS-RTOS2）。请注意，LiteOS-M 仅提供了 CMSIS-RTOS2 的实现。

4.1.6 CMSIS-RTOS2

1. CMSIS-RTOS2简介

CMSIS-RTOS2 是一组与底层 RTOS 内核无关的通用 API，如图 4-12 所示。为了确保应用程序和组件从一个 RTOS 到另一个 RTOS 的最大的可移植性，应用程序开发人员不应该直接调用操作系统内核的底层接口，而是应该在用户代码中调用 CMSIS-RTOS2 的 API。

由于 OpenHarmony 的轻量系统支持 CMSIS-RTOS2，我们就可以很方便地将很多遵循 CMSIS-RTOS2 标准开发的组件移植到 OpenHarmony 中，就像我们之前说的，快速地丰富软件和组件生态。

但是请注意，CMSIS-RTOS2 是不符合 POSIX 标准的，因此 OpenHarmony 将两者分开实现了。可以在 LiteOS-M 内核抽象层的源码结构中很明显地看出来，如图 4-13 所示。

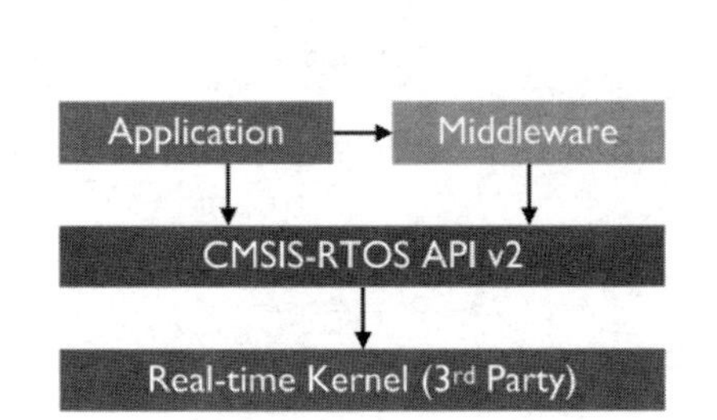

图 4-12 CMSIS-RTOS2

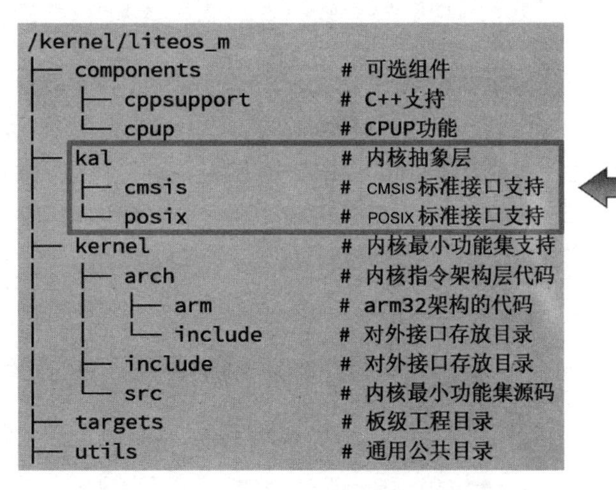

图 4-13 LiteOS-M 内核抽象层的源码结构

2. API 类型

CMSIS-RTOS2 提供了 10 种类型的 API，总计有 80 个左右。这 10 种类型的 API 分别是内核信息与控制 API、线程管理 API、线程标志 API、事件标志 API、通用等待功能 API、定时器管理 API、互斥锁管理 API、信号量 API、消息队列 API 和内存池 API，如图 4-14 所示。

请注意，截至 2023 年 4 月 9 日，OpenHarmony 并没有完整地实现这 80 个 API。其中有 15 个是尚未实现的，例如枚举活动线程、等待指定线程终止、获取定时器的名称、获取互斥锁的名称、获取信号量的名称、获取消息队列的名称等。

图 4-14　CMSIS-RTOS2 的 API 类型

本章将会分类介绍这些 API。我们先从总体上做简单介绍。

（1）内核信息与控制 API。用来获取系统和内核的版本，启动和控制内核。

（2）线程管理 API。用来定义、创建、控制线程。

（3）线程标志 API。用来设置和清除用于线程同步的线程标识。

（4）事件标志 API。用来设置和清除用于线程同步的事件标识。

（5）通用等待功能 API。可以实现等待功能。所谓等待就是一个任务放弃对 CPU 的占用，等待一定的时间，然后再恢复运行。

（6）定时器管理 API。用来创建、控制定时器，以及创建定时器回调函数。

（7）互斥锁管理 API。通过这个 API 可以使用互斥锁同步对资源的访问。

（8）信号量 API。可以使用信号量同步多个线程对共享资源的访问。

（9）消息队列 API。可以通过 FIFO（先进先出）队列在线程或进程间交换信息。

（10）内存池 API。用来管理多线程访问安全的、固定大小的动态内存。

CMSIS-RTOS2 本质上是一组 API，说白了就是一堆函数的集合，它们分成了 10 类，每一类提供一个领域的能力，仅此而已。

4.2　线程管理

本节内容：

线程的概念；线程管理 API；初步掌握在开源代码中获取知识的技能；掌握内核编程的代码提示、自动补全、代码导航的设置方法；通过案例程序学习线程管理 API 的具体使用方法。

4.2.1 线程

1. 进程的概念

进程（Process）指的是正在运行的程序的实例。

2. 线程的概念

线程（Thread）指的是在一个进程空间内，可以被操作系统单独调度的运行单位。一个线程会与同一个进程的其他线程共享进程的地址空间和运行上下文。

在一个进程中可以包含若干个线程，它们可以利用进程所拥有的资源。在引入了线程的操作系统中，通常都把进程作为分配资源的基本单位，而把线程作为独立运行和独立调度的基本单位。

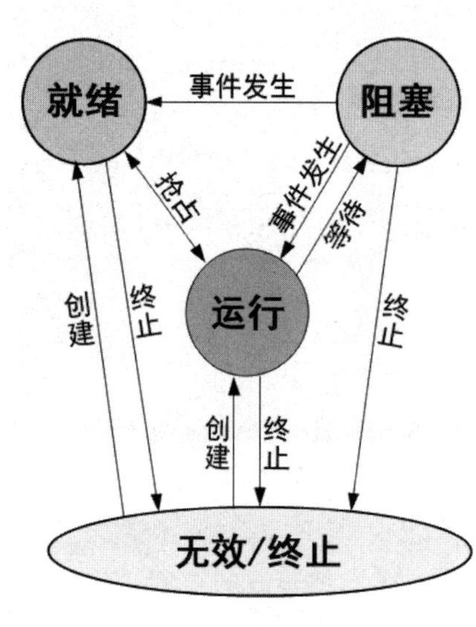

图 4-15 线程的状态

3. 线程的状态

一个线程在它的生命周期中会拥有不同的状态。如果您学过操作系统课程，对这些状态应该不陌生。请结合图 4-15 来理解这些状态和它们之间的转换关系。

（1）运行（RUNNING）。当前正在运行的线程处于运行状态。一次只能有一个线程处于此状态。

（2）就绪（READY）。准备运行的线程处于就绪状态。一旦运行的线程终止或被阻塞，那么具有最高优先级的下一个就绪状态的线程将成为运行的线程。

（3）阻塞（BLOCKED）。被延迟、等待事件发生或挂起的线程处于阻塞状态。

（4）终止（TERMINATED）。当调用 osThreadTerminate API 时，线程在资源尚未释放的情况下被终止，这适用于可连接的线程。

（5）无效（INACTIVE）。未创建或已终止并且释放了所有资源的线程会处于无效状态。

4.2.2 API 介绍

1. API 列表

线程管理 API 见表 4-2。线程管理 API 允许在系统中定义、创建和控制线程。

表 4-2　线程管理 API

API 名称	说明
osThreadNew	创建一个线程并将其加入活跃线程组中
osThreadGetName	返回指定线程的名称
osThreadGetId	返回当前运行线程的线程 ID
osThreadGetState	返回当前线程的状态
osThreadSetPriority	设置指定线程的优先级
osThreadGetPriority	获取当前线程的优先级
osThreadYield	将运行控制转交给下一个处于 READY 状态的线程
osThreadSuspend	挂起指定线程的运行
osThreadResume	恢复指定线程的运行
osThreadDetach	分离指定的线程（当线程终止运行时，线程存储可以被回收）（暂未实现）
osThreadJoin	等待指定线程终止运行（暂未实现）
osThreadExit	终止当前线程的运行
osThreadTerminate	终止指定线程的运行
osThreadGetStackSize	获取指定线程的栈空间大小
osThreadGetStackSpace	获取指定线程的未使用的栈空间大小
osThreadGetCount	获取活跃线程数
osThreadEnumerate	获取线程组中的活跃线程数（暂未实现）

2. 在源码中查看 API 的详细信息

刚才并没有给出这些 API 的参数和返回值，接下来介绍如何在源码中查看 API 的详细信息。请注意，在开源代码中获取知识是非常重要的技能，这是我们第二次强调它的重要性了。

首先，给出 CMSIS-RTOS2 接口的位置，如图 4-16 所示。它的声明在以下位置：

kernel\liteos_m\kal\cmsis\cmsis_os2.h

而它的定义在以下位置：

kernel\liteos_m\kal\cmsis\cmsis_liteos2.c

以 osThreadNew 这个函数为例，展示具体的方法。

第一步，打开 cmsis_os2.h 文件；

第二步，搜索“osThreadNew(”，找到这个函数的声明，如图 4-17 所示；

第三步，查看参数和返回值的说明。

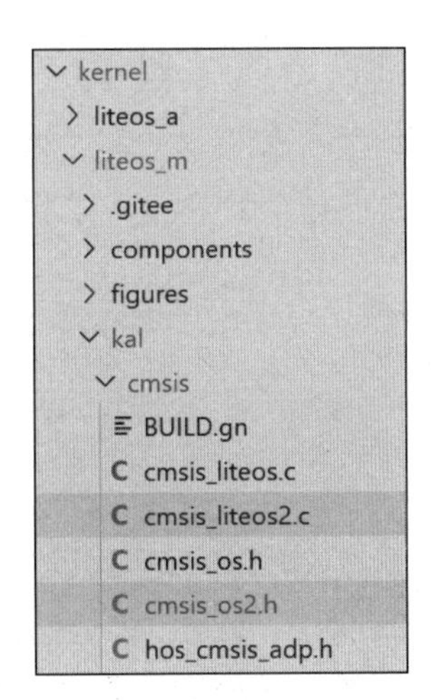

图 4-16　CMSIS-RTOS2 接口的位置

下面来看这个函数的参数。第一个参数是 func，表示回调函数的入口（Indicates the entry of the thread callback function）。换句话讲，我们通过 func 参数来指定线程要运行的函数。第二个参数是 argument，是要传递给线程的参数（Indicates the pointer to the argument passed to the thread），这是一个指针。第三个参数 attr 表示线程属性（Indicates the thread attributes）。

接下来看返回值（return）。函数返回线程 ID（Returns the thread ID），但是在发生错误的时候，会返回空值（Returns NULL in the case of an error）。换句话讲，若函数执行成功，则返回线程 ID，若函数执行出错，则返回 NULL。

```
kernel > liteos_m > kal > cmsis > C cmsis_os2.h > osThreadNew(osThreadFunc_t, void *, const osThreadAttr_t *)
657   * @brief Creates an active thread.
658   *
659   * The task priority ranges from 9 (highest priority) to 38 (lowest priority). {@code LOSCFG
660   maximum number of tasks running in this system.
661   * @param func Indicates the entry of the thread callback function.
662   * @param argument Indicates the pointer to the argument passed to the thread.
663   * @param attr Indicates the thread attributes.
664   * @return Returns the thread ID; returns NULL in the case of an error.
665   * @since 1.0
666   * @version 1.0
667   */
668   osThreadId_t osThreadNew (osThreadFunc_t func, void *argument, const osThreadAttr_t *attr);
```

图 4-17　osThreadNew 函数的声明

4.2.3　内核编程的 VS Code IntelliSense 设置

我们进行内核编程的 VS Code IntelliSense 设置有以下几个目的。

第一，方便在开源代码中获取 CMSIS-RTOS2 接口的详细信息，如图 4-18 所示；

第二，可以提高学习效率；

第三，可以提高内核编程的效率。

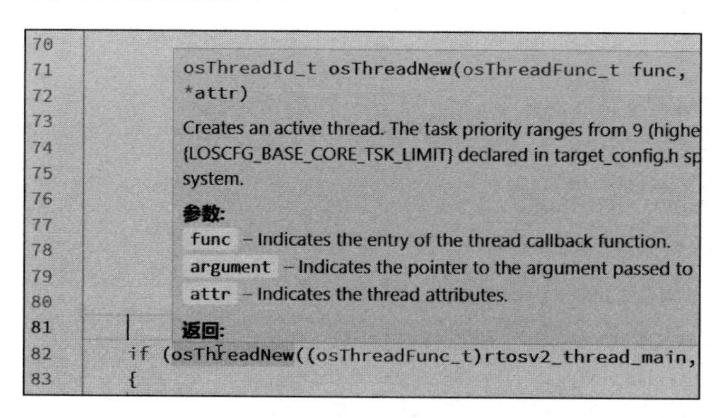

图 4-18　内核编程的 VS Code IntelliSense

这就是“磨刀不误砍柴工”。如果 IntelliSense 设置得好，那么您在编程的时候会有一种驾驭感，这种感觉会让您变得信心满满。如果 IntelliSense 设置得不好，那么在编程的时候，我们的感觉就像在一个没有光的黑沼泽里去寻找一把丢失的钥匙，漫无目的而又寸步难行。这种深深的无力感来自我们对知识边界之外的未知。如果您有类似的经历和经验，请回忆一下是不是这样的。

下面来看怎么做。您应该还记得，这已经不是第一次进行 IntelliSense 设置了。回忆一下，进行 IntelliSense 设置实际上就是更新 C/C++插件的 includePath。推荐直接修改.vscode\c_cpp_properties.json 文件，添加 CMSIS-RTOS2 接口的位置。

启动虚拟机。在 VS Code 中打开 OpenHarmony 源码根目录，打开.vscode\c_cpp_properties.json 文件。

找到 includePath 部分，在最后一个项目的行尾输入一个逗号，接下来添加 CMSIS-RTOS2 接口的位置信息。代码如下：

```
1. // --CMSIS-RTOS2 接口--
2. "${workspaceFolder}/kernel/liteos_m/kal",
3. "${workspaceFolder}/kernel/liteos_m/kal/cmsis",
4. "${workspaceFolder}/device/hisilicon/hispark_pegasus/sdk_liteos/
platform/os/Huawei_LiteOS/components/lib/libc/musl/arch/riscv32"
```

4.2.4　案例程序 1

下面通过案例程序介绍线程管理 API 的具体使用方法。

1. 目标

本案例的目标如下：第一，创建一个线程，输出“1,2,3,4,5,…”；第二，要求程序持续运行，不退出；第三，实现给线程传递数据。

2. 准备开发套件

请准备好智能家居开发套件，组装好底板和核心板。

3. 新建目录

启动虚拟机。在 VS Code 中打开 OpenHarmony 源码根目录。新建 applications\sample\wifi-iot\app\thread_demo 目录，这个目录将作为本案例程序的根目录。

4. 编写源码与编译脚本

新建 applications\sample\wifi-iot\app\thread_demo\thread_basic.c 文件，源码如下：

```
1. // 标准输入输出头文件
2. #include <stdio.h>
3.
4. // POSIX 头文件
5. #include <unistd.h>
6.
7. // 用于初始化服务(service)和功能(feature)的头文件
```

```
 8. #include "ohos_init.h"
 9.
10. // CMSIS-RTOS2 头文件
11. // 是 OpenHarmony 的 LiteOS_m 与应用程序之间的抽象层（LiteOS_m 基于 Cortex M 系列芯片）
12. // 提供标准接口，便于应用程序移植到 OpenHarmony 中，或者移植到其他支持 CMSIS-RTOS2 头文件的系统中
13. // 头文件：kernel/liteos_m/kal/cmsis/cmsis_os2.h
14. // 源文件：kernel/liteos_m/kal/cmsis/cmsis_liteos2.c
15. #include "cmsis_os2.h"
16.
17. // 线程要运行的函数
18. void rtosv2_thread_main(void *arg)
19. {
20.     // 延迟 1 秒，避免与系统输出混淆在一起
21.     osDelay(100);
22.
23.     // 打印当前线程 ID
24.     osThreadId_t tid = osThreadGetId();
25.     printf("thread id: %p\r\n", tid);
26.
27.     // 打印参数
28.     printf("args: %s\r\n", (char *)arg);
29.
30.     // 输出计数
31.     static int count = 0;
32.     while (1)
33.     {
34.         count++;
35.         printf("count: %d\r", count);
36.         osDelay(10);
37.     }
38. }
39.
40. // 此 demo 的入口函数
41. // 入口函数不能做一些耗时的操作，必须快速返回，否则会妨碍其他应用程序的运行
42. // 因此，在入口函数中创建专用的任务（线程）是一种“标准”操作
43. static void ThreadTestTask(void)
44. {
45.     // 定义线程属性
46.     osThreadAttr_t attr;
47.     // 线程名
```

```
48.     attr.name = "rtosv2_thread_main";
49.     // 线程属性位
50.     attr.attr_bits = 0U;
51.     // 线程控制块的内存初始地址，默认为系统自动分配
52.     attr.cb_mem = NULL;
53.     // 线程控制块的内存大小
54.     attr.cb_size = 0U;
55.     // 线程栈的内存初始地址，默认为系统自动分配
56.     attr.stack_mem = NULL;
57.     // 线程栈的内存大小
58.     attr.stack_size = 1024;
59.     // 线程优先级，9(highest) - 38(lowest priority)，默认为 osPriorityNormal
60.     // 位置：kernel\liteos_m\kal\cmsis\cmsis_os2.h
61.     attr.priority = osPriorityNormal;
62.
63.     // 创建一个线程，并将其加入活跃线程组中
64.     // osThreadId_t osThreadNew(osThreadFunc_t func, void *argument, const
osThreadAttr_t *attr)
65.     // func 线程要运行的函数
66.     // argument 指针，指向传递给线程函数的参数
67.     // attr 线程属性
68.     // 注意：不能在中断服务调用该函数
69.     if (osThreadNew((osThreadFunc_t)rtosv2_thread_main, "This is a test
thread.", &attr) == NULL)
70.     {
71.         printf("[ThreadTestTask] Falied to create rtosv2_thread_main!\n");
72.     }
73. }
74.
75. // 让 ThreadTestTask 函数以“优先级 2”在系统启动过程的“阶段 8. application-layer
feature”执行。
76. APP_FEATURE_INIT(ThreadTestTask);
```

新建 applications\sample\wifi-iot\app\thread_demo\BUILD.gn 文件，源码如下：

```
1. static_library("thread_demo") {
2.   sources = [
3.     "thread_basic.c",
4.   ]
5.
6.   include_dirs = [
7.     # include "ohos_init.h",...
8.     "//utils/native/lite/include",
```

```
9.
10.     # include CMSIS-RTOS API V2 for OpenHarmony1.0:
11.     # "//third_party/cmsis/CMSIS/RTOS2/Include",
12.     # include CMSIS-RTOS API V2 for OpenHarmony1.0+:
13.     "//kernel/liteos_m/kal/cmsis",
14.   ]
15. }
```

修改 applications\sample\wifi-iot\app\BUILD.gn 文件，源码如下：

```
1. import("//build/lite/config/component/lite_component.gni")
2.
3. # for "thread_demo" example.
4. lite_component("app") {
5.   features = [
6.     "thread_demo",
7.   ]
8. }
```

5. 编译、烧录、运行

回到编译环境（Ubuntu 虚拟机），在源码根目录中打开一个终端窗口，进行全量编译：

```
hb build -f
```

使用快速烧录工具进行固件烧录。烧录完成后，启动 MobaXterm，连接串口，重启开发板，并且观察输出。

4.2.5 案例程序 2

本案例的目标如下：第一，将创建线程封装成一个函数，以便调用；第二，熟悉线程管理的各种 API。

本案例和 4.2.4 节的案例使用同一个目录。新建 applications\sample\wifi-iot\app\thread_demo\thread.c 文件，源码如下：

```
1. #include <stdio.h>      // 标准输入输出头文件
2. #include <unistd.h>     // POSIX 头文件
3.
4. #include "ohos_init.h" // 用于初始化服务(service)和功能(feature)的头文件
5. #include "cmsis_os2.h" // CMSIS-RTOS2 头文件
6.
7. // 创建线程，返回线程 ID。封装成一个函数，便于调用
8. osThreadId_t newThread(char *name, osThreadFunc_t func, void *arg)
9. {
```

```
10.     // 定义线程属性
11.     osThreadAttr_t attr = {
12.         name, 0, NULL, 0, NULL, 1024 * 2, osPriorityNormal, 0, 0};
13.     // 创建线程，得到线程 ID
14.     osThreadId_t tid = osThreadNew(func, arg, &attr);
15.     // 得到当前线程的名称
16.     const char *c_name = osThreadGetName(osThreadGetId());
17.     if (tid == NULL)
18.     {
19.         printf("[%s] osThreadNew(%s) failed.\r\n", c_name, name);
20.     }
21.     else
22.     {
23.         printf("[%s] osThreadNew(%s) success, thread id: %d.\r\n", c_name,
name, tid);
24.     }
25.     return tid;
26. }
27.
28. // 测试线程函数：先输出自己的参数，然后对全局变量 count 进行循环+1 操作，之后会打印
count 的值
29. void threadTest(void *arg)
30. {
31.     static int count = 0;
32.     // 得到当前线程 ID 和名称
33.     osThreadId_t tid = osThreadGetId();
34.     const char *c_name = osThreadGetName(tid);
35.     // 输出参数
36.     printf("[%s] %s\r\n", c_name, (char *)arg);
37.     // 输出当前线程的名称和 ID
38.     printf("[%s] osThreadGetId, thread id:%p\r\n", c_name, tid);
39.     // 输出计数
40.     while (1)
41.     {
42.         count++;
43.         printf("[%s] count: %d.\r\n", c_name, count);
44.         osDelay(20);
45.     }
46. }
47.
48. // 主线程函数：创建线程并运行，使用线程 API 进行相关操作，最后终止所创建的线程
49. void threadMain(void *arg)
```

```
50. {
51.     (void)arg;
52.
53.     // 延迟1秒，避免与系统输出混淆在一起
54.     osDelay(100);
55.
56.     // 创建线程
57.     osThreadId_t tid = newThread("threadTest", threadTest, "This is a test
thread.");
58.
59.     // 得到创建的线程的名称
60.     const char *t_name = osThreadGetName(tid);
61.     // 得到当前线程的名称
62.     const char *c_name = osThreadGetName(osThreadGetId());
63.     // 输出当前线程的名称
64.     printf("[%s] osThreadGetName, thread name: %s.\r\n", c_name, t_name);
65.
66.     // 得到线程的状态
67.     osThreadState_t state = osThreadGetState(tid);
68.     // 输出线程的状态
69.     printf("[%s] osThreadGetState, state :%d.\r\n", c_name, state);
70.
71.     // 设置线程的优先级
72.     osStatus_t status = osThreadSetPriority(tid, osPriorityNormal4);
73.     // 输出设置结果
74.     printf("[%s] osThreadSetPriority, status: %d.\r\n", c_name, status);
75.
76.     // 得到线程的优先级
77.     osPriority_t pri = osThreadGetPriority(tid);
78.     // 输出线程的优先级
79.     printf("[%s] osThreadGetPriority, priority: %d.\r\n", c_name, pri);
80.
81.     // 挂起线程
82.     status = osThreadSuspend(tid);
83.     // 输出挂起结果
84.     printf("[%s] osThreadSuspend, status: %d.\r\n", c_name, status);
85.
86.     // 恢复线程
87.     status = osThreadResume(tid);
```

```
88.     // 输出恢复结果
89.     printf("[%s] osThreadResume, status: %d.\r\n", c_name, status);
90.
91.     // 得到线程的栈空间大小
92.     uint32_t stacksize = osThreadGetStackSize(tid);
93.     // 输出线程的栈空间大小
94.     printf("[%s] osThreadGetStackSize, stacksize: %d.\r\n", c_name, stacksize);
95.
96.     // 得到线程的未使用的栈空间大小
97.     uint32_t stackspace = osThreadGetStackSpace(tid);
98.     // 输出线程的未使用的栈空间大小
99.     printf("[%s] osThreadGetStackSpace, stackspace: %d.\r\n", c_name,
stackspace);
100.
101.     // 获取活跃线程数
102.     uint32_t t_count = osThreadGetCount();
103.     // 输出活跃线程数
104.     printf("[%s] osThreadGetCount, count: %d.\r\n", c_name, t_count);
105.
106.     osDelay(100);
107.     // 终止线程
108.     status = osThreadTerminate(tid);
109.     // 输出终止结果
110.     printf("[%s] osThreadTerminate, status: %d.\r\n", c_name, status);
111. }
112.
113. // 此 demo 的入口函数
114. static void ThreadTestTask(void)
115. {
116.     // 定义线程属性
117.     osThreadAttr_t attr;
118.     attr.name = "threadMain";
119.     attr.attr_bits = 0U;
120.     attr.cb_mem = NULL;
121.     attr.cb_size = 0U;
122.     attr.stack_mem = NULL;
123.     attr.stack_size = 1024;
124.     attr.priority = osPriorityNormal;
125.
126.     // 创建主线程
127.     if (osThreadNew((osThreadFunc_t)threadMain, NULL, &attr) == NULL)
128.     {
```

```
129.        printf("[%s] Falied to create threadMain!\n", __func__);
130.    }
131. }
132.
133. // 让 ThreadTestTask 函数以"优先级 2"在系统启动过程的"阶段 8. application-layer feature" 执行。
134. APP_FEATURE_INIT(ThreadTestTask);
```

修改 applications\sample\wifi-iot\app\thread_demo\BUILD.gn 文件，让它编译 thread.c 文件，源码如下：

```
1. static_library("thread_demo") {
2.   sources = [
3.     "thread.c",
4.   ]
5.
6.   include_dirs = [
7.     # include "ohos_init.h",...
8.     "//utils/native/lite/include",
9.
10.    # include CMSIS-RTOS API V2 for OpenHarmony1.0:
11.    # "//third_party/cmsis/CMSIS/RTOS2/Include",
12.    # include CMSIS-RTOS API V2 for OpenHarmony1.0+:
13.    "//kernel/liteos_m/kal/cmsis",
14.  ]
15. }
```

applications\sample\wifi-iot\app\BUILD.gn 文件无须修改。编译、烧录、运行的具体操作不再赘述。

请注意，知识和能力就好比您的两条腿，只有它们都变得强壮，您才能跑得比别人快。在本书中，我设计了两条线，一条主线是讲授知识，一条副线是培养能力，细心的您应该已经体会到了。另外，我还在书中的某些地方留下了一些方法论的种子，希望能有人发现它们，把它们捡起来、种下去，让它们开花结果。

4.3 通用等待功能

本节内容：

系统时钟和时钟周期的概念；通用等待 API；线程的状态转换；等待时间的误差形成的原因；通过案例程序学习通用等待 API 的具体使用方法。

4.3.1 时间管理

1. 时间管理的含义

时间管理是指内核的时间管理模块以系统时钟为基础，给应用程序提供的所有与时间有关的服务。

2. 时间管理的用途

时间管理对于一个操作系统来说十分重要，并且用途广泛。

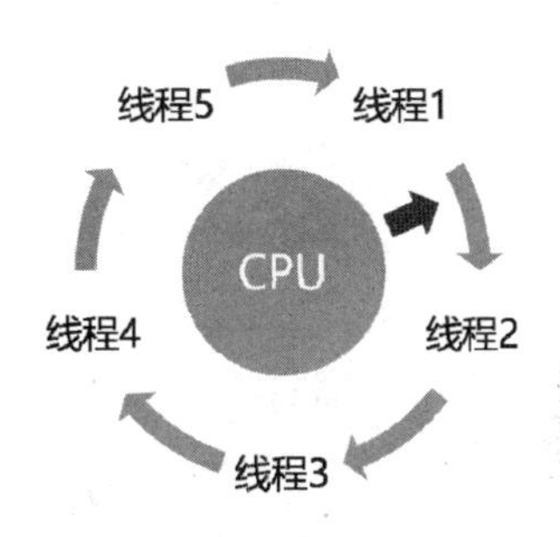

图 4-19 线程轮流占用 CPU

下面来看场景一，如图 4-19 所示。在分时系统（比如 Linux）或实时系统（比如 LiteOS）中，一个线程的处理工作告一段落之后，它需要放弃对 CPU 的占用，等待一定的时间，然后再恢复运行。在这种情况下可以调用与等待有关的 API 实现。

再来看场景二，如图 4-20 所示。使用智能家居开发套件的环境监测板，每隔 5 秒采集一次环境温湿度和可燃气体的数据，并且将其上传到云端。也可以调用与等待有关的 API 实现。

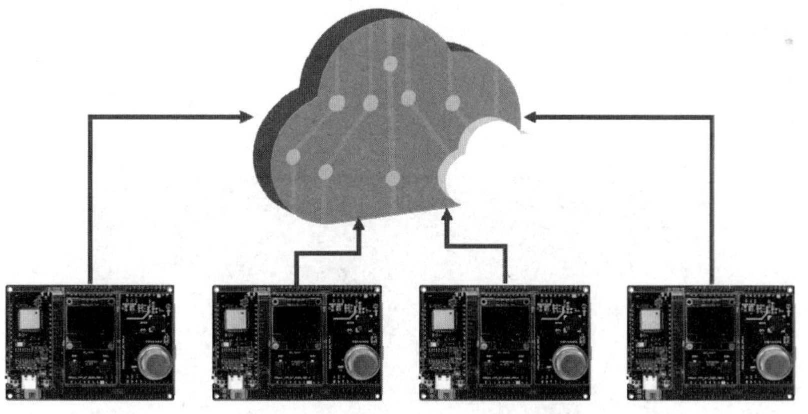

图 4-20 每隔 5 秒向云端上报环境数据

3. 系统时钟

时间管理离不开系统时钟。系统时钟也叫 Tick 或时标，是由定时器或计数器产生的输出脉冲触发中断从而产生的信号。随着时间的推移，系统时钟会产生有节奏的一系列信号（如图 4-21 所示），就像这样：Tick，Tick，Tick，Tick……是不是很像人的心跳：怦，怦，怦，怦，……

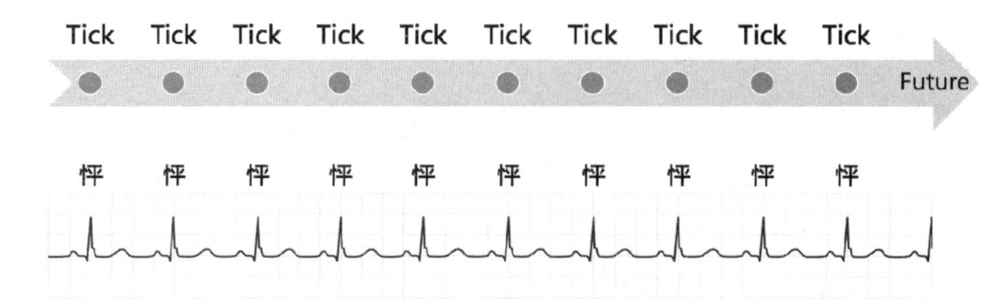

图 4-21 系统时钟信号

时钟是嵌入式系统的脉搏，处理器内核在时钟驱动下完成指令的执行、状态的变换等动作。外设部件在时钟的驱动下完成各种工作，比如串口数据的发送、A/D 转换、I2C 通信、定时器计数等。

人的心跳有快慢的变化，会随着心情、运动而不同，而系统时钟则是稳定不变的，它的绝对精度可以达到百万分之五十。操作系统通常会对 Tick 进行计数，一般使用整数或长整数来存放计数值。

系统时钟的高精度得益于晶体振荡器，它是一个元器件。使用晶体振荡器可以组成一个时钟产生电路，从而产生系统时钟。请注意，系统时钟是一个电信号。在智能家居开发套件的核心板上有两个晶体振荡器（如图 4-22 所示），右侧的供 Hi3861V100 芯片使用，而左侧的供 CH340 USB 转串口芯片使用。

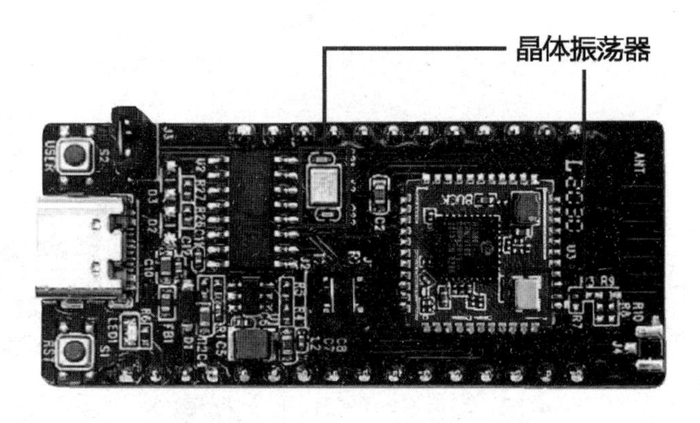

图 4-22 核心板上的晶体振荡器

4. 时钟周期

时钟周期是由定时器/计数器产生的输出脉冲的周期，也就是两个 Tick 间隔的时间长度。

请注意区分时钟周期（Cycle）和 Tick。Tick 是输出脉冲触发中断，在特定时间点上产生的标记，而时钟周期是 Tick 间隔的时间长度，如图 4-23 所示。

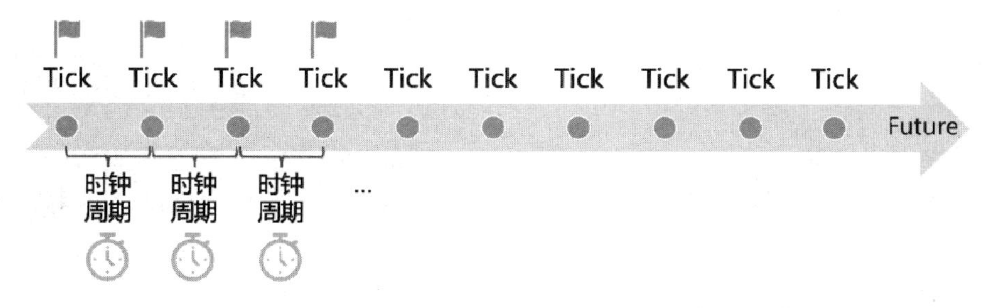

图 4-23　时钟周期和 Tick 的关系

5. 智能家居开发套件的时钟周期

智能家居开发套件中的海思 Hi3861V100 模组（如图 4-24 所示）每秒可以产生 100 个 Tick，时钟周期为 10 毫秒（10ms）。

图 4-24　Hi3861V100 模组

4.3.2　API 介绍

1. API 列表

应用程序以秒、毫秒为单位进行计时，而操作系统则以 Tick 为单位进行计时。当应用程序需要对时间进行操作的时候，例如任务挂起、延时等，就可以使用等待功能。通用等待功能 API 可以让线程等待一定的时间，这些 API 见表 4-3。

表 4-3　通用等待功能 API

API 名称	说明
osDelay	等待指定数量的 Tick
osDelayUntil	等待到指定的 Tick

此外，我们还会用到两个内核信息与控制 API，见表 4-4。

表 4-4　内核信息与控制 API

API 名称	说明
osKernelGetTickCount	获取 RTOS 内核 Tick 计数
osKernelGetTickFreq	获取 RTOS 内核 Tick 频率

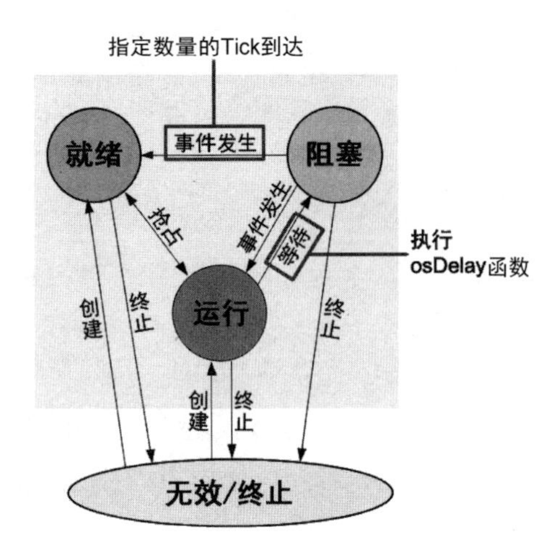

图 4-25 osDelay 函数使线程状态发生转换

2. osDelay

下面以 osDelay 这个函数为例来讲解通用等待功能的原理。osDelay 函数的功能是等待指定数量的 Tick。osDelay 函数会让线程的状态发生转换，如图 4-25 所示。

一个线程在执行完 osDelay 函数之后，其状态会被 LiteOS 从运行状态转换为阻塞状态，而在指定数量的 Tick 到达后，线程状态会被 LiteOS 转换为就绪状态。此时，如果线程拥有最高优先权，那么将被 LiteOS 立即调度（进入运行状态）。那么 Tick 和时间到底存在着怎样的关系呢？我们来学习等待时间的计算。请注意，Tick 不代表时间，时钟周期才代表时间。因此等待指定数量的 Tick，不精确等于等待指定的时钟周期。

我们来举个例子，osDelay(1)函数。它的功能很容易用语言描述出来，就是等到下一个 Tick 出现。但是，它到底等了多久？就是 10ms 吗？这可不一定，我们需要考虑不同情况下的表现。比如，请看图 4-26。在第 101 个 Tick 发生后的 2ms，程序调用了 osDelay(1)函数。此时距离下一个 Tick，也就是第 102 个 Tick 还有 8ms。那么调用 osDelay(1)函数的效果就是等待 8ms，也就是 0.8 个时钟周期。

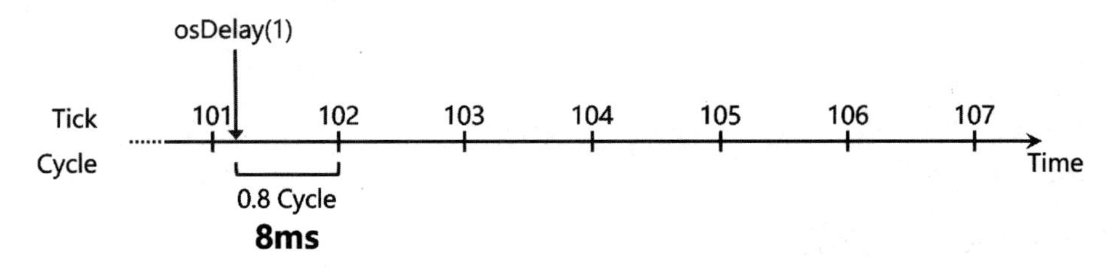

图 4-26 等待 8ms

如果在第 101 个 Tick 发生后的 6ms，程序调用了 osDelay(1)函数，如图 4-27 所示，此时距离下一个 Tick，也就是第 102 个 Tick 还有 4ms，那么调用 osDelay(1)函数的效果就是等待 4ms。

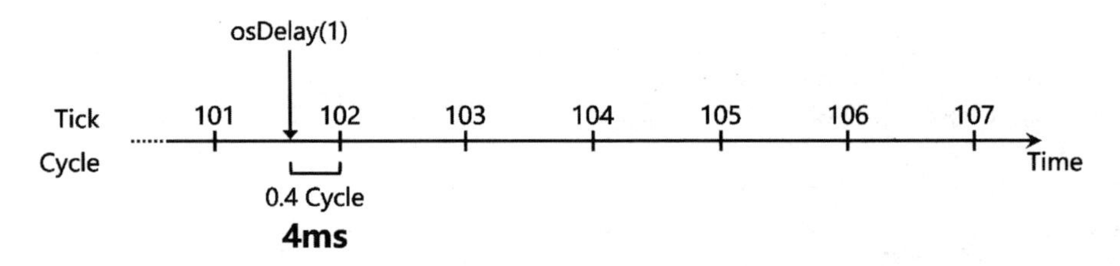

图 4-27 等待 4ms

下面来看一种非常糟糕的情况，如果在第 102 个 Tick 马上就发生的前夕，程序调用了 osDelay(1)函数，那么线程将被立即重新调度。调用 osDelay(1)函数的效果就是等待 0ms，如图 4-28 所示。

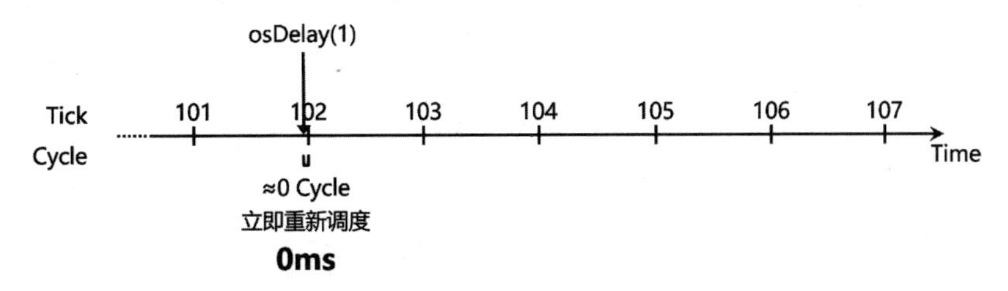

图 4-28 等待 0ms

那么，什么是最完美的情况呢？比如，在第 102 个 Tick 发生后，程序立即调用了 osDelay(1)函数。此时距离下一个 Tick，也就是第 103 个 Tick 还有 10ms。在这种情况下，调用 osDelay(1)函数的效果就是等待 10ms，也就是一个完整的周期，如图 4-29 所示。

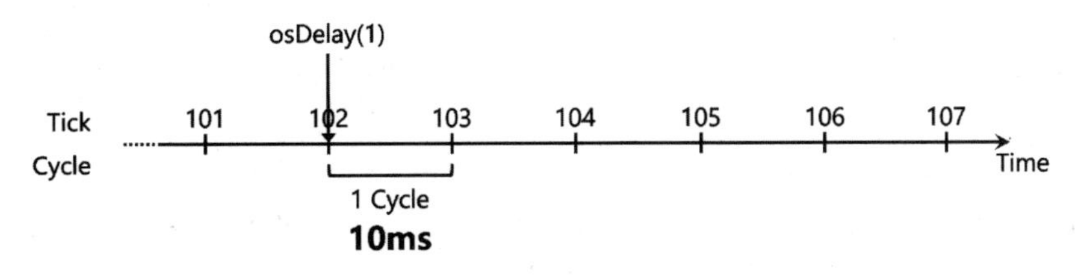

图 4-29 等待 10ms

再举个例子，请看图 4-30。osDelay(2)函数表示等到下两个 Tick，也就是从当下开始，等到第二个 Tick 的出现。那么根据线程的初始位置，也许您的线程只等待了 14ms。

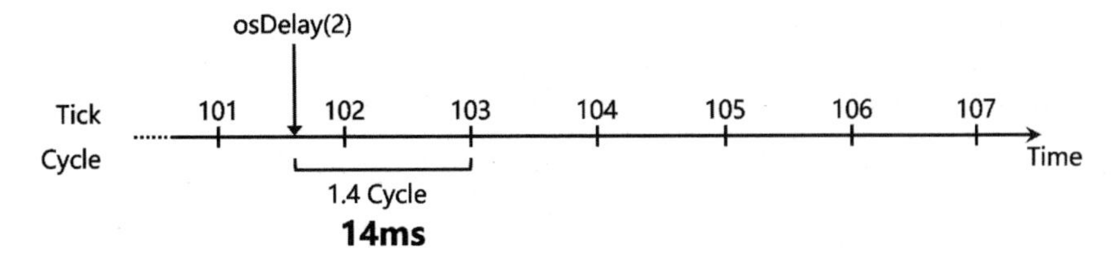

图 4-30 等待 14ms

甚至您的线程也许只等待了 10ms，如图 4-31 所示。

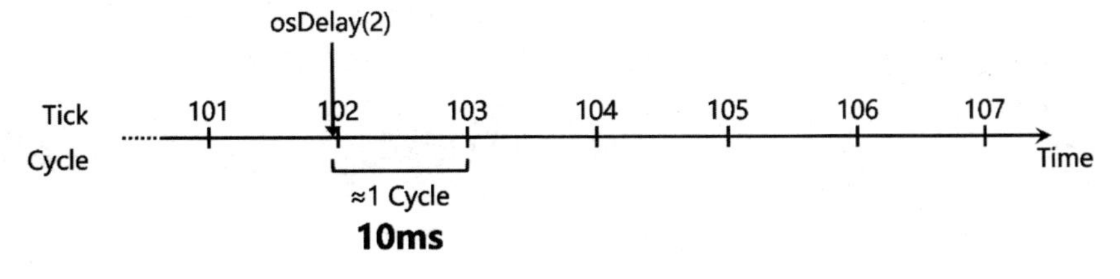

图 4-31 等待 10ms

如果运气好，您的线程会刚好等待 20ms，如图 4-32 所示。

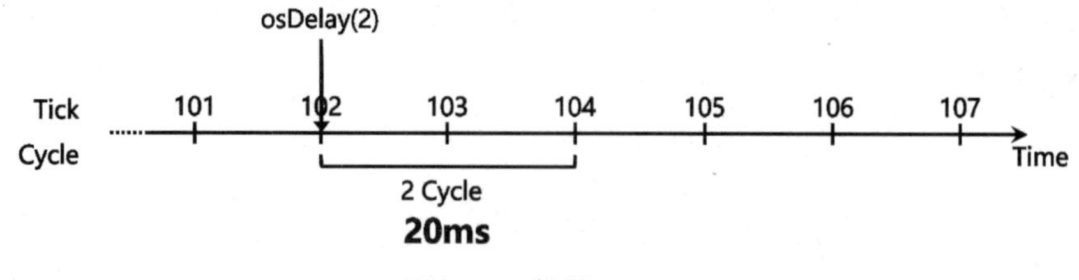

图 4-32　等待 20ms

我们来总结一下。首先，误差最多会少一个时钟周期（10ms）。其次，用户程序在执行具体业务的时候，通常是以秒作为单位进行等待的。1 秒等于 1000ms，也就是说误差不会超过 1%。所以，在多数场合下，我们会认为调用 osDelay(n)函数的效果就是近似等待 $n \times 10$ms。比如，调用 osDelay(1)函数的效果是等待 10ms，调用 osDelay(10)函数的效果是等待 100ms，而调用 osDelay(100)函数的效果就是等待 1 秒。

4.3.3　案例程序

下面通过案例程序来介绍通用等待 API 的具体使用方法。

1. 目标

本案例的目标有以下两个：第一，熟悉通用等待功能的各种 API；第二，设计一个 Sleep 函数，实现等待指定的时间（单位为毫秒）。

2. 准备开发套件

请准备好智能家居开发套件，组装好底板和核心板。

3. 新建目录

启动虚拟机。在 VS Code 中打开 OpenHarmony 源码根目录。新建 applications\sample\wifi-iot\app\delay_demo 目录，这个目录将作为本案例程序的根目录。

4. 编写源码与编译脚本

新建 applications\sample\wifi-iot\app\delay_demo\delay.c 文件，源码如下：

```
1. // 时间管理以系统时钟为基础
2. // 系统时钟（Tick|时标）：是由定时器/计数器产生的输出脉冲触发中断从而产生的信号，一般定义为整型或长整型变量
3. // 时钟周期：输出脉冲的周期，即两个 Tick 间隔的时间长度
4. // 注意：Tick 不等于时钟周期。Tick 是输出脉冲触发中断，在特定时间点上产生的标记，而时钟周期是 Tick 间隔的时间长度
5.
6. #include <stdio.h>        // 标准输入输出头文件
```

```
 7. #include <unistd.h>      // POSIX 头文件
 8.
 9. #include "ohos_init.h"   // 用于初始化服务(service)和功能(feature)的头文件
10. #include "cmsis_os2.h"   // CMSIS-RTOS2 头文件
11.
12. void rtosv2_delay_main(void *arg)
13. {
14.     (void)arg;
15.
16.     // 内核每秒的 Tick 数
17.     // 在 Hi3861V100 模组上，每秒可以产生 100 个 Tick，时钟周期为 10ms
18.     printf("[Delay Test] number of kernel ticks per second: %d.\r\n",
osKernelGetTickFreq());
19.
20.     // 系统的当前 Tick 计数
21.     printf("[Delay Test] Current system tick: %d.\r\n", osKernelGetTickCount());
22.
23.     // 等待 100 个 Tick，即大约延时 1 秒(100×10ms=1000ms=1s)
24.     // 注意：等待指定数量的 Tick，不精确等于等待指定的时钟周期，误差最多会少一个时钟
周期(10ms)
25.     // The function osDelay waits for a time period specified in kernel ticks.
26.     // For a value of 1 the system waits until the next timer tick occurs.
27.     // The actual time delay may be up to one timer tick less than specified,
28.     // i.e. calling osDelay(1) right before the next system tick occurs the
thread is rescheduled immediately.
29.     // The delayed thread is put into the BLOCKED state and a context switch
occurs immediately.
30.     // The thread is automatically put back to the READY state after the
given amount of ticks has elapsed.
31.     // If the thread will have the highest priority in READY state it will
be scheduled immediately.
32.     // 用户以秒、毫秒为单位计时，而操作系统以 Tick 为单位计时。今后，在多个场合下，会
认为 osDelay(n)就是近似等待 n×10ms
33.     osStatus_t status = osDelay(100);
34.     printf("[Delay Test] osDelay, status: %d.\r\n", status);
35.
36.     // 系统的当前 Tick 计数
37.     printf("[Delay Test] Current system tick: %d.\r\n", osKernelGetTickCount());
38.
39.     // 等待到指定的 Tick
40.     uint32_t tick = osKernelGetTickCount();
41.     tick += 100;
```

```
42.     // Waits until a specified time arrives. This function handles the overflow of the system timer.
43.     // Note that the maximum value of this parameter is (2^31 - 1) ticks.
44.     status = osDelayUntil(tick);
45.     printf("[Delay Test] osDelayUntil, status: %d.\r\n", status);
46.     printf("[Delay Test] Current system tick: %d.\r\n", osKernelGetTickCount());
47. }
48.
49. static void DelayTestTask(void)
50. {
51.     osThreadAttr_t attr;
52.
53.     attr.name = "rtosv2_delay_main";
54.     attr.attr_bits = 0U;
55.     attr.cb_mem = NULL;
56.     attr.cb_size = 0U;
57.     attr.stack_mem = NULL;
58.     attr.stack_size = 1024;
59.     attr.priority = osPriorityNormal;
60.
61.     if (osThreadNew((osThreadFunc_t)rtosv2_delay_main, NULL, &attr) == NULL)
62.     {
63.         printf("[DelayTestTask] Falied to create rtosv2_delay_main!\n");
64.     }
65. }
66.
67. APP_FEATURE_INIT(DelayTestTask);
```

新建 applications\sample\wifi-iot\app\delay_demo\BUILD.gn 文件，源码如下：

```
1. static_library("delay_demo") {
2.   sources = [ "delay.c" ]
3.
4.   include_dirs = [
5.     # include "ohos_init.h",...
6.     "//utils/native/lite/include",
7.
8.     # include CMSIS-RTOS API V2 for OpenHarmony1.0+:
9.     "//kernel/liteos_m/kal/cmsis",
10.   ]
11. }
```

修改 applications\sample\wifi-iot\app\BUILD.gn 文件，源码如下：

```
1. import("//build/lite/config/component/lite_component.gni")
2.
3. # for "delay_demo" example.
4. lite_component("app") {
5.   features = [
6.     "delay_demo",
7.   ]
8. }
```

5. 编译、烧录、运行

编译、烧录、运行的具体操作不再赘述，运行结果如图 4-33 所示。

```
hiview init success.00 00:00:00 0 68 D 0/HIVIEW: log limit init success.
00 00:00:00 0 68 I 1/SAMGR: Bootstrap core services(count:3).
00 00:00:00 0 68 I 1/SAMGR: Init servi[Delay Test] number of kernel ticks per second: 100.
[Delay Test] Current system tick: 37.
ce:0x4af69c TaskPool:0xe4afc
00 00:00:00 0 68 I 1/SAMGR: Init service:0x4af6a8 TaskPool:0xe4b1c
00 00:00:00 0 68 I 1/SAMGR: Init service:0x4afc64 TaskPool:0xe4b3c
00 00:00:00 0 100 I 1/SAMGR: Init service 0x4af6a8 <time: 0ms> success!
00 00:00:00 0 0 I 1/SAMGR: Init service 0x4af69c <time: 0ms> success!
00 00:00:00 0 200 I 1/SAMGR: Init service 0x4afc64 <time: 0ms> success!
00 00:00:00 0 200 I 1/SAMGR: Initialized all core system services!
00 00:00:00 0 0 I 1/SAMGR: Bootstrap system and application services(count:0).
00 00:00:00 0 0 I 1/SAMGR: Initialized all system and application services!
00 00:00:00 0 0 I 1/SAMGR: Bootstrap dynamic registered services(count:0).
[Delay Test] osDelay, status: 0.
[Delay Test] Current system tick: 137.
[Delay Test] osDelayUntil, status: 0.
[Delay Test] Current system tick: 237.
```

图 4-33　案例的运行结果

下面设计一个 Sleep 函数，以实现等待指定的时间（单位为毫秒）。源码如下：

```
1. void Sleep(int ms)
2. {
3.     uint32_t tickFreq = osKernelGetTickFreq();
              //获取内核每秒的 Tick 个数,uint32_t 这个数据类型其实就是 unsigned int
4.     uint32_t msPerTick = 1000 / tickFreq;
                                          //计算每个 Tick 所占用的时间（单位为毫秒）
5.     osDelay(ms / msPerTick);                        //让线程等待整数个 Tick
6.     uint32_t restMs = ms % msPerTick;               //处理不足一个 Tick 的时间
7.     if (restMs) {
8.         usleep(restMs * 1000);  //使用 usleep 函数等待指定的时间（单位为毫秒）
9.     }
10. }
```

4.4 定时器管理

本节内容：

软定时器的概念；一次性定时器和周期性定时器的行为；定时器管理 API；通过案例程序学习定时器管理 API 的具体使用方法。

4.4.1 软定时器

1. 含义

4.3 节介绍了通用等待功能，它可以让线程等待一定的时间。除了通用等待功能，CMSIS-RTOS2 还支持软件定时器（timer，简称软定时器）。

软定时器是基于系统时钟，并且由软件来模拟的定时器，当经过设定的 Tick 计数值后，就会触发执行用户定义的回调函数。请注意以下 3 个问题：

第一，软定时器触发的是函数的执行，而不是线程；

第二，当软定时器到期的时候，将执行回调函数，以运行特定的代码；

第三，定时的精度与时钟周期有关。

软定时器是可以被控制的，所有软定时器都可以启动、重新启动或停止，并且每个定时器都可以配置为一次性的或周期性的定时器。

2. 一次性定时器

下面先介绍一次性定时器。一次性定时器的特点是仅执行一次操作就停止，不会自动重新启动。请观察图 4-34，理解一次性定时器的行为特点。

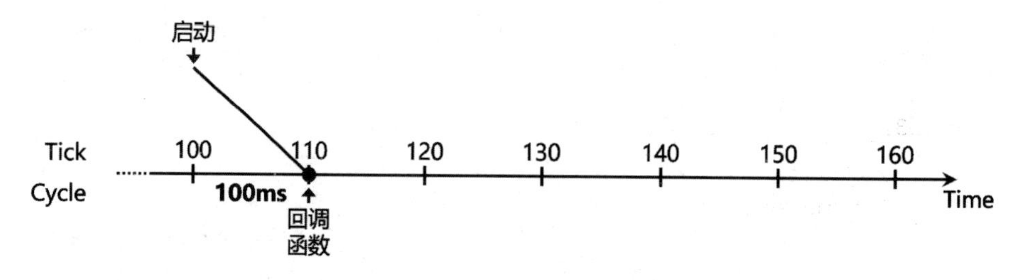

图 4-34 一次性定时器的行为特点

有一个一次性定时器设定为在 10 个 Tick 后到期。它从第 100 个 Tick 启动，到第 110 个 Tick 到期。这时将执行事先定义好的回调函数。执行完回调函数之后，定时器就停止工作。

3. 周期性定时器

下面再来看周期性定时器。周期性定时器的特点是重复操作，直到它被删除或停止。请仔细观察图 4-35，理解周期性定时器的行为特点。

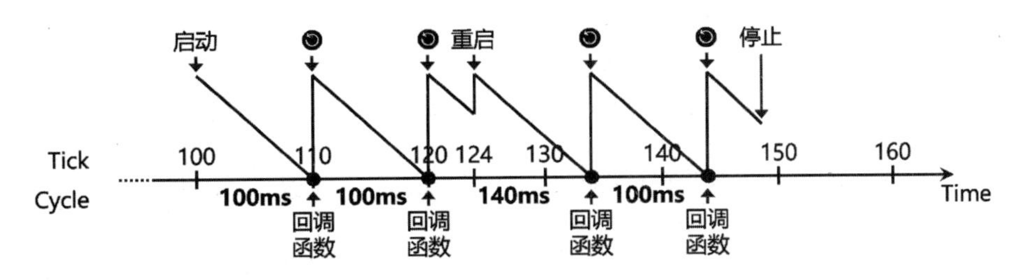

图 4-35　周期性定时器的行为特点

有一个周期性定时器设定为在 10 个 Tick 后到期。它从第 100 个 Tick 启动，到第 110 个 Tick 到期。这时将执行事先定义好的回调函数。执行完回调函数之后，定时器不会停止工作，而是重新开始定时。也就是说，它将从第 110 个 Tick 启动，到第 120 个 Tick 到期。这时将再次执行事先定义好的回调函数。执行完回调函数之后，定时器又重新开始定时，从第 120 个 Tick 启动。它本应该在第 130 个 Tick 到期，但是在第 124 个 Tick 的时候，程序通过调用 API 重启了这个定时器。这时，定时器会重新开始定时，从第 124 个 Tick 启动，在第 134 个 Tick 到期。然后又重新开始定时，在第 144 个 Tick 再次到期。这样一直重复下去，直到它被删除或停止。整个过程就像开启了植物大战僵尸的无尽模式。

4.4.2　API 介绍

下面介绍定时器管理 API，见表 4-5。

表 4-5　定时器管理 API

API 名称	说明
osTimerNew	创建并初始化一个定时器
osTimerGetName	获取指定 ID 的定时器的名称（暂未实现）
osTimerStart	启动或者重启指定 ID 的定时器
osTimerStop	停止指定 ID 的定时器
osTimerIsRunning	检查指定 ID 的定时器是否在运行
osTimerDelete	删除指定 ID 的定时器

1. osTimerNew

（1）功能：创建并初始化一个定时器。

（2）定义：osTimerId_t osTimerNew (osTimerFunc_t func, osTimerType_t type, void *argument, const osTimerAttr_t *attr)

（3）参数：

- func：定时器回调函数。
- type：定时器类型。osTimerOnce 代表一次性定时器，osTimerPeriodic 代表周期性定时器。
- argument：定时器回调函数的参数。
- attr：定时器属性。

（4）返回值：若成功，则返回定时器 ID；若失败，则返回 NULL。

2. osTimerGetName

（1）功能：获取指定 ID 的定时器的名称。

（2）定义：const char *osTimerGetName(osTimerId_t timer_id)

（3）参数：

timer_id：定时器 ID，由 osTimerNew 函数生成。

（4）返回值：若成功，则返回定时器的名称；若失败，则返回 NULL。

3. osTimerStart

（1）功能：启动或者重启指定 ID 的定时器。

（2）定义：osStatus_t osTimerStart(osTimerId_t timer_id, uint32_t ticks)

（3）参数：

- timer_id：定时器 ID，由 osTimerNew 函数生成。
- ticks：定时器的间隔时间。

（4）返回值：

- osOK：操作成功。
- osErrorISR：不能从中断服务程序中调用。
- osErrorParameter：参数错误。
- osErrorResource：定时器状态无效。

4. osTimerStop

（1）功能：停止指定 ID 的定时器。只能停止运行状态的定时器。

（2）定义：osStatus_t osTimerStop (osTimerId_t timer_id)

（3）参数：

timer_id：定时器 ID，由 osTimerNew 函数生成。

（4）返回值：

同“3. osTimerStart”的返回值。

5. osTimerIsRunning

（1）功能：检查指定 ID 的定时器是否在运行。
（2）定义：uint32_t osTimerIsRunning (osTimerId_t timer_id)
（3）参数：
timer_id：定时器 ID，由 osTimerNew 函数生成。
（4）返回值：
- 1：运行。
- 0：没有运行或发生错误。

6. osTimerDelete

（1）功能：删除指定 ID 的定时器。
（2）定义：osStatus_t osTimerDelete (osTimerId_t timer_id)
（3）参数：
timer_id：定时器 ID，由 osTimerNew 函数生成。
（4）返回值：
同“3. osTimerStart”的返回值。

4.4.3　案例程序

下面通过案例程序来介绍定时器管理 API 的具体使用方法。

1. 目标

本案例的目标如下：熟悉定时器管理 API。创建一个定时器，1 秒调用一次回调函数，在回调函数中给全局变量 times+1。主线程将会等待 3 秒，之后就停止并且删除这个定时器。

2. 准备开发套件

请准备好智能家居开发套件，组装好底板和核心板。

3. 新建目录

启动虚拟机。在 VS Code 中打开 OpenHarmony 源码根目录。新建 applications\sample\wifi-iot\app\timer_demo 目录，这个目录将作为本案例程序的根目录。

4. 编写源码与编译脚本

新建 applications\sample\wifi-iot\app\timer_demo\timer.c 文件，源码如下：

```
1. #include <stdio.h>          // 标准输入输出头文件
2. #include <unistd.h>         // POSIX 头文件
```

```
 3.
 4. #include "ohos_init.h"  // 用于初始化服务(service)和功能(feature)的头文件
 5. #include "cmsis_os2.h"  // CMSIS-RTOS2 头文件
 6.
 7. // 全局变量，用于计数
 8. static int times = 0;
 9.
10. // 定时器的回调函数
11. void cb_timeout_periodic(void *arg)
12. {
13.     (void)arg;
14.     times++;
15.     printf("[callback] timeout! times: %d\r\n", times);
16. }
17.
18. // 主线程函数
19. // 使用 osTimerNew 函数创建一个定时器，每 100 个 Tick 调用一次回调函数
cb_timeout_periodic
20. // 每 100 个 Tick 检查一下全局变量 times 是否小于 3，若不小于 3 则停止定时器
21. void timer_periodic(void)
22. {
23.     // Creates and initializes a timer.
24.     // This function creates a timer associated with the arguments callback
function.
25.     // The timer stays in the stopped state until OSTimerStart is used to
start the timer.
26.     // osTimerOnce: 一次性的
27.     // osTimerPeriodic: 周期性的
28.     // Returns timer ID for reference by other functions or NULL in case
of error.
29.     osTimerId_t periodic_tid = osTimerNew(cb_timeout_periodic,
osTimerPeriodic, NULL, NULL);
30.     if (periodic_tid == NULL)
31.     {
32.         printf("[Timer Test] osTimerNew(periodic timer) failed.\r\n");
33.         return;
34.     }
35.     else
36.     {
37.         printf("[Timer Test] osTimerNew(periodic timer) success,
tid: %p.\r\n", periodic_tid);
38.     }
```

```
39.
40.     // starts or restarts a timer specified by the parameter timer_id.
41.     // This function cannot be called from Interrupt Service Routines.
42.     // 1 秒调用一次回调函数
43.     osStatus_t status = osTimerStart(periodic_tid, 100);
44.     if (status != osOK)
45.     {
46.         printf("[Timer Test] osTimerStart(periodic timer) failed.\r\n");
47.         return;
48.     }
49.     else
50.     {
51.         printf("[Timer Test] osTimerStart(periodic timer) success, wait a
while and stop.\r\n");
52.     }
53.
54.     // 等待 3 秒
55.     while (times < 3)
56.     {
57.         // printf("[Timer Test] times:%d.\r\n", times);
58.         osDelay(100);
59.     }
60.
61.     // stops a timer specified by the parameter timer_id.
62.     // 停止定时器
63.     status = osTimerStop(periodic_tid);
64.     printf("[Timer Test] stop periodic timer, status :%d.\r\n", status);
65.
66.     // 删除定时器
67.     status = osTimerDelete(periodic_tid);
68.     printf("[Timer Test] kill periodic timer, status :%d.\r\n", status);
69. }
70.
71. // 入口函数
72. static void TimerTestTask(void)
73. {
74.     // 线程属性
75.     osThreadAttr_t attr;
76.     attr.name = "timer_periodic";
77.     attr.attr_bits = 0U;
78.     attr.cb_mem = NULL;
79.     attr.cb_size = 0U;
```

```
80.     attr.stack_mem = NULL;
81.     attr.stack_size = 1024;
82.     attr.priority = osPriorityNormal;
83.
84.     // 创建一个线程，并将其加入活跃线程组中
85.     if (osThreadNew((osThreadFunc_t)timer_periodic, NULL, &attr) == NULL)
86.     {
87.         printf("[TimerTestTask] Falied to create timer_periodic!\n");
88.     }
89. }
90.
91. // 运行入口函数
92. APP_FEATURE_INIT(TimerTestTask);
```

新建 applications\sample\wifi-iot\app\timer_demo\BUILD.gn 文件，源码如下：

```
1. static_library("timer_demo") {
2.   sources = [
3.     "timer.c"
4.   ]
5.
6.   include_dirs = [
7.     # include "ohos_init.h",...
8.     "//utils/native/lite/include",
9.
10.     # include CMSIS-RTOS API V2 for OpenHarmony1.0+:
11.     "//kernel/liteos_m/kal/cmsis",
12.   ]
13. }
```

修改 applications\sample\wifi-iot\app\BUILD.gn 文件，源码如下：

```
1. import("//build/lite/config/component/lite_component.gni")
2.
3. # for "timer_demo" example.
4. lite_component("app") {
5.   features = [
6.     "timer_demo",
7.   ]
8. }
```

5. 编译、烧录、运行

编译、烧录、运行的具体操作不再赘述，运行结果如图 4-36 所示。

```
hiview init success.00 00:00:00 0 68 D 0/HIVIEW: log limit init success.
00 00:00:00 0 68 I 1/SAMGR: Bootstrap core services(count:3).
00 00:00:00 0 68 I 1/SAMGR: Init service:0x4af7fc TaskPool:0xe[Timer Test] osT
imer) success, tid: 0xe9bcc.
[Timer Test] osTimerStart(periodic timer) success, wait a while and stop.
4afc
00 00:00:00 0 68 I 1/SAMGR: Init service:0x4af808 TaskPool:0xe4b1c
00 00:00:00 0 68 I 1/SAMGR: Init service:0x4afcc8 TaskPool:0xe4b3c
00 00:00:00 0 100 I 1/SAMGR: Init service 0x4af808 <time: 0ms> success!
00 00:00:00 0 0 I 1/SAMGR: Init service 0x4af7fc <time: 0ms> success!
00 00:00:00 0 200 I 1/SAMGR: Init service 0x4afcc8 <time: 0ms> success!
00 00:00:00 0 200 I 1/SAMGR: Initialized all core system services!
00 00:00:00 0 0 I 1/SAMGR: Bootstrap system and application services(count:0).
00 00:00:00 0 0 I 1/SAMGR: Initialized all system and application services!
00 00:00:00 0 0 I 1/SAMGR: Bootstrap dynamic registered services(count:0).
[callback] timeout! times: 1
[callback] timeout! times: 2
[callback] timeout! times: 3
[Timer Test] stop periodic timer, status :0.
[Timer Test] kill periodic timer, status :0.
```

图 4-36 案例的运行结果

您会发现案例的输出与系统输出混淆在一起了，不利于观察。可以在入口函数（TimerTestTask）或主线程函数（timer_periodic）的开头加入一行代码“osDelay(100);”，即延迟 1 秒。这样就可以避免案例的输出与系统输出混淆在一起了。

4.5 互斥锁管理

本节内容：

互斥锁的含义；为什么使用互斥锁；如何使用互斥锁；理解互斥锁的本质；通过案例程序学习互斥锁管理 API 的具体使用方法。

4.5.1 互斥锁

1. 相关概念

要想学习互斥锁，首先要理解互斥的概念。所谓互斥，是指某个资源同时只允许一个访问者对其进行访问，具有唯一性和排它性，但互斥无法限制访问者对资源的访问顺序，即访问是无序的。那么，什么是互斥锁呢？互斥锁（Mutex）是一种机制，能够提供对多线程共享区域的互斥访问能力。

如果您学过操作系统课程，对互斥锁这个概念一定不陌生。它是操作系统中必不可少的一种机制。在多线程或多进程并发的场景下，互斥锁对于保证线程或进程的安全起到了重要的作用。

设备中的许多资源是可以重复（共享）使用的，但是一次只能由一个线程来使用。例如，通信通道、内存和文件等。互斥锁用来保护对共享资源的访问，如图 4-37 所示。

图 4-37　使用互斥锁保护对共享资源的访问

2. 例：在线销售车票

我们来分析一个场景——在线销售车票。在内存中有一个变量存储着当前车票的数量，编写一个程序供用户购票。对于没有接触过多线程并发的人来说，这个程序貌似非常简单。有人可能会这样设计，如图 4-38 所示。

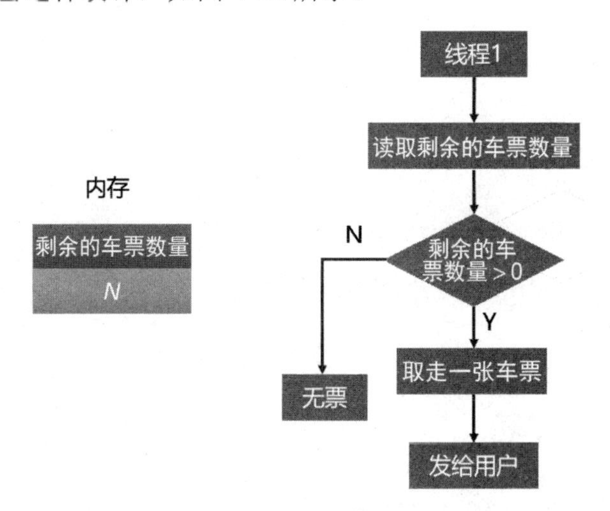

图 4-38　购票流程

在内存中存放着当前剩余的车票数量 N。有一个线程 1 读取了内存中的当前剩余车票数量 N。接下来它开始判断，如果 N 大于 0，意味着还有票，就取走一张，也就是将内存中的当前剩余车票数量减 1，并且发放给用户一张票；但是如果 N 大于 0 不成立，意味着没有票了，该线程就告诉用户无票。很简单，不是吗？

在单用户场景下，这个程序不会有问题，可以做到无差错地运行，但什么是单用户场景？就是在某一时刻售票系统只能给一个用户服务。就好比只有一个服务窗口，大家排成一队。在张三买票的时候，其他人都不能买票。要等张三买完票才能轮到下一位买票。这显然是不能接受的，您在假期前去排队，假期结束时，都不一定能买到票。

这么低的程序效率，或者说业务效率，归根结底是因为单用户场景的工作机制是串行的，而正是因为串行，这个程序才没有出错的机会。那么这个程序在多用户场景下会表现如何？我们来仔细分析一下。

首先，什么是多用户场景？就是在某一时刻售票系统能够同时为多个用户服务。我们用手机在线购票就是典型的多用户场景。其实在程序看来，每个用户无非就是一个线程而已，所以多用户场景对于程序来说，就是多线程并发执行的场景。请注意，我们讨论的是并发而不是并行，这两者的区别请自行搜索。

如图 4-39 所示，有两个线程在并发运行。左侧的是线程 1，右侧的是线程 2。线程 1 运行得比线程 2 要早一点，大概早了一个 Tick，如果在智能家居开发套件上就是 10ms。

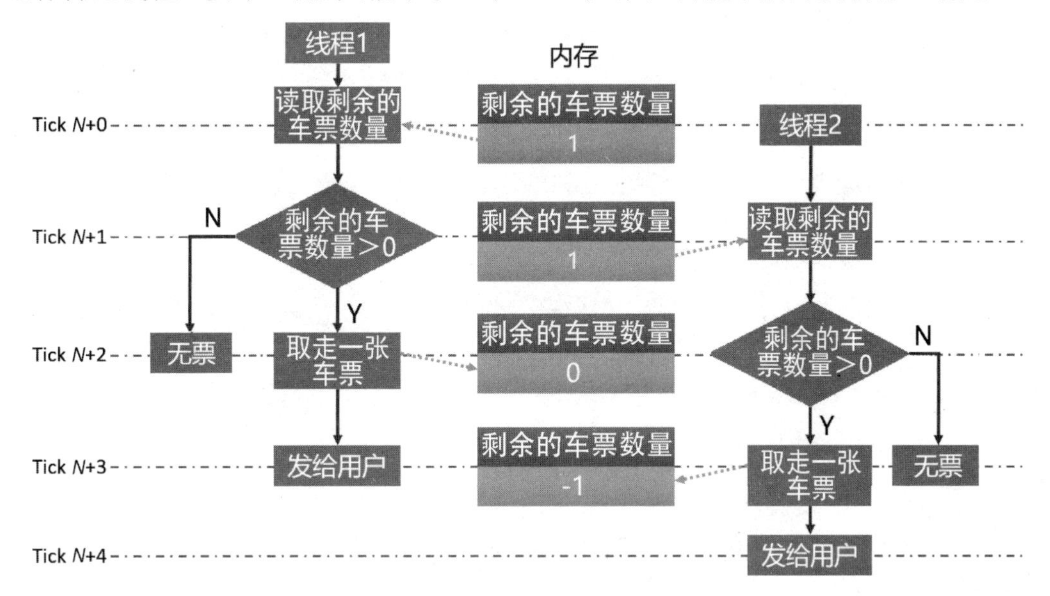

图 4-39　双线程并发购票

我们把时间放慢。

在第 N+0 个 Tick 时，线程 1 开始从内存中读取剩余的车票数量。它读到的值是 1，也就是只剩下一张票了。这时线程 2 才刚刚启动。

在第 N+1 个 Tick 时，线程 1 开始判断它读取的剩余的车票数量是否大于 0，而线程 2 则开始从内存中读取剩余的车票数量，它读取到的值也是 1。

在第 N+2 个 Tick 时，线程 1 取走了一张票，也就意味着它把内存中的数从 1 改成了 0，而线程 2 则开始判断它读取的剩余的车票数量是否大于 0。请注意，此时线程 2 读取的数据是 1。感觉不太妙，是不是？

在第 N+3 个 Tick 时，线程 1 将车票发给了用户，结束了运行，而线程 2 也取走了一张车票，这就意味着它把内存中的数从 0 改成了-1。

在第 N+4 个 Tick 时，线程 2 将车票发给了用户，结束了运行。剩余车票数量为-1，事故就这样发生了。

从每个线程的角度来看，它们都没有做错事。那么错在哪里了？就是对并发的控制上。在第 N+2 个 Tick 时，线程 2 并没有读取最新的剩余的车票数量，它读取的是旧的数据。

如果车票没有与座席绑定，比如大家都站着，多一个人、少一个人都无所谓，这个问题就不会出现在用户那一端，而如果车票与座席绑定了会怎样？如图 4-40 所示，我们再让线程 1 和线程 2 返场表演一下。

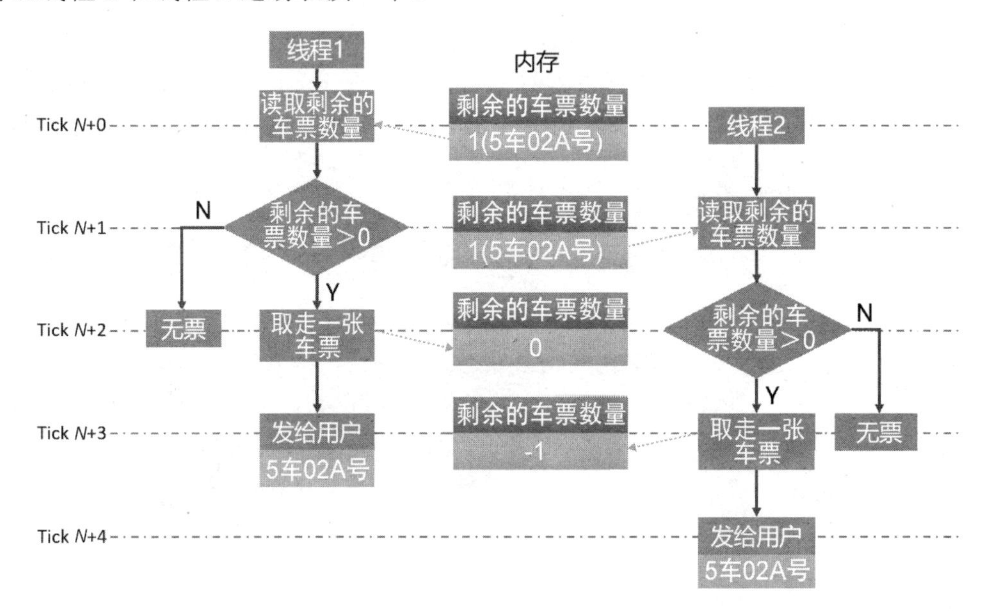

图 4-40　车票和座席绑定

在第 N+0 个 Tick 时，线程 1 拿到了仅存的一张 5 车 02A 号车票。

在第 N+1 个 Tick 时，线程 2 也拿到了 5 车 02A 号车票。

在第 N+3 个 Tick 时，线程 1 将车票发给用户。

在第 N+4 个 Tick 时，线程 2 也将车票发给用户。

结果就是两个人买到了同一张票。这个程序最终让三方都不满意：两个用户和平台。究其原因，我们在多线程对剩余车票数量这个共享资源的访问上犯了一个错误，没有考虑时序的问题。也就是说，当线程 1 对剩余车票数量进行读写操作的时候，线程 2 应该等一下。

3. 互斥锁的功能与使用方法

这个时候就该互斥锁上场了。通过互斥锁，可以确保只有一个线程在多线程共享区域执行操作。互斥锁在各种操作系统中被大量地应用于资源管理的场景。下面介绍互斥锁的使用方法。

很简单，创建一个互斥锁，然后在线程之间传递它。换句话讲，线程可以获取和释放互斥锁。如图 4-41 所示，我们使用互斥锁从逻辑上将共享资源保护起来。

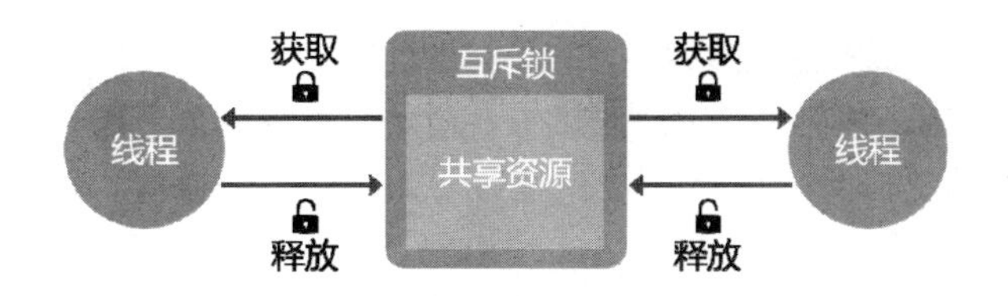

图 4-41　互斥锁的工作原理

任何一个线程要想访问共享资源，首先要获取这个互斥锁，获取之后才能访问共享资源，而在访问结束之后，要及时地释放这个互斥锁。因为只要该线程不释放它，其他线程就无法获取到它，也就无法访问共享资源。由于某一时刻只能有一个线程获取到互斥锁，就保证了对共享资源的唯一性和排他性访问，也就是互斥访问。这就是互斥锁的工作原理。

4. 例：使用互斥锁解决多线程安全问题

下面就用互斥锁来解决刚刚遇到的问题，如图 4-42 所示。

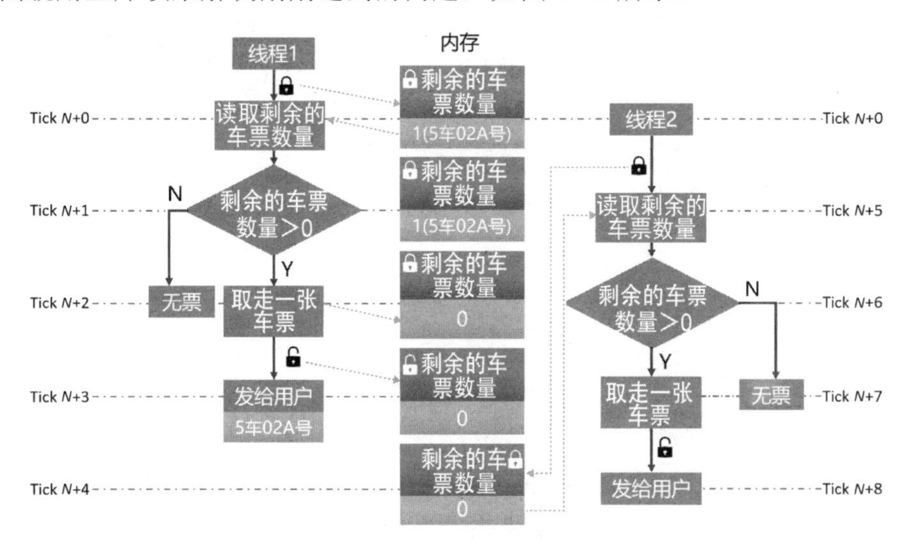

图 4-42　使用互斥锁解决多线程安全问题

创建一个互斥锁 A。线程 1 在第 N+0 个 Tick 读取剩余的车票数量之前，先给剩余的车票数量加锁，也就是获取互斥锁 A。然后，线程 1 读取剩余的车票数量，判断剩余的车票数量是否大于 0，并取走一张票，也就是将内存中的当前剩余的车票数量减 1。在更新了剩余的车票数量之后，线程 1 立即释放互斥锁 A，以便让其他线程能有机会获取到互斥锁 A。最后，线程 1 将车票发给用户。

您可能有一个疑问，线程 2 在这段时间干什么？它不是在第 N+0 个 Tick 的时候就启动了吗？没错，是启动了。但是线程 2 在第 N+0 个 Tick 启动之后，干了一件事，就是获取互斥锁 A。要知道在第 N+0 个 Tick 之前，互斥锁 A 已经被线程 1 拿走了，它晚了一步，而获取互斥锁是一个阻塞式的操作，这就意味着线程 2 被阻塞，也就是一直等待，直到获得互斥锁 A 的访问权限，或者超时退出。所以，线程 2 将会在第 N+4 个 Tick 时获取到互斥锁 A，结束等待，然后读取剩余的车票数量，此时剩余的车票数量已经是 0 了。我们做到了多线程访问的安全。

请注意，程序实现到这个程度是有漏洞的。我们把时序线去掉，再仔细观察一下图 4-43。我们忘了一件重要的事情，它是什么？

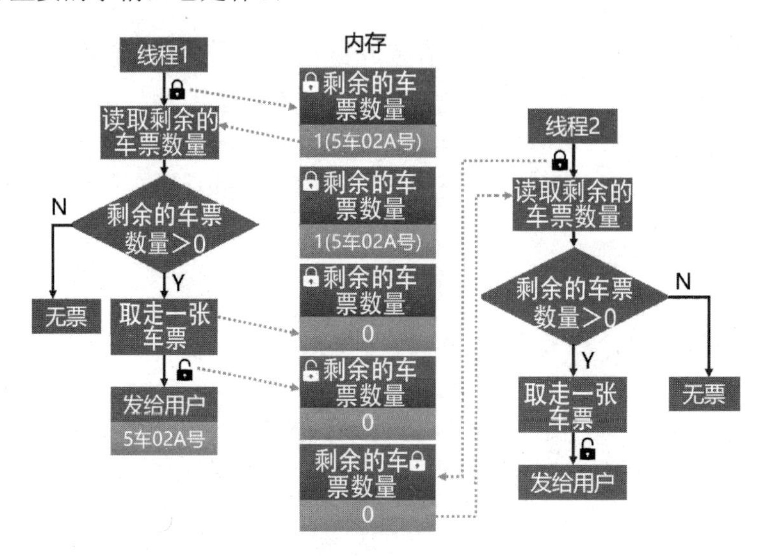

图 4-43　去掉时序线

看出来了吗？我们在程序的某个分支（那个无票的分支）忘记释放互斥锁了！忘记释放互斥锁是一件非常糟糕的事情，会让后继的线程们都进入阻塞状态，购票业务就算“躺平”了。所以，一定要记得拿了锁就得还回去，如图 4-44 所示。

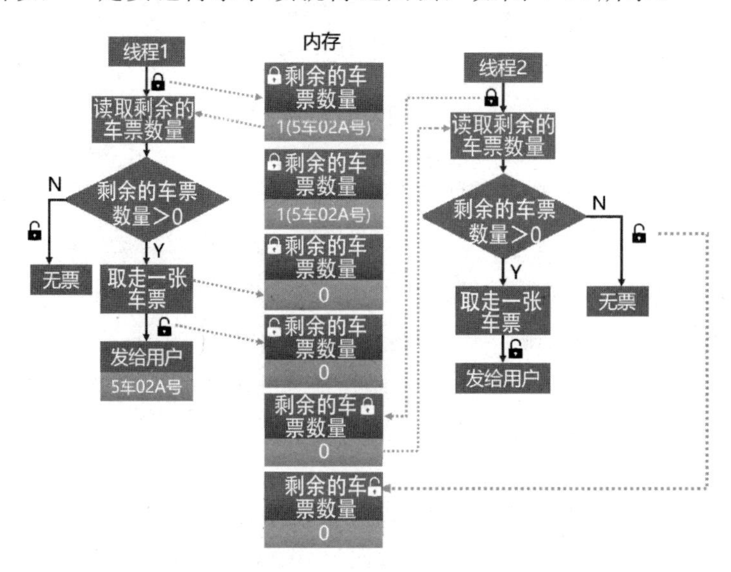

图 4-44　释放互斥锁

5. 互斥锁的本质

在理解了上面的示例后，我们来介绍互斥锁的本质。

第一，互斥锁用来控制多个线程对一个共享资源的访问。它实际上代表了对一个资源的访问许可。互斥锁是信号量（4.6 节介绍）的特殊版本。与信号量一样，它是许可证（令牌）的容器，但是互斥锁不能拥有多个许可证，而只能携带一个（代表资源），如图 4-45 所示。

互斥锁的记忆口诀：单许可证，持证上岗，无证等待，用完归还。

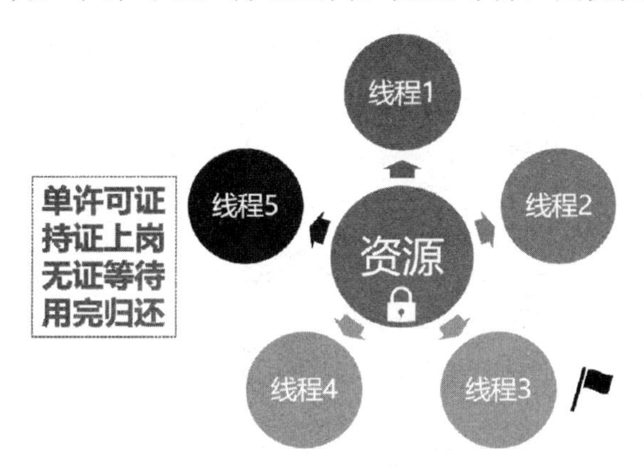

图 4-45　互斥锁的记忆口诀

第二，互斥锁用来保护一个线程在关键区的操作不被打断。所谓关键区，就是对同一个资源进行连续操作的代码段。我们在前面一直说“给剩余车票加锁，给剩余车票解锁”，这其实是从数据的角度来描述和理解的，而从编程的角度来看，我们其实是在给一段代码加锁，如图 4-46 所示。

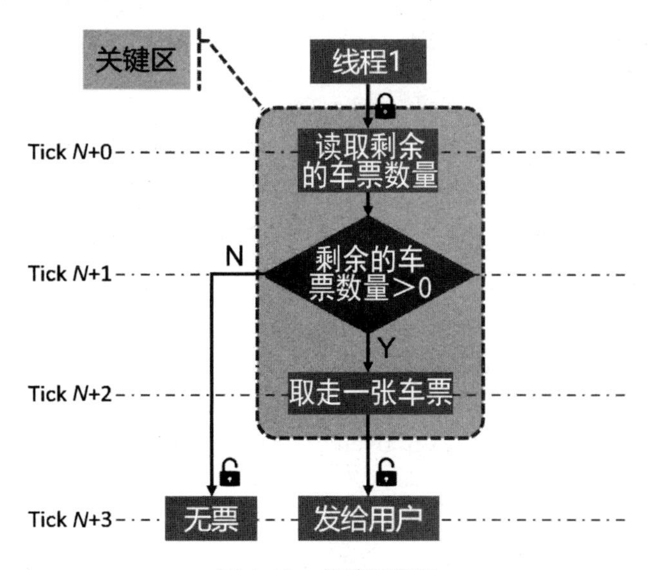

图 4-46　关键区代码

线程 1 的“读取剩余的车票数量、判断剩余的车票数量大于 0、取走一张车票”就是它的关键区。线程 1 在这个关键区内，对剩余的车票数量这个变量的操作不能被打断。所以，它在进入关键区之前获取了互斥锁，而在离开关键区之后，释放了互斥锁。这样就保证了不管有多少个线程，在某一时刻都只能有一个线程在运行关键区的代码，而其他线程在运行关键区代码之前，都因为获取互斥锁操作被阻塞了。

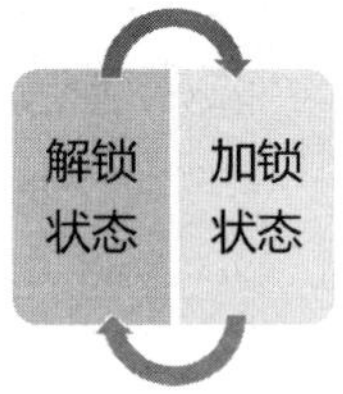

图 4-47 互斥锁的状态

6. 互斥锁的状态

最后，总结一下互斥锁的状态，如图 4-47 所示。互斥锁只有两种状态：要么可用（解锁状态），要么被拥有该互斥锁的线程阻塞（加锁状态）。

4.5.2 API 介绍

下面介绍互斥锁管理 API，见表 4-6。

表 4-6 互斥锁管理 API

API 名称	说明
osMutexNew	创建并初始化一个互斥锁
osMutexGetName	获得指定的互斥锁的名称（暂未实现）
osMutexAcquire	获得指定的互斥锁的访问权限，或者超时退出
osMutexRelease	释放指定的互斥锁
osMutexGetOwner	获得指定的互斥锁的所有者线程 ID
osMutexDelete	删除指定的互斥锁

1. osMutexNew

（1）功能：创建并初始化一个互斥锁。
（2）定义：osMutexId_t osMutexNew (const osMutexAttr_t *attr)
（3）参数：
attr：互斥锁属性。目前没有用到（cmsis_os2.h：This parameter is not used）。
（4）返回值：若成功，则返回互斥锁 ID；若失败，则返回 NULL。

2. osMutexGetName

（1）功能：获得指定的互斥锁的名称。
（2）定义：const char *osMutexGetName (osMutexId_t mutex_id)
（3）参数：
mutex_id：互斥锁 ID。
（4）返回值：若成功，则返回互斥锁名称；若失败，则返回 NULL。

3. osMutexAcquire

（1）功能：阻塞函数，一直等待，直到获得指定的互斥锁的访问权限，或者超时退出。

（2）定义：osStatus_t osMutexAcquire (osMutexId_t mutex_id, uint32_t timeout)

（3）参数：

- mutex_id：互斥锁 ID。
- timeout：超时值。

（4）返回值：

- osOK：操作成功。
- osErrorTimeout：超时（在指定时间内无法获取互斥锁）。
- osErrorResource：当未指定超时参数时，无法获取互斥锁。
- osErrorParameter：参数无效。
- osErrorISR：不能从中断服务程序中调用。

4. osMutexRelease

（1）功能：释放指定的互斥锁。

（2）定义：osStatus_t osMutexRelease (osMutexId_t mutex_id)

（3）参数：

mutex_id：互斥锁 ID。

（4）返回值：

- osOK：操作成功。
- osErrorResource：无法释放互斥锁（未获取互斥锁或正在运行的线程不是所有者）。
- osErrorParameter：参数无效。
- osErrorISR：不能从中断服务程序中调用。

5. osMutexGetOwner

（1）功能：获得指定的互斥锁的所有者线程 ID。

（2）定义：osThreadId_t osMutexGetOwner (osMutexId_t mutex_id)

（3）参数：

mutex_id：互斥锁 ID。

（4）返回值：若成功，则返回线程 ID；若失败，则返回 NULL。

6. osMutexDelete

（1）功能：删除指定的互斥锁。

（2）定义：osStatus_t osMutexDelete (osMutexId_t mutex_id)

（3）参数：

mutex_id：互斥锁 ID。

（4）返回值：

- osOK：操作成功。
- osErrorParameter：参数无效。
- osErrorResource：互斥锁处于无效状态。
- osErrorISR：不能从中断服务程序中调用。

4.5.3 案例程序

下面通过案例程序来介绍互斥锁管理 API 的具体使用方法。

1. 目标

有一个变量，同时被多个线程访问。当这些线程访问这个变量的时候，会将其加 1。然后，判断它的奇偶性，并输出日志。要求做到多线程访问安全。

2. 准备开发套件

请准备好智能家居开发套件，组装好底板和核心板。

3. 新建目录

启动虚拟机。在 VS Code 中打开 OpenHarmony 源码根目录。新建 applications\sample\wifi-iot\app\mutex_demo 目录，这个目录将作为本案例程序的根目录。

4. 编写源码与编译脚本

新建 applications\sample\wifi-iot\app\mutex_demo\mutex.c 文件，源码如下：

```
1. #include <stdio.h>      // 标准输入输出头文件
2. #include <unistd.h>     // POSIX 头文件
3. #include "ohos_init.h"  // 用于初始化服务(service)和功能(feature)的头文件
4. #include "cmsis_os2.h"  // CMSIS-RTOS2 头文件
5.
6. // 全局变量 g_test_value 会同时被多个线程访问，当这些线程访问这个全局变量时，会将其加 1，然后判断其奇偶性，并输出日志
7. // 如果没有互斥锁的保护，那么在多线程的情况下，加 1 操作、判断奇偶性操作、输出日志操作之间可能会被其他线程中断，导致错误
8. // 所以需要创建一个互斥锁来保护这个多线程共享区域
9. static int g_test_value = 0;
10.
11. // 操作多线程共享区域的线程函数
12. // 将全局变量 g_test_value 加 1，然后判断其奇偶性，并输出日志
13. void number_thread(void *arg)
```

```
14. {
15.     // 得到互斥锁 ID
16.     osMutexId_t *mid = (osMutexId_t *)arg;
17.
18.     while (1)
19.     {
20.         // 加锁(获取互斥锁/占用互斥锁)
21.         if (osMutexAcquire(*mid, 100) == osOK)
22.         {
23.             g_test_value++;
24.             if (g_test_value % 2 == 0)  //偶数
25.             {
26.                 printf("[Mutex Test]%s gets an even value %d.\r\n",
osThreadGetName(osThreadGetId()), g_test_value);
27.             }
28.             else
29.             {
30.                 printf("[Mutex Test]%s gets an odd value %d.\r\n",
osThreadGetName(osThreadGetId()), g_test_value);
31.             }
32.             // 解锁(释放互斥锁)
33.             osMutexRelease(*mid);
34.
35.             // 处理工作告一段落，放弃对 CPU 的占用
36.             osDelay(5); //50ms
37.         }
38.     }
39. }
40.
41. // 创建线程，返回线程 ID。封装成一个函数，便于调用
42. // name: 线程名称
43. // func: 线程函数
44. // arg: 线程函数的参数
45. osThreadId_t newThread(char *name, osThreadFunc_t func, void *arg)
46. {
47.     osThreadAttr_t attr = {
48.         name, 0, NULL, 0, NULL, 1024 * 2, osPriorityNormal, 0, 0};
49.     osThreadId_t tid = osThreadNew(func, arg, &attr);
50.     if (tid == NULL)
51.     {
52.         printf("[Mutex Test]osThreadNew(%s) failed.\r\n", name);
53.     }
```

```
54.     else
55.     {
56.         printf("[Mutex Test]osThreadNew(%s) success, thread id: %d.\r\n",
name, tid);
57.     }
58.     return tid;
59. }
60.
61. // 主线程函数
62. // 创建3个运行number_thread函数的线程，访问全局变量g_test_value，同时创建一
个互斥锁供所有线程使用
63. void rtosv2_mutex_main(void *arg)
64. {
65.     (void)arg;
66.
67.     // 互斥锁属性
68.     // const char *name:      互斥锁名称
69.     // uint32_t attr_bits:    保留的属性位，必须为0
70.     // void *cb_mem:          互斥锁控制块的内存初始地址，默认为系统自动分配
71.     // uint32_t cb_size:      互斥锁控制块的内存大小
72.     osMutexAttr_t attr = {0};
73.
74.     // 创建互斥锁，拿到互斥锁的ID
75.     // attr参数目前没有用到
76.     // Returns the mutex ID; returns NULL in the case of an error.
77.     osMutexId_t mid = osMutexNew(&attr);
78.     if (mid == NULL)
79.     {
80.         printf("[Mutex Test]osMutexNew, create mutex failed.\r\n");
81.     }
82.     else
83.     {
84.         printf("[Mutex Test]osMutexNew, create mutex success.\r\n");
85.     }
86.
87.     // 创建3个运行number_thread函数的线程，访问全局变量g_test_value
88.     // 把互斥锁ID传给number_thread函数
89.     // 保存线程ID，用于后续线程操作
90.     osThreadId_t tid1 = newThread("Thread_1", number_thread, &mid);
91.     osThreadId_t tid2 = newThread("Thread_2", number_thread, &mid);
92.     osThreadId_t tid3 = newThread("Thread_3", number_thread, &mid);
93.
```

```
 94.     osDelay(13);
 95.     // 获得当前占用互斥锁的线程 ID
 96.     osThreadId_t tid = osMutexGetOwner(mid);
 97.     // 打印当前占用互斥锁的线程 ID 和线程名称
 98.     printf("[Mutex Test]osMutexGetOwner, thread id: %p, thread
name: %s.\r\n", tid, osThreadGetName(tid));
 99.     osDelay(17);
100.
101.     // 终止线程
102.     osThreadTerminate(tid1);
103.     osThreadTerminate(tid2);
104.     osThreadTerminate(tid3);
105.
106.     // 删除互斥锁
107.     osMutexDelete(mid);
108. }
109.
110. // 入口函数
111. static void MutexTestTask(void)
112. {
113.     // 线程属性
114.     osThreadAttr_t attr;
115.     attr.name = "rtosv2_mutex_main";
116.     attr.attr_bits = 0U;
117.     attr.cb_mem = NULL;
118.     attr.cb_size = 0U;
119.     attr.stack_mem = NULL;
120.     attr.stack_size = 1024;
121.     attr.priority = osPriorityNormal;
122.
123.     // 创建一个线程，并将其加入活跃线程组中
124.     if (osThreadNew((osThreadFunc_t)rtosv2_mutex_main, NULL, &attr) == NULL)
125.     {
126.         printf("[MutexTestTask] Falied to create rtosv2_mutex_main!\n");
127.     }
128. }
129.
130. // 运行入口函数
131. APP_FEATURE_INIT(MutexTestTask);
```

新建 applications\sample\wifi-iot\app\mutex_demo\BUILD.gn 文件，源码如下：

```
1. static_library("mutex_demo") {
```

```
2.   sources = [ "mutex.c" ]
3.
4.   include_dirs = [
5.     # include "ohos_init.h",...
6.     "//utils/native/lite/include",
7.
8.     # include CMSIS-RTOS API V2 for OpenHarmony1.0+:
9.     "//kernel/liteos_m/kal/cmsis",
10.   ]
11. }
```

修改 applications\sample\wifi-iot\app\BUILD.gn 文件，源码如下：

```
1. import("//build/lite/config/component/lite_component.gni")
2.
3. # for "mutex_demo" example.
4. lite_component("app") {
5.   features = [
6.     "mutex_demo",
7.   ]
8. }
```

5. 编译、烧录、运行

编译、烧录、运行的具体操作不再赘述，运行结果如图 4-48 所示。我们实现了多线程访问安全。

```
[Mutex Test]Thread_1 gets an even value 10.
[Mutex Test]Thread_2 gets an odd value 11.
[Mutex Test]Thread_3 gets an even value 12.
[Mutex Test]Thread_1 gets an odd value 13.
[Mutex Test]Thread_2 gets an even value 14.
[Mutex Test]Thread_3 gets an odd value 15.
[Mutex Test]Thread_1 gets an even value 16.
[Mutex Test]Thread_2 gets an odd value 17.
[Mutex Test]Thread_3 gets an even value 18.
```

图 4-48 案例的运行结果

请注意，互斥锁是理论，实际上就是并发控制和多线程的访问安全。这不仅在服务器和桌面系统中广泛存在，而且在嵌入式系统中也是普遍存在的。从服务器计算到边缘计算，哪里有对资源的竞争，哪里就会有锁或者 4.6 节要介绍的信号量。

4.6 信号量管理

本节内容：

信号量的含义和本质；信号量与互斥锁的区别；信号量 API；通过案例程序学习信号量 API 的具体使用方法。

4.6.1　信号量

4.5 节介绍了互斥锁，知道了多个线程访问同一个资源的问题可以通过互斥锁来解决。但是多个线程访问多个资源的问题应该怎么解决？可以使用信号量。

1. 相关概念

要想学习信号量，首先要理解同步的概念。同步通常是指在互斥的基础上，通过特定机制实现访问者对资源的有序访问，也就是多个访问者彼此合作，通过一定的逻辑关系共同完成一个任务。

那么什么是信号量？信号量（Semaphore）是一种机制，能够提供对多线程共享区域的同步访问能力。在一个设备中，有许多资源是可以共享使用的，但是一次只能由有限个线程来使用。例如，一组相同的外设。信号量用于管理和保护对共享资源的访问。请注意，这里提到的共享资源并不是单个的，而是多个资源形成的一个资源池，如图 4-49 所示。

2. 实际场景分析

公共停车场是一个典型的场景，以固定的车位数量来应对大量不固定的车。在这里车位就是共享资源，如图 4-50 所示。假如公共停车场有 100 个车位，就只能同时允许 100 辆车停泊。其余的车只能在外面等，只有有一辆车出来，才可以再进去一辆。

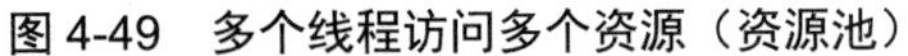
图 4-49　多个线程访问多个资源（资源池）

图 4-50　公共停车场

去餐厅吃饭也是一个典型的场景，如图 4-51 所示。餐厅以固定的窗口或者座位的数量应对大量要吃饭的人。打饭窗口就是共享资源。假如有 3 个窗口可以打饭，在同一时刻就只能有 3 名同学来打饭。第四个人来了之后就必须等着，只有有人走了，才可以去相应的窗口。餐厅的座位也是共享资源。假如一个网红餐厅有 10 个单人座位，就只能同时允许 10 人就餐。其余的顾客只能在外面等，只有有人吃完走了，才可以再进去一位。

图 4-51　在餐厅吃饭

类似的场景简直数不胜数。比如，去电影院看电影，有限的资源是座位；学生选课，有限的资源是班容量；乘坐公交车，有限的资源也是座位；排队打疫苗，有限的资源是医生；连接数据库，有限的资源是最大连接数量；进入游戏房间，有限的资源是最大玩家的数量。

总结一下，以上场景的共性特点如下。

第一，共享的资源数量有限。这就出现了第二个共性特点。

第二，同时服务的顾客（同时运行的线程）数量有限。那么如何解决？这就引出了第三个共性特点。

第三，顾客（线程）通过许可证来使用资源。

我们抽象表述一下，如图 4-52 所示。

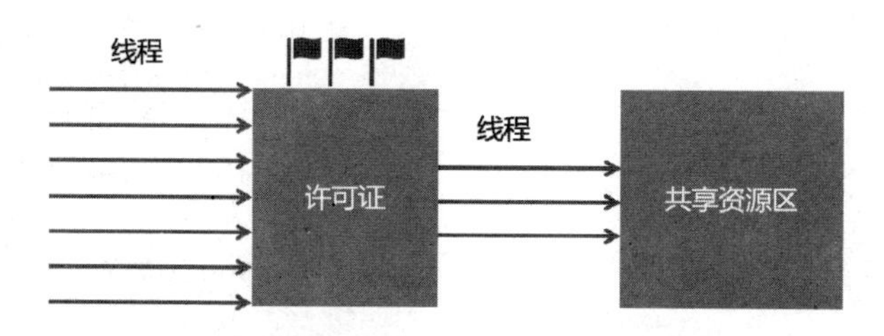

图 4-52　线程通过许可证访问共享资源区

N 个线程争夺 M 个许可证，这就导致了同时访问共享资源区的线程数量不会超过 M 个。其他线程将被阻塞，直到它获得了一个许可证。

下面再来形象地描述一下。在一个叫共享资源区的门口放一个盒子，盒子里面装着固定数量的许可证。每个线程过来的时候都从盒子里拿走一个许可证，然后去共享资源区中访问资源，出来的时候再把许可证放回盒子里。如果一个线程走过来一摸盒子，发现一个许可证都没有了，不拿许可证是不让进的，那就只能站在门口，等别的线程出来放回一个许可证，它才能进去。由于许可证的数量是固定的，那么共享资源区中的最大线程数量就是固定的，不会出现一下子进去太多的线程把共享资源区给挤爆的情况。

3. 信号量的本质

在理解了上面的内容后，下面介绍信号量的本质。信号量用来控制多个线程对多个共享资源的访问。它实际上代表了一组有限资源的使用许可证集（Token，令牌）。它是许可证的容器，多个线程通过得到这些许可证来同时使用这一组资源。

信号量的记忆口诀（如图 4-53 所示）：多许可证，持证上岗，无证等待，用完归还。

还记得互斥锁的记忆口诀吗？单许可证，持证上岗，无证等待，用完归还。

就差了一个字，所以我们说互斥锁是信号量的特殊版本，它不能拥有多个许可证，而只能携带一个。

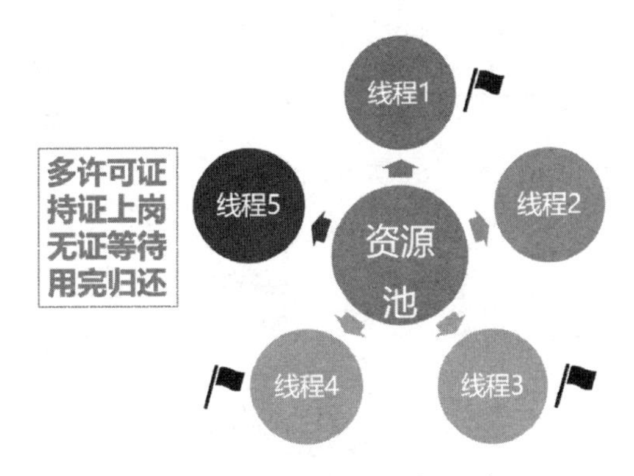

图 4-53　信号量的记忆口诀

4. 信号量与互斥锁的区别

信号量与互斥锁是非常相似的，我们需要从理论层面和使用层面加以区分，以便掌握它们的适用领域。

（1）理论层面。为了精准表达，不产生语言上的歧义，本书分别用英语和汉语进行表述，请您对照着理解。

英：A Mutex permits just one thread to access a shared resource at a time, a semaphore can be used to permit a fixed number of threads to access a pool of shared resources.

汉：互斥锁一次只允许一个线程访问同一个共享资源，而信号量可用于允许固定数量的线程访问共享资源池。

所以，互斥锁用来控制多个线程对一个共享资源的访问，而信号量则用来控制多个线程对多个共享资源的访问。

（2）使用层面。互斥锁可以保护一个线程在关键区的操作不被打断，换句话讲，保护对同一个资源的连续操作不被打断。

信号量可以限制活跃线程的数量，比如限流、限制一个房间的玩家在线数、限制数据库的连接数等，也就是说，信号量可以控制一个过程的并发度。

总结一下，互斥锁和信号量的根本区别如下：互斥锁用于线程的互斥，而信号量用于线程的同步。其实这也是互斥和同步之间的区别。

5. 信号量的使用

信号量的使用方法很简单：获取一个许可证，之后访问资源，最后释放这个许可证，如图 4-54 所示。

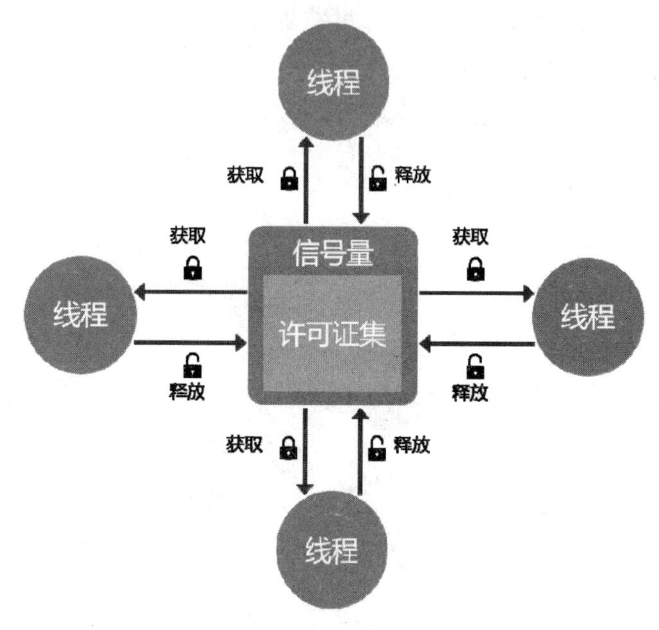

图 4-54 信号量的工作原理

我们使用信号量建立了对共享资源池的访问许可证集。任何一个线程想要访问共享资源池，首先要获取一个许可证，然后才能访问共享资源池，在访问结束后，要及时地释放这个许可证。因为只要该线程不释放它，其他线程就无法获取到它，也就无法访问共享资源池。由于某一时刻能够持有许可证的线程的数量不会超过许可证的总量，这就保证了对共享资源池的同步访问。这就是信号量的工作原理。

4.6.2 API 介绍

下面介绍信号量 API，见表 4-7。

表 4-7 信号量 API

API 名称	说明
osSemaphoreNew	创建并初始化一个信号量
osSemaphoreGetName	获取一个信号量的名称（暂未实现）
osSemaphoreAcquire	阻塞式获取一个信号量的令牌，若获取不到，则会超时返回
osSemaphoreRelease	释放一个信号量的令牌，但是令牌的数量不超过初始定义的令牌数
osSemaphoreGetCount	获取当前的信号量令牌数
osSemaphoreDelete	删除一个信号量

1. osSemaphoreNew

（1）功能：创建并初始化一个信号量，用于管理对共享资源的访问。

（2）定义：osSemaphoreId_t osSemaphoreNew(uint32_t max_count, uint32_t initial_count, const osSemaphoreAttr_t *attr)

（3）参数：

- max_count：可用令牌的最大数量。
- initial_count：可用令牌的初始数量。
- attr：附加的信号量属性，目前未使用。

（4）返回值：若成功，则返回信号量 ID；若失败，则返回 NULL。

2. osSemaphoreAcquire

（1）功能：阻塞式获取一个信号量的令牌。

（2）定义：osStatus_t osSemaphoreAcquire (osSemaphoreId_t semaphore_id, uint32_t timeout)

（3）参数：

- semaphore_id：信号量 ID。
- timeout：超时值。

（4）返回值：osOK、osErrorTimeout、osErrorResource、osErrorParameter。这些返回值代表的含义之前已经介绍过了，这里不再赘述。

3. osSemaphoreRelease

（1）功能：释放一个信号量的令牌。

（2）定义：osStatus_t osSemaphoreRelease (osSemaphoreId_t semaphore_id)

（3）参数：

semaphore_id：信号量 ID。

（4）返回值：osOK、osErrorResource、osErrorParameter。

4. osSemaphoreGetCount

（1）功能：获取当前信号量的令牌数。

（2）定义：uint32_t osSemaphoreGetCount (osSemaphoreId_t semaphore_id)

（3）参数：

semaphore_id：信号量 ID。

（4）返回值：若成功，则返回令牌数；若失败，则返回 0。

5. osSemaphoreDelete

（1）功能：删除一个信号量。

（2）定义：osStatus_t osSemaphoreDelete (osSemaphoreId_t semaphore_id)

（3）参数：

semaphore_id：信号量 ID。

（4）返回值：osOK、osErrorParameter、osErrorResource、osErrorISR。

4.6.3 案例程序

下面通过两个案例程序来介绍信号量 API 的具体使用方法。

1. 案例程序1

（1）目标。本案例的目标如下：解决机器与工人问题。一个工厂有 4 台机器，但是有 7 个工人。我们需要确保一台机器在某一时刻只能被一个工人使用。只有他使用完了，其他工人才能继续使用。

（2）准备开发套件。请准备好智能家居开发套件，组装好底板和核心板。

（3）新建目录。启动虚拟机。在 VS Code 中打开 OpenHarmony 源码根目录。新建 applications\sample\wifi-iot\app\semaphore_demo 目录，这个目录将作为本案例程序的根目录。

（4）编写源码与编译脚本。新建 applications\sample\wifi-iot\app\semaphore_demo\semp_basic.c 文件，源码如下：

```
 1. // 例：
 2. // 一个工厂有 4 台机器，但是有 7 个工人，一台机器在某一时刻只能被一个工人使用。只有他使用完了，其他工人才能继续使用
 3. // 也就是同时最多只能有 4 个人在干活（最大并发度为 4）。可以通过信号量来实现
 4.
 5. #include <stdio.h>      // 标准输入输出头文件
 6. #include <unistd.h>     // POSIX 头文件
 7. #include <string.h>     // 字符串处理(操作字符数组)头文件
 8. #include <malloc.h>     // 内存分配
 9.
10. #include "ohos_init.h"  // 用于初始化服务(service)和功能(feature)的头文件
11. #include "cmsis_os2.h"  // CMSIS-RTOS2 头文件
12.
13. // 工人的数量
14. #define WORKER_NUMBER 7
                   // Hi3861V100 芯片实测最多开 8 个线程，主线程占用 1 个，剩余 7 个线程
15. // 机器的数量
16. #define MACHINE_NUMBER 4
17. // 信号量：机器
18. osSemaphoreId_t semMachine;
19.
20. // 工人线程函数
```

```
21. void worker_thread(void *arg)
22. {
23.     (void)arg;
24.     while (1)
25.     {
26.         // 获取指定信号量的一个令牌（Token），若获取失败（获取不到），则等待
27.         // osWaitForever：永远等待，不会超时
28.         // 工人线程先获取 semMachine 的一个令牌来确认是否有空闲的机器供使用
29.         // 如果没有空闲的机器，则工人线程进入等待状态，直到有空闲的机器
30.         osSemaphoreAcquire(semMachine, osWaitForever);
31.         // 上面的函数是阻塞式的，如果执行完毕，说明有空闲机器了，工人线程开始使用机器
32.         // 输出日志
33.         printf("%s GOT a machine!\r\n", osThreadGetName(osThreadGetId()));
34.         // 模拟使用机器的时间
35.         osDelay(100);
36.         // 输出日志
37.         printf("%s RETURN a machine!\r\n", osThreadGetName(osThreadGetId()));
38.         // 释放（归还）指定信号量的一个令牌，这样其他工人线程就可以继续使用机器了
39.         // 令牌的数量，不超过信号量可以容纳的令牌的最大数量
40.         osSemaphoreRelease(semMachine);
41.     }
42. }
43.
44. // 创建线程，返回线程 ID。封装成一个函数，便于调用
45. // name：线程名称
46. // func：线程函数
47. // arg：线程函数的参数
48. osThreadId_t newThread(char *name, osThreadFunc_t func, void *arg)
49. {
50.     //把 name 参数在内存中建立一个拷贝，供新创建的线程使用
51.     char *threadName = (char *)malloc(strlen(name) + 1);
52.     strncpy(threadName, name, strlen(name) + 1);
53.
54.     osThreadAttr_t attr = {
55.         threadName, 0, NULL, 0, NULL, 1024 * 2, osPriorityNormal, 0, 0};
56.     osThreadId_t tid = osThreadNew(func, arg, &attr);
57.     if (tid == NULL)
58.     {
59.         printf("[Semp Test]osThreadNew(%s) failed.\r\n", name);
60.     }
61.     else
62.     {
```

```
63.         printf("[Semp Test]osThreadNew(%s) success, thread id: %d.\r\n", name, tid);
64.     }
65.     return tid;
66. }
67.
68. // 主线程函数
69. void rtosv2_semp_main(void *arg)
70. {
71.     (void)arg;
72.
73.     // 延迟 1 秒，避免与系统输出混淆在一起
74.     osDelay(100);
75.
76.     // 创建并且初始化一个信号量 semMachine，最多有 5 个令牌，初始有 5 个令牌
77.     // 令牌的数量，可以理解为空闲的机器的数量。线程拿到令牌，使用机器，使用完了，归还令牌
78.     // max_count：信号量可以容纳的令牌的最大数量
79.     // initial_count：信号量容纳的令牌的初始数量
80.     // attr：信号量属性，目前没有用到
81.     semMachine = osSemaphoreNew(MACHINE_NUMBER, MACHINE_NUMBER, NULL);
82.
83.     // 创建工人线程（方式 1）
84.     for (int i = 0; i < WORKER_NUMBER; i++)
85.     {
86.         char tname[64] = "";
87.         snprintf(tname, sizeof(tname), "worker%d", i);
88.         newThread(tname, worker_thread, NULL);
89.         osDelay(50);
90.     }
91.     // 创建工人线程（方式 2）
92.     // newThread("worker1", worker_thread, NULL);
93.     // newThread("worker2", worker_thread, NULL);
94.     // newThread("worker3", worker_thread, NULL);
95.     // newThread("worker4", worker_thread, NULL);
96.     // newThread("worker5", worker_thread, NULL);
97.     // newThread("worker6", worker_thread, NULL);
98.     // newThread("worker7", worker_thread, NULL);
99.
100.    // osDelay(50);
101.    // osSemaphoreDelete(empty_id);
102. }
103.
104. // 入口函数
```

```
105. static void SempTestTask(void)
106. {
107.     // 线程属性
108.     osThreadAttr_t attr;
109.     attr.name = "rtosv2_semp_main";
110.     attr.attr_bits = 0U;
111.     attr.cb_mem = NULL;
112.     attr.cb_size = 0U;
113.     attr.stack_mem = NULL;
114.     attr.stack_size = 1024;
115.     attr.priority = osPriorityNormal;
116.
117.     // 创建一个线程，并将其加入活跃线程组中
118.     if (osThreadNew((osThreadFunc_t)rtosv2_semp_main, NULL, &attr) == NULL)
119.     {
120.         printf("[SempTestTask] Falied to create rtosv2_semp_main!\n");
121.     }
122. }
123.
124. // 运行入口函数
125. APP_FEATURE_INIT(SempTestTask);
```

新建 applications\sample\wifi-iot\app\semaphore_demo\BUILD.gn 文件，源码如下：

```
 1. static_library("semaphore_demo") {
 2.   sources = [
 3.     "semp_basic.c",
 4.   ]
 5.
 6.   include_dirs = [
 7.     # include "ohos_init.h",...
 8.     "//utils/native/lite/include",
 9.
10.     # include CMSIS-RTOS API V2 for OpenHarmony1.0+:
11.     "//kernel/liteos_m/kal/cmsis",
12.   ]
13. }
```

修改 applications\sample\wifi-iot\app\BUILD.gn 文件，源码如下：

```
1. import("//build/lite/config/component/lite_component.gni")
2.
3. # for "semaphore_demo" example.
4. lite_component("app") {
```

```
5.   features = [
6.     "semaphore_demo",
7.   ]
8. }
```

```
worker4 GOT、a machine!
worker0 RETURN a machine!
worker2 RETURN a machine!
worker1 GOT a machine!
worker3 GOT a machine!
worker6 RETURN a machine!
worker4 RETURN a machine!
worker5 GOT a machine!
worker0 GOT a machine!
```

图 4-55 案例 1 的运行结果

（5）编译、烧录、运行。编译、烧录、运行的具体操作不再赘述，运行结果如图 4-55 所示。

2. 案例程序2

（1）目标。本案例的目标如下：解决生产者与消费者问题。这是一个经典问题，有多个生产者、多个消费者。生产者生产共享资源（产品），而消费者消费共享资源。需要确保：当产品仓库满的时候，让继续生产共享资源（产品）的生产者线程进入等待状态，而在共享资源（产品）被消费者线程消费完之后，让消费新产品的消费者线程进入等待状态。

（2）准备开发套件。请准备好智能家居开发套件，组装好底板和核心板。

（3）新建目录。我们使用案例 1 的根目录。

（4）编写源码与编译脚本。新建 applications\sample\wifi-iot\app\semaphore_demo\semp.c 文件，源码如下：

```
1. // 经典的生产者与消费者问题
2. // 多个生产者，多个消费者
3. // 生产者生产共享资源（产品），消费者消费共享资源（产品）
4. // 需要确保：
5. // 1.当产品仓库满时，让继续生产共享资源（产品）的生产者线程进入等待状态
6. // 2.在共享资源（产品）被消费者线程消费完之后，让消费新产品的消费者线程进入等待状态
7. // 可以通过定义一对信号量来解决这个问题
8.
9. #include <stdio.h>
10. #include <unistd.h>
11.
12. #include "ohos_init.h"
13. #include "cmsis_os2.h"
14.
15. // 产品仓库的最大容量
16. #define BUFFER_SIZE 5U
17. // 产品数量，初始的时候，仓库中没有产品
18. static int product_number = 0;
19. // 信号量1：仓库中当前空闲的产品位置的数量
20. osSemaphoreId_t empty_id;
```

```
21. // 信号量 2：当前已经生产好的产品的数量
22. osSemaphoreId_t filled_id;
23.
24. // 生产者线程函数
25. void producer_thread(void *arg)
26. {
27.     (void)arg;
28.     // empty_id = osSemaphoreNew(BUFFER_SIZE, BUFFER_SIZE, NULL);
29.     // filled_id = osSemaphoreNew(BUFFER_SIZE, 0U, NULL);
30.     while (1)
31.     {
32.         // 获取指定信号量的一个令牌，若获取失败（获取不到），则等待
33.         // osWaitForever：永远等待，不会超时
34.         // 生产者线程先获取 empty_id 来确认是否有空闲的产品位置存放新生产的产品
35.         // 若没有空闲的产品位置，则生产者线程进入等待状态，直到有空闲的产品位置
36.         osSemaphoreAcquire(empty_id, osWaitForever);
37.         // 上面的函数是阻塞式的，如果执行完毕，说明有空闲位置了，生产者线程生产一个产品
38.         product_number++;
39.         printf("[Semp Test]%s produces a product, now product
number: %d.\r\n", osThreadGetName(osThreadGetId()), product_number);
40.         osDelay(4);
41.         // 释放指定信号量的一个令牌（将生产好的产品放入）
42.         // 令牌的数量，不超过信号量可以容纳的令牌的最大数量
43.         osSemaphoreRelease(filled_id);
44.     }
45. }
46.
47. // 消费者线程函数
48. void consumer_thread(void *arg)
49. {
50.     (void)arg;
51.     while (1)
52.     {
53.         // 获取指定信号量的一个令牌，若获取失败，则等待
54.         // 消费者线程先获取 filled_id 来确认是否有产品供消费
55.         // 若没有产品供消费，则消费者线程进入等待状态，直到有产品供消费
56.         osSemaphoreAcquire(filled_id, osWaitForever);
57.         // 上面的函数是阻塞式的，如果执行完毕，说明有产品供消费了，消费者线程消费一个产品
58.         product_number--;
59.         printf("[Semp Test]%s consumes a product, now product
number: %d.\r\n", osThreadGetName(osThreadGetId()), product_number);
60.         osDelay(3);
```

```
61.         // 释放指定信号量的一个令牌（将产品位置空出一个）
62.         osSemaphoreRelease(empty_id);
63.     }
64. }
65.
66. // 创建线程，返回线程 ID。封装成一个函数，便于调用
67. // name：线程名称
68. // func：线程函数
69. // arg：线程函数的参数
70. osThreadId_t newThread(char *name, osThreadFunc_t func, void *arg)
71. {
72.     osThreadAttr_t attr = {
73.         name, 0, NULL, 0, NULL, 1024 * 2, osPriorityNormal, 0, 0};
74.     osThreadId_t tid = osThreadNew(func, arg, &attr);
75.     if (tid == NULL)
76.     {
77.         printf("[Semp Test]osThreadNew(%s) failed.\r\n", name);
78.     }
79.     else
80.     {
81.         printf("[Semp Test]osThreadNew(%s) success, thread id: %d.\r\n",
name, tid);
82.     }
83.     return tid;
84. }
85.
86. // 主线程函数
87. void rtosv2_semp_main(void *arg)
88. {
89.     (void)arg;
90.
91.     // 创建并且初始化一个信号量 empty_id，最多有 5 个令牌，初始有 5 个令牌
92.     // 令牌的数量，可以理解为空闲的产品位置的数量。线程拿到令牌，生产产品
93.     // max_count：信号量可以容纳的令牌的最大数量
94.     // initial_count：信号量容纳的令牌的初始数量
95.     // attr：信号量属性，目前没有用到
96.     empty_id = osSemaphoreNew(BUFFER_SIZE, BUFFER_SIZE, NULL);
97.
98.     // 创建并且初始化一个信号量 filled_id，最多有 5 个令牌，初始有 0 个令牌
99.     // 令牌的数量，可以理解为已经生产好的产品的数量。线程拿到令牌，消费产品
100.    filled_id = osSemaphoreNew(BUFFER_SIZE, 0U, NULL);
101.
```

```
102.     // 创建3个生产者线程，2个消费者线程
103.     osThreadId_t ptid1 = newThread("producer1", producer_thread, NULL);
104.     osThreadId_t ptid2 = newThread("producer2", producer_thread, NULL);
105.     osThreadId_t ptid3 = newThread("producer3", producer_thread, NULL);
106.     osThreadId_t ctid1 = newThread("consumer1", consumer_thread, NULL);
107.     osThreadId_t ctid2 = newThread("consumer2", consumer_thread, NULL);
108.
109.     // 等待一段时间（让生产者线程和消费者线程都运行一段时间）
110.     osDelay(500);
111.
112.     // 终止所有线程
113.     osThreadTerminate(ptid1);
114.     osThreadTerminate(ptid2);
115.     osThreadTerminate(ptid3);
116.     osThreadTerminate(ctid1);
117.     osThreadTerminate(ctid2);
118.
119.     // 删除信号量
120.     osSemaphoreDelete(empty_id);
121.     osSemaphoreDelete(filled_id);
122. }
123.
124. // 入口函数
125. static void SempTestTask(void)
126. {
127.     // 线程属性
128.     osThreadAttr_t attr;
129.     attr.name = "rtosv2_semp_main";
130.     attr.attr_bits = 0U;
131.     attr.cb_mem = NULL;
132.     attr.cb_size = 0U;
133.     attr.stack_mem = NULL;
134.     attr.stack_size = 1024;
135.     attr.priority = osPriorityNormal;
136.
137.     // 创建一个线程，并将其加入活跃线程组中
138.     if (osThreadNew((osThreadFunc_t)rtosv2_semp_main, NULL, &attr) == NULL)
139.     {
140.         printf("[SempTestTask] Falied to create rtosv2_semp_main!\n");
141.     }
142. }
143.
```

```
144. // 运行入口函数
145. APP_FEATURE_INIT(SempTestTask);
```

修改 applications\sample\wifi-iot\app\semaphore_demo\BUILD.gn 文件，源码如下：

```
1. static_library("semaphore_demo") {
2.   sources = [
3.     "semp.c"
4.   ]
5.
6.   include_dirs = [
7.     # include "ohos_init.h",...
8.     "//utils/native/lite/include",
9.
10.     # include CMSIS-RTOS API V2 for OpenHarmony1.0+:
11.     "//kernel/liteos_m/kal/cmsis",
12.   ]
13. }
```

（5）编译、烧录、运行。编译、烧录、运行的具体操作不再赘述，运行结果如图 4-56 所示。

```
[Semp Test]consumer2 consumes a product, now product number: 2.
[Semp Test]producer1 produces a product, now product number: 3.
[Semp Test]consumer1 consumes a product, now product number: 2.
[Semp Test]producer2 produces a product, now product number: 3.
[Semp Test]consumer2 consumes a product, now product number: 2.
[Semp Test]producer3 produces a product, now product number: 3.
[Semp Test]consumer1 consumes a product, now product number: 2.
[Semp Test]producer1 produces a product, now product number: 3.
[Semp Test]consumer2 consumes a product, now product number: 2.
[Semp Test]producer2 produces a product, now product number: 3.
[Semp Test]consumer1 consumes a product, now product number: 2.
[Semp Test]producer3 produces a product, now product number: 3.
```

图 4-56　案例 2 的运行结果

4.7 消息队列管理

本节内容：

消息队列的含义、运行机制和使用场景；消息队列 API；通过案例程序学习消息队列 API 的具体使用方法。

4.7.1 消息队列

1. 基本概念

消息（Message）是一个自定义的数据或数据结构，可以是整数、字符串、指针、结构体等。消息队列（MessageQueue）提供了一个先进先出的消息传递机制，可以用来实现线程间的通信。

消息队列的使用者可以在消息队列中放入一条或多条消息，也可以从消息队列中取出一条或多条消息。消息队列是数据结构中队列的一种具体运用。

2. 运行机制

从消息队列的运行机制上来看，消息的获取者总是从消息队列的队首取出消息，而消息的发送者总是把消息放置在队列的队尾。可以把消息的获取者和发送者都认为是线程，这样就可以做到把数据从一个线程发送给另一个线程，如图 4-57 所示。

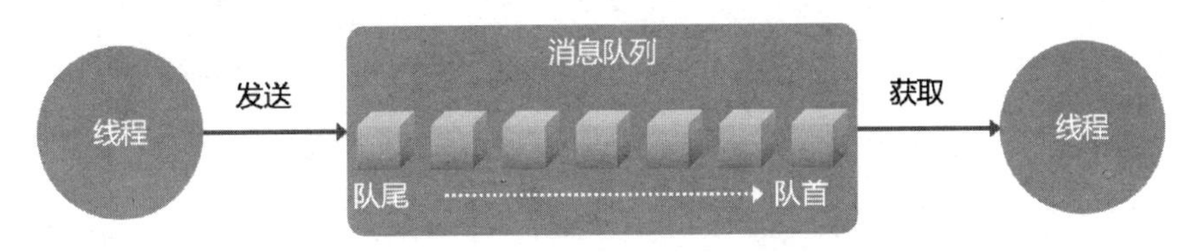

图 4-57　消息队列的运行机制

3. 使用场景

（1）线程通信。消息队列有很多使用场景。它被广泛地运用于线程通信。一个或多个线程向消息队列中发布消息，而一个或多个线程从消息队列中接收消息，从而实现消息的传递，如图 4-58 所示。

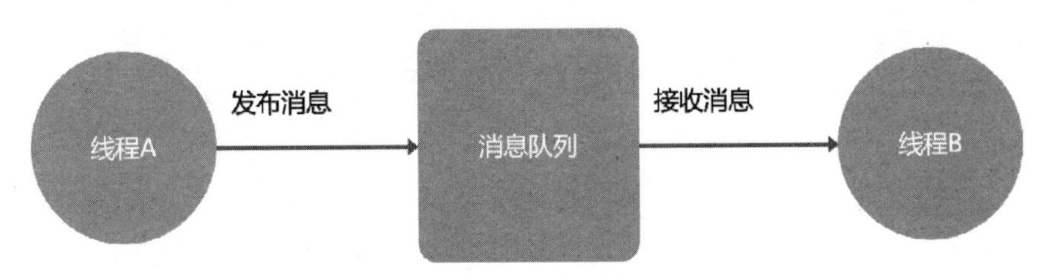

图 4-58　线程通信

（2）异步处理。举个例子，电商平台的下单流程如图 4-59 所示。图 4-59（a）代表刚刚创业的小公司，其业务流程“短平快”，下单、支付、结束总共才用了 100ms。

这个公司在做大，成了主流电商平台后，有很多产品经理，上线了优惠券系统、积分系统、运费系统、短信系统等，流程越来越长，业务处理速度越来越慢，产生了 8 倍的时间消耗，用户投诉越来越多。

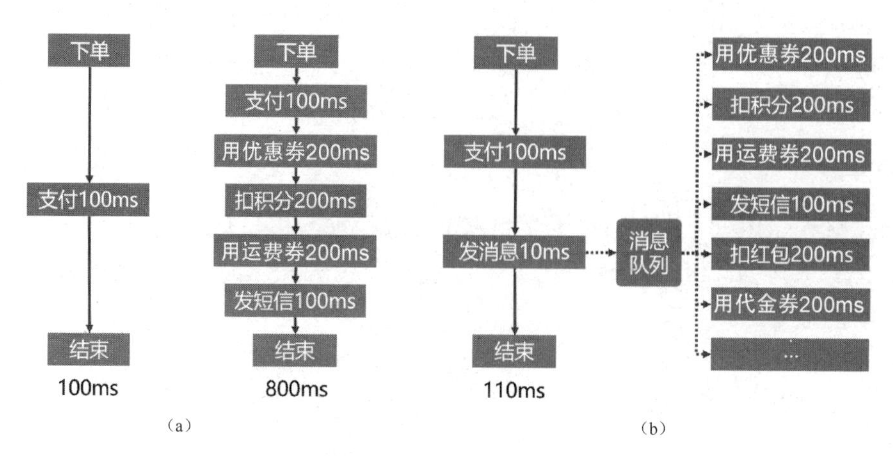

图 4-59 电商平台的下单流程

那么这个问题如何解决？优化业务逻辑，加入消息队列。支付系统向消息队列发布消息，而其他系统接收消息。串行变并行（或并发）、同步变异步，速度就又快了。主线流程增加 10ms，换来的是各个子系统并行或并发地从消息队列中接收消息、处理业务。后续再增加红包、代金券等系统也很轻松。

事实上，主流电商平台的下单流程涉及的系统通常在 10 个以上。如果没有消息队列这种异步机制，很难想象淘宝、京东的购物体验会是什么样的。

（3）应用解耦。消息队列还可以用于应用解耦。还是刚才的例子，我们分析一下它的平台架构，如图 4-60（a）所示。

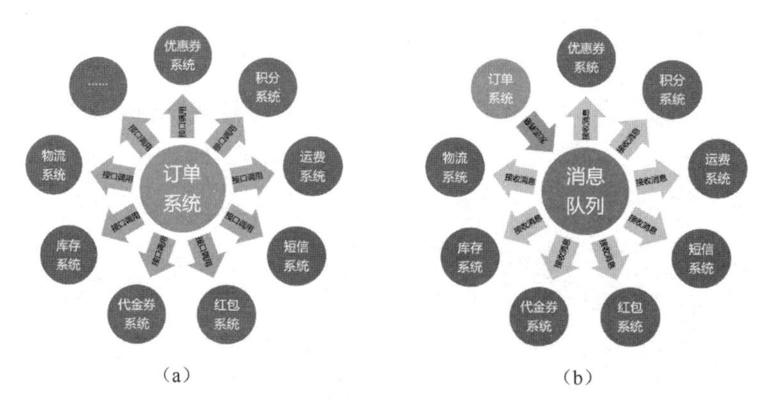

图 4-60 使用消息队列进行应用解耦

订单系统通过接口调用和其他系统紧密耦合。一个订单流程需要用优惠券、扣积分、算运费、发短信、扣红包、扣代金券、扣库存数量、排物流……这么多业务要调用这么多接口，任何一个接口的改动都要去重写接口调用，重新发布系统。不只是改动代价大，出了问题排查也会非常麻烦。流程中随便一个地方出问题都可能会影响其他的地方。

这个问题怎么解决？肯定是要解耦的，比如使用消息队列。如图 4-60（b）所示，核心已经不再是订单系统，而是换成了消息队列。采用消息队列解耦之后，各个子系统之间传递的是消息，彼此不用关心对方是如何实现具体业务的。假如在下单时积分系统掉线了，也不影响正常的下单。因为下单后，订单系统写入消息队列，就不再关心其后继操作了。这就叫高内聚，低耦合。

（4）流量削峰。消息队列还可以用于流量削峰，一般在秒杀或团抢活动中使用得比较广泛，如图 4-61 所示。

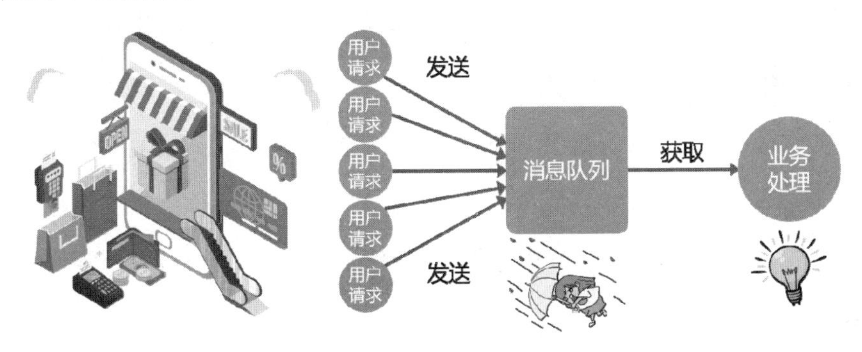

图 4-61　使用消息队列进行流量削峰

还是刚才的例子，我们来分析一下它的流量压力。服务器平时的流量很低，但是平台要做秒杀活动，在零点的时候流量疯狂地涌入，服务器承受不住就崩溃了。为了解决这个问题，一般需要在应用前端加入消息队列，把用户请求放到队列中，至于服务器每秒从队列中获取多少个请求，就看服务器的处理能力了。它能处理 6000QPS 就获取这么多，不至于让服务器宕机。等流量高峰过去了，服务器也就没有压力了。这样可以达到以下两个目的：第一，可以控制参与活动的人数；第二，可以缓解短时间内高流量对服务器的巨大压力。

队列只是数据结构中一个小小的知识点，就能在实际运用中产生这么大的价值。

4.7.2　API 介绍

下面介绍消息队列 API，见表 4-8。

表 4-8　消息队列 API

API 名称	说明
osMessageQueueNew	创建并初始化一个消息队列
osMessageQueueGetName	返回指定的消息队列的名称（暂未实现）
osMessageQueuePut	向指定的消息队列存放 1 条消息，若队列已满，则返回超时
osMessageQueueGet	从指定的消息队列中获取 1 条消息，若队列为空，则返回超时
osMessageQueueGetCapacity	获得指定的消息队列中可以容纳的消息的最大数量
osMessageQueueGetMsgSize	获得指定的消息队列中每条消息的最大长度
osMessageQueueGetCount	获得指定的消息队列中当前的消息数
osMessageQueueGetSpace	获得指定的消息队列中还可以存放的消息数
osMessageQueueReset	将指定的消息队列重置为初始空状态（暂未实现）
osMessageQueueDelete	删除指定的消息队列

这些 API 的参数和返回值可以在 OpenHarmony 源码中获取，请自行查阅。在之前的章节中，我们介绍过如何在源码中查看 API 的详细信息，已经具备了一定的在开源代码中获取知识的能力。如果您忘记了是在哪一节讲到的，提醒一下，3.4 节和 4.2 节就开始锻炼这个能力了。

4.7.3　案例程序

下面通过案例程序介绍消息队列 API 的具体使用方法。

1. 目标

本案例的目标如下：第一，掌握消息队列 API 的使用方法；第二，理解消息队列的运行机制。

2. 准备开发套件

请准备好智能家居开发套件，组装好底板和核心板。

3. 新建目录

启动虚拟机。在 VS Code 中打开 OpenHarmony 源码根目录。新建 applications\sample\wifi-iot\app\message_demo 目录，这个目录将作为本案例程序的根目录。

4. 编写源码与编译脚本

新建 applications\sample\wifi-iot\app\message_demo\message.c 文件，源码如下：

```
 1. #include <stdio.h>      // 标准输入输出头文件
 2. #include <unistd.h>     // POSIX 头文件
 3. #include "ohos_init.h"  // 用于初始化服务(service)和功能(feature)的头文件
 4. #include "cmsis_os2.h"  // CMSIS-RTOS2 头文件
 5.
 6. // 消息队列的大小
 7. #define QUEUE_SIZE 3
 8.
 9. // 定义消息的数据结构
10. typedef struct
11. {
12.     osThreadId_t tid;
13.     int count;
14. } message_entry;
15.
16. // 保存消息队列的 ID
17. osMessageQueueId_t qid;
```

```
18.
19. // 消息发送者线程函数
20. void sender_thread(void *arg)
21. {
22.     (void)arg;
23.     // 一个公共计数器
24.     static int count = 0;
25.     // 定义一条消息
26.     message_entry sentry;
27.     // 开始工作循环
28.     while (1)
29.     {
30.         // 将当前线程的 ID 放入消息中
31.         sentry.tid = osThreadGetId();
32.
33.         // 将公共计数器的值放入消息中
34.         sentry.count = count;
35.
36.         // 输出日志
37.         printf("[Message Test] %s send %d to message queue.\r\n",
osThreadGetName(osThreadGetId()), count);
38.
39.         // 将消息放入消息队列中
40.         // 若消息队列已满，则会等待消息队列的空位，直到消息队列有空位，才会放入消息
41.         // 参数：
42.         // mq_id：通过 osMessageQueueNew 获取的消息队列 ID
43.         // msg_ptr：要放入消息队列的消息的指针
44.         // msg_prio：要放入消息队列的消息的优先级，当前未使用
45.         // timeout：超时时间
46.         // 返回：
47.         // CMSIS-RTOS 运行结果，参考 kernel\liteos_m\kal\cmsis\cmsis_os2.h
48.         // 注意：
49.         // 第二个参数 msg_ptr 是要放入消息队列的消息的指针，在消息进队列的时候，是
复制一份进去的
50.         // 可以跟踪一下源码（“→”在这里理解为逐级向下查找，下同）：
osMessageQueuePut→LOS_QueueWriteCopy→OsQueueOperate→OsQueueBufferOperate
→memcpy_s()
51.         // 所以循环使用 sentry 是不会有问题的
52.         // 可以不去获取返回值，但是这样做就无法确保消息发出去了
53.         osMessageQueuePut(qid, (const void *)&sentry, 0, osWaitForever);
54.
55.         // 每发送一次消息，计数器加 1
```

```
56.         count++;
57.         osDelay(5);
58.     }
59. }
60.
61. // 消息接收者线程函数
62. void receiver_thread(void *arg)
63. {
64.     (void)arg;
65.     // 定义一条消息
66.     message_entry rentry;
67.     // 开始工作循环
68.     while (1)
69.     {
70.         // 从消息队列中取出消息
71.         // 若消息队列为空，则会等待消息队列的消息，直到消息队列有消息，才会取出消息
72.         // 参数：
73.         // mq_id：通过 osMessageQueueNew 获取的消息队列 ID
74.         // msg_ptr：一个消息的指针，用于接收从消息队列中取出的消息
75.         // msg_prio：一个消息优先级的指针，用于接收从消息队列中取出的消息优先级，
当前未使用，传入 NULL 即可
76.         // timeout：超时时间
77.         // 返回：
78.         // CMSIS-RTOS 运行结果，参考 kernel\liteos_m\kal\cmsis\cmsis_os2.h
79.         osMessageQueueGet(qid, (void *)&rentry, NULL, osWaitForever);
80.
81.         // 输出日志
82.         printf("[Message Test] %s get %d from %s by message queue.\r\n",
osThreadGetName(osThreadGetId()), rentry.count, osThreadGetName(rentry.tid));
83.         osDelay(3);
84.     }
85. }
86.
87. // 创建线程，返回线程 ID。封装成一个函数，便于调用
88. osThreadId_t newThread(char *name, osThreadFunc_t func, void *arg)
89. {
90.     osThreadAttr_t attr = {
91.         name, 0, NULL, 0, NULL, 1024 * 2, osPriorityNormal, 0, 0};
92.     osThreadId_t tid = osThreadNew(func, arg, &attr);
93.     if (tid == NULL)
94.     {
95.         printf("[Message Test] osThreadNew(%s) failed.\r\n", name);
```

```
96.     }
97.     else
98.     {
99.         printf("[Message Test] osThreadNew(%s) success, thread id: %d.\r\n",
name, tid);
100.    }
101.    return tid;
102. }
103.
104. // 主线程函数
105. void rtosv2_msgq_main(void *arg)
106. {
107.    (void)arg;
108.
109.    // 创建并且初始化一个消息队列
110.    // 参数:
111.    // msg_count: 消息队列中可以容纳的消息的最大数量
112.    // msg_size: 消息队列中每条消息的最大长度
113.    // attr: 消息队列属性。当前未使用，可以传入NULL
114.    // 返回:
115.    // 若成功，则返回消息队列的 ID; 若失败，则返回NULL
116.    qid = osMessageQueueNew(QUEUE_SIZE, sizeof(message_entry), NULL);
117.
118.    // 创建两个消息接收者线程、三个消息发送者线程
119.    osThreadId_t ctid1 = newThread("recevier1", receiver_thread, NULL);
120.    osThreadId_t ctid2 = newThread("recevier2", receiver_thread, NULL);
121.    osThreadId_t ptid1 = newThread("sender1", sender_thread, NULL);
122.    osThreadId_t ptid2 = newThread("sender2", sender_thread, NULL);
123.    osThreadId_t ptid3 = newThread("sender3", sender_thread, NULL);
124.
125.    // 等待一段时间（让消息发送者线程和消息接收者线程都运行一段时间）
126.    osDelay(100);
127.
128.    // 获取消息队列中可以容纳的消息的最大数量
129.    uint32_t cap = osMessageQueueGetCapacity(qid);
130.    printf("[Message Test] osMessageQueueGetCapacity, capacity: %d.\r\n", cap);
131.    // 获取消息队列中每条消息的最大长度
132.    uint32_t msg_size = osMessageQueueGetMsgSize(qid);
133.    printf("[Message Test] osMessageQueueGetMsgSize, size: %d.\r\n", msg_size);
134.    // 获取消息队列中当前的消息数量
135.    uint32_t count = osMessageQueueGetCount(qid);
136.    printf("[Message Test] osMessageQueueGetCount, count: %d.\r\n", count);
```

```
137.     // 获取消息队列中当前还可以放置的消息数量
138.     uint32_t space = osMessageQueueGetSpace(qid);
139.     printf("[Message Test] osMessageQueueGetSpace, space: %d.\r\n", space);
140.
141.     osDelay(80);
142.     // 终止线程
143.     osThreadTerminate(ctid1);
144.     osThreadTerminate(ctid2);
145.     osThreadTerminate(ptid1);
146.     osThreadTerminate(ptid2);
147.     osThreadTerminate(ptid3);
148.     // 删除消息队列
149.     osMessageQueueDelete(qid);
150. }
151.
152. // 入口函数
153. static void MessageTestTask(void)
154. {
155.     osThreadAttr_t attr;
156.
157.     attr.name = "rtosv2_msgq_main";
158.     attr.attr_bits = 0U;
159.     attr.cb_mem = NULL;
160.     attr.cb_size = 0U;
161.     attr.stack_mem = NULL;
162.     attr.stack_size = 1024;
163.     attr.priority = osPriorityNormal;
164.
165.     if (osThreadNew((osThreadFunc_t)rtosv2_msgq_main, NULL, &attr) == NULL)
166.     {
167.         printf("[MessageTestTask] Falied to create rtosv2_msgq_main!\n");
168.     }
169. }
170.
171. // 运行入口函数
172. APP_FEATURE_INIT(MessageTestTask);
```

新建 applications\sample\wifi-iot\app\message_demo\BUILD.gn 文件，源码如下：

```
1. static_library("message_demo") {
2.   sources = [ "message.c" ]
3.
4.   include_dirs = [
```

```
5.     # include "ohos_init.h",...
6.     "//utils/native/lite/include",
7.     # include CMSIS-RTOS API V2 for OpenHarmony1.0+:
8.     "//kernel/liteos_m/kal/cmsis",
9.   ]
10. }
```

修改 applications\sample\wifi-iot\app\BUILD.gn 文件，源码如下：

```
1. import("//build/lite/config/component/lite_component.gni")
2.
3. # for "message_demo" example.
4. lite_component("app") {
5.   features = [
6.     "message_demo",
7.   ]
8. }
```

5. 编译、烧录、运行

编译、烧录、运行的具体操作不再赘述，运行结果如图 4-62 所示。

```
[Message Test] sender3 send 100 to message queue.
[Message Test] recevier2 get 100 from sender3 by message queue.
[Message Test] sender2 send 101 to message queue.
[Message Test] recevier1 get 101 from sender2 by message queue.
[Message Test] sender1 send 102 to message queue.
[Message Test] recevier2 get 102 from sender1 by message queue.
```

图 4-62　案例的运行结果

第 5 章　控制 I/O 设备

5.1　GPIO输出电平

本节内容：

GPIO 的相关概念；引脚分布；轻量设备的 IoT 接口现状；相关 API 介绍；核心板的可编程 LED 灯介绍；IoT 编程的 VS Code IntelliSense 设置；案例程序和如何给未知函数或库增加 IntelliSense。

5.1.1　GPIO

1. 相关概念

数字 I/O（数字输入/输出）是只有 0 和 1 两种数据状态的 I/O 方式。通常使用 0 表示低电平，而用 1 表示高电平。

GPIO（General Purpose Input/Output）即通用输入/输出。Hi3861V100 芯片内部集成了 GPIO 模块，用于实现芯片引脚上的数字 I/O。

2. Hi3861V100芯片的 GPIO 引脚分布

Hi3861V100 芯片有 15 个 GPIO 引脚，它们的分布见图 5-1。

3. OpenHarmony IoT 接口

在进行设备开发时，我们经常会提到 IoT 接口。OpenHarmony 的 IoT 接口指的是 OpenHarmony 操作物联网的各种外围硬件设备的一组 API。它是软件和硬件沟通的桥梁，屏幕、按键、灯光、传感器等都可以通过 IoT 接口进行控制。

作为操作系统，OpenHarmony 运行在智能家居开发套件的核心板上。应用通过 OpenHarmony 提供的 IoT 接口控制开发套件的各种扩展板，如图 5-2 所示。

引脚编号	默认功能
2	GPIO-00
3	GPIO-01
4	GPIO-02
5	GPIO-03
6	GPIO-04
17	GPIO-05
18	GPIO-06
19	GPIO-07
20	GPIO-08
27	GPIO-09
28	GPIO-10
29	GPIO-11
30	GPIO-12
31	GPIO-13
32	GPIO-14

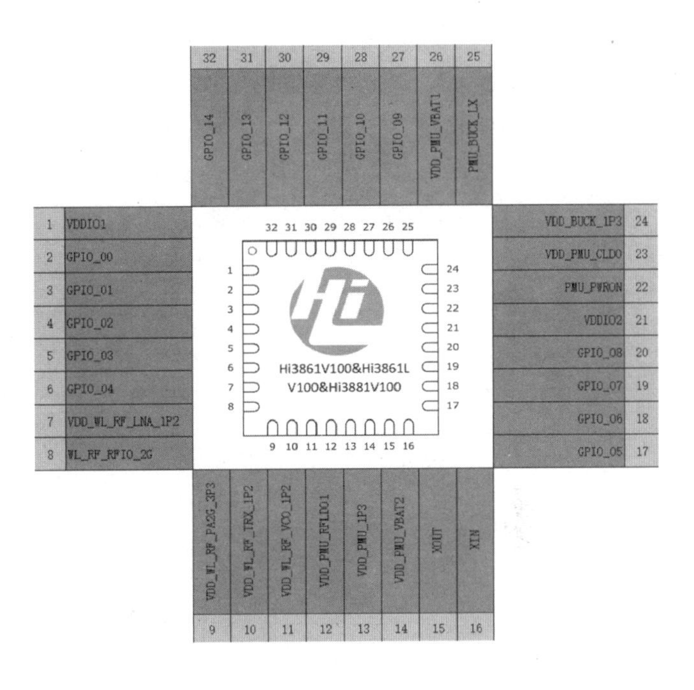

图 5-1　Hi3861V100 芯片的 GPIO 引脚分布

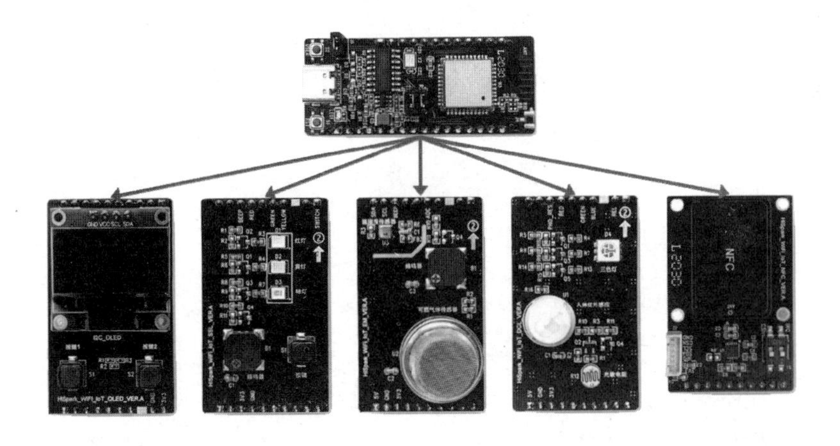

图 5-2　通过 IoT 接口控制扩展板

OpenHarmony 提供的 IoT 接口种类十分丰富，本章介绍的是其中的 GPIO 接口。

5.1.2　轻量设备的 IoT 接口现状

1. OpenHarmony 的 IoT 接口类型

请注意，我们现在介绍的接口类型是从接口提供者的角度进行划分的，即这个接口是由哪个组件提供的。目前，OpenHarmony 提供了 3 类 IoT 接口：HAL（硬件抽象层）

接口、HDF（硬件驱动框架）接口、海思 SDK 接口。

（1）HAL 接口。它位于硬件服务子系统集的 IoT 专有硬件服务子系统中，具体由 IoT 外围设备控制组件来实现接口。在 3.2.2 节中曾经介绍过它。

（2）HDF 接口。它位于内核层的驱动子系统中，具体由 HDF 来实现接口（如图 5-3 所示）。这是 OpenHarmony 未来主推的接口类型。

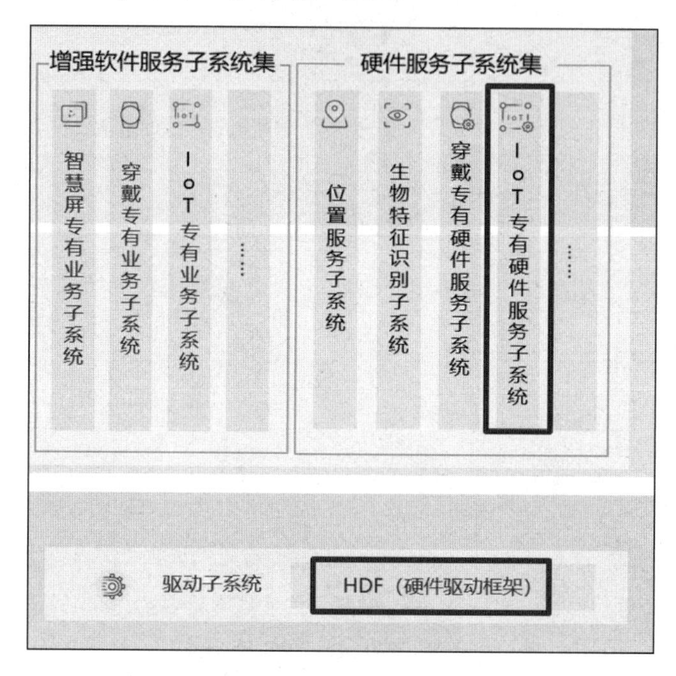

图 5-3 IoT 接口位置

（3）海思 SDK 接口。这是 Hi3861V100 芯片厂商海思提供的原厂接口，是 HAL 和 HDF 的底层接口。

2. 轻量设备的 IoT 接口使用策略

HAL、HDF 和 SDK 都提供了 IoT 接口，但是它们对轻量系统的 IoT 接口的支持度是不同的。下面给出轻量设备的 IoT 接口使用策略。请注意，我们使用“HAL + SDK”的策略：

第一，HAL 接口和海思 SDK 接口一起使用。

第二，多数 API 使用 HAL，少量 API 使用海思 SDK。

第三，遵循 HAL 优先原则。也就是尽量先用 HAL 的 API，如果 HAL 缺失了某些 API，再用海思 SDK 的 API。

例如，IoSetFunc 函数在 OpenHarmony 1.0 版中是存在的，但是从 1.0.1 版到 3.2 Beta4 版中一直缺失。在这种情况下，就使用海思 SDK 对应的函数 hi_io_set_func。

5.1.3 相关 API 介绍

下面介绍 GPIO 输出电平相关的 API。

1. GPIO 接口

GPIO 接口是 OpenHarmony 操作主控芯片（例如 Hi3861V100）GPIO 引脚的一组 API。GPIO 接口的功能如下：

（1）设置引脚方向（输入或者输出）；

（2）读写引脚的电平值（低电平或高电平）；

（3）设置引脚的中断响应函数和中断触发方式；

（4）使能或禁止引脚中断。

再次强调，GPIO 接口作为 IoT 接口的一部分，其接口使用策略自然也是“HAL + SDK”。

2. GPIO 接口的一般使用流程

GPIO 接口的一般使用流程如图 5-4 所示。

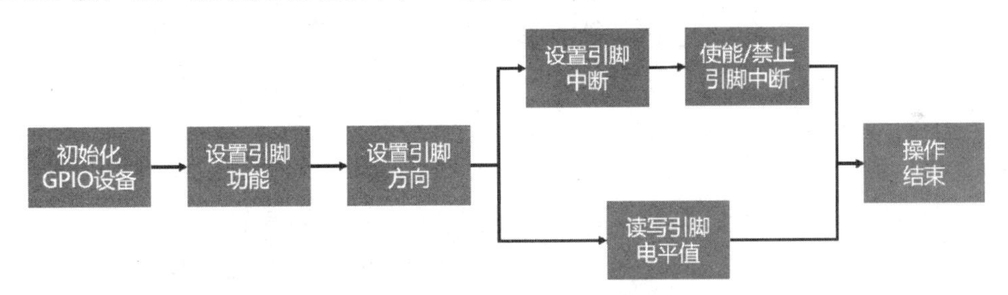

图 5-4 GPIO 接口的一般使用流程

Hi3861V100 芯片的外设接口较多，而引脚数量相对较少。存在多个功能复用一个引脚的情况，因此需要根据实际需求来设置引脚的功能。

3. HAL API

（1）API 列表。首先介绍 HAL 接口中的相关 API，这些 API 见表 5-1。

表 5-1 HAL API

API 名称	说明
unsigned int IoTGpioInit(unsigned int id)	初始化 GPIO 模块
unsigned int IoTGpioSetDir(unsigned int id, IotGpioDir dir)	设置 GPIO 引脚方向。参数 id 用于指定引脚，参数 dir 用于指定输入或输出
unsigned int IoTGpioSetOutputVal(unsigned int id, IotGpioValue val)	设置 GPIO 引脚的输出状态。参数 id 用于指定引脚，参数 val 用于指定高电平或低电平
unsigned int IoTGpioDeinit(unsigned int id)	解除 GPIO 模块初始化

（2）在源码中查看接口的详细信息。HAL 接口的声明在 base\iot_hardware\peripheral\interfaces\kits*.h 文件中（如图 5-5 所示），而它的定义在 device\hisilicon\hispark_pegasus\hi3861_adapter\hals\iot_hardware\wifiiot_lite*.c 文件中。请注意，有些接口从 1.0.1 版开始已经没有了，例如 ADC、AT、I2S、partition、SDIO 等。

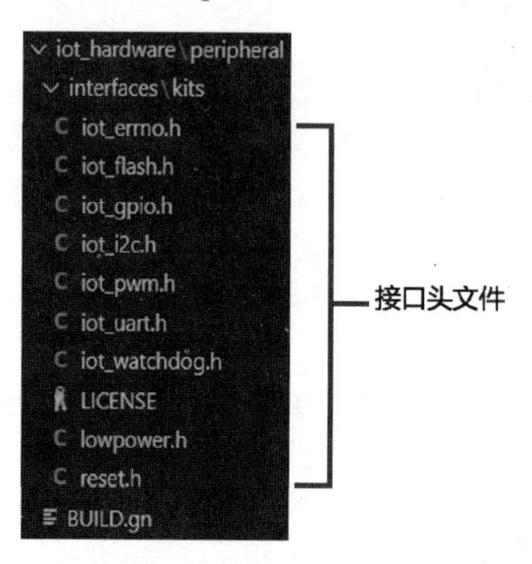

图 5-5 HAL 接口头文件的位置

举个例子，查看 IoTGpioInit 接口的详细信息。

第一步，打开 base\iot_hardware\peripheral\interfaces\kits\iot_gpio.h 文件。

第二步，搜索“unsigned int IoTGpioInit”。

第三步，查看参数和返回值的说明。

参数 id 表示 GPIO 引脚编号（Indicates the GPIO pin number）。如果 GPIO 设备被成功初始化，就返回 IOT_SUCCESS（returns IOT_SUCCESS if the GPIO device is initialized）；否则，返回 IOT_FAILURE（returns IOT_FAILURE otherwise）。

4. 海思 SDK API

（1）API 列表。下面介绍海思 SDK 接口中的相关 API，API 目前学习一个就可以了，见表 5-2。

表 5-2 海思 SDK API

API 名称	说明
hi_u32 hi_io_set_func(hi_io_name id, hi_u8 val);	设置引脚功能。参数 id 用于指定引脚，参数 val 用于指定引脚功能

（2）在源码中查看接口的详细信息。海思 SDK 接口的声明在 device\hisilicon\hispark_pegasus\sdk_liteos\include*.h 文件中。它的定义在 device\hisilicon\hispark_pegasus\sdk_liteos\build\libs 目录下的那些目标文件（*.o）和静态库文件（*.a）中。这是经过编译的，我们看不到源码。

举个例子，查看 hi_io_set_func 接口的详细信息。

第一步，打开 device\hisilicon\hispark_pegasus\sdk_liteos\include\hi_io.h 文件。

第二步，搜索“hi_io_set_func”。

第三步，查看参数和返回值说明。

它的参数 id 用于指定硬件管脚编号，参数 val 用于设置指定硬件管脚的对应功能。

5.1.4　核心板的可编程 LED 灯介绍

1. LED 灯

可编程 LED 灯的一端通过跳线帽 J3 连接到 Hi3861V100 芯片的 GPIO-09 引脚上，而另一端通过电阻 R6 连接到 3.3V 电源上，如图 5-6 所示。根据数字电路原理，电位差（电压）使得物体中的电子发生运动而产生电流，电流流过 LED 灯使其发光。因此，控制 Hi3861V100 芯片的 GPIO-09 引脚输出不同的电平（电压）即可控制 LED 灯的状态。GPIO-09 输出低电平，产生电位差，点亮 LED 灯；GPIO-09 输出高电平，消除电位差，熄灭 LED 灯。

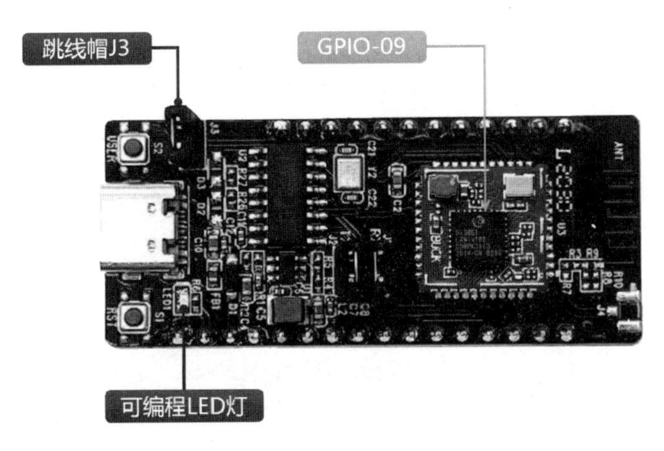

图 5-6　核心板的可编程 LED 灯

2. 跳线帽 J3

跳线帽 J3 用于连接 Hi3861V100 芯片和可编程 LED 灯。拔掉跳线帽 J3 后，两者的连接将会断开。

5.1.5　IoT 编程的 VS Code IntelliSense 设置

在动手编程之前，我们还有一件重要的事要完成，那就是 IoT 编程的 VS Code IntelliSense 设置。请修改 .vscode\c_cpp_properties.json 文件，在 configurations → includePath 中增加 HAL 和 SDK 接口的头文件位置（“→”在这里表示逐级向下查找，下同）：

```
1. "${workspaceFolder}/base/iot_hardware/peripheral/interfaces/kits"
2. "${workspaceFolder}/device/hisilicon/hispark_pegasus/sdk_liteos/include"
```

在 configurations → browse → path 中增加 HAL 接口的源文件位置：

```
1. "${workspaceFolder}/device/hisilicon/hispark_pegasus/hi3861_adapter/
hals/iot_hardware/wifiiot_lite"
```

5.1.6 案例程序

下面通过案例程序来介绍 GPIO 输出电平相关 API 的具体使用方法。

1. 目标

本案例的目标如下：第一，使用相关 API 控制核心板上的可编程 LED 灯；第二，理解软件是如何控制硬件的。

2. 准备开发套件

请准备好智能家居开发套件，组装好底板和核心板。

3. 新建目录

启动虚拟机。在 VS Code 中打开 OpenHarmony 源码根目录。新建 applications\sample\wifi-iot\app\led_demo 目录，这个目录将作为本案例程序的根目录。

4. 编写源码与编译脚本

新建 applications\sample\wifi-iot\app\led_demo\led.c 文件，源码如下：

```
1. #include <stdio.h>       // 标准输入输出头文件
2. #include "ohos_init.h"  // 用于初始化服务(service)和功能(feature)的头文件
3. #include "cmsis_os2.h"  // CMSIS-RTOS2 头文件
4.
5. // HAL(硬件抽象层) 接口：IoT 硬件设备操作接口中的 GPIO 接口头文件
6. // base/iot_hardware/peripheral/interfaces/kits 提供了一系列 IoT
7. // 硬件设备操作的接口，包括 FLASH,GPIO,I2C,PWM,UART,WATCHDOG 等
8. #include "iot_gpio.h"
9.
10. // 海思 SDK 接口：IoT 硬件设备操作接口中的 IO 接口头文件
11. // 海思 SDK 的接口，以 hi_ 开头，如 hi_io_set_func(...)
12. #include "hi_io.h"
13.
14. #define LED_TASK_GPIO 9
15.
16. static void LedTask(void *arg)
```

```
17. {
18.     (void)arg;
19.
20.     // 初始化 GPIO 模块
21.     IoTGpioInit(LED_TASK_GPIO);
22.
23.     // Hi3861V100 芯片的外设接口多，引脚数量少，部分引脚有多个功能，需要设置引脚功能
24.     // 设置 GPIO-09 的功能为 GPIO
25.     // 在 OpenHarmony 1.0 版中，使用：IoSetFunc(LED_TASK_GPIO, 0);
26.     hi_io_set_func(LED_TASK_GPIO, HI_IO_FUNC_GPIO_9_GPIO);
27.
28.     // 设置 GPIO-09 的模式为输出模式（引脚方向为输出）
29.     IoTGpioSetDir(LED_TASK_GPIO,IOT_GPIO_DIR_OUT);
30.
31.     while (1)
32.     {
33.         // 设置 GPIO 引脚的输出状态（1 高电平或 0 低电平）
34.         // 输出低电平，点亮 LED 灯
35.         IoTGpioSetOutputVal(LED_TASK_GPIO,IOT_GPIO_VALUE0);
36.
37.         // 等待 0.5 秒。参数单位是 10 毫秒
38.         osDelay(50);
39.
40.         // 输出高电平，熄灭 LED 灯
41.         IoTGpioSetOutputVal(LED_TASK_GPIO,IOT_GPIO_VALUE1);
42.
43.         osDelay(100);
44.     }
45. }
46.
47. static void LedEntry(void)
48. {
49.     osThreadAttr_t attr;
50.     attr.name = "LedTask";
51.     attr.stack_size = 4096;
52.     attr.priority = osPriorityNormal;
53.
54.     // 创建线程
55.     if (osThreadNew(LedTask, NULL, &attr) == NULL)
56.     {
57.         printf("[LedDemo] Create LedTask failed!\n");
58.     }
```

```
59. }
60.
61. // 让函数在系统启动时执行
62. SYS_RUN(LedEntry);
```

新建 applications\sample\wifi-iot\app\led_demo\BUILD.gn 文件，源码如下：

```
1. # 静态库
2. static_library("led_demo") {
3.     sources = ["led.c"]
4.
5.     include_dirs = [
6.         # include "ohos_init.h",...
7.         "//utils/native/lite/include",
8.
9.         # include CMSIS-RTOS API V2 for OpenHarmony1.0+:
10.        "//kernel/liteos_m/kal/cmsis",
11.
12.        # include IoT 硬件设备操作接口 for OpenHarmony1.0+:
13.        "//base/iot_hardware/peripheral/interfaces/kits",
14.    ]
15. }
```

海思 SDK 接口的目录因为在产品的其他位置已经配置好了，就不需要再引入了。

修改 applications\sample\wifi-iot\app\BUILD.gn 文件，源码如下：

```
1. import("//build/lite/config/component/lite_component.gni")
2.
3. # for "led_demo" example.
4. lite_component("app") {
5.   features = [
6.     "led_demo",
7.   ]
8. }
```

5. 编译、烧录、运行

编译、烧录、运行的具体操作不再赘述，请自行观察运行结果。

5.1.7 给未知函数或库增加 IntelliSense

在本节的最后介绍如何给未知函数或库增加 IntelliSense，以便您今后自己探索 OpenHarmony 的未知领域。

首先明确一点，我们要配置的是.vscode\c_cpp_properties.json 文件中的两个项目。第一个是 configurations → includePath，第二个是 configurations → browse → path。

以 IoTGpioInit 函数为例。

第一步，搜索这个函数是在哪个文件中声明或定义的：

```
grep -nr "unsigned int IoTGpioInit"
```

命令执行结果显示，头文件在 base/iot_hardware/peripheral/interfaces/kits 目录中，源文件在 device/hisilicon/hispark_pegasus/hi3861_adapter/hals/iot_hardware/wifiiot_lite 目录中。

第二步，修改.vscode\c_cpp_properties.json 文件，将头文件所在的目录配置到 configurations → includePath 中，将源文件所在的目录配置到 configurations → browse → path 中。

5.2　GPIO按键输入

本节内容：

中断的含义和触发方式；中断处理函数的使用注意事项；与按键输入有关的 API；核心板的可编程按键；通过案例程序学习相关 API 的具体使用方法、轮询方式编程的方法、中断方式编程的方法。

5.2.1　轮询与中断

编写代码实现读取输入的方式有两种。第一种方式是轮询方式，也就是构造循环，主动获取引脚状态。第二种方式是中断方式，首先要向系统注册一个中断处理函数，当特定引脚的状态发生改变的时候，中断处理函数就会被系统调用，从而执行相应的代码。

1. 中断的含义

从广义上来说，中断就是新任务打断老任务，再返回老任务的过程。比如，我正在吃饭时快递来了，我就先收一下快递，然后继续吃饭；再如，我正在看电视剧时，电话来了，我就先接一下电话，然后继续看电视剧。

在操作系统领域，中断是指当外界某个条件发生变化时，内核自动终止当前代码的执行，转而执行对应的中断服务程序（Interrupt Service Routines，ISR）的代码去处理可能存在的问题，在处理完毕后，继续执行之前的代码。

那么什么是外界条件的变化呢？比如，Hi3861V100 芯片的 GPIO-05 引脚的电压发生了改变，由低变成了高，或者由高变成了低。这时，内核可以执行对应的中断服务程序代码，或者说得再通俗一点儿，就是调用一个预先定义好的函数。这就好比我专门派个人盯着某个引脚，只要引脚电平变了，他就马上打电话通知我赶紧来处理。

2. 中断的触发方式

中断的触发方式有两种，请结合图 5-7 进行理解。第一种是边沿触发，也就是在上升沿或下降沿触发中断。第二种是水平（电平）触发，也就是在高电平或低电平状态触发中断。

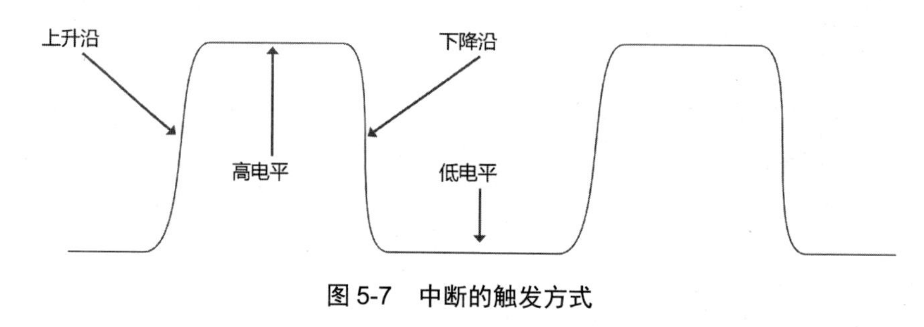

图 5-7 中断的触发方式

3. 中断处理函数

中断处理函数可以被认为是中断服务程序的具体业务实现。当发生中断时，中断处理函数会被系统调用，中断处理函数内部的代码会被执行，从而达到特定的目的。比如，响应用户的按键操作等。请注意以下两点：

第一，中断处理函数在中断上下文中被调用，因此它不能做耗时的操作。这是中断编程的基本原则。

第二，如果在一个中断处理函数内部需要改变某个全局变量，那么对应的全局变量需要使用“volatile”关键字进行修饰。

5.2.2 相关 API 介绍

1. HAL API

我们遵循 HAL+SDK 的接口使用策略，首先介绍 HAL 接口中的相关 API。这些 API 见表 5-3。

表 5-3 HAL API

API 名称	说明
unsigned int IoTGpioGetInputVal(unsigned int id, IotGpioValue *val)	获取 GPIO 引脚状态。参数 id 用于指定引脚，参数 val 用于接收 GPIO 引脚状态
unsigned int IoTGpioRegisterIsrFunc(unsigned int id, IotGpioIntType intType, IotGpioIntPolarity intPolarity,GpioIsrCallbackFunc func, char *arg)	注册 GPIO 引脚中断。参数 id 用于指定引脚，参数 intType 用于指定中断触发类型（边沿触发或水平触发），参数 intPolarity 用于指定具体的边沿类型（下降沿或上升沿）或水平类型（高电平或低电平），参数 func 用于指定中断处理函数，参数 arg 用于指定中断处理函数的附加参数

续表

API 名称	说明
typedef void (*GpioIsrCallbackFunc) (char *arg)	中断处理函数原型。参数 arg 为附加参数，可以不使用（填 NULL），或传入指向用户自定义类型的参数
unsigned int IoTGpioUnregisterIsrFunc(unsigned int id)	解除 GPIO 引脚中断注册。参数 id 用于指定引脚

2. 海思 SDK API

下面介绍海思 SDK 接口中的相关 API，API 目前学习一个就可以了，见表 5-4。

表 5-4　海思 SDK API

API 名称	说明
hi_u32 hi_io_set_pull(hi_io_name id, hi_io_pull val)	设置引脚上拉或下拉状态。参数 id 用于指定引脚，参数 val 用于指定上拉或下拉状态

所谓上拉就是将引脚电平向上拉到高电平，而下拉则是将引脚电平向下拉到低电平。

5.2.3　核心板的按键介绍

核心板上的可编程按键被标记为 USER，用于程序的按键输入。它的一端连接 Hi3861V100 芯片的 GPIO-05 引脚，另一端接地，如图 5-8 所示。当按下可编程按键时，GPIO-05 引脚将会接地，从而处于低电平状态，而抬起可编程按键时，GPIO-05 引脚将会悬空，从而处于引脚电平状态。

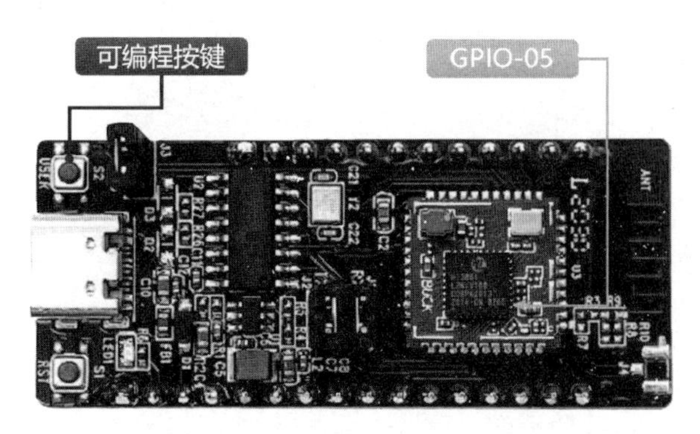

图 5-8　核心板的可编程按键

请注意，引脚电平应该上拉为高电平，以区分按键状态。如果引脚电平下拉到低电平，那么将无法区分可编程按键的按下和抬起状态。

5.2.4　案例程序：轮询方式

下面通过案例程序介绍相关 API 的具体使用方法和轮询方式编程的具体方法。

1. 目标

本案例的目标如下：第一，使用相关 API 采用轮询方式读取核心板的可编程按键状态，并且控制可编程 LED 灯，当按下可编程按键时可编程 LED 灯点亮、当抬起可编程按键时可编程 LED 灯熄灭；第二，理解软件是如何获取硬件状态的。

2. 准备开发套件

请准备好智能家居开发套件，组装好底板和核心板。

3. 新建目录

启动虚拟机。在 VS Code 中打开 OpenHarmony 源码根目录。新建 applications\sample\wifi-iot\app\gpio_input_demo 目录，这个目录将作为本案例程序的根目录。

4. 编写源码与编译脚本

新建 applications\sample\wifi-iot\app\gpio_input_demo\gpio_input_get.c 文件，源码如下：

```
 1. #include <stdio.h>       // 标准输入输出头文件
 2. #include "ohos_init.h"  // 用于初始化服务(service)和功能(feature)的头文件
 3. #include "cmsis_os2.h"  // CMSIS-RTOS2 头文件
 4.
 5. #include "iot_gpio.h"   // OpenHarmony HAL API: IoT 硬件设备操作接口中的 GPIO
接口头文件
 6. #include "hi_io.h"      // 海思 Pegasus SDK API: IoT 硬件设备操作接口中的 IO 接
口头文件
 7.
 8. // 定义 GPIO 引脚，尽量避免直接用数值
 9. #define LED_GPIO 9
10. #define BUTTON_GPIO 5
11.
12. // 主线程函数
13. static void GpioTask(void *arg)
14. {
15.     (void)arg;
16.
17.     // 初始化 GPIO 模块
18.     IoTGpioInit(LED_GPIO);
19.     IoTGpioInit(BUTTON_GPIO);
20.
21.     // Hi3861V100 芯片的外设接口多，引脚数量少，部分引脚有多个功能，需要设置引脚功能
22.     // 设置 GPIO-09 的功能为 GPIO
```

```
23.     hi_io_set_func(LED_GPIO, HI_IO_FUNC_GPIO_9_GPIO);
24.
25.     // 设置 GPIO-09 的模式为输出模式（引脚方向为输出）
26.     IoTGpioSetDir(LED_GPIO, IOT_GPIO_DIR_OUT);
27.
28.     // 设置 GPIO-05 的功能为 GPIO
29.     hi_io_set_func(BUTTON_GPIO, HI_IO_FUNC_GPIO_5_GPIO);
30.
31.     // 设置 GPIO-05 的模式为输入模式（引脚方向为输入）
32.     IoTGpioSetDir(BUTTON_GPIO, IOT_GPIO_DIR_IN);
33.
34.     // 设置 GPIO-05 的模式为上拉模式（引脚上拉）
35.     // 引脚上拉后，在按键没有被按下时，读取到的值为 1 高电平，在按键被按下时，读取到
的值为 0 低电平。
36.     hi_io_set_pull(BUTTON_GPIO, HI_IO_PULL_UP);
37.
38.     // 工作循环
39.     while (1)
40.     {
41.         // 获取 GPIO-05 引脚的输入电平（1 高电平，0 低电平）
42.         IotGpioValue value = IOT_GPIO_VALUE0;
43.         IoTGpioGetInputVal(BUTTON_GPIO, &value);
44.
45.         // 设置 GPIO-09 引脚的输出电平
46.         // 输出低电平，点亮 LED 灯。输出高电平，熄灭 LED 灯
47.         printf("Button value: %d\n", value);
48.         IoTGpioSetOutputVal(LED_GPIO, value);
49.
50.         // 每隔 0.1 秒读取一次 GPIO-05 引脚的输入电平。参数单位是 10 毫秒
51.         // 注意，若不加 osDelay 函数，则会导致程序出现 0x80000021 错误
52.         osDelay(10);
53.     }
54. }
55.
56. // 入口函数
57. static void GpioEntry(void)
58. {
59.     // 定义线程属性
60.     osThreadAttr_t attr = {0};
61.     // 线程属性设置：设置线程名称
62.     attr.name = "GpioTask";
63.     // 线程属性设置：设置线程栈大小
```

```
64.     attr.stack_size = 4096;
65.     // 线程属性设置：设置线程优先级
66.     attr.priority = osPriorityNormal;
67.
68.     // 创建线程
69.     if (osThreadNew(GpioTask, NULL, &attr) == NULL)
70.     {
71.         printf("[GpioDemo] Create GpioTask failed!\n");
72.     }
73. }
74.
75. // 运行入口函数
76. SYS_RUN(GpioEntry);
```

新建 applications\sample\wifi-iot\app\gpio_input_demo\BUILD.gn 文件，源码如下：

```
1. # 静态库
2. static_library("gpio_input_demo") {
3.     sources = [
4.         "gpio_input_get.c"
5.     ]
6.
7.     include_dirs = [
8.         "//utils/native/lite/include",
9.         "//kernel/liteos_m/kal/cmsis",
10.         "//base/iot_hardware/peripheral/interfaces/kits",
11.     ]
12. }
```

修改 applications\sample\wifi-iot\app\BUILD.gn 文件，源码如下：

```
1. import("//build/lite/config/component/lite_component.gni")
2.
3. # for "gpio_input_demo" example.
4. lite_component("app") {
5.   features = [
6.     "gpio_input_demo",
7.   ]
8. }
```

5. 编译、烧录、运行

编译、烧录、运行的具体操作不再赘述，运行结果如图 5-9 所示。按下可编程按键点亮 LED 灯，抬起可编程按键熄灭 LED 灯。

图 5-9　案例的运行结果

5.2.5　案例程序：中断方式

下面通过案例程序介绍相关 API 的具体使用方法和中断方式编程的具体方法。

1. 目标

本案例的目标如下：第一，使用相关 API 采用中断方式读取核心板的可编程按键状态，并且控制可编程 LED 灯，按一下可编程按键切换一次亮灭状态（不是按下可编程按键点亮 LED 灯，松开可编程按键熄灭 LED 灯）；第二，理解中断方式的原理。

2. 准备开发套件

请准备好智能家居开发套件，组装好底板和核心板。

3. 新建目录

我们将使用 5.2.4 节的根目录。

4. 编写源码与编译脚本

新建 applications\sample\wifi-iot\app\gpio_input_demo\gpio_input_int.c 文件，源码如下：

```
 1. #include <stdio.h>      // 标准输入输出头文件
 2. #include "ohos_init.h"  // 用于初始化服务(service)和功能(feature)的头文件
 3. #include "cmsis_os2.h"  // CMSIS-RTOS2 头文件
 4.
 5. #include "iot_gpio.h"   // OpenHarmony HAL API：IoT 硬件设备操作接口中的 GPIO
接口头文件
 6. #include "hi_io.h"      // 海思 Pegasus SDK API：IoT 硬件设备操作接口中的 IO 接
口头文件
```

```
7.
8. // 定义 GPIO 引脚
9. #define LED_GPIO 9
10. #define BUTTON_GPIO 5
11.
12. // 此全局变量用于控制 LED 灯的状态
13. // 取值：0 低电平，点亮 LED 灯；1 高电平，熄灭 LED 灯
14. // 初始值决定了 LED 灯的初始状态
15. static volatile IotGpioValue g_ledPinValue = IOT_GPIO_VALUE0;
16.
17. // GPIO-05 的中断处理函数
18. static void OnButtonPressed(char *arg)
19. {
20.     (void)arg;
21.     printf("Button pressed\n");
22.     g_ledPinValue = !g_ledPinValue;
23. }
24.
25. // 主线程函数
26. static void GpioTask(void *arg)
27. {
28.     (void)arg;
29.
30.     // 初始化 GPIO 模块
31.     IoTGpioInit(LED_GPIO);
32.     IoTGpioInit(BUTTON_GPIO);
33.
34.     // Hi3861V100 芯片的外设接口多，引脚数量少，部分引脚有多个功能，需要设置引脚功能
35.     // 设置 GPIO-09 的功能为 GPIO
36.     // Hi3861V100 引脚功能复用表参见本节的配套资源（“Hi3861V100 引脚功能复用
表.docx”）
37.     hi_io_set_func(LED_GPIO, HI_IO_FUNC_GPIO_9_GPIO);
38.
39.     // 设置 GPIO-09 的模式为输出模式（引脚方向为输出）
40.     IoTGpioSetDir(LED_GPIO, IOT_GPIO_DIR_OUT);
41.
42.     // 设置 GPIO-05 的功能为 GPIO
43.     hi_io_set_func(BUTTON_GPIO, HI_IO_FUNC_GPIO_5_GPIO);
44.
45.     // 设置 GPIO-05 的模式为输入模式（引脚方向为输入）
46.     IoTGpioSetDir(BUTTON_GPIO, IOT_GPIO_DIR_IN);
47.
```

```
48.     // 设置 GPIO-05 的模式为上拉模式（引脚上拉）
49.     // 引脚上拉后，在按键没有被按下时，读取到的值为 1 高电平，在按键被按下时，读取到
的值为 0 低电平
50.     // 注意：本例不获取 GPIO-05 引脚的输入电平
51.     hi_io_set_pull(BUTTON_GPIO, HI_IO_PULL_UP);
52.
53.     // 注册 GPIO-05 中断处理函数
54.     IoTGpioRegisterIsrFunc(BUTTON_GPIO,                    //GPIO-05 引脚
55.                            IOT_INT_TYPE_EDGE,              //边沿触发
56.                            IOT_GPIO_EDGE_FALL_LEVEL_LOW,  //下降沿触发
57.                            OnButtonPressed,                //中断处理函数
58.                            NULL);                          //中断处理函数的参数
59.
60.     // 工作循环
61.     while (1)
62.     {
63.         // 设置 GPIO-09 引脚的输出电平
64.         // 输出低电平，点亮 LED 灯。输出高电平，熄灭 LED 灯
65.         IoTGpioSetOutputVal(LED_GPIO, g_ledPinValue);
66.
67.         // 每隔 0.1 秒设置一次输出电平，参数单位是 10 毫秒
68.         // 注意，若不加 osDelay 函数，则会导致程序出现 0x80000021 错误
69.         osDelay(10);
70.     }
71. }
72.
73. // 入口函数
74. static void GpioEntry(void)
75. {
76.     // 定义线程属性
77.     osThreadAttr_t attr;
78.     // 线程属性设置：设置线程名称
79.     attr.name = "GpioTask";
80.     // 线程属性设置：设置线程栈大小
81.     attr.stack_size = 4096;
82.     // 线程属性设置：设置线程优先级
83.     attr.priority = osPriorityNormal;
84.
85.     // 创建线程
86.     if (osThreadNew(GpioTask, NULL, &attr) == NULL)
87.     {
88.         printf("[GpioDemo] Create GpioTask failed!\n");
```

```
89.     }
90. }
91.
92. // 运行入口函数
93. SYS_RUN(GpioEntry);
```

修改 applications\sample\wifi-iot\app\gpio_input_demo\BUILD.gn 文件，源码如下：

```
 1. # 静态库
 2. static_library("gpio_input_demo") {
 3.     sources = [
 4.         "gpio_input_int.c"
 5.     ]
 6.
 7.     include_dirs = [
 8.         "//utils/native/lite/include",
 9.         "//kernel/liteos_m/kal/cmsis",
10.         "//base/iot_hardware/peripheral/interfaces/kits",
11.     ]
12. }
```

5. 编译、烧录、运行

编译、烧录、运行的具体操作不再赘述。

5.2.6 案例程序：中断方式低能耗

1. 目标

本案例的目标如下：第一，使用相关 API 采用中断方式读取核心板的可编程按键状态，并且控制可编程 LED 灯，按一下可编程按键切换一次亮灭状态，并尽可能降低能耗；第二，理解软件是如何降低硬件能耗的。

2. 准备开发套件

请准备好智能家居开发套件，组装好底板和核心板。

3. 新建目录

我们将使用 5.2.4 节的根目录。

4. 编写源码与编译脚本

新建 applications\sample\wifi-iot\app\gpio_input_demo\gpio_input_int_lpc.c 文件，源码如下：

```
 1. #include <stdio.h>       // 标准输入输出头文件
 2. #include "ohos_init.h"  // 用于初始化服务(service)和功能(feature)的头文件
 3. #include "cmsis_os2.h"  // CMSIS-RTOS2 头文件
 4.
 5. #include "iot_gpio.h"   // OpenHarmony HAL API：IoT 硬件设备操作接口中的 GPIO
接口头文件
 6. #include "hi_io.h"      // 海思 Pegasus SDK API：IoT 硬件设备操作接口中的 IO 接
口头文件
 7.
 8. // 定义 GPIO 引脚
 9. #define LED_GPIO 9
10. #define BUTTON_GPIO 5
11.
12. // 此全局变量用于控制 LED 灯的状态
13. // 取值：0 低电平，点亮 LED 灯；1 高电平，熄灭 LED 灯
14. // 初始值决定了 LED 灯的初始状态
15. static volatile IotGpioValue g_ledPinValue = IOT_GPIO_VALUE0;
16.
17. // GPIO-05 的中断处理函数
18. static void OnButtonPressed(char *arg)
19. {
20.     (void)arg;
21.     printf("Button pressed\n");
22.     g_ledPinValue = !g_ledPinValue;
23.     // 设置 GPIO-09 引脚的输出电平
24.     // 输出低电平，点亮 LED 灯。输出高电平，熄灭 LED 灯
25.     IoTGpioSetOutputVal(LED_GPIO, g_ledPinValue);
26. }
27.
28. // 主线程函数
29. static void GpioTask(void *arg)
30. {
31.     (void)arg;
32.
33.     // 初始化 GPIO 模块
34.     IoTGpioInit(LED_GPIO);
35.     IoTGpioInit(BUTTON_GPIO);
36.
37.     // Hi3861V100 芯片的外设接口多，引脚数量少，部分引脚有多个功能，需要设置引脚功能
38.     // 设置 GPIO-09 的功能为 GPIO
39.     // Hi3861V100 引脚功能复用表参见本节的配套资源（"Hi3861V100 引脚功能复用表.docx"）
40.     hi_io_set_func(LED_GPIO, HI_IO_FUNC_GPIO_9_GPIO);
41.
```

```
42.     // 设置 GPIO-09 的模式为输出模式（引脚方向为输出）
43.     IoTGpioSetDir(LED_GPIO, IOT_GPIO_DIR_OUT);
44.
45.     // 设置 GPIO-05 的功能为 GPIO
46.     hi_io_set_func(BUTTON_GPIO, HI_IO_FUNC_GPIO_5_GPIO);
47.
48.     // 设置 GPIO-05 的模式为输入模式（引脚方向为输入）
49.     IoTGpioSetDir(BUTTON_GPIO, IOT_GPIO_DIR_IN);
50.
51.     // 设置 GPIO-05 的模式为上拉模式（引脚上拉）
52.     // 引脚上拉后，在按键没有被按下时，读取到的值为 1 高电平，在按键被按下时，读取到
的值为 0 低电平
53.     // 注意：本例不获取 GPIO-05 引脚的输入电平
54.     hi_io_set_pull(BUTTON_GPIO, HI_IO_PULL_UP);
55.
56.     // 注册 GPIO-05 中断处理函数
57.     IoTGpioRegisterIsrFunc(BUTTON_GPIO,                   //GPIO-05 引脚
58.                            IOT_INT_TYPE_EDGE,             //边沿触发
59.                            IOT_GPIO_EDGE_FALL_LEVEL_LOW,  //下降沿触发
60.                            OnButtonPressed,               //中断处理函数
61.                            NULL);                         //中断处理函数的参数
62. }
63.
64. // 入口函数
65. static void GpioEntry(void)
66. {
67.     // 定义线程属性
68.     osThreadAttr_t attr;
69.     attr.name = "GpioTask";
70.     attr.stack_size = 4096;
71.     attr.priority = osPriorityNormal;
72.
73.     // 创建线程
74.     if (osThreadNew(GpioTask, NULL, &attr) == NULL)
75.     {
76.         printf("[GpioDemo] Create GpioTask failed!\n");
77.     }
78. }
79.
80. // 运行入口函数
81. SYS_RUN(GpioEntry);
```

修改 applications\sample\wifi-iot\app\gpio_input_demo\BUILD.gn 文件，源码如下：

```
1. # 静态库
2. static_library("gpio_input_demo") {
3.     sources = [
4.         "gpio_input_int_lpc.c"
5.     ]
6.
7.     include_dirs = [
8.         "//utils/native/lite/include",
9.         "//kernel/liteos_m/kal/cmsis",
10.        "//base/iot_hardware/peripheral/interfaces/kits",
11.    ]
12. }
```

5. 编译、烧录、运行

编译、烧录、运行的具体操作不再赘述。

5.3　PWM输出方波

本节内容：

PWM 的基本原理；PWM 输出方波相关的 API；占空比和频率等参数的计算方法；交通灯板的蜂鸣器；通过案例程序学习相关 API 的具体使用方法；将乐曲电子化；控制蜂鸣器播放音乐；控制蜂鸣器的音量；交通灯板的三色灯；通过案例程序学习如何综合运用 GPIO 输出电平、GPIO 按键输入、PWM 输出方波等知识；RGB 颜色模型；三色灯的显色原理和显色数量的计算；平滑调光的三原则；炫彩灯板的三色灯；通过案例程序学习平滑调光的方法，实现炫彩灯光效果。

5.3.1　PWM

1. PWM 的含义

PWM 的全称是 Pulse Width Modulation，即脉冲宽度调制，简称为脉宽调制。PWM 是利用微处理器的数字输出对模拟电路进行控制的一种非常有效的技术。

2. 用数字电路控制模拟电路的原因

您可能会有以下疑问：为什么非要用数字电路去控制模拟电路呢？这是有原因的。我们知道，模拟电压和电流可以直接用来控制硬件，比如对汽车收音机的音量进行控制。在简单的模拟收音机中，音量旋钮被连接到一个可变电阻上。当拧动旋钮时，电阻值会变大或变小，流经这个电阻的电流也随之增加或减少，从而改变了驱动扬声器的电流值，使音量相应地变大或变小。与收音机一样，模拟电路的输出与输入呈线性比例。尽管模拟控制看起来可能直观而简单，但它并不总是非常经济或者可行的。其中的一点就是，模拟电路容易随时间发生漂移，因而变得难以调节。能够解决这个问题的精密模拟电路可能非常庞大并且昂贵，比如老式的家庭立体声设备。模拟电路还有可能严重发热，它的功耗和工作元件两端的电压与电流的乘积成正比。模拟电路还可能对噪声很敏感，任何扰动或噪声都会改变电流的大小，而通过数字方式控制模拟电路则可以大幅度地降低系统的成本和功耗。此外，许多微控制器和 DSP（数字信号处理器）已经在芯片上包含了 PWM 控制器，这使数字控制的实现变得更加容易了。

3. PWM 基本原理

（1）面积等效原理。首先介绍面积等效原理，这是 PWM 控制技术的重要基础理论。原理如下：

当冲量相等而形状不同的窄脉冲加在具有惯性的环节上时，其效果基本相同，如图 5-10 所示。原理中提到的窄脉冲就是方波，冲量就是窄脉冲的面积，效果基本相同是指惯性环节的输出波形基本相同。那么什么是惯性环节呢？当输入量发生突变时，输出量不能突变，只能按指数规律逐渐变化，这就是惯性环节。惯性环节一般包含一个储能元件和一个耗能元件。

我们知道，数字信号只有高/低电平两种状态。在一段连续的时间内，让同一个引脚输出不同状态的高/低电平，就可以实现输出方波信号。

（2）周期。下面介绍 PWM 中的一些重要参数。首先介绍周期，如图 5-11 所示。这是一个由电池、开关和 LED 灯组成的电路。该电路使用开关控制 LED 灯亮一秒、灭一秒，并且一直循环。可以认为，由于开关的接通或断开，在这个电路中形成了一个方波信号。

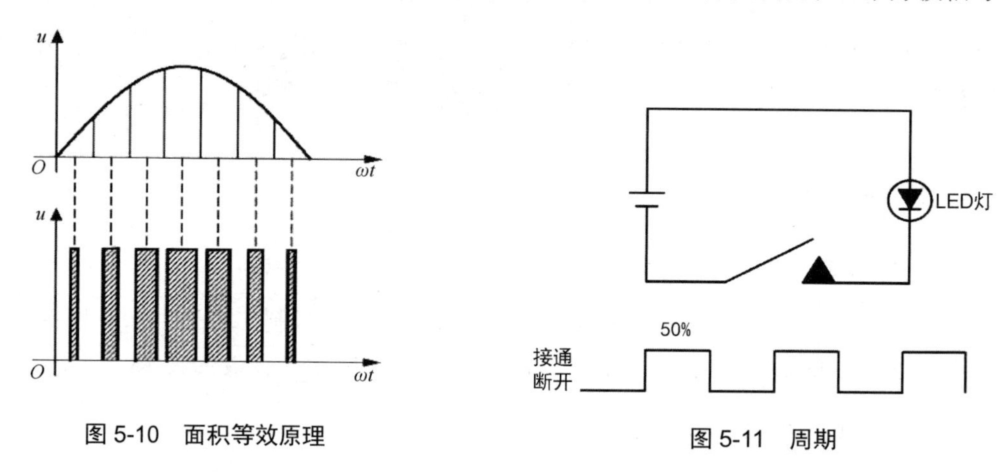

图 5-10　面积等效原理　　　　图 5-11　周期

在一个周期内，LED 灯有 50%的时间处于亮的状态，有 50%的时间处于灭的状态。周期指的是完成一次循环（亮+灭）的总时间。我们用 ON 表示亮，用 OFF 表示灭，那么：

$$周期 = ON的时间 + OFF的时间$$

以图 5-11 为例，它的周期就是 1s+1s=2s。

（3）占空比。在理解了周期之后，我们引入一个重要的参数——占空比（Duty Ratio）。通过占空比可以进一步表征该方波信号。占空比指的是亮的时间与周期的比值，即：

$$占空比 = \frac{ON的时间}{周期} \times 100\%$$

我们设计的这个电路的占空比是 50%。图 5-12 表示了占空比分别为 25%、50%和 75%的情况。

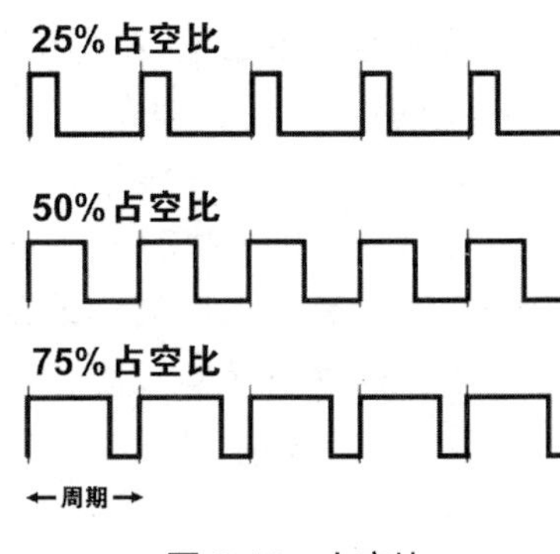

图 5-12　占空比

下面再来举个例子，“三天打鱼、两天晒网”，就是一共 5 天，有 3 天打鱼，有两天晒渔网。所以，打鱼的占空比就是 3/5，等于 60%。

那么占空比的作用是什么呢？根据面积等效原理，无论什么形状的电压波形，只要脉冲面积与波形面积相同，产生的效果（平均输出电压）就是一样的。因此可以使用这些脉冲来代替波形，从而改变电路输出的电压的大小和频率。

因此，高占空比意味着脉冲面积大，电路输出的电压就高，导致 LED 灯非常明亮，如图 5-13 所示；低占空比意味着脉冲面积小，电路输出的电压就低，导致 LED 灯较为暗淡，就像图 5-14 所示的这样。请注意，用浅色表示 LED 灯暗淡。

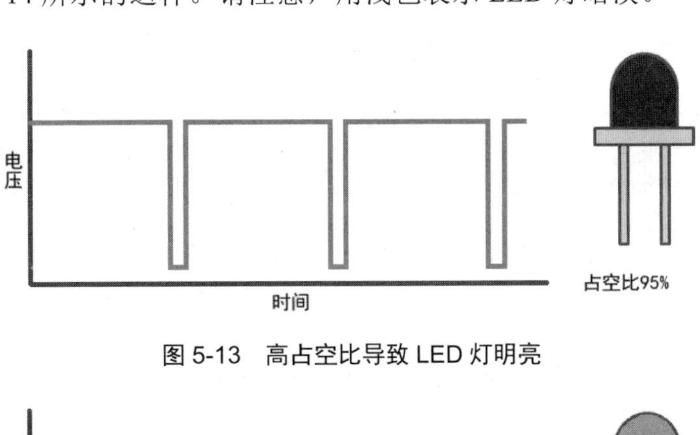

图 5-13　高占空比导致 LED 灯明亮

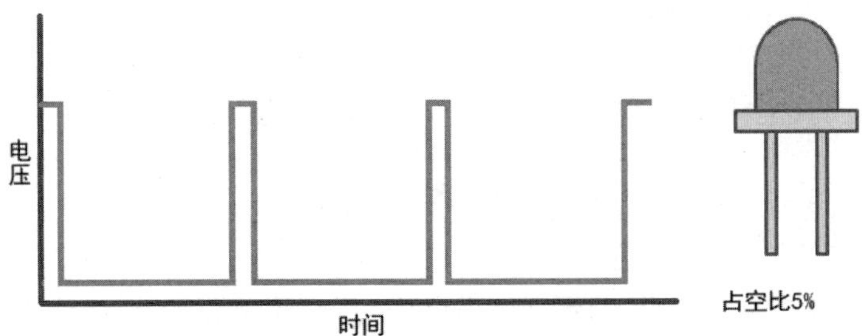

图 5-14　低占空比导致 LED 灯暗淡

LED 灯的亮度（光亮）与频率无关，而与占空比成正比，如图 5-15 所示。

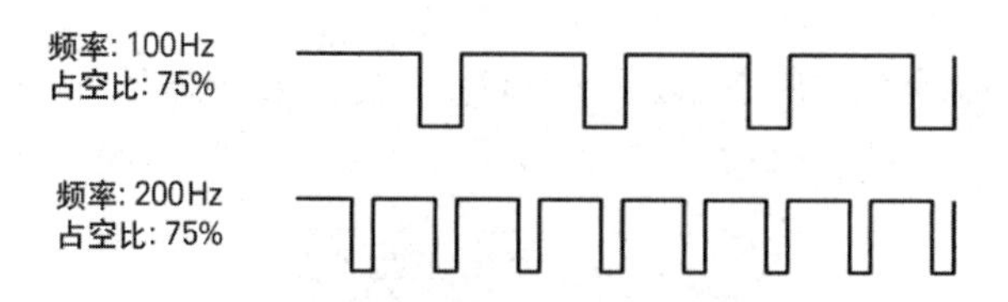

图 5-15　LED 灯的亮度（光亮）与频率无关

频率为 100Hz 的方波和频率为 200Hz 的方波的占空比可以都是 75%。所以，这两个方波驱动的 LED 灯的亮度是一样的。那么频率的作用是什么呢？它影响着模拟电路输出的电压波形的平滑度，从而影响了亮度变化的平滑度。在由以非常低的频率产生的方波信号控制的 LED 灯中，可以感觉到 LED 灯的亮度变化的卡顿。这在人看来是一种闪烁，而不是光强度的均匀变化。

用于控制电路的频率受限于电路响应时长，低频率可能导致 LED 灯出现明显的闪烁；反之，高频率可能导致电感负载饱和。

如图 5-16 所示，较低的频率会导致模拟电路输出的电压波形不够平滑，LED 灯亮度变化的平滑度就差。如果我们把频率提高到 1k～200kHz，模拟电路输出的电压波形就平滑得多，就像在图 5-16（b）看到的这样，LED 灯亮度变化的平滑度好，从而可以实现更加平滑的调光。所以，较高且合理的频率会得到近似平滑的模拟输出波形。

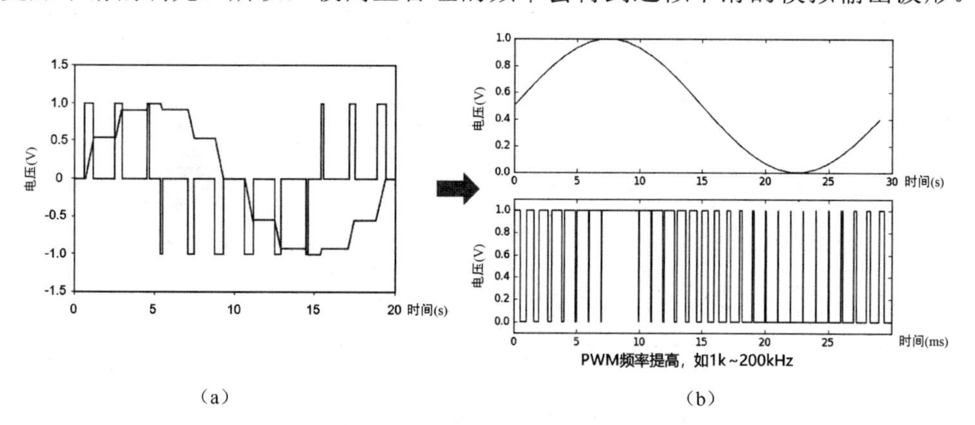

图 5-16　得到近似平滑的模拟输出波形

总结一下，脉冲调制有两个重要的参数：第一个是输出频率，频率越高，模拟的效果越好；第二个是占空比，占空比改变输出模拟效果的电压大小，占空比越大，模拟出的电压就越大。

4. PWM 的优势场景

PWM 是一项伟大的技术，与模拟控制相比具有很多优势，在蜂鸣器驱动、电机驱动、逆变电路、加湿器雾化量控制、变速风扇控制器、混合动力和电动汽车电机驱动电路、LED 调光器等领域有着大量的应用场景。

比如，它降低了变频空调、变频冰箱、变频洗衣机等电器的功耗。在某些情况下，变频空调的能耗不到非变频空调的一半。在当代，如果一个设备被宣传为具备变速压缩机或无级变速风扇，那么它很可能使用了 PWM 技术。

再如，使用 PWM 控制灯的亮度，灯散发的热量将低于模拟控制，因为模拟控制会将电流转化为热量，因此传送到负载的功率较低，这可以延长负载的生命周期。如果使用较高的频率，则能够像模拟控制一样顺畅地控制光的亮度。

再举个例子，如果使用 PWM 控制转子，则转子能够以较低的速度运转。在使用模拟电路控制转子时，低转速情况下无法生成足够的扭矩。微小电流生成的电磁场不足以转动转子。相比之下，PWM 电路能够生成一个满能量的磁通短脉冲，足以支持转子低速转动。这也是电动汽车拥有低速高扭矩的主要原因。

怎么样，是不是很棒？

5. Hi3861V100芯片的 PWM 引脚分布

您可能会有以下疑问：通过 CPU 控制 GPIO 引脚状态，不就能够实现输出方波信号吗？确实可以，但是引脚状态的每次变化都要由 CPU 主动控制（说白了就是您得写代码），会造成 CPU 计算资源的浪费。

Hi3861V100 芯片的 PWM 模块不需要 CPU 主动控制，就可以输出连续的方波信号。在拥有 PWM 模块的芯片中，CPU 只需要向 PWM 模块设定方波的一些参数，就可以实现在没有 CPU 控制的情况下，输出一定频率和占空比的连续方波信号。

下面介绍 Hi3861V100 芯片的 PWM 引脚分布，请看表 5-5。

表 5-5　Hi3861V100 芯片的 PWM 引脚分布

引脚编号	默认功能	复用信号
2	GPIO-00	PWM3_OUT
3	GPIO-01	PWM4_OUT
4	GPIO-02	PWM2_OUT
5	GPIO-03	PWM5_OUT
6	GPIO-04	PWM1_OUT
17	GPIO-05	PWM2_OUT
18	GPIO-06	PWM3_OUT
19	GPIO-07	PWM0_OUT
20	GPIO-08	PWM1_OUT
27	GPIO-09	PWM0_OUT
28	GPIO-10	PWM1_OUT
29	GPIO-11	PWM2_OUT
30	GPIO-12	PWM3_OUT
31	GPIO-13	PWM4_OUT
32	GPIO-14	PWM5_OUT

5.3.2　相关 API 介绍

下面介绍 PWM 输出方波相关的 API。

1. HAL API

我们遵循 HAL+SDK 的接口使用策略，首先介绍 HAL 接口中的相关 API。接口位置在 base\iot_hardware\peripheral\interfaces\kits\iot_pwm.h 文件中。这些 API 见表 5-6。

表 5-6　HAL API

API 名称	说明
unsigned int IoTPwmInit(unsigned int port)	PWM 模块初始化。参数 port 用于指定 PWM 端口号
unsigned int IoTPwmStart(unsigned int port, unsigned short duty, unsigned int freq)	开始输出 PWM 信号。参数 port 用于指定 PWM 端口号，duty 参数用于指定占空比（1～99），参数 freq 用于指定频率（大于等于 2442）
unsigned int IoTPwmStop(unsigned int port)	停止输出 PWM 信号
unsigned int IoTPwmDeinit(unsigned int port)	解除 PWM 模块初始化

2. 海思 SDK API

下面介绍海思 SDK 接口中的相关 API，这些 API 见表 5-7。接口位置在 device\hisilicon\hispark_pegasus\sdk_liteos\include\hi_io.h 文件中。

表 5-7　海思 SDK API

API 名称	说明
hi_u32 hi_pwm_set_clock(hi_pwm_clk_source clk_type)	设置 PWM 模块的时钟类型，对所有的 PWM 模块生效。参数 clk_type 用于指定时钟类型，内部时钟频率（默认）为 160MHz，外部时钟频率为 40MHz
hi_u32 hi_pwm_start(hi_pwm_port port, hi_u16 duty, hi_u16 freq)	开始输出 PWM 信号。参数 port 用于指定 PWM 端口号，参数 duty 用于指定占空比（1～65535），参数 freq 用于指定分频倍数（1～65535）
hi_u32 hi_pwm_stop(hi_pwm_port port)	停止输出 PWM 信号。参数 port 用于指定 PWM 端口号

3. HAL 接口与 SDK 接口的重要区别

在 HAL 接口中，IoTPwmStart 函数用于开始输出 PWM 信号，而在 SDK 接口中，hi_pwm_start 函数用于开始输出 PWM 信号。这两个函数都有 duty 和 freq 参数，但是这两个参数在这两个函数中的含义是不同的。

（1）IoTPwmStart 函数。

参数 duty 用于指定实际占空比，它的取值范围为 1～99，实际占空比是 duty%。

参数 freq 用于指定实际频率，它的取值要大于等于 2442，实际频率等于 freq。

（2）hi_pwm_start 函数。

参数 duty 用于指定占空比，它的取值范围为 1～65535，实际占空比是 duty/分频倍数。也就是说，实际占空比不仅取决于 duty，还取决于分频倍数。

参数 freq 用于指定分频倍数，它的取值范围也为 1～65535，实际频率等于时钟频率/分频倍数。

在开发中，我们通常会先确定实际占空比和实际频率。那么如何根据这两个数值来计算出 duty 和分频倍数呢？我们给出以下具体公式：

分频倍数＝时钟频率/实际频率

duty＝分频倍数×实际占空比

其中，时钟频率是已知的。在智能家居开发套件的核心板上，内部时钟频率为 160MHz，外部时钟频率为 40MHz，默认使用内部时钟频率。

5.3.3　交通灯板的蜂鸣器介绍

交通灯板的蜂鸣器被标记为“B1”，用于发出声音，如图 5-17 所示。它连接到了 Hi3861V100 芯片的 27 号引脚上。27 号引脚的复用关系为 GPIO-09 和 PWM0。

这个蜂鸣器的基本特性如下：

（1）输出频率：2700Hz。

（2）声音输出（10cm）：大于 80dB（2700Hz，50%占空比）。

（3）工作温度：-20℃～70℃。

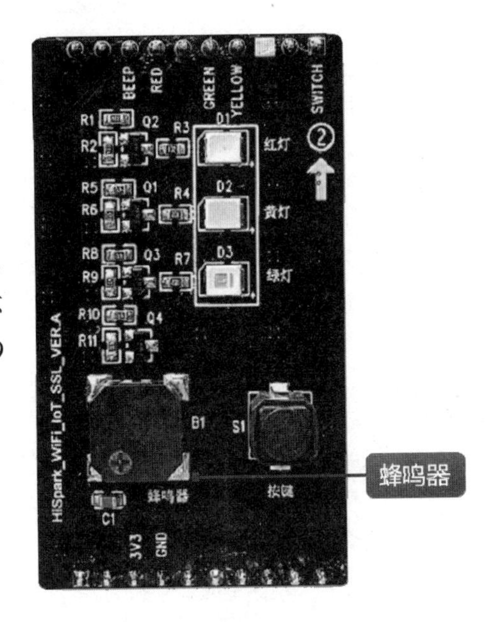

图 5-17　交通灯板的蜂鸣器

5.3.4　案例程序：控制蜂鸣器发声

下面通过案例程序介绍相关 API 的具体使用方法。

1. 目标

本案例的目标如下：第一，使用 PWM 模块的相关 API 控制交通灯板的蜂鸣器发声；第二，理解 PWM 的基本原理。

2. 准备开发套件

请准备好智能家居开发套件，组装好底板、核心板和交通灯板。

3. 新建目录

启动虚拟机。在 VS Code 中打开 OpenHarmony 源码根目录。新建 applications\sample\wifi-iot\app\pwm_demo 目录，这个目录将作为本案例程序的根目录。

4. 编写源码与编译脚本

新建 applications\sample\wifi-iot\app\pwm_demo\pwm_buz.c 文件，源码如下：

```
1. #include <stdio.h>       // 标准输入输出头文件
2.
3. #include "ohos_init.h"  // 用于初始化服务(service)和功能(feature)的头文件
4. #include "cmsis_os2.h"  // CMSIS-RTOS2 头文件
5.
6. #include "iot_gpio.h"   // OpenHarmony HAL API: IoT 硬件设备操作接口中的 GPIO
接口头文件
7. #include "hi_io.h"      // 海思 Pegasus SDK: IoT 硬件设备操作接口中的 IO 接口头
文件
8. #include "iot_pwm.h"   // OpenHarmony HAL API: IoT 硬件设备操作接口中的 PWM
接口头文件
9.
10. // 海思 Pegasus SDK 的接口，以 hi_开头，如 hi_pwm_set_clock(...)
11. #include "hi_pwm.h"
12.
13. // 主线程函数
14. static void PwmBuzTask(void *arg)
15. {
16.     (void)arg;
17.
18.     // 初始化 GPIO 模块
19.     IoTGpioInit(HI_IO_NAME_GPIO_9);
20.
21.     // 设置 GPIO-09 的功能为 PWM0 输出
22.     hi_io_set_func(HI_IO_NAME_GPIO_9, HI_IO_FUNC_GPIO_9_PWM0_OUT);
23.
24.     // 设置 GPIO-09 的模式为输出模式（引脚方向为输出）
25.     IoTGpioSetDir(HI_IO_NAME_GPIO_9, IOT_GPIO_DIR_OUT);
26.
27.     // 初始化 PWM 模块
28.     IoTPwmInit(HI_PWM_PORT_PWM0);
29.
30.     // 开始输出 PWM 信号（蜂鸣器开始鸣叫），占空比为 50%，频率为 4000Hz
31.     // OpenHarmony 的 HAL 接口
32.     IoTPwmStart(HI_PWM_PORT_PWM0, 50, 4000);
33.     // 海思 SDK 接口
34.     // 内部时钟频率(默认)为 160MHz，外部时钟频率为 40MHz
35.     // 时钟频率：160MHz=160000000Hz
36.     // 分频倍数 = 时钟频率/实际频率 = 160000000/4000 = 40000
```

```
37.     // duty = 分频倍数*实际占空比 = 40000*50% = 20000
38.     // hi_pwm_start(HI_PWM_PORT_PWM0, 20*1000, 40*1000);
39.
40.     // 等待 1 秒（让蜂鸣器鸣叫 1 秒）
41.     osDelay(100);
42.
43.     // 停止输出 PWM 信号（蜂鸣器停止鸣叫）
44.     // OpenHarmony 的 HAL 接口
45.     IoTPwmStop(HI_PWM_PORT_PWM0);
46.     // 海思 SDK 接口
47.     // hi_pwm_stop(HI_PWM_PORT_PWM0);
48.
49.     // 停止鸣叫后，熄灭 LED 灯
50.     // 设置 GPIO-09 的功能为 GPIO
51.     hi_io_set_func(HI_IO_NAME_GPIO_9, HI_IO_FUNC_GPIO_9_GPIO);
52.     // 设置 GPIO-09 的模式为输出模式（引脚方向为输出）
53.     IoTGpioSetDir(HI_IO_NAME_GPIO_9, IOT_GPIO_DIR_OUT);
54.     // 设置 GPIO 引脚的输出状态（输出高电平，熄灭 LED 灯）
55.     IoTGpioSetOutputVal(HI_IO_NAME_GPIO_9, IOT_GPIO_VALUE1);
56. }
57.
58. // 入口函数
59. static void PwmBuzEntry(void)
60. {
61.     // 定义线程属性
62.     osThreadAttr_t attr;
63.     attr.name = "PwmBuzTask";
64.     attr.stack_size = 4096;
65.     attr.priority = osPriorityNormal;
66.
67.     // 创建线程
68.     if (osThreadNew(PwmBuzTask, NULL, &attr) == NULL)
69.     {
70.         printf("[PwmBuzExample] Falied to create PwmBuzTask!\n");
71.     }
72. }
73.
74. // 运行入口函数
75. SYS_RUN(PwmBuzEntry);
```

新建 applications\sample\wifi-iot\app\pwm_demo\BUILD.gn 文件，源码如下：

```
1. # 静态库
2. static_library("pwm_demo") {
3.     sources = [
4.         "pwm_buz.c"
5.     ]
6.
7.     include_dirs = [
8.         "//utils/native/lite/include",
9.         "//kernel/liteos_m/kal",
10.        "//base/iot_hardware/peripheral/interfaces/kits",
11.    ]
12. }
```

修改 applications\sample\wifi-iot\app\BUILD.gn 文件，源码如下：

```
1. import("//build/lite/config/component/lite_component.gni")
2.
3. # for "pwm_demo" example.
4. lite_component("app") {
5.   features = [
6.     "pwm_demo",
7.   ]
8. }
```

5. 编译、烧录、运行

请注意，编译过程中可能会出现错误，提示“undefined reference to hi_pwm_...”。导致这个错误的原因是，在默认情况下，海思 SDK 中没有开启 PWM 支持。解决这个问题的方法很简单，修改“device/hisilicon/hispark_pegasus/sdk_liteos/build/config/user_config.mk”文件，将文件中的“# CONFIG_PWM_SUPPORT is not set”一行修改为“CONFIG_PWM_SUPPORT=y”即可（注意要去掉开头的#）。

编译、烧录、运行的具体操作不再赘述。

5.3.5　案例程序：控制蜂鸣器播放音乐

1. 准备工作

（1）无源蜂鸣器。刚刚介绍了使用 PWM 模块的相关 API 控制智能家居开发套件的交通灯板的蜂鸣器发声。事实上，蜂鸣器分为有源蜂鸣器和无源蜂鸣器两种类型。交通灯板装备的这个蜂鸣器属于无源蜂鸣器。有源和无源的“源”不是指电源，而是指振荡源。也就是说，有源蜂鸣器内部带振荡源，所以只要一通电就会叫，而无源蜂鸣器内部不带振荡源，如果用直流信号无法令其鸣叫，就必须用方波驱动它。

无源蜂鸣器声音的频率可控，可以实现发出 do、re、mi、fa、so、la、si 的效果，就应该能够编程实现播放音乐（如图 5-18 所示）。

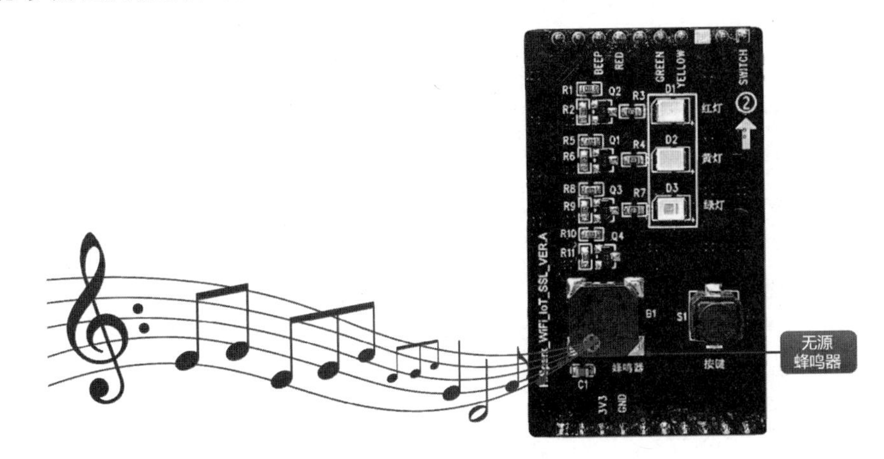

图 5-18　无源蜂鸣器

（2）音符-频率的对应关系。我们来了解一下国际标准音高与频率的对应关系，如图 5-19 所示。

		C(do)	$C^{\#}/D^{b}$	D(re)	$D^{\#}/^{b}E$	E(mi)	F(fa)	$F^{\#}/G^{b}$	G(so)	$G^{\#}/A^{b}$	A(la)	$A^{\#}/^{b}B$	B(si)
	0	16.352	17.324	18.354	19.446	20.602	21.827	23.125	24.5	25.957	27.501	29.136	30.868
	1	32.704	34.649	36.709	38.892	41.204	43.655	46.25	49.001	51.914	55.001	58.272	61.737
	2	65.408	69.297	73.418	77.784	82.409	87.309	92.501	98.001	103.829	110.003	116.544	123.474
	3	130.816	138.595	146.836	155.567	164.818	174.618	185.002	196.002	207.657	220.005	233.087	246.947
中央C (C4)	4	261.632	277.189	293.672	311.135	329.636	349.237	370.003	392.005	415.315	440.01	466.175	493.895
	5	523.264	554.379	587.344	622.269	659.271	698.473	740.007	784.01	830.629	880.021	932.35	987.79
High C (C6)	6	1046.53	1108.76	1174.69	1244.54	1318.542	1396.95	1480.01	1568.019	1661.258	1760.042	1864.7	1975.58
	7	2093.06	2217.52	2349.38	2489.08	2637.084	2793.89	2960.03	3136.039	3322.517	3520.084	3729.4	3951.16
	8	4186.11	4435.03	4698.75	4978.15	5274.169	5587.79	5920.05	6272.077	6645.034	7040.168	7458.8	7902.319
	9	8372.22	8870.06	9397.5	9956.31	10548.34	11175.6	11840.1	12544.16	13290.07	14080.34	14917.6	15804.64

图 5-19　国际标准音高与频率的对应关系

列标题是音符，包含了 C（do）、D（re）、E（mi）、F（fa）、G（so）、A（la）和 B（si）。行标题是八度，范围为 0～9。数据区域代表频率。每个音高用它的列标题和行标题来命名，比如 C0、D1、F4 等，对应单元格中的数值就是这个音高的频率。

在图 5-19 中，位于乐音体系中央位置的是 C4，所以它也叫中央 C。中央 C 的频率是 261.632Hz。音高升高一个八度，频率增加一倍。比如，从 C4 到 C5 频率增加了一倍，从 C5 到 C6 频率又增加了一倍。我们把 C6 叫 High C（高音 C），它的频率是 1046.53Hz。

智能家居开发套件核心板的默认时钟频率是 160MHz。根据公式“实际频率=时钟频率/分频倍数”，PWM 输出的方波频率和分频倍数成反比。分频倍数越大，输出的方波频率越小。分频倍数的最大值是 65 535，所以 PWM 输出方波的最低频率取决于时钟频率，也就是 160 000 000/65 535≈2441.44Hz。如果用来播放音乐，那么这个频率对应的音高太高了，听着不舒服。

我们用唱歌打比方，正常人唱歌是这样的：男低音的声音频率在 80～320Hz，男中音的声音频率在 100～400Hz，男高音的声音频率在 130～480Hz；女中音的声音频率在 160～600Hz，女高音的声音频率在 250～1200Hz。女声唱 High C 的频率是 1046.53Hz，也就是表中的 C6。如果 PWM 输出方波的最低频率是 2441.44Hz，相当于这个音乐伴奏起步比 High C 高了一个八度还多。

为了符合常规听感，我们需要把 PWM 输出方波的最低频率降下来，那么就只能修改时钟源。通过调用 hi_pwm_set_clock 函数，可以修改时钟源。将时钟源设置为外部晶体时钟，时钟频率为 40MHz。40 000 000/65 535≈610.3Hz，这样就能够输出 E5 及其音高以上的所有音符，但还是比中央 C 高了一个八度。

（3）确定可用音符的频率。在最低频率确定以后，接下来要在图 5-19 中挑选出可用音符的频率，如图 5-20 所示。PWM 输出方波的最低频率是 610.3Hz，第五个八度覆盖不全，没有 C5（do）和 D5（re），只能作为低音区。E5、F5、G5、A5 和 B5 分别对应低音的 mi、fa、so、la、si。主音区从 C6（High C）起步，C6～B6 分别对应 do、re、mi、fa、so、la、si。

		C(do)	$C^{\#}/D^{b}$	D(re)	$D^{\#}/{}^{b}E$	E(mi)	F(fa)	$F^{\#}/G^{b}$	G(so)	$G^{\#}/A^{b}$	A(la)	$A^{\#}/{}^{b}B$	B(si)
	0	16.352	17.324	18.354	19.446	20.602	21.827	23.125	24.5	25.957	27.501	29.136	30.868
	1	32.704	34.649	36.709	38.892	41.204	43.655	46.25	49.001	51.914	55.001	58.272	61.737
	2	65.408	69.297	73.418	77.784	82.409	87.309	92.501	98.001	103.829	110.003	116.544	123.474
	3	130.816	138.595	146.836	155.567	164.818	174.618	185.002	196.002	207.657	220.005	233.087	246.947
中央C (C4)	4	261.632	277.189	293.672	311.135	329.636	349.237	370.003	392.005	415.315	440.01	466.175	493.895
	5	523.264	554.379	587.344	622.269	659.271	698.473	740.007	784.01	830.629	880.021	932.35	987.79
High C (C6)	6	1046.53	1108.76	1174.69	1244.54	1318.542	1396.95	1480.01	1568.019	1661.258	1760.042	1864.7	1975.58
	7	2093.06	2217.52	2349.38	2489.08	2637.084	2793.89	2960.03	3136.039	3322.517	3520.084	3729.4	3951.16
	8	4186.11	4435.03	4698.75	4978.15	5274.169	5587.79	5920.05	6272.077	6645.034	7040.168	7458.8	7902.319
	9	8372.22	8870.06	9397.5	9956.31	10548.34	11175.6	11840.1	12544.16	13290.07	14080.34	14917.6	15804.64

图 5-20　确定可用音符的频率

总之，外部晶体时钟频率为 40MHz，音符起步还是稍微有点高的，但是也没有其他时钟源可选择了。

（4）确定可用音符的分频倍数。在可用音符的频率确定好之后，我们还需要计算出这些频率对应的分频倍数。您可能会问，有了频率，直接用 HAL 接口的 IoTPwmStart 函数不就可以了吗？为什么还要计算分频倍数呢？这是因为 HAL 接口的 IoTPwmStart 函数只支持 160MHz 的内部时钟，不支持 40MHz 的外部时钟。所以，要用海思 SDK 接口的 hi_pwm_start 函数，就需要先把分频倍数算出来。

使用公式“分频倍数=时钟频率/实际频率”进行计算，其中时钟频率为 40MHz。计算结果见表 5-8。

表 5-8　确定可用音符的分频倍数

音符	频率（Hz）	分频倍数
C6(do) High C	1046.5	38 223
D6(re)	1174.7	34 052
E6(mi)	1318.5	30 338
F6(fa)	1396.9	28 635
G6(so)	1568	25 511
A6(la)	1760	22 728
B6(si)	1975.5	20 249
G5(so) 低八度	784	51 020
…	…	…

比如，C6（High C）的频率是 1046.5Hz，它的分频倍数是 38 223，而 G5（我们挑选出的低八度区域的 so）的频率是 784Hz，分频倍数是 51 020。

（5）准备曲谱。现在我们已经可以让蜂鸣器发出指定的音符了。接下来，准备曲谱。我们选择了一个比较简单，人们又很熟悉的曲谱《两只老虎》，如图 5-21 所示。

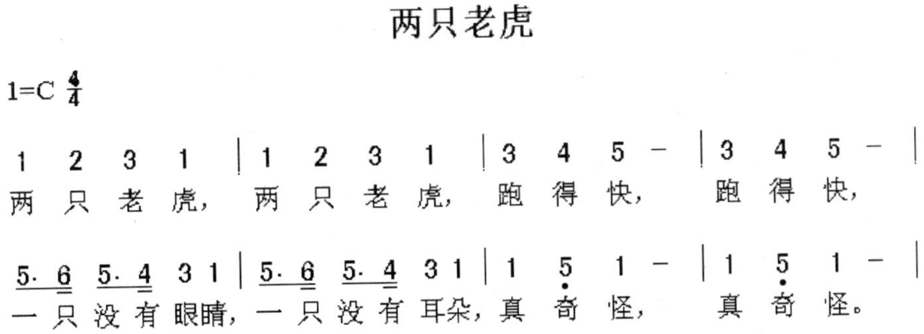

两只老虎

1=C 4/4

1 2 3 1 | 1 2 3 1 | 3 4 5 – | 3 4 5 – |
两 只 老 虎， 两 只 老 虎， 跑 得 快， 跑 得 快，

5· 6 5· 4 3 1 | 5· 6 5· 4 3 1 | 1 5 1 – | 1 5 1 – |
一 只 没 有 眼睛， 一 只 没 有 耳朵， 真 奇 怪， 真 奇 怪。

图 5-21 《两只老虎》曲谱

（6）简谱说明。对于缺乏音乐基础的读者来说，可能不太清楚简谱上的一些记号是什么意思，下面简单说明。

左上角的“1=C”表示正调，也就是常规的对应关系：1 对应 C（do），2 对应 D（re），3 对应 E（mi），4 对应 F（fa），5 对应 G（so），6 对应 A（la），7 对应 B（si）。

左上角的“4/4”表示四四拍，也就是四分音符为一拍，每小节有四拍。曲谱上的竖线是每个小节的分隔符，与 4/4 拍对应。“跑得快”上面的“5”后面的横线表示延时一拍。“一只没有眼睛”上面的“5”后面的点，表示顺延半拍。一条下画线表示 1/2 时间，两条下画线表示 1/4 时间。

（7）记录曲谱（程序表示）。有了上面的这些基础知识，我们就可以开始记录曲谱了。所谓记录曲谱，指的是用程序来表示曲谱。

我们要记录分频倍数。分频倍数代表了频率，频率代表了音符。我们遵循以下两个原则：

第一，要涵盖曲谱中的音符，否则就是俗话说的“五音不全”了。

第二，数组元素要尽量按发音顺序排列，以便用下标来访问具体的音符。

我们定义一个数组，空出第一个元素（也就是下标为 0 的元素）不使用。从下标为 1 的元素开始，分别表示 do、re、mi、fa、so、la、si。这样下标和音符就建立起了对应关系：1、2、3、4、5、6、7 分别对应 do、re、mi、fa、so、la、si！

低八度的音符就用到了一个 G5，可以往后排。

```
1. static const uint16_t g_tuneFreqs[] = {
2.     0,      // 不使用
3.     38223, // 1046.5Hz  C6(do)
4.     34052, // 1174.7Hz  D6(re)
5.     30338, // 1318.5Hz  E6(mi)
6.     28635, // 1396.9Hz  F6(fa)
7.     25511, // 1568Hz    G6(so)
8.     22728, // 1760Hz    A6(la)
9.     20249, // 1975.5Hz  B6(si)
10.    51020  // 784Hz     G5(so) 低八度
11. };
```

在分频倍数定义好后，相当于“音”有了，我们还需要“谱”。下面来看如何记录曲谱音符，具体原则如下：

第一，音符就是分频倍数数组元素的下标。

第二，下标与简谱数字基本一致。

第三，低八度的音符单独处理。

我们定义一个数组，这个数组的元素值全是分频倍数数组元素的下标。可以看到，元素值基本上与《两只老虎》的简谱是一致的，只有低八度的 so 的值是 8，因为低八度的 so 在分频倍数数组元素中的下标是 8。

```
1. static const uint8_t g_scoreNotes[] = {
2.     1, 2, 3, 1,        1, 2, 3, 1,        3, 4, 5,  3, 4, 5,
3.     5, 6, 5, 4, 3, 1,  5, 6, 5, 4, 3, 1,  1, 8, 1,  1, 8, 1,
4. };
```

只记录曲谱音符还不够，因为每一个音符发音的时间长短是不一样的。所以，还需要记录曲谱的时值，就是每个音符的发音时长。我们根据简谱的记谱方法进行转写即可。在 4/4 拍中，下面画一条线代表半拍，画两条线代表四分之一拍，点代表顺延半拍。四

分之一拍用 1 表示，半拍用 2 表示，四分之三拍用 3 表示，一拍用 4 表示，两拍用 8 表示，以此类推。我们就得到了如下所示的曲谱时值数组。

```
1. static const uint8_t g_scoreDurations[] = {
2.     4, 4, 4, 4,         4, 4, 4, 4,         4, 4, 8,  4, 4, 8,
3.     3, 1, 3, 1, 4, 4,  3, 1, 3, 1, 4, 4,  4, 4, 8,  4, 4, 8,
4. };
```

请您对照着曲谱来理解一下。准备工作至此全部完成，下面实现这个案例程序。

2. 案例程序

（1）目标。本案例的目标如下：第一，使用 PWM 模块的相关 API 灵活控制交通灯板的蜂鸣器的音调；第二，理解将乐曲电子化的过程。

（2）准备开发套件。请准备好智能家居开发套件，组装好底板、核心板和交通灯板。

（3）新建目录。我们将使用 5.3.4 节的根目录。

（4）编写源码与编译脚本。新建 applications\sample\wifi-iot\app\pwm_demo\pwm_music.c 文件，源码如下：

```
 1. #include <stdio.h>       // 标准输入输出头文件
 2.
 3. #include "ohos_init.h"  // 用于初始化服务(service)和功能(feature)的头文件
 4. #include "cmsis_os2.h"  // CMSIS-RTOS2 头文件
 5.
 6. #include "iot_gpio.h"   // OpenHarmony API: IoT 硬件设备操作接口中的 GPIO 接口头文件
 7. #include "hi_io.h"      // 海思 Pegasus SDK: IoT 硬件设备操作接口中的 IO 接口头文件
 8. #include "hi_pwm.h"     // 海思 Pegasus SDK: IoT 硬件设备操作接口中的 PWM 接口头文件
 9.
10. // 分频倍数数组
11. // 40MHz 对应的分频倍数
12. static const uint16_t g_tuneFreqs[] = {
13.     0,      // 不使用
14.     38223, // 1046.5Hz  C6(do)
15.     34052, // 1174.7Hz  D6(re)
16.     30338, // 1318.5Hz  E6(mi)
17.     28635, // 1396.9Hz  F6(fa)
18.     25511, // 1568Hz    G6(so)
19.     22728, // 1760Hz    A6(la)
20.     20249, // 1975.5Hz  B6(si)
21.     51020  // 784Hz     G5(so)低八度
```

```
22. };
23.
24. // 曲谱音符数组:《两只老虎》
25. static const uint8_t g_scoreNotes[] = {
26.     1, 2, 3, 1,        1, 2, 3, 1,        3, 4, 5,  3, 4, 5,
27.     5, 6, 5, 4, 3, 1,  5, 6, 5, 4, 3, 1,  1, 8, 1,  1, 8, 1,
28. };
29.
30. // 曲谱音符数组:《蜜雪冰城主题曲》
31. // static const uint8_t g_scoreNotes[] = {
32. //     3, 5, 5, 6, 5, 3, 1, 1, 2, 3, 3, 2, 1, 2,
33. //     3, 5, 5, 6, 5, 3, 1, 1, 2, 3, 3, 2, 2, 1,
34. //     4, 4, 4, 6, 5, 5, 3, 2,
35. //     3, 5, 5, 6, 5, 3, 1, 1, 2, 3, 3, 2, 2, 1
36. // };
37.
38. // 曲谱时值数组:《两只老虎》
39. // 根据简谱记谱方法转写
40. // 4/4 拍中下面画一条线代表半拍,画两条线代表四分之一拍,点代表顺延半拍
41. static const uint8_t g_scoreDurations[] = {
42.     4, 4, 4, 4,        4, 4, 4, 4,        4, 4, 8,  4, 4, 8,
43.     3, 1, 3, 1, 4, 4,  3, 1, 3, 1, 4, 4,  4, 4, 8,  4, 4, 8,
44. };
45.
46. // 曲谱时值数组:《蜜雪冰城主题曲》
47. // static const uint8_t g_scoreDurations[] = {
48. //     2, 2, 3, 1, 2, 2, 2, 1, 1, 2, 2, 2, 2, 8,
49. //     2, 2, 3, 1, 2, 2, 2, 1, 1, 2, 2, 2, 2, 8,
50. //     4, 4, 2, 6, 4, 3, 1, 8,
51. //     2, 2, 3, 1, 2, 2, 2, 1, 1, 2, 2, 2, 2, 8
52. // };
53.
54. // 主线程函数
55. static void BeeperMusicTask(void *arg)
56. {
57.     (void)arg;
58.
59.     printf("BeeperMusicTask start!\r\n");   // 日志输出
60.
61.     hi_pwm_set_clock(PWM_CLK_XTAL); // 设置时钟源为外部晶体时钟(40MHz,默认
时钟源频率为 160MHz)
62.
```

```
63.     // 演奏音乐
64.     // 使用循环遍历曲谱音符数组
65.     for (size_t i = 0; i < sizeof(g_scoreNotes)/sizeof(g_scoreNotes[0]);
i++) {
66.         // 获取音符，也就是分频倍数数组元素的下标
67.         uint32_t tune = g_scoreNotes[i];
68.         // 获取分频倍数
69.         uint16_t freqDivisor = g_tuneFreqs[tune];
70.         // 获取音符时间
71.         // 适当拉长时间，四分之一拍用时 125ms，每小节用时 2s
72.         uint32_t tuneInterval = g_scoreDurations[i] * (125*1000);
73.         // 日志输出
74.         printf("%d %d %d %d\r\n", tune, (40*1000*1000) / freqDivisor,
freqDivisor, tuneInterval);
75.         // 开始输出 PWM 信号，占空比为 50%
76.         hi_pwm_start(HI_PWM_PORT_PWM0, freqDivisor/2, freqDivisor);
77.         // 等待音符时间，参数的单位是微秒（千分之一毫秒）
78.         usleep(tuneInterval);
79.         // 停止输出 PWM 信号
80.         hi_pwm_stop(HI_PWM_PORT_PWM0);
81.         // 停止一个音符后，等待 20ms，让两次发音有个间隔，听起来更自然一些
82.         usleep(20*1000);
83.     }
84. }
85.
86. // 入口函数
87. static void StartBeepMusicTask(void)
88. {
89.     // 定义线程属性
90.     osThreadAttr_t attr;
91.     attr.name = "BeeperMusicTask";
92.     attr.stack_size = 4096;
93.     attr.priority = osPriorityNormal;
94.
95.     // 设置蜂鸣器引脚的功能为 PWM
96.     IoTGpioInit(HI_IO_NAME_GPIO_9);
97.     hi_io_set_func(HI_IO_NAME_GPIO_9, HI_IO_FUNC_GPIO_9_PWM0_OUT);
98.     IoTGpioSetDir(HI_IO_NAME_GPIO_9, IOT_GPIO_DIR_OUT);
99.     IoTPwmInit(HI_PWM_PORT_PWM0);
100.
101.    // 创建线程
102.    if (osThreadNew(BeeperMusicTask, NULL, &attr) == NULL) {
```

```
103.         printf("[BeeperMusicExample] Falied to create BeeperMusicTask!\n");
104.     }
105. }
106.
107. // 运行入口函数
108. SYS_RUN(StartBeepMusicTask);
```

修改 applications\sample\wifi-iot\app\pwm_demo\BUILD.gn 文件，源码如下：

```
 1. # 静态库
 2. static_library("pwm_demo") {
 3.     sources = [
 4.         "pwm_music.c"
 5.     ]
 6.
 7.     include_dirs = [
 8.         "//utils/native/lite/include",
 9.         "//kernel/liteos_m/kal",
10.         "//base/iot_hardware/peripheral/interfaces/kits",
11.     ]
12. }
```

（5）编译、烧录、运行。编译、烧录、运行的具体操作不再赘述。

5.3.6 案例程序：控制蜂鸣器的音量

下面通过案例程序介绍控制蜂鸣器音量的具体方法。

1. 目标

本案例的目标如下：第一，使用 PWM 模块的相关 API 控制交通灯板的蜂鸣器的音量；第二，理解占空比的原理。

2. 准备开发套件

请准备好智能家居开发套件，组装好底板、核心板和交通灯板。

3. 新建目录

我们将使用 5.3.4 节的根目录。

4. 编写源码与编译脚本

新建 applications\sample\wifi-iot\app\pwm_demo\pwm_volume.c 文件，源码如下：

```
1. #include <stdio.h>        // 标准输入输出头文件
2.
```

```
 3. #include "ohos_init.h"  // 用于初始化服务(service)和功能(feature)的头文件
 4. #include "cmsis_os2.h"  // CMSIS-RTOS2 头文件
 5.
 6. #include "iot_gpio.h"   // OpenHarmony HAL: IoT 硬件设备操作接口中的 GPIO 接
口头文件
 7. #include "hi_io.h"      // 海思 Pegasus SDK: IoT 硬件设备操作接口中的 IO 接口头
文件
 8. #include "hi_pwm.h"     // 海思 Pegasus SDK: IoT 硬件设备操作接口中的 PWM 接口
头文件
 9.
10. // 主线程函数
11. static void PwmVolumeTask(void *arg)
12. {
13.     (void)arg;
14.
15.     // 初始化 GPIO 模块
16.     IoTGpioInit(HI_IO_NAME_GPIO_9);
17.     // 设置 GPIO-09 的功能为 PWM0 输出
18.     hi_io_set_func(HI_IO_NAME_GPIO_9, HI_IO_FUNC_GPIO_9_PWM0_OUT);
19.     // 初始化 PWM 模块
20.     IoTPwmInit(HI_PWM_PORT_PWM0);
21.     // 设置时钟源为外部晶体时钟(40MHz，默认时钟源频率为 160MHz)
22.     hi_pwm_set_clock(PWM_CLK_XTAL);
23.
24.     // 工作循环
25.     while (1)
26.     {
27.         // 定义音量级别
28.         const int numLevels = 100;
29.         // 音量逐渐变大
30.         for (int i = numLevels; i >0; i--)
31.         {
32.             // 确定海思 SDK 接口的分频倍数和 duty
33.             // 实际频率使用 611.6Hz
34.             // 分频倍数 = 时钟频率/实际频率 = 40000000/611.6 = 65402，取 65400
35.             // 实际占空比使用 i/numLevels
36.             // duty = 分频倍数*实际占空比 = 65400/numLevels * i
37.             // 开始输出 PWM 信号
38.             hi_pwm_start(HI_PWM_PORT_PWM0, 65400 / numLevels * i, 65400);
39.             // 等待 20ms(让蜂鸣器鸣叫 20ms)
40.             osDelay(2);
41.             // 停止输出 PWM 信号
```

```
42.             hi_pwm_stop(HI_PWM_PORT_PWM0);
43.         }
44.         // 音量逐渐减小
45.         for (int i = 1; i <= numLevels; i++)
46.         {
47.             // 开始输出 PWM 信号
48.             hi_pwm_start(HI_PWM_PORT_PWM0, 65400 / numLevels * i, 65400);
49.             // 等待 20ms（让蜂鸣器鸣叫 20ms）
50.             osDelay(2);
51.             // 停止输出 PWM 信号
52.             hi_pwm_stop(HI_PWM_PORT_PWM0);
53.         }
54.     }
55. }
56.
57. // 入口函数
58. static void PwmVolumeEntry(void)
59. {
60.     // 定义线程属性
61.     osThreadAttr_t attr = {0};
62.     attr.name = "PwmVolumeTask";
63.     attr.stack_size = 4096;
64.     attr.priority = osPriorityNormal;
65.
66.     // 创建线程
67.     if (osThreadNew(PwmVolumeTask, NULL, &attr) == NULL)
68.     {
69.         printf("[PwmVolumeExample] Falied to create PwmVolumeTask!\n");
70.     }
71. }
72.
73. // 运行入口函数
74. SYS_RUN(PwmVolumeEntry);
```

修改 applications\sample\wifi-iot\app\pwm_demo\BUILD.gn 文件，源码如下：

```
1. # 静态库
2. static_library("pwm_demo") {
3.     sources = [
4.         "pwm_volume.c"
5.     ]
6.
7.     include_dirs = [
```

```
8.          "//utils/native/lite/include",
9.          "//kernel/liteos_m/kal",
10.         "//base/iot_hardware/peripheral/interfaces/kits",
11.     ]
12. }
```

5. 编译、烧录、运行

编译、烧录、运行的具体操作不再赘述。

5.3.7 交通灯板的三色灯介绍

交通灯板的红灯被标记为 D1，用于发出红色的光（如图 5-22 所示）。它连接到了 Hi3861V100 芯片的 GPIO-10 引脚上，使用高电平点亮。

交通灯板的黄灯被标记为 D2，用于发出黄色的光。它连接到了 Hi3861V100 芯片的 GPIO-12 引脚上，也使用高电平点亮。

交通灯板的绿灯被标记为 D3，用于发出绿色的光。它连接到了 Hi3861V100 芯片的 GPIO-11 引脚上，同样使用高电平点亮。

此外，交通灯板还有一个按键，它被标记为 S1，用于用户输入。这个按键连接到了 Hi3861V100 芯片的 GPIO-08 引脚上。当按键被按下的时候，GPIO-08 引脚处于低电平状态，而当按键抬起时，GPIO-08 引脚悬空。请注意，GPIO-08 引脚的电平应上拉为高电平，以区分按键状态。

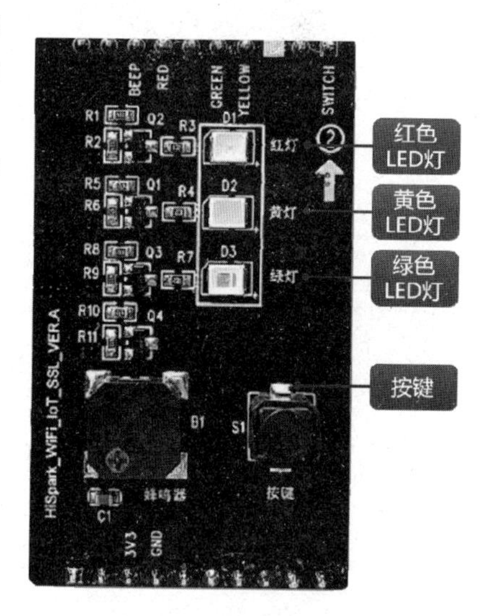

图 5-22 交通灯板的三色灯

5.3.8 案例程序：交通灯演示

1. 目标

本案例的目标如下：第一，综合运用 GPIO 输出电平、GPIO 按键输入、PWM 输出方波等知识；第二，实现按键切换三个灯的亮灭、蜂鸣器发声等效果。

2. 准备开发套件

请准备好智能家居开发套件，组装好底板、核心板和交通灯板。

3. 新建目录

我们将使用 5.3.4 节的根目录。

4. 编写源码与编译脚本

新建 applications\sample\wifi-iot\app\pwm_demo\traffic_light.c 文件，源码如下：

```
1. // Pegasus 交通灯板三色灯与主控芯片引脚的对应关系
2. // GPIO_10 连接红色 LED 灯，输出高电平点亮
3. // GPIO_11 连接绿色 LED 灯，输出高电平点亮
4. // GPIO_12 连接黄色 LED 灯，输出高电平点亮
5.
6. #include <stdio.h>      // 标准输入输出头文件
7. #include <unistd.h>     // POSIX 头文件
8.
9. #include "ohos_init.h"  // 用于初始化服务(service)和功能(feature)的头文件
10. #include "cmsis_os2.h"  // CMSIS-RTOS2 头文件
11.
12. #include "iot_gpio.h"   // OpenHarmony HAL: IoT 硬件设备操作接口中的 GPIO 接口头文件
13. #include "hi_io.h"      // 海思 Pegasus SDK: IoT 硬件设备操作接口中的 IO 接口头文件
14. #include "hi_pwm.h"     // 海思 Pegasus SDK: IoT 硬件设备操作接口中的 PWM 接口头文件
15.
16. // 定义 GPIO 引脚，尽量避免直接用数值
17. #define BUTTON_GPIO 8   // 按钮
18. #define RED_GPIO 10     // 红色 LED 灯
19. #define GREEN_GPIO 11   // 绿色 LED 灯
20. #define YELLOW_GPIO 12  // 黄色 LED 灯
21.
22. // 定义三色 LED 灯的状态
23. static int g_ledStates[3] = {0, 0, 0};
24. // 当前点亮的灯
25. static int g_currentBright = 0;
26. // 蜂鸣器是否鸣叫
27. static int g_beepState = 0;
28.
29. // 主线程函数
30. static void *TrafficLightTask(const char *arg)
31. {
32.     (void)arg;
```

```
33.
34.     // 输出提示信息
35.     printf("TrafficLightTask start!\r\n");
36.
37.     // 将三色灯的 GPIO 引脚放入数组，以便使用循环进行控制
38.     unsigned int pins[] = {RED_GPIO, GREEN_GPIO, YELLOW_GPIO};
39.
40.     // 开始输出 PWM 信号
41.     hi_pwm_start(HI_PWM_PORT_PWM0, 20 * 1000, 40 * 1000);
42.     // 等待 1s（让蜂鸣器鸣叫 1s）
43.     usleep(1000 * 1000);
44.     // 停止输出 PWM 信号
45.     hi_pwm_stop(HI_PWM_PORT_PWM0);
46.
47.     // 让三色灯循环亮灭 4 轮
48.     for (int i = 0; i < 4; i++)
49.     {
50.         // 每一轮按顺序亮灭三色灯
51.         for (unsigned int j = 0; j < 3; j++)
52.         {
53.             // 点亮
54.             IoTGpioSetOutputVal(pins[j], IOT_GPIO_VALUE1);
55.             // 等待 200ms
56.             usleep(200 * 1000);
57.
58.             // 熄灭
59.             IoTGpioSetOutputVal(pins[j], IOT_GPIO_VALUE0);
60.             // 等待 100ms
61.             usleep(100 * 1000);
62.         }
63.     }
64.
65.     // 工作循环
66.     while (1)
67.     {
68.         // 设置每个灯的点亮或熄灭状态
69.         for (unsigned int j = 0; j < 3; j++)
70.         {
71.             IoTGpioSetOutputVal(pins[j], g_ledStates[j]);
72.         }
73.         // 如果允许，让蜂鸣器鸣叫 100ms，然后禁止蜂鸣器鸣叫
74.         if (g_beepState)
```

```
75.         {
76.             // 开始输出 PWM 信号
77.             hi_pwm_start(HI_PWM_PORT_PWM0, 20 * 1000, 40 * 1000);
78.             // 等待 100ms（让蜂鸣器鸣叫 100ms）
79.             usleep(100 * 1000);
80.             // 停止输出 PWM 信号
81.             hi_pwm_stop(HI_PWM_PORT_PWM0);
82.             // 禁止蜂鸣器鸣叫
83.             g_beepState = 0;
84.         }
85.         // 等待 100ms
86.         usleep(100 * 1000);
87.     }
88. 
89.     return NULL;
90. }
91. 
92. // 按钮(GPIO-08)的中断处理函数
93. static void OnButtonPressed(char *arg)
94. {
95.     (void)arg;
96. 
97.     // 设置三色 LED 灯的状态
98.     for (int i = 0; i < 3; i++)
99.     {
100.        // 根据 g_currentBright 设置当前点亮的灯
101.        if (i == g_currentBright)
102.        {
103.            g_ledStates[i] = 1;
104.        }
105.        // 其他灯熄灭
106.        else
107.        {
108.            g_ledStates[i] = 0;
109.        }
110.    }
111.    // 实现按键切灯
112.    g_currentBright++;
113.    // 循环点亮三色 LED 灯
114.    if (g_currentBright == 3)
115.        g_currentBright = 0;
116.
```

```
117.     // 让蜂鸣器鸣叫
118.     g_beepState = 1;
119. }
120.
121. // 入口函数
122. static void StartTrafficLightTask(void)
123. {
124.     // 定义线程属性
125.     osThreadAttr_t attr;
126.     attr.name = "TrafficLightTask";
127.     attr.attr_bits = 0U;
128.     attr.cb_mem = NULL;
129.     attr.cb_size = 0U;
130.     attr.stack_mem = NULL;
131.     attr.stack_size = 1024;
132.     attr.priority = osPriorityNormal;
133.
134.     // 初始化 GPIO 模块
135.     IoTGpioInit(RED_GPIO);              // 红色 LED 灯
136.     IoTGpioInit(GREEN_GPIO);            // 绿色 LED 灯
137.     IoTGpioInit(YELLOW_GPIO);           // 黄色 LED 灯
138.     IoTGpioInit(BUTTON_GPIO);           // 按钮
139.     IoTGpioInit(HI_IO_NAME_GPIO_9);     // 蜂鸣器
140.
141.     // 设置 GPIO-10 的功能为 GPIO
142.     hi_io_set_func(RED_GPIO, HI_IO_FUNC_GPIO_10_GPIO);
143.     // 设置 GPIO-10 的模式为输出模式（引脚方向为输出）
144.     IoTGpioSetDir(RED_GPIO, IOT_GPIO_DIR_OUT);
145.
146.     // 设置 GPIO-11 的功能为 GPIO
147.     hi_io_set_func(GREEN_GPIO, HI_IO_FUNC_GPIO_11_GPIO);
148.     // 设置 GPIO-11 的模式为输出模式（引脚方向为输出）
149.     IoTGpioSetDir(GREEN_GPIO, IOT_GPIO_DIR_OUT);
150.
151.     // 设置 GPIO-12 的功能为 GPIO
152.     hi_io_set_func(YELLOW_GPIO, HI_IO_FUNC_GPIO_12_GPIO);
153.     // 设置 GPIO-12 的模式为输出模式（引脚方向为输出）
154.     IoTGpioSetDir(YELLOW_GPIO, IOT_GPIO_DIR_OUT);
155.
156.     // 设置 GPIO-08 的功能为 GPIO
157.     hi_io_set_func(BUTTON_GPIO, HI_IO_FUNC_GPIO_8_GPIO);
158.     // 设置 GPIO-08 的模式为输入模式（引脚方向为输入）
```

```
159.     IoTGpioSetDir(BUTTON_GPIO, IOT_GPIO_DIR_IN);
160.     // 设置 GPIO-08 的模式为上拉模式（引脚上拉）
161.     hi_io_set_pull(BUTTON_GPIO, HI_IO_PULL_UP);
162.     // 注册 GPIO-08 中断处理函数
163.     IoTGpioRegisterIsrFunc(BUTTON_GPIO,              //GPIO-08 引脚
164.                     IOT_INT_TYPE_EDGE,               //边沿触发
165.                     IOT_GPIO_EDGE_FALL_LEVEL_LOW,    //下降沿触发
166.                     OnButtonPressed,                 //中断处理函数
167.                     NULL);                           //中断处理函数的参数
168.
169.     // 设置 GPIO-09 的功能为 PWM0 输出
170.     hi_io_set_func(HI_IO_NAME_GPIO_9, HI_IO_FUNC_GPIO_9_PWM0_OUT);
171.     // 设置 GPIO-09 的模式为输出模式（引脚方向为输出）
172.     IoTGpioSetDir(HI_IO_NAME_GPIO_9, IOT_GPIO_DIR_OUT);
173.     // 初始化 PWM 模块
174.     IoTPwmInit(HI_PWM_PORT_PWM0);
175.
176.     // 创建线程
177.     if (osThreadNew((osThreadFunc_t)TrafficLightTask, NULL, &attr) == NULL)
178.     {
179.         printf("Falied to create TrafficLightTask!\n");
180.     }
181. }
182.
183. // 运行入口函数
184. APP_FEATURE_INIT(StartTrafficLightTask);
```

修改 applications\sample\wifi-iot\app\pwm_demo\BUILD.gn 文件，源码如下：

```
1. # 静态库
2. static_library("pwm_demo") {
3.     sources = [
4.         "traffic_light.c"
5.     ]
6.
7.     include_dirs = [
8.         "//utils/native/lite/include",
9.         "//kernel/liteos_m/kal",
10.         "//base/iot_hardware/peripheral/interfaces/kits",
11.     ]
12. }
```

5. 编译、烧录、运行

编译、烧录、运行的具体操作不再赘述。

6. 扩展练习

刚刚的案例其实还不够完善，但是它起到了一个抛砖引玉的作用。下面布置一个扩展练习，实现相对真实的交通灯功能。

目标如下：

（1）实现红灯、绿灯的保持；

（2）实现红灯到绿灯的切换；

（3）实现绿灯到红灯的切换，包括黄灯的闪烁过渡；

（4）实现红灯、绿灯结束时的蜂鸣器提醒；

（5）实现单击按键立即结束红灯或绿灯状态，以便于特殊情况下的人为控制。

5.3.9　炫彩灯板的三色灯介绍

1. 颜色模型

先来理解一下什么是颜色模型。颜色模型是用于描述和重现色彩的模型，通常用来显示和打印图像。常见的颜色模型如下：

（1）HSB 模型，包含了色相、饱和度和亮度，主要用于图像和视频调色、UI 设计。

（2）RGB 模型，包含了红色、绿色、蓝色三种色彩，主要用于发光领域，比如显示器和灯光。

（3）CMYK 模型，包含了青色、洋红色、黄色和黑色四种色彩，主要用于减光领域，比如印刷领域。

炫彩灯板的三色灯，用于发出特定颜色的光。所以，我们重点来介绍一下 RGB 模型（如图 5-23 所示）。

图 5-23　RGB 模型

在自然界中，绝大多数的可见光都可以用三色光（红光、绿光和蓝光）的不同强度的混合来表示，这种表示方式就是 RGB 模型。其中，R 代表红色的光，G 代表绿色的光，B 则代表蓝色的光。每种颜色的光的取值范围都是 0～255，0 表示没有这种颜色的光，而 255 表示这种颜色的光的含量最大。比如，黑色意味着没有任何光线，也就是 R=0、G=0、B=0，可以用（0, 0, 0）来表示；白色是红光、绿光和蓝光以最大强度混合的结果，也就是 R=255、G=255、B=255，可以用（255, 255, 255）来表示；纯红色可以表示为（255, 0, 0）；纯绿色可以表示为（0, 255, 0）；纯蓝色则可以表示为（0, 0, 255）。

由于每一种颜色的光的取值范围都是 0～255，也就是有 256 个强度级别，所以 RGB 模型可以表示的颜色总数为 256×256×256=16 777 216 种。这 16 777 216 种色彩就是俗称的真彩色，它可以达到人眼分辨的极限。

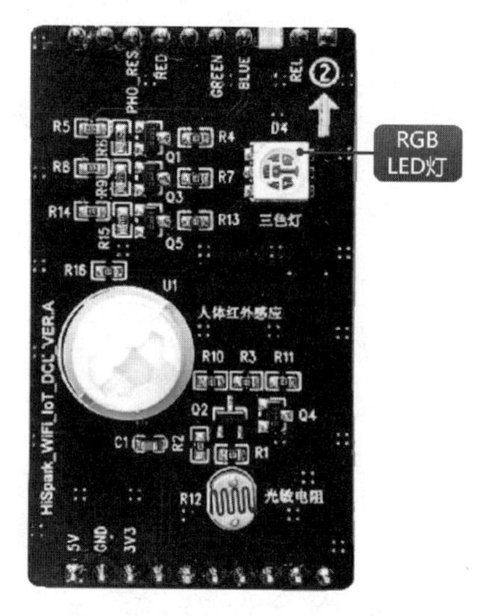

图 5-24 炫彩灯板的三色灯

2. 炫彩灯板的三色灯

炫彩灯板的三色灯如图 5-24 所示。这个三色灯被标记为 D4，它的内部封装了红色、绿色、蓝色三个 LED 灯，用于发出特定颜色的光。它与 Hi3861V100 引脚的对应关系如下：

红色 LED 灯连接到了 Hi3861V100 芯片的 28 号引脚上，28 号引脚的复用关系为 GPIO-10 和 PWM1。

绿色 LED 灯连接到了 Hi3861V100 芯片的 29 号引脚上，29 号引脚的复用关系为 GPIO-11 和 PWM2。

蓝色 LED 灯连接到了 Hi3801V100 芯片的 30 号引脚上，30 号引脚的复用关系为 GPIO-12 和 PWM3。

我们可以编程分别控制每个灯的状态和亮度，从而实现 RGB 混色。

3. 三色灯与 RGB 模型

下面来分析炫彩灯板的三色灯对 RGB 模型的支持度。

三色灯的显色原理如下：炫彩灯板的三色灯使用 RGB 模型，可以通过改变 PWM 输出的占空比分别控制红色、绿色、蓝色三个 LED 灯的亮度，从而实现 RGB 混色，得到各种可见的色彩。也就是说，最终的颜色与红色、绿色、蓝色三个 LED 灯各自的占空比是有关系的。那么我们究竟能够得到多少种颜色呢？这是可以计算出来的。

假设使用 HAL 接口，也就是 IoTPwmStart 函数，这个接口的占空比取值范围是 1～99，只有 99 个级别，那么三色灯的显色数量就是 99×99×99=970 299 种颜色。

假设使用海思 SDK 接口，也就是 hi_pwm_start 函数，这个接口的占空比取值范围是 1～65 535，可以分为 256 个级别，那么三色灯的显色数量就是 256×256×256= 16 777 216 种颜色。很明显，使用海思 SDK 接口能够达到真彩色的效果，也就是人眼分辨的极限。

4. 三色灯发光单元排列

下面再来看三色灯的红色、绿色、蓝色发光单元的排列方式。其实我们可以把每个红色、绿色、蓝色 LED 灯当作一个大号的像素点，它们的排列方式为上方的是蓝色 LED 灯，左侧的是红色 LED 灯，下方的是绿色 LED 灯，如图 5-25 所示。

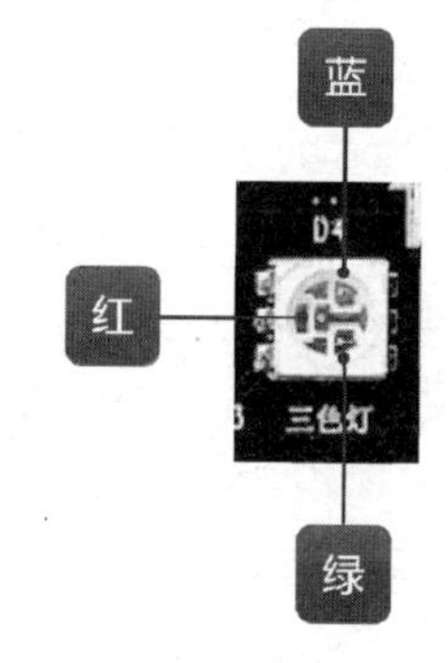

图 5-25 三色灯发光单元的排列方式

请注意，不要近距离观察三色灯，有以下两个主要原因：

第一，距离越近，显色效果越差。

第二，三色灯的峰值亮度太高，近距离观察会伤害眼睛。

5. 平滑调光的三原则

在理解了以上知识之后，结合人眼的视觉暂留特征，我们给出平滑调光的三原则：

第一，PWM 输出的频率要足够高。

第二，两次发光（显色）间隔的时间要足够短。

第三，色彩值变化的梯度要足够平滑，避免颜色大幅跳跃。

比如，可以按图 5-26 所示进行色彩值的变化（您可以在本节的配套资源中找到原始文件“平滑过渡的色彩.png”）。

图 5-26　平滑过渡的色彩

平滑调光的应用领域有很多，比如舞台布光、家庭照明、计算机机箱的灯光等。

5.3.10　案例程序：控制三色灯的亮度

下面通过案例程序介绍平滑调光的方法，从而实现炫彩灯光效果。

1. 目标

本案例的目标如下：第一，理解 RGB 模型、三色灯显色原理；第二，掌握平滑调光的方法，实现炫彩灯光效果。

2. 准备开发套件

请准备好智能家居开发套件，组装好底板、核心板和炫彩灯板。

3. 新建目录

我们将使用 5.3.4 节的根目录。

4. 编写源码与编译脚本

新建 applications\sample\wifi-iot\app\pwm_demo\pwm_led.c 文件，源码如下：

```
1. // Pegasus 炫彩灯板的三色灯与主控芯片引脚的对应关系
2. // 红色：GPIO10/PWM1/低电平点亮
3. // 绿色：GPIO11/PWM2/低电平点亮
```

```
4. // 蓝色：GPIO12/PWM3/低电平点亮
5.
6. #include <stdio.h>       // 标准输入输出头文件
7. #include <stdlib.h>     // 标准函数库头文件
8.
9. #include "ohos_init.h" // 用于初始化服务(service)和功能(feature)的头文件
10. #include "cmsis_os2.h" // CMSIS-RTOS2 头文件
11.
12. #include "iot_gpio.h" // OpenHarmony HAL API：IoT 硬件设备操作接口中的 GPIO
接口头文件
13. #include "iot_pwm.h"  // OpenHarmony HAL API：IoT 硬件设备操作接口中的 PWM
接口头文件
14. #include "hi_io.h"    // 海思 SDK API：IoT 硬件设备操作接口中的 IO 接口头文件
15. #include "hi_pwm.h"   // 海思 SDK API：IoT 硬件设备操作接口中的 PWM 接口头文件
16.
17. /**
18.  * @brief demo1，使用海思 SDK API 控制红色灯的亮度。
19.  * 因为设置的占空比较小(4096MAX/64000)，所以红色灯总体的亮度较低，相对护眼更安全。
20.  *
21.  * @return 无
22.  */
23. void demo1()
24. {
25.     // 红色灯越来越亮
26.     for (int i = 1; i <= 4096; i *= 2)
27.     {
28.         // 开始输出 PWM 信号，实际占空比为 i/64000，实际频率为 2500Hz
29.         // 时钟频率：160MHz=160000000Hz
30.         // 分频倍数 = 时钟频率/实际频率 = 160000000/2500 = 64000
31.         // duty = 分频倍数*实际占空比 = 64000*i/64000 = i
32.         hi_pwm_start(HI_PWM_PORT_PWM1, i, 64000);
33.         // 等待 50ms
34.         usleep(50 * 1000);
35.         // 停止输出 PWM 信号
36.         hi_pwm_stop(HI_PWM_PORT_PWM1);
37.     }
38.     // 红色灯越来越暗
39.     for (int i = 4096; i >= 1; i /= 2)
40.     {
41.         // 开始输出 PWM 信号，实际占空比为 i/64000，实际频率为 2500Hz
42.         hi_pwm_start(HI_PWM_PORT_PWM1, i, 64000);
43.         // 等待 50ms，相当于画面刷新率的 20fps，基本上是满足视觉暂留的最低下限
```

```
44.         usleep(50 * 1000);
45.         // 停止输出 PWM 信号
46.         hi_pwm_stop(HI_PWM_PORT_PWM1);
47.     }
48. }
49.
50. /**
51.  * @brief demo2，使用 OpenHarmony HAL API 控制红色灯的亮度。
52.  * 因为设置的占空比较大，所以红色灯总体的亮度较高，注意保护眼睛。
53.  *
54.  * @return 无
55.  */
56. void demo2()
57. {
58.     //红色灯越来越亮
59.     for (int i = 1; i < 100; i++)
60.     {
61.         // 开始输出 PWM 信号，实际占空比为 i，实际频率为 4000Hz
62.         IoTPwmStart(HI_PWM_PORT_PWM1, i, 4000);
63.         // 等待 20ms，相当于画面刷新率的 50fps，人眼看起来会更平滑
64.         usleep(20 * 1000);
65.         // 停止输出 PWM 信号
66.         IoTPwmStop(HI_PWM_PORT_PWM1);
67.     }
68.     // 红色灯越来越暗
69.     for (int i = 99; i >= 1; i--)
70.     {
71.         // 开始输出 PWM 信号，实际占空比为 i，实际频率为 4000Hz
72.         IoTPwmStart(HI_PWM_PORT_PWM1, i, 4000);
73.         // 等待 20ms
74.         usleep(20 * 1000);
75.         // 停止输出 PWM 信号
76.         IoTPwmStop(HI_PWM_PORT_PWM1);
77.     }
78. }
79.
80. /**
81.  * @brief demo3，使用 OpenHarmony HAL API 控制三色灯变色，实现炫彩灯光效果。
82.  * 顺序：绿-->蓝-->红-->绿。
83.  * 因为设置的占空比较大，所以三色灯总体的亮度较高，注意保护眼睛。
84.  *
85.  * @return 无
```

```
 86.  */
 87. void demo3()
 88. {
 89.     // 绿-->蓝
 90.     for (int i = 1; i < 100; i++)
 91.     {
 92.         // 开始输出 PWM 信号，实际频率为 4000Hz
 93.         IoTPwmStart(HI_PWM_PORT_PWM1, 1, 4000);
                                   //红色，亮度保持最低，实际占空比为 1
 94.         IoTPwmStart(HI_PWM_PORT_PWM2, 100 - i, 4000);
                                   //绿色，亮度从最高到最低，实际占空比为 99～1
 95.         IoTPwmStart(HI_PWM_PORT_PWM3, i, 4000);
                                   //蓝色，亮度从最低到最高，实际占空比为 1～99
 96.         usleep(20 * 1000); //等待 20ms
 97.         // 停止输出 PWM 信号
 98.         IoTPwmStop(HI_PWM_PORT_PWM1);
 99.         IoTPwmStop(HI_PWM_PORT_PWM2);
100.         IoTPwmStop(HI_PWM_PORT_PWM3);
101.     }
102.     // 蓝-->红
103.     for (int i = 1; i < 100; i++)
104.     {
105.         // 开始输出 PWM 信号，实际频率为 4000Hz
106.         IoTPwmStart(HI_PWM_PORT_PWM1, i, 4000);    //红色，亮度从最低到最高，
实际占空比为 1～99
107.         IoTPwmStart(HI_PWM_PORT_PWM2, 1, 4000);    //绿色，亮度保持最低，实
际占空比为 1
108.         IoTPwmStart(HI_PWM_PORT_PWM3, 100 - i, 4000); //蓝色，亮度从最高到
最低，实际占空比为 99～1
109.         usleep(20 * 1000);                         //等待 20ms
110.         // 停止输出 PWM 信号
111.         IoTPwmStop(HI_PWM_PORT_PWM1);
112.         IoTPwmStop(HI_PWM_PORT_PWM2);
113.         IoTPwmStop(HI_PWM_PORT_PWM3);
114.     }
115.     // 红-->绿
116.     for (int i = 1; i < 100; i++)
117.     {
118.         // 开始输出 PWM 信号，实际频率为 4000Hz
119.         IoTPwmStart(HI_PWM_PORT_PWM1, 100 - i, 4000);
                                        //红色，亮度从最高到最低，实际占空比为 99～1
120.         IoTPwmStart(HI_PWM_PORT_PWM2, i, 4000);
```

```
                                        //绿色，亮度从最低到最高，实际占空比为 1～99
121.        IoTPwmStart(HI_PWM_PORT_PWM3, 1, 4000);
                                        //蓝色，亮度保持最低，实际占空比为 1
122.        usleep(20 * 1000);      //等待 20ms
123.        // 停止输出 PWM 信号
124.        IoTPwmStop(HI_PWM_PORT_PWM1);
125.        IoTPwmStop(HI_PWM_PORT_PWM2);
126.        IoTPwmStop(HI_PWM_PORT_PWM3);
127.    }
128. }
129.
130. // 主线程函数
131. static void PwmLedTask(void *arg)
132. {
133.     (void)arg;
134.
135.     // 初始化 GPIO
136.     IoTGpioInit(HI_IO_NAME_GPIO_10);  // 红色灯引脚，对应 GPIO-10
137.     IoTGpioInit(HI_IO_NAME_GPIO_11);  // 绿色灯引脚，对应 GPIO-11
138.     IoTGpioInit(HI_IO_NAME_GPIO_12);  // 蓝色灯引脚，对应 GPIO-12
139.
140.     // 设置引脚功能为 PWM 输出
141.     hi_io_set_func(HI_IO_NAME_GPIO_10, HI_IO_FUNC_GPIO_10_PWM1_OUT);
                                                  // 红色灯引脚，对应 PWM1
142.     hi_io_set_func(HI_IO_NAME_GPIO_11, HI_IO_FUNC_GPIO_11_PWM2_OUT);
                                                  // 绿色灯引脚，对应 PWM2
143.     hi_io_set_func(HI_IO_NAME_GPIO_12, HI_IO_FUNC_GPIO_12_PWM3_OUT);
                                                  // 蓝色灯引脚，对应 PWM3
144.
145.     // 设置引脚方向为输出
146.     IoTGpioSetDir(HI_IO_NAME_GPIO_10, IOT_GPIO_DIR_OUT); // 红色灯引脚
147.     IoTGpioSetDir(HI_IO_NAME_GPIO_11, IOT_GPIO_DIR_OUT); // 绿色灯引脚
148.     IoTGpioSetDir(HI_IO_NAME_GPIO_12, IOT_GPIO_DIR_OUT); // 蓝色灯引脚
149.
150.     // 初始化 PWM
151.     IoTPwmInit(HI_PWM_PORT_PWM1); // 红色灯 PWM
152.     IoTPwmInit(HI_PWM_PORT_PWM2); // 绿色灯 PWM
153.     IoTPwmInit(HI_PWM_PORT_PWM3); // 蓝色灯 PWM
154.
155.     // 工作循环
156.     while (1)
157.     {
158.         // demo1：使用海思 SDK API 控制红色灯的亮度
159.         // demo1();
160.         // demo2：使用 HAL API 控制红色灯的亮度
```

```
161.            // demo2();
162.            // demo3: 使用 HAL API 控制三色灯变色，实现炫彩灯光效果
163.            demo3();
164.        }
165. }
166.
167. // 入口函数
168. static void PwmLedEntry(void)
169. {
170.     // 定义线程属性
171.     osThreadAttr_t attr;
172.     attr.name = "PwmLedTask";
173.     attr.stack_size = 4096;
174.     attr.priority = osPriorityNormal;
175.
176.     // 创建线程
177.     if (osThreadNew(PwmLedTask, NULL, &attr) == NULL)
178.     {
179.         printf("[PwmLedExample] Falied to create PwmLedTask!\n");
180.     }
181. }
182.
183. // 运行入口函数
184. SYS_RUN(PwmLedEntry);
```

修改 applications\sample\wifi-iot\app\pwm_demo\BUILD.gn 文件，源码如下：

```
1. # 静态库
2. static_library("pwm_demo") {
3.     sources = [
4.         "pwm_led.c"
5.     ]
6.
7.     include_dirs = [
8.         "//utils/native/lite/include",
9.         "//kernel/liteos_m/kal",
10.        "//base/iot_hardware/peripheral/interfaces/kits",
11.    ]
12. }
```

5. 编译、烧录、运行

编译、烧录、运行的具体操作不再赘述。

第 6 章　感知环境状态

6.1　使用ADC获取模拟传感器的数据

本节内容：

模拟量、数字量、模数转换和 ADC 的含义；Hi3861V100 芯片 ADC 的功能特性；使用 ADC 获取模拟传感器的数据相关的 API；炫彩灯板的光敏电阻；通过案例程序学习相关 API 的具体使用方法；炫彩灯板的人体红外传感器；通过人体红外传感器感知人体的靠近；通过案例程序学习如何综合运用 PWM 输出方波、使用 ADC 获取模拟传感器的数据等知识，实现智能夜灯效果；OLED 显示屏板的按键；建立 GPIO-05 引脚的按键、电压和 ADC 值汇总表；使用 ADC 值区分同一个引脚上的不同按键。

6.1.1　ADC

1. 模拟量

模拟量是在时间和数值上都连续变化的物理量，如图 6-1 所示。图 6-1 中的横轴代表时间，纵轴代表电压。可以看到，随着时间的推移，电压在连续地发生变化。连续变化指的是任意两个数字之间都有无限个中间值，就像在 0 和 1 之间有无数个中间值一样。

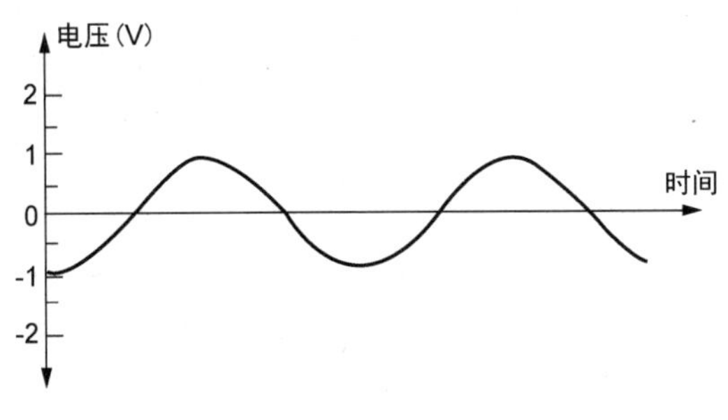

图 6-1　模拟量

2. 数字量

数字量是在时间和数值上都离散的物理量。所谓离散就是分散开的，不存在中间值。比如，离散数据就是分散开的，不存在中间值的数据。如图 6-2 所示，数据在横轴和纵轴上都是分散开的、断续的，不存在中间值。当把这些数据点用折线连在一起的时候，我们看到的是锯齿波，而不是平滑的波形。模拟量拥有无限个数值，而数字量拥有有限个数值。

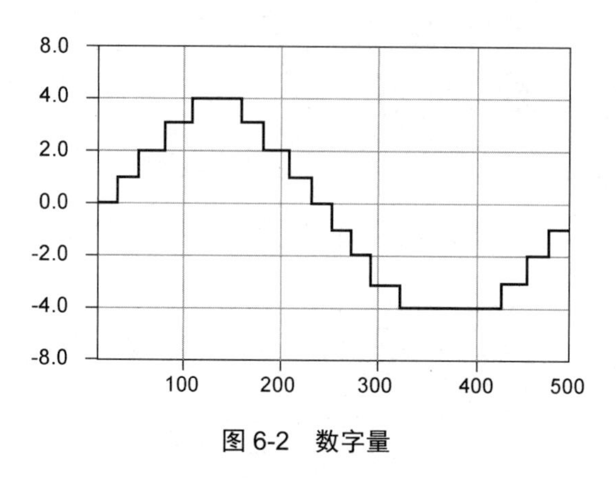

图 6-2 数字量

3. 模数转换

智能家居开发套件是一个典型的数字系统。数字系统的最大特点是只能对输入的数字信号进行处理。在工业和生活中有很多物理量都是模拟量，比如温度、湿度、有害气体的含量等。这些模拟量可以通过相应的传感器变成与之对应的电压、电流等模拟信号。为了实现数字系统对这些模拟信号的测量、运算和控制，就需要有一个从模拟信号到数字信号转换的过程，这个过程就叫模数转换。将数字信号转换为模拟信号的过程，就叫数模转换。

图 6-3 展示了一个模数转换过程。

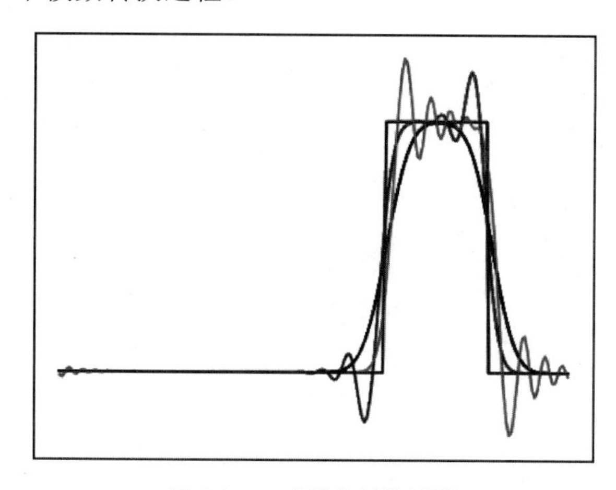

图 6-3 一个模数转换过程

4. ADC 的含义

ADC 是一种将连续变化的模拟信号转换为相应的离散的数字信号的设备。ADC 是连接模拟电路和数字电路的桥梁。经过 ADC 的转换，模拟电路的信号就可以交给数字电路进行处理了。您可能会想具体怎么处理呢？可以写程序实现具体的业务逻辑，比如根据温度控制空调工作，根据湿度控制加湿器工作，根据有害气体的含量控制排风扇工作等。

5. Hi3861V100芯片的 ADC 模块的功能特性

Hi3861V100 芯片的 ADC 模块具有以下功能特性：

- 输入时钟频率：3MHz。
- 采样精度：12bit。
- 单通道采样频率：小于 200kHz。
- 采样顺序：从通道 0 到通道 7，每个通道采样一个数据，循环采样。
- 支持采样数据平均滤波处理：平均次数 1、2、4、8。在多通道场景下，每个通道接收 *N* 个数据（平均滤波个数）再切换通道。
- 模数转换电压基准：支持自动识别模式、1.8V 基准模式、3.3V 基准模式。

6. Hi3861V100芯片的 ADC 引脚分布

Hi3861V100 芯片有 8 个 ADC 通道，分别是 ADC0～ADC7。其中，通道 ADC7 是内部的 VBAT（Voltage of the Battery，电池工作模式专用引脚）电压检测通道，不能进行 ADC 转换。通道 ADC0～ADC6 是 12 位逐次逼近型的 ADC 通道，用来实现将模拟信号转换为数字信号。

智能家居开发套件已经把 ADC0～ADC6 这 7 个通道全部预留了出来供我们使用。但是因为 Hi3861V100 芯片的引脚数量是有限的，导致 ADC 功能没有独立的引脚，所以还是需要与 GPIO 进行引脚复用。对于同时具有 GPIO 和 ADC 这两种功能（或更多功能）的引脚来说，同一时刻只能使用其中的一种功能。

Hi3861V100 芯片的 ADC 引脚分布见表 6-1。

表 6-1　Hi3861V100 芯片的 ADC 引脚分布

引脚编号	默认功能	ADC 通道
6	GPIO-04	ADC1
17	GPIO-05	ADC2
19	GPIO-07	ADC3
27	GPIO-09	ADC4
29	GPIO-11	ADC5
30	GPIO-12	ADC0
31	GPIO-13	ADC6

请注意，ADC0 通道和 ADC6 通道并没有按照引脚编号进行排序。

6.1.2 相关 API 介绍

下面介绍 ADC 获取模拟传感器相关的 API。

1. HAL API

我们遵循 HAL+SDK 的接口使用策略，首先介绍 HAL 接口中的相关 API。

请注意，从 OpenHarmony1.0.1 版开始到 3.2 Beta4 版，HAL 接口缺失了 ADC 相关的 API。像表 6-2 所示的 API 已经不能再使用了。

表 6-2 HAL 接口缺失 ADC 相关的 API

API 名称	说明
unsigned int AdcRead(WifiIotAdcChannelIndex channel, unsigned short *data, WifiIotAdcEquModelSel equModel, WifiIotAdcCurBais curBais, unsigned short rstCnt);	读取 ADC 通道的值

我们有两个方案供选择：方案一，使用海思 SDK 的接口；方案二，自己实现 HAL 的适配。

您可能会想，自己会实现 HAL 适配吗？其实很简单，之前已经介绍过 HAL 接口头文件的位置和源文件的位置，只需要把 OpenHarmony 1.0 版中与 ADC 相关的头文件和源文件恢复过来就可以了。

本节将使用方案一，也就是海思 SDK 的接口。

2. 海思 SDK API

接口位置在 device\hisilicon\hispark_pegasus\sdk_liteos\include\hi_adc.h 文件中。请注意，ADC 读取数据的速度较慢，应当尽量避免在中断处理函数中使用。目前学习一个 API 就可以了，见表 6-3。

表 6-3 海思 SDK API

API 名称	说明
hi_u32 hi_adc_read(hi_adc_channel_index channel, hi_u16 *data, hi_adc_equ_model_sel equ_model, hi_adc_cur_bais cur_bais, hi_u16 delay_cnt)	从一个 ADC 通道中读一个数据。 参数 channel 用于指定 ADC 通道，参数 data 用于指定读取的 ADC 数据的保存地址，参数 equ_model 用于指定平均算法模式，参数 cur_bais 用于指定模拟电源控制（模数转换电压基准），参数 delay_cnt 用于指定从配置采样到启动采样的延时时间计数，一次计数时间是 334ns

6.1.3 炫彩灯板的光敏电阻介绍

炫彩灯板的光敏电阻被标记为 R12，用于感知环境光线的强弱（如图 6-4 所示）。它连接到了 Hi3861V100 芯片的 27 号引脚上，27 号引脚的复用关系为 GPIO-09、PWM0 和 ADC4。炫彩灯板采用的光敏电阻的基本特性是感应范围小、响应速度快。

图 6-4　炫彩灯板的光敏电阻

光敏电阻是一种半导体材料制成的电阻，它的导电率会随着光照强度的变化而变化。当光照强度高时，ADC 值在 120 左右；当光照强度低时，ADC 值在 1800 左右。我们可以直接使用 ADC 值来判断光照强度，也可以将 ADC 值转换成电压再进行判断。

由 ADC 值计算对应引脚电压的公式为（其中 value 代表 ADC 值，voltage 代表引脚电压）：

$$\text{voltage} = \frac{\text{value} \times 1.8 \times 4}{4096}$$

6.1.4　案例程序：通过光敏电阻感知环境光

下面通过案例程序介绍相关 API 的具体使用方法。

1. 目标

本案例的目标如下：第一，使用 ADC 模块的相关 API 判断环境光的明暗；第二，理解 ADC 的相关原理，掌握光敏电阻的特性。

2. 准备开发套件

请准备好智能家居开发套件，组装好底板、核心板和炫彩灯板。

3. 新建目录

启动虚拟机。在 VS Code 中打开 OpenHarmony 源码根目录。新建 applications\sample\wifi-iot\app\adc_demo 目录，这个目录将作为本案例程序的根目录。

4. 编写源码与编译脚本

新建 applications\sample\wifi-iot\app\adc_demo\light_sensor.c 文件，源码如下：

```
1. #include <stdio.h>      // 标准输入输出头文件
2. #include <unistd.h>     // POSIX 头文件
3.
4. #include "ohos_init.h" // 用于初始化服务(service)和功能(feature)的头文件
5. #include "cmsis_os2.h" // CMSIS-RTOS2 头文件
6.
7. #include "iot_gpio.h"
                   // OpenHarmony HAL: IoT 硬件设备操作接口中的 GPIO 接口头文件
8. #include "hi_io.h"
                  // 海思 Pegasus SDK: IoT 硬件设备操作接口中的 IO 接口头文件
9.
10. // 海思 Pegasus SDK: IoT 硬件设备操作接口中的 ADC 接口头文件
11. // Analog-to-digital conversion (ADC)
12. // 提供 8 个 ADC 通道，通道 7 为参考电压，不能进行 ADC 转换
13. #include "hi_adc.h"
14.
15. // 定义一个宏，用于标识 ADC4 通道
16. #define LIGHT_SENSOR_CHAN_NAME HI_ADC_CHANNEL_4
17.
18. // 主线程函数
19. static void ADCLightTask(void *arg)
20. {
21.     (void)arg;
22.
23.     // 工作循环，每隔 100ms 获取一次 ADC4 通道的值
24.     while (1) {
25.         // 保存 ADC4 通道的值
26.         unsigned short data = 0;
27.         // 获取 ADC4 通道的值
28.         // 读取数据的速度较慢，请避免在中断处理函数中使用
29.         if (hi_adc_read(LIGHT_SENSOR_CHAN_NAME, &data, HI_ADC_EQU_
MODEL_4, HI_ADC_CUR_BAIS_DEFAULT, 0)
30.             == HI_ERR_SUCCESS) {
31.             // LIGHT_SENSOR_CHAN_NAME 表示 ADC4 通道
32.             // HI_ADC_EQU_MODEL_4 表示采样数据用平均滤波处理，平均处理 4 次
33.             // HI_ADC_CUR_BAIS_DEFAULT 表示模数转换采用默认电压基准
34.             // 0 表示从配置采样到启动采样的延时时间计数为 0
35.             // 若返回 HI_ERR_SUCCESS，则表示成功
36.
37.             // 打印 ADC4 通道的值
38.             printf("ADC_VALUE = %d\n", (unsigned int)data);
39.         }
```

```
40.         // 等待 100ms
41.         osDelay(10);
42.     }
43. }
44.
45. // 入口函数
46. static void ADCLightDemo(void)
47. {
48.     // 定义线程属性
49.     osThreadAttr_t attr;
50.     attr.name = "ADCLightTask";
51.     attr.attr_bits = 0U;
52.     attr.cb_mem = NULL;
53.     attr.cb_size = 0U;
54.     attr.stack_mem = NULL;
55.     attr.stack_size = 4096;
56.     attr.priority = osPriorityNormal;
57.
58.     // 创建线程
59.     if (osThreadNew(ADCLightTask, NULL, &attr) == NULL) {
60.         printf("[ADCLightDemo] Falied to create ADCLightTask!\n");
61.     }
62. }
63.
64. // 运行入口函数
65. APP_FEATURE_INIT(ADCLightDemo);
```

新建 applications\sample\wifi-iot\app\adc_demo\BUILD.gn 文件，源码如下：

```
1. static_library("adc_demo") {
2.     sources = [
3.         "light_sensor.c"
4.     ]
5.
6.     include_dirs = [
7.         "//utils/native/lite/include",
8.         "//kernel/liteos_m/kal",
9.         "//base/iot_hardware/peripheral/interfaces/kits",
10.     ]
11. }
```

修改 applications\sample\wifi-iot\app\BUILD.gn 文件，源码如下：

```
1. import("//build/lite/config/component/lite_component.gni")
2.
```

```
3. # for "adc_demo" example.
4. lite_component("app") {
5.   features = [
6.     "adc_demo",
7.   ]
8. }
```

5. 编译、烧录、运行

编译、烧录、运行的具体操作不再赘述。

在正常的光照环境下，在光敏电阻未被遮挡时，串口终端中输出的数值在 120 左右，用手指遮挡住光敏电阻，可以看到在串口终端中输出的数值变成了 1800 左右，如图 6-5 所示。

图 6-5 案例的运行结果

6.1.5 炫彩灯板的人体红外传感器介绍

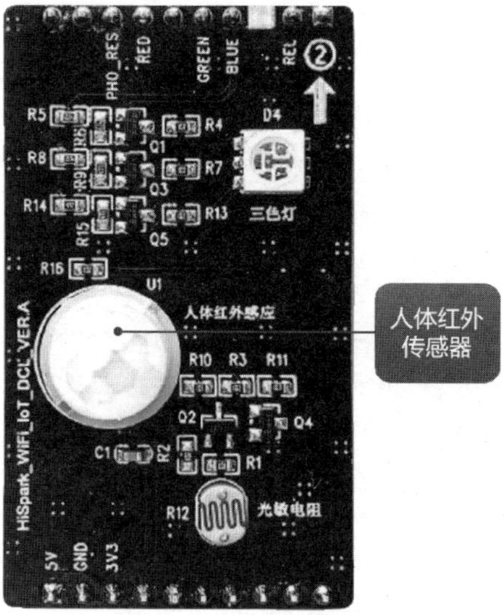

炫彩灯板的人体红外传感器（森霸 AS312 数字式热释红外传感器）被标记为 U1，如图 6-6 所示，可以通过 ADC 通道采集其电压的变化，从而感知人体靠近。它连接到了 Hi3861V100 芯片的 19 号引脚上，19 号引脚的复用关系为 GPIO-07、PWM0 和 ADC3。

炫彩灯板采用的人体红外传感器的基本特性是感应范围较大、响应速度较慢。

在人体靠近时，ADC 值在 1900 左右；在没有人靠近时，ADC 值在 130 左右。可以直接使用 ADC 值来判断人体的靠近，也可以将 ADC 值转换成电压再进行判断。

图 6-6 炫彩灯板的人体红外传感器

6.1.6　案例程序：通过人体红外传感器感知人体靠近

下面通过案例程序介绍人体红外传感器的具体使用方法。

1. 目标

本案例的目标如下：第一，使用 ADC 模块的相关 API 判断是否有人靠近；第二，理解 ADC 的相关原理，掌握人体红外传感器的特性。

2. 准备开发套件

请准备好智能家居开发套件，组装好底板、核心板和炫彩灯板。

3. 新建目录

我们将使用 6.1.4 节的根目录。

4. 编写源码与编译脚本

新建 applications\sample\wifi-iot\app\adc_demo\human_sensor.c 文件，源码如下：

```
 1. #include <stdio.h>      // 标准输入输出头文件
 2. #include <unistd.h>     // POSIX 头文件
 3.
 4. #include "ohos_init.h"// 用于初始化服务(service)和功能(feature)的头文件
 5. #include "cmsis_os2.h"// CMSIS-RTOS2 头文件
 6.
 7. #include "iot_gpio.h"  // OpenHarmony HAL: IoT 硬件设备操作接口中的GPIO 接口头文件
 8. #include "hi_io.h"     // 海思 Pegasus SDK: IoT 硬件设备操作接口中的 IO 接口头文件
 9. #include "hi_adc.h"    // 海思 Pegasus SDK: IoT 硬件设备操作接口中的 ADC 接口头文件
10.
11. // 用于标识 ADC3 通道
12. #define HUMAN_SENSOR_CHAN_NAME HI_ADC_CHANNEL_3
13.
14. // 主线程函数
15. static void ADCHumanTask(void *arg)
16. {
17.     (void)arg;
18.
19.     // 工作循环，每隔 100ms 获取一次 ADC3 通道的值
20.     while (1)
21.     {
22.         // 保存 ADC3 通道的值
23.         unsigned short data = 0;
24.         // 获取 ADC3 通道的值
```

```
25.         // 读取数据的速度较慢，请避免在中断处理函数中使用
26.         if (hi_adc_read(HUMAN_SENSOR_CHAN_NAME,// ADC3 通道
27.                         &data,                   // 读取到的 ADC3 通道的值
28.                         HI_ADC_EQU_MODEL_4,// 采样数据用平均滤波处理，平均处理 4 次
29.                         HI_ADC_CUR_BAIS_DEFAULT,  // 模数转换采用默认电压基准
30.                         0)         // 从配置采样到启动采样的延时时间计数为 0
31.             == HI_ERR_SUCCESS)                   // 读取成功
32.         {
33.             // 打印 ADC3 通道的值
34.             printf("ADC_VALUE = %d\n", (unsigned int)data);
35.         }
36.         else
37.         {
38.             // 打印读取失败
39.             printf("ADC_READ_FAIL\n");
40.         }
41.         // 等待 100ms
42.         osDelay(10);
43.     }
44. }
45.
46. // 入口函数
47. static void ADCHumanDemo(void)
48. {
49.     // 定义线程属性
50.     osThreadAttr_t attr;
51.     attr.name = "ADCHumanTask";
52.     attr.attr_bits = 0U;
53.     attr.cb_mem = NULL;
54.     attr.cb_size = 0U;
55.     attr.stack_mem = NULL;
56.     attr.stack_size = 4096;
57.     attr.priority = osPriorityNormal;
58.
59.     // 创建线程
60.     if (osThreadNew(ADCHumanTask, NULL, &attr) == NULL)
61.     {
62.         printf("[ADCHumanDemo] Falied to create ADCHumanTask!\n");
63.     }
64. }
65.
66. // 运行入口函数
67. APP_FEATURE_INIT(ADCHumanDemo);
```

修改 applications\sample\wifi-iot\app\adc_demo\BUILD.gn 文件，源码如下：

```
1. static_library("adc_demo") {
2.     sources = [
3.         "human_sensor.c"
4.     ]
5.
6.     include_dirs = [
7.         "//utils/native/lite/include",
8.         "//kernel/liteos_m/kal",
9.         "//base/iot_hardware/peripheral/interfaces/kits",
10.    ]
11. }
```

5. 编译、烧录、运行

编译、烧录、运行的具体操作不再赘述。当有人体靠近时，ADC 值在 1900 左右（如图 6-7 所示）；当没有人体靠近时，ADC 值在 130 左右。

```
ADC_VALUE = 116
ADC_VALUE = 116
ADC_VALUE = 116
ADC_VALUE = 116
ADC_VALUE = 116
ADC_VALUE = 116
ADC_VALUE = 116
ADC_VALUE = 115
ADC_VALUE = 115
ADC_VALUE = 1914
ADC_VALUE = 1914
ADC_VALUE = 1914
ADC_VALUE = 1914
ADC_VALUE = 1913
ADC_VALUE = 1914
```

图 6-7 案例的运行结果

6.1.7 案例程序：智能夜灯

下面通过案例程序综合运用 PWM 输出方波、使用 ADC 获取模拟传感器的数据等知识，实现一个智能夜灯效果。智能夜灯的特点是白天不亮，夜间无人体靠近时不亮，有人体靠近时亮起。

1. 目标

本案例的目标如下：第一，综合运用 PWM 输出方波、使用 ADC 获取模拟传感器的数据等知识；第二，通过光敏电阻和人体红外传感器控制三色 LED 灯，实现智能夜灯效果；第三，锻炼产品思维和创新能力。

2. 准备开发套件

请准备好智能家居开发套件，组装好底板、核心板和炫彩灯板。

3. 新建目录

我们将使用 6.1.4 节的根目录。

4. 编写源码与编译脚本

新建 applications\sample\wifi-iot\app\adc_demo\night_light.c 文件，源码如下：

```
1. #include <stdio.h>    // 标准输入输出头文件
2. #include <unistd.h>   // POSIX 头文件
3.
4. #include "ohos_init.h" // 用于初始化服务(service)和功能(feature)的头文件
5. #include "cmsis_os2.h" // CMSIS-RTOS2 头文件
6.
7. #include "iot_gpio.h" // OpenHarmony HAL: IoT 硬件设备操作接口中的 GPIO 接口头文件
8. #include "iot_pwm.h"  // OpenHarmony HAL: IoT 硬件设备操作接口中的 PWM 接口头文件
9. #include "hi_io.h"    // 海思 Pegasus SDK: IoT 硬件设备操作接口中的 IO 接口头文件
10. #include "hi_pwm.h"   // 海思 Pegasus SDK: IoT 硬件设备操作接口中的 PWM 接口头文件
11. #include "hi_adc.h"   // 海思 Pegasus SDK: IoT 硬件设备操作接口中的 ADC 接口头文件
12.
13. // 用于标识 ADC3 通道
14. #define HUMAN_SENSOR_CHAN_NAME HI_ADC_CHANNEL_3
15. // 用于标识 ADC4 通道
16. #define LIGHT_SENSOR_CHAN_NAME HI_ADC_CHANNEL_4
17.
18. // 用于标识 GPIO-10
19. #define RED_LED_PIN_NAME HI_IO_NAME_GPIO_10
20. // 用于标识红色 LED 灯的引脚功能为 PWM1 输出
21. #define RED_LED_PIN_FUNCTION HI_IO_FUNC_GPIO_10_PWM1_OUT
22.
23. // 用于标识 GPIO-11
24. #define GREEN_LED_PIN_NAME HI_IO_NAME_GPIO_11
25. // 用于标识绿色 LED 灯的引脚功能为 PWM2 输出
26. #define GREEN_LED_PIN_FUNCTION HI_IO_FUNC_GPIO_11_PWM2_OUT
27.
28. // 用于标识 GPIO-12
29. #define BLUE_LED_PIN_NAME HI_IO_NAME_GPIO_12
30. // 用于标识蓝色 LED 灯的引脚功能为 PWM3 输出
31. #define BLUE_LED_PIN_FUNCTION HI_IO_FUNC_GPIO_12_PWM3_OUT
32.
```

```
33. // 主线程函数
34. static void NightLightTask(void *arg)
35. {
36.     (void)arg;
37.
38.     // 初始化GPIO
39.     IoTGpioInit(RED_LED_PIN_NAME);     // 红色LED灯的引脚
40.     IoTGpioInit(GREEN_LED_PIN_NAME);   // 绿色LED灯的引脚
41.     IoTGpioInit(BLUE_LED_PIN_NAME);    // 蓝色LED灯的引脚
42.
43.     // 设置引脚功能为PWM输出
44.     hi_io_set_func(RED_LED_PIN_NAME, RED_LED_PIN_FUNCTION);
                                          // 红色LED灯的引脚
45.     hi_io_set_func(GREEN_LED_PIN_NAME, GREEN_LED_PIN_FUNCTION);
                                          // 绿色LED灯的引脚
46.     hi_io_set_func(BLUE_LED_PIN_NAME, BLUE_LED_PIN_FUNCTION);
                                          // 蓝色LED灯的引脚
47.
48.     // 设置引脚方向为输出
49.     IoTGpioSetDir(RED_LED_PIN_NAME, IOT_GPIO_DIR_OUT);
                                          // 红色LED灯的引脚
50.     IoTGpioSetDir(GREEN_LED_PIN_NAME, IOT_GPIO_DIR_OUT);
                                          // 绿色LED灯的引脚
51.     IoTGpioSetDir(BLUE_LED_PIN_NAME, IOT_GPIO_DIR_OUT);
                                          // 蓝色LED灯的引脚
52.
53.     // 初始化PWM
54.     IoTPwmInit(HI_PWM_PORT_PWM1);      // 红色LED灯PWM1
55.     IoTPwmInit(HI_PWM_PORT_PWM2);      // 绿色LED灯PWM2
56.     IoTPwmInit(HI_PWM_PORT_PWM3);      // 蓝色LED灯PWM3
57.
58.     // 工作循环，每隔100ms获取一次人体红外传感器和光敏电阻传感器的值
59.     while (1)
60.     {
61.         // 读取人体红外传感器的值
62.         unsigned short dataHuman = 0;  // 用于接收人体红外传感器的值
63.         // 读取ADC3通道的值
64.         if (hi_adc_read(HUMAN_SENSOR_CHAN_NAME, &dataHuman,
HI_ADC_EQU_MODEL_4, HI_ADC_CUR_BAIS_DEFAULT, 0) == HI_ERR_SUCCESS)
65.         {
66.             // 成功，输出人体红外传感器的值
67.             printf("dataHuman = %d\n", (unsigned int)dataHuman);
```

```
68.         }
69.         else
70.         {
71.             // 失败，本轮不执行任何操作
72.             continue;
73.         }
74.
75.         // 读取光敏电阻传感器的值
76.         unsigned short dataLight = 0;   // 用于接收光敏电阻传感器的值
77.         // 读取 ADC4 通道的值
78.         if (hi_adc_read(LIGHT_SENSOR_CHAN_NAME, &dataLight,
HI_ADC_EQU_MODEL_4, HI_ADC_CUR_BAIS_DEFAULT, 0) == HI_ERR_SUCCESS)
79.         {
80.             // 成功，输出光敏电阻传感器的值
81.             printf("dataLight = %d\n", (unsigned int)dataLight);
82.         }
83.         else
84.         {
85.             // 失败，本轮不执行任何操作
86.             continue;
87.         }
88.
89.         // 智能夜灯：白天不亮。夜间，无人体靠近时不亮，有人体靠近时亮起
90.         if (dataHuman > 1200 && dataLight > 1200)   // 夜间有人体靠近，亮灯
91.         {
92.             // 亮度系数，负责整体亮度调节
93.             float brightness = 1.0;
94.
95.             //显色，亮度系数影响占空比
96.             IoTPwmStart(HI_PWM_PORT_PWM1, (unsigned short)(65 *
brightness), 4000);
97.             IoTPwmStart(HI_PWM_PORT_PWM2, (unsigned short)(39 *
brightness), 4000);
98.             IoTPwmStart(HI_PWM_PORT_PWM3, (unsigned short)(8 *
brightness), 4000);
99.         }
100.        else    // 白天和夜间无人体靠近，灭灯
101.        {
102.            IoTPwmStop(HI_PWM_PORT_PWM1);
103.            IoTPwmStop(HI_PWM_PORT_PWM2);
104.            IoTPwmStop(HI_PWM_PORT_PWM3);
105.        }
```

```
106.
107.            // 等待 100ms
108.            osDelay(10);
109.        }
110. }
111.
112. // 入口函数
113. static void NightLightDemo(void)
114. {
115.     // 定义线程属性
116.     osThreadAttr_t attr;
117.     attr.name = "NightLightTask";
118.     attr.attr_bits = 0U;
119.     attr.cb_mem = NULL;
120.     attr.cb_size = 0U;
121.     attr.stack_mem = NULL;
122.     attr.stack_size = 4096;
123.     attr.priority = osPriorityNormal;
124.
125.     // 创建线程
126.     if (osThreadNew(NightLightTask, NULL, &attr) == NULL)
127.     {
128.         printf("[NightLightDemo] Falied to create NightLightTask!\n");
129.     }
130. }
131.
132. // 运行入口函数
133. APP_FEATURE_INIT(NightLightDemo);
```

修改 applications\sample\wifi-iot\app\adc_demo\BUILD.gn 文件，源码如下：

```
1. static_library("adc_demo") {
2.     sources = [
3.         "night_light.c"
4.     ]
5.
6.     include_dirs = [
7.         "//utils/native/lite/include",
8.         "//kernel/liteos_m/kal",
9.         "//base/iot_hardware/peripheral/interfaces/kits",
10.    ]
11. }
```

5. 编译、烧录、运行

编译、烧录、运行的具体操作不再赘述。在光照充足的时候，不管有没有人体靠近，LED 灯都不会亮（如图 6-8 所示）；在夜晚也就是光照不足的时候，当有人体靠近时，LED 灯会亮。

图 6-8 案例的运行结果

6. 扩展练习

刚刚的案例其实还不够完善，下面布置一个扩展练习，实现智能夜灯的更多创意功能。我们的目标如下：

（1）将色温定义为暖光（暖色）。暖光的光感会更加柔和舒适。暖光可以通过 RGB 混色得到。

（2）实现延时熄灭功能。

（3）实现感应灯模式与常亮夜灯模式的切换。可以通过按键配合键值存储来实现。

（4）实现亮度的智能调节。区分睡前光与起夜光。睡前光可以亮一些；起夜光可以暗一些，避免刺眼。请注意，这个功能用到了当前时间。获取时间需要后面的网络编程知识。

您还可以发掘更多的创意功能与用户体验。需要提醒的一点是，不要去发掘伪需求。所谓伪需求是指当下的供给并不是用户真正的需求，产品没有切中用户的痛点。真需求俗称痛点（强需求），是能让足够多的用户愿意改变习惯，而频繁使用或购买产品的需求。伪需求要么是不能找到足够的用户，要么是用户不愿意频繁使用或买单，俗称痒点（弱需求）或者无痛点（没需求）。

6.1.8　OLED 显示屏板的按键介绍

OLED 显示屏板的按键有按键 1 和按键 2 两个，用于接收按键输入，如图 6-9 所示。

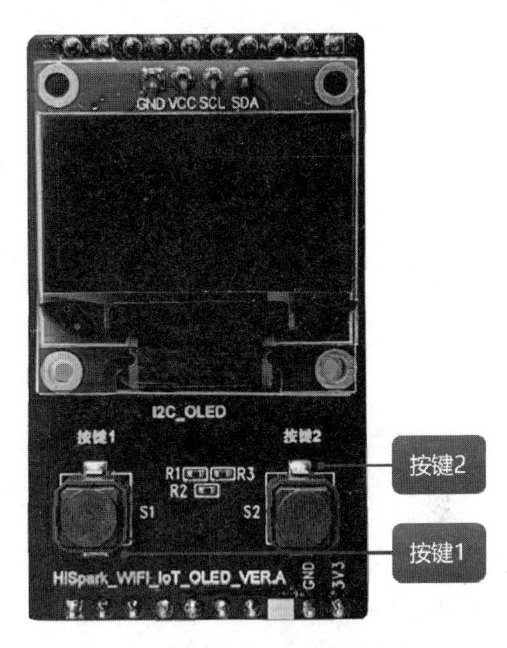

图 6-9　OLED 显示屏板的按键

下面先来看按键 1，它被标记为 S1。按键 1 连接到了 Hi3861V100 芯片的 17 号引脚上，17 号引脚的复用关系为 GPIO-05、PWM2 和 ADC2。当按键 1 被按下的时候，ADC 值在 228～455；当按键 1 抬起的时候，ADC 值在 1422～1820。我们可以直接使用 ADC 值判断按键的状态，也可以将 ADC 值转换成电压再进行判断。

再来看按键 2，它被标记为 S2，也连接到了 Hi3861V100 芯片的 17 号引脚上。当按键 2 被按下时，ADC 值在 455～682；当按键 2 抬起的时候，ADC 值在 1422～1820。

您是否还记得核心板的可编程按键也是连接到 Hi3861V100 芯片的 17 号引脚上的？所以，当这些按键一起使用的时候，我们就需要使用 ADC 值来区分同一个引脚的不同按键。根据由 ADC 值计算对应引脚电压的公式，我们得到了 17 号引脚的按键、电压与 ADC 值的汇总表（见表 6-4）。

表 6-4　17 号引脚的按键、电压与 ADC 值汇总表

按键描述	电压下限（V）	电压上限（V）	ADC 值下限	ADC 值上限
核心板的可编程按键	0.01	0.4	5	228
OLED 显示屏板的 S1 按键	0.4	0.8	228	455
OLED 显示屏板的 S2 按键	0.8	1.2	455	682
无按键被按下	2.5	3.2	1422	1820

核心板的可编程按键被按下时，电压在 0.01～0.4，ADC 值在 5～228；OLED 显示屏板的 S1 按键被按下时，电压在 0.4～0.8，ADC 值在 228～455；OLED 显示屏板的 S2 按键被按下时，电压在 0.8～1.2，ADC 值在 455～682；这三个按键都没有被按下时，电压在 2.5～3.2，ADC 值在 1422～1820。

6.1.9　案例程序：使用 ADC 值区分同一个引脚的不同按键

我们将使用以下两种方式实现这个案例："软定时器方式"和"中断+消息队列方式"。

1. 目标

本案例的目标如下：第一，掌握使用 ADC 值区分同一个引脚的不同按键的方法；

第二，记住按键、电压与 ADC 值的汇总表；第三，运用软定时器、中断、消息队列等知识。

2. 准备开发套件

请准备好智能家居开发套件，组装好底板、核心板和 OLED 显示屏板。

3. 新建目录

我们将使用 6.1.4 节的根目录。

4. 编写源码与编译脚本

下面分别用“软定时器方式”和“中断+消息队列方式”实现。

（1）软定时器方式。新建 applications\sample\wifi-iot\app\adc_demo\voltage_buttons_timer.c 文件，源码如下：

```
1. #include <stdio.h>     // 标准输入输出头文件
2. #include <unistd.h>    // POSIX 头文件
3.
4. #include "ohos_init.h" // 用于初始化服务(service)和功能(feature)的头文件
5. #include "cmsis_os2.h" // CMSIS-RTOS2 头文件
6.
7. #include "iot_gpio.h"  // OpenHarmony API: IoT 硬件设备操作接口中的 GPIO 接口头文件
8. #include "hi_io.h"     // 海思 Pegasus SDK: IoT 硬件设备操作接口中的 IO 接口头文件
9. #include "hi_adc.h"    // 海思 Pegasus SDK: IoT 硬件设备操作接口中的 ADC 接口头文件
10.
11. // 用于标识 ADC2 通道
12. #define BUTTONS_CHAN_NAME HI_ADC_CHANNEL_2
13.
14. // 定时器回调函数
15. static void VoltageButtonTask(void *arg)
16. {
17.     (void)arg;
18.
19.     // 用于存放 ADC2 通道的值
20.     unsigned short data = 0;
21.
22.     // 读取 ADC2 通道的值
23.     if (hi_adc_read(BUTTONS_CHAN_NAME, &data,
24.                 HI_ADC_EQU_MODEL_4, HI_ADC_CUR_BAIS_DEFAULT, 0) ==
HI_ERR_SUCCESS)
25.     {
26.         // 如果 ADC2 通道的值大于等于 5，小于 228，则输出“USER Button!”
```

```
27.          if (data >= 5 && data < 228)
28.          {
29.             printf("USER Button! ADC_VALUE = %d\n", data);
30.          }
31.          // 如果 ADC2 通道的值大于等于 228，小于 455，则输出“S1 Button!”
32.          else if (data >= 228 && data < 455)
33.          {
34.             printf("S1 Button! ADC_VALUE = %d\n", data);
35.          }
36.          // 如果 ADC2 通道的值大于等于 455，小于 682，则输出“S2 Button!”
37.          else if (data >= 455 && data < 682)
38.          {
39.             printf("S2 Button! ADC_VALUE = %d\n", data);
40.          }
41.      }
42. }
43.
44. // 入口函数
45. static void VoltageButtonDemo(void)
46. {
47.     // 创建一个周期性定时器，回调函数为 VoltageButtonTask
48.     osTimerId_t timer;
49.     timer = osTimerNew(VoltageButtonTask, osTimerPeriodic, NULL, NULL);
50.     if (timer == NULL)
51.     {
52.         // 创建失败
53.         printf("[%s] failed to create timer!\n", __FUNCTION__);
54.         return;
55.     }
56.
57.     // 启动定时器，每 10 个 Tick 调用一次回调函数
58.     osTimerStart(timer, 10);   //100ms。
59. }
60.
61. // 运行入口函数
62. APP_FEATURE_INIT(VoltageButtonDemo);
```

修改 applications\sample\wifi-iot\app\adc_demo\BUILD.gn 文件，源码如下：

```
1. static_library("adc_demo") {
2.     sources = [
3.         "voltage_buttons_timer.c"
4.     ]
```

```
 5.
 6.     include_dirs = [
 7.         "//utils/native/lite/include",
 8.         "//kernel/liteos_m/kal",
 9.         "//base/iot_hardware/peripheral/interfaces/kits",
10.     ]
11. }
```

（2）中断+消息队列方式。新建 applications\sample\wifi-iot\app\adc_demo\voltage_buttons_int_queue.c 文件，源码如下：

```
 1. // 中断+消息队列方式
 2. // Hi3861V100 芯片的相应引脚在作为 ADC 通道使用时，GPIO 中断依然能够触发
 3.
 4. #include <stdio.h>     // 标准输入输出头文件
 5. #include <unistd.h>    // POSIX 头文件
 6.
 7. #include "ohos_init.h" // 用于初始化服务(service)和功能(feature)的头文件
 8. #include "cmsis_os2.h" // CMSIS-RTOS2 头文件
 9.
10. #include "iot_gpio.h" // OpenHarmony HAL: IoT 硬件设备操作接口中的 GPIO 接口头文件
11. #include "hi_io.h"     // 海思 Pegasus SDK: IoT 硬件设备操作接口中的 IO 接口头文件
12. #include "hi_adc.h"    // 海思 Pegasus SDK: IoT 硬件设备操作接口中的 ADC 接口头文件
13.
14. // 用于标识 ADC2 通道
15. #define BUTTONS_CHAN_NAME HI_ADC_CHANNEL_2
16.
17. // 定义一个消息队列
18. static osMessageQueueId_t buttons_queue;
19.
20. // GPIO-05 的中断处理函数
21. static void OnButtonPressed(char *arg)
22. {
23.     (void)arg;
24.
25.     // 定义消息内容，本案例不关心消息内容，值随意
26.     int msg = 1;
27.
28.     // 一般来说，中断处理分为中断上半部和中断下半部
29.     // 中断上半部为中断服务函数，在这个函数中不建议处理具体业务，只需要通过系统同步
机制（如消息队列）通知“业务处理线程”即可
30.     // 发送到消息队列
31.     osMessageQueuePut(buttons_queue, &msg, 0, 0);
```

```
32. }
33.
34. // 主线程函数
35. // 这个“业务处理线程”就属于中断下半部，负责实现具体业务。像 ADC 读数这种比较耗时的
操作，就很适合在业务处理线程中实现
36. // 在业务代码中通过阻塞方式读取消息队列，若获取到消息则处理业务，若没有消息则挂起线
程，不占用 CPU 资源
37. static void VoltageButtonTask(void *arg)
38. {
39.     (void)arg;
40.
41.     // 用于存放消息内容
42.     int msg;
43.
44.     // 用于存放 ADC2 通道的值
45.     unsigned short data = 0;
46.
47.     // 工作循环
48.     while (1)
49.     {
50.         // 从消息队列中取出消息
51.         // 如果消息队列为空，则会等待消息队列的消息，直到消息队列有消息，才会取出消息
52.         osMessageQueueGet(buttons_queue, &msg, 0, osWaitForever);
53.
54.         // 读取 ADC2 通道的值
55.         if (hi_adc_read(BUTTONS_CHAN_NAME, &data,
56.                         HI_ADC_EQU_MODEL_4, HI_ADC_CUR_BAIS_DEFAULT, 0) ==
HI_ERR_SUCCESS)
57.         {
58.             // 如果 ADC2 通道的值大于等于 5，小于 228，则输出“USER Button!”
59.             if (data >= 5 && data < 228)
60.             {
61.                 printf("USER Button! ADC_VALUE = %d\n", data);
62.             }
63.             // 如果 ADC2 通道的值大于等于 228，小于 455，则输出“S1 Button!”
64.             else if (data >= 228 && data < 455)
65.             {
66.                 printf("S1 Button! ADC_VALUE = %d\n", data);
67.             }
68.             // 如果 ADC2 通道的值大于等于 455，小于 682，则输出“S2 Button!”
69.             else if (data >= 455 && data < 682)
70.             {
```

```
71.                 printf("S2 Button! ADC_VALUE = %d\n", data);
72.             }
73.         }
74.     }
75. }
76.
77. // 入口函数
78. static void VoltageButtonDemo(void)
79. {
80.     // 创建消息队列
81.     buttons_queue = osMessageQueueNew(100, sizeof(int), NULL);
82.     // 判断消息队列是否创建成功
83.     if (buttons_queue == NULL)
84.     {
85.         printf("[%s] Create buttons queue failed!\n", __func__);
86.         return;
87.     }
88.
89.     // 初始化 GPIO 模块
90.     IoTGpioInit(HI_IO_NAME_GPIO_5);
91.
92.     // 设置 GPIO-05 的功能为 GPIO
93.     hi_io_set_func(HI_IO_NAME_GPIO_5, HI_IO_FUNC_GPIO_5_GPIO);
94.
95.     // 设置 GPIO-05 的模式为输入模式（引脚方向为输入）
96.     IoTGpioSetDir(HI_IO_NAME_GPIO_5, IOT_GPIO_DIR_IN);
97.
98.     // 设置 GPIO-05 的模式为上拉模式（引脚上拉）
99.     // 引脚上拉后，在按键没有被按下时，读取到的值为 1 高电平，在按键被按下时，读取到
的值为 0 低电平
100.    hi_io_set_pull(HI_IO_NAME_GPIO_5, HI_IO_PULL_UP);
101.
102.    // 注册 GPIO-05 中断处理函数
103.    IoTGpioRegisterIsrFunc(HI_IO_NAME_GPIO_5,            //GPIO-05 引脚
104.                    IOT_INT_TYPE_EDGE,                   //边沿触发
105.                    IOT_GPIO_EDGE_FALL_LEVEL_LOW,        //下降沿触发
106.                    OnButtonPressed,                     //中断处理函数
107.                    NULL);                               //中断处理函数的参数
108.
109.    // 定义线程属性
110.    osThreadAttr_t attr = {0};
111.    attr.name = "VoltageButtonTask";
```

```
112.     attr.stack_size = 4096;
113.     attr.priority = osPriorityNormal;
114.
115.     // 创建线程
116.     if (osThreadNew(VoltageButtonTask, NULL, &attr) == NULL)
117.     {
118.         printf("[%s] Create VoltageButtonTask failed!\n", __func__);
119.     }
120. }
121.
122. // 运行入口函数
123. APP_FEATURE_INIT(VoltageButtonDemo);
```

修改 applications\sample\wifi-iot\app\adc_demo\BUILD.gn 文件，源码如下：

```
1. static_library("adc_demo") {
2.     sources = [
3.         "voltage_buttons_int_queue.c"
4.     ]
5.
6.     include_dirs = [
7.         "//utils/native/lite/include",
8.         "//kernel/liteos_m/kal",
9.         "//base/iot_hardware/peripheral/interfaces/kits",
10.     ]
11. }
```

5. 编译、烧录、运行

编译、烧录、运行的具体操作不再赘述，运行结果如图 6-10 所示。

```
hiview init success.00 00:00:
00 00:00:00 0 68 I 1/SAMGR: E
00 00:00:00 0 68 I 1/SAMGR: I
00 00:00:00 0 68 I 1/SAMGR: I
00 00:00:00 0 68 I 1/SAMGR: I
00 00:00:00 0 100 I 1/SAMGR:
00 00:00:00 0 0 I 1/SAMGR: Ir
00 00:00:00 0 200 I 1/SAMGR:
00 00:00:00 0 200 I 1/SAMGR:
00 00:00:00 0 0 I 1/SAMGR: Bo
00 00:00:00 0 0 I 1/SAMGR: Ir
00 00:00:00 0 0 I 1/SAMGR: Bo
USER Button! ADC_VALUE = 117
S1 Button! ADC_VALUE = 396
S2 Button! ADC_VALUE = 644
S1 Button! ADC_VALUE = 388
```

图 6-10　案例的运行结果

6.2 使用ADC获取可燃气体传感器的数据

本节内容：

可燃气体传感器的相关知识；环境监测板的 MQ-2 可燃气体传感器；通过案例程序学习 MQ-2 可燃气体传感器的具体使用方法；通过案例程序综合运用 PWM 输出方波和使用 ADC 获取模拟传感器的数据等知识，实现一个可燃气体报警器。

6.2.1 可燃气体传感器

可燃气体指的是能够引燃，并且在常温常压下呈气体状态的物质。可燃气体能够与空气（或氧气）在一定浓度范围内均匀混合从而形成预混气，遇到火源会发生爆炸，在燃烧过程中会释放出大量的能量，给人们的生命安全带来威胁，同时造成财产损失。

可燃气体的种类很多，包括甲烷（CH_4）、乙烷（C_2H_6）、丙烷（C_3H_8）、丁烷（C_4H_{10}）、氢气（H_2）、一氧化碳（CO）、天然气、液化石油气、城市煤气、高炉煤气等。为了降低安全风险，可以使用可燃气体传感器来检测空气中的可燃气体的浓度。

可燃气体传感器有催化燃烧型、热导型、红外吸收型和半导体型等类型。例如，采用二氧化锡作为气敏材料的半导体型可燃气体传感器。在清洁的空气中，二氧化锡的电导率较低（电阻值较高）；在有可燃气体（或烟雾）的环境中，二氧化锡的电导率与空气中的可燃气体或烟雾的浓度成正比，此时它的电阻值将会降低。使用简单的电路，就可以将电导率的变化转化为与该气体浓度对应的输出信号（如电压），这就是半导体型可燃气体传感器的工作原理。

6.2.2 环境监测板的 MQ-2 可燃气体传感器介绍

环境监测板的 MQ-2 可燃气体传感器被标记为 U2（如图 6-11 所示），用于检测空气中的可燃气体或烟雾的浓度。它连接到了 Hi3861V100 芯片的 29 号引脚上，29 号引脚的复用关系为 GPIO-11、PWM2、和 ADC5。

MQ-2 可燃气体传感器对液化气、丙烷和烟雾有很高的检测灵敏度，对天然气和其他可燃蒸气的检测也很理想。它的可燃气体检测浓度范围可以达到 0.3‰～10‰。

在环境监测板上还配备了一个蜂鸣器，它被标记为 B1，用于发出报警声音。这个蜂鸣器连接到了 Hi3861V100 芯片的 27 号引脚上，27 号引脚的复用关系为 GPIO-09、PWM0、和 ADC4。蜂鸣器在 2700Hz 频率、50%占空比的情况下，在 10cm 内输出音量大于 80 分贝。

图 6-11　环境监测板的 MQ-2 可燃气体传感器

6.2.3　案例程序：使用可燃气体传感器感知空气状态

下面通过案例程序介绍 MQ-2 可燃气体传感器的具体使用方法。

1. 目标

本案例的目标如下：第一，使用 ADC 模块的相关 API 感知空气状态；第二，掌握 MQ-2 可燃气体传感器的特性；第三，通过观察实验确定正常参考值和报警阈值。

2. 准备开发套件

请准备好智能家居开发套件，组装好底板、核心板和环境监测板。

3. 新建目录

启动虚拟机。在 VS Code 中打开 OpenHarmony 源码根目录。我们将使用 applications\sample\wifi-iot\app\adc_demo 目录作为本案例程序的根目录。

4. 编写源码与编译脚本

新建 applications\sample\wifi-iot\app\adc_demo\gas_sensor.c 文件，源码如下：

```
1. #include <stdio.h>       // 标准输入输出头文件
2. #include <unistd.h>      // POSIX 头文件
3.
4. #include "ohos_init.h" // 用于初始化服务(service)和功能(feature)的头文件
5. #include "cmsis_os2.h" // CMSIS-RTOS2 头文件
6.
```

```
 7. #include "iot_gpio.h"  // OpenHarmony HAL: IoT 硬件设备操作接口中的 GPIO 接口头文件
 8. #include "hi_io.h"     // 海思 Pegasus SDK: IoT 硬件设备操作接口中的 IO 接口头文件
 9. #include "hi_adc.h"    // 海思 Pegasus SDK: IoT 硬件设备操作接口中的 ADC 接口头文件
10.
11. // 用于标识 ADC5 通道(MQ-2 可燃气体传感器)
12. #define GAS_SENSOR_CHAN_NAME HI_ADC_CHANNEL_5
13.
14. // 将 ADC 值转换为电压值
15. static float ConvertToVoltage(unsigned short data)
16. {
17.     return (float)data * 1.8 * 4 / 4096;
18. }
19.
20. // 主线程函数
21. static void ADCGasTask(void *arg)
22. {
23.     (void)arg;
24.
25.     // 工作循环, 每隔 100ms 获取一次 ADC5 通道的值
26.     while (1)
27.     {
28.         // 用于接收 MQ-2 可燃气体传感器的值
29.         unsigned short data = 0;
30.
31.         // 读取 ADC5 通道的值
32.         if (hi_adc_read(GAS_SENSOR_CHAN_NAME, &data, HI_ADC_EQU_MODEL_4,
33.                         HI_ADC_CUR_BAIS_DEFAULT, 0) == HI_ERR_SUCCESS)
34.         {
35.             // 空气中可燃气体(或烟雾)的浓度增加, 导致可燃气体传感器的电阻值降低, 从
而导致 ADC 通道的电压增大
36.             // 转换为电压值
37.             float Vx = ConvertToVoltage(data);
38.
39.             // 计算可燃气体传感器的电阻值
40.             // Vcc            ADC            GND
41.             //  |    ______    |    ______    |
42.             //  +---| MG-2 |---+---| 1kom |---+
43.             //       ------         ------
44.             // 查阅原理图, ADC 引脚位于 1kΩ电阻和可燃气体传感器之间, 可燃气体传感器
另一端接在 5V 电源正极上
45.             // 串联电路的电压和电阻值成正比:
46.             // Vx / 5 == 1kom / (1kom + Rx)
```

```
47.             //   => Rx + 1 == 5/Vx
48.             //   =>  Rx = 5/Vx - 1
49.             float gasSensorResistance = 5 / Vx - 1;
50.
51.             // 日志输出 ADC 值、电压值、电阻值
52.             printf("ADC_VALUE=%d, Voltage=%f, Resistance=%f\n", data, Vx,
gasSensorResistance);
53.
54.             // 通过观察实验，确定 MQ-2 可燃气体传感器的正常参考值、报警阈值
55.             // 请注意，这是 1 个器件样本的实验结果，仅供参考
56.             // 需要预热，快速预热的时间在 3 分钟左右，完全预热需要更长的时间
57.             // 正常(洁净空气)参考值:
58.             //   预热前: ADC_VALUE=470 左右, Voltage=0.826 左右, Resistance=
5.05 左右
59.             //   预热后: ADC_VALUE=320 左右
60.             // 报警阈值: ADC_VALUE=600 左右
61.         }
62.
63.         // 等待 100ms
64.         osDelay(10);
65.     }
66. }
67.
68. // 入口函数
69. static void ADCGasDemo(void)
70. {
71.     // 定义线程属性
72.     osThreadAttr_t attr;
73.     attr.name = "ADCGasTask";
74.     attr.stack_size = 4096;
75.     attr.priority = osPriorityNormal;
76.
77.     // 创建线程(并将其加入活跃线程组中)
78.     if (osThreadNew(ADCGasTask, NULL, &attr) == NULL)
79.     {
80.         printf("[%s] Falied to create ADCGasTask!\n", __func__);
81.     }
82. }
83.
84. // 运行入口函数
85. APP_FEATURE_INIT(ADCGasDemo);
```

修改 applications\sample\wifi-iot\app\adc_demo\BUILD.gn 文件，源码如下：

```
1. static_library("adc_demo") {
2.     sources = [
3.         "gas_sensor.c"
4.     ]
5.
6.     include_dirs = [
7.         "//utils/native/lite/include",
8.         "//kernel/liteos_m/kal",
9.         "//base/iot_hardware/peripheral/interfaces/kits",
10.    ]
11. }
```

5. 编译、烧录、运行

编译、烧录、运行的具体操作不再赘述。

在洁净的空气中，MQ-2 可燃气体传感器在预热前 ADC 值在 470 左右（如图 6-12 所示）；如果第一次使用 MQ-2 可燃气体传感器，在预热前 ADC 值会更高；在完全预热之后，ADC 值可以降低到 320 左右。最后给出报警阈值的实验数据：ADC 值在 600 左右。

```
ADC_VALUE=470, Voltage=0.826172, Resistance=5.052010
ADC_VALUE=468, Voltage=0.822656, Resistance=5.077873
ADC_VALUE=468, Voltage=0.822656, Resistance=5.077873
ADC_VALUE=468, Voltage=0.822656, Resistance=5.077873
ADC_VALUE=468, Voltage=0.822656, Resistance=5.077873
ADC_VALUE=468, Voltage=0.822656, Resistance=5.077873
```

图 6-12 案例的运行结果

6.2.4 案例程序：可燃气体报警器

1. 目标

本案例的目标如下：第一，综合运用 PWM 输出方波、使用 ADC 获取模拟传感器的数据等知识；第二，通过可燃气体传感器控制蜂鸣器，从而实现可燃气体报警器的效果。

2. 准备开发套件

请准备好智能家居开发套件，组装好底板、核心板和环境监测板。

3. 新建目录

我们将使用 6.2.3 节的根目录。

4. 编写源码与编译脚本

新建 applications\sample\wifi-iot\app\adc_demo\gas_alarm.c 文件，源码如下：

```
1. #include <stdio.h>    // 标准输入输出头文件
2. #include <unistd.h>   // POSIX 头文件
3.
4. #include "ohos_init.h"// 用于初始化服务(service)和功能(feature)的头文件
5. #include "cmsis_os2.h"// CMSIS-RTOS2 头文件
6.
7. #include "iot_gpio.h" // OpenHarmony HAL: IoT 硬件设备操作接口中的 GPIO 接口头文件
8. #include "iot_pwm.h"  // OpenHarmony HAL: IoT 硬件设备操作接口中的 PWM 接口头文件
9. #include "hi_io.h"    // 海思 Pegasus SDK: IoT 硬件设备操作接口中的 IO 接口头文件
10. #include "hi_pwm.h"  // 海思 Pegasus SDK: IoT 硬件设备操作接口中的 PWM 接口头文件
11. #include "hi_adc.h"  // 海思 Pegasus SDK: IoT 硬件设备操作接口中的 ADC 接口头文件
12.
13. // 用于标识 ADC5 通道（MQ-2 可燃气体传感器）
14. #define GAS_SENSOR_CHAN_NAME HI_ADC_CHANNEL_5
15.
16. // 用于标识 GPIO-09（蜂鸣器）
17. #define BEEP_PIN_NAME HI_IO_NAME_GPIO_9
18.
19. // 用于标识 GPIO-09 引脚功能为 PWM0 输出
20. #define BEEP_PIN_FUNCTION HI_IO_FUNC_GPIO_9_PWM0_OUT
21.
22. // 将 ADC 值转换为电压值
23. static float ConvertToVoltage(unsigned short data)
24. {
25.     return (float)data * 1.8 * 4 / 4096;
26. }
27.
28. // 主线程函数
29. static void ADCGasTask(void *arg)
30. {
31.     (void)arg;
32.
33.     // 初始化 GPIO 模块
34.     IoTGpioInit(BEEP_PIN_NAME);
35.
36.     // 设置 GPIO_09 的功能为 PWM0 输出
37.     hi_io_set_func(BEEP_PIN_NAME, BEEP_PIN_FUNCTION);
38.
```

```
39.     // 设置 GPIO_09 的模式为输出模式（引脚方向为输出）
40.     IoTGpioSetDir(BEEP_PIN_NAME, IOT_GPIO_DIR_OUT);
41.
42.     // 初始化 PWM 模块
43.     IoTPwmInit(HI_PWM_PORT_PWM0);
44.
45.     //蜂鸣器是否已经打开。0：关闭；1：打开
46.     int beeping = 0;
47.
48.     // 工作循环，每隔 100ms 获取一次 ADC5 通道的值
49.     while (1)
50.     {
51.         // 用于接收 MQ-2 可燃气体传感器的值
52.         unsigned short data = 0;
53.
54.         // 读取 ADC5 通道的值
55.         if (hi_adc_read(GAS_SENSOR_CHAN_NAME, &data, HI_ADC_EQU_MODEL_4,
56.                     HI_ADC_CUR_BAIS_DEFAULT, 0) == HI_ERR_SUCCESS)
57.         {
58.             // 空气中可燃气体（或烟雾）的浓度增加，导致可燃气体传感器的电阻值降低，
从而导致 ADC 通道的电压增大
59.             // 转换为电压值
60.             float Vx = ConvertToVoltage(data);
61.
62.             // 计算可燃气体传感器的电阻值
63.             float gasSensorResistance = 5 / Vx - 1;
64.
65.             // 日志输出 ADC 值、电压值、电阻值
66.             printf("ADC_VALUE=%d, Voltage=%f, Resistance=%f\n", data, Vx,
gasSensorResistance);
67.
68.             // MQ-2 可燃气体传感器的正常参考值、报警阈值
69.             // 请注意，这是 1 个器件样本的实验结果，仅供参考
70.             // 正常(洁净空气)参考值：
71.             //   预热前：ADC_VALUE=470 左右，Voltage=0.826 左右，Resistance=
5.05 左右
72.             //   预热后：ADC_VALUE=320 左右
73.             // 报警阈值：ADC_VALUE=600 左右
74.
75.             // 判断是否报警
76.             if (data > 600) // 报警
77.             {
```

```
78.                 // 日志输出
79.                 printf("gas alarm!\n");
80.
81.                 // 蜂鸣器响
82.                 // 开始输出 PWM 信号，占空比为 50%，频率为 2700Hz
83.                 if (!beeping)
84.                 {
85.                     IoTPwmStart(HI_PWM_PORT_PWM0, 50, 2700);
86.                     beeping = 1;
87.                 }
88.             }
89.             else //不报警
90.             {
91.                 // 蜂鸣器关
92.                 if (beeping)
93.                 {
94.                     IoTPwmStop(HI_PWM_PORT_PWM0);
95.                     beeping = 0;
96.                 }
97.             }
98.         }
99.
100.        // 等待 100ms
101.        osDelay(10);
102.    }
103. }
104.
105. // 入口函数
106. static void ADCGasDemo(void)
107. {
108.     // 定义线程属性
109.     osThreadAttr_t attr;
110.     attr.name = "ADCGasTask";
111.     attr.stack_size = 4096;
112.     attr.priority = osPriorityNormal;
113.
114.     // 创建线程(并将其加入活跃线程组中)
115.     if (osThreadNew(ADCGasTask, NULL, &attr) == NULL)
116.     {
117.         printf("[%s] Falied to create ADCGasTask!\n", __func__);
118.     }
119. }
```

```
120.
121. // 运行入口函数
122. APP_FEATURE_INIT(ADCGasDemo);
```

修改 applications\sample\wifi-iot\app\adc_demo\BUILD.gn 文件，源码如下：

```
1. static_library("adc_demo") {
2.     sources = [
3.         "gas_alarm.c"
4.     ]
5.
6.     include_dirs = [
7.         "//utils/native/lite/include",
8.         "//kernel/liteos_m/kal",
9.         "//base/iot_hardware/peripheral/interfaces/kits",
10.    ]
11. }
```

5. 编译、烧录、运行

编译、烧录、运行的具体操作不再赘述，运行结果如图 6-13 所示。

```
gas alarm!
ADC_VALUE=602, Voltage=1.058203, Resistance=3.724991
gas alarm!
ADC_VALUE=602, Voltage=1.058203, Resistance=3.724991
gas alarm!
ADC_VALUE=599, Voltage=1.052930, Resistance=3.748655
ADC_VALUE=603, Voltage=1.059961, Resistance=3.717155
gas alarm!
ADC_VALUE=597, Voltage=1.049414, Resistance=3.764564
ADC_VALUE=599, Voltage=1.052930, Resistance=3.748655
```

图 6-13 案例的运行结果

6.3 使用I2C获取数字温湿度传感器的数据

本节内容：

I2C 的相关概念；I2C 总线的含义、构造、数据传输方式、设备地址和主从关系；I2C 相关的 API；环境监测板的 AHT20 数字温湿度传感器；实现 AHT20 数字温湿度传感器的驱动程序；获取数字温湿度传感器的状态。

6.3.1 I2C

1. 含义

I2C 的全称是 Inter Integrated Circuit（内部集成电路），也可以简写成 IIC。

2. I2C 总线

I2C 总线是由 Philips 公司开发的一种简单的、双向二线制的同步串行总线。它由 SDA（串行数据线）和 SCL（串行时钟线）两根信号线构成。如图 6-14 所示，两根水平线分别是 SDA 和 SCL。I2C 以主从方式工作，通常会有一个或多个主设备（但在同一时刻只允许一个主设备占用 I2C 总线），一个或多个从设备。图 6-14 中的 Host1 和 Host2 是主设备，而 Device1～Device3 是从设备。主从设备通过 SDA 和 SCL 两根线相互连接。设备的 SDA 引脚连接 SDA，设备的 SCL 引脚连接 SCL。由于多个设备共用 SDA 和 SCL 两根线，所以它们之间的工作方式是串行的。

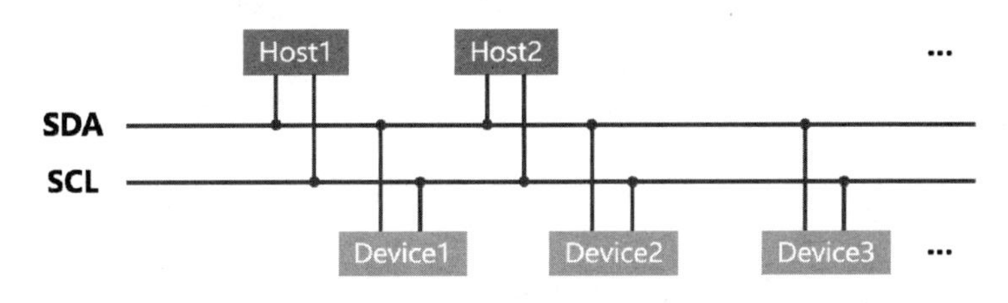

图 6-14 I2C 总线

从数据传输方式上来说，I2C 总线的 SDA 和 SCL 都是双向 I/O 线，数据传输方式为半双工。所谓半双工数据传输指的是数据可以在一个信号载体的两个方向上进行传输，但不能同时传输。一个设备可以在 SDA 上发送数据，发送完数据之后，立即在 SDA 上接收数据，这些数据来自数据刚刚传输的方向。例如，Host1 发送数据给 Device2，Device2 收到数据后再发送数据给 Host1。

为了实现正确的数据传输，I2C 总线上的每个设备都拥有一个唯一的地址，用于区分彼此，我们把它叫设备地址。设备地址和 MAC 地址的作用是类似的，但是由于 I2C 总线上的设备数量少，地址位会短得多，通常情况下 1 字节就够了。

I2C 总线的通信方式如下。当主设备需要与某个从设备通信时，要通过广播的方式将从设备地址写到总线上。如果某个从设备采用了此地址，将会发出应答信号，从而建立传输关系。这种方式有点像以太网的通信机制，但是以太网是异步通信的，依靠的是载波监听多路访问/冲突检测（CSMA/CD）机制，而 I2C 总线是同步通信的，依靠的是时序，如图 6-15 所示。

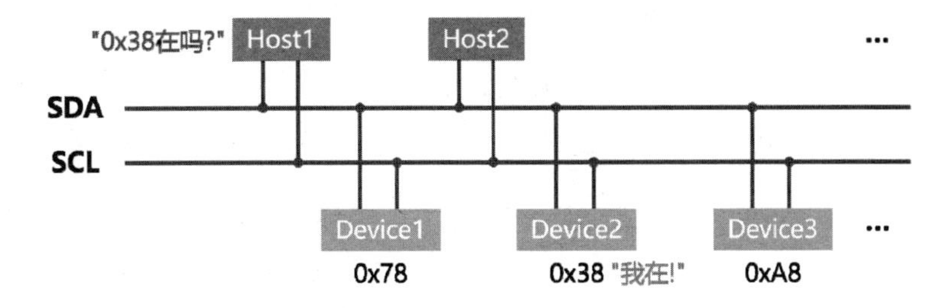

图 6-15 I2C 总线的通信方式

I2C 总线上有两个主设备 Host1 和 Host2，有三个从设备 Device1、Device2 和 Device3。Device1 的设备地址是 0x78，Device2 的设备地址是 0x38，Device3 的设备地址是 0xA8。现在 Host1 需要与 Device2 通信。它会将 Device2 的设备地址 0x38 写到 I2C 总线的 SDA 上，由 SDA 负责把数据广播出去。其他设备会收到这个数据，而从设备 Device2 采用了此地址，它将会发出应答信号，从而建立与 Host1 的传输关系。

从设备之间的主从关系上来看，I2C 总线上的每个设备都可以作为主设备或从设备，但是在某一时刻只能有一个主设备，其他均为从设备，如图 6-16 所示。在通常情况下，MCU（微控制单元，Microcontroller Unit，又称为单片微型计算机或单片机）将作为主设备（控制端），其他外部设备将作为从设备（受控端）。例如，在智能家居开发套件中，Hi3861V100 芯片是主设备，而 OLED 显示屏、数字温湿度传感器和其他第三方传感器则是从设备。

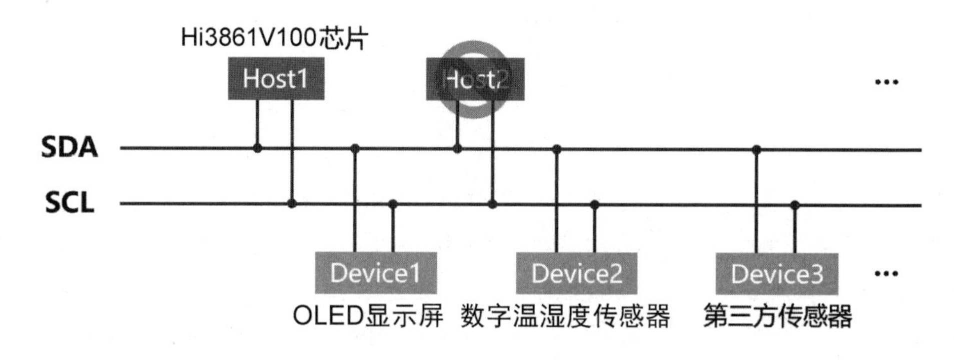

图 6-16 设备间的主从关系

3. 智能家居开发套件的 I2C 总线

Hi3861V100 芯片的硬件 I2C 总线有两个，分别是 I2C0 和 I2C1，如图 6-17 所示。

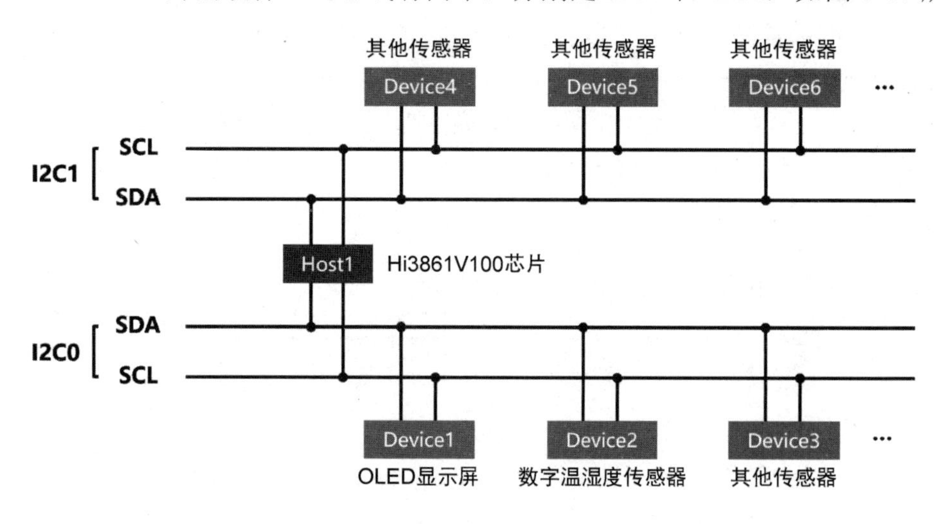

图 6-17 智能家居开发套件的 I2C 总线

Hi3861V100 芯片同时连接到 I2C0 和 I2C1 总线上，作为主设备。在 I2C0 总线上连接有 OLED 显示屏和数字温湿度传感器等从设备，也可以扩展连接其他从设备；在 I2C1 总线上，同样可以扩展连接其他从设备。

4. Hi3861V100芯片的 I2C 引脚分布

由于 Hi3861V100 芯片的引脚数量有限，导致 I2C 功能没有独立的引脚，所以需要与 GPIO 功能进行引脚复用。对于同时具有 GPIO 和 I2C 这两种功能（或更多功能）的引脚来说，同一时刻只能使用其中的一种功能。Hi3861V100 芯片的 I2C 引脚分布见表 6-5。

表 6-5　Hi3861V100 芯片的 I2C 引脚分布

引脚编号	默认功能	I2C 引脚
2	GPIO-00	I2C1_SDA
3	GPIO-01	I2C1_SCL
5	GPIO-03	I2C1_SDA
6	GPIO-04	I2C1_SCL
27	GPIO-09	I2C0_SCL
28	GPIO-10	I2C0_SDA
31	GPIO-13	I2C0_SDA
32	GPIO-14	I2C0_SCL

6.3.2　相关 API 介绍

1. HAL API

我们遵循 HAL+SDK 的接口使用策略，首先介绍 HAL 接口中的相关 API。接口位置在 base\iot_hardware\peripheral\interfaces\kits\iot_i2c.h 文件中，这些 API 见表 6-6。

表 6-6　HAL API

API 名称	说明
unsigned int IoTI2cInit(unsigned int id, unsigned int baudrate)	用指定的波特率初始化 I2C 控制器。参数 id 用于指定 I2C 总线 ID，参数 baudrate 用于指定波特率
unsigned int IoTI2cWrite(unsigned int id, unsigned short deviceAddr, const unsigned char *data, unsigned int dataLen)	将数据写入 I2C 设备中。参数 id 用于指定 I2C 总线 ID，参数 deviceAddr 用于指定 I2C 设备地址，参数 data 表示要写入的数据的指针，参数 dataLen 用于指定数据长度
unsigned int IoTI2cRead(unsigned int id, unsigned short deviceAddr, unsigned char *data, unsigned int dataLen)	从 I2C 设备中读取数据。参数 id 用于指定 I2C 总线 ID，参数 deviceAddr 用于指定 I2C 设备地址，参数 data 表示要读取的数据的指针，参数 dataLen 用于指定数据长度

2. 海思 SDK API

下面介绍海思 SDK 接口中的相关 API。请注意，海思 SDK 接口是备用接口，应当优先使用 HAL 接口。接口位置在 device\hisilicon\hispark_pegasus\sdk_liteos\include\hi_i2c.h 文件中，这些 API 见表 6-7。

表 6-7 海思 SDK API

API 名称	说明
hi_i2c_init(hi_i2c_idx id, hi_u32 baudrate);	用指定的波特率初始化 I2C 控制器
hi_i2c_write(hi_i2c_idx id, hi_u16 device_addr, const hi_i2c_data *i2c_data);	将数据写入 I2C 设备中
hi_i2c_read(hi_i2c_idx id, hi_u16 device_addr, const hi_i2c_data *i2c_data);	从 I2C 设备中读取数据

6.3.3 环境监测板的 AHT20 数字温湿度传感器介绍

图 6-18 AHT20 数字温湿度传感器

1. AHT20数字温湿度传感器简介

温湿度是人们在生活中接触得最多的物理量之一。温湿度与生产、物流、居住、娱乐等都息息相关。准确采集温湿度的数据是提高产品质量、生产效率、环境舒适度的前提。AHT20 数字温湿度传感器（如图 6-18 所示）采用 I2C 接口进行通信，它的尺寸小、性能可靠、响应迅速、使用方便、抗干扰能力强，并且经过了完全标定。

从封装方式上来看，AHT20 数字温湿度传感器采用了表贴封装，底面长度和宽度都为 3mm，高度为 1mm，如图 6-19 所示（单位为毫米）。

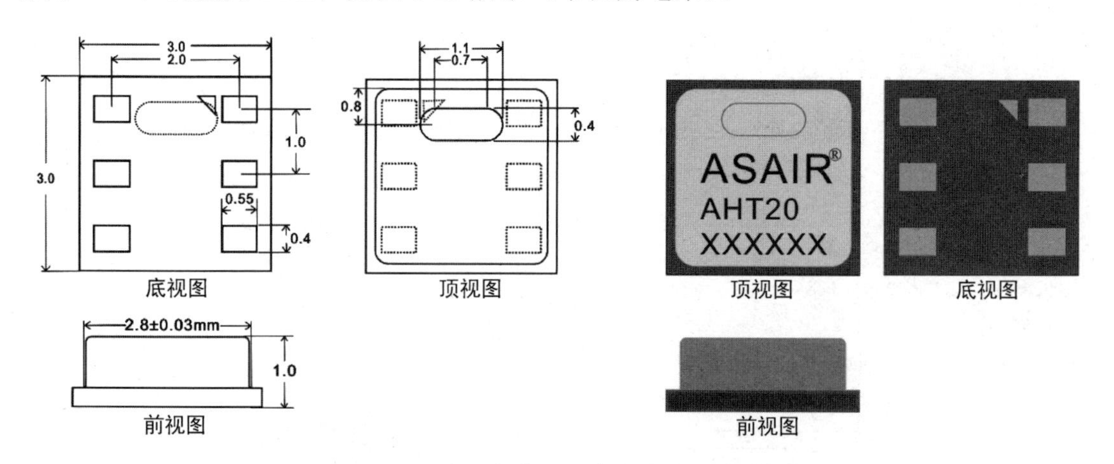

图 6-19 AHT20 数字温湿度传感器的封装方式

AHT20 数字温湿度传感器的技术参数如下：

（1）温度：测量范围为-40℃～85℃，误差为±0.3%，分辨率（精度）可以达到 0.01℃。

（2）湿度：测量范围为 0%～100%RH，误差为±-2%RH，分辨率（精度）可以达到 0.024%RH。

2. 环境监测板的 AHT20数字温湿度传感器

在环境监测板上，AHT20 数字温湿度传感器被标记为 U3（如图 6-20 所示），用于检测环境温湿度。它连接到了 Hi3861V100 芯片的 31 号和 32 号引脚上，也就是 I2C0 总线上。31 号引脚的复用关系为 GPIO-13 和 I2C0_SDA，而 32 号引脚的复用关系为 GPIO-14 和 I2C0_SCL。在 I2C0 总线上，AHT20 数字温湿度传感器的设备地址是 0x38。

图 6-20　环境监测板的 AHT20 数字温湿度传感器

6.3.4　案例程序：实现 AHT20 数字温湿度传感器的驱动程序

下面通过案例程序介绍 AHT20 数字温湿度传感器的具体使用方法。

1. 目标

本案例的目标如下：第一，使用 I2C 模块的相关 API 实现 AHT20 数字温湿度传感器的驱动程序；第二，掌握硬件驱动程序的开发过程；第三，理解 I2C 的相关原理。

2. 准备开发套件

请准备好智能家居开发套件，组装好底板、核心板和环境监测板。

3. 阅读原厂技术手册

首先，建议您仔细阅读 AHT20 数字温湿度传感器的技术手册（简称技术手册），如图 6-21 所示。技术手册通常会给出一个硬件设备的介绍、应用范围、性能参数、焊接说明、接口定义、电气特性、通信流程等，是这个硬件的权威指南。这相当于我们学一门外语使用的字典和语法手册。

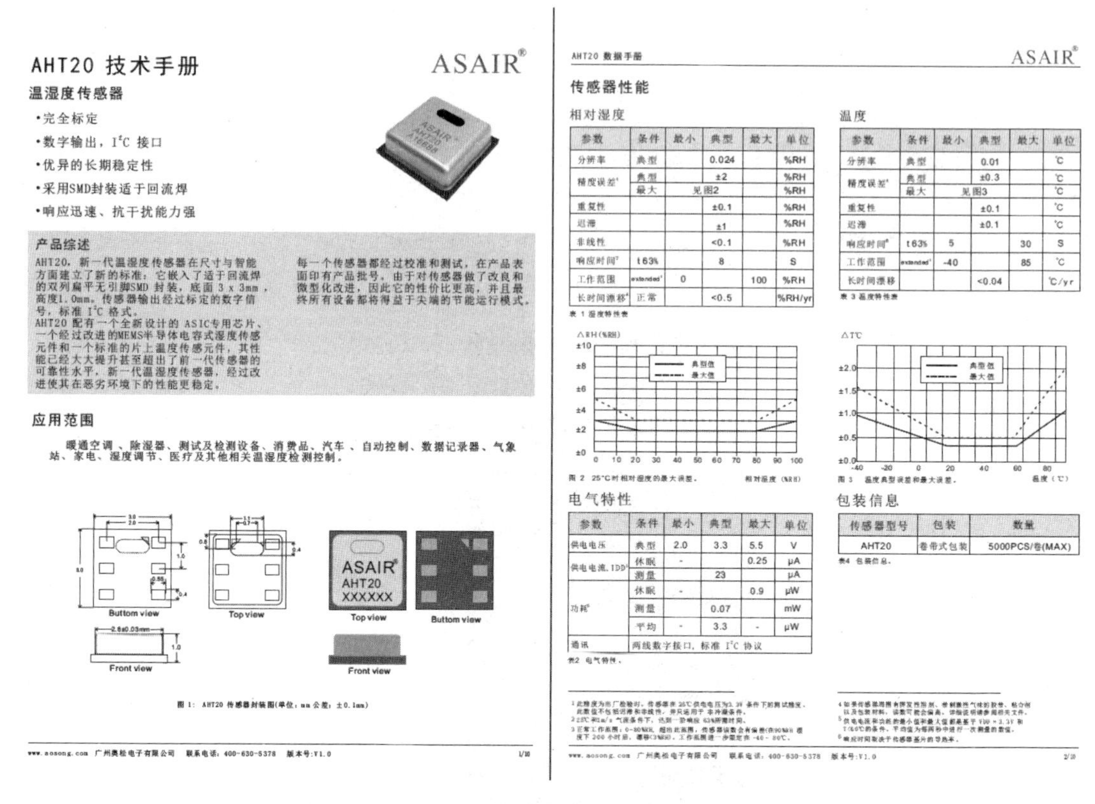

AHT20 技术手册　ASAIR®

温湿度传感器

- 完全标定
- 数字输出，I²C 接口
- 优异的长期稳定性
- 采用SMD封装适于回流焊
- 响应迅速、抗干扰能力强

产品综述

AHT20，新一代温湿度传感器在尺寸与智能方面建立了新的标准：它嵌入了适于回流焊的双列扁平无引脚SMD 封装，底面 3 x 3mm，高度1.0mm。传感器输出经过标定的数字信号，标准 I²C 格式。

AHT20 配有一个全新设计的 ASIC专用芯片、一个经过改进的MEMS半导体电容式湿度传感元件和一个标准的片上温度传感元件，其性能已经大大提升甚至超出了前一代传感器的可靠性水平，新一代温湿度传感器，经过改进使其在恶劣环境下的性能更稳定。

每一个传感器都经过校准和测试，在产品表面印有产品批号。由于对传感器做了改良和微型化改进，因此它的性价比更高，并且最终所有设备都将得益于尖端的节能运行模式。

应用范围

暖通空调、除湿器、测试及检测设备、消费品、汽车、自动控制、数据记录器、气象站、家电、湿度调节、医疗及其他相关温湿度检测控制。

AHT20 数据手册　ASAIR®

传感器性能

相对湿度

参数	条件	最小	典型	最大	单位
分辨率	典型		0.024		%RH
精度误差[1]	典型		±2		%RH
	最大	见图2			%RH
重复性			±0.1		%RH
迟滞			±1		%RH
非线性			<0.1		%RH
响应时间[2]	τ63%		8		S
工作范围	extended[3]	0		100	%RH
长时间漂移[4]	正常		<0.5		%RH/yr

表 1 湿度特性表

温度

参数	条件	最小	典型	最大	单位
分辨率	典型		0.01		℃
精度误差[1]	典型		±0.3		℃
	最大	见图3			℃
重复性			±0.1		℃
迟滞			±0.1		℃
响应时间[6]	τ63%	5		30	S
工作范围	extended[3]	-40		85	℃
长时间漂移			<0.04		℃/yr

表 3 温度特性表

图 2　25℃时相对湿度的最大误差。

图 3　温度典型误差和最大误差。

电气特性

参数	条件	最小	典型	最大	单位
供电电压	典型	2.0	3.3	5.5	V
供电电流，IDD[5]	休眠	-		0.25	μA
	测量		23		μA
功耗[5]	休眠	-		0.9	μW
	测量		0.07		mW
	平均	-	3.3	-	μW
通讯	两线数字接口，标准 I²C 协议				

表2 电气特性。

包装信息

传感器型号	包装	数量
AHT20	卷带式包装	5000PCS/卷(MAX)

表4 包装信息。

图 6-21　AHT20 数字温湿度传感器的技术手册

请在本节的配套资源中下载“AHT20 温湿度传感器-技术手册.PDF”文件。请注意，一定要按照传感器的通信规则去读写数据。

4. 传感器通信

下面根据技术手册中的技术细节来介绍传感器通信的相关知识。

（1）确定波特率（传输速率）。在技术手册中查找 I2C 时钟频率参数，如图 6-22 所示。

参数	标号	I²C 典型模式		I²C 高速模式		单位
		MIN	MAX	MIN	MAX	
I2C时钟频率	fSCL	0	100	0	400	kHz

图 6-22　I2C 时钟频率参数

AHT20 数字温湿度传感器在典型模式下的最大时钟频率为 100kHz，在高速模式下最大时钟频率为 400kHz。我们使用它的最大频率 400kHz。

（2）确定上电启动时间。根据技术手册说明，上电后 AHT20 数字温湿度传感器最多需要 20ms 就能够达到空闲/就绪状态（即做好接收由 Hi3861V100 芯片发送命令的准备）。

（3）确定设备地址和读写地址。根据技术手册中的“启动传输后，传输的 I2C 首字节包括 7 位 I2C 设备地址 0x38 和一个 SDA 方向位 X（X=1 表示读；X=0 表示写）”可以得出：

① 设备地址为 0x38；

② 读地址为$(01110001)_2$ = 0x71；

③ 写地址为$(01110000)_2$ = 0x70。

I2C 传输的首字节如图 6-23 所示。

您可能会有疑问，读地址“01110001”在程序中如何计算得出呢？下面介绍一下读写地址的计算过程。根据图 6-23 的描述，设备地址 0x38 将作为一个字节的高 7 位，而 SDA 的方向位 X 将作为这个字节的最低位。

0x38 的二进制数是 00111000，把它左移一位，得到 01110000，再与 00000001 进行按位或操作，得到读地址 01110001，如图 6-24 左侧所示。

写地址的计算过程也是类似的。把 00111000 左移一位，得到 01110000，再与 00000000 进行按位或操作，得到写地址 01110000，如图 6-24 所示。这里的按位或操作，不做也是可以的。

请注意，位操作在 I2C 通信中会经常用到，一定要熟练掌握。

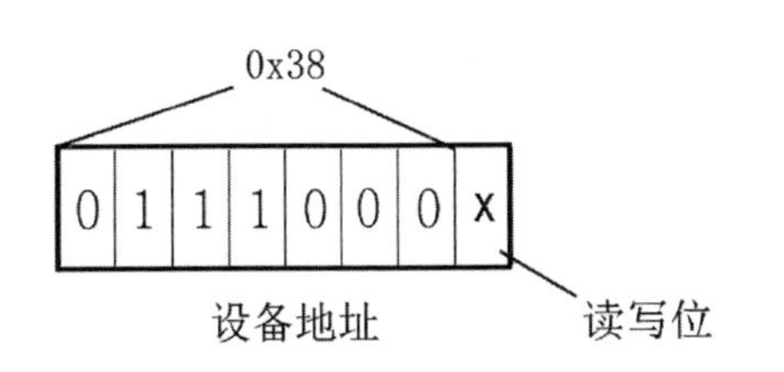

图 6-23　I2C 传输的首字节

0x38	00111000	0x38	00111000
左移1位	01110000	左移1位	01110000
按位或	00000001	按位或	00000000
读地址	01110001	写地址	01110000

图 6-24　读写地址的计算过程

（4）确定常用的命令。AHT20 数字温湿度传感器使用字节流命令方式。每个命令包括 1 个字节的命令代码和可能存在的 N 个字节的参数。在发送命令的时候，主设备发送相应命令的字节流给 AHT20 数字温湿度传感器即可。

AHT20 数字温湿度传感器常用的命令如表 6-8 所示。

表 6-8　AHT20 数字温湿度传感器常用的命令

命令	代码	说明
初始化	10111110 (0xBE)	初始化传感器并进行校准
触发测量	10101100 (0xAC)	触发测量后，传感器需要 75ms 完成测量。完成测量后，此命令回复（给主设备）6 个字节：1 个字节状态值+2 个字节湿度+4 位湿度+4 位温度+2 个字节温度
软复位	10111010 (0xBA)	重启传感器
获取状态	01110001 (0x71)	命令的回复（给主设备）有两种情况：①在初始化后，触发测量前，此命令回复 1 个字节状态值。②在触发测量后，此命令回复 6 个字节：1 个字节状态值+2 个字节湿度+4 位湿度+4 位温度+2 个字节温度

初始化命令和触发测量命令都有自己的参数。其中，初始化命令的参数有两个字节，第一个字节为 0x08，第二个字节为 0x00。加上初始化命令本身，完整的命令一共有 3 个字节，如图 6-25 所示。

触发测量命令的参数也有两个字节，第一个字节为 0x33，第二个字节为 0x00。完整的触发测量命令如图 6-26 所示。

命令代码	参数	
0xBE	0x08	0x00

图 6-25 初始化命令

命令代码	参数	
0xAC	0x33	0x00

图 6-26 触发测量命令

触发测量命令和获取状态命令回复的第 1 个字节数据都是状态值。下面介绍状态值的具体含义，它的每一位（bit）的功能划分如图 6-27 所示。

忙闲指示	工作模式		保留	校准使能	保留		
7	6	5	4	3	2	1	0

图 6-27 状态值的数据结构

状态值的数据含义见表 6-9。

表 6-9 状态值的数据含义

比特位	意义	描述
Bit[7]	忙闲指示位	1：设备忙，处于测量状态； 0：设备闲，处于休眠状态
Bit[6～5]	当前工作模式	00：当前处于 NOR 模式； 01：当前处于 CYC 模式； 1x：当前处于 CMD 模式
Bit[4]	保留	保留
Bit[3]	校准使能位	1：已校准； 0：未校准
Bit[2～0]	保留	保留

（5）确定基本的初始化流程。请观察图 6-28。在上电之后，首先等待 20ms 让传感器启动。发送获取状态命令，并且接收状态值，然后进行判断，如果状态值的 Bit[3]是 1 表示已校准，那么初始化就结束了。如果状态值的 Bit[3]是 0，则意味着需要校准。那么首先要发送初始化命令进行校准，然后等待 40ms 的校准时间，最后初始化结束。

在编程实现的时候，还要考虑以下两点：

第一，留意忙闲指示位（Bit[7]）。如果上电后，设备就处于忙的状态（Bit[7]==1），那么需要进行软复位；

第二，把错误处理部分写完整。

（6）确定基本的读取流程。请观察图 6-29。首先发送触发测量命令。接收测量结果，并读取状态值字节。然后判断忙闲指示位的状态，如果 Bit[7]不是 0，就意味着设备忙，需要等待 75ms 的时间，让设备完成测量；如果 Bit[7]是 0，意味着设备已经测量完毕，我们就读取后 5 个字节的数据，计算温湿度，最后流程结束。

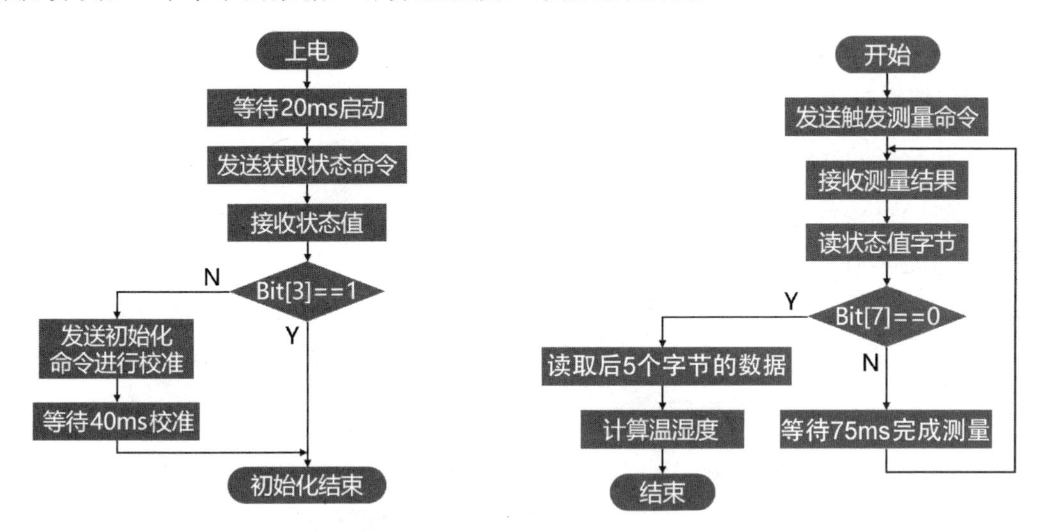

图 6-28　基本的初始化流程　　　图 6-29　基本的读取流程

在编程实现时还要考虑以下两点：

第一，考虑好接收测量结果的重试次数；

第二，把错误处理部分写完整。

（7）计算温湿度。首先来看测量结果的数据结构，如图 6-30 所示。

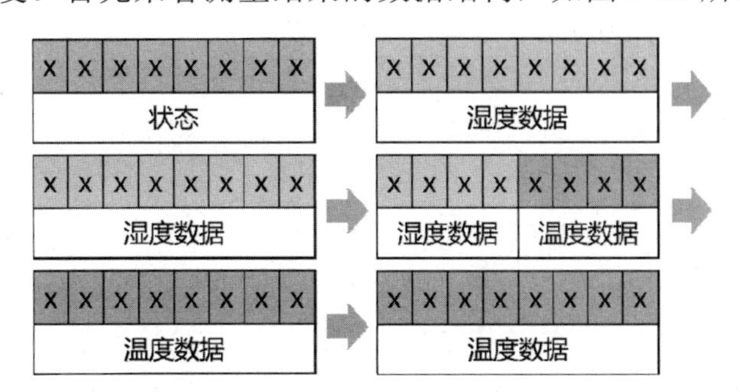

图 6-30　测量结果的数据结构

测量结果是一个字节流。我们用箭头来表示字节间的前后顺序，用不同的颜色表示数据的含义。湿度数据（SRH）由字节 2、字节 3 和字节 4 的前四位组成。温度数据（ST）则由字节 4 的后四位、字节 5 和字节 6 组成。由于第四个字节被分成了两半，在编程实现的时候要特别注意一下。

刚刚拼接出来的湿度数据和温度数据，并不是最终的湿度（RH）和温度（T），它们必须要经过换算。根据 AHT20 技术手册，湿度的计算公式为：

$$\mathrm{RH}=\left(\frac{\mathrm{SRH}}{2^{20}}\right)\times 100\%$$

温度的计算公式为：

$$T=\left(\frac{\mathrm{ST}}{2^{20}}\right)\times 200-50$$

请记住这些公式，稍后就会用到它们。

5. 设计驱动程序的架构

最后，我们需要设计出 AHT20 数字温湿度传感器驱动程序的架构。自底向上进行设计，如图 6-31 所示。

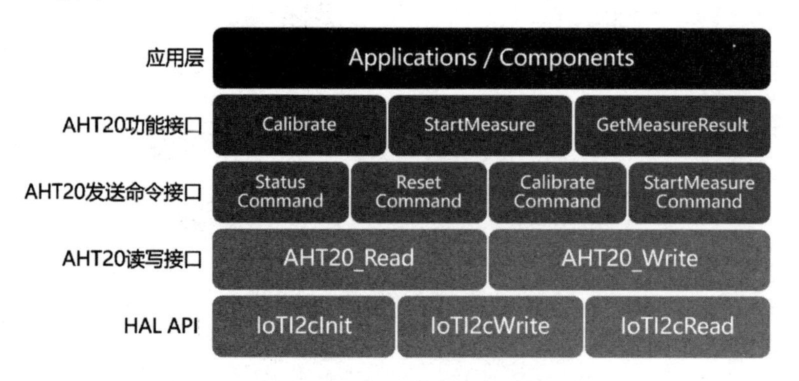

图 6-31 AHT20 数字温湿度传感器驱动程序的架构

底层是 HAL API，由 OpenHarmony 提供。实际上它封装了海思 SDK 的 API，但是由于我们不直接调用海思 SDK 接口，就不再画出它了。

HAL 接口之上是 AHT20 读写接口。它封装了下层的 HAL 接口、AHT20 设备地址、读地址和写地址。封装意味着 AHT20 读写接口的上层接口不需要关心 HAL 接口、AHT20 设备地址、读地址和写地址。

AHT20 读写接口之上是 AHT20 发送命令接口。它封装了下层接口、AHT20 命令代码和相关的参数。

AHT20 发送命令接口之上是 AHT20 功能接口。它封装了下层接口、状态值的数据结构、测量结果的数据结构、等待时间（包括上电启动时间、初始化校准时间和测量时间等），还封装了温湿度的具体计算公式。

AHT20 功能接口之上是应用层，也就是用户程序和组件。很明显，从用户程序和组件的角度来看，我们设计的 AHT20 数字温湿度传感器驱动程序提供了 3 个接口函数，分别是 Calibrate（校准）、StartMeasure（开始测量）和 GetMeasureResult（获取测量结果），逻辑清晰而简单，这是因为我们把硬件操作的复杂性一层层地封装起来了。这既符合高内聚、低耦合的原则，也符合工程化和协同开发的原则。

希望您能够通过这个驱动程序的架构设计过程有所收获。

6. 新建目录

启动虚拟机。在 VS Code 中打开 OpenHarmony 源码根目录。新建 applications\sample\wifi-iot\app\i2c_demo 目录，这个目录将作为本案例程序的根目录。

7. 编写源码与编译脚本

新建 applications\sample\wifi-iot\app\i2c_demo\aht20.c 文件，源码如下：

```
1. // AHT20 数字温湿度传感器驱动程序的源文件
2.
3. #include "aht20.h"         // AHT20 数字温湿度传感器驱动程序接口头文件
4.
5. #include <stdio.h>         // 标准输入输出头文件
6. #include <unistd.h>        // POSIX 头文件
7. #include <string.h>        // 字符串处理(操作字符数组)头文件
8.
9. // OpenHarmony HAL: IoT 硬件设备操作接口中的 I2C 接口头文件
10. // base/iot_hardware/peripheral/interfaces/kits 提供了一系列 IoT
11. // 硬件设备操作的接口头文件，包括 FLASH,GPIO,I2C,PWM,UART,WATCHDOG 等
12. #include "iot_i2c.h"
13.
14. // OpenHarmony HAL: IoT 硬件设备操作接口中的错误代码定义接口头文件
15. #include "iot_errno.h"
16.
17. // 用于标识要使用的 I2C 总线，编号是 I2C0
18. #define AHT20_I2C_IDX 0
19.
20. // 用于标识上电启动时间（20ms）
21. #define AHT20_STARTUP_TIME       20*1000
22.
23. // 用于标识初始化（校准）时间（40ms）
24. #define AHT20_CALIBRATION_TIME   40*1000
25.
26. // 用于标识测量时间（75ms）
27. #define AHT20_MEASURE_TIME       75*1000
28.
29. // 用于标识 AHT20 数字温湿度传感器的设备地址（0x38）
30. #define AHT20_DEVICE_ADDR        0x38
31.
32. // 用于标识 AHT20 数字温湿度传感器的读地址（0x71）
33. #define AHT20_READ_ADDR          ((0x38<<1)|0x1)
```

```
34.
35. // 用于标识 AHT20 数字温湿度传感器的写地址（0x70）
36. #define AHT20_WRITE_ADDR    ((0x38<<1)|0x0)
37.
38. // 用于标识初始化（校准）命令
39. #define AHT20_CMD_CALIBRATION         0xBE
40.
41. // 用于标识初始化（校准）命令的第 1 个字节参数
42. #define AHT20_CMD_CALIBRATION_ARG0    0x08
43.
44. // 用于标识初始化（校准）命令的第 2 个字节参数
45. #define AHT20_CMD_CALIBRATION_ARG1    0x00
46.
47. // 用于标识触发测量命令
48. #define AHT20_CMD_TRIGGER             0xAC
49.
50. // 用于标识触发测量命令的第 1 个字节参数
51. #define AHT20_CMD_TRIGGER_ARG0        0x33
52.
53. // 用于标识触发测量命令的第 2 个字节参数
54. #define AHT20_CMD_TRIGGER_ARG1        0x00
55.
56. // 用于标识软复位命令
57. // 用于在无须关闭和再次打开电源的情况下，重新启动传感器系统，软复位所需的时间不超过 20ms
58. #define AHT20_CMD_RESET               0xBA
59.
60. // 用于标识获取状态命令
61. #define AHT20_CMD_STATUS              0x71
62.
63. // 获取状态命令的回复有两种情况：
64. // 1. 初始化后触发测量之前，STATUS 只回复 1 个字节状态值；
65. // 2. 触发测量之后，STATUS 回复 6 个字节：1 个字节状态值 + 2 个字节湿度 + 4 位湿度
+ 4 位温度 + 2 个字节温度
66. //     RH = Srh / 2^20 * 100%
67. //     T  = St  / 2^20 * 200 - 50
68.
69. // 1 个字节状态值：bit[7] 忙闲指示位
70.
71. // 用于标识忙闲指示位掩码的左移位数
72. #define AHT20_STATUS_BUSY_SHIFT 7
73.
74. // 用于标识忙闲指示位的掩码
```

```
75. #define AHT20_STATUS_BUSY_MASK  (0x1<<AHT20_STATUS_BUSY_SHIFT)
76.
77. // 用于标识忙闲指示位的值
78. #define AHT20_STATUS_BUSY(status) ((status & AHT20_STATUS_BUSY_MASK) >>
AHT20_STATUS_BUSY_SHIFT)
79.
80. // 1 个字节状态值：bit[6:5] 工作模式位
81.
82. // 用于标识当前工作模式位掩码的左移位数
83. #define AHT20_STATUS_MODE_SHIFT 5
84.
85. // 用于标识当前工作模式位的掩码
86. #define AHT20_STATUS_MODE_MASK  (0x3<<AHT20_STATUS_MODE_SHIFT)
87.
88. // 用于标识当前工作模式位的值
89. #define AHT20_STATUS_MODE(status) ((status & AHT20_STATUS_MODE_MASK) >>
AHT20_STATUS_MODE_SHIFT)
90.
91. // 1 个字节状态值：bit[4] 保留位
92.
93. // 1 个字节状态值：bit[3] 校准使能位
94.
95. // 用于标识校准使能位掩码的左移位数
96. #define AHT20_STATUS_CALI_SHIFT 3
97.
98. // 用于标识校准使能位的掩码
99. #define AHT20_STATUS_CALI_MASK  (0x1<<AHT20_STATUS_CALI_SHIFT)
100.
101. // 用于标识校准使能位的值
102. #define AHT20_STATUS_CALI(status) ((status & AHT20_STATUS_CALI_MASK) >>
AHT20_STATUS_CALI_SHIFT)
103.
104. // 1 个字节状态值：bit[2:0] 保留位
105.
106. // 用于标识测量结果的长度（6 字节）
107. #define AHT20_STATUS_RESPONSE_MAX 6
108.
109. // 用于标识温湿度计算公式中的 2^20
110. #define AHT20_RESLUTION          (1<<20)  // 2^20
111.
112. // 用于标识接收测量结果的重试次数
113. #define AHT20_MAX_RETRY 10
```

```
114.
115. // 实现 AHT20 读写接口，封装下层的 HAL 接口、AHT20 设备地址、读地址和写地址
116.
117. // AHT20 读写接口：AHT20 读
118. static uint32_t AHT20_Read(uint8_t *buffer, uint32_t buffLen)
119. {
120.     // 从 I2C 设备中读取数据
121.     uint32_t retval = IoTI2cRead(AHT20_I2C_IDX,   // 指定 I2C 总线 ID
122.                                  AHT20_READ_ADDR,     // 指定读地址
123.                                  buffer,              // 指定读取数据的缓冲区
124.                                  buffLen);            // 指定读取数据的长度
125.     if (retval != IOT_SUCCESS)                        // 读取失败
126.     {
127.         // 打印读取失败的日志
128.         printf("I2cRead() failed, %0X!\n", retval);
129.         // 返回 IoTI2cRead()返回的错误值
130.         return retval;
131.     }
132.     // 读取成功，返回 IOT_SUCCESS
133.     return IOT_SUCCESS;
134. }
135.
136. // AHT20 读写接口：AHT20 写
137. static uint32_t AHT20_Write(uint8_t *buffer, uint32_t buffLen)
138. {
139.     // 向 I2C 设备中写入数据
140.     uint32_t retval = IoTI2cWrite(AHT20_I2C_IDX, // 指定 I2C 总线 ID
141.                                   AHT20_WRITE_ADDR,   // 指定写地址
142.                                   buffer,             // 指定写入数据的缓冲区
143.                                   buffLen);           // 指定写入数据的长度
144.     if (retval != IOT_SUCCESS)                        // 写入失败
145.     {
146.         // 打印写入失败的日志
147.         printf("I2cWrite() failed, %0X!\n", retval);
148.         // 返回 IoTI2cWrite()返回的错误值
149.         return retval;
150.     }
151.     // 写入成功，返回 IOT_SUCCESS
152.     return IOT_SUCCESS;
153. }
154.
155. // 实现 AHT20 发送命令接口，封装 AHT20 读写接口、AHT20 命令代码和相关参数
```

```
156.
157. // AHT20 发送命令接口：发送获取状态命令
158. static uint32_t AHT20_StatusCommand(void)
159. {
160.     // 定义一个缓冲区，用于存放命令代码
161.     uint8_t statusCmd[] = { AHT20_CMD_STATUS };
162.     // 发送获取状态命令
163.     return AHT20_Write(statusCmd, sizeof(statusCmd));
164. }
165.
166. // AHT20 发送命令接口：发送软复位命令
167. static uint32_t AHT20_ResetCommand(void)
168. {
169.     // 定义一个缓冲区，用于存放命令代码
170.     uint8_t resetCmd[] = {AHT20_CMD_RESET};
171.     // 发送软复位命令
172.     return AHT20_Write(resetCmd, sizeof(resetCmd));
173. }
174.
175. // AHT20 发送命令接口：发送初始化命令，进行校准
176. static uint32_t AHT20_CalibrateCommand(void)
177. {
178.     // 定义一个缓冲区，用于存放命令代码
179.     uint8_t clibrateCmd[] = {AHT20_CMD_CALIBRATION,
AHT20_CMD_CALIBRATION_ARG0, AHT20_CMD_CALIBRATION_ARG1};
180.     // 发送初始化命令，进行校准
181.     return AHT20_Write(clibrateCmd, sizeof(clibrateCmd));
182. }
183.
184. // AHT20 发送命令接口：发送触发测量命令，开始测量
185. uint32_t AHT20_StartMeasure(void)
186. {
187.     // 定义一个缓冲区，用于存放命令代码
188.     uint8_t triggerCmd[] = {AHT20_CMD_TRIGGER, AHT20_CMD_TRIGGER_ARG0,
AHT20_CMD_TRIGGER_ARG1};
189.     // 发送触发测量命令，开始测量
190.     return AHT20_Write(triggerCmd, sizeof(triggerCmd));
191. }
192.
193. // 实现 AHT20 功能接口，封装下层接口、状态值的数据结构、测量结果的数据结构、
194. // 等待时间（包括上电启动时间、初始化校准时间、测量时间等）和温湿度的具体计算公式
195.
```

```
196. // AHT20 功能接口：校准
197. // 读取温湿度之前，首先要看状态字的校准使能位 Bit[3]是否为 1(通过发送 0x71 可以获取一个字节的状态字),
198. // 如果不为 1，要发送 0xBE 命令(初始化)，此命令参数有两个字节，第一个字节为 0x08，第二个字节为 0x00
199. uint32_t AHT20_Calibrate(void)
200. {
201.     // 接收接口的返回值
202.     uint32_t retval = 0;
203.
204.     // 定义一个缓冲区，用于接收测量结果
205.     uint8_t buffer[AHT20_STATUS_RESPONSE_MAX] = { 0 };
206.
207.     // 初始化缓冲区
208.     memset(&buffer, 0x0, sizeof(buffer));
209.
210.     // 发送获取状态命令
211.     retval = AHT20_StatusCommand();
212.     if (retval != IOT_SUCCESS) {
213.         return retval;
214.     }
215.
216.     // 读取 AHT20 的回复数据
217.     retval = AHT20_Read(buffer, sizeof(buffer));
218.     if (retval != IOT_SUCCESS) {
219.         return retval;
220.     }
221.
222.     // 状态字（1 个字节状态值）的忙闲指示位 Bit[7]为设备忙，或者校准使能位 Bit[3]为未校准
223.     if (AHT20_STATUS_BUSY(buffer[0]) || !AHT20_STATUS_CALI(buffer[0])) {
224.         // 发送软复位命令
225.         retval = AHT20_ResetCommand();
226.         if (retval != IOT_SUCCESS) {
227.             return retval;
228.         }
229.
230.         // 等待上电启动时间（20ms）
231.         usleep(AHT20_STARTUP_TIME);
232.
233.         // 发送初始化命令，进行校准
234.         retval = AHT20_CalibrateCommand();
```

```
235.
236.        // 等待初始化（校准）时间（40ms）
237.        usleep(AHT20_CALIBRATION_TIME);
238.
239.        // 返回校准结果
240.        return retval;
241.    }
242.
243.    // 返回成功
244.    return IOT_SUCCESS;
245. }
246.
247. // AHT20 功能接口：开始测量
248. // 直接使用下层 AHT20 发送命令接口的 AHT20_StartMeasure 函数即可，这里就不再封装了
249.
250. // AHT20 功能接口：接收测量结果，拼接转换为标准值
251. uint32_t AHT20_GetMeasureResult(float* temp, float* humi)
252. {
253.    // 相关变量定义
254.    uint32_t retval = 0, i = 0;
255.
256.    // 检查参数的合法性
257.    if (temp == NULL || humi == NULL) {
258.        return IOT_FAILURE;
259.    }
260.
261.    // 定义一个缓冲区，用于接收测量结果
262.    uint8_t buffer[AHT20_STATUS_RESPONSE_MAX] = { 0 };
263.
264.    // 初始化缓冲区
265.    memset(&buffer, 0x0, sizeof(buffer));
266.
267.    // 接收测量结果
268.    retval = AHT20_Read(buffer, sizeof(buffer));
269.    if (retval != IOT_SUCCESS) {
270.        return retval;
271.    }
272.
273.    // 注意：传感器在采集时需要时间，主机发出测量指令（0xAC）后，延时 75 毫秒以上再读取转换后的数据并判断返回的状态位是否正常。
274.    // 若状态字（1 个字节状态值）的忙闲指示位 Bit[7]为 0 代表数据可正常读取，为 1 时代表传感器的状态为忙，主机需要等待数据处理完成。
```

```
275.     // 重试接收测量结果
276.     for (i = 0; AHT20_STATUS_BUSY(buffer[0]) && i < AHT20_MAX_RETRY; i++) {
277.         // printf("AHT20 device busy, retry %d/%d!\r\n", i, AHT20_MAX_RETRY);
278.         // 等待测量时间（75ms）
279.         usleep(AHT20_MEASURE_TIME);
280.         // 接收测量结果
281.         retval = AHT20_Read(buffer, sizeof(buffer));
282.         if (retval != IOT_SUCCESS) {
283.             return retval;
284.         }
285.     }
286.
287.     // 达到最大重试次数，返回失败
288.     if (i >= AHT20_MAX_RETRY) {
289.         printf("AHT20 device always busy!\r\n");
290.         return IOT_FAILURE;
291.     }
292.
293.     // 成功接收测量结果
294.     // 计算湿度
295.     uint32_t humiRaw = buffer[1];                              // 字节 2
296.     humiRaw = (humiRaw << 8)|buffer[2];                        // 字节 3
297.     humiRaw = (humiRaw << 4)|((buffer[3] & 0xF0)>>4);// 字节 4 的前四位
298.     *humi = humiRaw/(float)AHT20_RESLUTION * 100;      // 根据公式计算湿度
299.
300.     // 计算温度
301.     uint32_t tempRaw = buffer[3] & 0x0F;                       // 字节 4 的后四位
302.     tempRaw = (tempRaw << 8) | buffer[4];                      // 字节 5
303.     tempRaw = (tempRaw << 8) | buffer[5];                      // 字节 6
304.     *temp = tempRaw/(float)AHT20_RESLUTION*200 - 50; // 根据公式计算温度
305.     // printf("humi = %05X, %f, temp= %05X, %f\r\n", humiRaw, *humi,
tempRaw, *temp);
306.     // 返回成功
307.     return IOT_SUCCESS;
308. }
```

新建 applications\sample\wifi-iot\app\i2c_demo\aht20.h 文件，源码如下：

```
1. // AHT20 数字温湿度传感器驱动程序接口头文件
2.
3. // 定义条件编译宏，防止头文件的重复包含和编译
4. #ifndef AHT20_H
5. #define AHT20_H
```

```
6.
7. #include <stdint.h>      // 几种扩展的整数类型和宏支持头文件
8.
9. // 声明接口函数
10.
11. // 接口函数：校准
12. uint32_t AHT20_Calibrate(void);
13.
14. // 接口函数：启动测量（触发测量）
15. uint32_t AHT20_StartMeasure(void);
16.
17. // 接口函数：接收测量结果，拼接转换为标准值
18. uint32_t AHT20_GetMeasureResult(float* temp, float* humi);
19.
20. // 条件编译结束
21. #endif  // AHT20_H
```

新建 applications\sample\wifi-iot\app\i2c_demo\BUILD.gn 文件，源码如下：

```
1. static_library("i2c_demo") {
2.   sources = [
3.     "aht20.c"
4.   ]
5.
6.   include_dirs = [
7.     "//utils/native/lite/include",
8.     "//kernel/liteos_m/kal/cmsis",
9.     "//base/iot_hardware/peripheral/interfaces/kits",
10.   ]
11. }
```

修改 applications\sample\wifi-iot\app\BUILD.gn 文件，源码如下：

```
1. import("//build/lite/config/component/lite_component.gni")
2.
3. # for "i2c_demo" example.
4. lite_component("app") {
5.   features = [
6.     "i2c_demo",
7.   ]
8. }
```

8. 编译

请注意，编译过程可能会出现错误，提示“undefined reference to hi_i2c_...”。导致这个错误的原因是，在默认情况下海思 SDK 中没有开启 I2C 支持。解决这个问题的方法很简单，修改“device/hisilicon/hispark_pegasus/sdk_liteos/build/config/user_config.mk”文件，将文件中的“# CONFIG_I2C_SUPPORT is not set”一行修改为“CONFIG_I2C_SUPPORT=y”即可（注意要去掉开头的#）。

编译的具体操作不再赘述。

6.3.5 案例程序：获取 AHT20 数字温湿度传感器的状态

1. 目标

本案例的目标如下：第一，使用 AHT20 数字温湿度传感器驱动程序的相关 API 获取环境的温湿度；第二，掌握 AHT20 数字温湿度传感器的特性。

2. 准备开发套件

请准备好智能家居开发套件，组装好底板、核心板和环境监测板。

3. 新建目录

我们将使用 6.3.4 节的根目录。

4. 编写源码与编译脚本

新建 applications\sample\wifi-iot\app\i2c_demo\temp-humi_sensor.c 文件，源码如下：

```
1. #include <stdio.h>      // 标准输入输出头文件
2. #include <unistd.h>     // POSIX 头文件
3.
4. #include "ohos_init.h"  // 用于初始化服务(service)和功能(feature)的头文件
5. #include "cmsis_os2.h"  // CMSIS-RTOS2 头文件
6.
7. #include "iot_gpio.h"   // OpenHarmony HAL: IoT 硬件设备操作接口中的 GPIO 接口头文件
8. #include "iot_i2c.h"    // OpenHarmony HAL: IoT 硬件设备操作接口中的 I2C 接口头文件
9. #include "iot_errno.h"  // OpenHarmony HAL: IoT 硬件设备操作接口中的错误代码定义接口头文件
10. #include "hi_io.h"     // 海思 Pegasus SDK: IoT 硬件设备操作接口中的 IO 接口头文件
11. #include "hi_adc.h"    // 海思 Pegasus SDK: IoT 硬件设备操作接口中的 ADC 接口头文件
```

```
12.
13. #include "aht20.h"      // AHT20 数字温湿度传感器驱动程序的接口头文件
14.
15. // 用于标识 AHT20 数字温湿度传感器的波特率（传输速率）
16. #define AHT20_BAUDRATE 400 * 1000
17.
18. // 用于标识要使用的 I2C 总线编号是 I2C0
19. #define AHT20_I2C_IDX 0
20.
21. // 主线程函数
22. static void tempHumiTask(void *arg)
23. {
24.     (void)arg;
25.
26.     // 接收接口的返回值
27.     uint32_t retval = 0;
28.     // 湿度
29.     float humidity = 0.0f;
30.     // 温度
31.     float temperature = 0.0f;
32.
33.     // 初始化 GPIO
34.     IoTGpioInit(HI_IO_NAME_GPIO_13);
35.     IoTGpioInit(HI_IO_NAME_GPIO_14);
36.
37.     // 设置 GPIO-13 引脚功能为 I2C0_SDA
38.     hi_io_set_func(HI_IO_NAME_GPIO_13, HI_IO_FUNC_GPIO_13_I2C0_SDA);
39.     // 设置 GPIO-14 引脚功能为 I2C0_SCL
40.     hi_io_set_func(HI_IO_NAME_GPIO_14, HI_IO_FUNC_GPIO_14_I2C0_SCL);
41.
42.     // 用指定的波特率初始化 I2C0
43.     IoTI2cInit(AHT20_I2C_IDX, AHT20_BAUDRATE);
44.
45.     // 校准 AHT20 数字温湿度传感器，如果校准失败，那么等待 100ms 后重试
46.     while (IOT_SUCCESS != AHT20_Calibrate())
47.     {
48.         printf("AHT20 sensor init failed!\r\n");
49.         usleep(100 * 1000);
50.     }
51.
52.     // 工作循环
53.     while (1)
```

```
54.     {
55.         // 启动测量
56.         retval = AHT20_StartMeasure();
57.         if (retval != IOT_SUCCESS)
58.         {
59.             printf("trigger measure failed!\r\n");
60.         }
61.
62.         // 接收测量结果
63.         retval = AHT20_GetMeasureResult(&temperature, &humidity);
64.         if (retval != IOT_SUCCESS)
65.         {
66.             printf("get data failed!\r\n");
67.         }
68.
69.         // 输出测量结果
70.         printf("temperature: %.2f, humidity: %.2f\r\n", temperature, humidity);
71.
72.         // 等待1秒
73.         osDelay(100);
74.     }
75. }
76.
77. // 入口函数
78. static void tempHumiDemo(void)
79. {
80.     // 定义线程属性
81.     osThreadAttr_t attr;
82.     attr.name = "tempHumiTask";
83.     attr.stack_size = 4096;
84.     attr.priority = osPriorityNormal;
85.
86.     // 创建线程
87.     if (osThreadNew(tempHumiTask, NULL, &attr) == NULL)
88.     {
89.         printf("[%s] Falied to create tempHumiTask!\n", __func__);
90.     }
91. }
92.
93. // 运行入口函数
94. APP_FEATURE_INIT(tempHumiDemo);
```

修改 applications\sample\wifi-iot\app\i2c_demo\BUILD.gn 文件，源码如下：

```
1. static_library("i2c_demo") {
2.   sources = [
3.     "aht20.c",
4.     "temp-humi_sensor.c",
5.   ]
6.
7.   include_dirs = [
8.     "//utils/native/lite/include",
9.     "//kernel/liteos_m/kal/cmsis",
10.    "//base/iot_hardware/peripheral/interfaces/kits",
11.  ]
12. }
```

5. 编译、烧录、运行

编译、烧录、运行的具体操作不再赘述，运行结果如图 6-32 所示。

```
temperature: 27.79, humidity: 62.82
temperature: 27.78, humidity: 62.75
temperature: 27.81, humidity: 62.68
temperature: 27.85, humidity: 62.64
temperature: 27.86, humidity: 62.60
temperature: 27.89, humidity: 62.56
temperature: 27.89, humidity: 62.52
```

图 6-32　案例的运行结果

第 7 章　OLED 显示屏的驱动和控制

7.1　I2C驱动OLED显示屏

本节内容：

OLED 简介、OLED 显示屏板介绍、OLED 的初始化；如何在 OLED 显示屏上绘制画面；通过案例程序学习 OLED 显示屏的具体控制方法；点阵字体、取模方式；字体显示的相关概念和原理；如何在 OLED 显示屏上绘制 ASCII 字符；通过案例程序学习在 OLED 显示屏上显示西文的具体方法。

7.1.1　OLED 简介

OLED 的全称是 Organic Light-Emitting Diode，即有机发光二极管。OLED 属于一种电流型的有机发光器件，有机半导体材料和发光材料在电场的驱动下通过载流子的注入和复合而导致其发光。OLED 的发光强度与注入的电流成正比。

OLED 有自发光、视角广、厚度薄、对比度高、清晰度高、构造简单、响应速度快、柔性好、使用温度范围广等特点。

OLED 的这些优点，使得它的应用领域十分广泛。在商业领域中，OLED 可以用于 POS 机、复印机、ATM 机、广告屏等；在消费类电子产品领域中，OLED 应用得最广泛的是智能手机，其次是笔记本、显示屏、电视、平板、数码相机、VR 设备等；在交通领域中，OLED 主要用于轮船和飞机的仪表、GPS、可视电话、车载显示屏等；在工业领域中，OLED 可以用于工控系统的显示屏、触控屏等；在医疗领域中，OLED 可以用于医学诊断影像、手术监控屏幕等。

7.1.2　OLED 显示屏板介绍

1. 主要部件

OLED 显示屏板的主要部件有以下 4 个：一个 0.96 英寸的 OLED 显示屏、一个 SSD1306 显示屏驱动芯片、两个按键。

（1）0.96 英寸 OLED 显示屏。这块显示屏的屏幕分辨率为 128px×64px，可以显示黑白两色，如图 7-1 所示。它的可视角度大于 160°，在正常使用时的功耗只有 0.06W。我们可以使用它显示文字、图形，实现简单的用户界面交互。

图 7-1　0.96 英寸的 OLED 显示屏

（2）SSD1306 显示屏驱动芯片。该驱动芯片采用 I2C 接口，连接到了 Hi3861V100 芯片的 I2C0 总线上，也就是 31 号和 32 号引脚上，如图 7-2 所示。31 号引脚的复用关系为 GPIO-13 和 I2C0_SDA；32 号引脚的复用关系为 GPIO-14 和 I2C0_SCL。

在 I2C0 总线上，SSD1306 显示屏驱动芯片的设备地址是 0x78。您是否还记得之前介绍过的 AHT20 数字温湿度传感器也连接到 I2C0 总线上？它的设备地址是 0x38。

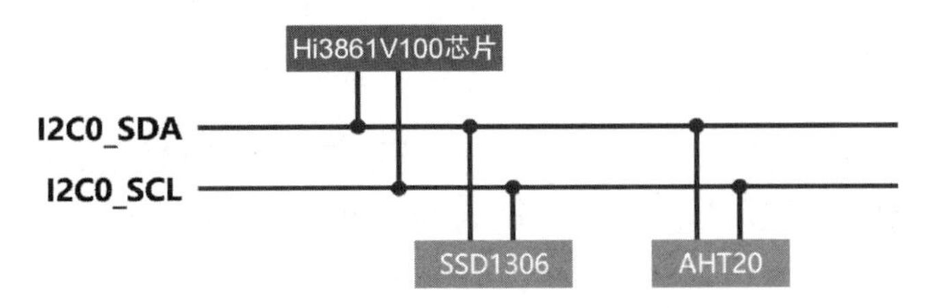

图 7-2　连接到 I2C0 总线的两个从设备

（3）两个按键。这两个按键在之前的章节中已经介绍过了，不再赘述。

2. 阅读原厂技术手册

强烈建议您仔细阅读 OLED 显示屏板的原厂技术手册。请在本节的配套资源中下载“SSD1306.pdf”和“金马鼎 0.96 白色 30Pin.pdf”两个文件。一定要按照 OLED 显示屏板的通信规则去使用它。

7.1.3　OLED 的初始化

下面根据原厂技术手册中的技术细节来介绍如何初始化 OLED。

1. 通信方式

SSD1306 显示屏驱动芯片使用字节流命令方式进行通信。每个命令包括 1 个字节的命令代码和可能存在的 *N* 个字节的参数。在发送命令的时候，主设备发送相应命令的字节流给 SSD1306 显示屏驱动芯片即可。

2. 常用命令

控制 SSD1306 显示屏驱动芯片的命令有很多，常用命令如表 7-1 所示。

表 7-1 SSD1306 显示屏驱动芯片的常用命令

代码(16 进制)	命令	说明
81 + xx	设置对比度	两个字节的命令，xx 的范围为 0～255，值越大，对比度越高
A4 / A5	开启/关闭整体显示	A4：将显存内容输出到屏幕。 A5：输出时忽略显存内容
A6 / A7	设置正常/反色显示	A6：正常显示。0 对应像素熄灭，1 对应像素亮起。 A7：反色显示。0 对应像素亮起，1 对应像素熄灭
AE / AF	设置显示开/关	AE：显示关闭（睡眠模式，默认状态）。 AF：显示开启（正常模式）
B0～B7	在页寻址模式时，设置页面起始地址	设置 GDDRAM 页面起始地址（PAGE0～PAGE7）
00～0F	在页寻址模式时，设置列地址的低 4 位	列地址范围为 0～127，即 0x00～0x7f
10～1F	在页寻址模式时，设置列地址的高 4 位	列地址的高 4 位需要和 0x10 进行按位或作为值

页寻址模式的细节稍后会介绍。以其中两个命令为例，具体说明一下命令的功能和使用方法。

（1）设置对比度。这是两个字节的命令，其中有 1 个字节的参数。参数值越大，对比度越高。命令格式如图 7-3 所示，将命令代码和参数按顺序发出即可。

（2）设置正常/反色显示。这是 1 个字节的命令。命令代码 0xA6 表示正常显示，也就是 0 对应像素熄灭，1 对应像素亮起，如图 7-4 所示。

命令代码	参数
0x81	0x**

图 7-3 设置对比度命令

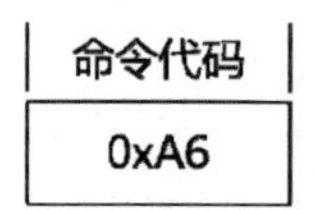

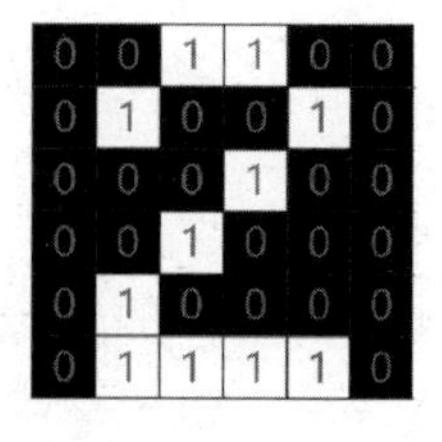

图 7-4 设置正常显示

命令代码 0xA7 表示反色显示，也就是 0 对应像素亮起，1 对应像素熄灭，如图 7-5 所示。

其他与寻址有关的命令随后会介绍。我们需要先理解寻址模式，再了解如何使用命令。

命令代码

0xA7

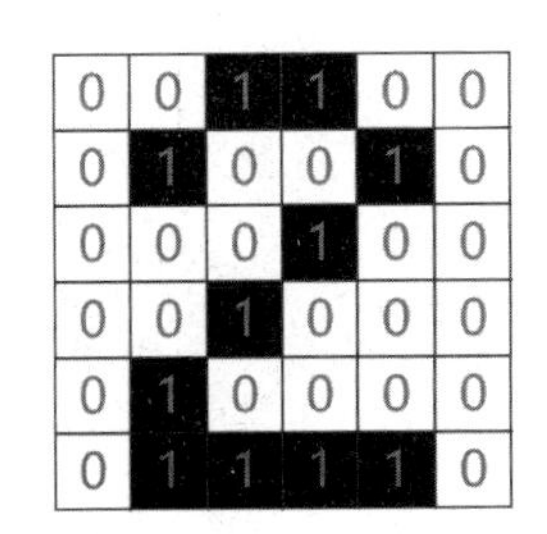

图 7-5　设置反色显示

3. 初始化 SSD1306显示屏驱动芯片

请记住，初始化的本质是向 SSD1306 显示屏驱动芯片发送一系列与设置有关的命令，仅此而已。

为了让开发人员使用方便，很多 OLED 厂家将初始化代码和一些简单的应用代码都放到了技术手册中，SSD1306 显示屏驱动芯片也不例外。所以，一定要养成在使用新硬件的时候看技术手册的习惯。

SSD1306 显示屏驱动芯片的典型初始化代码如下。我们把这些初始化代码以字节流的方式依次发出即可，一次发出一个字节。由于初始化代码很多，我们只介绍其中的一部分（中文注释部分），其他英文注释部分不再详细讲解，请自行查阅技术手册。

```
 1. 0xAE, // 显示关闭
 2. 0x00, // 在页寻址模式时，设置列地址的低 4 位为 0000
 3. 0x10, // 在页寻址模式时，设置列地址的高 4 位为 0000
 4. 0x40, // 设置起始行地址为第 0 行
 5. 0xB0, // 在页寻址模式时，设置页面起始地址为 PAGE0
 6. 0x81, // 设置对比度
 7. 0xFF, // 对比度数值
 8. 0xA1, // set segment remap
 9. 0xA6, // 设置正常显示。0 对应像素熄灭，1 对应像素亮起
10. 0xA8, // --set multiplex ratio(1 to 64)
11. 0x3F, // --1/32 duty
12. 0xC8, // Com scan direction
13. 0xD3, // -set display offset
14. 0x00, //
15. 0xD5, // set osc division
16. 0x80, //
17. 0xD8, // set area color mode off
18. 0x05, //
19. 0xD9, // Set Pre-Charge Period
20. 0xF1, //
21. 0xDA, // set com pin configuartion
22. 0x12, //
```

```
23. 0xDB, // set Vcomh
24. 0x30, //
25. 0x8D, // set charge pump enable
26. 0x14, //
27. 0xAF, // 显示开启
```

7.1.4 在 OLED 显示屏上绘制画面

下面根据原厂技术手册中的技术细节来介绍如何在 OLED 显示屏上绘制画面。

1. 屏幕像素的二进制表示

我们知道显示屏的屏幕分辨率为 128px×64px，可以显示黑白两色。那么，就可以用 128×64 个二进制位来与之对应。每个二进制位表示一个像素，每个像素只有黑白两态，如图 7-6 所示。

图 7-6 屏幕像素的二进制表示

2. 显存

这种屏幕像素与二进制数据的对应关系，就涉及了显存的概念。显存的全称是图像显示数据内存，即 Graphic Display Data RAM，可以简写为 GDDRAM。

OLED 显示屏板上的这块屏幕是不带显存的，显存由 SSD1306 显示屏驱动芯片提供。显存大小为 128×64 位（1024 个字节，1KB 显存）。我们只需要向驱动芯片的显存中写入数据，相应的画面就可以显示在屏幕上。

下面介绍两个重要的知识点：显存分页和显存的寻址模式。

3. 显存分页

128×64 位显存从空间逻辑上可以被认为是一个 64 行×128 列的矩阵（也可以被理解为表格），如图 7-7 所示。

我们把这 64 行按自上而下的顺序平均分成 8 组，每组 8 行×128 列，叫一个 PAGE。请记住，一共有 8 个 PAGE，自上而下分别是 PAGE0～PAGE7；每个 PAGE 有 8 行、128 列。

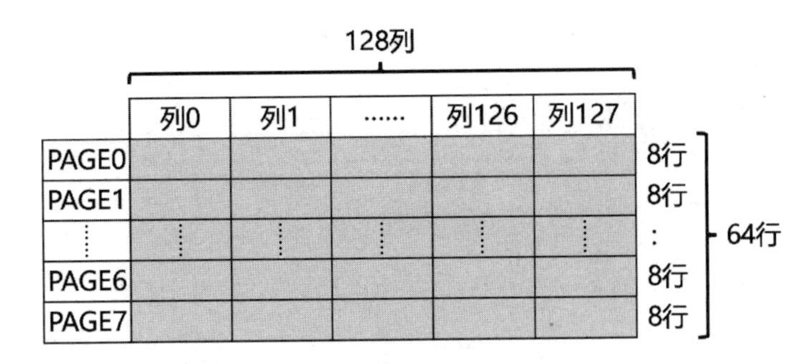

图 7-7　显存的空间排列

下面对一个 PAGE 具体分析一下，如图 7-8 所示。

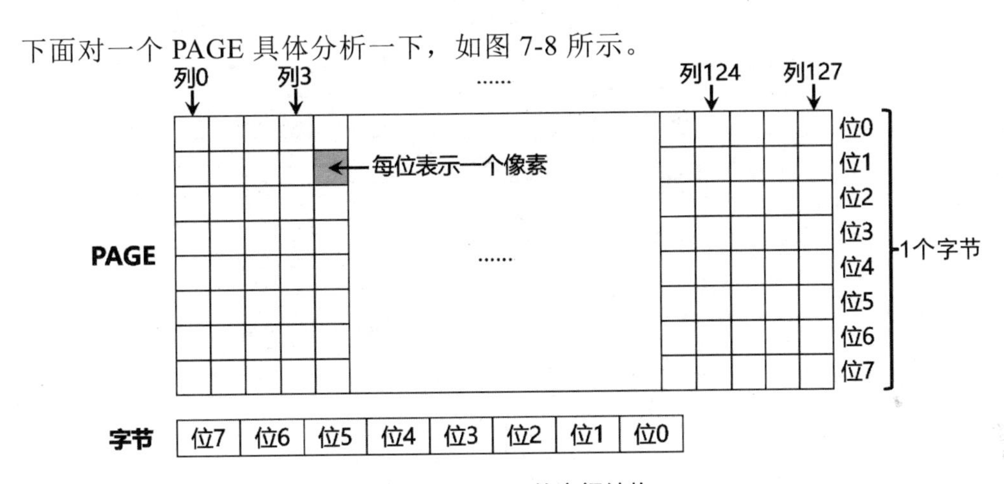

图 7-8　PAGE 的空间结构

PAGE 有 128 列，从列 0 到列 127。它的每一列都有 8 行（也就是 8 个单元格），对应 8 个二进制位，也就是 1 个字节。每列 1 个字节，所以 128 列总计有 128 个字节。

在每一列的内部都使用二进制位来表示屏幕上 1 个具体的像素。二进制位的值不同，屏幕上的这个像素显示的内容也不同（熄灭或者亮起）。

请注意，二进制位的顺序是“低位在上、高位在下”。也就是从上到下，分别是 1 个字节的第 0 位、第 1 位、第 2 位……第 7 位。说得再直白些，就是低位对应的屏幕像素位置靠上，而高位对应的屏幕像素位置靠下。

4. 显存的寻址模式

在理解了显存分页的原理后，我们介绍显存的寻址模式。SSD1306 显示屏驱动芯片有 3 种寻址模式，分别是页寻址模式、水平寻址模式和垂直寻址模式。

其中，页寻址模式是默认的寻址模式，它的命令代码是 0x20，它的寻址模式如图 7-9 所示。在某个 PAGE 内部，按列 0 到列 127 的顺序访问，不跨 PAGE。这种工作方式相当于“行内寻址”。

	列0	列1	……	列126	列127
PAGE0					
PAGE1					
⋮	⋮	⋮	⋮	⋮	⋮
PAGE6					
PAGE7					

图 7-9　页寻址模式

水平寻址模式的命令代码是 0x21，它的寻址模式如图 7-10 所示。从 PAGE0 开始，按列 0 到列 127 的顺序访问。访问完 PAGE0 之后，访问 PAGE1，直到访问完 PAGE7，回到 PAGE0。这种工作方式相当于“按行寻址”。

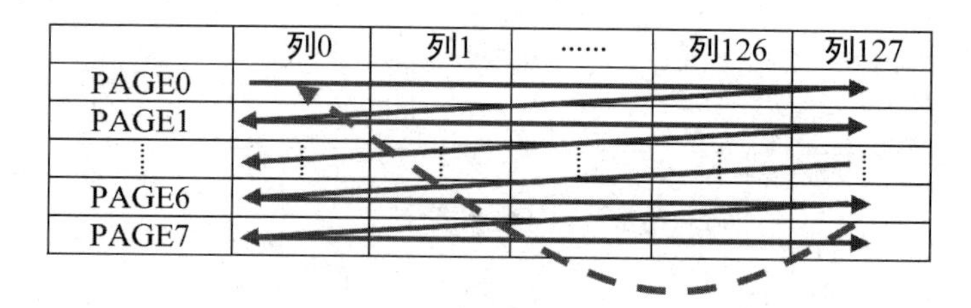

图 7-10　水平寻址模式

垂直寻址模式的命令代码是 0x22，它的寻址模式如图 7-11 所示。从列 0 开始，按 PAGE0 到 PAGE7 的顺序访问。访问完列 0 之后，访问列 1，直到访问完列 127，回到列 0。这种工作方式相当于“按列寻址”。

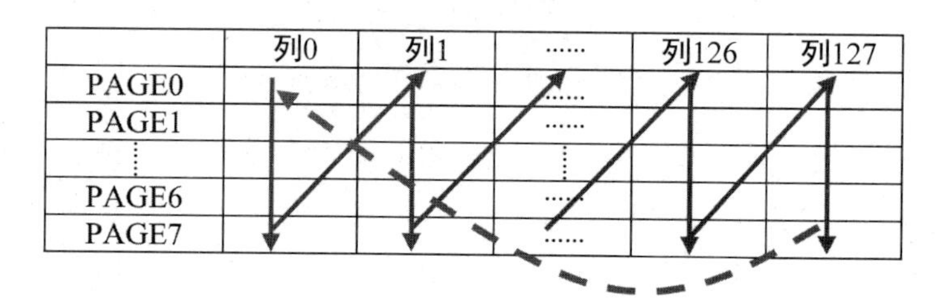

图 7-11　垂直寻址模式

下面重点介绍页寻址模式及其使用方法，其他模式请参考技术手册。

5. 页寻址模式

（1）工作方式。页寻址模式的具体工作方式如图 7-12 所示。在一个 PAGE 中，数据按列写入。从列 0 开始，一次写入一列，直到列 127。每一列对应发送过来的 1 个字节的数据。在写入的时候，字节的低位在上，高位在下。

（2）列地址指针。有一个指针指向列地址，这个指针叫“列地址指针”，如图 7-13 所示。每次写入或读取 1 个字节的数据之后，列地址指针会自动+1，指向下一列，直到指向列的结束地址（列 127），然后列地址指针会重新指向列的开始地址（列 0）。

请注意，实际上“列的开始地址”和“列的结束地址”是可以自定义的，但是我们目前不讨论这种复杂的情况。

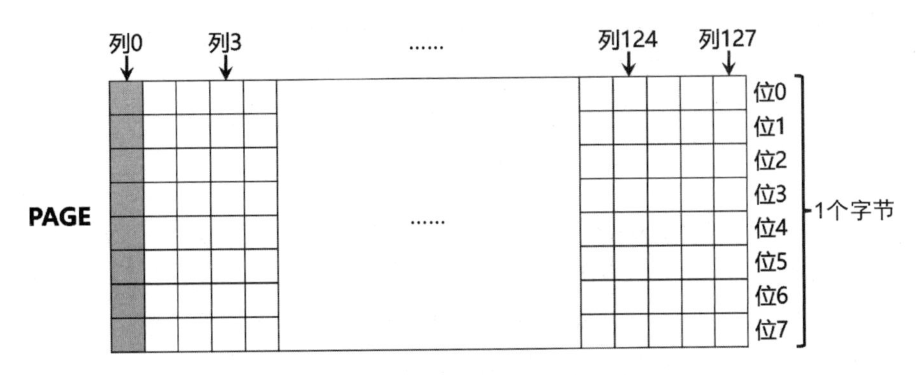

图 7-12　页寻址模式的工作方式

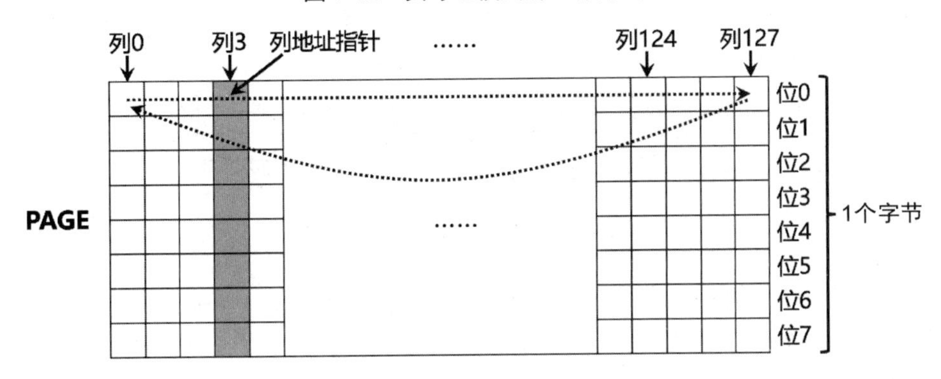

图 7-13　列地址指针

（3）设置页面的起始地址。在写入数据（在屏幕上显示内容）之前，必须先定位写入位置。也就是在哪个 PAGE、哪列开始写入。

首先，要设置页面的起始地址（在哪个 PAGE）。可以使用命令代码 0xB0～0xB7 设置页面的起始地址，对应 PAGE0～PAGE7。命令代码和 PAGE 的对应关系如图 7-14 所示。

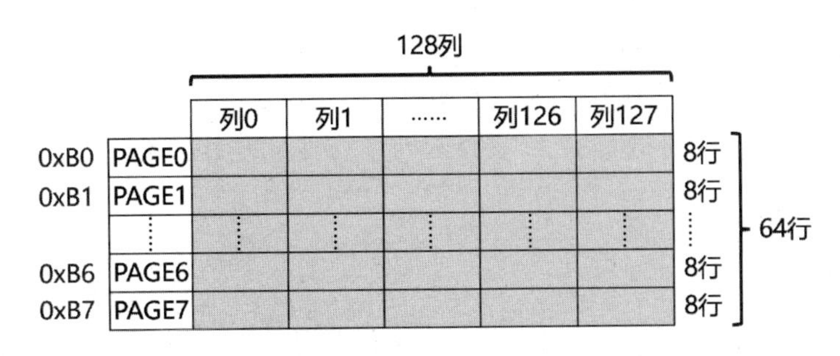

图 7-14　命令代码和 PAGE 的对应关系

（4）设置列地址的低 4 位。然后，设置列地址。列地址需要分两步进行设置：设置列地址的低 4 位和设置列地址的高 4 位。请注意，这里不太容易理解。

下面先来看如何设置列地址的低 4 位。我们使用命令代码 0x00～0x0F，如图 7-15 所示。

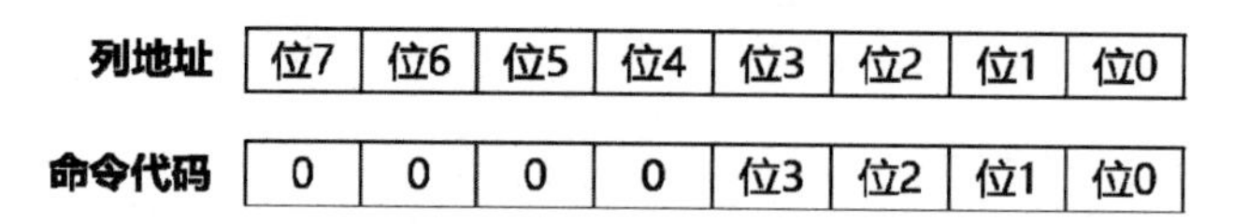

图 7-15 设置列地址的低 4 位

下面解释一下命令代码 0x00～0x0F 的含义。我们知道列地址的范围为 0～127，即 16 进制的 0x00～0x7f，这是一个字节。我们直接取出列地址的低 4 位（这个字节的低 4 位）作为命令代码的低 4 位，命令代码的高 4 位设置为“0000”，最终就得到了命令代码 0x00～0x0F。命令代码本身就是列地址的低 4 位。

（5）设置列地址的高 4 位。下面再来看如何设置列地址的高 4 位。我们使用命令代码 0x10～0x1F，如图 7-16 所示。

列地址	位7	位6	位5	位4	位3	位2	位1	位0
命令代码	0	0	0	1	位7	位6	位5	位4

图 7-16 设置列地址的高 4 位

下面解释一下命令代码 0x10～0x1F 的含义。我们取出列地址的高 4 位作为命令代码的低 4 位，而命令代码的高 4 位必须设置为“0001”，这就得到了命令代码 0x10～0x1F。命令代码的低 4 位就是列地址的高 4 位。

在实际编程的时候，列地址的高 4 位和 0x10（二进制 00010000）进行按位或操作即可得到命令代码。

（6）例：列地址的命令代码计算。我们举两个例子，熟悉一下列地址的命令代码的计算过程。

先看第 0 列，二进制数是 00000000，低地址是 0000，对应的命令代码为 0x00。高地址也是 0000，对应的命令代码为 0000 | 0x10 = 0x10。

再看第 127 列，二进制数是 01111111，低地址是 1111，对应的命令代码是 0x0F。高地址是 0111，对应的命令代码是 0111 | 0x10 = 0x17。

（7）例：将寻址过程封装成一个函数。为了今后的使用方便，可以将寻址过程封装成一个函数。代码如下：

```
1. void OledSetPosition(uint8_t x, uint8_t y)
2. {
3.     WriteCmd(0xb0 + y);                     //设置页面的起始地址
4.     WriteCmd(x & 0x0f);                     //设置列地址的低 4 位
5.     WriteCmd(((x & 0xf0) >> 4) | 0x10);     //设置列地址的高 4 位
6. }
```

参数 x 和 y 可以被认为是坐标，x 是横坐标，y 是纵坐标。其中，参数 y 表示第几个 PAGE，取值范围为 0～7。参数 x 表示第几列，取值范围为 0～127。可以根据 x 和 y

的值计算出相应的命令代码，也就是页面的起始地址、列地址的低 4 位和列地址的高 4 位的命令代码。然后，把这些命令代码发送给 SSD1306 显示屏驱动芯片。这个函数写好之后，按 *x*、*y* 坐标进行寻址就可以了。

请注意：

① *x* 是横坐标，表示第几列。它的数值单位是位，对应屏幕上的 1 个像素。*x* 每增加 1，相当于向屏幕右侧移动 1 个像素。

② *y* 是纵坐标，表示第几个 PAGE。它的数值单位是字节（8 位），对应屏幕上的 8 个像素。*y* 每增加 1，相当于向屏幕下方移动 8 个像素。

从而也可以得出，坐标原点是屏幕的左上角。

（8）接收字节流数据。在定位好写入位置以后，SSD1306 显示屏驱动芯片就可以接收字节流数据了，如图 7-17 所示。

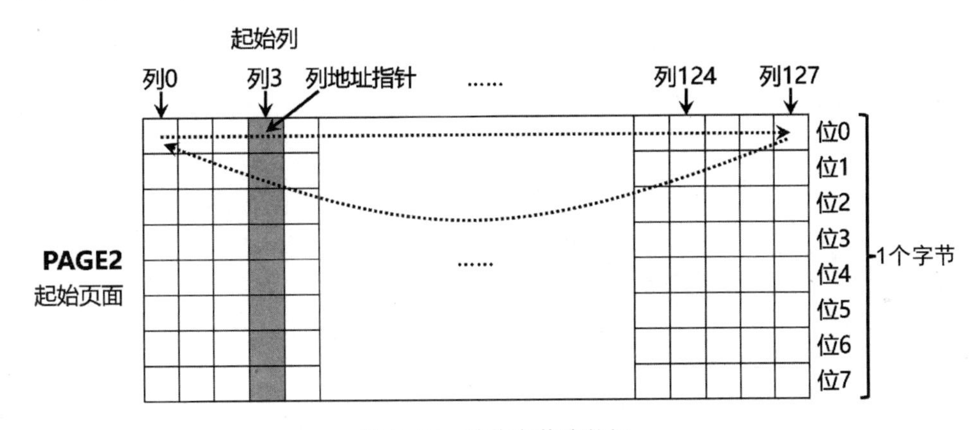

图 7-17　接收字节流数据

从起始页面的起始列开始，1 个字节的数据存放于 1 列中，然后列地址指针按规则自动移动。每个字节的数据低位在上、高位在下。

7.1.5　案例程序：实现 OLED 显示屏简化版驱动程序

下面通过案例程序介绍 OLED 显示屏的控制方法。

1. 目标

本案例的目标如下：第一，使用 I2C 模块的相关 API 实现 OLED 显示屏简化版驱动程序；第二，理解 OLED 显示屏的相关原理、显存分页和页寻址模式。

2. 准备开发套件

请准备好智能家居开发套件，组装好底板、核心板和 OLED 显示屏板。

3. 新建目录

启动虚拟机。在 VS Code 中打开 OpenHarmony 源码根目录。新建 applications\sample\wifi-iot\app\oled_demo 目录，这个目录将作为本案例程序的根目录。

4. 编写源码与编译脚本

新建 applications\sample\wifi-iot\app\oled_demo\oled_ssd1306.c 文件，源码如下：

```
1. // OLED 显示屏简化版驱动程序的源文件
2.
3. #include <stdio.h>      // 标准输入输出头文件
4. #include <stddef.h>     // 标准类型定义头文件
5.
6. #include "iot_gpio.h"  // OpenHarmony HAL: IoT 硬件设备操作接口中的 GPIO 接口头文件
7. #include "iot_i2c.h"   // OpenHarmony HAL: IoT 硬件设备操作接口中的 I2C 接口头文件
8. #include "iot_errno.h" // OpenHarmony HAL: IoT 硬件设备操作接口中的错误代码定义接口头文件
9. #include "hi_io.h"     // 海思 Pegasus SDK: IoT 硬件设备操作接口中的 IO 接口头文件
10.
11. // OLED 显示屏简化版驱动程序的接口头文件
12. #include "oled_ssd1306.h"
13.
14. // 用于计算数组的长度
15. #define ARRAY_SIZE(a) sizeof(a) / sizeof(a[0])
16.
17. // 用于标识 I2C0
18. #define OLED_I2C_IDX 0
19.
20. // 用于标识 I2C0 的波特率（传输速率）
21. #define OLED_I2C_BAUDRATE (400 * 1000) // 400KHz
22.
23. // 用于标识 OLED 显示屏的宽度
24. #define OLED_WIDTH (128)
25.
26. // 用于标识 SSD1306 显示屏驱动芯片的设备地址
27. #define OLED_I2C_ADDR 0x78
28.
29. // 用于标识写命令操作
30. #define OLED_I2C_CMD 0x00  // 0000 0000       写命令
```

```
31.
32. // 用于标识写数据操作
33. #define OLED_I2C_DATA 0x40 // 0100 0000(0x40) 写数据
34.
35. // 用于标识 100ms 的延时
36. #define DELAY_100_MS (100 * 1000)
37.
38. // 定义一个结构体，表示要发送或接收的数据
39. typedef struct
40. {
41.     // 要发送的数据的指针
42.     unsigned char *sendBuf;
43.     // 要发送的数据长度
44.     unsigned int sendLen;
45.     // 要接收的数据指针
46.     unsigned char *receiveBuf;
47.     // 要接收的数据长度
48.     unsigned int receiveLen;
49. } IotI2cData;
50.
51. /// @brief  向 OLED 显示屏写一个字节（命令或数据）
52. /// @param  regAddr 写入命令还是数据 OLED_I2C_CMD / OLED_I2C_DATA
53. /// @param  byte 写入的内容
54. /// @retval 若成功，则返回 IOT_SUCCESS；若失败，则返回 IOT_FAILURE
55. static uint32_t I2cWiteByte(uint8_t regAddr, uint8_t byte)
56. {
57.     // 定义字节流
58.     uint8_t buffer[] = {regAddr, byte};
59.     IotI2cData i2cData = {0};
60.     i2cData.sendBuf = buffer;
61.     i2cData.sendLen = sizeof(buffer) / sizeof(buffer[0]);
62.
63.     // 发送字节流
64.     return IoTI2cWrite(OLED_I2C_IDX, OLED_I2C_ADDR, i2cData.sendBuf,
i2cData.sendLen);
65. }
66.
67. /// @brief 向 OLED 显示屏写一个命令字节
68. /// @param cmd 写入的命令字节
69. /// @return 若成功，则返回 IOT_SUCCESS；若失败，则返回 IOT_FAILURE
70. static uint32_t WriteCmd(uint8_t cmd)
71. {
```

```
72.     return I2cWiteByte(OLED_I2C_CMD, cmd);
73. }
74.
75. /// @brief 向OLED显示屏写一个数据字节
76. /// @param cmd 写入的数据字节
77. /// @return 若成功，则返回 IOT_SUCCESS；若失败，则返回 IOT_FAILURE
78. uint32_t WriteData(uint8_t data)
79. {
80.     return I2cWiteByte(OLED_I2C_DATA, data);
81. }
82.
83. /// @brief 初始化SSD1306显示屏驱动芯片
84. uint32_t OledInit(void)
85. {
86.     // 构造初始化代码
87.     static const uint8_t initCmds[] = {
88.         0xAE, // 显示关闭
89.         0x00, // 在页寻址模式时，设置列地址的低4位为0000
90.         0x10, // 在页寻址模式时，设置列地址的高4位为0000
91.         0x40, // 设置起始行地址为第0行
92.         0xB0, // 在页寻址模式时，设置页面的起始地址为PAGE0
93.         0x81, // 设置对比度
94.         0xFF, // 对比度数值
95.         0xA1, // set segment remap
96.         0xA6, // 设置正常显示。0对应像素熄灭，1对应像素亮起
97.         0xA8, // --set multiplex ratio(1 to 64)
98.         0x3F, // --1/32 duty
99.         0xC8, // Com scan direction
100.        0xD3, // -set display offset
101.        0x00, //
102.        0xD5, // set osc division
103.        0x80, //
104.        0xD8, // set area color mode off
105.        0x05, //
106.        0xD9, // Set Pre-Charge Period
107.        0xF1, //
108.        0xDA, // set com pin configuartion
109.        0x12, //
110.        0xDB, // set Vcomh
111.        0x30, //
112.        0x8D, // set charge pump enable
113.        0x14, //
```

```
114.         0xAF, // 显示开启
115.     };
116. 
117.     // 初始化 GPIO-13
118.     IoTGpioInit(HI_IO_NAME_GPIO_13);
119.     // 设置 GPIO-13 引脚功能为 I2C0_SDA
120.     hi_io_set_func(HI_IO_NAME_GPIO_13, HI_IO_FUNC_GPIO_13_I2C0_SDA);
121.     // 初始化 GPIO-14
122.     IoTGpioInit(HI_IO_NAME_GPIO_14);
123.     // 设置 GPIO-14 引脚功能为 I2C0_SCL
124.     hi_io_set_func(HI_IO_NAME_GPIO_14, HI_IO_FUNC_GPIO_14_I2C0_SCL);
125. 
126.     // 用指定的波特率初始化 I2C0
127.     IoTI2cInit(OLED_I2C_IDX, OLED_I2C_BAUDRATE);
128. 
129.     // 发送初始化代码，初始化 SSD1306 显示屏驱动芯片
130.     for (size_t i = 0; i < ARRAY_SIZE(initCmds); i++)
131.     {
132.         // 发送一个命令字节
133.         uint32_t status = WriteCmd(initCmds[i]);
134.         if (status != IOT_SUCCESS)
135.         {
136.             return status;
137.         }
138.     }
139. 
140.     // OLED 显示屏初始化完成，返回成功
141.     return IOT_SUCCESS;
142. }
143. 
144. /// @brief 设置显示位置
145. /// @param x x 坐标，单位为 1 个像素
146. /// @param y y 坐标，单位为 8 个像素，即页面的起始地址
147. /// @return 无
148. void OledSetPosition(uint8_t x, uint8_t y)
149. {
150.     //设置页面的起始地址
151.     WriteCmd(0xb0 + y);
152. 
153.     // 列：0～127
154.     // 第 0 列：0x00 列，二进制数 00000000。低地址 0000，即 0x00。高地址 0000(需要
|0x10), 0000|0x10=0x10。
```

```
155.     // 第127列：0x7f列，二进制数01111111。低地址1111，即0x0F。高地址0111(需要|0x10)，0111|0x10=0x17。
156.
157.     // 设置显示位置：列地址的低4位
158.     // 直接取出列地址的低4位作为命令代码的低4位，命令代码的高4位为0000
159.     WriteCmd(x & 0x0f);
160.
161.     // 设置显示位置：列地址的高4位
162.     // 取出列地址的高4位作为命令代码的低4位，命令代码的高4位必须为0001
163.     // 在实际编程时，列地址的高4位和0x10（二进制00010000）进行按位或即得到命令代码
164.     WriteCmd(((x & 0xf0) >> 4) | 0x10);
165. }
166.
167. /// @brief 全屏填充
168. /// @param fillData 填充的数据，1个字节
169. /// @return 无
170. void OledFillScreen(uint8_t fillData)
171. {
172.     // 相关变量，用于遍历PAGE和列
173.     uint8_t m = 0;
174.     uint8_t n = 0;
175.
176.     // 写入所有页的数据
177.     for (m = 0; m < 8; m++)
178.     {
179.         //设置页地址：0~7
180.         WriteCmd(0xb0 + m);
181.
182.         // 设置显示位置为第0列
183.         WriteCmd(0x00); //设置显示位置：列低地址(0000)
184.         WriteCmd(0x10); //设置显示位置：列高地址(0000)
185.
186.         // 写入128列数据
187.         // 在一个页中，数据按列写入，一次一列，对应发送过来的1个字节的数据
188.         for (n = 0; n < 128; n++)
189.         {
190.             // 写入1个字节的数据
191.             WriteData(fillData);
192.         }
193.     }
194. }
```

新建 applications\sample\wifi-iot\app\oled_demo\oled_ssd1306.h 文件，源码如下：

```
1. // OLED 显示屏简化版驱动程序的接口头文件
2.
3. // 定义条件编译宏，防止头文件的重复包含和编译
4. #ifndef OLED_SSD1306_H
5. #define OLED_SSD1306_H
6.
7. #include <stdint.h>     // 几种扩展的整数类型和宏支持头文件
8.
9. // 声明接口函数
10.
11. uint32_t OledInit(void);
12. void OledSetPosition(uint8_t x, uint8_t y);
13. void OledFillScreen(uint8_t fillData);
14. uint32_t WriteData(uint8_t data);
15.
16. // 条件编译结束
17. #endif // OLED_SSD1306_H
```

新建 applications\sample\wifi-iot\app\oled_demo\BUILD.gn 文件，源码如下：

```
1. static_library("oled_demo") {
2.     sources = [
3.         "oled_ssd1306.c"
4.     ]
5.
6.     include_dirs = [
7.         "//utils/native/lite/include",
8.         "//kernel/liteos_m/kal",
9.         "//base/iot_hardware/peripheral/interfaces/kits",
10.     ]
11. }
```

修改 applications\sample\wifi-iot\app\BUILD.gn 文件，源码如下：

```
1. import("//build/lite/config/component/lite_component.gni")
2.
3. # for "oled_demo" example.
4. lite_component("app") {
5.   features = [
6.     "oled_demo",
7.   ]
8. }
```

5. 编译

编译的具体操作不再赘述。因为我们只实现了驱动程序，并没有编写具体的应用，所以就不再烧录和运行了。

7.1.6 在 OLED 显示屏上绘制 ASCII 字符

1. 点阵字体

在屏幕上绘制 ASCII 字符需要用到点阵字体。点阵字体也叫位图字体，它的每个字形都用一组二维像素信息来表示。通俗地说，就是每个字的形状都用一张表来表示，表中的每个单元格都是一个像素，如图 7-18 所示的“123”。

我们都知道电脑屏幕、手机屏幕可以显示大量的色彩，比如我们之前介绍过的真彩色（1677 万种颜色），但是智能家居开发套件的 OLED 显示屏默认只能显示黑白两色。所以，下面介绍两色点阵字体的制作方法，具体如下。

我们把每个字符的轮廓（形状）分解成 $M \times N$ 个点，每个点用 0 或 1 来表示字符的轮廓。有笔画的地方用 1 表示，而没有笔画的地方用 0 表示。这样就得到了一张表，表中的每个单元格都是一个二进制位，代表一个像素。前面介绍过，当 OLED 显示屏正常显示的时候，0 对应像素熄灭，1 对应像素亮起。于是，我们就得到了如图 7-19 所示的一个亮起的文字“2”。

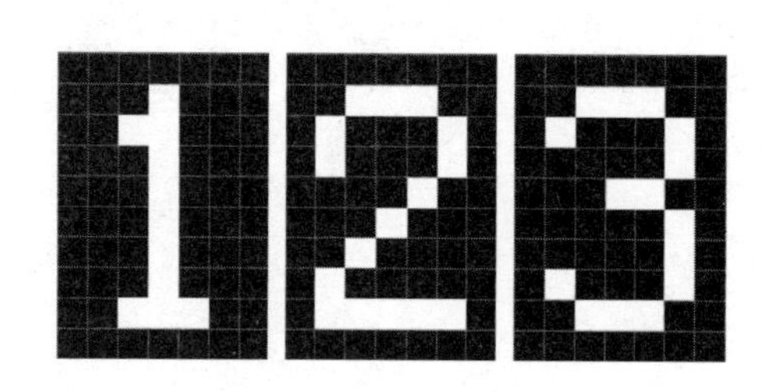

图 7-18 点阵字体

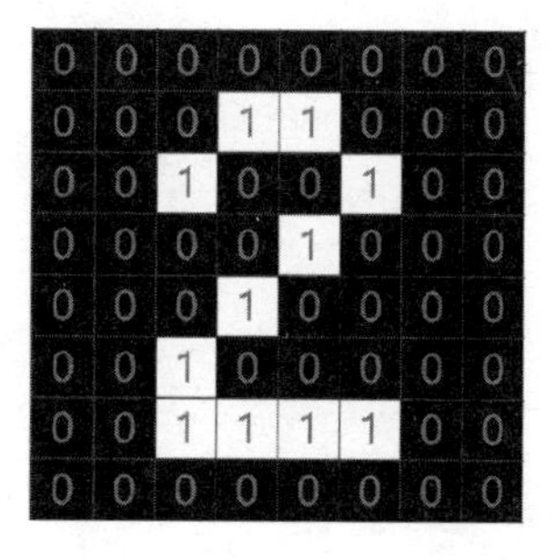

图 7-19 两色点阵字体

那么这张表如何保存下来？在“大学计算机基础”或“计算机导论”课程中我们学习过，位是计算机处理信息的最小单位，而计算机处理信息的基本单位是字节，所以我们可以按特定顺序将数据转化为字节，并且存储起来。这个新建表格并存储下来的过程就叫“取模”。

2. 取模方式

表格是二维结构的，所以取模有两个方向：横向和纵向。

（1）横向。横向指的是按行取模。也就是从上到下先取第一行，再取第二行，然后取第三行……直到最后一行。具体分为两种方式。

第一种方式是，每行 8 个像素组成一个字节，左侧的像素数据是字节的最高位，这叫“横向 8 点左高位”。图 7-20 所示的“2”按照横向 8 点左高位的取模方式，生成的数据依次为 00000000、00011100……

第二种方式是，每行 8 个像素组成一个字节，右侧的像素数据是字节的最高位，这叫“横向 8 点右高位”。图 7-20 所示的“2”按照横向 8 点右高位的取模方式，生成的数据依次为 00000000、00111000……

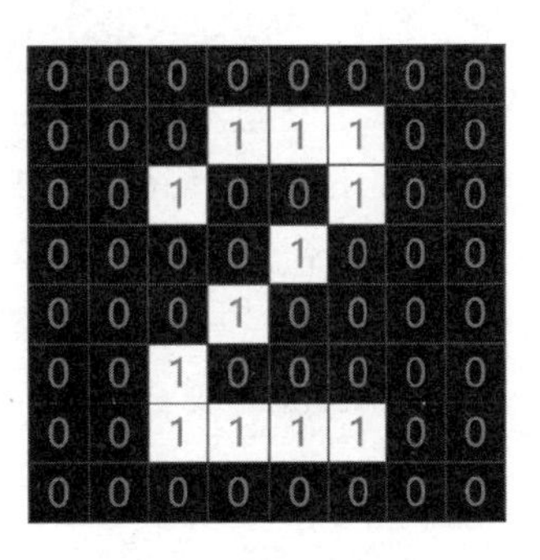

图 7-20　取模方式

（2）纵向。纵向指的是按列取模。也就是从左到右先取第一列，再取第二列，然后取第三列……直到最后一列。具体也分为两种方式。

第一种方式是，每列 8 个像素组成一个字节，上侧的像素数据是字节的最高位，这叫“纵向 8 点上高位”。图 7-20 所示的“2”，按照纵向 8 点上高位的取模方式，生成的数据依次为 00000000、00000000、00100110……

第二种方式是，每列 8 个像素组成一个字节，下侧的像素数据是字节的最高位，这叫“纵向 8 点下高位”。图 7-20 所示的“2”，按照纵向 8 点下高位的取模方式，生成的数据依次为 00000000、00000000、01100100……

总结一下，取模方式有 4 种：横向 8 点左高位、横向 8 点右高位、纵向 8 点上高位和纵向 8 点下高位。不管采用哪一种取模方式，我们得到的都是一个字节的序列。它可以用数组来表示，也可以持久化地存储起来。轻量系统的数据持久化之前介绍过。

3. 适合 SSD1306显示屏驱动芯片的最佳取模方式

我们知道，SSD1306 显示屏驱动芯片的显存一共分为 8 个 PAGE，自上而下分别是 PAGE0～PAGE7。每个 PAGE 有 128 列。在页寻址模式下，在一个 PAGE 中数据按列写入，如图 7-21 所示。从列 0 开始，一次写入一列，直到列 127。每列一个字节，其二进制位的顺序为低位在上、高位在下。

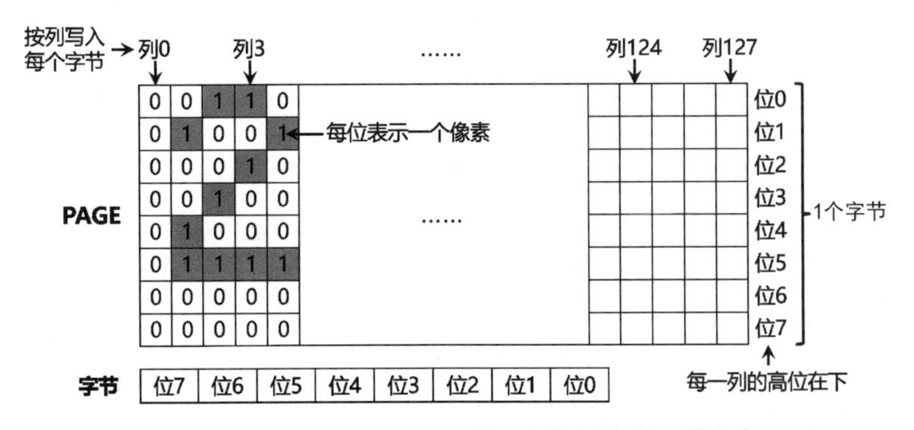

图 7-21　适合 SSD1306 显示屏驱动芯片的最佳取模方式

所以，适合 SSD1306 显示屏驱动芯片的最佳取模方式为纵向 8 点下高位。这样可以让写入逻辑清晰易懂。

有一个细节问题可能您已经想到了，那就是在纵向 8 点下高位的取模方式下，如果字符轮廓超过了 8 行怎么办？很简单，我们“分页取模”就可以了。分页方式与显存的分页方式保持一致，如图 7-22 所示。

取模顺序从 PAGE0 开始，按纵向 8 点下高位的方式取模，取完一个 PAGE 再取下一个 PAGE，到 PAGE7 为止，如图 7-23 所示。

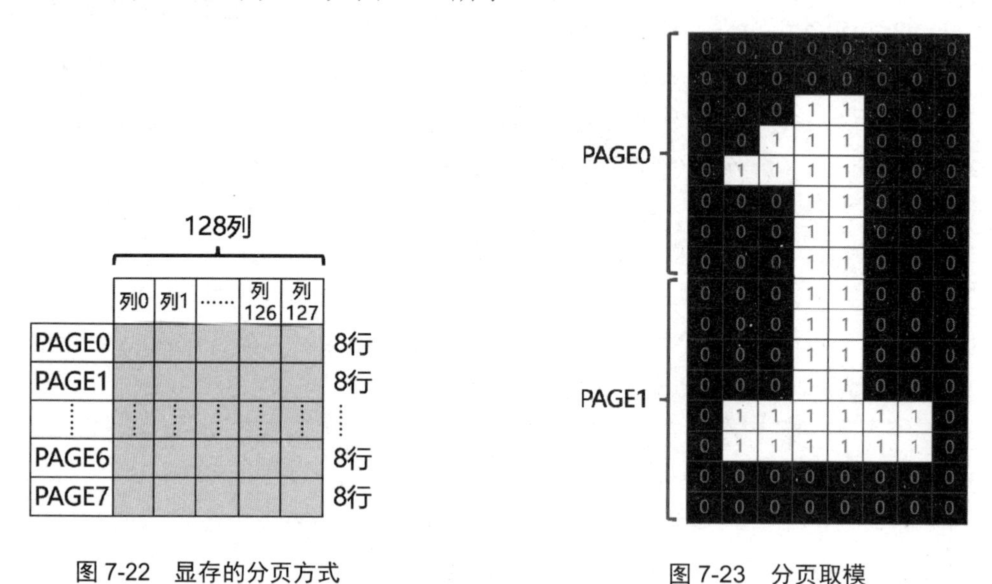

图 7-22　显存的分页方式

图 7-23　分页取模

4. 数据存储

取模得到的字节序列可以用一维数组或二维数组来表示。数组的维度影响着数组的遍历方式。

5. 字体显示

在显示字符的时候，依序遍历数组，然后按字节发送即可。如果字符轮廓超过了 8 行，就要分页发送。

以图 7-23 所示的“1”为例，首先定位写入位置 PAGE0，发送字符轮廓的上半部分，然后重新定位写入位置 PAGE1，再发送字符轮廓的下半部分。

当把 ASCII 码表中的所有可打印字符都取模存储起来时，我们就得到了点阵字体的集合，也就是西文字库。字符的轮廓和大小不同，就会生成不同的字库（非矢量字库）。字符的轮廓就是字体，大小就是字号。有了西文字库，我们就可以在 OLED 显示屏上显示西文字符了。

7.1.7　案例程序：在 OLED 显示屏上显示西文字符

下面通过案例程序介绍在 OLED 显示屏上显示西文字符的具体方法。

1. 目标

本案例的目标如下：第一，掌握西文字符显示的相关原理；第二，为 OLED 显示屏简化版驱动程序增加绘制 ASCII 字符的能力；第三，使用 OLED 显示屏简化版驱动程序的相关 API 显示西文字符。

2. 准备开发套件

请准备好智能家居开发套件，组装好底板、核心板和 OLED 显示屏板。

3. 新建目录

我们将使用 7.1.5 节的根目录。

4. 编写源码与编译脚本

新建 applications\sample\wifi-iot\app\oled_demo\oled_fonts.h 文件，源码如下：

（请注意，取模这项枯燥的工作我为您完成了。后面会介绍取模工具，以提高取模效率。）

```
1. // 字库头文件
2.
3. // 定义条件编译宏，防止头文件的重复包含和编译
4. #ifndef OLOED_FONTS_H
5. #define OLOED_FONTS_H
6.
7. /************************6*8 的点阵************************************/
8. // 取模方式：纵向 8 点下高位
9. // 采用 N*6 的二维数组
10. // 第一维表示字符
11. // 每个字符都对应第二维的 6 个数组元素，每个数组元素 1 个字节，表示 1 列像素，一共 6 列 8 行
12. static unsigned char F6x8[][6] =
13. {
14.     { 0x00, 0x00, 0x00, 0x00, 0x00, 0x00 }, // 空格
15.     { 0x00, 0x00, 0x00, 0x2f, 0x00, 0x00 }, // !
16.     { 0x00, 0x00, 0x07, 0x00, 0x07, 0x00 }, // "
17.     { 0x00, 0x14, 0x7f, 0x14, 0x7f, 0x14 }, // #
18.     { 0x00, 0x24, 0x2a, 0x7f, 0x2a, 0x12 }, // $
19.     { 0x00, 0x62, 0x64, 0x08, 0x13, 0x23 }, // %
20.     { 0x00, 0x36, 0x49, 0x55, 0x22, 0x50 }, // &
```

```
21.     { 0x00, 0x00, 0x05, 0x03, 0x00, 0x00 }, // '
22.     { 0x00, 0x00, 0x1c, 0x22, 0x41, 0x00 }, // (
23.     { 0x00, 0x00, 0x41, 0x22, 0x1c, 0x00 }, // )
24.     { 0x00, 0x14, 0x08, 0x3E, 0x08, 0x14 }, // *
25.     { 0x00, 0x08, 0x08, 0x3E, 0x08, 0x08 }, // +
26.     { 0x00, 0x00, 0x00, 0xA0, 0x60, 0x00 }, // ,
27.     { 0x00, 0x08, 0x08, 0x08, 0x08, 0x08 }, // -
28.     { 0x00, 0x00, 0x60, 0x60, 0x00, 0x00 }, // .
29.     { 0x00, 0x20, 0x10, 0x08, 0x04, 0x02 }, // /
30.     { 0x00, 0x3E, 0x51, 0x49, 0x45, 0x3E }, // 0
31.     { 0x00, 0x00, 0x42, 0x7F, 0x40, 0x00 }, // 1
32.     { 0x00, 0x42, 0x61, 0x51, 0x49, 0x46 }, // 2
33.     { 0x00, 0x21, 0x41, 0x45, 0x4B, 0x31 }, // 3
34.     { 0x00, 0x18, 0x14, 0x12, 0x7F, 0x10 }, // 4
35.     { 0x00, 0x27, 0x45, 0x45, 0x45, 0x39 }, // 5
36.     { 0x00, 0x3C, 0x4A, 0x49, 0x49, 0x30 }, // 6
37.     { 0x00, 0x01, 0x71, 0x09, 0x05, 0x03 }, // 7
38.     { 0x00, 0x36, 0x49, 0x49, 0x49, 0x36 }, // 8
39.     { 0x00, 0x06, 0x49, 0x49, 0x29, 0x1E }, // 9
40.     { 0x00, 0x00, 0x36, 0x36, 0x00, 0x00 }, // :
41.     { 0x00, 0x00, 0x56, 0x36, 0x00, 0x00 }, // ;
42.     { 0x00, 0x08, 0x14, 0x22, 0x41, 0x00 }, // <
43.     { 0x00, 0x14, 0x14, 0x14, 0x14, 0x14 }, // =
44.     { 0x00, 0x00, 0x41, 0x22, 0x14, 0x08 }, // >
45.     { 0x00, 0x02, 0x01, 0x51, 0x09, 0x06 }, // ?
46.     { 0x00, 0x32, 0x49, 0x59, 0x51, 0x3E }, // @
47.     { 0x00, 0x7C, 0x12, 0x11, 0x12, 0x7C }, // A
48.     { 0x00, 0x7F, 0x49, 0x49, 0x49, 0x36 }, // B
49.     { 0x00, 0x3E, 0x41, 0x41, 0x41, 0x22 }, // C
50.     { 0x00, 0x7F, 0x41, 0x41, 0x22, 0x1C }, // D
51.     { 0x00, 0x7F, 0x49, 0x49, 0x49, 0x41 }, // E
52.     { 0x00, 0x7F, 0x09, 0x09, 0x09, 0x01 }, // F
53.     { 0x00, 0x3E, 0x41, 0x49, 0x49, 0x7A }, // G
54.     { 0x00, 0x7F, 0x08, 0x08, 0x08, 0x7F }, // H
55.     { 0x00, 0x00, 0x41, 0x7F, 0x41, 0x00 }, // I
56.     { 0x00, 0x20, 0x40, 0x41, 0x3F, 0x01 }, // J
57.     { 0x00, 0x7F, 0x08, 0x14, 0x22, 0x41 }, // K
58.     { 0x00, 0x7F, 0x40, 0x40, 0x40, 0x40 }, // L
59.     { 0x00, 0x7F, 0x02, 0x0C, 0x02, 0x7F }, // M
60.     { 0x00, 0x7F, 0x04, 0x08, 0x10, 0x7F }, // N
61.     { 0x00, 0x3E, 0x41, 0x41, 0x41, 0x3E }, // O
62.     { 0x00, 0x7F, 0x09, 0x09, 0x09, 0x06 }, // P
```

```
63.     { 0x00, 0x3E, 0x41, 0x51, 0x21, 0x5E }, // Q
64.     { 0x00, 0x7F, 0x09, 0x19, 0x29, 0x46 }, // R
65.     { 0x00, 0x46, 0x49, 0x49, 0x49, 0x31 }, // S
66.     { 0x00, 0x01, 0x01, 0x7F, 0x01, 0x01 }, // T
67.     { 0x00, 0x3F, 0x40, 0x40, 0x40, 0x3F }, // U
68.     { 0x00, 0x1F, 0x20, 0x40, 0x20, 0x1F }, // V
69.     { 0x00, 0x3F, 0x40, 0x38, 0x40, 0x3F }, // W
70.     { 0x00, 0x63, 0x14, 0x08, 0x14, 0x63 }, // X
71.     { 0x00, 0x07, 0x08, 0x70, 0x08, 0x07 }, // Y
72.     { 0x00, 0x61, 0x51, 0x49, 0x45, 0x43 }, // Z
73.     { 0x00, 0x00, 0x7F, 0x41, 0x41, 0x00 }, // [
74.     { 0x00, 0x55, 0x2A, 0x55, 0x2A, 0x55 }, /* \ */
75.     { 0x00, 0x00, 0x41, 0x41, 0x7F, 0x00 }, // ]
76.     { 0x00, 0x04, 0x02, 0x01, 0x02, 0x04 }, // ^
77.     { 0x00, 0x40, 0x40, 0x40, 0x40, 0x40 }, // _
78.     { 0x00, 0x00, 0x01, 0x02, 0x04, 0x00 }, // '
79.     { 0x00, 0x20, 0x54, 0x54, 0x54, 0x78 }, // a
80.     { 0x00, 0x7F, 0x48, 0x44, 0x44, 0x38 }, // b
81.     { 0x00, 0x38, 0x44, 0x44, 0x44, 0x20 }, // c
82.     { 0x00, 0x38, 0x44, 0x44, 0x48, 0x7F }, // d
83.     { 0x00, 0x38, 0x54, 0x54, 0x54, 0x18 }, // e
84.     { 0x00, 0x08, 0x7E, 0x09, 0x01, 0x02 }, // f
85.     { 0x00, 0x18, 0xA4, 0xA4, 0xA4, 0x7C }, // g
86.     { 0x00, 0x7F, 0x08, 0x04, 0x04, 0x78 }, // h
87.     { 0x00, 0x00, 0x44, 0x7D, 0x40, 0x00 }, // i
88.     { 0x00, 0x40, 0x80, 0x84, 0x7D, 0x00 }, // j
89.     { 0x00, 0x7F, 0x10, 0x28, 0x44, 0x00 }, // k
90.     { 0x00, 0x00, 0x41, 0x7F, 0x40, 0x00 }, // l
91.     { 0x00, 0x7C, 0x04, 0x18, 0x04, 0x78 }, // m
92.     { 0x00, 0x7C, 0x08, 0x04, 0x04, 0x78 }, // n
93.     { 0x00, 0x38, 0x44, 0x44, 0x44, 0x38 }, // o
94.     { 0x00, 0xFC, 0x24, 0x24, 0x24, 0x18 }, // p
95.     { 0x00, 0x18, 0x24, 0x24, 0x18, 0xFC }, // q
96.     { 0x00, 0x7C, 0x08, 0x04, 0x04, 0x08 }, // r
97.     { 0x00, 0x48, 0x54, 0x54, 0x54, 0x20 }, // s
98.     { 0x00, 0x04, 0x3F, 0x44, 0x40, 0x20 }, // t
99.     { 0x00, 0x3C, 0x40, 0x40, 0x20, 0x7C }, // u
100.    { 0x00, 0x1C, 0x20, 0x40, 0x20, 0x1C }, // v
101.    { 0x00, 0x3C, 0x40, 0x30, 0x40, 0x3C }, // w
102.    { 0x00, 0x44, 0x28, 0x10, 0x28, 0x44 }, // x
103.    { 0x00, 0x1C, 0xA0, 0xA0, 0xA0, 0x7C }, // y
104.    { 0x00, 0x44, 0x64, 0x54, 0x4C, 0x44 }, // z
```

```
105.    { 0x14, 0x14, 0x14, 0x14, 0x14, 0x14 }, // horiz lines
106. };
107.
108. /*************************8*16 的点阵*******************************/
109. // 取模方式：纵向 8 点下高位
110. // 采用一维数组，每个字符都对应 16 个数组元素
111. // 每 16 个数组元素的前 8 个表示字符的上半部分（8*8 点阵），后 8 个表示字符的下半部分（8*8 点阵），一共 8 列 16 行
112. static const unsigned char F8X16[]=
113. {
114.    0x00,0x00,0x00,0x00,0x00,0x00,0x00,0x00,0x00,0x00,0x00,0x00,0x00,0x00,0x00,0x00,//空格
115.    0x00,0x00,0x00,0xF8,0x00,0x00,0x00,0x00,0x00,0x00,0x00,0x33,0x30,0x00,0x00,0x00,//!
116.    0x00,0x10,0x0C,0x06,0x10,0x0C,0x06,0x00,0x00,0x00,0x00,0x00,0x00,0x00,0x00,0x00,//"
117.    0x40,0xC0,0x78,0x40,0xC0,0x78,0x40,0x00,0x04,0x3F,0x04,0x04,0x3F,0x04,0x04,0x00,//#
118.    0x00,0x70,0x88,0xFC,0x08,0x30,0x00,0x00,0x00,0x18,0x20,0xFF,0x21,0x1E,0x00,0x00,//$
119.    0xF0,0x08,0xF0,0x00,0xE0,0x18,0x00,0x00,0x00,0x21,0x1C,0x03,0x1E,0x21,0x1E,0x00,//%
120.    0x00,0xF0,0x08,0x88,0x70,0x00,0x00,0x00,0x1E,0x21,0x23,0x24,0x19,0x27,0x21,0x10,//&
121.    0x10,0x16,0x0E,0x00,0x00,0x00,0x00,0x00,0x00,0x00,0x00,0x00,0x00,0x00,0x00,0x00,//'
122.    0x00,0x00,0x00,0xE0,0x18,0x04,0x02,0x00,0x00,0x00,0x00,0x07,0x18,0x20,0x40,0x00,//(
123.    0x00,0x02,0x04,0x18,0xE0,0x00,0x00,0x00,0x00,0x40,0x20,0x18,0x07,0x00,0x00,0x00,//)
124.    0x40,0x40,0x80,0xF0,0x80,0x40,0x40,0x00,0x02,0x02,0x01,0x0F,0x01,0x02,0x02,0x00,//*
125.    0x00,0x00,0x00,0xF0,0x00,0x00,0x00,0x00,0x01,0x01,0x01,0x1F,0x01,0x01,0x01,0x00,//+
126.    0x00,0x00,0x00,0x00,0x00,0x00,0x00,0x00,0x80,0xB0,0x70,0x00,0x00,0x00,0x00,0x00,//,
127.    0x00,0x00,0x00,0x00,0x00,0x00,0x00,0x00,0x00,0x01,0x01,0x01,0x01,0x01,0x01,0x01,//-
128.    0x00,0x00,0x00,0x00,0x00,0x00,0x00,0x00,0x00,0x30,0x30,0x00,0x00,0x00,0x00,0x00,//.
129.    0x00,0x00,0x00,0x00,0x80,0x60,0x18,0x04,0x00,0x60,0x18,0x06,0x01,0x00,0x00,0x00,///
```

```
130.    0x00,0xE0,0x10,0x08,0x08,0x10,0xE0,0x00,0x00,0x0F,0x10,0x20,0x20,
0x10,0x0F,0x00,//0
131.    0x00,0x10,0x10,0xF8,0x00,0x00,0x00,0x00,0x00,0x20,0x20,0x3F,0x20,
0x20,0x00,0x00,//1
132.    0x00,0x70,0x08,0x08,0x08,0x88,0x70,0x00,0x00,0x30,0x28,0x24,0x22,
0x21,0x30,0x00,//2
133.    0x00,0x30,0x08,0x88,0x88,0x48,0x30,0x00,0x00,0x18,0x20,0x20,0x20,
0x11,0x0E,0x00,//3
134.    0x00,0x00,0xC0,0x20,0x10,0xF8,0x00,0x00,0x00,0x07,0x04,0x24,0x24,
0x3F,0x24,0x00,//4
135.    0x00,0xF8,0x08,0x88,0x88,0x08,0x08,0x00,0x00,0x19,0x21,0x20,0x20,
0x11,0x0E,0x00,//5
136.    0x00,0xE0,0x10,0x88,0x88,0x18,0x00,0x00,0x00,0x0F,0x11,0x20,0x20,
0x11,0x0E,0x00,//6
137.    0x00,0x38,0x08,0x08,0xC8,0x38,0x08,0x00,0x00,0x00,0x00,0x3F,0x00,
0x00,0x00,0x00,//7
138.    0x00,0x70,0x88,0x08,0x08,0x88,0x70,0x00,0x00,0x1C,0x22,0x21,0x21,
0x22,0x1C,0x00,//8
139.    0x00,0xE0,0x10,0x08,0x08,0x10,0xE0,0x00,0x00,0x00,0x31,0x22,0x22,
0x11,0x0F,0x00,//9
140.    0x00,0x00,0x00,0xC0,0xC0,0x00,0x00,0x00,0x00,0x00,0x00,0x30,0x30,
0x00,0x00,0x00,//:
141.    0x00,0x00,0x00,0x80,0x00,0x00,0x00,0x00,0x00,0x00,0x80,0x60,0x00,
0x00,0x00,0x00,//;
142.    0x00,0x00,0x80,0x40,0x20,0x10,0x08,0x00,0x00,0x01,0x02,0x04,0x08,
0x10,0x20,0x00,//<
143.    0x40,0x40,0x40,0x40,0x40,0x40,0x40,0x00,0x04,0x04,0x04,0x04,0x04,
0x04,0x04,0x00,//=
144.    0x00,0x08,0x10,0x20,0x40,0x80,0x00,0x00,0x00,0x20,0x10,0x08,0x04,
0x02,0x01,0x00,//>
145.    0x00,0x70,0x48,0x08,0x08,0x08,0xF0,0x00,0x00,0x00,0x00,0x30,0x36,
0x01,0x00,0x00,//?
146.    0xC0,0x30,0xC8,0x28,0xE8,0x10,0xE0,0x00,0x07,0x18,0x27,0x24,0x23,
0x14,0x0B,0x00,//@
147.    0x00,0x00,0xC0,0x38,0xE0,0x00,0x00,0x00,0x20,0x3C,0x23,0x02,0x02,
0x27,0x38,0x20,//A
148.    0x08,0xF8,0x88,0x88,0x88,0x70,0x00,0x00,0x20,0x3F,0x20,0x20,0x20,
0x11,0x0E,0x00,//B
149.    0xC0,0x30,0x08,0x08,0x08,0x08,0x38,0x00,0x07,0x18,0x20,0x20,0x20,
0x10,0x08,0x00,//C
150.    0x08,0xF8,0x08,0x08,0x08,0x10,0xE0,0x00,0x20,0x3F,0x20,0x20,0x20,
0x10,0x0F,0x00,//D
```

```
151.    0x08,0xF8,0x88,0x88,0xE8,0x08,0x10,0x00,0x20,0x3F,0x20,0x20,0x23,
0x20,0x18,0x00,//E
152.    0x08,0xF8,0x88,0x88,0xE8,0x08,0x10,0x00,0x20,0x3F,0x20,0x00,0x03,
0x00,0x00,0x00,//F
153.    0xC0,0x30,0x08,0x08,0x08,0x38,0x00,0x00,0x07,0x18,0x20,0x20,0x22,
0x1E,0x02,0x00,//G
154.    0x08,0xF8,0x08,0x00,0x00,0x08,0xF8,0x08,0x20,0x3F,0x21,0x01,0x01,
0x21,0x3F,0x20,//H
155.    0x00,0x08,0x08,0xF8,0x08,0x08,0x00,0x00,0x00,0x20,0x20,0x3F,0x20,
0x20,0x00,0x00,//I
156.    0x00,0x00,0x08,0x08,0xF8,0x08,0x08,0x00,0xC0,0x80,0x80,0x80,0x7F,
0x00,0x00,0x00,//J
157.    0x08,0xF8,0x88,0xC0,0x28,0x18,0x08,0x00,0x20,0x3F,0x20,0x01,0x26,
0x38,0x20,0x00,//K
158.    0x08,0xF8,0x08,0x00,0x00,0x00,0x00,0x00,0x20,0x3F,0x20,0x20,0x20,
0x20,0x30,0x00,//L
159.    0x08,0xF8,0xF8,0x00,0xF8,0xF8,0x08,0x00,0x20,0x3F,0x00,0x3F,0x00,
0x3F,0x20,0x00,//M
160.    0x08,0xF8,0x30,0xC0,0x00,0x08,0xF8,0x08,0x20,0x3F,0x20,0x00,0x07,
0x18,0x3F,0x00,//N
161.    0xE0,0x10,0x08,0x08,0x08,0x10,0xE0,0x00,0x0F,0x10,0x20,0x20,0x20,
0x10,0x0F,0x00,//O
162.    0x08,0xF8,0x08,0x08,0x08,0x08,0xF0,0x00,0x20,0x3F,0x21,0x01,0x01,
0x01,0x00,0x00,//P
163.    0xE0,0x10,0x08,0x08,0x08,0x10,0xE0,0x00,0x0F,0x18,0x24,0x24,0x38,
0x50,0x4F,0x00,//Q
164.    0x08,0xF8,0x88,0x88,0x88,0x88,0x70,0x00,0x20,0x3F,0x20,0x00,0x03,
0x0C,0x30,0x20,//R
165.    0x00,0x70,0x88,0x08,0x08,0x08,0x38,0x00,0x00,0x38,0x20,0x21,0x21,
0x22,0x1C,0x00,//S
166.    0x18,0x08,0x08,0xF8,0x08,0x08,0x18,0x00,0x00,0x00,0x20,0x3F,0x20,
0x00,0x00,0x00,//T
167.    0x08,0xF8,0x08,0x00,0x00,0x08,0xF8,0x08,0x00,0x1F,0x20,0x20,0x20,
0x20,0x1F,0x00,//U
168.    0x08,0x78,0x88,0x00,0x00,0xC8,0x38,0x08,0x00,0x00,0x07,0x38,0x0E,
0x01,0x00,0x00,//V
169.    0xF8,0x08,0x00,0xF8,0x00,0x08,0xF8,0x00,0x03,0x3C,0x07,0x00,0x07,
0x3C,0x03,0x00,//W
170.    0x08,0x18,0x68,0x80,0x80,0x68,0x18,0x08,0x20,0x30,0x2C,0x03,0x03,
0x2C,0x30,0x20,//X
171.    0x08,0x38,0xC8,0x00,0xC8,0x38,0x08,0x00,0x00,0x00,0x20,0x3F,0x20,
0x00,0x00,0x00,//Y
```

```
172.    0x10,0x08,0x08,0x08,0xC8,0x38,0x08,0x00,0x20,0x38,0x26,0x21,0x20,
0x20,0x18,0x00,//Z
173.    0x00,0x00,0x00,0xFE,0x02,0x02,0x02,0x00,0x00,0x00,0x00,0x7F,0x40,
0x40,0x40,0x00,//[
174.    0x00,0x0C,0x30,0xC0,0x00,0x00,0x00,0x00,0x00,0x00,0x00,0x01,0x06,
0x38,0xC0,0x00,//\
175.    0x00,0x02,0x02,0x02,0xFE,0x00,0x00,0x00,0x00,0x40,0x40,0x40,0x7F,
0x00,0x00,0x00,//]
176.    0x00,0x00,0x04,0x02,0x02,0x02,0x04,0x00,0x00,0x00,0x00,0x00,0x00,
0x00,0x00,0x00,//^
177.    0x00,0x00,0x00,0x00,0x00,0x00,0x00,0x00,0x80,0x80,0x80,0x80,0x80,
0x80,0x80,0x80,//_
178.    0x00,0x02,0x02,0x04,0x00,0x00,0x00,0x00,0x00,0x00,0x00,0x00,0x00,
0x00,0x00,0x00,//`
179.    0x00,0x00,0x80,0x80,0x80,0x80,0x00,0x00,0x00,0x19,0x24,0x22,0x22,
0x22,0x3F,0x20,//a
180.    0x08,0xF8,0x00,0x80,0x80,0x00,0x00,0x00,0x00,0x3F,0x11,0x20,0x20,
0x11,0x0E,0x00,//b
181.    0x00,0x00,0x00,0x80,0x80,0x80,0x00,0x00,0x00,0x0E,0x11,0x20,0x20,
0x20,0x11,0x00,//c
182.    0x00,0x00,0x00,0x80,0x80,0x88,0xF8,0x00,0x00,0x0E,0x11,0x20,0x20,
0x10,0x3F,0x20,//d
183.    0x00,0x00,0x80,0x80,0x80,0x80,0x00,0x00,0x00,0x1F,0x22,0x22,0x22,
0x22,0x13,0x00,//e
184.    0x00,0x80,0x80,0xF0,0x88,0x88,0x88,0x18,0x00,0x20,0x20,0x3F,0x20,
0x20,0x00,0x00,//f
185.    0x00,0x00,0x80,0x80,0x80,0x80,0x80,0x00,0x00,0x6B,0x94,0x94,0x94,
0x93,0x60,0x00,//g
186.    0x08,0xF8,0x00,0x80,0x80,0x80,0x00,0x00,0x20,0x3F,0x21,0x00,0x00,
0x20,0x3F,0x20,//h
187.    0x00,0x80,0x98,0x98,0x00,0x00,0x00,0x00,0x00,0x20,0x20,0x3F,0x20,
0x20,0x00,0x00,//i
188.    0x00,0x00,0x00,0x80,0x98,0x98,0x00,0x00,0x00,0xC0,0x80,0x80,0x80,
0x7F,0x00,0x00,//j
189.    0x08,0xF8,0x00,0x00,0x80,0x80,0x80,0x00,0x20,0x3F,0x24,0x02,0x2D,
0x30,0x20,0x00,//k
190.    0x00,0x08,0x08,0xF8,0x00,0x00,0x00,0x00,0x00,0x20,0x20,0x3F,0x20,
0x20,0x00,0x00,//l
191.    0x80,0x80,0x80,0x80,0x80,0x80,0x80,0x00,0x20,0x3F,0x20,0x00,0x3F,
0x20,0x00,0x3F,//m
192.    0x80,0x80,0x00,0x80,0x80,0x80,0x00,0x00,0x20,0x3F,0x21,0x00,0x00,
0x20,0x3F,0x20,//n
```

```
193.    0x00,0x00,0x80,0x80,0x80,0x80,0x00,0x00,0x00,0x1F,0x20,0x20,0x20,
0x20,0x1F,0x00,//o
194.    0x80,0x80,0x00,0x80,0x80,0x00,0x00,0x00,0x80,0xFF,0xA1,0x20,0x20,
0x11,0x0E,0x00,//p
195.    0x00,0x00,0x00,0x80,0x80,0x80,0x80,0x00,0x00,0x0E,0x11,0x20,0x20,
0xA0,0xFF,0x80,//q
196.    0x80,0x80,0x80,0x00,0x80,0x80,0x80,0x00,0x20,0x20,0x3F,0x21,0x20,
0x00,0x01,0x00,//r
197.    0x00,0x00,0x80,0x80,0x80,0x80,0x80,0x00,0x00,0x33,0x24,0x24,0x24,
0x24,0x19,0x00,//s
198.    0x00,0x80,0x80,0xE0,0x80,0x80,0x00,0x00,0x00,0x00,0x00,0x1F,0x20,
0x20,0x00,0x00,//t
199.    0x80,0x80,0x00,0x00,0x00,0x80,0x80,0x00,0x00,0x1F,0x20,0x20,0x20,
0x10,0x3F,0x20,//u
200.    0x80,0x80,0x80,0x00,0x00,0x80,0x80,0x80,0x00,0x01,0x0E,0x30,0x08,
0x06,0x01,0x00,//v
201.    0x80,0x80,0x00,0x80,0x00,0x80,0x80,0x80,0x0F,0x30,0x0C,0x03,0x0C,
0x30,0x0F,0x00,//w
202.    0x00,0x80,0x80,0x00,0x80,0x80,0x80,0x00,0x00,0x20,0x31,0x2E,0x0E,
0x31,0x20,0x00,//x
203.    0x80,0x80,0x80,0x00,0x00,0x80,0x80,0x80,0x80,0x81,0x8E,0x70,0x18,
0x06,0x01,0x00,//y
204.    0x00,0x80,0x80,0x80,0x80,0x80,0x80,0x00,0x00,0x21,0x30,0x2C,0x22,
0x21,0x30,0x00,//z
205.    0x00,0x00,0x00,0x00,0x80,0x7C,0x02,0x02,0x00,0x00,0x00,0x00,0x00,
0x3F,0x40,0x40,//{
206.    0x00,0x00,0x00,0x00,0xFF,0x00,0x00,0x00,0x00,0x00,0x00,0x00,0xFF,
0x00,0x00,0x00,//|
207.    0x00,0x02,0x02,0x7C,0x80,0x00,0x00,0x00,0x00,0x40,0x40,0x3F,0x00,
0x00,0x00,0x00,//}
208.    0x00,0x06,0x01,0x01,0x02,0x02,0x04,0x04,0x00,0x00,0x00,0x00,0x00,
0x00,0x00,0x00,//~
209. };
210.
211. #endif
```

修改 applications\sample\wifi-iot\app\oled_demo\oled_ssd1306.c 文件，增加一个头文件：

```
1. // 字库头文件
2. #include "oled_fonts.h"
```

修改 applications\sample\wifi-iot\app\oled_demo\oled_ssd1306.c 文件，增加两个接口函数：

```
1. /// @brief 显示一个字符
2. /// @param x: x 坐标，单位为 1 个像素
3. /// @param y: y 坐标，单位为 8 个像素
4. /// @param ch: 要显示的字符
5. /// @param font: 字库
6. void OledShowChar(uint8_t x, uint8_t y, uint8_t ch, Font font)
7. {
8.     // 数组下标
9.     uint8_t c = 0;
10.
11.    // 循环控制
12.    uint8_t i = 0;
13.
14.    // 得到数组下标
15.    // 空格的 ASCII 码 32，在字库中的下标是 0。字库中的字符-空格即相应的数组下标
16.    c = ch - ' ';
17.
18.    // 显示字符
19.    if (font == FONT8x16) // 8*16 的点阵，一个 PAGE 放不下
20.    {
21.        // 显示字符的上半部分
22.        // 设置显示位置
23.        OledSetPosition(x, y);
24.        // 逐个字节写入（16 个数组元素的前 8 个）
25.        for (i = 0; i < 8; i++)
26.        {
27.            WriteData(F8X16[c * 16 + i]);
28.        }
29.
30.        // 显示字符的下半部分
31.        // 设置显示位置为下一个 PAGE
32.        OledSetPosition(x, y + 1);
33.        // 逐个字节写入（16 个数组元素的后 8 个）
34.        for (i = 0; i < 8; i++)
35.        {
36.            WriteData(F8X16[c * 16 + 8 + i]);
37.        }
38.    }
39.    else // 6*8 的点阵，在一个 PAGE 中
40.    {
41.        // 设置显示位置
42.        OledSetPosition(x, y);
```

```
43.         // 逐个字节写入（数组第二维的 6 个数组元素）
44.         for (i = 0; i < 6; i++)
45.         {
46.             WriteData(F6x8[c][i]);
47.         }
48.     }
49. }
50.
51. /// @brief 显示一个字符串
52. /// @param x: x 坐标，单位为 1 个像素
53. /// @param y: y 坐标，单位为 8 个像素
54. /// @param str: 要显示的字符串
55. /// @param font: 字库
56. void OledShowString(uint8_t x, uint8_t y, const char *str, Font font)
57. {
58.     // 字符数组（字符串）下标
59.     uint8_t j = 0;
60.
61.     // 检查字符串是否为空
62.     if (str == NULL)
63.     {
64.         printf("param is NULL,Please check!!!\r\n");
65.         return;
66.     }
67.
68.     // 遍历字符串，显示每个字符
69.     while (str[j])
70.     {
71.         // 显示一个字符
72.         OledShowChar(x, y, str[j], font);
73.
74.         // 设置字符间距
75.         x += 8;
76.
77.         // 如果下一个要显示的字符超出了 OLED 显示屏显示的范围，则换行
78.         if (x > 120)
79.         {
80.             x = 0;
81.             y += 2;
82.         }
83.
84.         // 下一个字符
```

```
85.         j++;
86.     }
87. }
```

修改 applications\sample\wifi-iot\app\oled_demo\oled_ssd1306.h 文件，源码如下：

```
1. // OLED 显示屏简化版驱动程序的接口头文件
2.
3. // 定义条件编译宏，防止头文件的重复包含和编译
4. #ifndef OLED_SSD1306_H
5. #define OLED_SSD1306_H
6.
7. #include <stdint.h>     // 几种扩展的整数类型和宏支持头文件
8.
9. // 声明接口函数
10.
11. uint32_t OledInit(void);
12. void OledSetPosition(uint8_t x, uint8_t y);
13. void OledFillScreen(uint8_t fillData);
14. uint32_t WriteData(uint8_t data);
15.
16. // 定义字库类型
17. enum Font {
18.     FONT6x8 = 1,
19.     FONT8x16
20. };
21. typedef enum Font Font;
22.
23. // 声明接口函数
24.
25. void OledShowChar(uint8_t x, uint8_t y, uint8_t ch, Font font);
26. void OledShowString(uint8_t x, uint8_t y, const char* str, Font font);
27.
28. // 条件编译结束
29. #endif // OLED_SSD1306_H
```

新建 applications\sample\wifi-iot\app\oled_demo\oled_demo.c 文件，源码如下：

```
1. #include <stdio.h>      // 标准输入输出头文件
2. #include <unistd.h>     // POSIX 头文件
3.
4. #include "ohos_init.h"  // 用于初始化服务(service)和功能(feature)的头文件
5. #include "cmsis_os2.h"  // CMSIS-RTOS2 头文件
6.
```

```
 7. #include "iot_gpio.h"// OpenHarmony HAL: IoT 硬件设备操作接口中的 GPIO 接口头文件
 8. #include "hi_io.h"   // 海思 Pegasus SDK: IoT 硬件设备操作接口中的 IO 接口头文件
 9. #include "hi_adc.h"  // 海思 Pegasus SDK: IoT 硬件设备操作接口中的 ADC 接口头文件
10.
11. // OLED 显示屏简化版驱动程序的接口头文件
12. #include "oled_ssd1306.h"
13.
14. // 用于标识 ADC2 通道
15. #define ANALOG_KEY_CHAN_NAME HI_ADC_CHANNEL_2
16.
17. // 将 ADC 值转换为电压值
18. static float ConvertToVoltage(unsigned short data)
19. {
20.     return (float)data * 1.8 * 4 / 4096;
21. }
22.
23. // 主线程函数
24. static void OledTask(void *arg)
25. {
26.     (void)arg;
27.
28.     // 初始化 SSD1306 显示屏驱动芯片
29.     OledInit();
30.
31.     // 全屏填充黑色
32.     OledFillScreen(0x00);
33.
34.     // 显示字符串 OpenHarmony
35.     OledShowString(20, 3, "OpenHarmony", FONT8x16);   //居中
36.
37.     // 等待 3 秒
38.     sleep(3);
39.
40.     // 依次显示 3 屏内容
41.     for (int i = 0; i < 3; i++) {
42.         // 全屏填充黑色
43.         OledFillScreen(0x00);
44.         // 显示 8 行 ABCDEFGHIJKLMNOP
45.         for (int y = 0; y < 8; y++) {
46.             static const char text[] = "ABCDEFGHIJKLMNOP"; // QRSTUVWXYZ
47.             OledShowString(0, y, text, FONT6x8);
48.         }
```

```
49.         // 等待 1 秒
50.         sleep(1);
51.     }
52.
53.     // 全屏填充黑色
54.     OledFillScreen(0x00);
55.
56.     // 工作循环
57.     while (1) {
58.         // 要显示的字符串
59.         static char text[128] = {0};
60.         // 用于存放 ADC2 通道的值
61.         unsigned short data = 0;
62.         // 读取 ADC2 通道的值
63.         hi_adc_read(ANALOG_KEY_CHAN_NAME, &data, HI_ADC_EQU_MODEL_4,
HI_ADC_CUR_BAIS_DEFAULT, 0);
64.         // 转换为电压值
65.         float voltage = ConvertToVoltage(data);
66.         // 格式化字符串
67.         snprintf(text, sizeof(text), "voltage: %.3f!", voltage);
68.         // 显示字符串
69.         OledShowString(0, 1, text, FONT6x8);
70.         // 等待 30ms
71.         usleep(30*1000);
72.     }
73. }
74.
75. // 入口函数
76. static void OledDemo(void)
77. {
78.     // 定义线程属性
79.     osThreadAttr_t attr;
80.     attr.name = "OledTask";
81.     attr.attr_bits = 0U;
82.     attr.cb_mem = NULL;
83.     attr.cb_size = 0U;
84.     attr.stack_mem = NULL;
85.     attr.stack_size = 4096;
86.     attr.priority = osPriorityNormal;
87.
88.     // 创建线程
89.     if (osThreadNew(OledTask, NULL, &attr) == NULL) {
```

```
90.         printf("[OledDemo] Falied to create OledTask!\n");
91.     }
92. }
93.
94. // 运行入口函数
95. APP_FEATURE_INIT(OledDemo);
```

修改 applications\sample\wifi-iot\app\oled_demo\BUILD.gn 文件，源码如下：

```
1. static_library("oled_demo") {
2.     sources = [
3.         "oled_demo.c", "oled_ssd1306.c"
4.     ]
5.
6.     include_dirs = [
7.         "//utils/native/lite/include",
8.         "//kernel/liteos_m/kal",
9.         "//base/iot_hardware/peripheral/interfaces/kits",
10.     ]
11. }
```

5. 编译、烧录、运行

编译、烧录、运行的具体操作不再赘述。分别按下 OLED 显示屏的按键 1 和按键 2，可以看出电压值的变化，如图 7-24 所示。

图 7-24　案例的运行结果

7.2　在OLED显示屏上显示汉字

本节内容：

中文字体的相关知识；如何定义中文字库；如何显示汉字；通过案例程序学习显示汉字的具体方法。

7.2.1　中文字体

ASCII 字符集一共包含了 128 个西文字符，其中有 95 个可显示字符。英文使用字母的排列构成单词，表示特定的事物，所以它的字符集容量很小。中文则不同，中文使用单个的汉字表示特定的事物，它有可能是象形字，也有可能是会意字。一个汉字就是一个符号，它们的形状各不相同。所以，汉字的字符集容量会很大。

汉字编码经过了一个逐渐完善的过程，形成了一系列国家标准，也就是国标（GB）。我们简单了解一下。

首先是 GB 字库。GB2312 一共收录了 6763 个汉字，其中常用汉字有 3000 多个。

然后是 GBK 字库。GBK 一共收录了 21 003 个汉字。

后来又出现了 GB18030 字库。比如，GB18030—2005，一共收录了 70 244 个汉字。

我们将西文字库和中文字库的大小做对比。假设把每个字符都分解成 16 点×16 点的点阵，每个点都用 1bit 表示字符轮廓。那么，基于 ASCII 的字库大小为 16×16÷8×95=3040Byte≈2.97KB。汉字字库大得多，比如 GB 字库的大小为 16×16÷8×6763=216416 Byte≈211KB；GBK 字库的大小为 16×16÷8×21003 Byte≈656KB；GB18030 字库的大小为 16×16÷8×70244 Byte≈2195KB。

我们知道 Hi3861V100 芯片内置的存储容量仅有 352KB SRAM 和 2MB Flash。所以，把完整的中文字库放入轻量设备开发板是比较困难的，也是不太合理的。现在，我们给出在 OpenHarmony 轻量设备中，西文字库和中文字库的创建原则：

（1）对于 ASCII 字库，我们可以完整定义 95 个可显示字符；

（2）对于中文字库，要尽量减小嵌入式系统的存储空间占用，只定义必须使用的字符。

7.2.2　定义中文字库

由于中文字符的数量太多，使用纯手工取模的方式建立中文字库是不现实的。所以，我们要利用取模工具来完成这个过程。目前，有两类取模工具可以完成这个工作，第一类是 PC 桌面程序，第二类是在线工具。

1. 使用 PCtoLCD

下面先介绍使用 PC 桌面程序的方式。我们使用的程序叫 PCtoLCD，请在本节的配套资源中下载此工具。PCtoLCD 的主界面如图 7-25 所示。

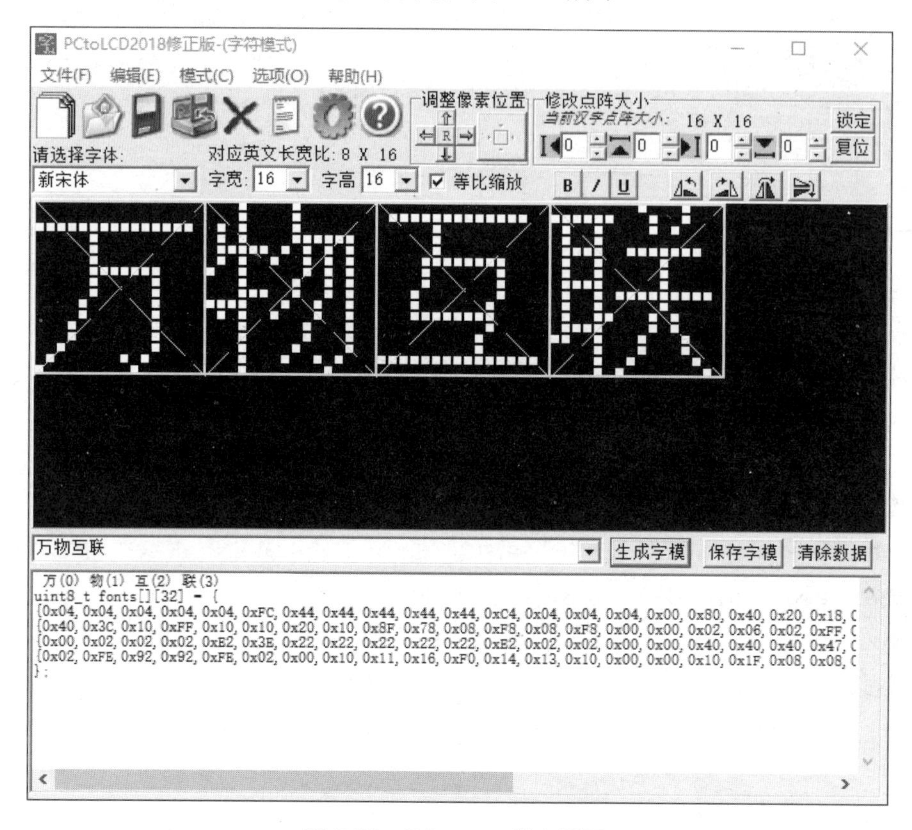

图 7-25 PCtoLCD 的主界面

启动 PCtoLCD 之后，首先要设置字模选项。要如图 7-26 所示，把点阵格式设置为“阴码”；把取模方式设置为“列行式”；把取模走向设置为“逆向（低位在前）”（先取低位，后取高位）。这其实就是适合 SSD1306 显示屏驱动芯片的最佳取模方式“纵向 8 点下高位”。

每行显示的数据可以通过计算得到。例如，对于 16 点×16 点的汉字点阵，每个字占 16×16/8=32 字节，点阵和索引就设置为“32”。接下来，把输出数制设置为“十六进制数”，输出选项要勾选“输出精简格式”和“输出紧凑格式”复选框。

把自定义格式设置为“C51 格式”。其中，段前缀建议设置为一个二维数组，第二维是 32（基于每行显示数据点阵 32 这个数字），例如，“uint8_t fonts[][32] = {”。段后缀、注释前缀、注释后缀等建议按图 7-26 所示进行设置。这样生成的字模代码方便使用。

请注意，在这个工具中，自定义格式的段前缀和段后缀有可能无法保存，每次启动软件都需要设置一下。

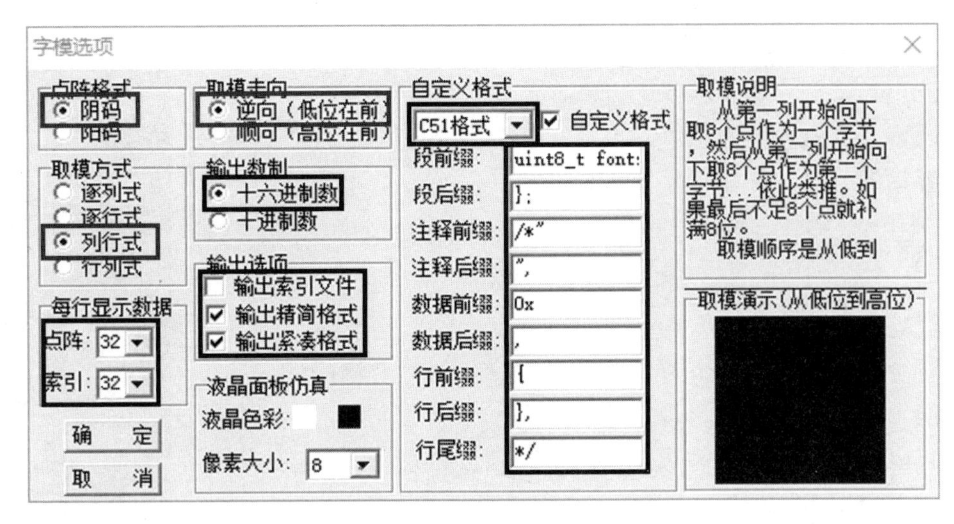

图 7-26　设置字模选项（1）

在设置完毕后，可以观察右下角的取模演示动画，确保设置正确。在字模选项设置好后，我们给出取模的具体步骤：

第一步，设置字体、字宽、字高、加粗、倾斜、下画线等文字格式。

第二步，输入汉字。

第三步，单击“生成字模”按钮。

第四步，保存或复制生成的字模。

第五步，根据字模创建数组。

2. 使用在线取模工具

下面介绍在线取模工具的方式。在线取模工具有很多，我们使用的在线取模工具的网址参见本节的配套资源（“网址 1-在线取模工具”）。在线取模工具通常都会提供自动去重功能，这在文字数量多的时候，能够提高工作效率。

取模的具体步骤如下：

第一步，设置字模选项，请按图 7-27 所示进行设置。

输出格式	C51
数据排列	从左到右从上到下
取模方式	纵向8点下高位
黑白取反	正常
字体种类	[宋体]
字体大小	16号
强制全角	ASCII自动转全角

图 7-27　设置字模选项（2）

第二步，输入汉字，然后单击“取模”按钮。

第三步，复制字模。

第四步，形成一维数组“uint8_t fonts2[] = {};”，把复制的内容粘贴到“{}”中即可。

7.2.3 显示汉字

取模完成之后，中文字库就有了。下面介绍如何显示汉字。与绘制 ASCII 字符一样，在绘制汉字的时候，依序遍历数组，然后按字节发送即可。

如果汉字的字符轮廓超过了 8 行，就要分页发送。以图 7-28 所示的“1”为例，首先定位写入位置 PAGE0，发送字符轮廓的上半部分，然后重新定位写入位置 PAGE1，再发送字符轮廓的下半部分。

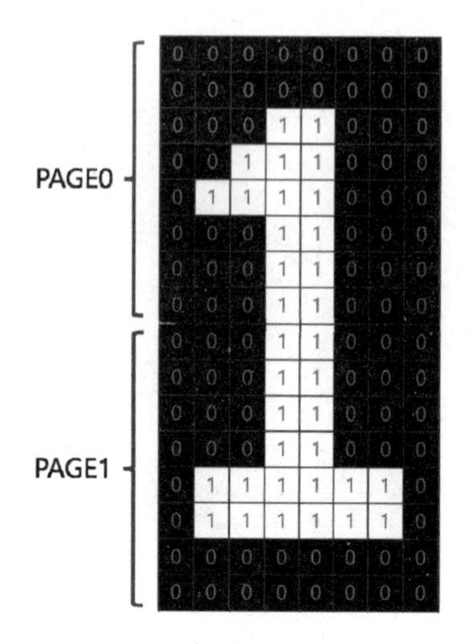

图 7-28 分页发送

7.2.4 案例程序

下面通过案例程序介绍显示汉字的具体方法。

1. 目标

本案例的目标如下：第一，掌握显示汉字的相关知识；第二，熟练使用取模工具；第三，使用 OLED 显示屏简化版驱动程序的相关 API 显示汉字。

2. 准备开发套件

请准备好智能家居开发套件，组装好底板、核心板和 OLED 显示屏板。

3. 新建目录

启动虚拟机。在 VS Code 中打开 OpenHarmony 源码根目录。我们将使用 applications\sample\wifi-iot\app\oled_demo 目录作为本案例程序的根目录。

4. 编写源码与编译脚本

新建 applications\sample\wifi-iot\app\oled_demo\oled_demo_chinese.c 文件，源码如下：

```
1. #include <stdio.h>          // 标准输入输出头文件
2. #include <unistd.h>         // POSIX 头文件
3.
4. #include "ohos_init.h"      // 用于初始化服务(service)和功能(feature)的头文件
5. #include "cmsis_os2.h"      // CMSIS-RTOS2 头文件
6.
```

```
 7. #include "iot_gpio.h"     // OpenHarmony HAL: IoT 硬件设备操作接口中的 GPIO
接口头文件
 8. #include "hi_io.h"       // 海思 Pegasus SDK: IoT 硬件设备操作接口中的 IO 接
口头文件
 9. #include "hi_adc.h"      // 海思 Pegasus SDK: IoT 硬件设备操作接口中的 ADC
接口头文件
10.
11. #include "oled_ssd1306.h"// OLED 显示屏简化版驱动程序的接口头文件
12.
13. // 用于标识 ADC2 通道
14. #define ANALOG_KEY_CHAN_NAME HI_ADC_CHANNEL_2
15.
16. // 使用 PCtoLCD 建立字库
17. // 字符集: 万 物 互 联
18. // 字符轮廓: 16 点×16 点, 新宋体
19. // 每个字占 32 个字节 (16×16/8=32)
20. // 根据取模方式, 每个字的前 16 个字节是汉字的上半部分, 后 16 个字节是汉字的下半部分
21. // 使用二维数组
22. uint8_t fonts1[][32] = {
23.     {0x04, 0x04, 0x04, 0x04, 0x04, 0xFC, 0x44, 0x44, 0x44, 0x44, 0x44, 0xC4,
0x04, 0x04, 0x04, 0x00, 0x80, 0x40, 0x20, 0x18, 0x06, 0x01, 0x00, 0x00, 0x40,
0x80, 0x40, 0x3F, 0x00, 0x00, 0x00, 0x00}, /*"万",0*/
24.     {0x40, 0x3C, 0x10, 0xFF, 0x10, 0x10, 0x20, 0x10, 0x8F, 0x78, 0x08, 0xF8,
0x08, 0xF8, 0x00, 0x00, 0x02, 0x06, 0x02, 0xFF, 0x01, 0x01, 0x04, 0x42, 0x21,
0x18, 0x46, 0x81, 0x40, 0x3F, 0x00, 0x00}, /*"物",1*/
25.     {0x00, 0x02, 0x02, 0x02, 0xE2, 0x3E, 0x22, 0x22, 0x22, 0x22, 0x22, 0xE2,
0x02, 0x02, 0x00, 0x00, 0x40, 0x40, 0x40, 0x47, 0x44, 0x44, 0x44, 0x44, 0x44,
0x74, 0x4E, 0x41, 0x40, 0x40, 0x40, 0x00}, /*"互",2*/
26.     {0x02, 0xFE, 0x92, 0x92, 0xFE, 0x02, 0x00, 0x10, 0x11, 0x16, 0xF0, 0x14,
0x13, 0x10, 0x00, 0x00, 0x10, 0x1F, 0x08, 0x08, 0xFF, 0x04, 0x81, 0x41, 0x31,
0x0D, 0x03, 0x0D, 0x31, 0x41, 0x81, 0x00}, /*"联",3*/
27. };
28.
29. // 使用在线取模工具建立字库
30. // 字符集: 万 物 互 联 电 压
31. // 字符轮廓: 16 点×16 点, 宋体
32. // 每个字占 32 个字节 (16×16/8=32)
33. // 根据取模方式, 每个字的前 16 个字节是汉字的上半部分, 后 16 个字节是汉字的下半部分
34. // 使用一维数组
35. uint8_t fonts2[] = {
36.     /* [字库]: [宋体] [数据排列]:从左到右从上到下 [取模方式]:纵向 8 点下高位 [正负
反色]:否 [去掉重复后]共 6 个字符
```

```
37.        [总字符库]: "万物互联电压"*/
38.
39.     /*-- ID:0,字符:"万",ASCII 编码:CDF2,对应字:宽×高=16 点×16 点,画布:宽 W=16
像素, 高 H=16 像素,共 32 个字节*/
40.     0x04, 0x04, 0x04, 0x04, 0x04, 0x04, 0xFC, 0x44, 0x44, 0x44, 0x44, 0xE4,
0x44, 0x06, 0x04, 0x00,
41.     0x00, 0x80, 0x40, 0x20, 0x10, 0x0E, 0x01, 0x00, 0x40, 0x80, 0x40, 0x3F,
0x00, 0x00, 0x00, 0x00,
42.
43.     /*-- ID:1,字符:"物",ASCII 编码:CEEF,对应字:宽×高=16 点×16 点,画布:宽 W=16
像素, 高 H=16 像素,共 32 个字节*/
44.     0x40, 0x3C, 0x10, 0xFF, 0x90, 0xA0, 0x10, 0x1F, 0xF0, 0x10, 0xF0, 0x10,
0x10, 0xF8, 0x10, 0x00,
45.     0x02, 0x02, 0x01, 0xFF, 0x00, 0x10, 0x0C, 0x43, 0x30, 0x0E, 0x41, 0x80,
0x40, 0x3F, 0x00, 0x00,
46.
47.     /*-- ID:2,字符:"互",ASCII 编码:BBA5,对应字:宽×高=16 点×16 点,画布:宽 W=16
像素, 高 H=16 像素,共 32 个字节*/
48.     0x00, 0x02, 0x02, 0x02, 0xFE, 0x12, 0x12, 0x12, 0x12, 0x12, 0xFA, 0x12,
0x03, 0x02, 0x00, 0x00,
49.     0x40, 0x40, 0x40, 0x46, 0x45, 0x44, 0x44, 0x44, 0x44, 0x44, 0x7F, 0x40,
0x40, 0x60, 0x40, 0x00,
50.
51.     /*-- ID:3,字符:"联",ASCII 编码:C1AA,对应字:宽×高=16 点×16 点,画布:宽 W=16
像素, 高 H=16 像素,共 32 个字节*/
52.     0x02, 0x02, 0xFE, 0x12, 0x12, 0xFE, 0x02, 0x11, 0x12, 0x16, 0xF0, 0x14,
0x12, 0x93, 0x00, 0x00,
53.     0x20, 0x20, 0x3F, 0x11, 0x11, 0xFF, 0x91, 0x41, 0x21, 0x19, 0x07, 0x19,
0x61, 0xC1, 0x41, 0x00,
54.
55.     /*-- ID:4,字符:"电",ASCII 编码:B5E7,对应字:宽×高=16 点×16 点,画布:宽 W=16
像素, 高 H=16 像素,共 32 个字节*/
56.     0x00, 0xF8, 0x48, 0x48, 0x48, 0x48, 0xFF, 0x48, 0x48, 0x48, 0x48, 0xFC,
0x08, 0x00, 0x00, 0x00,
57.     0x00, 0x07, 0x02, 0x02, 0x02, 0x02, 0x3F, 0x42, 0x42, 0x42, 0x42, 0x47,
0x40, 0x70, 0x00, 0x00,
58.
59.     /*-- ID:5,字符:"压",ASCII 编码:D1B9,对应字:宽×高=16 点×16 点,画布:宽 W=16
像素, 高 H=16 像素,共 32 个字节*/
60.     0x00, 0x00, 0xFE, 0x02, 0x82, 0x82, 0x82, 0x82, 0xFE, 0x82, 0x82, 0x82,
0xC3, 0x82, 0x00, 0x00,
```

```
61.    0x40, 0x30, 0x0F, 0x40, 0x40, 0x40, 0x40, 0x40, 0x7F, 0x40, 0x42, 0x44,
0x4C, 0x60, 0x40, 0x00};
62.
63. // 将 ADC 值转换为电压值
64. static float ConvertToVoltage(unsigned short data)
65. {
66.     return (float)data * 1.8 * 4 / 4096;
67. }
68.
69. /// @brief 显示一个汉字（使用 PCtoLCD 建立的字库）
70. /// @param x x 坐标，单位为 1 像素
71. /// @param y y 坐标，单位为 8 像素。即页面的起始地址
72. /// @param idx 汉字在字库中的索引
73. void OledShowChinese1(uint8_t x, uint8_t y, uint8_t idx)
74. {
75.     // 控制循环
76.     uint8_t t;
77.
78.     // 显示汉字的上半部分
79.     OledSetPosition(x, y);
80.     for (t = 0; t < 16; t++)
81.     {
82.         WriteData(fonts1[idx][t]);
83.     }
84.
85.     // 显示汉字的下半部分
86.     OledSetPosition(x, y + 1);
87.     for (t = 16; t < 32; t++)
88.     {
89.         WriteData(fonts1[idx][t]);
90.     }
91. }
92.
93. /// @brief 显示一个汉字（使用在线取模工具建立的字库）
94. /// @param x x 坐标，单位为 1 像素
95. /// @param y y 坐标，单位为 8 像素。即页面的起始地址
96. /// @param idx 汉字在字库中的索引
97. void OledShowChinese2(uint8_t x, uint8_t y, uint8_t idx)
98. {
99.     // 控制循环
100.    uint8_t t;
101.
```

```
102.     // 显示汉字的上半部分
103.     OledSetPosition(x, y);
104.     for (t = 0; t < 16; t++)
105.     {
106.         WriteData(fonts2[32 * idx + t]);
107.     }
108.
109.     // 显示汉字的下半部分
110.     OledSetPosition(x, y + 1);
111.     for (t = 16; t < 32; t++)
112.     {
113.         WriteData(fonts2[32 * idx + t]);
114.     }
115. }
116.
117. // 主线程函数
118. static void OledTask(void *arg)
119. {
120.     (void)arg;
121.
122.     // 初始化 SSD1306 显示屏驱动芯片
123.     OledInit();
124.
125.     // 全屏填充黑色
126.     OledFillScreen(0x00);
127.
128.     // 居中显示"万物互联"
129.     // 起始 x 坐标 = (屏幕宽度 128 - (汉字间距 18×(字数-1) + 每个汉字的宽度 16 - 第
一个汉字的坐标 0))/2 = 29
130.     OledShowChinese1(29 + 0, 3, 0);  //万
131.     OledShowChinese1(29 + 18, 3, 1); //物
132.     OledShowChinese2(29 + 36, 3, 2); //互
133.     OledShowChinese2(29 + 54, 3, 3); //联
134.
135.     // 居中显示"OpenHarmony"
136.     // 起始 x 坐标 = (屏幕宽度 128 - 字符间距 8 × 字母个数 11)/2 = 20
137.     OledShowString(20, 5, "OpenHarmony", FONT8x16);
138.
139.     // 左上角显示倒计时
140.     char digits[] = "321";
141.     for (int i = 0; i < 3; i++)
142.     {
```

```
143.            OledShowChar(0, 0, digits[i], FONT6x8);
144.            sleep(1);
145.        }
146.
147.        // 中英文混杂显示
148.        OledFillScreen(0x00);          // 全屏填充黑色
149.        OledShowChinese2(0, 0, 4);     // 电
150.        OledShowChinese2(18, 0, 5);    // 压
151.        // 工作循环
152.        while (1)
153.        {
154.            // 要显示的字符串
155.            static char text[128] = {0};
156.            // 用于存放 ADC2 通道的值
157.            unsigned short data = 0;
158.            // 读取 ADC2 通道的值
159.            hi_adc_read(ANALOG_KEY_CHAN_NAME, &data, HI_ADC_EQU_MODEL_4,
HI_ADC_CUR_BAIS_DEFAULT, 0);
160.            // 转换为电压值
161.            float voltage = ConvertToVoltage(data);
162.            // 格式化字符串
163.            snprintf(text, sizeof(text), "%.3f", voltage);
164.            // 在中文后面显示字符串
165.            OledShowString(36, 0, text, FONT8x16);
166.            // 等待 30ms
167.            usleep(30 * 1000);
168.        }
169. }
170.
171. // 入口函数
172. static void OledDemo(void)
173. {
174.     // 定义线程属性
175.     osThreadAttr_t attr;
176.     attr.name = "OledTask";
177.     attr.attr_bits = 0U;
178.     attr.cb_mem = NULL;
179.     attr.cb_size = 0U;
180.     attr.stack_mem = NULL;
181.     attr.stack_size = 4096;
182.     attr.priority = osPriorityNormal;
183.
```

```
184.     // 创建线程
185.     if (osThreadNew(OledTask, NULL, &attr) == NULL)
186.     {
187.         printf("[OledDemo] Falied to create OledTask!\n");
188.     }
189. }
190.
191. // 运行入口函数
192. APP_FEATURE_INIT(OledDemo);
```

修改 applications\sample\wifi-iot\app\oled_demo\BUILD.gn 文件，源码如下：

```
1. static_library("oled_demo") {
2.     sources = [
3.         "oled_demo_chinese.c", "oled_ssd1306.c"
4.     ]
5.
6.     include_dirs = [
7.         "//utils/native/lite/include",
8.         "//kernel/liteos_m/kal",
9.         "//base/iot_hardware/peripheral/interfaces/kits",
10.     ]
11. }
```

5. 编译、烧录、运行

编译、烧录、运行的具体操作不再赘述，运行结果如图 7-29 所示。

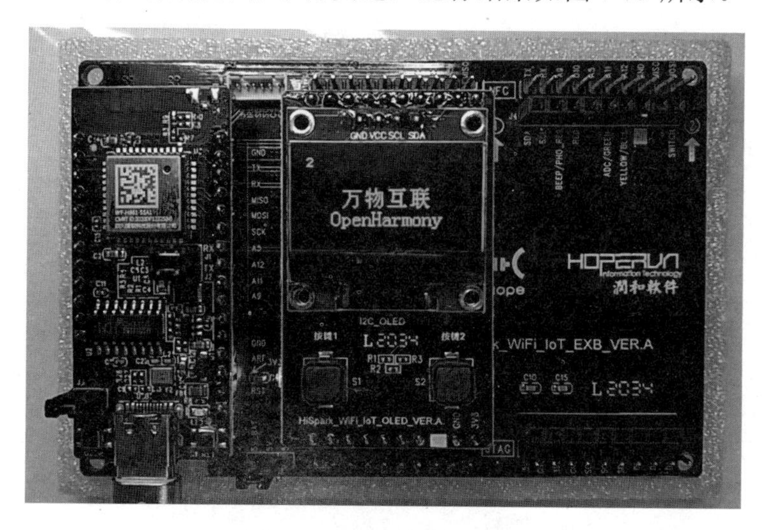

图 7-29　案例的运行结果

7.3　第三方OLED显示屏驱动库

本节内容：

第三方 OLED 显示屏驱动库的功能；驱动库的源码结构；驱动库相关的 API；如何增强驱动库功能；驱动库的接入方法；通过案例程序学习驱动库及其相关 API 的具体使用方法。

7.3.1　驱动库简介

我们使用的第三方 OLED 显示屏驱动库是一个开源项目，它的源码仓网址参见本节的配套资源（“网址 1-SSD1306”）。

这个第三方驱动库的主要特性和功能如下：

（1）内置了 128bit×64 bit 内存缓冲区，支持全屏刷新；

（2）优化了屏幕刷新速率，实测最大帧率可以达到 10FPS；

（3）使用 HAL API 和海思 SDK API；

（4）接口简捷，易于使用和移植；

（5）内置了测试程序，可以直接进行测试。

7.3.2　驱动库的源码结构

本书已经将此驱动库与 OpenHarmony 轻量系统适配完毕，请在本节的配套资源中下载“ssd1306_3rd_driver.zip”文件。

这个第三方驱动库的源码结构如图 7-30 所示，驱动库的根目录是 ssd1306_3rd_driver。

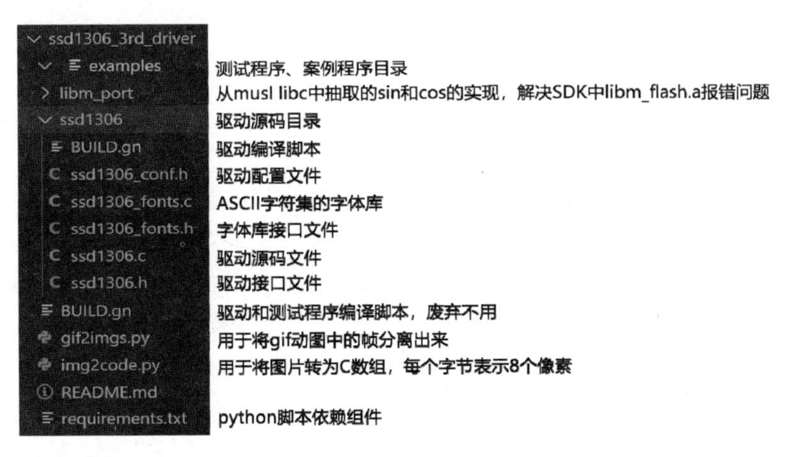

图 7-30　ssd1306_3rd_driver 驱动库的源码结构

通过对驱动库源码结构的分析可以得知，ssd1306.c 和 ssd1306.h 这两个文件是驱动库的核心文件。

7.3.3 驱动库 API 介绍

这个驱动库是开源的，它的所有 API 定义，包括接口具体的实现都可以在源码中看到。建议您仔细阅读这个驱动库的核心文件 ssd1306.c 和 ssd1306.h，锻炼自己通过阅读源码获取知识的能力。这些 API 见表 7-2。

表 7-2 ssd1306_3rd_driver 驱动库 API

API 名称	说明
void ssd1306_Init(void)	初始化 OLED 显示屏
void ssd1306_Fill(SSD1306_COLOR color)	以指定的颜色填充屏幕
void ssd1306_SetCursor(uint8_t x, uint8_t y)	定位光标
void ssd1306_UpdateScreen(void)	更新屏幕内容
char ssd1306_DrawChar(char ch, FontDef Font, SSD1306_COLOR color)	在屏幕缓冲区绘制 1 个字符
char ssd1306_DrawString(char* str, FontDef Font, SSD1306_COLOR color)	在屏幕缓冲区绘制字符串
void ssd1306_DrawPixel(uint8_t x, uint8_t y, SSD1306_COLOR color)	在屏幕缓冲区绘制 1 个像素
void ssd1306_DrawLine(uint8_t x1, uint8_t y1, uint8_t x2, uint8_t y2, SSD1306_COLOR color)	画直线
void ssd1306_DrawPolyline(const SSD1306_VERTEX *par_vertex, uint16_t par_size, SSD1306_COLOR color)	绘制多段线
void ssd1306_DrawRectangle(uint8_t x1, uint8_t y1, uint8_t x2, uint8_t y2, SSD1306_COLOR color)	绘制矩形
void ssd1306_DrawArc(uint8_t x, uint8_t y, uint8_t radius, uint16_t start_angle, uint16_t sweep, SSD1306_COLOR color)	绘制弧线
void ssd1306_DrawCircle(uint8_t par_x, uint8_t par_y, uint8_t par_r, SSD1306_COLOR color)	画圆
void ssd1306_DrawBitmap(const uint8_t* bitmap, uint32_t size)	绘制位图
void ssd1306_DrawRegion(uint8_t x, uint8_t y, uint8_t w, uint8_t h, const uint8_t* data, uint32_t size, uint32_t stride)	在指定区域绘制内容，按行绘制

7.3.4 增强驱动库功能

开源的一个优势是我们可以动手去完善它。下面介绍如何对驱动库的功能进行增强，让它使用起来更方便一些，或者满足特定业务的需要。

打开 ssd1306_3rd_driver\ssd1306\ssd1306.c 文件，定位到 ssd1306_DrawChar 函数。这个函数用于在屏幕缓冲区中绘制 1 个字符，但是它并没有处理回车控制符（\r）和换行控制符（\n），也就是 CR 和 LF 控制符。这个缺陷导致了它的上层函数（ssd1306_DrawString 函数）无法处理\r 和\n，这就很不方便了。

下面为 ssd1306_DrawChar 函数增加处理\r 和\n 的能力。在此函数中新增代码如下

（“Check CR and LF” 部分）。

首先，处理换行控制符（\n）。如果要绘制的字符是\n，就让 x 坐标回到原点，让 y 坐标向下移动一个字体高度。

然后，处理回车控制符（\r）。如果要绘制的字符是\r，就让 x 坐标回到原点，让 y 坐标保持不变。

```
1. char ssd1306_DrawChar(char ch, FontDef Font, SSD1306_COLOR color)
2. {
3.     uint32_t i, b, j;
4.
5.     // Check CR and LF
6.     if (ch == '\n')
7.     {
8.         SSD1306.CurrentX = 0;
9.         SSD1306.CurrentY += Font.FontHeight;
10.        return ch;
11.    }
12.    else if (ch == '\r')
13.    {
14.        SSD1306.CurrentX = 0;
15.        return ch;
16.    }
17.
18.    // Check if character is valid
19.  ......
```

接下来建立一个函数 ssd1306_PrintString，封装 ssd1306_DrawString 函数，并且立即更新屏幕内容，以便在上层应用中调用（上层代码会更简捷）。代码如下：

```
1. // Write full string to screenbuffer and update screen afterwards
2. char ssd1306_PrintString(char *str, FontDef Font, SSD1306_COLOR color)
3. {
4.     ssd1306_DrawString(str, Font, color);
5.     ssd1306_UpdateScreen();
6. }
```

7.3.5 驱动库的接入方法

在驱动库准备就绪之后，就可以使用它了。我们需要把它引入自己的应用程序中，这个过程可以叫“接入”。下面介绍这个第三方驱动库的接入方法。

假定驱动库的根目录为 applications\sample\wifi-iot\app\ssd1306_3rd_driver。

1. 驱动库的 VS Code IntelliSense 设置

修改.vscode\c_cpp_properties.json 文件，在 configurations → includePath 中增加驱动库源码头文件所在的目录：

```
1. // --ssd1306 3rd driver--
2. "${workspaceFolder}/applications/sample/wifi-iot/app/ssd1306_3rd_
driver/ssd1306",
```

2. 添加驱动库

修改 applications\sample\wifi-iot\app\BUILD.gn 文件，在 features 部分添加驱动库模块：

```
1. lite_component("app") {
2.   features = [
3.     ...
4.     "ssd1306_3rd_driver/ssd1306:oled_ssd1306",
5.     # 或者用绝对路径
6.   ]
7. }
```

模块路径可以使用相对路径，也可以使用绝对路径。相对路径是相对于 applications\sample\wifi-iot\app\BUILD.gn 文件所在的目录的；绝对路径是从 OpenHarmony 源码根目录出发的。

第 4 行“:”后面的编译目标 oled_ssd1306 可以从 ssd1306_3rd_driver\ssd1306\BUILD.gn 文件中看到，您现在应该具备这个能力了。

第 3 行的“…”表示省略的内容，根据实际应用填写即可。

3. 添加头文件路径

比如，您的应用程序的根目录是 applications\sample\wifi-iot\app\×××，就修改×××目录中的 BUILD.gn 文件，在头文件路径部分添加驱动库源码的头文件目录。代码如下：

```
1. include_dirs = [
2.   "../ssd1306_3rd_driver/ssd1306",
3.   # 或者用绝对路径
4.   # "//applications/sample/wifi-iot/app/ssd1306_3rd_driver/ssd1306",
5.   ...
6. ]
```

头文件路径可以使用相对路径，也可以使用绝对路径。

4. 包含驱动程序的接口头文件

在源文件（.c 文件）中包含驱动程序的接口头文件，代码如下：

```
1. #include "ssd1306.h"            // OLED 驱动程序的接口头文件
```

5. 使用驱动库

也就是调用具体的 API 控制 OLED 显示屏。例如：

```
1. // 初始化 OLED 显示屏
2. ssd1306_Init();
3. ssd1306_Fill(Black);
4.
5. // OLED 显示屏显示
6. ssd1306_PrintString("OpenHarmony!\r\n", Font_7x10, White);
7. ...
```

显示一个字符串可以调用我们建立的 ssd1306_PrintString 函数。总之，这个驱动库使用起来还是非常方便的。

7.3.6　案例程序

下面通过案例程序介绍这个第三方驱动库及其相关 API 的具体使用方法。

1. 目标

本案例的目标如下：第一，熟悉驱动库的功能和源码结构；第二，掌握驱动库的接入方法和相关的 API；第三，学会使用驱动库显示文本、图像和形状。

2. 准备开发套件

请准备好智能家居开发套件，组装好底板、核心板和 OLED 显示屏板。

3. 下载并放置驱动源码，确定案例根目录

（1）下载并放置驱动源码。请在本节的配套资源中下载“ssd1306_3rd_driver.zip”文件，并将其解压缩。然后，将解压缩出来的目录 ssd1306_3rd_driver 放置到 OpenHarmony 源码根目录的 applications\sample\wifi-iot\app 目录下。

一定要确保位置正确，因为后面的操作都是基于这个位置的。

（2）确定案例根目录。找到 applications\sample\wifi-iot\app\ssd1306_3rd_driver\examples 目录，这个目录将作为本案例程序的根目录。

4. 编写源码与编译脚本

新建 applications\sample\wifi-iot\app\ssd1306_3rd_driver\examples\ssd1306_demo.c 文件，源码如下：

```
1. #include <stdio.h>             // 标准输入输出头文件
2. #include <unistd.h>            // POSIX 头文件
3.
4. // 字符分类函数库
5. // 用于测试字符是否属于特定的字符类别，如字母字符、控制字符等
6. #include <ctype.h>
7.
8. #include "ohos_init.h"         // 用于初始化服务(service)和功能(feature)的头文件
9. #include "cmsis_os2.h"         // CMSIS-RTOS2 头文件
10.
11. #include "ssd1306.h"          // OLED 驱动程序的接口头文件
12. #include "ssd1306_tests.h"    // 测试集接口头文件
13.
14. // 定义一幅图像
15. // 定义图像的宽度和高度
16. const unsigned char qrSize[] = { 64, 64 };
17. // 定义图像的数据，由 img2code.py 生成
18. const unsigned char qrData[] = {
19. 0xFF, 0xFF, 0xFF, 0xFF, 0xFF, 0xFF, 0xFF, 0xFF, 0xFF, 0xFF, 0xFF, 0xFF,
0xFF, 0xFF, 0xFF, 0xFF,
20. 0xFF, 0xFF, 0xFF, 0xFF, 0xFF, 0xFF, 0xFF, 0xFF, 0xE0, 0x00, 0x79, 0x86,
0x79, 0x9E, 0x00, 0x07,
21. 0xE0, 0x00, 0x79, 0x86, 0x79, 0x9E, 0x00, 0x07, 0xE3, 0xFE, 0x66, 0x19,
0xF9, 0x9E, 0x3F, 0xE7,
22. 0xE7, 0xFE, 0x66, 0x19, 0xF9, 0x9E, 0x7F, 0xE7, 0xE6, 0x06, 0x7F, 0xFF,
0x9F, 0x9E, 0x60, 0x67,
23. 0xE6, 0x06, 0x7F, 0xFF, 0x9F, 0x9E, 0x60, 0x67, 0xE6, 0x06, 0x7F, 0x99,
0xE7, 0xFE, 0x60, 0x67,
24. 0xE6, 0x06, 0x7F, 0x99, 0xE7, 0xFE, 0x60, 0x67, 0xE6, 0x06, 0x66, 0x79,
0xE0, 0x1E, 0x60, 0x67,
25. 0xE6, 0x06, 0x66, 0x79, 0xE0, 0x1E, 0x60, 0x67, 0xE7, 0xFE, 0x78, 0x66,
0x06, 0x06, 0x7F, 0xE7,
26. 0xE7, 0xFE, 0x78, 0x66, 0x06, 0x06, 0x7F, 0xE7, 0xE0, 0x00, 0x66, 0x66,
0x66, 0x66, 0x00, 0x07,
27. 0xE0, 0x00, 0x66, 0x66, 0x66, 0x66, 0x00, 0x07, 0xFF, 0xFF, 0xF8, 0x67,
0x99, 0xE7, 0xFF, 0xFF,
```

```
28. 0xFF, 0xFF, 0xF8, 0x67, 0x99, 0xE7, 0xFF, 0xFF, 0xE6, 0x66, 0x79, 0x9F,
0xE1, 0x87, 0xE7, 0x9F,
29. 0xE6, 0x66, 0x79, 0x9F, 0xE1, 0x87, 0xE7, 0x9F, 0xE1, 0x99, 0xE7, 0xE1,
0x81, 0xE0, 0x79, 0xE7,
30. 0xE1, 0x99, 0xE7, 0xE1, 0x81, 0xE0, 0x79, 0xE7, 0xF8, 0x00, 0x18, 0x66,
0x00, 0x79, 0xFE, 0x07,
31. 0xF8, 0x00, 0x18, 0x66, 0x00, 0x79, 0xFE, 0x07, 0xE1, 0x81, 0xE1, 0xF8,
0x60, 0x06, 0x67, 0x9F,
32. 0xE1, 0x81, 0xE1, 0xF8, 0x60, 0x06, 0x67, 0x9F, 0xFE, 0x18, 0x18, 0x1E,
0x19, 0x80, 0x79, 0x87,
33. 0xFE, 0x18, 0x18, 0x1E, 0x19, 0x80, 0x79, 0x87, 0xFE, 0x07, 0x9F, 0x9E,
0x1F, 0xE6, 0x19, 0xE7,
34. 0xFE, 0x07, 0x9F, 0x9E, 0x1F, 0xE6, 0x19, 0xE7, 0xE7, 0x9E, 0x7E, 0x01,
0xF9, 0xE6, 0x19, 0x87,
35. 0xE7, 0x9E, 0x7E, 0x01, 0xF9, 0xE6, 0x19, 0x87, 0xF9, 0x99, 0xE1, 0xE7,
0x99, 0xF9, 0xF9, 0x9F,
36. 0xF9, 0x99, 0xE1, 0xE7, 0x99, 0xF9, 0xF9, 0x9F, 0xF9, 0x98, 0x01, 0x87,
0xE0, 0x78, 0x19, 0x87,
37. 0xF9, 0x98, 0x01, 0x87, 0xE0, 0x78, 0x19, 0x87, 0xFF, 0x87, 0xE1, 0x99,
0x87, 0xE0, 0x78, 0x67,
38. 0xFF, 0x87, 0xE1, 0x99, 0x87, 0xE0, 0x78, 0x67, 0xE6, 0x60, 0x18, 0x66,
0x01, 0xF8, 0x1F, 0x87,
39. 0xE6, 0x60, 0x18, 0x66, 0x01, 0xF8, 0x1F, 0x87, 0xF9, 0xF9, 0xE7, 0xE0,
0x60, 0x1F, 0xF9, 0x9F,
40. 0xF9, 0xF9, 0xE7, 0xE0, 0x60, 0x1F, 0xF9, 0x9F, 0xE6, 0x78, 0x61, 0xE6,
0x1E, 0x60, 0x07, 0xFF,
41. 0xE6, 0x78, 0x61, 0xE6, 0x1E, 0x60, 0x07, 0xFF, 0xFF, 0xFF, 0xE7, 0x86,
0x1F, 0x87, 0xE6, 0x07,
42. 0xFF, 0xFF, 0xE7, 0x86, 0x1F, 0x87, 0xE6, 0x07, 0xE0, 0x00, 0x79, 0x81,
0xF9, 0x86, 0x61, 0x87,
43. 0xE0, 0x00, 0x79, 0x81, 0xF9, 0x86, 0x61, 0x87, 0xE3, 0xFE, 0x7E, 0x07,
0x9F, 0xE7, 0xE1, 0xE7,
44. 0xE7, 0xFE, 0x7E, 0x07, 0x9F, 0xE7, 0xE1, 0xE7, 0xE6, 0x06, 0x61, 0x87,
0xE7, 0xE0, 0x07, 0xFF,
45. 0xE6, 0x06, 0x61, 0x87, 0xE7, 0xE0, 0x07, 0xFF, 0xE6, 0x06, 0x7E, 0x7F,
0x81, 0x9F, 0xE6, 0x7F,
46. 0xE6, 0x06, 0x7E, 0x7F, 0x81, 0x9F, 0xE6, 0x7F, 0xE6, 0x06, 0x67, 0x86,
0x06, 0x7F, 0x81, 0xE7,
47. 0xE6, 0x06, 0x67, 0x86, 0x06, 0x7F, 0x81, 0xE7, 0xE7, 0xFE, 0x7F, 0xF8,
0x60, 0x06, 0x67, 0x9F,
48. 0xE7, 0xFE, 0x7F, 0xF8, 0x60, 0x06, 0x67, 0x9F, 0xE0, 0x00, 0x60, 0x60,
0x1E, 0x07, 0x81, 0x87,
```

```
49. 0xE0, 0x00, 0x60, 0x60, 0x1E, 0x07, 0x81, 0x87, 0xFF, 0xFF, 0xFF, 0xFF,
0xFF, 0xFF, 0xFF, 0xFF,
50. 0xFF, 0xFF, 0xFF, 0xFF, 0xFF, 0xFF, 0xFF, 0xFF, 0xFF, 0xFF, 0xFF, 0xFF,
0xFF, 0xFF, 0xFF, 0xFF,
51. };
52.
53.
54. /// @brief 显示汉字，宽×高=16 点×16 点，宋体
55. void TestDrawChinese1(void)
56. {
57.     // 文字的宽×高=16 点×16 点
58.     const uint32_t W = 16, H = 16;
59.
60.     // [取模工具]: 在线取模工具
61.     // [输出格式]: C51
62.     // [数据排列]: 从左到右从上到下
63.     // [取模方式]: 横向 8 点左高位 (显示的时候使用 ssd1306_DrawRegion 函数，在指
定区域绘制内容，按行绘制)
64.     // [黑白取反]: 正常
65.     // [字体种类]: HZK1616 宋体
66.     // [强制全角]: ASCII 自动转全角
67.     // [总字符库]: 万 物 互 联
68.     // 使用二维数组，每个字占 32 个字节，根据取模方式，每个字的前 16 个字节是汉字的上
半部分，后 16 个字节是汉字的下半部分
69.     uint8_t fonts[][32] = {
70.         {
71.             /*-- ID:0,字符:"万",ASCII 编码:CDF2,对应字:宽×高=16 点×16 点,画布:
宽 W=16 像素 高 H=16 像素,共 32 个字节*/
72.             0x00,0x00,0x00,0x04,0xFF,0xFE,0x02,0x00,0x02,0x00,0x02,
0x10,0x03,0xF8,0x02,0x10,
73.             0x02,0x10,0x04,0x10,0x04,0x10,0x04,0x10,0x08,0x10,0x10,
0x10,0x20,0xA0,0x40,0x40,
74.         },{
75.             /*-- ID:1,字符:"物",ASCII 编码:CEEF,对应字:宽×高=16 点×16 点,画布:
宽 W=16 像素 高 H=16 像素,共 32 个字节*/
76.             0x11,0x00,0x11,0x00,0x51,0x00,0x51,0x04,0x7B,0xFE,0x54,
0xA4,0x90,0xA4,0x1C,0xA4,
77.             0x31,0x24,0xD1,0x44,0x12,0x44,0x12,0x44,0x14,0x84,0x10,
0x84,0x11,0x28,0x10,0x10,
78.         },{
79.             /*-- ID:2,字符:"互",ASCII 编码:BBA5,对应字:宽×高=16 点×16 点,画布:
宽 W=16 像素 高 H=16 像素,共 32 个字节*/
```

```
80.            0x00,0x08,0x7F,0xFC,0x08,0x00,0x08,0x20,0x0F,0xF0,0x08,
0x20,0x08,0x20,0x08,0x20,
81.            0x08,0x20,0x10,0x20,0x1F,0xE0,0x00,0x20,0x00,0x20,0x00,
0x24,0xFF,0xFE,0x00,0x00,
82.        },{
83.            /*-- ID:3,字符:"联",ASCII 编码:C1AA,对应字:宽×高=16 点×16 点,画布:
宽 W=16 像素 高 H=16 像素,共 32 个字节*/
84.            0x01,0x04,0xFE,0xCC,0x24,0x50,0x24,0x00,0x3D,0xFC,0x24,
0x20,0x24,0x20,0x24,0x24,
85.            0x3F,0xFE,0x24,0x20,0x24,0x20,0x24,0x50,0x3E,0x50,0xE4,
0x88,0x05,0x0E,0x06,0x04
86.        }
87.    };
88.
89.    // 全屏填充黑色
90.    ssd1306_Fill(Black);
91.
92.    // 汉字逐字显示
93.    for (size_t i = 0; i < sizeof(fonts)/sizeof(fonts[0]); i++) {
//遍历每个汉字
94.        // 使用 ssd1306_DrawRegion 函数，在指定区域绘制内容，按行绘制
95.        // 参数 x：左上顶点 x 坐标       i*W，汉字左上角 x 坐标，汉字间不留空隙
96.        // 参数 y：左上顶点 y 坐标       0，屏幕顶端
97.        // 参数 w：宽度（像素）          W，汉字宽度为 16 像素
98.        // 参数 h：高度（像素）          H，汉字高度为 16 像素
99.        // 参数 data：内容               fonts[i]，显示第几个字
100.       // 参数 size：内容大小（字节） sizeof(fonts[0])，每个字占用 32 个字节
101.       // 参数 stride：内容宽度（像素）W，汉字宽度为 16 像素
102.       ssd1306_DrawRegion(i * W, 0, W, H, fonts[i], sizeof(fonts[0]), W);
103.   }
104.
105.   // 设置显示位置
106.   ssd1306_SetCursor(64, 0);
107.   // 显示图像
108.   ssd1306_DrawRegion(64, 0, qrSize[0], qrSize[1], qrData, sizeof(qrData),
qrSize[0]);
109.
110.   // 上屏
111.   ssd1306_UpdateScreen();
112. }
113.
114. /// @brief 显示汉字，宽×高=12 像素×12 像素，宋体
```

```
115. void TestDrawChinese2(void)
116. {
117.     // 文字宽×高=12 像素×12 像素
118.     const uint32_t W = 12, H = 12;
119.
120.     // 画布宽×高=16 像素×12 像素，所以需要为 ssd1306_DrawRegion 函数定义 stride=16
121.     const uint32_t S = 16;
122.
123.     // [取模工具]：在线取模工具
124.     // [输出格式]：C51
125.     // [数据排列]：从左到右从上到下
126.     // [取模方式]：横向 8 点左高位 (显示的时候使用 ssd1306_DrawRegion 函数，在指
定区域绘制内容，按行绘制)
127.     // [黑白取反]：正常
128.     // [字体种类]：HZK1212 宋体
129.     // [强制全角]：ASCII 自动转全角
130.     // [总字符库]：万 物 互 联
131.     // 使用二维数组，每个字 24 个字节（存储宽度必须是 8 的倍数，所以字宽 12 像素实际
上占用 16 位，16×12/8=24）
132.     // 根据取模方式，每个字的前 12 个字节是汉字的上半部分，后 12 个字节是汉字的下半部分
133.     uint8_t fonts[][24] = {
134.         {
135.             /*-- ID:0,字符:"万",ASCII 编码:CDF2,对应字:宽×高=12 点×12 点,画布:
宽 W=16 像素 高 H=12 像素,共 24 个字节*/
136.             0x00,0x20,0xFF,0xF0,0x04,0x00,0x04,0x00,0x07,0xC0,0x04,
0x40,0x04,0x40,0x08,0x40,
137.             0x08,0x40,0x10,0x40,0x22,0x80,0xC1,0x00,
138.         },{
139.             /*-- ID:1,字符:"物",ASCII 编码:CEEF,对应字:宽×高=12 点×12 点,画布:
宽 W=16 像素 高 H=12 像素,共 24 个字节*/
140.             0x22,0x00,0x22,0x00,0xA3,0xF0,0xF5,0x50,0xA9,0x50,0xA1,
0x50,0x3A,0x90,0xE4,0xA0,
141.             0x29,0x20,0x22,0x20,0x2D,0x20,0x20,0xC0,
142.         },{
143.             /*-- ID:2,字符:"互",ASCII 编码:BBA5,对应字:宽×高=12 点×12 点,画布:
宽 W=16 像素 高 H=12 像素,共 24 个字节*/
144.             0x00,0x20,0xFF,0xF0,0x08,0x00,0x08,0x00,0x1F,0x80,0x10,
0x80,0x10,0x80,0x10,0x80,
145.             0x3F,0x80,0x01,0x00,0x01,0x20,0xFF,0xF0,
146.         },{
147.             /*-- ID:3,字符:"联",ASCII 编码:C1AA,对应字:宽×高=12 点×12 点,画布:
宽 W=16 像素 高 H=12 像素,共 24 个字节*/
```

```
148.            0x04,0x60,0xFA,0x40,0x52,0x80,0x77,0xE0,0x51,0x00,
0x7F,0xF0,0x51,0x00,0x59,0x00,
149.            0xF1,0x40,0x11,0x40,0x12,0x20,0x14,0x10
150.        }
151.    };
152.
153.    // 全屏填充黑色
154.    ssd1306_Fill(Black);
155.
156.    // 汉字逐字显示
157.    for (size_t i = 0; i < sizeof(fonts)/sizeof(fonts[0]); i++) {
//遍历每个汉字
158.        // 注意：虽然文字的宽×高=12 像素×12 像素，但是画布的宽×高=16 像素×12 像素，
所以需要为 ssd1306_DrawRegion 函数定义 stride=16
159.        ssd1306_DrawRegion(i * W, 0, W, H, fonts[i], sizeof(fonts[0]), S);
160.    }
161.
162.    // 显示图像
163.    ssd1306_SetCursor(64, 0);
164.    ssd1306_DrawRegion(64, 0, qrSize[0], qrSize[1], qrData,
sizeof(qrData), qrSize[0]);
165.
166.    // 显示第一行英文
167.    ssd1306_SetCursor(0, 64 - 10*2);
168.    ssd1306_DrawString("dragon", Font_7x10, White);
169.
170.    // 显示第二行英文
171.    ssd1306_SetCursor(0, 64 - 10);
172.    ssd1306_DrawString("@China", Font_7x10, White);
173.
174.    // 上屏
175.    ssd1306_UpdateScreen();
176. }
177.
178. /// @brief 遍历 ASCII 码表，显示所有可打印的西文字符
179. void TestShowChars(FontDef font, uint8_t w, uint8_t h)
180. {
181.    // 全屏填充黑色
182.    ssd1306_Fill(Black);
183.
184.    // 光标的初始位置
185.    uint8_t x = 0, y = 0;
```

```
186.
187.     // 遍历 ASCII 码表
188.     for (uint8_t c = 1; c < 128; c++) {
189.         // 显示所有可打印的西文字符
190.         if (isprint(c)) {   // 可打印的字符
191.             // 设置显示位置
192.             ssd1306_SetCursor(x, y);
193.             // 显示一个字符
194.             ssd1306_DrawChar((char) c, font, White);
195.             // 向右移动光标
196.             x += w;
197.             // 光标到达屏幕右侧，换行（光标向下移动一行，回到最左侧）
198.             if (x >= SSD1306_WIDTH) {   //SSD1306_WIDTH 在 ssd1306.h 中定义
199.                 x = 0;
200.                 y += h;
201.             }
202.         }
203.     }
204.     // 上屏
205.     ssd1306_UpdateScreen();
206. }
207.
208. // 主线程函数
209. void Ssd1306TestTask(void* arg)
210. {
211.     (void) arg;
212.
213.     // 初始化 OLED 显示屏
214.     ssd1306_Init();
215.
216.     // 全屏填充黑色
217.     ssd1306_Fill(Black);
218.
219.     // 光标定位在左上角
220.     ssd1306_SetCursor(0, 0);
221.
222.     // 显示文字
223.     ssd1306_DrawString("OpenHarmony!", Font_7x10, White);
224.
225.     // 记录起始时间
226.     uint32_t start = HAL_GetTick();     // 返回内核经历了多长时间（单位为 ms）
227.
```

```
228.     // 上屏
229.     ssd1306_UpdateScreen();
230.
231.     // 记录结束时间
232.     uint32_t end = HAL_GetTick();
233.
234.     // 输出上屏耗时
235.     printf("ssd1306_UpdateScreen time cost: %d ms.\r\n", end - start);
236.
237.     // 工作循环
238.     while (1) {
239.         // 显示汉字
240.         TestDrawChinese1();
241.         osDelay(500);
242.
243.         // 显示汉字
244.         TestDrawChinese2();
245.         osDelay(500);
246.
247.         // 显示所有可打印的西文字符
248.         TestShowChars(Font_6x8, 6, 8);
249.         osDelay(500);
250.
251.         // 显示所有可打印的西文字符
252.         TestShowChars(Font_7x10, 7, 10);
253.         osDelay(500);
254.
255.         // 运行驱动自带的测试集
256.         // ssd1306_TestAll();
257.     }
258. }
259.
260. // 入口函数
261. void Ssd1306TestDemo(void)
262. {
263.     // 定义线程属性
264.     osThreadAttr_t attr;
265.     attr.name = "Ssd1306Task";
266.     attr.attr_bits = 0U;
267.     attr.cb_mem = NULL;
268.     attr.cb_size = 0U;
269.     attr.stack_mem = NULL;
270.     attr.stack_size = 10240;
```

```
271.     attr.priority = osPriorityNormal;
272.
273.     // 创建线程
274.     if (osThreadNew(Ssd1306TestTask, NULL, &attr) == NULL) {
275.         printf("[Ssd1306TestDemo] Falied to create Ssd1306TestTask!\n");
276.     }
277. }
278.
279. // 运行入口函数
280. APP_FEATURE_INIT(Ssd1306TestDemo);
```

修改 applications\sample\wifi-iot\app\ssd1306_3rd_driver\examples\BUILD.gn 文件，源码如下。

请注意，本案例接入驱动库的时候（第 7 行）采用了相对路径的方式。您的工程在接入的时候，路径会有所不同。您也可以采用绝对路径的方式。

```
1. static_library("oled_test") {
2.     sources = [
3.         "ssd1306_demo.c"
4.     ]
5.
6.     include_dirs = [
7.         "../ssd1306",   # 其他工程接入的时候，路径略有不同
8.         "//utils/native/lite/include",
9.         "//kernel/liteos_m/kal/cmsis",
10.        "//base/iot_hardware/peripheral/interfaces/kits",
11.    ]
12. }
```

修改 applications\sample\wifi-iot\app\BUILD.gn 文件，源码如下：

```
1. import("//build/lite/config/component/lite_component.gni")
2.
3. # for "ssd1306_3rd_driver" example.
4. lite_component("app") {
5.     features = [
6.         "ssd1306_3rd_driver/examples:oled_test",    # 应用程序模块
7.         "ssd1306_3rd_driver/ssd1306:oled_ssd1306", # OLED 显示屏驱动模块
8.     ]
9. }
```

5. 编译、烧录、运行

编译、烧录、运行的具体操作不再赘述，运行结果如图 7-31 所示。

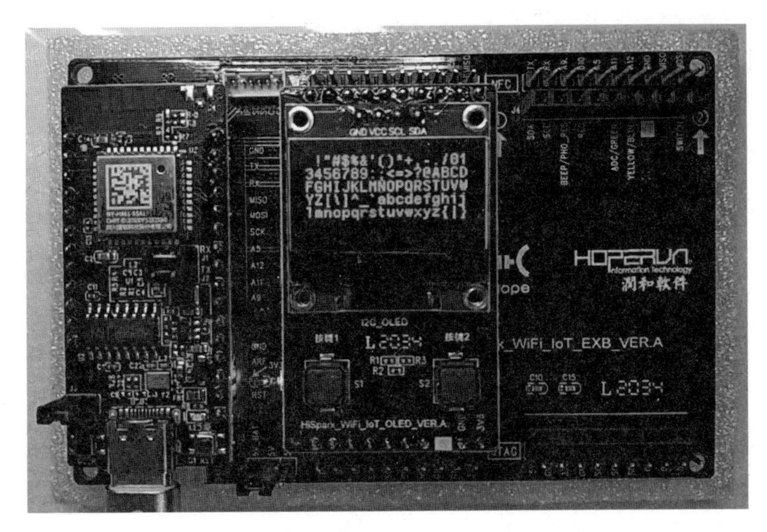

图 7-31　案例的运行结果

7.4　二维码生成器模块

本节内容：

二维码生成器模块的功能、模块的源码结构；模块相关的 API；模块的接入方法；通过案例程序学习模块及其相关 API 的具体使用方法。

7.4.1　模块简介

我们使用的二维码生成器模块是一个开源项目，它的主页网址参见本节的配套资源（“网址 1-QR Code generator library”），源码仓网址参见本节的配套资源（“网址 2-nayuki-QR-Code-generator”）。

这个二维码生成器模块的主要特性和功能如下：

（1）支持 6 种编程语言，包括 C、C++、Java、TypeScript/JavaScript、Python 和 Rust。

（2）基于二维码模型 2 标准，完整支持 40 个版本（大小）和 4 个纠错级别。

（3）支持编码文本和二进制数据。

（4）接口简捷，易于使用和移植。

（5）内置了测试程序，可以直接进行测试。

7.4.2　模块的源码结构

请在本节的配套资源中下载“qrcode_gen.zip”文件。这个二维码生成器模块的源码结构如图 7-32 所示，模块的根目录是 qrcode_gen。

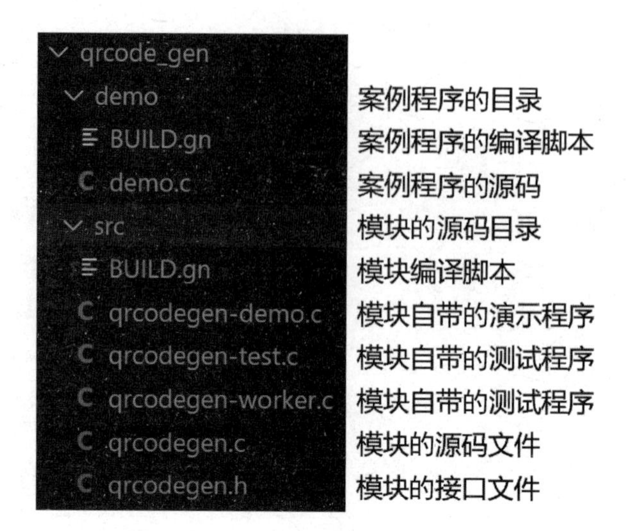

图 7-32　二维码生成器模块的源码结构

通过对模块源码结构的分析可以得知，qrcodegen.c 和 qrcodegen.h 这两个文件是这个模块的核心文件。

7.4.3　模块 API 介绍

1. 主要 API 列表

这个模块是开源的，可以在源码中看到它的所有 API 的定义，以及 API 具体的实现代码。建议您仔细阅读这个模块的核心文件 qrcodegen.c 和 qrcodegen.h，持续提高通过阅读源码获取知识的能力。主要 API 见表 7-3。

表 7-3　二维码生成器模块的主要 API

API 名称	说明
bool qrcodegen_encodeText(const char *text, uint8_t tempBuffer[], uint8_t qrcode[], enum qrcodegen_Ecc ecl, int minVersion, int maxVersion, enum qrcodegen_Mask mask, bool boostEcl)	将文本编码为二维码。文本必须采用 UTF-8 编码，若成功，则返回 true，若失败，则返回 false。详细说明见接口文件注释
bool qrcodegen_encodeBinary(uint8_t dataAndTemp[], size_t dataLen, uint8_t qrcode[], enum qrcodegen_Ecc ecl, int minVersion, int maxVersion, enum qrcodegen_Mask mask, bool boostEcl)	将二进制数据编码为二维码。若成功，则返回 true，若失败，则返回 false。详细说明见接口文件注释
int qrcodegen_getSize(const uint8_t qrcode[])	获取二维码图片的边长。边长的长度范围为[21, 177]，详细说明见接口文件注释
bool qrcodegen_getModule(const uint8_t qrcode[], int x, int y)	返回二维码指定坐标的像素颜色。False：白，true：黑。左上顶点坐标为（0,0），若坐标无效，则返回 false

2. 二维码图片的边长的计算

在二维码模型 2 标准中有很多个版本（version），每个版本对应的二维码图片的边长都是不同的。计算二维码图片边长的公式为边长=版本×4 + 17。

版本的最小值是 1，所以二维码图片边长的最小值是 21px；版本的最大值是 40，对应的二维码图片的边长是 177px。但是请注意，智能家居开发套件的 OLED 显示屏的屏幕大小为 128px×64px。屏幕的短边（屏幕的高度）限制了我们能够使用的版本的最大值，见表 7-4。

表 7-4　二维码版本与边长的对应关系

版本	边长（px）	版本	边长（px）
1	21	7	45
2	25	8	49
3	29	9	53
4	33	10	57
5	37	11	61
6	41	12	65

版本 11 对应的二维码图片边长是 61px，已经非常接近屏幕的高度了。版本 12 对应的二维码图片的边长是 65px，已经超出了屏幕的高度。从这个角度来说，理论上能够使用的版本的最大值是 11。但是，这个版本和边长的对应关系实际上代表了每个版本的最小显示的边长。因为这样生成的二维码都是像素级精度的，我们用肉眼看起来很费劲，扫码设备识别起来更费劲。所以，通常都要把生成的二维码进行等比例放大，比如两倍，或者三倍。这样一来，我们实际上能够使用的版本的最大值比 11 会低得多，比如版本 3。因为版本 3 对应的边长是 29px，等比例放大为两倍后，边长是 58px，不超过 64px。

7.4.4　模块的接入方法

假定模块的根目录为 applications\sample\wifi-iot\app\qrcode_gen。

1. 模块的 VS Code IntelliSense 设置

修改.vscode\c_cpp_properties.json 文件，在 configurations → includePath 中增加模块源码头文件所在的目录：

```
1. // --qrcode generator--
2. "${workspaceFolder}/applications/sample/wifi-iot/app/qrcode_gen/src",
```

2. 添加模块

修改 applications\sample\wifi-iot\app\BUILD.gn 文件，在 features 部分添加二维码生

成器模块：

```
1. lite_component("app") {
2.   features = [
3.     ...
4.     "qrcode_gen/src:qrcode_gen",
5.     # 或者用绝对路径
6.   ]
7. }
```

模块路径可以使用相对路径，也可以使用绝对路径。相对路径是相对于 applications\sample\wifi-iot\app\BUILD.gn 文件所在的目录的，而绝对路径是从源码根目录出发的。

3. 添加头文件路径

比如，您的应用程序的根目录是 applications\sample\wifi-iot\app\×××，就修改×××目录中的 BUILD.gn 文件，在头文件路径部分添加模块源码头文件所在的目录。代码如下：

```
1. include_dirs = [
2.   "//applications/sample/wifi-iot/app/qrcode_gen/src",
3.   ...
4. ]
```

头文件路径可以使用相对路径，也可以使用绝对路径。建议使用绝对路径。

4. 包含模块接口头文件

在源文件（.c 文件）中包含模块头文件，代码如下：

```
1. #include "qrcodegen.h"        // 二维码生成器模块头文件
```

5. 使用模块

也就是调用具体的 API，生成二维码。例如，使用 qrcodegen_encodeText 函数将文本生成二维码。

```
1. bool ok = qrcodegen_encodeText(…
2. ...
```

这是第二次介绍模块的接入方法。之前介绍了 OLED 显示屏第三方驱动库模块的接入方法。可以看出，模块接入的流程基本上是类似的，也就是：

第一步，进行模块的 IntelliSense 设置；

第二步，添加模块；

第三步，添加头文件路径；

第四步，包含模块接口头文件；

第五步，使用模块。

按照这个流程，您可以尝试接入更多的模块来满足具体的业务需要。

7.4.5　案例程序

下面通过案例程序介绍这个二维码生成器模块及其相关 API 的具体使用方法。

1. 目标

本案例的目标如下：第一，熟悉二维码生成器模块的功能和源码结构；第二，掌握二维码生成器模块的接入方法和相关的 API；第三，学会使用二维码生成器模块生成二维码。

2. 准备开发套件

请准备好智能家居开发套件，组装好底板、核心板和 OLED 显示屏板。

3. 下载并放置模块源码，确定案例根目录

（1）下载并且放置模块源码。请在本节的配套资源中下载“qrcode_gen.zip”文件，并将其解压缩到 qrcode_gen 目录中。然后，将 qrcode_gen 目录放置到 OpenHarmony 源码根目录的 applications\sample\wifi-iot\app 目录下。

一定要确保位置正确，因为后面的操作都是基于这个位置的。

（2）确定案例根目录。找到 applications\sample\wifi-iot\app\qrcode_gen\demo 目录，这个目录将作为本案例程序的根目录。

4. 编写源码与编译脚本

新建 applications\sample\wifi-iot\app\qrcode_gen\demo\demo.c 文件，源码如下：

```
 1. #include <stdio.h>      // 标准输入输出头文件
 2. #include <stdbool.h>    // 布尔类型支持头文件
 3. #include <stdint.h>     // 几种扩展的整数类型和宏支持头文件
 4.
 5. #include "ohos_init.h"  // 用于初始化服务(service)和功能(feature)的头文件
 6. #include "cmsis_os2.h"  // CMSIS-RTOS2 头文件
 7.
 8. #include "qrcodegen.h"  // 二维码生成器头文件
 9. #include "ssd1306.h"    // OLED 显示屏驱动程序的接口头文件
10.
11. /// @brief 在 OLED 显示屏上显示二维码
12. /// @param x_start 二维码左上角的 X 坐标
13. /// @param y_start 二维码左上角的 Y 坐标
```

```
14. /// @param qrcode 二维码数据
15. /// @param zoom 缩放比例
16. static void ssd1306_PrintQr(uint8_t x_start, uint8_t y_start, const
uint8_t qrcode[], uint8_t zoom)
17. {
18.     // 检查zoom是否合法
19.     zoom = zoom == 0 ? 1 : zoom;
20.
21.     // 获取二维码图片的边长，进行缩放
22.     int size = qrcodegen_getSize(qrcode) * zoom;
23.
24.     // 显示二维码图像
25.     for (int y = 0; y < size; y++)
26.     {
27.         for (int x = 0; x < size; x++)
28.         {
29.             // 显示一个像素
30.             // qrcodegen_getModule returns false for white or true for black,
31.             // while the ssd1306_DrawPixel uses a reversed logic,
32.             // so we invert the value to get the correct color.
33.             //
34.             // qrcodegen_getModule函数返回二维码指定坐标的像素颜色。false表示
白色，true表示黑色
35.             // ssd1306_DrawPixel函数使用反向的逻辑，所以我们将值取反以获得正确的颜色
36.             ssd1306_DrawPixel(x_start + x, y_start + y, !qrcodegen_
getModule(qrcode, x / zoom, y / zoom));
37.         }
38.     }
39.
40.     // 上屏显示
41.     ssd1306_UpdateScreen();
42. }
43.
44. // 主线程函数
45. static void QrTask(void *arg)
46. {
47.     (void)arg;
48.
49.     // 初始化OLED显示屏
50.     ssd1306_Init();
51.
52.     // 全屏填充黑色
```

```
53.     ssd1306_Fill(Black);
54.
55.     // 工作循环
56.     while (1)
57.     {
58.         // 存放文本数据的二维码
59.         uint8_t qrcode[qrcodegen_BUFFER_LEN_MAX];
60.         uint8_t tempBuffer[qrcodegen_BUFFER_LEN_MAX];
61.
62.         // 将文本编码为二维码
63.         // 二维码图片的边长 = qrcodegen_VERSION * 4 + 17
64.         // 版本     边长（像素）
65.         // 1    21
66.         // 2    25
67.         // 3    29
68.         // 4    33
69.         // 5    37
70.         // 6    41
71.         // 7    45
72.         // 8    49
73.         // 9    53
74.         // 10   57
75.         // 11   61
76.         // 12   65
77.         // ...
78.         bool ok = qrcodegen_encodeText("OpenHarmony",
79.                                        tempBuffer, qrcode, qrcodegen_Ecc_LOW,
80.                                        3, qrcodegen_VERSION_MAX,
81.                                        qrcodegen_Mask_AUTO, true);
82.         if (!ok)
83.             return;
84.
85.         // 在左上角显示
86.         ssd1306_PrintQr(0, 0, qrcode, 1);       // 1 倍大小
87.         osDelay(100);                           // 等待 1 秒
88.         ssd1306_Fill(Black);                    // 全屏填充黑色
89.         ssd1306_PrintQr(0, 0, qrcode, 2);       // 2 倍大小
90.         osDelay(100);                           // 等待 1 秒
91.         ssd1306_Fill(Black);                    // 全屏填充黑色
92.
93.         // 在右上角显示
94.         ssd1306_Fill(White);                    // 全屏填充白色
```

```
 95.         ssd1306_PrintQr(SSD1306_WIDTH - qrcodegen_getSize(qrcode) * 2, 0,
qrcode, 2);  //2 倍大小
 96.         osDelay(100);                              // 等待 1 秒
 97.         ssd1306_Fill(Black);                       // 全屏填充黑色
 98.
 99.         // 存放二进制数据二维码
100.         uint8_t dataAndTemp[qrcodegen_BUFFER_LEN_FOR_VERSION(7)] =
{0xE3, 0x81, 0x82};
101.         uint8_t qrBinary[qrcodegen_BUFFER_LEN_FOR_VERSION(7)];
102.
103.         // 将二进制数据编码为二维码
104.         ok = qrcodegen_encodeBinary(dataAndTemp, 3, qrBinary,
105.                     qrcodegen_Ecc_HIGH, 2, 7, qrcodegen_Mask_4, false);
106.         if (!ok)
107.            return;
108.
109.         // 在左上角显示
110.         ssd1306_PrintQr(0, 0, qrBinary, 2);    // 2 倍大小
111.         osDelay(100);                              // 等待 1 秒
112.         ssd1306_Fill(Black);                       // 全屏填充黑色
113.     }
114. }
115.
116.
117. // 入口函数
118. static void QrEntry(void)
119. {
120.     // 定义线程属性
121.     osThreadAttr_t attr;
122.     attr.name = "QrTask";
123.     attr.stack_size = 1024 * 40;
124.     attr.priority = osPriorityNormal;
125.
126.     // 创建线程
127.     if (osThreadNew(QrTask, NULL, &attr) == NULL)
128.     {
129.        printf("[QrEntry] Create QrTask failed!\n");
130.     }
131. }
132.
133. // 运行入口函数
134. APP_FEATURE_INIT(QrEntry);
```

新建 applications\sample\wifi-iot\app\qrcode_gen\demo\BUILD.gn 文件，源码如下：

```
1. static_library("qrcode_demo") {
2.   sources = [
3.     "demo.c",
4.   ]
5.
6.   include_dirs = [
7.     "//utils/native/lite/include",
8.     "//kernel/liteos_m/kal/cmsis",
9.     "//applications/sample/wifi-iot/app/qrcode_gen/src",
                                  # 二维码生成器模块头文件所在的目录
10.    "//applications/sample/wifi-iot/app/ssd1306_3rd_driver/ssd1306",
                                  # OLED 显示屏驱动模块头文件所在的目录
11.  ]
12. }
```

修改 applications\sample\wifi-iot\app\BUILD.gn 文件，源码如下：

```
1. import("//build/lite/config/component/lite_component.gni")
2.
3. # for "qrcode_gen" example.
4. lite_component("app") {
5.     features = [
6.         "qrcode_gen/demo:qrcode_demo",                  # 案例程序模块
7.         "qrcode_gen/src:qrcode_gen",                    # 二维码生成器模块
8.         "ssd1306_3rd_driver/ssd1306:oled_ssd1306",  # OLED 显示屏驱动模块
9.     ]
10. }
```

5. 编译、烧录、运行

编译、烧录、运行的具体操作不再赘述。

第 8 章　控制 Wi-Fi

8.1　Wi-Fi的基本概念

本节内容：

Wi-Fi 的相关概念和术语；Wi-Fi 的连接过程；Wi-Fi 的工作模式。

8.1.1　Wi-Fi 简介

1. IEEE

IEEE 的全称是 Institute of Electrical and Electronics Engineers，即电气和电子工程师协会。这是一个国际性的电子技术与信息科学工程师的协会。它贡献了全球电子和电气及计算机科学领域 30%的文献，还制定了超过 900 个现行的工业标准。

2. IEEE 802

IEEE 802 是局域网/城域网标准委员会，是 IEEE 下设的众多标准委员会之一。IEEE 802 致力于研究局域网与城域网的介质访问控制和物理层规范（包括有线和无线），是全球范围内在该领域的倡导者。

3. IEEE 802系列标准

IEEE 802 制定了一系列的标准，统称为 IEEE 802 系列标准，是面向局域网和城域网的技术标准集。其中，最广泛使用的有以太网、令牌环网、无线局域网等。

这个系列标准中的每个子标准都以 IEEE 802 为根编号，由该委员会中的一个专门的工作组负责。现有的标准有很多，我们列举其中的一部分。

（1）IEEE 802.1：定义了局域网体系结构、寻址网、网络互联和网络。

（2）IEEE 802.3：定义了以太网介质访问控制协议 CSMA/CD，以及物理层的技术规范。

（3）IEEE 802.5：定义了令牌环网（Token-Ring）的介质访问控制协议，以及物理层的技术规范。

（4）IEEE 802.11：定义了无线局域网（WLAN）的介质访问控制协议，以及物理层的技术规范。

（5）IEEE 802.15：定义了采用蓝牙技术的无线个人网（WPAN）的技术规范。

4. IEEE 802.11标准

我们重点介绍 IEEE 802.11 标准。IEEE 802.11 标准是由 IEEE 802 制定的无线局域网通信的标准。它涉及的具体标准也有很多，我们列举其中的一部分。

（1）IEEE 802.11：1997 年发布，这是原始标准（速度为 2Mb/s，工作在 2.4GHz 频段）。

（2）IEEE 802.11a：1999 年发布，对物理层进行了补充（速度为 54Mb/s，工作在 5GHz 频段）。

（3）IEEE 802.11b：1999 年发布，对物理层进行了补充（速度为 11Mb/s，工作在 2.4GHz 频段）。

（4）IEEE 802.11g：2003 年发布，对物理层进行了补充（速度为 54Mb/s，工作在 2.4GHz 频段）。

（5）IEEE 802.11n：2009 年发布，提高了传输速率，基础速率提升到 72.2Mb/s。它可以使用双倍带宽（40MHz），此时速率可以提升到 150Mb/s，支持多输入多输出（Multi-Input Multi-Output，MIMO）技术。

（6）IEEE 802.11ac：2014 年发布，这是 802.11n 标准的继承者，是目前消费市场的主流标准。它使用了更高的无线带宽（80MHz～160MHz）、更多的 MIMO 流（最多 8 条流）和更好的调制方式（QAM256）。当使用多基站时，可以将无线速率提高到至少 1Gb/s，将单信道速率提高到至少 500Mb/s。IEEE 802.11ac 的正式标准于 2012 年推出。

（7）IEEE 802.11ax：2019 年发布，也就是 Wi-Fi 6。它基于 802.11ac 标准，最大传输速率提升到了 9.6Gb/s，理论速度提升了将近 3 倍。2022 年 1 月，Wi-Fi 6 第 2 版标准发布。Wi-Fi 6 支持高密度、大数量的终端接入，同时保证了低功耗和向下兼容，非常契合 IoT 发展的需要。华为是 Wi-Fi 6 的主要贡献者，为 802.11ax 标准贡献了 281 个提案（占提案总数的 11.2%），以及 477 个相关专利（占专利总数的 18.2%）。

5. Wi-Fi

Wi-Fi 是一个基于 IEEE 802.11 标准的无线局域网技术，用于将网络设备以无线方式互相连接并进行通信。

6. Wi-Fi 专业术语

在 Wi-Fi 中有很多专业术语，只有了解这些专业术语才能更好地理解 Wi-Fi 的工作流程。下面解读一下常见的 Wi-Fi 专业术语。

（1）SSID。SSID 的全称是 Service Set Identifier，即服务集标识。SSID 用于标识不同的网络，长度为 2～32 字节。使用 SSID 技术可以将一个无线局域网分为几个需要不同身份验证的子网络。每一个子网络都需要独立的身份验证。只有通过身份验证的用户才可以进入相应的子网络，这样可以防止未被授权的用户进入该网络。SSID 可以理解为无线网络的名称，平常我们说的“你的 Wi-Fi 名称是什么？”指的其实就是 SSID。

（2）AP。AP 的全称是 Wireless Access Point，即无线接入点。AP 用于其他无线设备的连接，相当于有线网络的交换机。AP 需要连接到路由器上才能接入上级网络，例如校园网或互联网，但是在很多时候 AP 会和路由器整合到一个设备中，比如家庭中使用的无线路由器。严格来讲，AP 和 Wi-Fi 热点并不一样。但是在生活中，人们还是习惯将 AP 称为 Wi-Fi 热点。

（3）STA。STA 的全称是 Station，即工作站。IEEE 802.11 标准将其定义为“支持 IEEE 802.11 标准的设备”。因此，从理论上来说，所有的 Wi-Fi 设备都可以被称为 Station，比如手机、电脑等，也包括 AP。

（4）BSS。BSS 的全称是 Basic Service Set，即基本服务集。BSS 由一个 AP 和所有连接到这个 AP 上的 Wi-Fi 设备组成。连接到 AP 上的 Wi-Fi 设备也叫 AP 客户端或 Wi-Fi 客户端。

（5）BSSID。BSSID 的全称是 Basic Service Set Identifier，即基本服务集标识。BSSID 用于标识一个 BSS，通常是 AP 的 MAC 地址。

（6）WEP。WEP 的全称是 Wired Equivalent Privacy，即有线等效保密。WEP 用于对两台无线设备间传输的数据进行加密。该加密方式已经被破解，WEP 于 2003 年被 WPA 取代。

（7）WPA。WPA 的全称是 Wi-Fi Protected Access，即 Wi-Fi 保护访问。这是一种保护无线网络访问安全的技术，目前有 WPA、WPA2 和 WPA3 三个标准。

WPA 的认证模式有认证服务器模式和预共享密钥模式两种。在 WPA 的设计中，要用到一个 802.1X 认证服务器来分发不同的密钥给各个终端用户。不过它也可以使用不太保险的预共享密钥模式，也就是让同一个无线路由器下的每个用户都使用同一把密钥（就是平常说的 Wi-Fi 密码）。Wi-Fi 联盟把使用预共享密钥的版本叫“WPA 个人版”或“WPA2 个人版”，把使用 802.1X 认证的版本叫“WPA 企业版”或“WPA2 企业版”。目前，WPA2 个人版是家庭路由器使用的主流方式。

（8）PSK。PSK 的全称是 Pre-Shared Key，即预共享密钥。PSK 一般在家庭或小型无线网络中使用，用户输入事先约定好的密钥接入网络。密钥的长度为 8～63 个 ASCII 字符，或 64 个 16 进制数。PSK 必须预先配置在 AP 或无线路由器中。

（9）Band。Band 是频段，也就是频率范围。无线网络使用无线电波进行通信，IEEE 802.11 标准定义了 2.4GHz、3.6GHz、4.9GHz～5.8GHz 等不同的频段。频率高容易导致反射，穿透能力就弱；频率低，穿透能力会强一些。OpenHarmony 定义了 2.4GHz 和 5GHz 两种频段。

（10）Channel。Channel 是信道，指的是无线网络数据传输的频道。每个频段都被划分为若干个信道。不同的国家对信道的使用有着不同的规定。例如，2.4GHz 频段总共有 14 个信道，在中国只允许使用其中的 13 个信道。

7. Hi3861V100芯片的 Wi-Fi 特性

在智能家居开发套件中，Hi3861V100 芯片支持的 Wi-Fi 特性如下：

（1）支持 IEEE 802.11b/g/n，最大速率为 72.2Mb/s。

（2）工作在 2.4GHz 频段，支持全部 14 个信道 ch1～ch14。

（3）支持标准 20MHz 带宽和 5MHz / 10MHz 窄带宽。

（4）不支持 40MHz 带宽。

（5）单收单发，不支持 MIMO。

（6）支持 WPA 个人版/WPA2 个人版和 WPS（Wi-Fi Protected Setup，Wi-Fi 保护设置）2.0。

（7）支持 STA 和 AP 模式。

（8）作为 AP 时，最大支持 6 个 STA 接入。

8.1.2　Wi-Fi 的连接过程

所谓 Wi-Fi 的连接过程，就是将 Wi-Fi 客户端和 AP（或者路由器）组成一个无线局域网的过程。这个过程分为 3 个阶段，分别是扫描阶段、认证阶段和关联阶段，如图 8-1 所示。

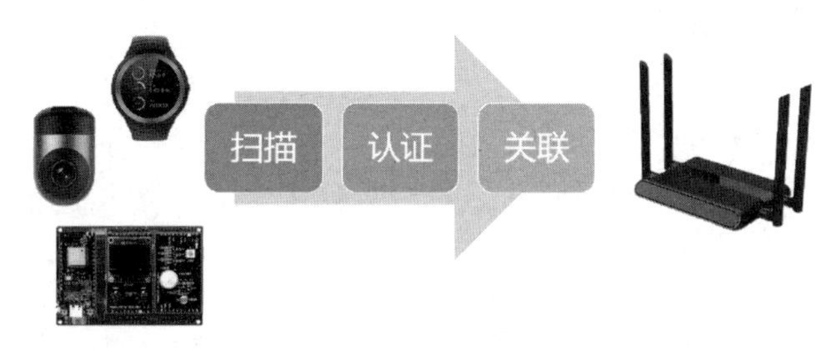

图 8-1　Wi-Fi 的连接过程

1. 扫描

Wi-Fi 扫描是 Wi-Fi 客户端发现 AP 或路由器的过程。它有两种不同的方式，一种是主动扫描（Active Scan），另一种是被动扫描（Passive Scan）。

（1）主动扫描。这种方式是指 Wi-Fi 客户端在每个信道上都发送探测请求帧，AP 或路由器在收到探测请求之后，返回探测响应。

主动扫描需要指定以下参数：

① SSID/BSSID：也就是根据指定的 SSID 或 BSSID 来扫描 AP。

② 频段：在指定频段的每个信道上都进行扫描。比如 2460MHz。

③ 频带：也就是指定频带类型，比如 2.4GHz 或 5GHz。在编程时，一般会有对应的枚举变量供我们使用。

（2）被动扫描。这种方式需要 Wi-Fi 客户端在每个信道上都监听 AP 或路由器发出的信标帧。

2. 认证

Wi-Fi 客户端在扫描完成后，需要调用相应的 API 获取扫描结果，再根据 SSID 选择一个 AP 或路由器进行连接。目前，主要使用的认证标准是 WPA 或 WPA2，最新的标准是 WPA3。

（1）WPA 个人版/WPA2 个人版。它适合个人或小型办公网络场景。WPA 个人版/WPA2 个人版使用预共享密钥模式，需要在 AP 或路由器中预先设置好密钥。Wi-Fi 客户端使用协商好的密钥进行认证，认证算法有 TKIP（Temporal Key Integrity Protocol，临时密钥完整性协议）和 CCMP（Counter CBC-MAC Protocol，计数器模式密码块链消息完整码协议）等。

（2）WPA 企业版/WPA2 企业版。它适合企业级用户或大型无线网络场景。由 Wi-Fi 客户端发送认证请求，AP 或路由器在收到请求后，连接到 RADIUS 服务器进行认证。

3. 关联

在认证完成后，Wi-Fi 客户端就可以开始与 AP 或路由器进行关联了。关联动作可以被理解为将 Wi-Fi 客户端注册到 AP 或路由器的过程。请注意，一个 Wi-Fi 客户端一次只能关联一个 AP 或路由器。

关联动作的主要流程如下：

第一步，Wi-Fi 客户端发送关联请求帧。

第二步，AP 或路由器处理关联请求。如果允许关联，就返回 0（表示成功），否则返回状态码。

8.1.3 Wi-Fi 工作模式简介

Wi-Fi 设备可以工作在不同的模式中，在每个模式中扮演的角色都不同。常用的 Wi-Fi 工作模式有两种：一种是 STA 模式，另一种是 AP 模式。一个 Wi-Fi 设备可以同时支持多种模式，需要通过程序代码让 Wi-Fi 设备处于指定的模式中。

1. STA 模式

前面提到了 IEEE 802.11 标准将 STA 定义为“支持 IEEE 802.11 标准的设备”，因此理论上所有的 Wi-Fi 设备都被称为 STA，比如手机、电脑，也包括 AP 和路由器。但是人们习惯上将 STA 认为是具有 Wi-Fi 客户端行为的设备，可以连接到 AP 或路由器上，如图 8-2 所示。所以，通常可以认为 STA 模式就是 Wi-Fi 客户端模式。后面提到 Station 或 STA 的时候，也是指 Wi-Fi 客户端设备。

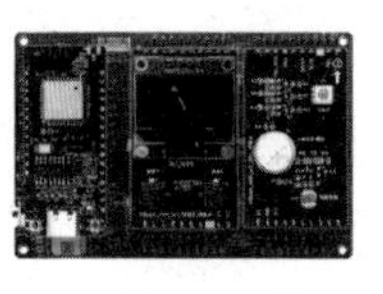

图 8-2　STA 模式（Wi-Fi 客户端模式）的设备

STA 会扫描附近的 AP 或路由器，选择其中一个想要连接的，经过认证、关联等步骤之后，就与它建立了连接。

2. AP 模式

AP 模式就是无线接入点模式，允许其他 Wi-Fi 客户端与之建立连接，并且提供无线网络服务。

无线接入点的一般配置流程如下：

第一步，配置 SSID。

第二步，选择认证类型。WPA/PSK 方式需要设置密码，Wi-Fi 客户端必须提供密码才能连接。

第三步，选择一个支持的频段，比如 2.4GHz 或 5GHz。

第四步，设置一个支持的信道。

第五步，启动 AP 模式。

8.2　Wi-Fi STA模式编程

本节内容：

Wi-Fi 编程的 VS Code IntelliSense 设置；Wi-Fi STA 模式编程相关的 API；扫描 Wi-Fi 热点的标准流程；连接和断开 Wi-Fi 热点的标准流程；通过案例程序学习相关 API 的具体使用方法。

8.2.1 Wi-Fi 编程的 VS Code IntelliSense 设置

首先，确定相关头文件的路径。扫描和连接 Wi-Fi 热点涉及了 Wi-Fi 客户端接口头文件 foundation\communication\wifi-lite\interfaces\wifiservice\wifi_device.h，那么这个 wifiservice 目录就需要加入 IntelliSense 的 includePath 中。连接 Wi-Fi 热点涉及了 TCP/IP 协议栈接口头文件 device\hisilicon\hispark_pegasus\sdk_liteos\third_party\lwip_sack\include\lwip\netifapi.h 和 api_shell.h，这个 lwip 目录也需要加入 IntelliSense 的 includePath 中。

修改.vscode\c_cpp_properties.json 文件，在 configurations → includePath 中增加 wifiservice 目录的具体位置：

```
1. // --Wi-Fi 接口--
2. "${workspaceFolder}/foundation/communication/wifi_lite/interfaces/
wifiservice",
```

在 configurations → includePath 中增加 TCP/IP 协议栈接口涉及的相关目录：

```
1. // --TCP/IP 协议栈接口 (LwIP)--
2. "${workspaceFolder}/third_party/bounds_checking_function/include",
3. "${workspaceFolder}/device/hisilicon/hispark_pegasus/sdk_liteos/config",
4. "${workspaceFolder}/device/hisilicon/hispark_pegasus/sdk_liteos/platform/
   os/Huawei_LiteOS/arch",
5. "${workspaceFolder}/device/hisilicon/hispark_pegasus/sdk_liteos/platform/
   os/Huawei_LiteOS/kernel/include",
6. "${workspaceFolder}/device/hisilicon/hispark_pegasus/sdk_liteos/platform/
   os/Huawei_LiteOS/targets/hi3861v100/include",
7. "${workspaceFolder}/device/hisilicon/hispark_pegasus/sdk_liteos/third_
    party/lwip_sack/include",
```

8.2.2 相关 API 介绍

1. HAL API

我们遵循 HAL+SDK 的接口使用策略，首先介绍 HAL 接口中的相关 API。

Wi-Fi 接口的声明在 foundation\communication\wifi_lite\interfaces\wifiservice*.h 文件中，如图 8-3 所示。

图 8-3　HAL API 头文件

Wi-Fi 接口的定义在 device\hisilicon\hispark_pegasus\hi3861_adapter\hals\communication\wifi_lite\wifiservice\source*.c 文件中。您可以在源码中自行查看接口的详细信息。

STA 模式编程接口的声明在 foundation\communication\wifi-lite\interfaces\wifiservice\wifi_device.h 文件中。这些 API 见表 8-1。

表 8-1 HAL API

API 名称	说明
WifiErrorCode EnableWifi(void)	开启 STA
WifiErrorCode DisableWifi(void)	关闭 STA
int IsWifiActive(void)	查询 STA 是否已开启
WifiErrorCode Scan(void)	触发扫描
WifiErrorCode GetScanInfoList(WifiScanInfo* result, unsigned int* size)	获取扫描结果
WifiErrorCode AddDeviceConfig(const WifiDeviceConfig* config, int* result)	添加热点配置，若成功，则会通过 result 参数传出 netId
WifiErrorCode GetDeviceConfigs(WifiDeviceConfig* result, unsigned int* size)	获取本机的所有热点配置
WifiErrorCode RemoveDevice(int networkId);	删除热点配置
WifiErrorCode ConnectTo(int networkId);	连接到热点
WifiErrorCode Disconnect(void);	断开热点连接
WifiErrorCode GetLinkedInfo(WifiLinkedInfo* result);	获取当前连接的热点信息
WifiErrorCode RegisterWifiEvent(WifiEvent* event);	注册事件监听
WifiErrorCode UnRegisterWifiEvent(const WifiEvent* event);	解除事件监听
WifiErrorCode GetDeviceMacAddress(unsigned char* result);	获取 MAC 地址
WifiErrorCode AdvanceScan(WifiScanParams *params);	高级扫描

2. 海思 SDK API

下面介绍海思 SDK 接口中的相关 API。我们使用海思 SDK 中集成的第三方组件 LwIP 来完成查找网络接口、启动/停止 DHCP 客户端等操作。LwIP 将在 9.1.1 节中进行详细介绍。

接口的声明在 devicc\hisilicon\hispark_pegasus\sdk_liteos\third_party\lwip_sack\include\ lwip*.h 文件中，如图 8-4 所示。

接口的实现在 device\hisilicon\hispark_pegasus\sdk_liteos\build\libs\liblwip.a 文件中。请注意，这是一个预先编译好的静态库文件。这些 API 见表 8-2。

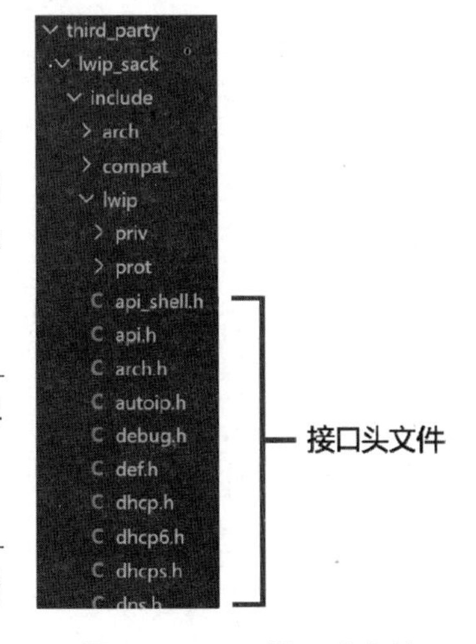

图 8-4 LwIP 接口头文件

表 8-2 海思 SDK API

API 名称	描述
struct netif *netifapi_netif_find(const char *name)	按名称查找网络接口，STA 模式的网络接口名为“wlan0”
err_t netifapi_dhcp_start(struct netif *netif)	在指定的网络接口上启动 DHCP 客户端
err_t netifapi_dhcp_stop(struct netif *netif)	在指定的网络接口上停止 DHCP 客户端

8.2.3 扫描 Wi-Fi 热点

扫描 Wi-Fi 热点的标准流程如下：

第 1 步，使用 RegisterWifiEvent 接口注册 Wi-Fi 事件监听器。

第 2 步，使用 EnableWifi 接口开启 Wi-Fi 设备的 STA 模式。

第 3 步，使用 Scan 接口开始扫描 Wi-Fi 热点。

第 4 步，在扫描状态变化事件（OnWifiScanStateChanged）的回调函数中监测扫描是否完成。

第 5 步，等待扫描完成。

第 6 步，使用 GetScanInfoList 接口获取扫描结果。

第 7 步，显示扫描结果。

第 8 步，使用 DisableWifi 接口关闭 Wi-Fi 设备的 STA 模式。

8.2.4 案例程序：扫描 Wi-Fi 热点

下面通过案例程序介绍相关 API 的具体使用方法。

1. 目标

本案例的目标如下：第一，熟悉 HAL API 和海思 SDK API 的位置和详细信息；第二，掌握扫描 Wi-Fi 热点的标准流程；第三，学会使用 Wi-Fi 模块的相关 API，扫描并且显示周边的 Wi-Fi 热点。

2. 准备开发套件

请准备好智能家居开发套件，组装好底板、核心板和 OLED 显示屏板。其中，OLED 显示屏板是可选的，您可以自行将本案例程序中的特定信息输出到 OLED 显示屏上。

3. 新建目录

启动虚拟机。在 VS Code 中打开 OpenHarmony 源码根目录。新建 applications\sample\wifi-iot\app\wifi_demo 目录，这个目录将作为本案例程序的根目录。

4. 编写源码与编译脚本

新建 applications\sample\wifi-iot\app\wifi_demo\wifi_scan_demo.c 文件，源码如下：

```
1. #include <stdio.h>      // 标准输入输出头文件
2. #include <unistd.h>     // POSIX 头文件
3. #include <string.h>     // 字符串处理(操作字符数组)头文件
4.
5. #include "ohos_init.h" // 用于初始化服务(service)和功能(feature)的头文件
6. #include "cmsis_os2.h" // CMSIS-RTOS2 头文件
7.
8. // Wi-Fi 设备接口：STA 模式
9. // 用于开启和关闭 Wi-Fi 设备的 STA 模式，连接或断开 STA，查询 STA 状态，事件监听
10. #include "wifi_device.h"
11.
12. // 全局变量，用于标识扫描是否完成
13. static int g_scanDone = 0;
14.
15. // 返回字符串形式的 Wi-Fi security types，用于日志输出
16. static char *SecurityTypeName(WifiSecurityType type)
17. {
18.     switch (type)
19.     {
20.     case WIFI_SEC_TYPE_OPEN:
21.         return "OPEN";
22.     case WIFI_SEC_TYPE_WEP:
23.         return "WEP";
24.     case WIFI_SEC_TYPE_PSK:
25.         return "PSK";
26.     case WIFI_SEC_TYPE_SAE:
27.         return "SAE";
28.     default:
29.         break;
30.     }
31.     return "UNKNOW";
32. }
33.
34. // 连接状态变化回调函数
35. // 该回调函数有两个参数 state 和 info
36. //      state 表示连接状态，WIFI_STATE_AVALIABLE 表示连接成功，
WIFI_STATE_NOT_AVALIABLE 表示连接失败。请注意,从 3.2 Beta2 版开始,修复了“AVAILABLE”
的拼写错误，变为 WIFI_STATE_AVAILABLE 和 WIFI_STATE_NOT_AVAILABLE
37. //      info 类型为 WifiLinkedInfo*，有多个成员，包括 ssid，bssid，rssi，
connState，disconnectedReason 等
38. void OnWifiConnectionChanged(int state, WifiLinkedInfo *info)
39. {
40.     (void)state;        // 忽略参数 state
```

```
41.     (void)info;         // 忽略参数 info
42.
43.     // 简单输出日志信息，表明函数被执行了
44.     printf("%s %d\r\n", __FUNCTION__, __LINE__);
45. }
46.
47. // 显示扫描结果
48. void PrintScanResult(void)
49. {
50.     // 创建一个 WifiScanInfo 数组，用于存放扫描结果
51.     // 扫描结果的数量由 WIFI_SCAN_HOTSPOT_LIMIT 定义
52.     // 参见 foundation\communication\wifi_lite\interfaces\wifiservice\
wifi_scan_info.h
53.     WifiScanInfo scanResult[WIFI_SCAN_HOTSPOT_LIMIT] = {0};
54.     uint32_t resultSize = WIFI_SCAN_HOTSPOT_LIMIT;
55.
56.     // 初始化数组
57.     memset(&scanResult, 0, sizeof(scanResult));
58.
59.     // 获取扫描结果
60.     // GetScanInfoList 函数有两个参数:
61.     // result 指向用于存放结果的数组，需要大于等于 WIFI_SCAN_HOTSPOT_LIMIT
62.     // size 类型为指针，是为了内部能够修改它的值，返回后 size 指向的值是实际搜索到
的热点个数
63.     // 调用 GetScanInfoList 函数前，size 指向的实际值不能为 0，否则会报参数错误
64.     WifiErrorCode errCode = GetScanInfoList(scanResult, &resultSize);
65.
66.     // 检查接口调用结果
67.     if (errCode != WIFI_SUCCESS)
68.     {
69.         printf("GetScanInfoList failed: %d\r\n", errCode);
70.         return;
71.     }
72.
73.     // 打印扫描结果
74.     for (uint32_t i = 0; i < resultSize; i++)
75.     {
76.         // 存储 MAC 地址
77.         static char macAddress[32] = {0};
78.
79.         // 获取 MAC 地址
80.         WifiScanInfo info = scanResult[i];
```

```
81.         unsigned char *mac = info.bssid;
82.
83.         // 把 MAC 地址转换为字符串
84.         snprintf(macAddress, sizeof(macAddress), "%02X:%02X:%02X:
%02X:%02X:%02X",
85.                 mac[0], mac[1], mac[2], mac[3], mac[4], mac[5]);
86.
87.         // 输出日志
88.         printf("AP[%d]: %s, %4s, %d, %d, %d, %s\r\n", // 格式
89.             i,                                     // 热点序号
90.             macAddress,                            // MAC 地址
91.             SecurityTypeName(info.securityType),   // 安全类型
92.             info.rssi,
                      // 信号强度(Received Signal Strength Indicator)
93.             info.band,                             // 频带类型
94.             info.frequency,                        // 频段
95.             info.ssid);                            // SSID
96.     }
97. }
98.
99. // 扫描状态变化回调函数
100. // 该回调函数有两个参数 state 和 size
101. //      state 表示扫描状态，WIFI_STATE_AVALIABLE 表示扫描动作完成，WIFI_STATE_
NOT_AVALIABLE 表示扫描动作未完成
102. //      size 表示扫描到的热点个数
103. void OnWifiScanStateChanged(int state, int size)
104. {
105.     // 输出日志
106.     printf("%s %d, state = %X, size = %d\r\n", __FUNCTION__, __LINE__,
state, size);
107.
108.     // 扫描完成，并且找到了热点
109.     if (state == WIFI_STATE_AVALIABLE && size > 0)
110.     {
111.         // 不能直接调用 GetScanInfoList 函数，否则会有运行时异常报错
112.         // 可以更新全局状态变量，在另外一个线程中轮询状态变量，这种方式实现起来比较简单
113.         // 但需要保证更新和查询操作的原子性，逻辑才是严格正确的
114.         // 或者使用信号量进行通知，这种方式更好一些
115.         g_scanDone = 1;
116.     }
117. }
118.
```

```
119. // 主线程函数
120. static void WifiScanTask(void *arg)
121. {
122.     (void)arg;
123.
124.     // WifiErrorCode 类型的变量，用于接收接口返回值
125.     WifiErrorCode errCode;
126.
127.     // 创建 Wi-Fi 事件监听器
128.     // 参见 foundation\communication\wifi_lite\interfaces\wifiservice\
wifi_event.h
129.     // 开启 Wi-Fi 设备的 STA 模式之前，需要使用 RegisterWifiEvent 接口，向系统注
册状态监听函数，用于接收状态通知
130.     // STA 模式需要绑定以下两个回调函数：
131.     //  OnWifiScanStateChanged 用于绑定扫描状态监听函数
132.     //  OnWifiConnectionChanged 用于绑定连接状态监听函数
133.     WifiEvent eventListener = {
134.         // 在连接状态发生变化时，调用 OnWifiConnectionChanged 回调函数
135.         .OnWifiConnectionChanged = OnWifiConnectionChanged,
136.         // 在扫描状态发生变化时，调用 OnWifiScanStateChanged 回调函数
137.         .OnWifiScanStateChanged = OnWifiScanStateChanged};
138.
139.     // 等待 100ms
140.     osDelay(10);
141.
142.     // 使用 RegisterWifiEvent 接口，注册 Wi-Fi 事件监听器
143.     errCode = RegisterWifiEvent(&eventListener);
144.
145.     // 功能相关接口都有 WifiErrorCode 类型的返回值
146.     // 需要接收并判断返回值是否为 WIFI_SUCCESS，用于确认是否调用成功
147.     // 不为 WIFI_SUCCESS 表示失败，通过枚举值查找错误原因
148.     // 这里简单做日志输出
149.     printf("RegisterWifiEvent: %d\r\n", errCode);
150.
151.     // 工作循环
152.     while (1)
153.     {
154.         // 开启 Wi-Fi 设备的 STA 模式。使其可以扫描，并且连接到 AP 上
155.         // 进行 Wi-Fi 的 STA 模式开发前，必须调用 EnableWifi 函数
156.         errCode = EnableWifi();
157.         printf("EnableWifi: %d\r\n", errCode);
158.         osDelay(100);
```

```
159.
160.         // 开始扫描 Wi-Fi 热点。只是触发扫描动作，并不会等到扫描完成才返回
161.         // 不返回扫描结果，只是通过 OnWifiScanStateChanged 事件通知扫描结果
162.         // 在事件处理函数中，可以通过调用 GetScanInfoList 函数获取扫描结果
163.         g_scanDone = 0;
164.         errCode = Scan();
165.         printf("Scan: %d\r\n", errCode);
166.
167.         // 等待扫描完成
168.         while (!g_scanDone)
169.         {
170.             osDelay(5);
171.         }
172.
173.         // 打印扫描结果
174.         // 扫描完成后要及时调用 GetScanInfoList 函数获取扫描结果
175.         // 如果间隔时间太长（例如 5 秒以上），可能会无法获得上次的扫描结果
176.         PrintScanResult();
177.
178.         // 关闭 Wi-Fi 设备的 STA 模式
179.         errCode = DisableWifi();
180.         printf("DisableWifi: %d\r\n", errCode);
181.         osDelay(500);
182.     }
183. }
184.
185. // 入口函数
186. static void WifiScanDemo(void)
187. {
188.     // 定义线程属性
189.     osThreadAttr_t attr;
190.     attr.name = "WifiScanTask";
191.     attr.attr_bits = 0U;
192.     attr.cb_mem = NULL;
193.     attr.cb_size = 0U;
194.     attr.stack_mem = NULL;
195.     attr.stack_size = 10240;
196.     attr.priority = osPriorityNormal;
197.
198.     // 创建线程
199.     if (osThreadNew(WifiScanTask, NULL, &attr) == NULL)
200.     {
```

```
201.         printf("[WifiScanDemo] Falied to create WifiScanTask!\n");
202.     }
203. }
204.
205. // 运行入口函数
206. APP_FEATURE_INIT(WifiScanDemo);
```

新建 applications\sample\wifi-iot\app\wifi_demo\BUILD.gn 文件，源码如下：

```
 1. static_library("wifi_demo") {
 2.     sources = [
 3.         "wifi_scan_demo.c"
 4.     ]
 5.
 6.     include_dirs = [
 7.         "//utils/native/lite/include",
 8.         "//kernel/liteos_m/kal/cmsis",
 9.         "//base/iot_hardware/peripheral/interfaces/kits",
10.
11.         # HAL 接口中的 Wi-Fi 接口
12.         "//foundation/communication/wifi_lite/interfaces/wifiservice",
13.
14.         # 海思 SDK 接口中的 lwIP TCP/IP 协议栈
15.         "//device/hisilicon/hispark_pegasus/sdk_liteos/third_party/
lwip_sack/include",
16.     ]
17. }
```

修改 applications\sample\wifi-iot\app\BUILD.gn 文件，源码如下：

```
1. import("//build/lite/config/component/lite_component.gni")
2.
3. # for "wifi_demo" example.
4. lite_component("app") {
5.   features = [
6.     "wifi_demo",
7.   ]
8. }
```

5. 编译、烧录、运行

编译、烧录、运行的具体操作不再赘述，运行结果如图 8-5 所示。

```
AP[0]: 70:25:59:FD:D8:61, UNKNOW, -3600, 0, 2447, Dragon_Giga_Core
AP[1]: E4:27:61:17:C7:BC,  PSK, -7400, 0, 2462, PEUGEOT
AP[2]: 3C:CD:57:4A:3B:AC, UNKNOW, -7400, 0, 2457, Xiaomi_3BAB
AP[3]: 9C:9D:7E:64:C8:51,  PSK, -7700, 0, 2417, Xiaomi_C850
AP[4]: 0C:4B:54:35:BA:E6,  PSK, -7900, 0, 2462, jy_qin
AP[5]: 34:F7:16:FB:68:1B,  PSK, -8200, 0, 2437, 501
AP[6]: 8C:68:C8:46:BD:DC,  PSK, -8300, 0, 2432, ChinaNet-JRAs
AP[7]: 04:95:E6:8F:EB:70,  PSK, -8700, 0, 2432, Tenda_8FEB70
AP[8]: F8:8C:21:BE:BB:19,  PSK, -8700, 0, 2412, TP-LINK_BB19
AP[9]: D8:A8:C8:33:DF:D0,  PSK, -8800, 0, 2422, CMCC-3P2C
AP[10]: BA:80:35:C0:3F:20, UNKNOW, -8900, 0, 2462,
AP[11]: 0C:41:E9:69:89:6C,  PSK, -8900, 0, 2442, CMCC-cLMc
AP[12]: C0:FF:A8:FE:BD:44,  PSK, -9000, 0, 2427, CU_WYMw
```

图 8-5　案例的运行结果

8.2.5　连接 Wi-Fi 热点

1. 连接 Wi-Fi 热点的标准流程

连接 Wi-Fi 热点的标准流程如下：

第 1 步，使用 RegisterWifiEvent 接口注册 Wi-Fi 事件监听器。

第 2 步，使用 EnableWifi 接口开启 Wi-Fi 设备的 STA 模式。

第 3 步，使用 AddDeviceConfig 接口向系统添加热点配置，主要是 SSID、PSK 和加密方式等配置项。

第 4 步，使用 ConnectTo 接口连接到热点上。

第 5 步，在连接状态变化（OnWifiConnectionChanged）事件的回调函数中监测连接是否成功。

第 6 步，等待连接成功。

第 7 步，使用海思 SDK 接口的 DHCP 客户端 API，从热点中获取 IP 地址。

2. 断开 Wi-Fi 热点的标准流程

在使用完热点之后，就可以断开 Wi-Fi 热点连接了。断开 Wi-Fi 热点的标准流程如下：

第 1 步，使用 netifapi_dhcp_stop 接口停止 DHCP 客户端。

第 2 步，使用 Disconnect 接口断开热点。

第 3 步，使用 RemoveDevice 接口删除热点配置。

第 4 步，使用 DisableWifi 接口关闭 Wi-Fi 设备的 STA 模式。

8.2.6　案例程序：连接 Wi-Fi 热点

下面通过案例程序介绍相关 API 的具体使用方法。

1. 目标

本案例的目标如下：第一，熟练掌握 HAL API 和海思 SDK API 的位置和详细信息；第二，掌握连接和断开 Wi-Fi 热点的标准流程；第三，学会使用 Wi-Fi 模块的相关 API 连接指定的 Wi-Fi 热点。

2. 准备开发套件

请准备好智能家居开发套件，组装好底板、核心板和 OLED 显示屏板。其中，OLED 显示屏板是可选的，您可以自行将本案例程序中的特定信息输出到 OLED 显示屏上。

3. 新建目录

我们将使用 8.2.4 节的根目录。

4. 编写源码与编译脚本

新建 applications\sample\wifi-iot\app\wifi_demo\wifi_connect_demo.c 文件，源码如下：

```
1. #include <stdio.h>       // 标准输入输出头文件
2. #include <unistd.h>      // POSIX 头文件
3. #include <string.h>      // 字符串处理(操作字符数组)头文件
4.
5. #include "ohos_init.h"  // 用于初始化服务(service)和功能(feature)的头文件
6. #include "cmsis_os2.h"  // CMSIS-RTOS2 头文件
7.
8. #include "wifi_device.h" // Wi-Fi 设备接口：STA 模式
9.
10. // lwIP: A Lightweight TCPIP stack
11. // 瑞典计算机科学院(SICS)的 Adam Dunkels 开发的一个小型(轻量)开源的 TCP/IP 协议栈
12. // 实现的重点是在保持 TCP 主要功能的基础上减少对 RAM 的占用
13. // 仅占用几十 KB RAM 空间，40KB ROM 空间，非常适合在嵌入式系统中使用
14. //
15. // lwIP TCP/IP 协议栈：网络 API
16. // netifapi: Network Interfaces API
17. #include "lwip/netifapi.h"
18. //
19. // lwIP TCP/IP 协议栈：SHELL 命令 API
20. #include "lwip/api_shell.h"
21.
22. // 全局变量，用于标识连接是否成功
23. static int g_connected = 0;
24.
25. // 输出连接信息
26. static void PrintLinkedInfo(WifiLinkedInfo *info)
27. {
28.     // 检查参数的合法性
29.     if (!info)
30.         return;
31.
```

```
32.     // 存储 MAC 地址
33.     static char macAddress[32] = {0};
34.
35.     // 获取 MAC 地址
36.     unsigned char *mac = info->bssid;
37.
38.     // 把 MAC 地址转换为字符串
39.     snprintf(macAddress, sizeof(macAddress), "%02X:%02X:%02X:%02X:
%02X:%02X",
40.              mac[0], mac[1], mac[2], mac[3], mac[4], mac[5]);
41.
42.     // 输出日志
43.     printf("bssid: %s, rssi: %d, connState: %d, reason: %d, ssid: %s\r\n",
44.            macAddress,                      // MAC 地址
45.            info->rssi,                      // 信号强度
46.            info->connState,                 // 连接状态
47.            info->disconnectedReason,        // 断开原因
48.            info->ssid);                     // SSID
49. }
50.
51. // 连接状态变化回调函数
52. // 该回调函数有两个参数 state 和 info
53. //      state 表示连接状态，WIFI_STATE_AVALIABLE 表示连接成功，
WIFI_STATE_NOT_AVALIABLE 表示连接失败
54. //      info 类型为 WifiLinkedInfo*，有多个成员，包括 ssid，bssid，rssi，
connState，disconnectedReason 等
55. static void OnWifiConnectionChanged(int state, WifiLinkedInfo *info)
56. {
57.     // 检查参数的合法性
58.     if (!info)
59.         return;
60.
61.     // 输出日志
62.     printf("%s %d, state = %d, info = \r\n", __FUNCTION__, __LINE__, state);
63.
64.     // 输出连接信息
65.     PrintLinkedInfo(info);
66.
67.     // 更新全局状态变量，在另外一个线程中轮询状态变量，这种方式实现起来比较简单
68.     if (state == WIFI_STATE_AVALIABLE)  // 连接成功
69.     {
70.         g_connected = 1;
```

```
71.     }
72.     else                                    // 连接失败
73.     {
74.         g_connected = 0;
75.     }
76. }
77.
78. // 扫描状态变化回调函数
79. // 该回调函数有两个参数 state 和 size
80. //      state 表示扫描状态，WIFI_STATE_AVALIABLE 表示扫描动作完成，WIFI_STATE_
NOT_AVALIABLE 表示扫描动作未完成
81. //      size 表示扫描到的热点个数
82. static void OnWifiScanStateChanged(int state, int size)
83. {
84.     // 简单输出日志信息，表明函数被执行了
85.     printf("%s %d, state = %X, size = %d\r\n", __FUNCTION__, __LINE__,
state, size);
86. }
87.
88. // 主线程函数
89. static void WifiConnectTask(void *arg)
90. {
91.     (void)arg;
92.
93.     // WifiErrorCode 类型的变量，用于接收接口返回值
94.     WifiErrorCode errCode;
95.
96.     // 创建 Wi-Fi 事件监听器
97.     // 参见 foundation\communication\wifi_lite\interfaces\wifiservice\
wifi_event.h
98.     // 在开启 Wi-Fi 设备的 STA 模式之前，需要使用 RegisterWifiEvent 接口向系统注册
状态监听函数，用于接收状态通知
99.     // STA 模式需要绑定以下两个回调函数：
100.    //  OnWifiScanStateChanged 用于绑定扫描状态监听函数
101.    //  OnWifiConnectionChanged 用于绑定连接状态监听函数
102.    WifiEvent eventListener = {
103.        // 在连接状态发生变化时，调用 OnWifiConnectionChanged 回调函数
104.        .OnWifiConnectionChanged = OnWifiConnectionChanged,
105.        // 在扫描状态发生变化时，调用 OnWifiScanStateChanged 回调函数
106.        .OnWifiScanStateChanged = OnWifiScanStateChanged};
107.
108.    // 定义热点配置
```

```
109.    WifiDeviceConfig apConfig = {};
110.
111.    // 用于保存 netId
112.    int netId = -1;
113.
114.    // 等待 100ms
115.    osDelay(10);
116.
117.    // 使用 RegisterWifiEvent 接口向系统注册状态监听函数，STA 模式需要绑定两个回调函数
118.    errCode = RegisterWifiEvent(&eventListener);
119.
120.    // 打印接口调用结果
121.    printf("RegisterWifiEvent: %d\r\n", errCode);
122.
123.    // 设置热点配置中的 SSID
124.    strcpy(apConfig.ssid, "ohdev");
125.
126.    // 设置热点配置中的密码
127.    strcpy(apConfig.preSharedKey, "openharmony");
128.
129.    // 设置热点配置中的加密方式(Wi-Fi security types)
130.    apConfig.securityType = WIFI_SEC_TYPE_PSK;
131.
132.    // 工作循环
133.    while (1)
134.    {
135.        // 开启 Wi-Fi 设备的 STA 模式。使其可以扫描，并且连接到 AP 上
136.        // 在进行 Wi-Fi 的 STA 模式开发前，必须调用 EnableWifi 函数
137.        errCode = EnableWifi();
138.        printf("EnableWifi: %d\r\n", errCode);
139.        osDelay(10);
140.
141.        // 通过 AddDeviceConfig 接口向系统添加热点配置，它有两个参数：
142.        //   第一个参数 config，类型为 const WifiDeviceConfig*，用于指定热点配置
143.        //   第二个参数 result，类型为 int*，用于操作成功时返回 netId
144.        errCode = AddDeviceConfig(&apConfig, &netId);
145.
146.        // 打印接口调用结果
147.        printf("AddDeviceConfig: %d\r\n", errCode);
148.
149.        // 使用 ConnectTo 接口连接热点，它有一个参数：
```

```
150.        //  netId，类型为 int，应该使用 AddDeviceConfig 接口调用成功之后通过
result 参数传出的值进行填充
151.        // ConnectTo 接口是同步的，连接成功/失败会通过返回值体现
152.        // 同时，系统也会通过回调函数通知应用代码
153.        g_connected = 0;
154.        errCode = ConnectTo(netId);
155.
156.        // 打印接口调用结果
157.        printf("ConnectTo(%d): %d\r\n", netId, errCode);
158.
159.        // 等待连接成功
160.        while (!g_connected)
161.        {
162.            osDelay(10);
163.        }
164.
165.        // 输出日志
166.        printf("g_connected: %d\r\n", g_connected);
167.        osDelay(50);
168.
169.        // 连接成功后，需要调用 DHCP 客户端接口从热点中获取 IP 地址
170.        // 使用 netifapi_netif_find("wlan0") 获取 STA 模式的网络接口
171.        struct netif *iface = netifapi_netif_find("wlan0");
172.
173.        // 获取网络接口成功
174.        if (iface)
175.        {
176.            // 使用 netifapi_dhcp_start 接口启动 DHCP 客户端
177.            err_t ret = netifapi_dhcp_start(iface);
178.
179.            // 打印接口调用结果
180.            printf("netifapi_dhcp_start: %d\r\n", ret);
181.
182.            // 等待 DHCP 服务端分配 IP 地址
183.            osDelay(200);
184.        }
185.
186.        // 模拟一段时间的联网业务
187.        // 可以通过串口工具发送 AT+PING=xxx.xxx.xxx.xxx 去获取 AP 的 IP 地址
188.        int timeout = 60;
189.        printf("after %d seconds, I'll disconnect WiFi!\n", timeout);
190.        while (timeout--)
```

```
191.        {
192.            osDelay(100);
193.            // printf("after %d seconds, I'll disconnect WiFi!\n", timeout);
194.        }
195.
196.        // 使用 Disconnect 接口断开热点，无须参数，断开之前需要停止 DHCP 客户端
197.        // 使用 netifapi_dhcp_stop 接口停止 DHCP 客户端
198.        err_t ret = netifapi_dhcp_stop(iface);
199.
200.        // 打印接口调用结果
201.        printf("netifapi_dhcp_stop: %d\r\n", ret);
202.
203.        // 输出日志
204.        printf("disconnect!\r\n");
205.
206.        // 断开热点连接
207.        Disconnect();
208.
209.        // 使用 RemoveDevice 接口删除热点配置，参数和 ConnectTo 接口的参数类似
210.        RemoveDevice(netId);
211.
212.        // 关闭 Wi-Fi 设备的 STA 模式
213.        errCode = DisableWifi();
214.
215.        // 打印接口调用结果
216.        printf("DisableWifi: %d\r\n", errCode);
217.
218.        // 等待 2 秒
219.        osDelay(200);
220.    }  // 工作循环结束
221. }
222.
223. // 入口函数
224. static void WifiConnectDemo(void)
225. {
226.    // 定义线程属性
227.    osThreadAttr_t attr;
228.    attr.name = "WifiConnectTask";
229.    attr.attr_bits = 0U;
230.    attr.cb_mem = NULL;
231.    attr.cb_size = 0U;
232.    attr.stack_mem = NULL;
```

```
233.     attr.stack_size = 10240;
234.     attr.priority = osPriorityNormal;
235.
236.     // 创建线程
237.     if (osThreadNew(WifiConnectTask, NULL, &attr) == NULL)
238.     {
239.         printf("[WifiConnectDemo] Falied to create WifiConnectTask!\n");
240.     }
241. }
242.
243. // 运行入口函数
244. APP_FEATURE_INIT(WifiConnectDemo);
```

修改 applications\sample\wifi-iot\app\wifi_demo\BUILD.gn 文件，源码如下：

```
 1. static_library("wifi_demo") {
 2.     sources = [
 3.         "wifi_connect_demo.c"
 4.     ]
 5.
 6.     include_dirs = [
 7.         "//utils/native/lite/include",
 8.         "//kernel/liteos_m/kal/cmsis",
 9.         "//base/iot_hardware/peripheral/interfaces/kits",
10.
11.         # HAL接口中的Wi-Fi接口
12.         "//foundation/communication/wifi_lite/interfaces/wifiservice",
13.
14.         # 海思SDK接口中的lwIP TCP/IP协议栈
15.         "//device/hisilicon/hispark_pegasus/sdk_liteos/third_party/
lwip_sack/include",
16.     ]
17. }
```

5. 编译、烧录、运行

编译、烧录、运行的具体操作不再赘述。下面进行测试。

首先建立 Wi-Fi 热点。个人开发者可以使用自己的路由器；在学校机房上实验课的学生可以使用 USB 无线网卡。我们以 USB 无线网卡为例，启动 USB 无线网卡的 Wi-Fi 热点工具（usbAPTool），按回车键自动开启热点。

然后启动 MobaXterm，连接串口，重启开发板。请注意观察程序的输出，如图 8-6 所示。

```
RegisterWifiEvent: 0
EnableWifi: 0
AddDeviceConfig: 0
ConnectTo(1): 0
+NOTICE:SCANFINISH
+NOTICE:CONNECTED
OnWifiConnectionChanged 62, state = 1, info =
bssid: 4C:77:66:DE:9C:59, rssi: 0, connState: 0, reason: 0, ssid: ohdev
g_connected: 1
netifapi_dhcp_start: 0
after 60 seconds, I'll disconnect WiFi!
```

图 8-6　串口输出信息

回到 Wi-Fi 热点工具，按“3”查看热点状态。可以看到已经有一个客户端连接上了，如图 8-7 所示[①]。

可以测试一下开发板的外网连通性，如图 8-8 所示。

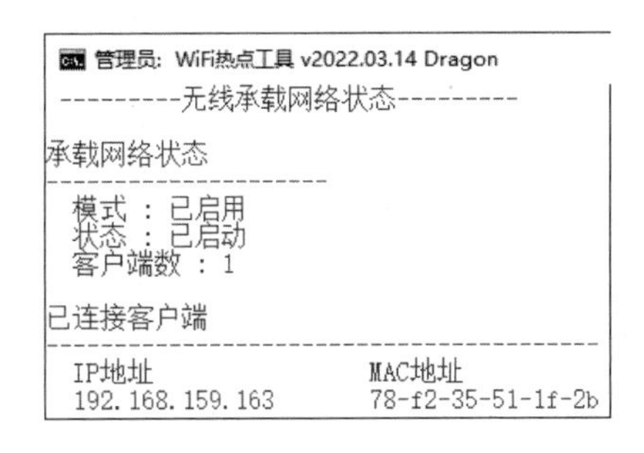

图 8-7　热点状态

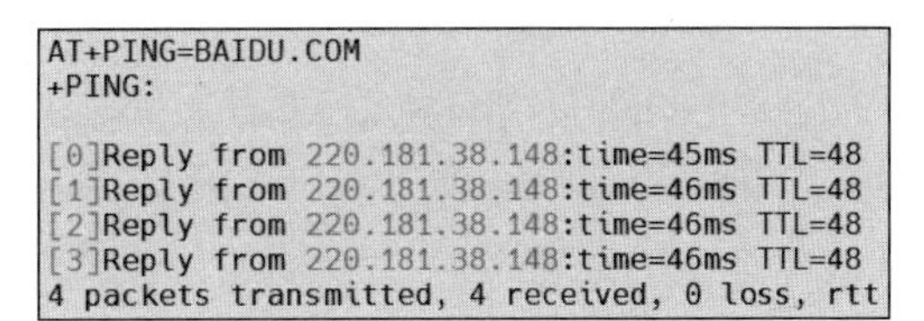

图 8-8　外网连通性

8.3　Wi-Fi AP模式编程

本节内容：

Wi-Fi AP 模式编程相关的 API；创建和关闭 Wi-Fi 热点的标准流程；提供 DHCP 服务的方法；通过案例程序学习相关 API 的具体使用方法。

8.3.1　相关 API 介绍

1. HAL API

我们遵循 HAL+SDK 的接口使用策略，首先介绍 HAL 接口中的相关 API。接口声明在以下头文件中：

（1）foundation\communication\wifi_lite\interfaces\wifiservice\wifi_hotspot_config.h

（2）foundation\communication\wifi_lite\interfaces\wifiservice\wifi_hotspot.h

这些 API 见表 8-3。

① 本书图中 WiFi 应为 Wi-Fi。

表 8-3 HAL API

API 名称	说明
WifiErrorCode EnableHotspot(void)	打开 Wi-Fi AP 模式
WifiErrorCode DisableHotspot(void)	关闭 Wi-Fi AP 模式
WifiErrorCode SetHotspotConfig(const HotspotConfig* config)	设置当前 AP 的配置参数
WifiErrorCode GetHotspotConfig(HotspotConfig* result)	获取当前 AP 的配置参数
int IsHotspotActive(void)	查询 AP 是否已经开启
WifiErrorCode GetStationList(StationInfo* result, unsigned int* size)	获取接入的设备列表
int GetSignalLevel(int rssi, int band)	获取信号强度等级

2. 海思 SDK API

下面介绍海思 SDK 接口中的相关 API。接口声明在以下头文件中：

（1）device\hisilicon\hispark_pegasus\sdk_liteos\third_party\lwip_sack\include\lwip\netifapi.h

（2）device\hisilicon\hispark_pegasus\sdk_liteos\third_party\lwip_sack\include\lwip\api_shell.h

这些 API 见表 8-4。

表 8-4 海思 SDK API

API 名称	描述
struct netif *netifapi_netif_find(const char *name)	按名称查找网络接口，AP 模式的网络接口名为“ap0”
err_t netifapi_netif_set_addr(struct netif *netif, const ip4_addr_t *ipaddr, const ip4_addr_t *netmask, const ip4_addr_t *gw)	修改指定网络接口的 IP 配置，包括 IP 地址、子网掩码、默认网关
err_t netifapi_dhcps_start(struct netif *netif, char *start_ip, u16_t ip_num)	在指定的网络接口上启动 DHCP 服务端，包括地址池的起始地址、地址池的地址个数
err_t netifapi_dhcps_stop(struct netif *netif)	在指定的网络接口上停止 DHCP 服务端

请注意最后两个 API（DHCP 服务端接口函数）。从函数名上来看，它们和 DHCP 客户端接口函数非常像，只是多了一个“s”（dhcps）。

8.3.2 创建 Wi-Fi 热点

1. 创建 Wi-Fi 热点的标准流程

创建 Wi-Fi 热点的标准流程如下：

第 1 步，使用 RegisterWifiEvent 接口注册 Wi-Fi 事件监听器。

第 2 步，准备 AP 的配置参数，包括 SSID、PSK、加密方式、频带类型、信道等。

第 3 步，使用 SetHotspotConfig 接口对系统设置当前热点的配置信息。

第 4 步，使用 EnableHotspot 接口开启 Wi-Fi 设备的 AP 模式。

第 5 步，在热点状态变化（OnHotspotStateChanged）事件的回调函数中，监测热点是否成功开启。

第 6 步，等待热点成功开启。

第 7 步，使用 netifapi_netif_set_addr 接口设置热点的 IP 地址、子网掩码、网关等信息。

第 8 步，使用 netifapi_dhcps_start 接口启动 DHCP 服务。

2. 关闭 Wi-Fi 热点的标准流程

当不再需要热点的时候，可以关闭 Wi-Fi 热点。关闭 Wi-Fi 热点的标准流程如下：

第 1 步，使用 netifapi_dhcps_stop 接口停止 DHCP 服务。

第 2 步，使用 UnRegisterWifiEvent 接口解除事件监听。

第 3 步，使用 DisableHotspot 接口关闭 Wi-Fi 设备的 AP 模式。

8.3.3　提供 DHCP 服务

在创建 Wi-Fi 热点之后，还需要给连接到热点的 Wi-Fi 客户端分配 IP 地址。分配 IP 地址可以使用 DHCP 服务来完成。

1. DHCP

DHCP 是动态主机配置协议，用于自动给 Wi-Fi 客户端分配 IP 地址和子网掩码。OpenHarmony 轻量设备的 DHCP 功能是由海思 SDK 中集成的第三方组件 LwIP 提供的。

2. DHCP IP 地址池

DHCP 提供了一个 IP 地址池，供 Wi-Fi 客户端来使用。但是请注意，海思 SDK 接口强制配置了这个 IP 地址池的起始 IP 地址和 IP 地址的个数，我们是无法改动的。所以，netifapi_dhcps_start 接口的相应参数都要设置为 0（使用接口内部的默认值）。

8.3.4　案例程序：创建 Wi-Fi 热点

下面通过案例程序介绍相关 API 的具体使用方法。

1. 目标

本案例的目标如下：第一，熟悉 HAL API 和海思 SDK API 的位置和详细信息；第二，掌握创建 Wi-Fi 热点和提供 DHCP 服务的标准流程；第三，学会使用 Wi-Fi 模块的相关 API 创建 Wi-Fi 热点并且提供 DHCP 服务。

2. 准备开发套件

请准备好智能家居开发套件，组装好底板、核心板和 OLED 显示屏板。其中，OLED

显示屏板是可选的，您可以自行将本案例程序中的特定信息输出到 OLED 显示屏上。

3. 新建目录

启动虚拟机。在 VS Code 中打开 OpenHarmony 源码根目录。我们将使用 applications\sample\wifi-iot\app\wifi_demo 目录作为本案例程序的根目录。

4. 编写源码与编译脚本

新建 applications\sample\wifi-iot\app\wifi_demo\wifi_hotspot_demo.c 文件，源码如下：

```
 1. #include <stdio.h>      // 标准输入输出头文件
 2. #include <unistd.h>     // POSIX 头文件
 3. #include <string.h>     // 字符串处理(操作字符数组)头文件
 4.
 5. #include "ohos_init.h" // 用于初始化服务(service)和功能(feature)的头文件
 6. #include "cmsis_os2.h" // CMSIS-RTOS2 头文件
 7.
 8. // Wi-Fi 设备接口：AP 模式
 9. // 用于开启和关闭 Wi-Fi 设备的 AP 模式，查询 AP 状态，获取 STA 列表，事件监听等
10. #include "wifi_hotspot.h"
11.
12. #include "lwip/netifapi.h"    // lwIP TCP/IP 协议栈：网络接口 API
13.
14. // 全局变量，用于标识热点是否成功启动
15. static volatile int g_hotspotStarted = 0;
16.
17. // 热点状态变化回调函数
18. // 参数 int state 表示热点状态：WIFI_HOTSPOT_ACTIVE(热点成功开启) | WIFI_
HOTSPOT_NOT_ACTIVE(热点关闭)
19. // 参见 foundation\communication\wifi_lite\interfaces\wifiservice\
wifi_event.h
20. static void OnHotspotStateChanged(int state)
21. {
22.     // 输出日志
23.     printf("OnHotspotStateChanged: %d.\r\n", state);
24.
25.     // 更新全局状态变量，在另外一个线程中轮询状态变量，这种方式实现起来比较简单
26.     if (state == WIFI_HOTSPOT_ACTIVE)    // 热点成功开启
27.     {
28.         g_hotspotStarted = 1;
29.     }
30.     else                                 // 热点关闭
31.     {
32.         g_hotspotStarted = 0;
33.     }
```

```
34. }
35.
36. // 输出 Wi-Fi 设备端的信息
37. static void PrintStationInfo(StationInfo *info)
38. {
39.     // 检查参数的合法性
40.     if (!info)
41.         return;
42.
43.     // 存储 MAC 地址
44.     static char macAddress[32] = {0};
45.
46.     // 获取 MAC 地址
47.     unsigned char *mac = info->macAddress;
48.
49.     // 把 MAC 地址转换为字符串
50.     snprintf(macAddress, sizeof(macAddress), "%02X:%02X:%02X:%02X:
%02X:%02X",
51.              mac[0], mac[1], mac[2], mac[3], mac[4], mac[5]);
52.
53.     // 输出日志
54.     printf(" PrintStationInfo: mac=%s, reason=%d.\r\n",
55.            macAddress,                         // MAC 地址
56.            info->disconnectedReason);          // 断开原因
57. }
58.
59. // 全局变量，用于记录连接到热点上的 Wi-Fi 客户端数量
60. static volatile int g_joinedStations = 0;
61.
62. // Wi-Fi 设备连接上当前热点的回调函数
63. // 参数 StationInfo* info，其中包含 macAddress 和 disconnectedReason
64. static void OnHotspotStaJoin(StationInfo *info)
65. {
66.     // 连接到热点上的 Wi-Fi 客户端数量+1
67.     g_joinedStations++;
68.
69.     // 输出 Wi-Fi 设备端的信息
70.     PrintStationInfo(info);
71.
72.     // 输出日志
73.     printf("+OnHotspotStaJoin: active stations = %d.\r\n", g_joinedStations);
74. }
75.
76. // Wi-Fi 设备断开当前热点的回调函数
77. // 参数 StationInfo* info，其中包含 macAddress 和 disconnectedReason
```

```
78. static void OnHotspotStaLeave(StationInfo *info)
79. {
80.     // 连接到热点上的 Wi-Fi 客户端数量-1
81.     g_joinedStations--;
82.
83.     // 输出 Wi-Fi 设备端的信息
84.     PrintStationInfo(info);
85.
86.     // 输出日志
87.     printf("-OnHotspotStaLeave: active stations = %d.\r\n", g_joinedStations);
88. }
89.
90. // 建立 Wi-Fi 事件监听器
91. // 参见 oundation\communication\wifi_lite\interfaces\wifiservice\wifi_event.h
92. // 在开启 Wi-Fi 设备的 AP 模式之前，需要使用 RegisterWifiEvent 接口向系统注册状态
监听函数，用于接收状态通知
93. // AP 模式需要绑定以下 3 个回调函数
94. // OnHotspotStaJoin 回调函数，其他设备连上当前热点时会被调用
95. // OnHotspotStaLeave 回调函数，其他设备断开当前热点时会被调用
96. // OnHotspotStateChanged 回调函数，当热点本身的状态变化时会被调用
97. WifiEvent g_defaultWifiEventListener = {
98.     // 在 Wi-Fi 设备成功连接当前热点时，调用 OnHotspotStaJoin 回调函数
99.     .OnHotspotStaJoin = OnHotspotStaJoin,
100.    // 在 Wi-Fi 设备断开当前热点时，调用 OnHotspotStaLeave 回调函数
101.    .OnHotspotStaLeave = OnHotspotStaLeave,
102.    // 在热点本身的状态发生变化时，调用 OnHotspotStateChanged 回调函数
103.    .OnHotspotStateChanged = OnHotspotStateChanged,
104. };
105.
106. // 网络接口
107. static struct netif *g_iface = NULL;
108.
109. // 创建热点
110. int StartHotspot(const HotspotConfig *config)
111. {
112.    // WifiErrorCode 类型的变量，用于接收接口返回值
113.    WifiErrorCode errCode = WIFI_SUCCESS;
114.
115.    // 使用 RegisterWifiEvent 接口向系统注册状态监听函数，AP 模式需要绑定 3 个回调函数
116.    errCode = RegisterWifiEvent(&g_defaultWifiEventListener);
117.
118.    // 打印接口调用结果
```

```
119.     printf("RegisterWifiEvent: %d\r\n", errCode);
120.
121.     // 通过 SetHotspotConfig 接口对系统设置当前热点的配置信息
122.     errCode = SetHotspotConfig(config);
123.
124.     // 打印接口调用结果
125.     printf("SetHotspotConfig: %d\r\n", errCode);
126.
127.     // 使用 EnableHotspot 接口开启热点，无须参数
128.     g_hotspotStarted = 0;
129.     errCode = EnableHotspot();
130.
131.     // 打印接口调用结果
132.     printf("EnableHotspot: %d\r\n", errCode);
133.
134.     // 等待热点开启成功
135.     while (!g_hotspotStarted)
136.     {
137.         osDelay(10);
138.     }
139.
140.     // 输出日志
141.     printf("g_hotspotStarted = %d.\r\n", g_hotspotStarted);
142.
143.     // 在热点开启成功之后，需要启动 DHCP 服务端，Hi3861V100 使用以下接口:
144.     // 使用 netifapi_netif_find("ap0")接口获取 AP 模式的网络接口
145.     // 使用 netifapi_netif_set_addr 接口设置热点本身的 IP 地址、网关、子网掩码
146.     // 使用 netifapi_dhcps_start 接口启动 DHCP 服务端
147.     // 使用 netifapi_dhcps_stop 接口停止 DHCP 服务端
148.
149.     // 获取 AP 模式的网络接口
150.     g_iface = netifapi_netif_find("ap0");
151.
152.     // 获取网络接口成功
153.     if (g_iface)
154.     {
155.         // 存储 IP 地址
156.         ip4_addr_t ipaddr;
157.
158.         // 存储网关
159.         ip4_addr_t gateway;
160.
161.         // 存储子网掩码
162.         ip4_addr_t netmask;
```

```
163.
164.         // 设置 IP 地址
165.         IP4_ADDR(&ipaddr, 192, 168, 12, 1);     /* input your IP for
example: 192.168.12.1 */
166.
167.         // 设置子网掩码
168.         IP4_ADDR(&netmask, 255, 255, 255, 0); /* input your netmask for
example: 255.255.255.0 */
169.
170.         // 设置网关
171.         IP4_ADDR(&gateway, 192, 168, 12, 1);  /* input your gateway for
example: 192.168.12.1 */
172.
173.         // 设置热点的 IP 地址、子网掩码、网关
174.         err_t ret = netifapi_netif_set_addr(g_iface, &ipaddr, &netmask, &gateway);
175.
176.         // 打印接口调用结果
177.         printf("netifapi_netif_set_addr: %d\r\n", ret);
178.
179.         // 停止 DHCP 服务 (DHCP 服务有可能默认是开启状态的)
180.         ret = netifapi_dhcps_stop(g_iface);
181.
182.         // 打印接口调用结果
183.         printf("netifapi_dhcps_stop: %d\r\n", ret);
184.
185.         // 启动 DHCP 服务
186.         ret = netifapi_dhcps_start(g_iface, 0, 0);
187.
188.         // 打印接口调用结果
189.         printf("netifapi_dhcps_start: %d\r\n", ret);
190.     }
191.
192.     return errCode;
193. }
194.
195. // 停止热点
196. void StopHotspot(void)
197. {
198.     // 如果之前已经成功获取网络接口
199.     if (g_iface)
200.     {
201.         // 停止 DHCP 服务
202.         err_t ret = netifapi_dhcps_stop(g_iface);
203.
```

```
204.         // 打印接口调用结果
205.         printf("netifapi_dhcps_stop: %d\r\n", ret);
206.     }
207.
208.     // 使用 UnRegisterWifiEvent 接口解除事件监听
209.     WifiErrorCode errCode = UnRegisterWifiEvent(&g_defaultWifiEventListener);
210.
211.     // 打印接口调用结果
212.     printf("UnRegisterWifiEvent: %d\r\n", errCode);
213.
214.     // 使用 DisableHotspot 接口关闭热点
215.     errCode = DisableHotspot();
216.
217.     // 打印接口调用结果
218.     printf("DisableHotspot: %d\r\n", errCode);
219. }
220.
221. // 主线程函数
222. static void WifiHotspotTask(void *arg)
223. {
224.     (void)arg;
225.
226.     // WifiErrorCode 类型的变量，用于接收接口返回值
227.     WifiErrorCode errCode;
228.
229.     // 准备 AP 的配置参数
230.     // 包括热点名称、热点密码、加密方式、频带类型、信道等
231.     HotspotConfig config = {0};                     // 定义热点配置
232.     strcpy(config.ssid, "Pegasus");                 // 设置热点名称为 Pegasus
233.     strcpy(config.preSharedKey, "OpenHarmony");// 设置热点密码为 OpenHarmony
234.     config.securityType = WIFI_SEC_TYPE_PSK;  // 设置加密方式为 PSK
235.     config.band = HOTSPOT_BAND_TYPE_2G;          // 设置频带类型为 2.4GHz
236.     config.channelNum = 7;                          // 设置信道为 7
237.
238.     // 等待 100ms
239.     osDelay(10);
240.
241.     // 开启热点
242.     printf("starting AP ...\r\n");
243.     errCode = StartHotspot(&config);
244.
245.     // 打印接口调用结果
246.     printf("StartHotspot: %d\r\n", errCode);
247.
```

```
248.     // 热点将开启 1 分钟
249.     // 可以通过串口工具发送 AT+PING 命令验证 Wi-Fi 客户端的连通性(比如连接到该热点上的手机)
250.     int timeout = 60;
251.     printf("After %d seconds Ap will turn off!\r\n", timeout);
252.     while (timeout--)
253.     {
254.         // printf("After %d seconds Ap will turn off!\r\n", timeout);
255.         osDelay(100);
256.     }
257.
258.     // 关闭热点
259.     printf("stop AP ...\r\n");
260.     StopHotspot();
261.     printf("AP stopped.\r\n");
262. }
263.
264. // 入口函数
265. static void WifiHotspotDemo(void)
266. {
267.     // 定义线程属性
268.     osThreadAttr_t attr;
269.     attr.name = "WifiHotspotTask";
270.     attr.attr_bits = 0U;
271.     attr.cb_mem = NULL;
272.     attr.cb_size = 0U;
273.     attr.stack_mem = NULL;
274.     attr.stack_size = 10240;
275.     attr.priority = osPriorityNormal;
276.
277.     // 创建线程
278.     if (osThreadNew(WifiHotspotTask, NULL, &attr) == NULL)
279.     {
280.         printf("[WifiHotspotDemo] Falied to create WifiHotspotTask!\n");
281.     }
282. }
283.
284. // 运行入口函数
285. APP_FEATURE_INIT(WifiHotspotDemo);
```

修改 applications\sample\wifi-iot\app\wifi_demo\BUILD.gn 文件，源码如下：

```
1. static_library("wifi_demo") {
2.     sources = [
```

```
3.         "wifi_hotspot_demo.c"
4.     ]
5.
6.     include_dirs = [
7.         "//utils/native/lite/include",
8.         "//kernel/liteos_m/kal/cmsis",
9.         "//base/iot_hardware/peripheral/interfaces/kits",
10.
11.         # HAL 接口中的 Wi-Fi 接口
12.         "//foundation/communication/wifi_lite/interfaces/wifiservice",
13.
14.         # 海思 SDK 接口中的 lwIP TCP/IP 协议栈
15.         "//device/hisilicon/hispark_pegasus/sdk_liteos/third_party/
lwip_sack/include",
16.     ]
17. }
```

5. 编译、烧录、运行

编译、烧录、运行的具体操作不再赘述。下面进行测试。

我们使用移动端设备（安卓手机）进行测试。首先连接到开发板的热点上，串口输出“STA CONNECTED”，如图 8-9 所示。

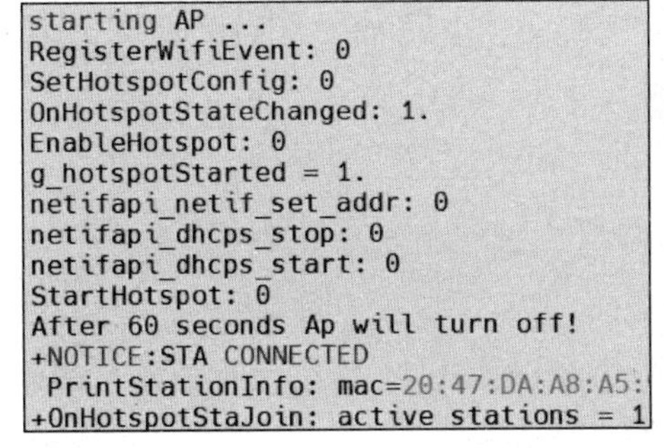

图 8-9　连接到开发板的热点上

然后断开热点，串口输出“STA DISCONNECTED”，如图 8-10 所示。

```
+NOTICE:STA DISCONNECTED
 PrintStationInfo: mac=20:47:DA:A8:A5:98, reason=0.
-OnHotspotStaLeave: active stations = 0.
```

图 8-10　断开热点

8.4 EasyWiFi模块

本节内容：

EasyWiFi 模块的功能；EasyWiFi 模块的源码结构；EasyWiFi 模块相关的 API；EasyWiFi 模块的接入方法；总结并且建立 EasyWiFi 模块接入的标准流程；通过案例程序学习 EasyWiFi 模块及其相关 API 的具体使用方法。

8.4.1 EasyWiFi 模块简介

通过前面的 Wi-Fi STA 模式编程和 Wi-Fi AP 模式编程的学习，我们发现使用 OpenHarmony 的 Wi-Fi 接口进行编程的整个过程是比较烦琐的。要知道，快速地建立网络连接是高效率地进行网络编程的前提和基础。因此，本节引入一个功能模块 EasyWiFi。EasyWiFi 模块对 OpenHarmony 的 Wi-Fi 接口进行了封装，形成了一套更简单易用的接口。EasyWiFi 模块是一个开源项目，它的源码仓网址参见本节的配套资源（“网址 1-EasyWiFi”）。

EasyWiFi 模块的主要特性和功能如下：

（1）将异步操作封装为同步函数；

（2）尽可能简化参数；

（3）调用一次函数即可连接 Wi-Fi 热点；

（4）调用一次函数即可创建 Wi-Fi 热点。

8.4.2 EasyWiFi 模块的源码结构

EasyWiFi 模块的源码结构如图 8-11 所示，其中的 demo 目录将会存放本节的案例程序。

图 8-11 EasyWiFi 模块的源码结构

8.4.3 EasyWiFi 模块的 API 介绍

这个模块是开源的，它的所有 API 定义和接口的具体实现都可以在源码中看到。建议您仔细阅读这个模块的源码，持续提高自己通过阅读源码获取知识的能力。

1. STA 模式的 API

STA 模式的主要 API 见表 8-5。

表 8-5　STA 模式的主要 API

API 名称	说明
int ConnectToHotspot(WifiDeviceConfig* apConfig)	连接到热点。参数 apConfig 用于指定热点配置，返回 netId
void DisconnectWithHotspot(int netId)	断开热点连接。参数 netId 由 ConnectToHotspot 生成

2. AP 模式的 API

AP 模式的主要 API 见表 8-6。

表 8-6　AP 模式的主要 API

API 名称	说明
int StartHotspot(const HotspotConfig* config)	开启热点。参数 config 用于指定 AP 配置，返回 WIFI_SUCCESS 或错误码
void StopHotspot(void)	关闭热点

8.4.4　模块的接入方法

1. 总结并建立模块接入的标准流程

请回想一下，这是第三次介绍模块的接入方法。之前已经介绍了 OLED 显示屏第三方驱动库模块的接入方法和二维码生成器模块的接入方法。回顾前两个模块的接入过程可以看出，模块接入的总体流程基本上是遵循一定的标准的。

下面给出模块接入的标准流程：

第 1 步，完成该模块的 VS Code IntelliSense 设置。

第 2 步，在组件的编译脚本中添加该模块的编译入口。

第 3 步，在应用程序的编译脚本中添加该模块的头文件路径。

第 4 步，在应用程序的 C 源文件中包含该模块的接口头文件。

第 5 步，使用该模块。

2. EasyWiFi 模块的接入方法

（1）完成模块的 VS Code IntelliSense 设置。修改.vscode\c_cpp_properties.json 文件，在 configurations → includePath 中增加 EasyWiFi 模块源码头文件所在的目录。

```
1. // --EasyWiFi--
2. "${workspaceFolder}/applications/sample/wifi-iot/app/easy_wifi/src",
```

（2）在组件的编译脚本中添加该模块的编译入口。修改 applications\sample\wifi-iot\app\BUILD.gn 文件，在 features 部分添加 EasyWiFi 模块：

```
1. lite_component("app") {
2.   features = [
3.     ...
4.     "easy_wifi/src:easy_wifi",
5.     # 或者用绝对路径
6.   ]
7. }
```

模块路径可以使用相对路径，也可以使用绝对路径。相对路径是相对于 applications\sample\wifi-iot\app\BUILD.gn 文件所在的目录的，而绝对路径是从源码根目录出发的。

第 3 行的“…”表示省略的内容，根据实际应用填写即可。比如，应用程序模块、OLED 显示屏驱动库模块等。

（3）在应用程序的编译脚本中添加该模块的头文件路径。比如，应用程序的根目录是 applications\sample\wifi-iot\app\×××，就修改×××目录中的 BUILD.gn 文件，在头文件路径部分添加 EasyWiFi 模块源码头文件所在的目录。代码如下：

```
1. include_dirs = [
2.   "//applications/sample/wifi-iot/app/easy_wifi/src",
3.   ...
4. ]
```

头文件路径可以使用相对路径，也可以使用绝对路径。建议使用绝对路径。

（4）在应用程序的 C 源文件中包含该模块的接口头文件。接口头文件包括 STA 模式的头文件 wifi_connecter.h 和 AP 模式的头文件 wifi_starter.h。

```
1. #include "wifi_connecter.h"  //EasyWiFi (STA 模式)
2. #include "wifi_starter.h"    //EasyWiFi (AP 模式)
```

（5）使用该模块。使用该模块也就是调用模块具体的 API，实现特定的功能。例如，连接到热点可以调用 ConnectToHotspot 函数：

```
1. int netId = ConnectToHotspot(…
2. ...
```

开启热点可以调用 StartHotspot 函数：

```
1. WifiErrorCode errCode = StartHotspot(…
2. ...
```

8.4.5　案例程序

下面通过案例程序介绍 EasyWiFi 模块及其相关 API 的具体使用方法。

1. 目标

本案例的目标如下：第一，熟悉 EasyWiFi 模块的功能和源码结构；第二，掌握 EasyWiFi 模块的接入方法和 API；第三，学会使用 EasyWiFi 模块连接到热点上或创建热点。

2. 准备开发套件

请准备好智能家居开发套件，组装好底板、核心板和 OLED 显示屏板（可选的）。

3. 下载并放置模块源码，确定案例根目录

（1）下载并放置模块源码。请在本节的配套资源中下载“easy_wifi.zip”文件，并将其解压缩。然后将解压缩出来的目录 easy_wifi 放置到 OpenHarmony 源码根目录的 applications\sample\wifi-iot\app 目录下。

一定要确保位置正确，因为后面的操作都是基于这个位置的。

（2）确定案例根目录。找到 applications\sample\wifi-iot\app\easy_wifi\demo 目录，这个目录将作为本案例程序的根目录。

4. 编写源码与编译脚本

首先介绍 STA 模式编程。新建 applications\sample\wifi-iot\app\easy_wifi\demo\wifi_connect_demo.c 文件，源码如下：

```
 1. #include <stdio.h>                   // 标准输入输出头文件
 2. #include <string.h>                  // 字符串处理(操作字符数组)头文件
 3.
 4. #include "ohos_init.h" // 用于初始化服务(service)和功能(feature)的头文件
 5. #include "cmsis_os2.h"               // CMSIS-RTOS2 头文件
 6.
 7. #include "wifi_connecter.h"          // EasyWiFi (STA 模式)头文件
 8.
 9. // 主线程函数
10. static void WifiConnectTask(void *arg)
11. {
12.     (void)arg;
13.
14.     // 等待 100ms
```

```
15.     osDelay(10);
16.
17.     // 定义热点配置
18.     WifiDeviceConfig apConfig = {0};
19.
20.     // 设置热点配置中的 SSID
21.     strcpy(apConfig.ssid, "ohdev");
22.
23.     // 设置热点配置中的密码
24.     strcpy(apConfig.preSharedKey, "openharmony");
25.
26.     // 设置热点配置中的加密方式(Wi-Fi security types)
27.     apConfig.securityType = WIFI_SEC_TYPE_PSK;
28.
29.     // 连接到热点
30.     // 参数 apConfig 用于指定热点配置，返回 netId
31.     int netId = ConnectToHotspot(&apConfig);
32.
33.     // 模拟一段时间的联网业务
34.     // 可以通过串口工具发送 AT+PING 命令，验证网络连通性
35.     int timeout = 60;
36.     printf("After %d seconds I will disconnect with AP!\r\n", timeout);
37.     while (timeout--) {
38.         osDelay(100);
39.     }
40.
41.     // 断开热点连接
42.     // 参数 netId 由 ConnectToHotspot 生成
43.     DisconnectWithHotspot(netId);
44. }
45.
46. // 入口函数
47. static void WifiConnectDemo(void)
48. {
49.     // 定义线程属性
50.     osThreadAttr_t attr;
51.     attr.name = "WifiConnectTask";
52.     attr.attr_bits = 0U;
53.     attr.cb_mem = NULL;
54.     attr.cb_size = 0U;
55.     attr.stack_mem = NULL;
56.     attr.stack_size = 10240;
```

```
57.     attr.priority = osPriorityNormal;
58.
59.     // 创建线程
60.     if (osThreadNew(WifiConnectTask, NULL, &attr) == NULL) {
61.         printf("[WifiConnectDemo] Falied to create WifiConnectTask!\n");
62.     }
63. }
64.
65. // 运行入口函数
66. SYS_RUN(WifiConnectDemo);
```

然后介绍 AP 模式编程。新建 applications\sample\wifi-iot\app\easy_wifi\demo\wifi_hotspot_demo.c 文件，源码如下：

```
 1. #include <stdio.h>          // 标准输入输出头文件
 2. #include <string.h>         // 字符串处理(操作字符数组)头文件
 3.
 4. #include "ohos_init.h"      // 用于初始化服务(service)和功能(feature)的头文件
 5. #include "cmsis_os2.h"      // CMSIS-RTOS2 头文件
 6.
 7. #include "wifi_starter.h"  // EasyWiFi(AP 模式)
 8.
 9. // 主线程函数
10. static void WifiHotspotTask(void *arg)
11. {
12.     (void)arg;
13.
14.     // WifiErrorCode 类型的变量，用于接收接口返回值
15.     WifiErrorCode errCode;
16.
17.     // 准备 AP 的配置参数
18.     // 包括热点名称、热点密码、加密方式、频带类型、信道等
19.     HotspotConfig config = {0};                    // 定义热点配置
20.     strcpy(config.ssid, "Pegasus");                // 设置热点名称为 Pegasus
21.     strcpy(config.preSharedKey, "OpenHarmony"); // 设置热点密码为 OpenHarmony
22.     config.securityType = WIFI_SEC_TYPE_PSK; // 设置加密方式为 PSK
23.     config.band = HOTSPOT_BAND_TYPE_2G;         // 设置频带类型为 2.4GHz
24.     config.channelNum = 7;                        // 设置信道为 7
25.
26.     // 等待 100ms
27.     osDelay(10);
28.
29.     // 输出日志
```

```
30.     printf("starting AP ...\r\n");
31.
32.     // 开启热点
33.     // 参数 config 用于指定 AP 的配置，返回 WIFI_SUCCESS 或错误码
34.     errCode = StartHotspot(&config);
35.
36.     // 输出接口调用结果
37.     printf("StartHotspot: %d\r\n", errCode);
38.
39.     // 热点将开启 1 分钟
40.     // 可以通过串口工具发送 AT+PING 命令，验证 Wi-Fi 客户端的连通性(比如连接到该热
点上的手机)
41.     int timeout = 60;
42.     printf("After %d seconds Ap will turn off!\r\n", timeout);
43.     while (timeout--) {
44.
45.         osDelay(100);
46.     }
47.
48.     // 输出日志
49.     printf("stop AP ...\r\n");
50.
51.     // 关闭热点
52.     StopHotspot();
53.
54.     // 等待 100ms
55.     osDelay(10);
56. }
57.
58. // 入口函数
59. static void WifiHotspotDemo(void)
60. {
61.     // 定义线程属性
62.     osThreadAttr_t attr;
63.     attr.name = "WifiHotspotTask";
64.     attr.attr_bits = 0U;
65.     attr.cb_mem = NULL;
66.     attr.cb_size = 0U;
67.     attr.stack_mem = NULL;
68.     attr.stack_size = 10240;
69.     attr.priority = osPriorityNormal;
70.
```

```
71.     // 创建线程
72.     if (osThreadNew(WifiHotspotTask, NULL, &attr) == NULL) {
73.         printf("[WifiHotspotDemo] Falied to create WifiHotspotTask!\n");
74.     }
75. }
76.
77. // 运行入口函数
78. SYS_RUN(WifiHotspotDemo);
```

新建 applications\sample\wifi-iot\app\easy_wifi\demo\BUILD.gn 文件，源码如下：

```
1. static_library("wifi_demo") {
2.     sources = [
3.         # 分两次编译，先编译第一个（STA 模式编程的源文件），再编译第二个
4.         "wifi_connect_demo.c",
5.         # "wifi_hotspot_demo.c",
6.     ]
7.
8.     include_dirs = [
9.         "//utils/native/lite/include",
10.         "//kernel/liteos_m/kal/cmsis",
11.         "//base/iot_hardware/peripheral/interfaces/kits",
12.
13.         # EasyWiFi 模块头文件所在的目录
14.         "//applications/sample/wifi-iot/app/easy_wifi/src",
15.
16.         # HAL 接口中的 Wi-Fi 接口
17.         "//foundation/communication/wifi_lite/interfaces/wifiservice",
18.
19.         # 海思 SDK 接口中的 lwIP TCP/IP 协议栈
20.         "//device/hisilicon/hispark_pegasus/sdk_liteos/third_party/
lwip_sack/include",
21.     ]
22. }
```

修改 applications\sample\wifi-iot\app\BUILD.gn 文件，源码如下：

```
1. import("//build/lite/config/component/lite_component.gni")
2.
3. # for "easy_wifi" example.
4. lite_component("app") {
5.     features = [
6.         "easy_wifi/demo:wifi_demo",               # 案例程序模块
7.         "easy_wifi/src:easy_wifi",                # EasyWiFi 模块
```

```
8.     ]
9. }
```

5. 编译、烧录、运行

编译、烧录、运行的具体操作不再赘述。下面进行测试，步骤如下（具体操作都已经介绍过，请自行完成）。

（1）测试 STA 模式。

第 1 步，使用无线路由器或 USB 无线网卡建立 Wi-Fi 热点。

第 2 步，启动 MobaXterm，连接串口，重启开发板，查看串口输出信息。

第 3 步，回到 Wi-Fi 热点工具（或路由器后台管理界面），查看热点状态，可以看到已经连接的客户端。

第 4 步，使用 AT+PING 命令验证网络连通性。

（2）测试 AP 模式。使用移动设备（智能手机）连接开发板的热点。

第 9 章　网络编程

9.1　TCP客户端编程

本节内容：

LwIP 开源项目中与 TCP 客户端编程相关的 API；网络编程的 VS Code IntelliSense 设置；TCP 客户端的工作流程；网络工具 netcat；通过案例程序学习相关 API 的具体使用方法。

9.1.1　LwIP 开源项目简介

1. LwIP

LwIP 的全称是 A Lightweight TCP/IP stack。这是一个开源的、轻量级的 TCP/IP 协议栈。LwIP 项目的官网网址参见本节的配套资源（“网址 1-A Lightweight TCP-IP stack”）。

LwIP 以轻量化的方式实现了 TCP/IP 协议栈的主要功能，对内存和计算的需求非常少，特别适合在资源有限的嵌入式系统中使用。LwIP 仅占用几十 KB 的内存空间和 40KB 左右的代码存储空间。

2. LwIP 的主要功能

LwIP 的主要功能如下：

（1）支持多种网络协议，包括 IPv4、IPv6、ICMP、ND、MLD、UDP、TCP、IGMP、ARP、PPPoS、PPPoE 等。

（2）支持 DHCP 客户端、DNS 客户端、AutoIP 和 SNMP 代理。

（3）支持通过多个网络接口进行 IP 转发、TCP 拥塞控制。

（4）集成了 HTTP(S)服务器、SNTP 客户端、SMTP(S)客户端、ping、NetBIOS 名称服务器、MQTT 客户端、TFTP 服务器等应用程序。

3. LwIP 在 OpenHarmony 上的应用情况

截至 OpenHarmony 3.1.4 Release 版，在 OpenHarmony 源码中是有两个 LwIP 存在的。

第一个是 third_party\lwip，它以源码的形式编译，供 LiteOS-A 内核使用。有一部分代码在 kernel\liteos_a\net\lwip-2.1 中一起参与编译。

第二个是 device\hisilicon\hispark_pegasus\sdk_liteos\third_party\lwip_sack，它是海思 Hi3861 SDK 的一部分，以静态库（.a）的形式提供。本书使用的就是这个。因为它是预先编译好的，所以不能修改配置，但是可以查看当前的配置。

9.1.2 相关 API 介绍

下面介绍 TCP 客户端编程相关的 API。我们使用海思 SDK 提供的 LwIP 中的 Socket API。接口的声明在 device\hisilicon\hispark_pegasus\sdk_liteos\third_party\lwip_sack\include\lwip\sockets.h 文件中。接口的定义在 device\hisilicon\hispark_pegasus\sdk_liteos\build\libs\liblwip.a 静态库文件中。请您自行在源码中查看接口的详细信息，重点是 sockets.h 文件和 def.h 文件。

这些 API 见表 9-1。

表 9-1 海思 SDK Socket API（TCP 客户端编程相关）

API	描述
int lwip_socket(int domain, int type, int protocol)	创建一个 Socket（套接字），返回文件描述符
int lwip_inet_pton(int af, const char *src, void *dst)	将 IP 地址从“点分十进制”字符串转化为标准格式（32 位整数）
u16_t lwip_htons(u16_t n)	将主机字节序转化为网络字节序
int lwip_connect(int s, const struct sockaddr *name, socklen_t namelen)	与目标主机建立 Socket 连接
ssize_t lwip_send(int s, const void *dataptr, size_t size, int flags)	通过 Socket 发送数据
ssize_t lwip_recv(int socket, void *buffer, size_t length, int flags)	通过 Socket 接收数据
int closesocket(int s)	关闭 Socket 连接。也可写成 lwip_close，但不能简写成 close

请注意，多数函数都拥有“lwip_”前缀，这些前缀是可选的，也就是可写可不写。

9.1.3 网络编程的 VS Code IntelliSense 设置

修改.vscode\c_cpp_properties.json 文件，在 configurations → includePath 中增加 TCP/IP 协议栈接口头文件所在的目录。涉及的相关目录如下：

```
1. // --LwIP (TCP/IP 协议栈接口)--
2. "${workspaceFolder}/third_party/bounds_checking_function/include",
3. "${workspaceFolder}/device/hisilicon/hispark_pegasus/sdk_liteos/config",
4. "${workspaceFolder}/device/hisilicon/hispark_pegasus/sdk_liteos/
platform/os/Huawei_LiteOS/arch",
5. "${workspaceFolder}/device/hisilicon/hispark_pegasus/sdk_liteos/
platform/os/Huawei_LiteOS/kernel/include",
```

```
6. "${workspaceFolder}/device/hisilicon/hispark_pegasus/sdk_liteos/
platform/os/Huawei_LiteOS/targets/hi3861v100/include",
7. "${workspaceFolder}/device/hisilicon/hispark_pegasus/sdk_liteos/
third_party/lwip_sack/include",
```

其实在介绍 Wi-Fi 编程的时候已经配置好了 TCP/IP 协议栈接口的 IntelliSense 设置，不需要重复配置。您可以根据自己的实际情况，决定是否添加以上内容。

9.1.4　TCP 客户端的工作流程

1. Socket 编程

由于 TCP/IP 协议栈已经被 LwIP 实现了，并且通过 Socket 向开发者提供服务，所以我们只需要通过 Socket 就可以进行网络编程，这就是人们常说的“Socket 编程”，如图 9-1 所示。

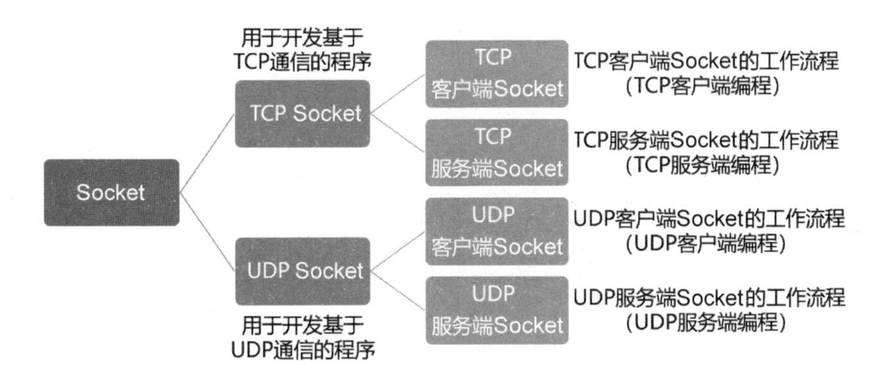

图 9-1　Socket 工作流程分类

Socket 分为 TCP Socket 和 UDP Socket 两种，分别用于开发基于 TCP 通信的程序和基于 UDP 通信的程序。不管是 TCP 通信还是 UDP 通信，在网络两端进行通信的程序都各有一个 Socket，一个叫“客户端 Socket”，另一个叫“服务端 Socket”。两个 Socket 的工作流程是不同的，再加上 TCP 通信和 UDP 通信的区别，实际上我们需要处理 4 个不同的工作流程，两个互为一组。它们分别是：

（1）TCP 客户端 Socket 的工作流程（对应 TCP 客户端编程）。

（2）TCP 服务端 Socket 的工作流程（对应 TCP 服务端编程）。

（3）UDP 客户端 Socket 的工作流程（对应 UDP 客户端编程）。

（4）UDP 服务端 Socket 的工作流程（对应 UDP 服务端编程）。

2. TCP 客户端 Socket 的工作流程

TCP 客户端 Socket 的工作流程如下：

第 1 步，使用 socket 接口创建一个 TCP Socket。

第 2 步，使用 connect 接口与 TCP 服务端 Socket 建立连接。

第 3 步，使用 send 接口向 TCP 服务端 Socket 发送数据。

第 4 步，使用 recv 接口从 TCP 服务端 Socket 接收数据。

第 5 步，如果有必要，可以重复第 3 步和第 4 步。

第 6 步，使用 closesocket 接口关闭 Socket 连接。

9.1.5 网络工具 netcat

不管是 TCP 通信还是 UDP 通信，通信都是在网络的两端进行的。在 TCP 客户端的工作流程中，涉及了 TCP 服务端的配合。由于目前还没有介绍如何进行 TCP 服务端编程，所以需要一个网络工具作为 TCP 服务端（模拟 TCP 服务端）配合我们学习 TCP 客户端编程。下面介绍一个网络工具——netcat。

netcat 是一个强大的网络实用工具，可以用来调试 TCP/UDP 应用程序。netcat 可以运行在 Windows、Linux 等多种操作系统平台上。在 Ubuntu 操作系统中，我们使用以下命令下载并安装 netcat：

```
sudo apt-get install netcat
```

在 Windows 操作系统中，我们可以在此网址（参见本节的配套资源“网址 2-netcat”）下载 netcat 的压缩包。解压缩之后，可以得到 netcat 的主程序文件 nc.exe。nc.exe 可以解压缩到任意位置，只需要加入 PATH 环境变量中即可。为了以后使用方便，建议您将 nc.exe 放到 C:\Windows\System32 目录中。

下面通过几个示例，简单介绍一下 netcat 的基本使用方法。

（1）开启 TCP 服务端模式的命令为“nc -l -p 5678”，其中的 5678 指的是本机端口号。

（2）开启 TCP 客户端模式的命令为“nc 192.168.159.49 5678”，其中的 192.168.159.49 是 TCP 服务端的 IP 地址，5678 是 TCP 服务端的端口号。

（3）开启 UDP 服务端模式的命令为“nc -u -l -p 5678”，其中的 5678 指的是本机端口号。可以看出，其实 UDP 服务端模式只是比 TCP 服务端模式的命令多了一个-u 参数。

（4）开启 UDP 客户端模式的命令为“nc -u 192.168.159.247 5678”，其中的 192.168.159.247 是 UDP 服务端的 IP 地址，5678 是 UDP 服务端的端口号。

9.1.6 案例程序

下面通过案例程序介绍相关 API 的具体使用方法。

1. 目标

本案例的目标如下：第一，熟悉 Socket API 的位置和详细信息；第二，掌握 TCP 客户端 Socket 的工作流程；第三，学会使用 LwIP 的 Socket API 进行 TCP 客户端编程。

2. 准备开发套件

请准备好智能家居开发套件，组装好底板、核心板和 OLED 显示屏板。

3. 新建目录

启动虚拟机。在 VS Code 中打开 OpenHarmony 源码根目录。新建 applications\sample\wifi-iot\app\tcpclient 目录，这个目录将作为本案例程序的根目录。

4. 编写源码与编译脚本

请注意，从本节开始，我们要考虑根据功能划分源文件了。本案例的源文件分为两个：第一个是 demo_entry_cmsis.c，这是入口和主线程的源文件；第二个是 tcp_client_test.c，这是 TCP 客户端测试的源文件。

新建 applications\sample\wifi-iot\app\tcpclient\demo_entry_cmsis.c 文件，源码如下：

```
1. #include <stdio.h>          // 标准输入输出头文件
2. #include <unistd.h>         // POSIX 头文件
3. #include <string.h>         // 字符串处理(操作字符数组)头文件
4.
5. #include "ohos_init.h"      // 用于初始化服务(service)和功能(feature)的头文件
6. #include "cmsis_os2.h"      // CMSIS-RTOS2 头文件
7.
8. #include "wifi_connecter.h" // EasyWiFi(STA 模式)头文件
9.
10. #include "ssd1306.h"       // OLED 显示屏驱动程序的接口头文件
11.
12. // 用于标识 SSID。请根据实际情况修改
13. #define PARAM_HOTSPOT_SSID "ohdev"
14.
15. // 用于标识密码。请根据实际情况修改
16. #define PARAM_HOTSPOT_PSK "openharmony"
17.
18. // 用于标识加密方式
19. #define PARAM_HOTSPOT_TYPE WIFI_SEC_TYPE_PSK // defined in wifi_device_config.h
20.
21. // 用于标识 TCP 服务器的 IP 地址。请根据实际情况修改
22. #define PARAM_SERVER_ADDR "192.168.8.10"
23.
24. // 用于标识 TCP 服务器的端口
25. #define PARAM_SERVER_PORT 5678
26.
27. // 主线程函数
```

```
28. static void NetDemoTask(void *arg)
29. {
30.     (void)arg;
31.
32.     // 定义热点配置
33.     WifiDeviceConfig config = {0};
34.
35.     // 设置热点配置中的 SSID
36.     strcpy(config.ssid, PARAM_HOTSPOT_SSID);
37.
38.     // 设置热点配置中的密码
39.     strcpy(config.preSharedKey, PARAM_HOTSPOT_PSK);
40.
41.     // 设置热点配置中的加密方式(Wi-Fi security types)
42.     config.securityType = PARAM_HOTSPOT_TYPE;
43.
44.     // 等待 100ms
45.     osDelay(10);
46.
47.     // 连接到热点
48.     int netId = ConnectToHotspot(&config);
49.
50.     // 检查是否成功连接到热点
51.     if (netId < 0)
52.     {
53.         // 连接到热点失败
54.         printf("ConnectToAP failed\n");         // 输出错误信息
55.         ssd1306_PrintString("Connect to AP failed\r\n", Font_7x10,White);
                                                    // 显示错误信息
56.         return;
57.     }
58.
59.     // 连接到热点成功，显示连接成功信息
60.     ssd1306_PrintString("AP:connected\r\n", Font_7x10, White);
61.
62.     // 运行 TCP 客户端测试
63.     TcpClientTest(PARAM_SERVER_ADDR, PARAM_SERVER_PORT);
64.
65.     // 断开热点连接
66.     printf("disconnect to AP ...\r\n");
67.     DisconnectWithHotspot(netId);
68.     printf("disconnect to AP done!\r\n");
```

```
69. }
70.
71. // 入口函数
72. static void NetDemoEntry(void)
73. {
74.     // 初始化 OLED 显示屏
75.     ssd1306_Init();
76.
77.     // 全屏填充黑色
78.     ssd1306_Fill(Black);
79.
80.     // OLED 显示屏显示 App 标题
81.     ssd1306_PrintString("TcpClient Test\r\n", Font_7x10, White);
82.
83.     // 定义线程属性
84.     osThreadAttr_t attr;
85.     attr.name = "NetDemoTask";
86.     attr.attr_bits = 0U;
87.     attr.cb_mem = NULL;
88.     attr.cb_size = 0U;
89.     attr.stack_mem = NULL;
90.     attr.stack_size = 10240;
91.     attr.priority = osPriorityNormal;
92.
93.     // 创建线程
94.     if (osThreadNew(NetDemoTask, NULL, &attr) == NULL)
95.     {
96.         printf("[NetDemoEntry] Falied to create NetDemoTask!\n");
97.     }
98. }
99.
100. // 运行入口函数
101. SYS_RUN(NetDemoEntry);
```

新建 applications\sample\wifi-iot\app\tcpclient\tcp_client_test.c 文件，源码如下：

```
1. #include <stdio.h>          // 标准输入输出头文件
2. #include <unistd.h>         // POSIX 头文件
3. #include <string.h>         // 字符串处理(操作字符数组)头文件
4.
5. #include "lwip/sockets.h"  // lwIP TCP/IP 协议栈：Socket API 头文件
6.
7. #include "ssd1306.h"        // OLED 显示屏驱动程序的接口头文件
```

```
 8.
 9. // 要发送的数据
10. static char request[] = "Hello";
11.
12. // 要接收的数据
13. static char response[128] = "";
14.
15. /// @brief TCP客户端测试函数
16. /// @param host TCP服务端的IP地址
17. /// @param port TCP服务端的端口号
18. void TcpClientTest(const char *host, unsigned short port)
19. {
20.     // 用于接收Socket API返回值
21.     ssize_t retval = 0;
22.
23.     // 创建一个TCP Socket，返回值为文件描述符
24.     // 函数名也可以加“lwip_”前缀，写成“lwip_socket”
25.     //单击鼠标右键，转到声明，跟踪两次才能定位到这个函数的正确位置：
26.     // (device\hisilicon\hispark_pegasus\sdk_liteos\third_party\lwip_
sack\include\lwip\sockets.h)
27.     // 下面的其他Socket API也如此(除了closesocket)
28.     int sockfd = socket(AF_INET, SOCK_STREAM, 0);
29.
30.     // 用于设置TCP服务端的地址信息
31.     struct sockaddr_in serverAddr = {0};
32.
33.     // 设置TCP服务端的地址信息，包括协议、端口号、IP地址等
34.     serverAddr.sin_family = AF_INET;    // AF_INET表示IPv4协议
35.     serverAddr.sin_port = htons(port);  // 端口号，使用htons函数从主机字节
序转为网络字节序
36.
37.     // 将TCP服务端的IP地址从“点分十进制”字符串转化为标准格式（32位整数）
38.     // 函数名也可以加“lwip_”前缀，写成“lwip_inet_pton”
39.     if (inet_pton(AF_INET, host, &serverAddr.sin_addr) <= 0)
40.     {
41.         // 转化失败
42.         printf("inet_pton failed!\r\n");    // 输出日志
43.
44.         // 跳转到cleanup部分，这部分的主要作用是关闭连接
45.         goto do_cleanup;
46.     }
47.
```

```
48.     // 尝试和目标主机建立连接，若连接成功，则返回 0，若失败，则返回-1
49.     // 函数名也可以加“lwip_”前缀，写成“lwip_connect”
50.     if (connect(sockfd, (struct sockaddr *)&serverAddr, sizeof(serverAddr)) < 0)
51.     {
52.         // 连接失败
53.         printf("connect failed!\r\n");      // 输出日志
54.
55.         // OLED 显示屏显示信息
56.         ssd1306_PrintString("conn:failed\r\n", Font_7x10, White);
57.
58.         // 跳转到 cleanup 部分
59.         goto do_cleanup;
60.     }
61.
62.     // 连接成功
63.     // 输出日志
64.     printf("connect to server %s success!\r\n", host);
65.     // OLED 显示屏显示 TCP 服务端的 IP 地址
66.     ssd1306_PrintString("conn:", Font_7x10, White);
67.     ssd1306_PrintString(host, Font_7x10, White);
68.
69.     // 建立连接成功之后，sockfd 就具有了“连接状态”，
70.     // 后继的发送和接收都针对指定的目标主机和端口
71.
72.     // 发送数据
73.     // 函数名也可以加“lwip_”前缀，写成“lwip_send”
74.     retval = send(sockfd, request, sizeof(request), 0);
75.
76.     // 检查接口返回值，小于 0 表示发送失败
77.     if (retval < 0)
78.     {
79.         // 发送失败
80.         printf("send request failed!\r\n");    // 输出日志
81.         goto do_cleanup;                        // 跳转到 cleanup 部分
82.     }
83.
84.     // 发送成功
85.     // 输出日志
86.     printf("send request{%s} %ld to server done!\r\n", request, retval);
87.     // OLED 显示屏显示发送的数据
88.     ssd1306_PrintString("\r\nsend:", Font_7x10, White);
89.     ssd1306_PrintString(request, Font_7x10, White);
```

```
 90.
 91.     // 接收数据
 92.     // 函数名也可以加“lwip_”前缀，写成“lwip_recv”
 93.     retval = recv(sockfd, &response, sizeof(response), 0);
 94.
 95.     // 检查接口返回值，小于 0 表示接收失败
 96.     // 对方的通信端关闭时，返回值为 0
 97.     if (retval <= 0)
 98.     {
 99.         // 接收失败或对方的通信端关闭
100.         printf("send response from server failed or done, %ld!\r\n", retval);
                                       // 输出日志
101.         goto do_cleanup;          // 跳转到 cleanup 部分
102.     }
103.
104.     // 接收成功
105.     // 在末尾添加字符串结束符'\0'，以便后续的字符串操作
106.     response[retval] = '\0';
107.
108.     // 输出日志
109.     printf("recv response{%s} %ld from server done!\r\n", response, retval);
110.
111.     // OLED 显示屏显示 TCP 服务端返回的数据
112.     ssd1306_PrintString("\r\nrecv:", Font_7x10, White);
                                          // 显示字符串（支持回车换行）
113.     ssd1306_PrintString(response, Font_7x10, White);
                                          // 连续输出不需要重新定位(驱动处理向右偏移)
114.
115. // cleanup 部分，这部分的主要作用是关闭连接
116. do_cleanup:
117.     printf("do_cleanup...\r\n");  // 输出日志
118.     // 关闭连接
119.     // 函数名不能直接加“lwip_”前缀，它对应“lwip_close”
120.     closesocket(sockfd);
121. }
```

新建 applications\sample\wifi-iot\app\tcpclient\BUILD.gn 文件，源码如下：

```
1. static_library("net_demo") {       # 注意：目标名称与案例根目录不同了
2.   sources = [
3.     # 注意：从本节开始，我们要考虑根据功能划分源文件了
4.     "demo_entry_cmsis.c",            # 入口和主线程的源文件
5.     "tcp_client_test.c",             # TCP 客户端测试的源文件
```

```
6.   ]
7.
8.   include_dirs = [
9.     "//utils/native/lite/include",
10.    "//kernel/liteos_m/kal/cmsis",
11.    "//base/iot_hardware/peripheral/interfaces/kits",
12.
13.    # HAL 接口中的 Wi-Fi 接口
14.    "//foundation/communication/wifi_lite/interfaces/wifiservice",
15.
16.    # OLED 显示屏驱动模块接口
17.    "../ssd1306_3rd_driver/ssd1306",
18.
19.    # EasyWiFi 模块接口
20.    "../easy_wifi/src",
21.  ]
22. }
```

修改 applications\sample\wifi-iot\app\BUILD.gn 文件，源码如下：

```
1. import("//build/lite/config/component/lite_component.gni")
2.
3. # for "tcpclient" example.
4. lite_component("app") {
5.   features = [
6.     "tcpclient:net_demo",                         # 案例程序模块
7.     "ssd1306_3rd_driver/ssd1306:oled_ssd1306",    # OLED 显示屏驱动模块
8.     "easy_wifi/src:easy_wifi",                    # EasyWiFi 模块
9.   ]
10. }
```

5. 编译、烧录

编译、烧录的具体操作不再赘述。

6. 运行测试

可以参考以下步骤：

第 1 步，准备好无线路由器（或使用 USB 无线网卡配合“Wi-Fi 热点工具”开启热点）。

第 2 步，使用开发机或同一内网的其他 PC 开启 TCP 服务端。打开命令提示符，执行命令“nc -l -p 5678”。

第 3 步，重启开发板。

第 4 步，在 TCP 服务端和开发板端（客户端）分别查看通信内容。

第 5 步，在 TCP 服务端回复数据。在 netcat 的命令提示符窗口中，输入文字（例如“dragon”）并按回车键发送。观察 TCP 客户端接收到的内容，如图 9-2 所示。

图 9-2　案例的运行结果

9.2　TCP服务端编程

本节内容：

与 TCP 服务端编程相关的 API；TCP 服务端的工作流程；TCP 通信的整体流程；通过案例程序学习相关 API 的具体使用方法。

9.2.1　相关 API 介绍

这些 API 见表 9-2。

表 9-2　海思 SDK Socket API（TCP 服务端编程相关）

API	描述
int lwip_socket(int domain, int type, int protocol)	创建一个 Socket，返回文件描述符
u16_t lwip_htons(u16_t n)	将主机字节序转化为网络字节序
u32_t lwip_htonl(u32_t x)	将主机字节序转化为网络字节序
int lwip_bind(int s, const struct sockaddr *name, socklen_t namelen)	将 Socket 和服务器的 IP、端口绑定
int lwip_listen(int sockfd, int backlog)	将 Socket 设置为监听模式，在指定的 IP 和端口上监听 TCP 客户端发起的连接请求
int lwip_accept(int socket, struct sockaddr *address, socklen_t *address_len)	阻塞式等待 TCP 客户端连接（完成三次握手），创建一个新的 Socket 与 TCP 客户端建立连接
ssize_t lwip_send(int s, const void *dataptr, size_t size, int flags)	通过 Socket 发送数据
ssize_t lwip_recv(int socket, void *buffer, size_t length, int flags)	通过 Socket 接收数据
int closesocket(int s)	关闭 Socket 连接。也可写成 lwip_close，但不能简写成 close

请注意，多数函数都拥有“lwip_”前缀，这些前缀是可选的，也就是可写可不写。

9.2.2　TCP 服务端的工作流程

1. TCP 服务端 Socket 的工作流程

TCP 服务端 Socket 的工作流程如下：

第 1 步，使用 socket 接口创建一个 TCP Socket。

第 2 步，使用 bind 接口将 Socket 和服务器的 IP 地址、特定端口进行绑定。

第 3 步，使用 listen 接口将 Socket 设置为监听模式，在指定的 IP 地址和端口上监听客户端发起的连接请求。

第 4 步，使用 accept 接口阻塞式地等待客户端连接（完成三次握手），然后创建一个新的 Socket 与客户端建立连接。

第 5 步，使用 recv 和 send 接口在新创建的 Socket 上与客户端进行通信。

第 6 步，使用 closesocket 接口关闭两个 Socket。

2. TCP 通信的整体流程

结合 9.1 节介绍的 TCP 客户端的工作流程，我们来建立 TCP 通信的整体流程，如图 9-3 所示。请注意，图 9-3 中标有圆点的函数是阻塞式的函数。

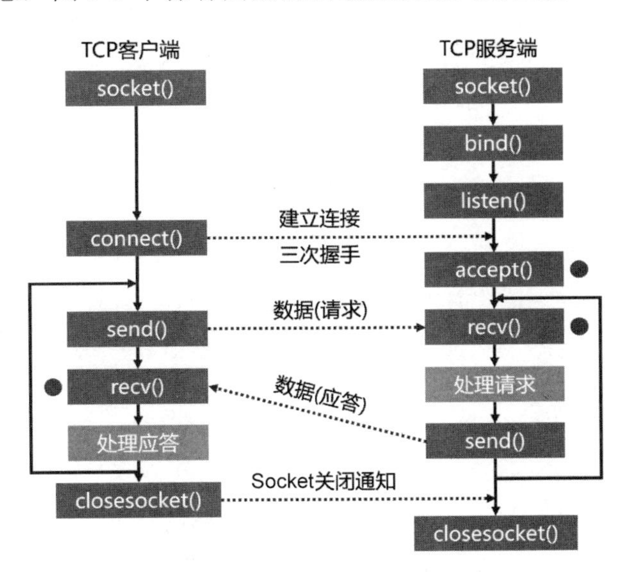

图 9-3　TCP 通信的整体流程

TCP 客户端和 TCP 服务端各自使用 socket 接口创建一个 TCP Socket。

TCP 服务端使用 bind 接口将 Socket 和服务器的 IP 地址、端口进行绑定，然后使用 listen 接口将 Socket 设置为监听模式，在指定的 IP 和端口上监听 TCP 客户端发起的连接请求。

TCP 客户端使用 connect 接口和 TCP 服务端 Socket 建立连接（实现三次握手）。

TCP 服务端使用 accept 接口阻塞式地等待 TCP 客户端的连接（完成三次握手），然后创建一个新的 Socket 与 TCP 客户端建立连接。

TCP 客户端使用 send 接口向 TCP 服务端 Socket 发送数据（发送请求）。

TCP 服务端使用 recv 接口在新创建的 Socket 上接收数据。TCP 服务端处理请求，然后使用 send 接口向 TCP 客户端 Socket 发送数据（发送应答）。

TCP 客户端使用 recv 接口从 TCP 服务端 Socket 中接收数据。TCP 客户端处理应答。

TCP 客户端如果需要持续通信就先不关闭 Socket，也就是保持连接，然后重复“发送请求、接收应答、处理应答”这个流程。

TCP 服务端重复“接收请求、处理请求、发送应答”这个流程。

TCP 客户端在通信完毕后，使用 closesocket 接口关闭 Socket 连接。

TCP 服务端在收到 Socket 关闭通知后，使用 closesocket 接口关闭两个 Socket。

9.2.3 案例程序

下面通过案例程序介绍相关 API 的具体使用方法。

1. 目标

本案例的目标如下：第一，掌握 Socket API 的位置和详细信息；第二，掌握 TCP 服务端 Socket 的工作流程；第三，学会使用 LwIP 的 Socket API 进行 TCP 服务端编程。

2. 准备开发套件

请准备好智能家居开发套件，组装好底板、核心板和 OLED 显示屏板。

3. 新建目录

启动虚拟机。在 VS Code 中打开 OpenHarmony 源码根目录。新建 applications\sample\wifi-iot\app\tcpserver 目录，这个目录将作为本案例程序的根目录。

4. 编写源码与编译脚本

新建 applications\sample\wifi-iot\app\tcpserver\demo_entry_cmsis.c 文件，源码如下：

```
1. #include <stdio.h>                // 标准输入输出头文件
2. #include <unistd.h>               // POSIX 头文件
3. #include <string.h>               // 字符串处理(操作字符数组)头文件
4.
5. #include "ohos_init.h"  // 用于初始化服务(service)和功能(feature)的头文件
6. #include "cmsis_os2.h"            // CMSIS-RTOS2 头文件
7.
8. #include "wifi_connecter.h"    // EasyWiFi(STA 模式)头文件
```

```
9. #include "ssd1306.h"          // OLED 显示屏驱动程序的接口头文件
10.
11. // 用于标识 SSID。请根据实际情况修改
12. #define PARAM_HOTSPOT_SSID "ohdev"
13.
14. // 用于标识密码。请根据实际情况修改
15. #define PARAM_HOTSPOT_PSK "openharmony"
16.
17. // 用于标识加密方式
18. #define PARAM_HOTSPOT_TYPE WIFI_SEC_TYPE_PSK
19.
20. // 用于标识 TCP 服务器的端口
21. #define PARAM_SERVER_PORT 5678
22.
23. // 主线程函数
24. static void NetDemoTask(void *arg)
25. {
26.     (void)arg;
27.
28.     // 定义热点配置
29.     WifiDeviceConfig config = {0};
30.
31.     // 设置热点配置中的 SSID
32.     strcpy(config.ssid, PARAM_HOTSPOT_SSID);
33.
34.     // 设置热点配置中的密码
35.     strcpy(config.preSharedKey, PARAM_HOTSPOT_PSK);
36.
37.     // 设置热点配置中的加密方式(Wi-Fi security types)
38.     config.securityType = PARAM_HOTSPOT_TYPE;
39.
40.     // 等待 100ms
41.     osDelay(10);
42.
43.     // 连接到热点
44.     int netId = ConnectToHotspot(&config);
45.
46.     // 检查是否成功连接到热点
47.     if (netId < 0)
48.     {
49.         // 连接到热点失败
```

```
50.         printf("ConnectToAP failed\n");          // 输出错误信息
51.         ssd1306_PrintString("Connect to AP failed\r\n", Font_6x8, White);
                                                     // 显示错误信息
52.         return;
53.     }
54.
55.     // 连接到热点成功，显示连接成功信息
56.     ssd1306_PrintString("AP:connected\r\n", Font_6x8, White);
57.
58.     // 运行 TCP 服务端测试
59.     TcpServerTest(PARAM_SERVER_PORT);
60.
61.     // 断开热点连接
62.     printf("disconnect to AP ...\r\n");
63.     DisconnectWithHotspot(netId);
64.     printf("disconnect to AP done!\r\n");
65. }
66.
67. // 入口函数
68. static void NetDemoEntry(void)
69. {
70.     // 初始化 OLED 显示屏
71.     ssd1306_Init();
72.
73.     // 全屏填充黑色
74.     ssd1306_Fill(Black);
75.
76.     // OLED 显示屏显示 App 标题
77.     ssd1306_PrintString("TcpServer Test\r\n", Font_6x8, White);
78.
79.     // 定义线程属性
80.     osThreadAttr_t attr;
81.     attr.name = "NetDemoTask";
82.     attr.attr_bits = 0U;
83.     attr.cb_mem = NULL;
84.     attr.cb_size = 0U;
85.     attr.stack_mem = NULL;
86.     attr.stack_size = 10240;
87.     attr.priority = osPriorityNormal;
88.
89.     // 创建线程
90.     if (osThreadNew(NetDemoTask, NULL, &attr) == NULL)
```

```
91.     {
92.         printf("[NetDemoEntry] Falied to create NetDemoTask!\n");
93.     }
94. }
95.
96. // 运行入口函数
97. SYS_RUN(NetDemoEntry);
```

新建 applications\sample\wifi-iot\app\tcpserver\tcp_server_test.c 文件，源码如下：

```
 1. #include <stdio.h>              // 标准输入输出头文件
 2. #include <unistd.h>             // POSIX 头文件
 3. #include <stddef.h>             // 标准类型定义头文件
 4. #include <errno.h>              // 错误码头文件
 5. #include <string.h>             // 字符串处理(操作字符数组)头文件
 6.
 7. #include "lwip/sockets.h"      // lwIP TCP/IP 协议栈：Socket API 头文件
 8.
 9. #include "ssd1306.h"           // OLED 显示屏驱动程序的接口头文件
10.
11. // 要收发的数据
12. static char request[128] = "";
13.
14. /// @brief TCP 服务端测试函数
15. /// @param port TCP 服务端端口号
16. void TcpServerTest(unsigned short port)
17. {
18.     // 用于接收 Socket API 返回值
19.     ssize_t retval = 0;
20.
21.     // 最大等待队列长度
22.     int backlog = 1;
23.
24.     // 创建一个 TCP Socket，返回值为文件描述符
25.     // 用于监听 TCP 客户端的连接请求
26.     int sockfd = socket(AF_INET, SOCK_STREAM, 0);
27.
28.     // 这个 Socket 用于连接成功后与 TCP 客户端通信
29.     int connfd = -1;
30.
31.     // 用于记录 TCP 客户端的 IP 地址和端口号
32.     struct sockaddr_in clientAddr = {0};
33.
```

```
34.     // 用于记录 clientAddr 的长度
35.     socklen_t clientAddrLen = sizeof(clientAddr);
36.
37.     // 用于配置 TCP 服务端的地址信息
38.     struct sockaddr_in serverAddr = {0};
39.
40.     // 开始配置 TCP 服务端的地址信息，包括协议、端口号、允许接入的 IP 地址等
41.
42.     // 使用 IPv4 协议
43.     serverAddr.sin_family = AF_INET;
44.
45.     // 端口号，从主机字节序转为网络字节序
46.     serverAddr.sin_port = htons(port);
47.
48.     // 允许任意主机接入，0.0.0.0
49.     serverAddr.sin_addr.s_addr = htonl(INADDR_ANY);
50.
51.     // 将 sockfd 和本服务器的 IP、端口号绑定
52.     // 这样与该 IP 和端口相关的接收发送数据都与 sockfd 关联
53.     retval = bind(sockfd, (struct sockaddr *)&serverAddr, sizeof(serverAddr));
54.
55.     // 检查接口返回值，小于 0 表示绑定失败
56.     if (retval < 0) {
57.         // 绑定失败
58.         printf("bind failed, %ld!\r\n", retval);   // 输出错误信息
59.         ssd1306_PrintString("port:bind failed\r\n", Font_6x8, White);
                                                        // 显示错误信息
60.         goto do_cleanup;                            // 跳转到 cleanup 部分
61.     }
62.
63.     // 绑定成功
64.     // 输出日志
65.     printf("bind to port %d success!\r\n", port);
66.
67.     // OLED 显示屏显示端口号
68.     ssd1306_PrintString("port:", Font_6x8, White);
69.     char strPort[5] = {0};
70.     snprintf(strPort, sizeof(strPort), "%d", port);
71.     ssd1306_PrintString(strPort, Font_6x8, White);
72.
73.     // 开始监听，最大等待队列长度为 backlog
74.     // 使用 listen 接口将 sockfd 设置为监听模式，在指定的 IP 和端口上监听 TCP 客户端
发起的连接请求
```

```
75.     // 该函数不是阻塞式的，它只是告诉内核，TCP 客户端对指定的 IP 地址和端口发起的三次握手成功后，内核应该将连接请求放入 sockfd 的等待队列中
76.     retval = listen(sockfd, backlog);
77.
78.     // 检查接口返回值，小于 0 表示监听失败
79.     if (retval < 0) {
80.         // 监听失败
81.         printf("listen failed!\r\n");       // 输出错误信息
82.         ssd1306_PrintString("\r\nlisten:failed\r\n", Font_6x8, White);
                                                // 显示错误信息
83.         goto do_cleanup;                    // 跳转到 cleanup 部分
84.     }
85.
86.     // 监听成功
87.     // 输出日志
88.     printf("listen with %d backlog success!\r\n", backlog);
89.
90.     // OLED 显示屏显示监听成功
91.     ssd1306_PrintString(" listen\r\n", Font_6x8, White);
92.
93.     // 使用 accept 接口阻塞式等待 TCP 客户端连接(sockfd 的等待队列中出现完成三次握手的连接)，创建一个新的 Socket 与 TCP 客户端建立连接
94.     // 若成功，则会返回一个表示连接的 Socket，clientAddr 参数将会携带 TCP 客户端主机和端口信息；若失败，则返回-1
95.     // 之后 sockfd 依然可以继续接受其他 TCP 客户端的连接
96.     //
97.     // UNIX 系统上经典的并发模型是“每个连接一个进程”——创建子进程处理连接，父进程继续接受其他 TCP 客户端的连接
98.     // LiteOS-A 内核可以使用 UNIX 系统的“每个连接一个进程”的并发模型
99.     // LiteOS-M 内核可以使用“每个连接一个线程”的并发模型
100.    connfd = accept(sockfd, (struct sockaddr *)&clientAddr, &clientAddrLen);
101.
102.    // 检查接口返回值，小于 0 表示建立连接失败
103.    if (connfd < 0) {
104.        // 建立连接失败
105.        printf("accept failed, %d, %d\r\n", connfd, errno);// 输出错误信息
106.        goto do_cleanup;                    // 跳转到 cleanup 部分
107.    }
108.
109.    // 建立连接成功
110.    // 输出日志
111.    printf("accept success, connfd = %d!\r\n", connfd);
112.    printf("client addr info: host = %s, port = %d\r\n",
113.          inet_ntoa(clientAddr.sin_addr), ntohs(clientAddr.sin_port));
114.
```

```
115.     // OLED 显示屏显示 TCP 客户端的 IP 地址
116.     ssd1306_PrintString("cli:", Font_6x8, White);
117.     ssd1306_PrintString(inet_ntoa(clientAddr.sin_addr), Font_6x8, White);
118.
119.     // 后续的接收/发送都在 connfd 上进行
120.
121.     // 接收收据
122.     retval = recv(connfd, request, sizeof(request), 0);
123.
124.     // 接收失败或对方的通信端关闭，输出日志，跳转到 disconnect 部分
125.     if (retval <= 0) {
126.         printf("recv request failed or done, %ld!\r\n", retval);
127.         goto do_disconnect;
128.     }
129.
130.     // 接收成功，输出日志，OLED 显示屏显示收到的收据
131.     printf("recv request{%s} from client done!\r\n", request);
132.     ssd1306_PrintString("\r\nrecv:", Font_6x8, White);
133.     ssd1306_PrintString(request, Font_6x8, White);
134.
135.     // 发送数据
136.     retval = send(connfd, request, strlen(request), 0);
137.
138.     // 发送失败，输出日志，跳转到 disconnect 部分
139.     if (retval < 0) {
140.         printf("send response failed, %ld!\r\n", retval);
141.         goto do_disconnect;
142.     }
143.
144.     // 发送成功，输出日志，OLED 显示屏显示发送的数据
145.     printf("send response{%s} to client done!\r\n", request);
146.     ssd1306_PrintString("\r\nsend:", Font_6x8, White);
147.     ssd1306_PrintString(request, Font_6x8, White);
148.
149. // disconnect 部分
150. do_disconnect:
151.     // 关闭连接
152.     sleep(1);
153.     lwip_close(connfd);
154.     sleep(1);
155.
156. // cleanup 部分
157. do_cleanup:
158.     // 关闭监听 Socket
159.     printf("do_cleanup...\r\n");
```

```
160.     lwip_close(sockfd);
161. }
```

新建 applications\sample\wifi-iot\app\tcpserver\BUILD.gn 文件，源码如下：

```
 1. static_library("net_demo") {   # 注意：目标名称与案例根目录不同了
 2.   sources = [
 3.     # 根据功能划分源文件
 4.     "demo_entry_cmsis.c",        # 入口和主线程的源文件
 5.     "tcp_server_test.c",         # TCP 服务端测试的源文件
 6.   ]
 7.
 8.   include_dirs = [
 9.     "//utils/native/lite/include",
10.     "//kernel/liteos_m/kal/cmsis",
11.     "//base/iot_hardware/peripheral/interfaces/kits",
12.
13.     # HAL 接口中的 Wi-Fi 接口
14.     "//foundation/communication/wifi_lite/interfaces/wifiservice",
15.
16.     # OLED 显示屏驱动模块接口
17.     "../ssd1306_3rd_driver/ssd1306",
18.
19.     # EasyWiFi 模块接口
20.     "../easy_wifi/src",
21.   ]
22. }
```

修改 applications\sample\wifi-iot\app\BUILD.gn 文件，源码如下：

```
 1. import("//build/lite/config/component/lite_component.gni")
 2.
 3. # for "tcpserver" example.
 4. lite_component("app") {
 5.   features = [
 6.     "tcpserver:net_demo",                          # 案例程序模块
 7.     "ssd1306_3rd_driver/ssd1306:oled_ssd1306",     # OLED 显示屏驱动模块
 8.     "easy_wifi/src:easy_wifi",                     # EasyWiFi 模块
 9.   ]
10. }
```

5. 编译、烧录

编译、烧录的具体操作不再赘述。

图 9-4　案例的运行结果

6. 运行测试

可以参考以下步骤：

第 1 步，准备好无线路由器（或使用 USB 无线网卡配合“Wi-Fi 热点工具”开启热点）。

第 2 步，重启开发板，等待开发板连接到热点上并且进入监听状态。

第 3 步，使用开发机或同一内网的其他 PC 开启 TCP 客户端。打开命令提示符，执行命令“nc <开发板的 IP> 5678”。注意观察 OLED 显示屏的输出信息，如图 9-4 所示。

第 4 步，TCP 客户端发送数据。在 netcat 的命令提示符窗口中输入文字（例如“hello”）并按回车键发送。

第 5 步，查看两端的通信内容（在 OLED 显示屏上查看 TCP 服务端收到的信息，在命令提示符窗口中查看 TCP 客户端收到的信息）。

9.3 UDP客户端编程

本节内容：

与 UDP 客户端编程相关的 API；UDP 客户端的工作流程；通过案例程序学习相关 API 的具体使用方法。

9.3.1 相关 API 介绍

这些 API 见表 9-3。

表 9-3　海思 SDK Socket API（UDP 客户端编程相关）

API	描述
int lwip_socket(int domain, int type, int protocol)	创建一个 Socket，返回文件描述符
u16_t lwip_htons(u16_t n)	将主机字节序转化为网络字节序
int lwip_inet_pton(int af, const char *src, void *dst)	将 IP 地址从“点分十进制”字符串转化为标准格式（32 位整数）
ssize_t lwip_sendto(int s, const void *dataptr, size_t size, int flags, const struct sockaddr *to, socklen_t tolen)	通过 Socket 发送数据。Socket 可以是无连接的
ssize_t lwip_recvfrom(int socket, void *buffer, size_t length, int flags, struct sockaddr *address, socklen_t *address_len)	通过 Socket 接收数据。Socket 可以是无连接的
int closesocket(int s)	关闭 Socket。也可写成 lwip_close，但不能简写成 close

请注意，多数函数都拥有“lwip_”前缀，这些前缀是可选的，也就是可写可不写。

9.3.2 UDP 客户端的工作流程

UDP 客户端的工作流程如下：

第 1 步，使用 socket 接口创建一个 UDP Socket。

第 2 步，使用 sendto 接口向 UDP 服务端 Socket 发送数据。

第 3 步，使用 recvfrom 接口从 UDP 服务端 Socket 接收数据。

第 4 步，使用 closesocket 接口关闭 Socket。

9.3.3 案例程序

下面通过案例程序介绍相关 API 的具体使用方法。

1. 目标

本案例的目标如下：第一，掌握 Socket API 的位置和详细信息；第二，掌握 UDP 客户端的工作流程；第三，学会使用 LwIP 的 Socket API 进行 UDP 客户端编程。

2. 准备开发套件

请准备好智能家居开发套件，组装好底板、核心板和 OLED 显示屏板。

3. 新建目录

启动虚拟机。在 VS Code 中打开 OpenHarmony 源码根目录。新建 applications\sample\wifi-iot\app\udpclient 目录，这个目录将作为本案例程序的根目录。

4. 编写源码与编译脚本

新建 applications\sample\wifi-iot\app\udpclient\demo_entry_cmsis.c 文件，源码如下：

```
 1. #include <stdio.h>            // 标准输入输出头文件
 2. #include <unistd.h>           // POSIX 头文件
 3. #include <string.h>           // 字符串处理(操作字符数组)头文件
 4.
 5. #include "ohos_init.h"        // 用于初始化服务(service)和功能(feature)的头文件
 6. #include "cmsis_os2.h"        // CMSIS-RTOS2 头文件
 7.
 8. #include "wifi_connecter.h" // EasyWiFi (STA 模式)头文件
 9. #include "ssd1306.h"          // OLED 驱动程序的接口头文件
10.
11. // 用于标识 SSID。请根据实际情况修改
12. #define PARAM_HOTSPOT_SSID "ohdev"
13.
```

```
14. // 用于标识密码。请根据实际情况修改
15. #define PARAM_HOTSPOT_PSK "openharmony"
16.
17. // 用于标识加密方式
18. #define PARAM_HOTSPOT_TYPE WIFI_SEC_TYPE_PSK
19.
20. // 用于标识UDP服务器的IP地址。请根据实际情况修改
21. #define PARAM_SERVER_ADDR "192.168.8.10"
22.
23. // 用于标识UDP服务器的端口
24. #define PARAM_SERVER_PORT 5678
25.
26. // 主线程函数
27. static void NetDemoTask(void *arg)
28. {
29.     (void)arg;
30.
31.     // 定义热点配置
32.     WifiDeviceConfig config = {0};
33.
34.     // 设置热点配置中的SSID
35.     strcpy(config.ssid, PARAM_HOTSPOT_SSID);
36.
37.     // 设置热点配置中的密码
38.     strcpy(config.preSharedKey, PARAM_HOTSPOT_PSK);
39.
40.     // 设置热点配置中的加密方式(Wi-Fi security types)
41.     config.securityType = PARAM_HOTSPOT_TYPE;
42.
43.     // 等待100ms
44.     osDelay(10);
45.
46.     // 连接到热点
47.     int netId = ConnectToHotspot(&config);
48.
49.     // 检查是否成功连接到热点
50.     if (netId < 0)
51.     {
52.         // 连接到热点失败
53.         printf("ConnectToAP failed\n");     // 输出错误信息
54.         ssd1306_PrintString("Connect to AP failed\r\n", Font_7x10, White);
                                                        // 显示错误信息
```

```
55.         return;
56.     }
57.
58.     // 连接到热点成功，显示连接成功信息
59.     ssd1306_PrintString("AP:connected\r\n", Font_7x10, White);
60.
61.     // 运行 UDP 客户端测试
62.     UdpClientTest(PARAM_SERVER_ADDR, PARAM_SERVER_PORT);
63.
64.     // 断开热点连接
65.     printf("disconnect to AP ...\r\n");
66.     DisconnectWithHotspot(netId);
67.     printf("disconnect to AP done!\r\n");
68. }
69.
70. // 入口函数
71. static void NetDemoEntry(void)
72. {
73.     // 初始化 OLED 显示屏
74.     ssd1306_Init();
75.
76.     // 全屏填充黑色
77.     ssd1306_Fill(Black);
78.
79.     // OLED 显示屏显示 App 标题
80.     ssd1306_PrintString("UdpClient Test\r\n", Font_7x10, White);
81.
82.     // 定义线程属性
83.     osThreadAttr_t attr;
84.     attr.name = "NetDemoTask";
85.     attr.attr_bits = 0U;
86.     attr.cb_mem = NULL;
87.     attr.cb_size = 0U;
88.     attr.stack_mem = NULL;
89.     attr.stack_size = 10240;
90.     attr.priority = osPriorityNormal;
91.
92.     // 创建线程
93.     if (osThreadNew(NetDemoTask, NULL, &attr) == NULL)
94.     {
95.         printf("[NetDemoEntry] Falied to create NetDemoTask!\n");
96.     }
```

```
97. }
98.
99. // 运行入口函数
100. SYS_RUN(NetDemoEntry);
```

新建 applications\sample\wifi-iot\app\udpclient\udp_client_test.c 文件，源码如下：

```
1. #include <stdio.h>                // 标准输入输出头文件
2. #include <unistd.h>               // POSIX 头文件
3. #include <errno.h>                // 错误码头文件
4. #include <string.h>               // 字符串处理(操作字符数组)头文件
5.
6. #include "lwip/sockets.h"         // lwIP TCP/IP 协议栈：Socket API 头文件
7.
8. #include "ssd1306.h"              // OLED 驱动程序的接口头文件
9.
10. // 要发送的数据
11. static char request[] = "Hello";
12.
13. // 要接收的数据
14. static char response[128] = "";
15.
16. /// @brief UDP 客户端测试函数
17. /// @param host UDP 服务端的 IP 地址
18. /// @param port UDP 服务端的端口号
19. void UdpClientTest(const char *host, unsigned short port)
20. {
21.     // 用于接收 Socket API 返回值
22.     ssize_t retval = 0;
23.
24.     // 创建一个 UDP Socket，返回值为文件描述符
25.     int sockfd = socket(AF_INET, SOCK_DGRAM, 0);
26.
27.     // 用于设置 UDP 服务端的地址信息
28.     struct sockaddr_in toAddr = {0};
29.
30.     // 使用 IPv4 协议
31.     toAddr.sin_family = AF_INET;
32.
33.     // 端口号，从主机字节序转为网络字节序
34.     toAddr.sin_port = htons(port);
35.
36.     // 将 UDP 服务端的 IP 地址从“点分十进制”字符串转化为标准格式（32 位整数）
```

```
37.     if (inet_pton(AF_INET, host, &toAddr.sin_addr) <= 0)
38.     {
39.         // 转化失败
40.         printf("inet_pton failed!\r\n");    // 输出日志
41.
42.         // 跳转到 cleanup 部分
43.         goto do_cleanup;
44.     }
45.
46.     // 发送数据
47.     // UDP Socket 是“无连接的”，因此每次发送都必须先指定目标主机和端口，主机地址
可以是多播地址
48.     // 在发送数据的时候，使用本地随机端口 N
49.     //
50.     // 参数:
51.     // s: socket 文件描述符
52.     // dataptr: 要发送的数据
53.     // size: 要发送的数据的长度，最大为 65332 字节
54.     // flags: 消息传输标志位
55.     // to: 目标的地址信息
56.     // tolen: 目标的地址信息长度
57.     //
58.     // 返回值:
59.     // 发送的字节数，如果出错，返回-1
60.     retval = sendto(sockfd, request, sizeof(request), 0, (struct sockaddr *)
&toAddr, sizeof(toAddr));
61.
62.     // 检查接口返回值，小于 0 表示发送失败
63.     if (retval < 0)
64.     {
65.         // 发送失败
66.         printf("sendto failed!\r\n");        // 输出日志
67.         goto do_cleanup;                     // 跳转到 cleanup 部分
68.     }
69.
70.     // 发送成功
71.     // 输出日志
72.     printf("send UDP message {%s} %ld done!\r\n", request, retval);
73.     // OLED 显示屏显示发送的数据
74.     ssd1306_PrintString("send:", Font_7x10, White);
75.     ssd1306_PrintString(request, Font_7x10, White);
76.
```

```
77.     // 用于记录发送方的地址信息(IP 地址和端口号)
78.     struct sockaddr_in fromAddr = {0};
79.
80.     // 用于记录发送方的地址信息长度
81.     socklen_t fromLen = sizeof(fromAddr);
82.
83.     // 在本地随机端口 N 上接收数据
84.     // UDP Socket 是“无连接的”，因此每次接收时并不知道消息来自何处，通过 fromAddr
参数可以得到发送方的信息（主机、端口号）
85.     // device\hisilicon\hispark_pegasus\sdk_liteos\third_party\lwip_
sack\include\lwip\sockets.h → lwip_recvfrom
86.     //
87.     // 参数：
88.     // s：socket 文件描述符
89.     // buffer：接收数据的缓冲区的地址
90.     // length：接收数据的缓冲区的长度
91.     // flags：消息接收标志位
92.     // address：发送方的地址信息
93.     // address_len：发送方的地址信息长度
94.     //
95.     // 返回值：
96.     // 接收的字节数，如果出错，返回-1
97.     retval = recvfrom(sockfd, &response, sizeof(response), 0, (struct
sockaddr *)&fromAddr, &fromLen);
98.
99.     // 检查接口返回值，小于 0 表示接收失败
100.    if (retval <= 0)
101.    {
102.        // 接收失败，或者收到 0 长度的数据(忽略掉)
103.        printf("recvfrom failed or abort, %ld, %d!\r\n", retval, errno);
                                                    // 输出日志
104.        goto do_cleanup;                        // 跳转到 cleanup 部分
105.    }
106.
107.    // 接收成功
108.    // 末尾添加字符串结束符'\0'，以便后续的字符串操作
109.    response[retval] = '\0';
110.
111.    // 输出日志
112.    printf("recv UDP message {%s} %ld done!\r\n", response, retval);
113.
```

```
114.     // 显示发送方的地址信息
115.     printf("peer info: ipaddr = %s, port = %d\r\n", inet_ntoa(fromAddr.
sin_addr), ntohs(fromAddr.sin_port));
116.
117.     // OLED 显示屏显示收到的数据
118.     ssd1306_PrintString("\r\nrecv:", Font_7x10, White);
119.     ssd1306_PrintString(response, Font_7x10, White);
120.
121. // cleanup 部分
122. do_cleanup:
123.     printf("do_cleanup...\r\n");    // 输出日志
124.     // 关闭 Socket
125.     lwip_close(sockfd);
126. }
```

新建 applications\sample\wifi-iot\app\udpclient\BUILD.gn 文件，源码如下：

```
1. static_library("net_demo") {   # 注意：目标名称与案例根目录不同了
2.   sources = [
3.     # 根据功能划分源文件
4.     "demo_entry_cmsis.c",          # 入口和主线程的源文件
5.     "udp_client_test.c",           # UDP 客户端测试的源文件
6.   ]
7.
8.   include_dirs = [
9.     "//utils/native/lite/include",
10.     "//kernel/liteos_m/kal/cmsis",
11.     "//base/iot_hardware/peripheral/interfaces/kits",
12.
13.     # HAL 接口中的 Wi-Fi 接口
14.     "//foundation/communication/wifi_lite/interfaces/wifiservice",
15.
16.     # OLED 显示屏驱动模块接口
17.     "../ssd1306_3rd_driver/ssd1306",
18.
19.     # EasyWiFi 模块接口
20.     "../easy_wifi/src",
21.   ]
22. }
```

修改 applications\sample\wifi-iot\app\BUILD.gn 文件，源码如下：

```
1. import("//build/lite/config/component/lite_component.gni")
2.
3. # for "udpclient" example.
4. lite_component("app") {
5.   features = [
6.     "udpclient:net_demo",                          # 案例程序模块
7.     "ssd1306_3rd_driver/ssd1306:oled_ssd1306",     # OLED 显示屏驱动模块
8.     "easy_wifi/src:easy_wifi",                     # EasyWiFi 模块
9.   ]
10. }
```

5. 编译、烧录

编译、烧录的具体操作不再赘述。

6. 运行测试

可以参考以下步骤：

第 1 步，准备好无线路由器（或使用 USB 无线网卡配合“Wi-Fi 热点工具”开启热点）。

第 2 步，使用开发机或同一内网的其他 PC 开启 UDP 服务端。打开命令提示符，执行命令“nc -u -l -p 5678”。

第 3 步，重启开发板，等待开发板连接到热点上。

第 4 步，查看两端的通信内容。

第 5 步，UDP 服务端回复数据。在 netcat 的命令提示符窗口中输入文字（例如“dragon”）并按回车键发送。观察 UDP 客户端接收到的内容，如图 9-5 所示。

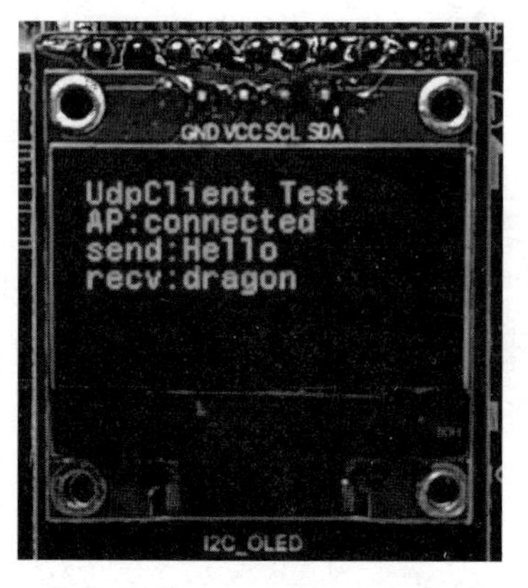

图 9-5　案例的运行结果

9.4　UDP服务端编程

本节内容：

与 UDP 服务端编程相关的 API；UDP 服务端的工作流程；UDP 通信的整体流程；通过案例程序学习相关 API 的具体使用方法。

9.4.1　相关 API 介绍

这些 API 见表 9-4。

表 9-4　海思 SDK Socket API（UDP 服务端编程相关）

API	描述
int lwip_socket(int domain, int type, int protocol)	创建一个 Socket，返回文件描述符
u16_t lwip_htons(u16_t n)	将主机字节序转化为网络字节序
u32_t lwip_htonl(u32_t x)	将主机字节序转化为网络字节序
int lwip_bind(int s, const struct sockaddr *name, socklen_t namelen)	将 Socket 和服务器的 IP、端口绑定
ssize_t lwip_sendto(int s, const void *dataptr, size_t size, int flags, const struct sockaddr *to, socklen_t tolen)	通过 Socket 发送数据。Socket 可以是无连接的
ssize_t lwip_recvfrom(int socket, void *buffer, size_t length, int flags, struct sockaddr *address, socklen_t *address_len)	通过 Socket 接收数据。Socket 可以是无连接的
int closesocket(int s)	关闭 Socket。也可写成 lwip_close

请注意，多数函数都拥有“lwip_”前缀，这些前缀是可选的，也就是可写可不写。

9.4.2　UDP 服务端的工作流程

1. UDP 服务端 Socket 的工作流程

UDP 服务端 Socket 的工作流程如下：

第 1 步，使用 socket 接口创建一个 UDP Socket。

第 2 步，使用 bind 接口将 Socket 和服务器的 IP 地址、特定端口进行绑定。

第 3 步，使用 recvfrom 接口从 UDP 客户端 Socket 接收数据。

第 4 步，使用 sendto 接口向 UDP 客户端 Socket 发送数据。

第 5 步，使用 closesocket 接口关闭 Socket。

2. UDP 通信的整体流程

结合 9.3.2 节介绍的 UDP 客户端的工作流程，我们来建立 UDP 通信的整体流程，如图 9-6 所示。请注意，图 9-6 中标有圆点的函数是阻塞式的函数。

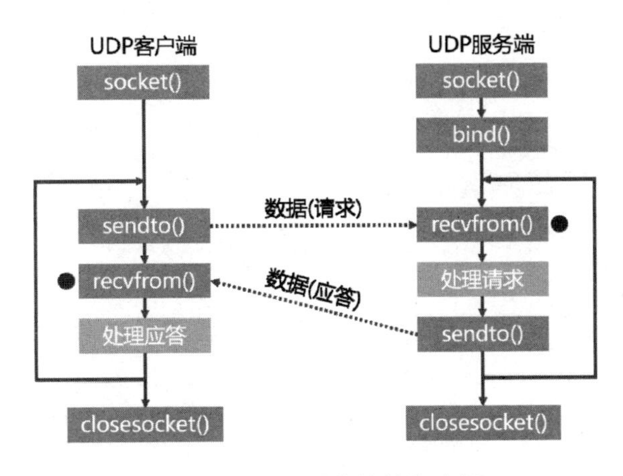

图 9-6　UDP 通信的整体流程

UDP 客户端和 UDP 服务端各自使用 socket 接口创建一个 UDP Socket。

UDP 服务端使用 bind 接口将 Socket 和服务器的 IP 地址、特定端口进行绑定。

UDP 客户端使用 sendto 接口向 UDP 服务端 Socket 发送数据（请求）。

UDP 服务端使用 recvfrom 接口从 UDP 客户端 Socket 处接收数据。UDP 服务端处理请求，然后使用 sendto 接口向 UDP 客户端 Socket 发送数据（应答）。

UDP 客户端使用 recvfrom 接口从 UDP 服务端 Socket 处接收数据。UDP 客户端处理应答。

UDP 客户端重复“发送请求、接收应答、处理应答”这个流程。

UDP 服务端会重复“接收请求、处理请求、发送应答”这个流程。

UDP 客户端在通信完毕后，使用 closesocket 接口关闭 Socket。

UDP 服务端在通信完毕后，使用 closesocket 接口关闭 Socket。

9.4.3 案例程序

下面通过案例程序介绍相关 API 的具体使用方法。

1. 目标

本案例的目标如下：第一，掌握 Socket API 的位置和详细信息；第二，掌握 UDP 服务端 Socket 的工作流程；第三，学会使用 LwIP 的 Socket API 进行 UDP 服务端编程。

2. 准备开发套件

请准备好智能家居开发套件，组装好底板、核心板和 OLED 显示屏板。

3. 新建目录

启动虚拟机。在 VS Code 中打开 OpenHarmony 源码根目录。新建 applications\sample\wifi-iot\app\udpserver 目录，这个目录将作为本案例程序的根目录。

4. 编写源码与编译脚本

新建 applications\sample\wifi-iot\app\udpserver\demo_entry_cmsis.c 文件，源码如下：

```
 1. #include <stdio.h>       // 标准输入输出头文件
 2. #include <unistd.h>      // POSIX 头文件
 3. #include <string.h>       // 字符串处理(操作字符数组)头文件
 4.
 5. #include "ohos_init.h" // 用于初始化服务(service)和功能(feature)的头文件
 6. #include "cmsis_os2.h" // CMSIS-RTOS2 头文件
 7.
 8. #include "wifi_connecter.h" // EasyWiFi  (STA 模式)头文件
 9. #include "ssd1306.h"    // OLED 驱动程序的接口头文件
10.
```

```
11. // 用于标识 SSID。请根据实际情况修改
12. #define PARAM_HOTSPOT_SSID "ohdev"
13.
14. // 用于标识密码。请根据实际情况修改
15. #define PARAM_HOTSPOT_PSK "openharmony"
16.
17. // 用于标识加密方式
18. #define PARAM_HOTSPOT_TYPE WIFI_SEC_TYPE_PSK
19.
20. // 用于标识 UDP 服务器的端口
21. #define PARAM_SERVER_PORT 5678
22.
23. // 主线程函数
24. static void NetDemoTask(void *arg)
25. {
26.     (void)arg;
27.
28.     // 定义热点配置
29.     WifiDeviceConfig config = {0};
30.
31.     // 设置热点配置中的 SSID
32.     strcpy(config.ssid, PARAM_HOTSPOT_SSID);
33.
34.     // 设置热点配置中的密码
35.     strcpy(config.preSharedKey, PARAM_HOTSPOT_PSK);
36.
37.     // 设置热点配置中的加密方式
38.     config.securityType = PARAM_HOTSPOT_TYPE;
39.
40.     // 等待 100ms
41.     osDelay(10);
42.
43.     // 连接到热点
44.     int netId = ConnectToHotspot(&config);
45.
46.     // 检查是否成功连接到热点
47.     if (netId < 0)
48.     {
49.         // 连接到热点失败
50.         printf("ConnectToAP failed\n");              // 输出错误信息
51.         ssd1306_PrintString("Connect to AP failed\r\n", Font_6x8, White);
                                                         // 显示错误信息
52.         return;
```

```
53.     }
54.
55.     // 连接到热点成功，显示连接成功信息
56.     ssd1306_PrintString("AP:connected\r\n", Font_6x8, White);
57.
58.     // 运行 UDP 服务端测试
59.     UdpServerTest(PARAM_SERVER_PORT);
60.
61.     // 断开热点连接
62.     printf("disconnect to AP ...\r\n");
63.     DisconnectWithHotspot(netId);
64.     printf("disconnect to AP done!\r\n");
65. }
66.
67. // 入口函数
68. static void NetDemoEntry(void)
69. {
70.     // 初始化 OLED 显示屏
71.     ssd1306_Init();
72.
73.     // 全屏填充黑色
74.     ssd1306_Fill(Black);
75.
76.     // OLED 显示屏显示 App 标题
77.     ssd1306_PrintString("UdpServer Test\r\n", Font_6x8, White);
78.
79.     // 定义线程属性
80.     osThreadAttr_t attr;
81.     attr.name = "NetDemoTask";
82.     attr.attr_bits = 0U;
83.     attr.cb_mem = NULL;
84.     attr.cb_size = 0U;
85.     attr.stack_mem = NULL;
86.     attr.stack_size = 10240;
87.     attr.priority = osPriorityNormal;
88.
89.     // 创建线程
90.     if (osThreadNew(NetDemoTask, NULL, &attr) == NULL)
91.     {
92.         printf("[NetDemoEntry] Falied to create NetDemoTask!\n");
93.     }
94. }
```

```
95.
96. // 运行入口函数
97. SYS_RUN(NetDemoEntry);
```

新建 applications\sample\wifi-iot\app\udpserver\udp_server_test.c 文件，源码如下：

```
 1. #include <stdio.h>                  // 标准输入输出头文件
 2. #include <unistd.h>                 // POSIX 头文件
 3. #include <errno.h>                  // 错误码头文件
 4. #include <string.h>                 // 字符串处理(操作字符数组)头文件
 5.
 6. #include "lwip/sockets.h"           // lwIP TCP/IP 协议栈：Socket API 头文件
 7.
 8. #include "ssd1306.h"                // OLED 驱动程序的接口头文件
 9.
10. // 要接收/发送的数据
11. static char message[128] = "";
12.
13. /// @brief UDP 服务端测试函数
14. /// @param port UDP 服务端的端口
15. void UdpServerTest(unsigned short port)
16. {
17.     // 用于接收 Socket API 返回值
18.     ssize_t retval = 0;
19.
20.     // 创建一个 UDP Socket，返回值为文件描述符
21.     int sockfd = socket(AF_INET, SOCK_DGRAM, 0);
22.
23.     // 用于记录 UDP 客户端的 IP 地址和端口号
24.     struct sockaddr_in clientAddr = {0};
25.
26.     // 用于记录 clientAddr 的长度
27.     socklen_t clientAddrLen = sizeof(clientAddr);
28.
29.     // 用于配置 UDP 服务端的地址信息
30.     struct sockaddr_in serverAddr = {0};
31.
32.     // 开始配置 UDP 服务端的地址信息，包括协议、端口号、允许接入的 IP 地址等
33.
34.     // 使用 IPv4 协议
35.     serverAddr.sin_family = AF_INET;
36.
37.     // 端口号，从主机字节序转为网络字节序
```

```
38.     serverAddr.sin_port = htons(port);
39.
40.     // 允许任意主机接入，INADDR_ANY 表示“0.0.0.0”
41.     serverAddr.sin_addr.s_addr = htonl(INADDR_ANY);
42.
43.     // 将 sockfd 和本服务器的 IP、端口绑定
44.     // 这样与该 IP 和端口相关的接收/发送数据都与 sockfd 关联
45.     retval = bind(sockfd, (struct sockaddr *)&serverAddr, sizeof(serverAddr));
46.
47.     // 检查接口返回值，小于 0 表示绑定失败
48.     if (retval < 0)
49.     {
50.         // 绑定失败
51.         printf("bind failed, %ld!\r\n", retval);  // 输出错误信息
52.         ssd1306_PrintString("port:bind failed\r\n", Font_6x8, White);
                                                       // 显示错误信息
53.         goto do_cleanup;                           // 跳转到 cleanup 部分
54.     }
55.
56.     // 绑定成功
57.     // 输出日志
58.     printf("bind to port %d success!\r\n", port);
59.
60.     // OLED 显示屏显示端口号
61.     ssd1306_PrintString("port:", Font_6x8, White);
62.     char strPort[5] = {0};
63.     snprintf(strPort, sizeof(strPort), "%d", port);
64.     ssd1306_PrintString(strPort, Font_6x8, White);
65.
66.     // 接收来自 UDP 客户端的消息，并用 UDP 客户端的 IP 地址和端口号填充 clientAddr 参数
67.     // UDP Socket 是“无连接的”，因此每次接收时并不知道消息来自何处，通过 clientAddr
参数可以得到发送方的信息（主机、端口号）
68.     retval = recvfrom(sockfd, message, sizeof(message), 0, (struct
sockaddr *)&clientAddr, &clientAddrLen);
69.
70.     // 接收失败，输出日志，跳转到 cleanup 部分
71.     if (retval < 0)
72.     {
73.         printf("recvfrom failed, %ld!\r\n", retval);
74.         goto do_cleanup;
75.     }
76.
```

```
77.     // 接收成功，输出日志
78.     printf("recv message {%s} %ld done!\r\n", message, retval);
79.
80.     // 显示发送方的地址信息
81.     printf("peer info: ipaddr = %s, port = %d\r\n", inet_ntoa(clientAddr.
sin_addr), ntohs(clientAddr.sin_port));
82.
83.     // OLED 显示屏显示收到的数据
84.     ssd1306_PrintString("\r\nrecv:", Font_6x8, White);
85.     ssd1306_PrintString(message, Font_6x8, White);
86.
87.     // 向 UDP 客户端的 IP 地址和端口发送消息
88.     // UDP Socket 是“无连接的”，因此每次发送都必须先指定目标主机和端口，主机地址
可以是多播地址
89.     retval = sendto(sockfd, message, strlen(message), 0, (struct sockaddr
*)&clientAddr, sizeof(clientAddr));
90.
91.     // 发送失败，输出日志，跳转到 cleanup 部分
92.     if (retval < 0)
93.     {
94.         printf("send failed, %ld!\r\n", retval);
95.         goto do_cleanup;
96.     }
97.
98.     // 发送成功
99.     // 输出日志
100.    printf("send message {%s} %ld done!\r\n", message, retval);
101.    // OLED 显示屏显示发送的数据
102.    ssd1306_PrintString("send:", Font_6x8, White);
103.    ssd1306_PrintString(message, Font_6x8, White);
104.
105. // cleanup 部分
106. do_cleanup:
107.    printf("do_cleanup...\r\n");    // 输出日志
108.    // 关闭 Socket
109.    lwip_close(sockfd);
110. }
```

新建 applications\sample\wifi-iot\app\udpserver\BUILD.gn 文件，源码如下：

```
1. static_library("net_demo") {   # 注意：目标名称与案例根目录不同了
2.   sources = [
3.     # 根据功能划分源文件
```

```
4.     "demo_entry_cmsis.c",        # 入口和主线程的源文件
5.     "udp_server_test.c",         # UDP 服务端测试的源文件
6.   ]
7.
8.   include_dirs = [
9.     "//utils/native/lite/include",
10.    "//kernel/liteos_m/kal/cmsis",
11.    "//base/iot_hardware/peripheral/interfaces/kits",
12.
13.    # HAL 接口中的 Wi-Fi 接口
14.    "//foundation/communication/wifi_lite/interfaces/wifiservice",
15.
16.    # OLED 显示屏驱动模块接口
17.    "../ssd1306_3rd_driver/ssd1306",
18.
19.    # EasyWiFi 模块接口
20.    "../easy_wifi/src",
21.  ]
22. }
```

修改 applications\sample\wifi-iot\app\BUILD.gn 文件，源码如下：

```
1. import("//build/lite/config/component/lite_component.gni")
2.
3. # for "udpserver" example.
4. lite_component("app") {
5.   features = [
6.     "udpserver:net_demo",                          # 案例程序模块
7.     "ssd1306_3rd_driver/ssd1306:oled_ssd1306",     # OLED 显示屏驱动模块
8.     "easy_wifi/src:easy_wifi",                     # EasyWiFi 模块
9.   ]
10. }
```

5. 编译、烧录

编译、烧录的具体操作不再赘述。

6. 运行测试

可以参考以下步骤：

第 1 步，准备好无线路由器（或使用 USB 无线网卡配合“Wi-Fi 热点工具”开启热点）。

第 2 步，重启开发板，等待开发板连接到热点上并且启动 UDP 服务端。

第 3 步，使用开发机或同一内网的其他 PC 开启 UDP 客户端。打开命令提示符，执行命令“nc -u <开发板的 IP 地址> 5678”。

第 4 步，UDP 客户端发送数据。在 netcat 的命令提示符窗口中输入文字（例如“dragon”）并按回车键发送。

第 5 步，查看两端的通信内容，如图 9-7 所示。

图 9-7　案例的运行结果

第 10 章 MQTT 编程

10.1 MQTT简介

本节内容：

MQTT 的概念；为什么选择 MQTT；MQTT 的应用场景；MQTT 的特性；广义上的发布/订阅模式；MQTT 的订阅与发布模型。

10.1.1 MQTT

1. MQTT 的含义

MQTT 的全称是 Message Queuing Telemetry Transport，即消息队列遥感传输。这里出现了一个名词“遥感传输”。遥感传输通常是专有嵌入式系统的名词，但是 MQTT 目前已经是一个广泛使用的技术了。那么这个“消息队列遥感传输”概念是否有些定位不准呢？从目前的使用领域来看，确实是有些不准的，但是我们要简单讲一点儿历史。

MQTT 是由 IBM 公司的 Andy Stanford-Clark 和当时 Arcom 公司的 Arlen Nipper 在 1999 年发明的。当时，他们需要一种将电池损耗和带宽都降至最低的协议，以便通过卫星和石油管道进行连接与传输数据。两位发明者为这个协议制定了几个要求，也就是这个协议必须要做到：实现简单、提供数据传输的 QoS（Quality of Service，服务质量）、轻量、占用带宽低、可传输任意类型的数据、具备可保持的会话。现在这些目标仍然是 MQTT 的核心能力，但是这个协议的主要使用场景已经从专有的嵌入式系统转变为开放的物联网场景。这种焦点的转移让人们对首字母缩写词 MQTT 的含义产生了很多困惑。我们可以这样来理解这个问题：MQTT 不再被视为 Message Queuing Telemetry Transport 首字母的缩略词，而只是协议的名称。

MQTT 在它的 3.1.1 规范中是这样定义的：MQTT 是用于物联网的 OASIS（Organization for the Advancement of Structured Information Standards，结构化信息标准促进组织）标准消息传递协议，被设计为一种极其轻量级的发布/订阅消息传输模型，非常适合连接具有小代码足迹和最小网络带宽的远程设备。

MQTT 的主要特点如下：

（1）MQTT 工作在 TCP/IP 协议栈上。

（2）它是为硬件性能低下的远程设备，以及网络状况糟糕的场景而设计的。

（3）MQTT 现在已经成了物联网的重要组成部分。

MQTT 是一种基于客户端-服务器的消息发布/订阅传输协议，重量轻、开放、简单并且易于实施。这些特性使得它非常适合在许多情况下使用，包括受限制的环境。例如，机器对机器（M2M）和物联网环境中的通信。在这些环境中往往只需要少量的代码，并且网络带宽非常宝贵。

2. 为什么选择 MQTT

适合物联网环境的通信协议有很多，在 OpenHarmony 的轻量系统中我们为什么要选择 MQTT 呢？简单来说，有以下几个原因：

（1）开源。开放源码的优势大家都明白，这里就不再赘述了。

（2）轻巧高效。MQTT 的客户端非常小，占用的资源极少，并且耗电量很小。因此可以在小型微控制器上使用。MQTT 的消息头也很小，从而可以优化网络带宽。

（3）双向通信。MQTT 允许在“设备到云”和“云到设备”之间进行消息传递，很容易向一组设备广播消息。

（4）扩展性强。MQTT 可以扩展以便连接数百万个物联网设备。

（5）消息传递可靠。消息传递的可靠性对于物联网项目来说是非常重要的。MQTT 定义了 3 个服务质量级别来保障消息传递的可靠性。QoS0 表示最多一次，QoS1 表示最少一次，QoS2 表示恰好一次。

（6）支持不可靠的网络。许多物联网设备是通过不可靠的移动网络进行连接的，MQTT 对持久会话的支持减少了客户端与代理重新连接的时间。

（7）具有安全性。MQTT 使用 TLS（Transport Layer Security，安全传输层协议）加密消息，并且使用现代身份验证协议（例如 Oauth），这样既保证了消息传递的安全性，也很容易对客户端进行身份验证。

10.1.2 MQTT 的应用场景

目前，MQTT 的应用场景主要包括以下几个：IoT 通信和 IoT 大数据采集；安卓消息推送和 Web 消息推送；移动即时消息；智能硬件、智能家居和智能电器；车联网通信；智慧城市、远程医疗和远程教育等公共设施场景。还有很多场景就不再一一列举了。我们已经进入了万物互联时代，未来几年 MQTT 的应用会越来越广泛。

10.1.3 MQTT 的技术特性

MQTT 的技术特性如下：

（1）使用发布/订阅消息通信模式，提供一对多的分布式消息应用。协议逻辑是开源的，并且简单易实现。

（2）工作在 TCP/IP 协议栈上，基于 TCP/IP 的基础网络连接。

（3）协议报文体积小，并且容易编/解码。因此可以通过很少的协议交换来减少网络传输的通信量。

（4）没有规定报文的具体内容格式。因此可以承载 JSON、二进制等不同类型的报文。

（5）支持消息接收/发送确认，能够保证消息发布的服务质量。

（6）具有 3 种消息发布的服务质量保证方式。

10.1.4 广义上的发布/订阅模式

在介绍 MQTT 的订阅与发布模型之前，我们先来介绍一下广义上的发布/订阅模式。

1. 发布/订阅模式

发布/订阅模式（Publish/Subscribe Pattern）可以简称为发布/订阅。这是传统的客户机/服务器模式（C/S 模式）的一个替代方案。在 C/S 模式中，客户机和服务器都是端点（Endpoint），端点之间可以直接通信，扮演各自的角色，如图 10-1 所示。

也可以挑选一个端点作为服务端（后端，Backend），其他端点都作为客户端（前端，Frontend）。所有客户端都与服务端直接通信，所有客户端之间不直接通信，如图 10-2 所示。这也是人们熟知的一种方式。

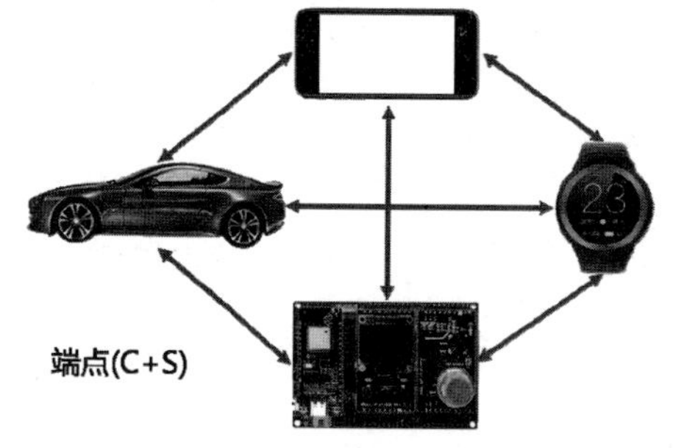

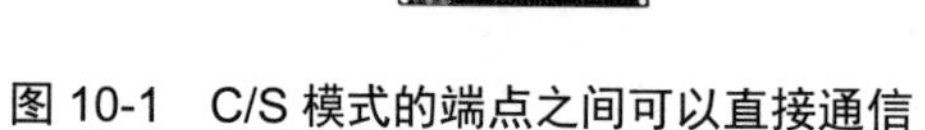
图 10-1 C/S 模式的端点之间可以直接通信

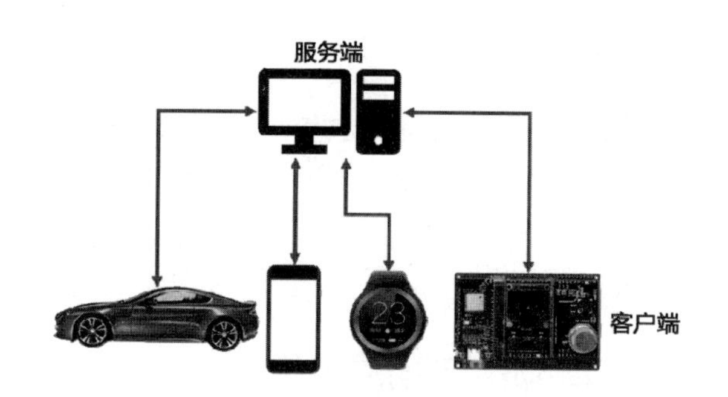

图 10-2 C/S 模式的客户端之间可以不直接通信

但是不管哪一种方式，端点之间都是靠接口（API）紧密耦合的。在 4.7.1 节中曾经分析过这种耦合方式的问题，并且给出了解耦策略。

发布/订阅模式，将发布消息的端点（发布者）与接收消息的端点（订阅者）分离了，也就是解耦了，如图 10-3 所示。

汽车、手机、手表、PC、传统意义上的服务器和我们使用的开发板都是端点。每个端点都既可以是发布者，也可以是订阅者，还可以同时是发布者和订阅者。发布者和它的订阅者从不直接联系。事实上，它们并不知道对方的存在。它们之间的通信由发布/

订阅服务器（代理）来处理。代理的工作是接收所有传入的消息，然后将它们正确地分发给订阅者。

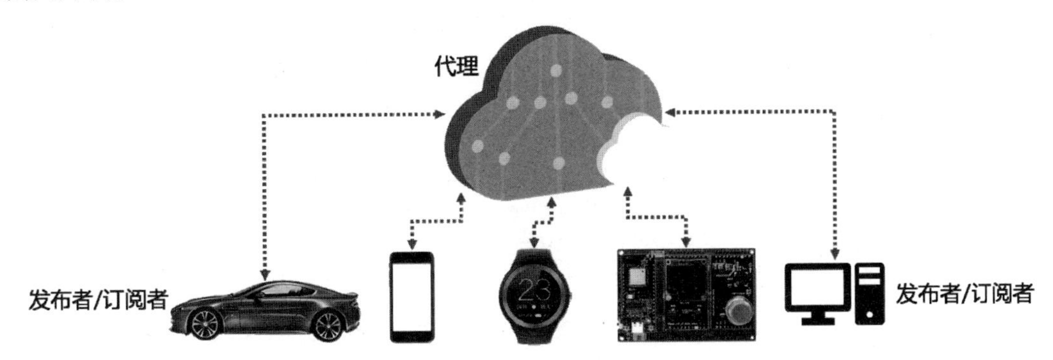

图 10-3 发布/订阅模式

在这里，有几个概念请您一定要记清楚。

（1）发布者（publisher）：代表发布消息的端点。

（2）订阅者（subscribers）：代表接收消息的端点。

（3）代理（broker）：代表发布/订阅服务器。

2. 发布/订阅模式的优势

与传统的 C/S 模式相比，发布/订阅模式最重要的优势是消息的发布者与订阅者（接收者）解耦。这种解耦具有以下 3 个维度：

第一，空间解耦。发布者和订阅者不需要相互了解，例如不需要交换 IP 地址和端口。

第二，时间解耦。发布者和订阅者不需要同时运行。

第三，同步解耦。在发布或接收的过程中，不需要中断两个组件的操作。例如，C/S 模式需要阻塞式的等待，我们在前面的章节中已经介绍过了。

总之，发布/订阅模式消除了消息的发布者和订阅者之间的直接通信，代理可以控制哪个订阅者接收哪条消息。

3. 代理的消息过滤机制

很明显，代理在发布/订阅过程中起着关键的作用。但是代理是如何过滤消息，让每个订阅者只接收自己感兴趣的消息的呢？这就涉及代理的消息过滤机制。代理有 3 种消息过滤机制，分别是基于主题的过滤、基于内容的过滤和基于类型的过滤。

（1）基于主题的过滤。首先，订阅者向代理订阅感兴趣的主题。请注意，我们用了“主题”这个中文词汇，MQTT 官网的原文是“subject or topic that is part of each message”。此后，代理将后继发布到订阅主题的所有消息都发送给订阅者。在通常情况下，主题是具有层次结构的字符串，允许使用简单的表达式进行过滤。

（2）基于内容的过滤。代理根据特定的内容过滤语言过滤消息，订阅者向代理订阅感兴趣的内容。这种方法的一个明显的缺点是必须事先知道消息的内容，并且不能加密或轻易更改。

（3）基于类型的过滤。当使用面向对象的语言时（例如 C++、Java 等），基于消息（或事件）的类型进行过滤是一种常见的做法。例如，订阅者可以订阅所有类型为 Exception 或任何子类型的消息。

10.1.5 MQTT 的订阅与发布模型

1. 基于 MQTT 的消息传递

刚刚介绍的是广义上的发布/订阅模式，下面回到 MQTT 的订阅与发布模型。MQTT 的订阅与发布使用基于主题的过滤机制。以机动车发布时速数据为例，如图 10-4 所示。

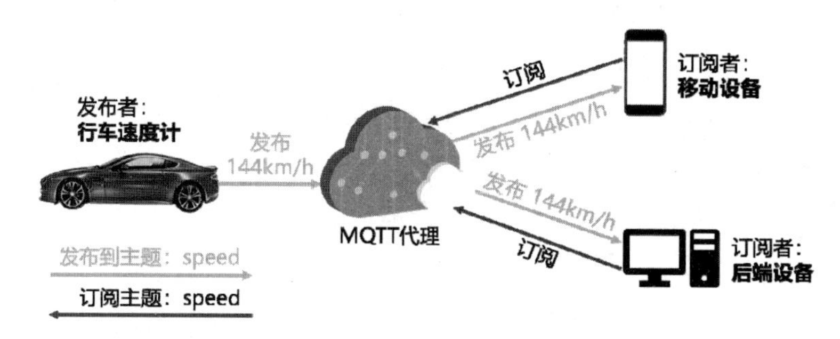

图 10-4 机动车发布时速数据

机动车通过 5G 移动网络连接到 MQTT 代理。移动设备通过 4G 移动网络连接到 MQTT 代理。还有一个后端设备，它是一台数据存储服务器，通过网线也连接到 MQTT 代理。移动设备和后端设备都订阅了一个叫 speed 的主题，此时它们成了 speed 主题的订阅者。

然后，车主开车上高速了。在某一时刻，机动车上的行车速度计发现车辆时速达到了 144km/h，于是发送给 MQTT 代理一条消息。消息的主题为 speed，内容为"车辆大架号：144km/h"。MQTT 代理收到这辆车的消息后，发现移动设备和后端设备都订阅了 speed 主题，就将这条消息转发给移动设备和后端设备。移动设备中的"智慧生活"App 在收到消息后，可以通过语音及时通知车主控制车速。因为根据法律规定，轿车在高速公路上行驶，超过规定时速 20%以上未达到 50%的，处以 200 元罚款，记六分。更重要的是，车辆时速在 120km/h 以上的时候，如果发生交通事故，乘员死亡的概率是非常高的。后端设备则对车主的驾驶习惯进行持续评估，并阶段性地提出改进建议。

当然，我们只是举一个简单的例子，在这个例子中考虑到的实际情况还很少。比如，如何避免把张三的超速信息发送给李四。这些都属于具体业务要考虑的问题，不在我们的讨论范围之内。

2. MQTT 中的基本概念

这些基本概念都非常重要，是学习本章后面内容的基础，您一定要理解并且记住它们。

（1）MQTT 客户端。MQTT 客户端（MQTT Client）指的是运行 MQTT 库，并且通过网络连接到 MQTT 代理的任何设备。

发布者和订阅者都是 MQTT 客户端，两者的区别在于 MQTT 客户端当前是发布消息还是订阅消息。发布消息的就是发布者，订阅消息的就是订阅者。当然，发布和订阅功能也可以在同一个 MQTT 客户端中实现。

MQTT 客户端可以是体积小、资源受限的设备，例如 Hi3861 开发板。MQTT 客户端也可以是体积更大、资源更丰富的 PC，或者服务器。

MQTT 的 MQTT 客户端实现非常直接和简单。MQTT 客户端库可以用于多种开发环境，例如 C、C++、Go、Android、iOS、Java、JavaScript、.NET、C#等。

（2）MQTT 代理。MQTT 代理（MQTT Broker）指的是实现发布/订阅功能的服务器。MQTT 代理是任何发布/订阅模式的核心，负责接收所有的消息、过滤消息、确定每条消息的订阅者，并且将消息发送给这些订阅的 MQTT 客户端。

MQTT 代理的规模可大可小，它可以是一台运行 MQTT 代理程序的 PC、服务器，也可以是一个服务器集群。

（3）MQTT 连接。MQTT 基于 TCP/IP 协议栈，MQTT 客户端和 MQTT 代理都需要有一个 TCP/IP 协议栈。请注意，MQTT 连接只在 MQTT 客户端和 MQTT 代理之间存在，客户端之间从不直接连接，如图 10-5 所示。

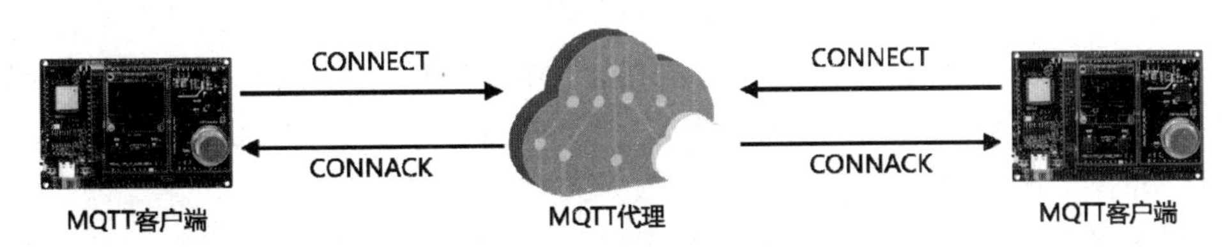

图 10-5　MQTT 连接

为了启动连接，MQTT 客户端向 MQTT 代理发送 CONNECT Packet（发起连接报文），而 MQTT 代理以 CONNACK Packet（连接回执报文）和状态代码进行响应。建立连接之后，MQTT 代理将保持连接状态，直到 MQTT 客户端发送断开连接命令或者连接中断了。

（4）发布。如图 10-6 所示，为了发布消息，左侧的 MQTT 客户端需要向 MQTT 代理发送 PUBLISH Packet（发布消息报文）。每条消息都必须包含一个主题，MQTT 代理会将消息转发给该主题的订阅者，也就是右侧的 MQTT 客户端。

通常每条消息都有一个有效负载（payload），其中包含了以字节流方式传输的数据。消息的发布者决定 payload 的数据结构，比如二进制、文本、XML、JSON 等。

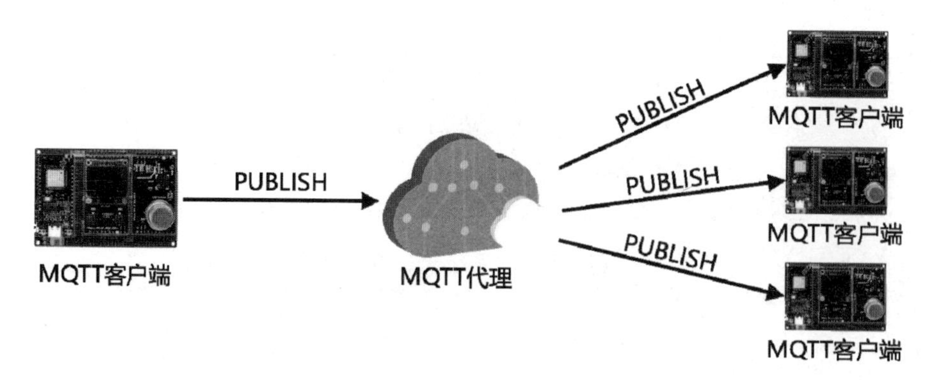

图 10-6 发布消息

（5）订阅。如图 10-7 所示，为了订阅消息，左侧的 MQTT 客户端需要向 MQTT 代理发送 SUBSCRIBE Packet（订阅消息报文），而 MQTT 代理以 SUBACK Packet（订阅回执报文）进行响应。

每次订阅都必须包含一个订阅列表，列表中可以包括多个主题。此后，左侧的 MQTT 客户端将收到已订阅主题的消息，如图 10-7 中③、④两步所示的那样。这些消息来自包含这些主题的消息的发布者。也就是说，它们发布的消息中包含了这些主题。

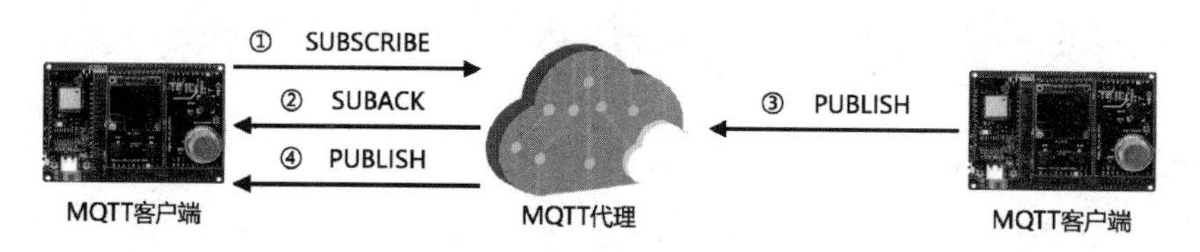

图 10-7 订阅消息

（6）取消订阅。为了取消订阅消息，左侧的 MQTT 客户端需要向 MQTT 代理发送 UNSUBSCRIBE Packet（取消订阅消息报文），而 MQTT 代理以 UNSUBACK Packet（取消订阅回执报文）进行响应，如图 10-8 所示。

每一次取消订阅都必须包含一个取消订阅列表，列表中可以包括多个主题。此后，左侧的 MQTT 客户端将不再收到该主题的消息，如图 10-8 中③、④两步所示的那样。

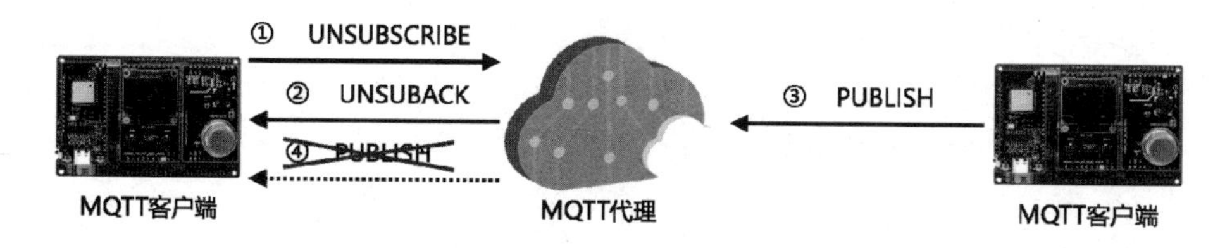

图 10-8 取消订阅

（7）主题。在 MQTT 中，主题指的是 MQTT 代理用于为每个连接的 MQTT 客户端过滤消息的 UTF-8 字符串。

主题由一个或多个主题级别组成，每个主题级别由“/”（主题级别分隔符）进行分隔，如图 10-9 所示。请注意，每个主题都必须包含至少一个字符，主题字符串允许包含空格，主题区分大小写。另外，单独的“/”是一个有效的主题。

myhome / groundfloor / livingroom / temperature

图 10-9　主题

（8）通配符。当订阅主题的时候，MQTT 客户端可以订阅一个明确的主题，也可以使用通配符同时订阅多个主题。请注意，通配符只能用于订阅主题，而不能用于发布消息。

有两种不同类型的通配符：单级通配符和多级通配符。下面先介绍单级通配符（+）。

单级通配符代表且仅代表一个主题级别，以图 10-10 为例。

myhome / groundfloor / + / temperature

myhome / groundfloor / livingroom / temperature
myhome / groundfloor / kitchen / temperature
myhome / groundfloor / kitchen / brightness
myhome / firstfloor / kitchen / temperature
myhome / groundfloor / kitchen / fridge / temperature

图 10-10　单级通配符

订阅“myhome/groundfloor/+/temperature”可以涵盖以下主题：

① myhome/groundfloor/livingroom/temperature

② myhome/groundfloor/kitchen/temperature

也就是第三个级别的主题可以任意。但是不能涵盖下面的这些主题：

① myhome/groundfloor/kitchen/brightness。因为第四个级别的主题不是 temperature。

② myhome/firstfloor/kitchen/temperature。因为第二个级别的主题不是 groundfloor。

③ myhome/groundfloor/kitchen/fridge/temperature。因为第四个级别的主题不是 temperature。

再来介绍多级通配符（#）。多级通配符涵盖了多个主题级别。请注意，多级通配符必须作为主题中的最后一个字符放置，并且前面有一个“/”，以图 10-11 为例。

myhome / groundfloor / #

myhome / groundfloor / livingroom / temperature
myhome / groundfloor / kitchen / temperature
myhome / groundfloor / kitchen / brightness
myhome / firstfloor / kitchen / temperature

图 10-11　多级通配符

订阅“myhome/groundfloor/#”可以涵盖以下这些主题：

① myhome/groundfloor/livingroom/temperature

② myhome/groundfloor/kitchen/temperature

③ myhome/groundfloor/kitchen/brightness

也就是从第三个级别的主题开始，主题可以任意。但是不能涵盖下面的主题：

④ myhome/firstfloor/kitchen/temperature。因为第二个级别的主题不是 groundfloor。

总之，当 MQTT 客户端使用多级通配符订阅主题时，它会接收到以通配符之前的模式开头的主题的所有消息，无论主题级别有多深。

如果只将多级通配符本身指定为主题，MQTT 客户端就将收到发送到 MQTT 代理的所有消息。

10.2 Paho-MQTT

本节内容：

Paho-MQTT 简介；Paho-MQTT 的源码结构；Paho-MQTT 编程的 VS Code IntelliSense 设置；Paho-MQTT 的编译；MQTT 代理工具 Mosquitto 的简介、安装、配置和使用；通过实际案例学习从设备端发布消息和订阅消息的具体方法。

10.2.1 Paho-MQTT 简介

1. Paho-MQTT 的含义

Paho-MQTT 是 Eclipse 基金会旗下的一个开源项目，主要实现了 MQTT 客户端功能。Paho-MQTT 支持多种编程语言，包括 Java、Python、JavaScript、GoLang、C/C++、.Net（C#）、Embedded C/C++等。请注意，本书使用的是它的 Embedded C/C++版本，后面再提到 Paho-MQTT 时指的都是这个版本。Paho-MQTT 的主页网址参见本节的配套资源（“网址 1-Eclipse Paho”）。它的源码仓网址参见本节的配套资源（“网址 2-Paho MQTT C client library”）。

2. Paho-MQTT 的结构

Paho-MQTT 由 MQTTPacket、MQTTClient 和 MQTTClient-C 三个库构成，我们分别进行介绍。

（1）MQTTPacket 库。这是 Paho-MQTT 底层的库，最简单、最小，但实际上也是最难以使用的库。因为它只负责处理 MQTT Packet 的序列化和反序列化。序列化，指的是获取应用程序的数据，并将其转换为通过网络发送的形式的过程。反序列化，指的是从网络中读取数据，并提取数据的过程。

MQTTPacket 库的功能与特性如图 10-12 所示。

它支持 MQTT3.1、MQTT3.1.1，但是目前不支持 MQTT5.0。它具有轻量化的特点，支持 SSL（Secure Sockets Layer，安全套接字层）/TLS（Transport Layer Security，传输

层安全协议），支持标准的 TCP，但是不支持消息的持久化、自动重新连接、离线缓冲，也不支持 WebSocket；它不具备非阻塞式 API，也不具备阻塞式 API，并且不支持高可用性。

（2）MQTTClient 库。MQTTClient 库使用 C++语言实现，但是避开了动态内存分配和 STL（Standard Template Library，标准模板库）的使用。对于依赖特定操作系统和网络的功能，MQTTClient 库提供了可替换的类。请注意，MQTTClient 库是基于 MQTTPacket 库开发的，依赖 MQTTPacket 库。

MQTTClient 库的功能与特性如图 10-13 所示。它在 MQTTPacket 库的基础上提供了阻塞式 API 的支持。

特性	支持	特性	支持
MQTT 3.1	✔	离线缓冲	✖
MQTT 3.1.1	✔	WebSocket 支持	✖
MQTT 5.0	✖	标准 TCP 支持	✔
轻量化	✔	非阻塞 API	✖
SSL / TLS	✔	阻塞 API	✖
消息持久性	✖	高可用性	✖
自动重新连接	✖		

图 10-12　MQTTPacket 库的功能与特性

特性	支持	特性	支持
MQTT 3.1	✔	离线缓冲	✖
MQTT 3.1.1	✔	WebSocket 支持	✖
MQTT 5.0	✖	标准 TCP 支持	✔
轻量化	✔	非阻塞 API	✖
SSL / TLS	✔	阻塞 API	✔
消息持久性	✖	高可用性	✖
自动重新连接	✖		

图 10-13　MQTTClient 库的功能与特性

（3）MQTTClient-C 库。这是一个 C 语言版本的 MQTTClient 库，适用于 LiteOS、FreeRTOS 等小型嵌入式操作系统。MQTTClient-C 库同样是基于 MQTTPacket 库开发的，依赖 MQTTPacket 库。

MQTTClient-C 库的功能与特性如图 10-14 所示。与 MQTTClient 库一样，它在 MQTTPacket 库的基础上提供了阻塞式 API 的支持。

特性	支持	特性	支持
MQTT 3.1	✔	离线缓冲	✖
MQTT 3.1.1	✔	WebSocket 支持	✖
MQTT 5.0	✖	标准 TCP 支持	✔
轻量化	✔	非阻塞 API	✖
SSL / TLS	✔	阻塞 API	✔
消息持久性	✖	高可用性	✖
自动重新连接	✖		

图 10-14　MQTTClient-C 库的功能与特性

10.2.2 Paho-MQTT 源码的结构

1. 总体结构

Paho-MQTT 源码的总体结构如图 10-15 所示。

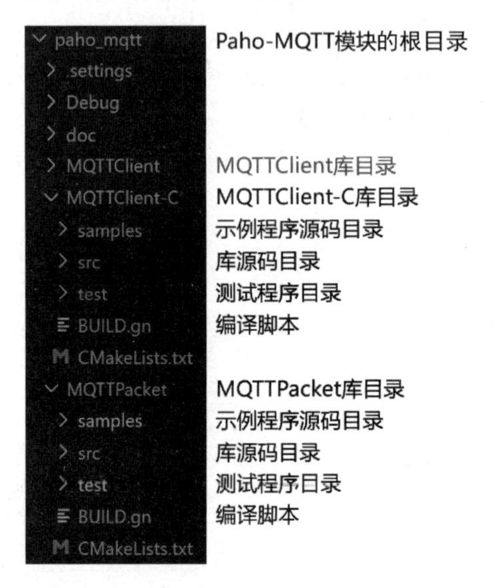

图 10-15 Paho-MQTT 源码的总体结构

Paho-MQTT 模块的根目录是 paho_mqtt。其中的 MQTTClient 目录是 MQTTClient 库的目录，由于本书用不到这个库，就不再展开介绍了。

2. MQTTClient-C 库

下面重点介绍一下 MQTTClient-C 库。

（1）库源码目录。MQTTClient-C 库源码目录 src 的结构如图 10-16 所示。

图 10-16 MQTTClient-C 库源码目录结构

（2）示例程序源码目录。MQTTClient-C 库的示例程序源码目录 samples 的结构如图 10-17 所示。

图 10-17 MQTTClient-C 库的示例程序源码目录结构

10.2.3 Paho-MQTT 编程的 VS Code IntelliSense 设置

修改.vscode\c_cpp_properties.json 文件，在 configurations → includePath 中增加 MQTTPacket 库和 MQTTClient-C 库的源码头文件所在的目录。

```
1. // --Paho-MQTT--
2. "${workspaceFolder}/applications/sample/wifi-iot/app/paho_mqtt/
MQTTPacket/src",
3. "${workspaceFolder}/applications/sample/wifi-iot/app/paho_mqtt/
MQTTClient-C/src",
4. "${workspaceFolder}/applications/sample/wifi-iot/app/paho_mqtt/
MQTTClient-C/src/ohos",
```

10.2.4 Paho-MQTT 的编译

1. 准备开发套件

请准备好智能家居开发套件，组装好底板和核心板。

2. 下载并放置 Paho-MQTT 模块的源码

在本节的配套资源中下载“paho_mqtt.zip”文件，并将其解压缩。然后将解压缩出来的目录 paho_mqtt 放置到 OpenHarmony 源码根目录的 applications\sample\wifi-iot\app 目录下。一定要确保位置正确，因为后面的操作都是基于这个位置的。

3. 编写编译脚本

修改 applications\sample\wifi-iot\app\BUILD.gn 文件，指定两个要编译的模块。第一个是 MQTTClient-C 库和它的示例程序，第二个是 MQTTPacket 库。

```
1. import("//build/lite/config/component/lite_component.gni")
2.
3. # for "paho_mqtt" example.
4. lite_component("app") {
5.   features = [
6.     "paho_mqtt/MQTTClient-C:paho-mqttclient",
                                    # MQTTClient-C 模块和它的示例程序
7.     "paho_mqtt/MQTTPacket:paho-mqttpacket"    # MQTTPacket 模块
8.   ]
9. }
```

4. 编译、烧录、运行

编译、烧录、运行的具体操作不再赘述，请注意观察运行的结果。

5. 在源码中学习 AT 命令

在刚才运行的时候并没有看到与 Paho-MQTT 有关的信息输出，这是正常的。因为 Paho-MQTT 是一个库，提供了一些接口供应用程序模块调用，而应用程序模块我们还没有编写。

您可能会有以下疑问：刚才不是编译了 MQTTClient-C 库的示例程序吗？怎么示例程序也没有运行呢？原因很简单，MQTTClient-C 库的示例程序是对 OpenHarmony 的 AT 命令进行了扩展，增加了 MQTT 客户端的相应功能，包括建立 MQTT 连接、订阅主题、发布消息等。所以，这个示例程序的能力是靠 AT 命令体现出来的，我们需要运行特定的 AT 命令才可以。

具体扩展了哪些命令和每个命令具体的使用方法，有两种方法可以查到：第一种方法是在示例程序的源码中查看；第二种方法是在串口调试工具中查看。

下面先来看如何在示例程序的源码中学习这些 AT 命令。如图 10-18 所示，在 samples\ohos 目录中找到 mqtt_test_cmsis.c 文件，也就是 cmsis 版本的示例程序的源文件。

在该源文件的第 37 行附近可以看到一些宏定义，比如 MQTT_CONN、MQTT_SUB、MQTT_PUB 等。这些宏定义了相关的 AT 命令及其具体的命令名称。比如，MQTT_CONN 命令表示建立 MQTT 连接，命令名称为“+MQTT_CONN”。这就很容易联想到完整的 AT 命令名称就是“AT+MQTT_CONN”。相应地，订阅主题的 AT 命令就是“AT+MQTT_SUB”，发布消息的 AT 命令就是“AT+MQTT_PUB”。

```
∨ MQTTClient-C              29  #include <stdio.h>
  ∨ samples                 30  #include <stdlib.h>
    > FreeRTOS              31  #include <string.h>
    > linux                 32  #include "ohos_init.h"
    ∨ ohos                  33  #include "wifiiot_at.h"
      BUILD.gn          U   34  #include "wifi_device.h"
      CMakeLists.txt    U   35  #include "mqtt_test.h"
      hal_wifiiot_at.c  U   36
      hal_wifiiot_at.h  U   37  #define MQTT_CONN "+MQTT_CONN"
      hal_wifiiot_errno.h U 38  #define MQTT_DISC "+MQTT_DISC"
      mqtt_test_cmsis.c U   39  #define MQTT_TEST "+MQTT_TEST"
      mqtt_test_posix.c U   40  #define MQTT_SUB  "+MQTT_SUB"
      mqtt_test.c       U   41  #define MQTT_PUB  "+MQTT_PUB"
      mqtt_test.h       U   42  #define AT(cmd)   "AT" cmd
      wifiiot_at.c      U   43
```

图 10-18　在源码中学习 AT 命令

现在已经得到了命令名称，接下来介绍每个命令具体的使用方法。可以继续分析示例程序的源码，但是单纯地从使用角度来看，这并不是效率最高的方式。这就涉及了第二种方法：在串口调试工具中查看每个命令的具体使用方法。

6. 在串口调试工具中学习 AT 命令

方法很简单，输入“AT+MQTT_CONN=”，然后发送命令（在 MobaXterm 中按回车键之后再按“Ctrl+J”组合键）即可。图 10-19 直接给出了每个命令的具体使用方法。请您重点记住 AT+MQTT_CONN、AT+MQTT_PUB 和 AT+MQTT_SUB 命令的使用方法。

```
AT+MQTT_CONN=
MqttConnCmd @ ../../../applications/sample/wifi-iot/app/paho_mqtt/MQ
hos/mqtt_test_cmsis.c +54
+MQTT_CONN: argc = 0, argv =
Usage: AT+MQTT_CONN=host,port[clientId,username,password]
Usage: AT+MQTT_TEST
Usage: AT+MQTT_DISC
Usage: AT+MQTT_PUB=topic,payload
Usage: AT+MQTT_SUB=topic
```

图 10-19　在串口调试工具中学习 AT 命令

10.2.5　MQTT 代理 Mosquitto

1. Mosquitto 简介

只有 MQTT 客户端还不够，我们还需要一个 MQTT 代理才能建立连接，并且进行测试。接下来介绍一个 MQTT 代理工具——Mosquitto。Mosquitto 是 Eclipse 基金会旗下的一个开源的消息代理，实现了 MQTT 的 5.0、3.1.1 和 3.1 版本。Mosquitto 很轻量，适用于从低功耗 IoT 设备到服务器的所有设备。

除了具备 MQTT 代理的功能，Mosquitto 还提供了两个命令行方式的 MQTT 客户端工具。它们是 mosquitto_pub 和 mosquitto_sub，用于发布消息和订阅主题。实际上，Mosquitto 提供了一系列命令行程序，它的主要命令行程序如下：

（1）mosquitto.exe：MQTT 代理程序。

（2）mosquitto_pub.exe：一个 MQTT 客户端程序，用于将消息发布到 MQTT 代理处。

（3）mosquitto_sub.exe：一个 MQTT 客户端程序，用于从 MQTT 代理处订阅主题。

（4）mosquitto_passwd.exe：用于生成 Mosquitto 密码文件。

（5）mosquitto_rr.exe：用于与 MQTT 代理进行简单的请求/响应测试。

请注意，Mosquitto 有一个配置文件 mosquitto.conf，这是它的 MQTT 代理的配置文件。

2. 在 PC 端安装 Mosquitto

在 PC 端安装 Mosquitto 的方法很简单。打开 Mosquitto 官网，网址参见本节的配套资源（“网址 3-Eclipse Mosquitto”）。进入官网的 download 页面，找到 Windows 部分。下载最新版的安装程序即可，比如 mosquitto-2.0.14。下载完成后，运行安装程序，进行安装。建议将它安装在 C 盘以外的位置，以便修改配置文件。

3. 配置 Mosquitto

安装完毕后，需要对 Mosquitto 的 MQTT 代理进行配置，包括启用匿名访问和配置端口号。

（1）启用匿名访问。在 Mosquitto 安装目录下的 mosquitto.conf 文件中增加配置行：

```
1. allow_anonymous true
```

（2）配置端口号。在 Mosquitto 安装目录下的 mosquitto.conf 文件中增加配置行：

```
1. listener 1883
```

请注意，如果不配置端口号，Mosquitto 的 MQTT 代理会启动本地模式（官方文档的原文是“Starting in local only mode”）。本地模式是无法接受远程 MQTT 客户端连接的。

4. Mosquitto 的使用

Mosquitto 的详细使用方法可以参考官方文档，网址参见本节的配套资源（“网址 4-Eclipse Mosquitto Documentation”）。本书主要涉及启动 MQTT 代理、发布消息和订阅主题。

启动代理的命令为：

```
mosquitto.exe -c mosquitto.conf -v
```

其中，-c 参数表示从文件中加载配置，-v 参数表示使用详细的日志记录。

发布消息的命令为：

```
mosquitto_pub.exe -t 消息主题 -m 消息内容
```

订阅主题的命令为：

```
mosquitto_sub.exe -t 消息主题 -v
```

其中，-v 参数表示输出收到的消息的详细内容。

本章将会频繁地使用这些命令，请您记住它们，并且做到熟练使用。

10.2.6　在设备端发布消息

下面通过实际案例来介绍如何在设备端发布消息。本案例中 Mosquitto 的安装目录为“F:\programs\mosquitto”，PC 端的 IP 地址为 192.168.8.10。请注意观察各端的信息输出。

1. 在 PC 端启动 MQTT 代理

在 Mosquitto 的安装目录下执行命令：

```
mosquitto.exe -c mosquitto.conf -v
```

2. 在 PC 端订阅主题

PC 端扮演移动端或其他设备端的角色。在 Mosquitto 的安装目录下执行命令（打开一个新的命令提示符窗口）：

```
mosquitto_sub.exe -t home/room1/temp -v
```

PC 端只订阅了温度消息，没有订阅湿度消息。

3. 在智能家居开发套件端发布消息

智能家居开发套件端的角色为 IoT 设备端。具体步骤为：

（1）准备好无线路由器（或使用 USB 无线网卡配合“Wi-Fi 热点工具”开启热点）。

（2）设备端联网（使用 MobaXterm 的快速联网脚本即可）。

（3）连接到 MQTT 代理。使用命令：

```
AT+MQTT_CONN=192.168.8.10,1883
```

（4）发布消息（温度）。使用命令：

```
AT+MQTT_PUB=home/room1/temp,25.5
```

（5）发布消息（湿度）。使用命令：

```
AT+MQTT_PUB=home/room1/humi,55
```

10.2.7 在设备端订阅消息

下面通过实际案例来介绍如何在设备端订阅消息。本案例中 Mosquitto 的安装目录为“F:\programs\mosquitto”，PC 端的 IP 地址为 192.168.8.10。请注意观察各端的信息输出。

1. 在 PC 端启动 MQTT 代理

在 Mosquitto 的安装目录下执行命令：

```
mosquitto.exe -c mosquitto.conf -v
```

2. 在智能家居开发套件端订阅主题

智能家居开发套件端的角色为 IoT 设备端。具体步骤为：

（1）准备好无线路由器（或使用 USB 无线网卡配合“Wi-Fi 热点工具”开启热点）。

（2）设备端联网（使用 MobaXterm 的快速联网脚本即可）。

（3）连接到 MQTT 代理。使用命令：

```
AT+MQTT_CONN=192.168.8.10,1883
```

（4）订阅主题。使用命令：

```
AT+MQTT_SUB=home/room1/light
```

3. 在 PC 端发布消息

PC 端扮演移动端或其他设备端的角色。具体步骤为：

（1）在 Mosquitto 的安装目录下执行命令（打开一个新的命令提示符窗口）：

```
mosquitto_pub.exe -t home/room1/light -m on
```

这个命令发布了点亮灯的指令。

（2）在 Mosquitto 的安装目录下执行命令（使用新打开的命令提示符窗口）：

```
mosquitto_pub.exe -t home/room1/light -m off
```

这个命令发布了熄灭灯的指令。

10.3 MQTT客户端编程

本节内容：

如何对 Paho-MQTT 进行封装；Paho-MQTT 的接入方法；通过案例程序学习相关 API 的设计和具体的使用方法。

10.3.1　对 Paho-MQTT 进行封装

通过对 MQTTClient-C 库源码结构的分析可以得知，MQTTClient.c 和 MQTTClient.h 这两个文件是这个模块的核心文件，如图 10-20 所示。另外，OHOS 适配接口头文件 mqtt_ohos.h 对本书来说也可以算是一个重要的文件。

图 10-20　MQTTClient-C 模块的核心文件

但是请注意，MQTTClient-C 库适合有经验的开发者直接使用。所谓有经验指的是有 MQTT 编程的经验，熟悉 MQTT 的工作流程。对于新手们来说，直接使用 MQTTClient-C 库还是有一定难度的。因此，我们需要一个"脚手架"来降低 MQTT 客户端编程入门的难度。

幸运的是，我们可以在 MQTTClient-C 库的示例程序源码中找到这个"脚手架"，如图 10-21 所示。

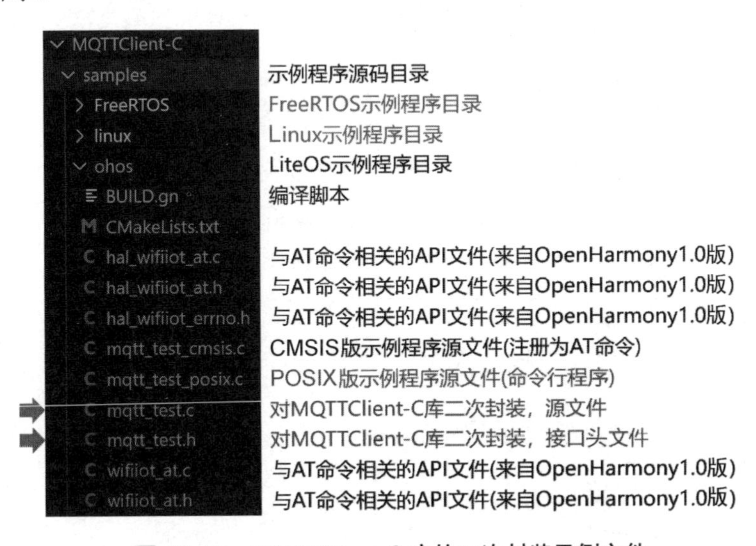

图 10-21　MQTTClient-C 库的二次封装示例文件

mqtt_test.c 是对 MQTTClient-C 库进行二次封装的源文件，mqtt_test.h 是对 MQTTClient-C 库进行二次封装的接口头文件。这就是我们需要的“脚手架”，它们对 MQTTClient-C 库进行了二次封装，非常适合新手使用。但是为了让您能够更多地了解 MQTTClient-C 库的细节，我们不会直接使用已经封装好的接口，而是参考这个示例代码，自己实现对 MQTTClient-C 库的二次封装。我们可以给接口头文件起个新名称，比如 mqtt_task（而不是 mqtt_test）。

下面仿照示例代码对 MQTTClient-C 库进行二次封装，并且完成 API 的设计。我们的目标是基于示例程序中对 MQTTClient-C 库二次封装的源码，提供更简单的接口实现 MQTT 的连接、发布、订阅、取消订阅、断开等功能。这些 API 见表 10-1。

表 10-1　mqtt_task API 的设计

API 名称	说明
void MqttTaskInit(void)	初始化并启动 MQTT 任务线程
int MqttTaskConnect(const char *host, unsigned short port, const char *clientId, const char *username, const char *password)	连接 MQTT 服务器。参数包括服务器地址、服务器端口、客户端 ID、用户名、密码
int MqttTaskSubscribe(char *topic)	订阅主题。参数 topic 用于指定主题
int MqttTaskPublish(char *topic, char *payload)	发布消息。参数包括主题、内容
int MqttTaskUnSubscribe(char *topic)	取消主题订阅。参数 topic 用于指定主题
int MqttTaskDisconnect(void)	断开与 MQTT 服务器的连接
void MqttTaskDeinit(void)	停止 MQTT 任务线程

此外，还要定义一个消息到达的回调函数，见表 10-2。

表 10-2　mqtt_task 的回调函数

回调函数名称	说明
static void OnMessageArrived(MessageData *data)	消息到达的回调函数。参数 data 表示消息

二次封装的具体代码，稍后和案例程序一起给出。

10.3.2　Paho-MQTT 模块的接入方法

1. 完成模块的 VS Code IntelliSense 设置

修改.vscode\c_cpp_properties.json 文件，在 configurations → includePath 中增加 MQTTPacket 库和 MQTTClient-C 库的源码头文件所在的目录。

```
1. // --Paho-MQTT--
2. "${workspaceFolder}/applications/sample/wifi-iot/app/paho_mqtt/
MQTTPacket/src",
3. "${workspaceFolder}/applications/sample/wifi-iot/app/paho_mqtt/
MQTTClient-C/src",
4. "${workspaceFolder}/applications/sample/wifi-iot/app/paho_mqtt/
MQTTClient-C/src/ohos",
```

这一步在 10.2.3 节已经完成了。

2. 在组件的编译脚本中添加该模块的编译入口

修改 applications\sample\wifi-iot\app\BUILD.gn 文件，在 features 部分添加 MQTTPacket 模块和 MQTTClient-C 模块。如下所示，模块路径可以使用相对路径，也可以使用绝对路径。

```
1. lite_component("app") {
2.   features = [
3.     ...
4.     "paho_mqtt/MQTTPacket:paho-mqttpacket",              # MQTTPacket
5.     "paho_mqtt/MQTTClient-C/src:paho-embed-mqtt3cc",    # MQTTClient-C
6.     # 或者用绝对路径
7.   ]
8. }
```

冒号右边的编译目标可以从冒号左侧目录下的 BUILD.gn 文件中找到。模块上方的“…”表示省略的内容，根据实际应用填写即可，比如应用程序模块、OLED 显示屏驱动模块、EasyWiFi 模块等。

3. 在应用程序的编译脚本中添加该模块的头文件路径

比如，应用程序的根目录是 applications\sample\wifi-iot\app\×××，就修改×××目录中的 BUILD.gn 文件，在头文件路径部分添加 MQTTPacket 模块和 MQTTClient-C 模块源码头文件所在的目录。头文件路径可以使用相对路径，也可以使用绝对路径，建议使用绝对路径。

```
1. include_dirs = [
2.  "//applications/sample/wifi-iot/app/paho_mqtt/MQTTClient-C/src",
3.  "//applications/sample/wifi-iot/app/paho_mqtt/MQTTClient-C/src/ohos",
4.  "//applications/sample/wifi-iot/app/paho_mqtt/MQTTPacket/src",
5.  ...
6. ]
```

4. 在应用程序的 C 源文件中包含该模块的接口头文件

接口头文件包括 MQTTClient-C 库接口头文件 MQTTClient.h 和 OHOS 适配接口头文件 mqtt_ohos.h。

```
1. #include "MQTTClient.h"     // MQTTClient-C 库接口头文件
2. #include "mqtt_ohos.h"      // OHOS(LiteOS)适配接口头文件
```

5. 使用该模块

使用该模块也就是调用模块具体的 API 实现特定的功能。在接下来的案例中，我们会对 MQTTClient-C 库进行二次封装，提供更简单的接口实现 MQTT 的连接、发布、订阅和断开等功能。

10.3.3 案例程序

下面通过案例程序介绍相关 API 的设计和具体的使用方法。

1. 目标

本案例的目标如下：
第一，熟悉 Paho-MQTT 模块的功能和源码结构。
第二，掌握 Paho-MQTT 模块的接入方法。
第三，熟悉 MQTTClient-C 库 API 和二次封装接口。
第四，学会使用 MQTTClient-C 库进行 MQTT 客户端编程。

2. 准备开发套件

请准备好智能家居开发套件，组装好底板、核心板和 OLED 显示屏板（可选的）。

3. 设计通信架构

尽管这只是一个案例，但也是一个完整的系统。所以，首先需要设计整个系统的通信架构，如图 10-22 所示。

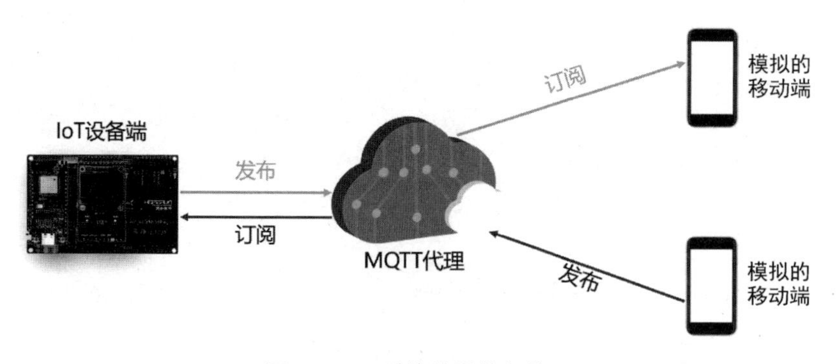

图 10-22 系统的通信架构

有一个 IoT 设备端、两个模拟的移动端和一个 MQTT 代理。IoT 设备端既是发布者，也是订阅者。右上角的移动端是订阅者，右下角的移动端是发布者。IoT 设备端和移动端之间通过 MQTT 代理进行通信。右下角的移动端发布消息，IoT 设备端订阅对应的消息。IoT 设备端发布消息，右上角的移动端订阅对应的消息。

4. 新建目录

启动虚拟机。在 VS Code 中打开 OpenHarmony 源码根目录。新建 applications\sample\wifi-iot\app\mqtt_demo 目录，这个目录将作为本案例程序的根目录。

5. 编写源码与编译脚本

新建 applications\sample\wifi-iot\app\mqtt_demo\mqtt_task.c 文件，源码如下：

```
1. // MQTT 接口头文件
2. // 对 Paho-MQTT 库进行了封装，提供一套简单的接口
3. // 使用该接口可以实现 MQTT 的连接、发布、订阅、断开等功能
4.
5. #include <stdio.h>              // 标准输入输出头文件
6. #include <stdint.h>             // 几种扩展的整数类型和宏支持头文件
7. #include <stdlib.h>             // 标准函数库头文件
8. #include <string.h>             // 字符串处理(操作字符数组)头文件
9.
10. #include "cmsis_os2.h"         // CMSIS-RTOS2 头文件
11.
12. #include "MQTTClient.h"        // MQTTClient-C 库接口头文件
13. #include "mqtt_ohos.h"         // OHOS(LiteOS)适配接口头文件
14.
15. #include "mqtt_task.h"         // MQTT 接口头文件
16.
17. // 用于输出日志
18. #define LOGI(fmt, ...) printf("[%d] %s " fmt "\n", osKernelGetTickCount(),
osThreadGetName(osThreadGetId()), ##__VA_ARGS__)
19.
20. // 控制 MQTT 任务循环
21. static volatile int running = 1;
22.
23. // MQTT 客户端
24. static MQTTClient client = {0};
25.
26. // MQTT 网络连接
27. static Network network = {0};
28.
29. // 发送和接收的数据缓冲区
30. static unsigned char sendbuf[512], readbuf[512]; //增大缓冲区，修复连接华
为云失败的问题
31.
32.
```

```
33. /// @brief MQTT 任务循环
34. /// @param arg MQTTClient
35. static void MqttTask(void *arg)
36. {
37.     // 输出日志
38.     LOGI("MqttTask start!");
39.
40.     // 转换参数的类型
41.     MQTTClient *c = (MQTTClient *)arg;
42.
43.     // 任务循环
44.     while (c)
45.     {
46.         // 检查是否需要退出任务循环
47.         // paho_mqtt 对互斥锁操作进行了简单的封装
48.         // 参见: applications\sample\wifi-iot\app\paho_mqtt\MQTTClient-C\
src\ohos\mqtt_ohos_cmsis.c
49.         mqttMutexLock(&c->mutex);
50.         if (!running)
51.         {
52.             // 需要退出任务循环
53.             LOGI("MQTT background thread exit!");
54.             mqttMutexUnlock(&c->mutex);
55.             break;
56.         }
57.         mqttMutexUnlock(&c->mutex);
58.
59.         // 尝试接收数据
60.         mqttMutexLock(&c->mutex);
61.         if (c->isconnected)
62.         {
63.             // LOGI("checking...");
64.             MQTTYield(c, 1);
65.         }
66.         mqttMutexUnlock(&c->mutex);
67.
68.         // 等待 1 秒
69.         // 参见: applications\sample\wifi-iot\app\paho_mqtt\MQTTClient-C\
src\ohos\mqtt_ohos_cmsis.c
70.         Sleep(1000);
71.         // ThreadYield();
72.     }
```

```
73.     // 输出日志
74.     LOGI("MqttTask exit!");
75. }
76.
77. /// 初始化并启动 MQTT 任务
78. void MqttTaskInit(void)
79. {
80.     // 初始化 MQTT 客户端
81.     // 在 MQTTClientInit 中, c->ipstack = network;
82.     NetworkInit(&network);
83.     MQTTClientInit(&client, &network, 300, sendbuf, sizeof(sendbuf),
readbuf, sizeof(readbuf));
84.
85.     // 开启 MQTT 任务循环
86.     running = 1;
87.
88.     // 创建 MQTT 任务线程
89.     // paho_mqtt 对创建线程操作进行了简单的封装
90.     // 参见: applications\sample\wifi-iot\app\paho_mqtt\MQTTClient-C\
src\ohos\mqtt_ohos_cmsis.c
91.     int rc = ThreadStart(&client.thread, MqttTask, &client);
92.
93.     // 输出日志
94.     LOGI("MqttTaskInit done!");
95. }
96.
97. /// 停止 MQTT 任务
98. void MqttTaskDeinit(void)
99. {
100.     mqttMutexLock(&client.mutex);
101.     // 停止 MQTT 任务循环
102.     running = 0;
103.     mqttMutexUnlock(&client.mutex);
104.     mqttMutexDeinit(&client.mutex);
105. }
106.
107. /// 连接 MQTT 服务器
108. /// @param[in] host 服务器地址
109. /// @param[in] port 服务器端口
110. /// @param[in] clientId 客户端 ID
111. /// @param[in] username 用户名
112. /// @param[in] password 密码
```

```
113. /// @return 0: 成功, -1: 失败
114. int MqttTaskConnect(const char *host, unsigned short port,
115.                 const char *clientId, const char *username, const char *password)
116. {
117.     // 用于接收接口返回值
118.     int rc = 0;
119.
120.     // 初始化 MQTT 连接信息
121.     MQTTPacket_connectData connectData =
MQTTPacket_connectData_initializer;
122.
123.     // 使用 TCP Socket 连接 MQTT 服务器
124.     // 在 MQTTClientInit 中, 将 c->ipstack 指向了 network, 所以连接成功后,
c->ipstack 中保有 Socket 句柄
125.     if ((rc = NetworkConnect(&network, (char *)host, port)) != 0)
126.     {
127.         // 连接失败, 输出日志并返回-1
128.         LOGI("NetworkConnect is %d", rc);
129.         return -1;
130.     }
131.
132.     // 设置用户名和密码
133.     if (username != NULL && password != NULL)
134.     {
135.         connectData.username.cstring = (char *)username;
136.         connectData.password.cstring = (char *)password;
137.     }
138.
139.     // 设置 MQTT 版本
140.     // 3 = 3.1
141.     // 4 = 3.1.1
142.     connectData.MQTTVersion = 3;
143.
144.     // 设置 MQTT 客户端 ID
145.     connectData.clientID.cstring = (char *)clientId;
146.
147.     // 发送 MQTT 连接包
148.     if ((rc = MQTTConnect(&client, &connectData)) != 0)
149.     {
150.         // 连接失败, 输出日志并返回-1
151.         LOGI("MQTTConnect failed: %d", rc);
152.         return -1;
```

```
153.     }
154.
155.     // 成功连接到 MQTT 服务器，输出日志并返回 0
156.     LOGI("MQTT Connected!");
157.     return 0;
158. }
159.
160. // 消息到达的回调函数
161. static void OnMessageArrived(MessageData *data)
162. {
163.     // 日志输出
164.     LOGI("Message arrived on topic %.*s: %.*s",
165.          (int)data->topicName->lenstring.len, (char *)data->topicName->
lenstring.data,
166.          (int)data->message->payloadlen, (char *)data->message->payload);
167.
168.     // 可以在此处理消息
169.     // ...
170.
171. }
172.
173. /// 订阅主题
174. /// @param topic 主题
175. int MqttTaskSubscribe(char *topic)
176. {
177.     // 用于接收接口返回值
178.     int rc = 0;
179.
180.     // 输出日志
181.     LOGI("Subscribe: [%s] from broker", topic);
182.
183.     // 发送订阅包，并等待订阅确认
184.     // Send an MQTT subscribe packet and wait for suback before returning.
185.     if ((rc = MQTTSubscribe(&client, topic, QOS2, OnMessageArrived)) != 0)
186.     {
187.         // 订阅失败，输出日志并返回-1
188.         LOGI("MQTTSubscribe failed: %d", rc);
189.         return -1;
190.     }
191.
192.     // 成功订阅，返回 0
193.     return 0;
```

```
194. }
195.
196. /// 取消主题订阅
197. /// @param topic 主题
198. int MqttTaskUnSubscribe(char *topic)
199. {
200.     // 用于接收接口返回值
201.     int rc = 0;
202.
203.     // 输出日志
204.     LOGI("UnSubscribe: [%s] from broker", topic);
205.
206.     // 发送取消订阅包，并等待取消订阅确认
207.     // send an MQTT unsubscribe packet and wait for unsuback before returning.
208.     if ((rc = MQTTUnsubscribe(&client, topic)) != 0)
209.     {
210.         // 取消订阅失败，输出日志并返回-1
211.         LOGI("MQTTUnsubscribe failed: %d", rc);
212.         return -1;
213.     }
214.
215.     // 成功取消订阅，返回 0
216.     return 0;
217. }
218.
219. /// 发布消息
220. /// @param topic 主题
221. /// @param payload 消息内容
222. int MqttTaskPublish(char *topic, char *payload)
223. {
224.     // 用于接收接口返回值
225.     int rc = 0;
226.
227.     // 定义一个 MQTT 消息数据包
228.     MQTTMessage message;
229.
230.     // 确保订阅者只收到一次消息
231.     message.qos = QOS2;
232.
233.     // 当订阅者重新连接到 MQTT 服务器时，不需要接收该主题的最新消息
234.     // Retained 消息是指在 MQTTMessage 数据包中 retained 标识设为 1 的消息
235.     // MQTT 服务器收到这样的 MQTTMessage 数据包以后，将保存这个消息
```

```
236.     // 当有一个新的订阅者订阅相应的主题时，MQTT 服务器会马上将这个消息发送给订阅者
237.     message.retained = 0;
238.
239.     // 设置消息的内容
240.     message.payload = payload;
241.
242.     // 设置消息的长度
243.     message.payloadlen = strlen(payload);
244.
245.     // 输出日志
246.     LOGI("Publish: #'%s': '%s' to broker", topic, payload);
247.
248.     // 发布消息
249.     if ((rc = MQTTPublish(&client, topic, &message)) != 0)
250.     {
251.         // 发布消息失败，输出日志并返回-1
252.         LOGI("MQTTPublish failed: %d", rc);
253.         return -1;
254.     }
255.
256.     // 发布消息成功，返回 0
257.     return 0;
258. }
259.
260. /// 断开与 MQTT 服务器的连接
261. int MqttTaskDisconnect(void)
262. {
263.     // 用于接收接口返回值
264.     int rc = 0;
265.
266.     // 发送 MQTT 断开连接包，关闭连接
267.     if ((rc = MQTTDisconnect(&client)) != 0)
268.     {
269.         // 断开连接失败，输出日志并返回-1
270.         LOGI("MQTTDisconnect failed: %d", rc);
271.         return -1;
272.     }
273.
274.     // 断开与 MQTT 服务器的 TCP Socket 连接
275.     NetworkDisconnect(&network);
276.
277.     // 断开连接成功，返回 0
```

```
278.     return 0;
279. }
```

新建 applications\sample\wifi-iot\app\mqtt_demo\mqtt_task.h 文件，源码如下：

```
1. // MQTT 接口头文件
2. // 对 Paho-MQTT 库进行了封装，提供一套简单的接口
3. // 使用该接口可以实现 MQTT 的连接、发布、订阅、断开等功能
4.
5. // 定义条件编译宏，防止头文件重复包含和编译
6. #ifndef MQTT_TASK_H
7. #define MQTT_TASK_H
8.
9. // 声明接口函数
10.
11. void MqttTaskInit(void);
12. int MqttTaskConnect(const char *host, unsigned short port,
13.             const char *clientId, const char *username, const char *password);
14. int MqttTaskSubscribe(char *topic);
15. int MqttTaskPublish(char *topic, char *payload);
16. int MqttTaskUnSubscribe(char *topic);
17. int MqttTaskDisconnect(void);
18. void MqttTaskDeinit(void);
19.
20. #endif // 条件编译结束
```

新建 applications\sample\wifi-iot\app\mqtt_demo\demo_entry.c 文件，源码如下：

```
 1. #include <stdio.h>      // 标准输入输出头文件
 2. #include <stdlib.h>     // 标准函数库头文件
 3. #include <string.h>     // 字符串处理(操作字符数组)头文件
 4.
 5. #include "ohos_init.h" // 用于初始化服务(service)和功能(feature)的头文件
 6. #include "cmsis_os2.h" // CMSIS-RTOS2 头文件
 7.
 8. #include "wifi_connecter.h" // EasyWiFi (STA 模式)头文件
 9. #include "mqtt_task.h" // MQTT 接口头文件
10.
11. // 用于标识 SSID。请根据实际情况修改
12. #define PARAM_HOTSPOT_SSID "ohdev"
13.
14. // 用于标识密码。请根据实际情况修改
15. #define PARAM_HOTSPOT_PSK "openharmony"
16.
```

```
17. // 用于标识加密方式
18. #define PARAM_HOTSPOT_TYPE WIFI_SEC_TYPE_PSK
19.
20. // 用于标识 MQTT 服务器的 IP 地址。请根据实际情况修改
21. #define PARAM_SERVER_ADDR "192.168.8.10"
22.
23. // 用于标识 MQTT 服务器的端口
24. #define PARAM_SERVER_PORT "1883"
25.
26. // 主线程函数
27. static void mqttDemoTask(void *arg)
28. {
29.     (void)arg;
30.
31.     // 连接 AP
32.     // 定义热点配置
33.     WifiDeviceConfig config = {0};
34.     // 设置热点配置中的 SSID
35.     strcpy(config.ssid, PARAM_HOTSPOT_SSID);
36.     // 设置热点配置中的密码
37.     strcpy(config.preSharedKey, PARAM_HOTSPOT_PSK);
38.     // 设置热点配置中的加密方式
39.     config.securityType = PARAM_HOTSPOT_TYPE;
40.     // 等待 100ms
41.     osDelay(10);
42.     // 连接到热点
43.     int netId = ConnectToHotspot(&config);
44.     // 检查是否成功连接到热点
45.     if (netId < 0)
46.     {
47.         printf("Connect to AP failed!\r\n");
48.         return;
49.     }
50.
51.     // 初始化并启动 MQTT 任务，连接 MQTT 服务器
52.     MqttTaskInit();                                  // 初始化并启动 MQTT 任务
53.     const char *host = PARAM_SERVER_ADDR;            // MQTT 服务器的 IP 地址
54.     unsigned short port = atoi(PARAM_SERVER_PORT);   // MQTT 服务器的端口
55.     const char *clientId = "Pegasus0001";            // MQTT 客户端的 ID
56.     const char *username = NULL;                     // MQTT 服务器的用户名
57.     const char *password = NULL;                     // MQTT 服务器的密码
58.     if (MqttTaskConnect(host, port, clientId, username, password) != 0)
```

```
                                                    // 连接MQTT服务器
59.     {
60.         // 连接失败，输出错误信息并退出
61.         printf("Connect to MQTT server failed!\r\n");
62.         return;
63.     }
64.
65.     // 订阅主题"test/b"
66.     char *stopic = "test/b";                 // 主题
67.     int rc = MqttTaskSubscribe(stopic);   // 订阅主题
68.     if (rc != 0)
69.     {
70.         // 订阅失败，输出错误信息并退出
71.         printf("MQTT Subscribe failed!\r\n");
72.         return;
73.     }
74.     // 输出订阅成功信息
75.     printf("MQTT Subscribe OK\r\n");
76.
77.     // 向主题"test/a"发布一条消息
78.     char *ptopic = "test/a";                     // 主题
79.     char *payload = "(MQTT Client) This is a Pegasus."; // 消息内容
80.     rc = MqttTaskPublish(ptopic, payload);    // 发布消息
81.     if (rc != 0)
82.         printf("MQTT Publish failed!\r\n");    // 发布失败，输出错误信息
83.     else
84.         printf("MQTT Publish OK\r\n");         // 发布成功，输出成功信息
85. }
86.
87. // 入口函数
88. static void mqttDemoEntry(void)
89. {
90.     // 定义线程属性
91.     osThreadAttr_t attr;
92.     attr.name = "mqttDemoTask";
93.     attr.attr_bits = 0U;
94.     attr.cb_mem = NULL;
95.     attr.cb_size = 0U;
96.     attr.stack_mem = NULL;
97.     attr.stack_size = 10240;
98.     attr.priority = osPriorityNormal;
99.
```

```
100.     // 创建线程
101.     if (osThreadNew(mqttDemoTask, NULL, &attr) == NULL)
102.     {
103.         printf("[mqttDemoEntry] Falied to create mqttDemoTask!\n");
104.     }
105. }
106.
107. // 运行入口函数
108. SYS_RUN(mqttDemoEntry);
```

新建 applications\sample\wifi-iot\app\mqtt_demo\BUILD.gn 文件，源码如下：

```
1. static_library("mqtt_demo") {
2.   # 设置编译选项，指定以下编译警告不当成错误处理
3.   cflags = [
4.     "-Wno-sign-compare",                    # 有符号数和无符号数对比
5.     "-Wno-unused-parameter",                # 未使用的参数
6.   ]
7.
8.   # Paho-MQTT 相关宏定义
9.   defines = [
10.     "MQTT_TASK",                           # 使用线程方式
11.     "MQTTCLIENT_PLATFORM_HEADER=mqtt_ohos.h",
                                               # 指定 OHOS(LiteOS)适配接口头文件
12.     "CMSIS",                               # 使用 CMSIS 库
13.   ]
14.
15.   # 指定要编译的程序文件
16.   sources = [
17.     "demo_entry.c",                        # 主程序文件
18.     "mqtt_task.c",                         # 对 MQTTClient-C 库二次封装
19.   ]
20.
21.   # 设置头文件路径
22.   include_dirs = [
23.     "//utils/native/lite/include",
24.     "//kernel/liteos_m/kal/cmsis",
25.     "//base/iot_hardware/peripheral/interfaces/kits",
26.     # MQTTClient-C 模块接口
27.     "//applications/sample/wifi-iot/app/paho_mqtt/MQTTClient-C/src",
28.     # MQTTClient-C 模块接口
29.     "//applications/sample/wifi-iot/app/paho_mqtt/MQTTClient-C/src/ohos",
30.     # MQTTPacket 模块接口
```

```
31.     "//applications/sample/wifi-iot/app/paho_mqtt/MQTTPacket/src",
32.     # HAL 接口中的 Wi-Fi 接口
33.     "//foundation/communication/wifi_lite/interfaces/wifiservice",
34.     # EasyWiFi 模块接口
35.     "../easy_wifi/src",
36.   ]
37. }
```

修改 applications\sample\wifi-iot\app\BUILD.gn 文件，源码如下：

```
1. import("//build/lite/config/component/lite_component.gni")
2.
3. # for "mqtt_demo" example.
4. lite_component("app") {
5.   features = [
6.     "mqtt_demo",                                      # 案例程序模块
7.     "paho_mqtt/MQTTPacket:paho-mqttpacket",           # MQTTPacket 模块
8.     "paho_mqtt/MQTTClient-C/src:paho-embed-mqtt3cc",  # MQTTClient-C 模块
9.     "easy_wifi/src:easy_wifi",                        # EasyWiFi 模块
10.   ]
11. }
```

6. 编译、烧录

编译、烧录的具体操作不再赘述。

7. 运行测试

可以参考以下步骤：

（1）在 PC 端启动 MQTT 代理。在 Mosquitto 的安装目录下执行命令（使用单独的命令提示符窗口）：

```
mosquitto.exe -c mosquitto.conf -v
```

本案例中 PC 端的 IP 地址为 192.168.8.10。

（2）在 PC 端（扮演移动端的角色）订阅主题。在 Mosquitto 的安装目录下执行命令（使用单独的命令提示符窗口）：

```
mosquitto_sub.exe -t test/a -v
```

（3）在智能家居开发套件端（扮演 IoT 设备端的角色）发布消息/订阅主题。具体步骤为：

第一步，准备好无线路由器（或使用 USB 无线网卡配合“Wi-Fi 热点工具”开启热点）。

第二步，重启开发板。

第三步，查看通信内容。

（4）在 PC 端（扮演移动端的角色）发布消息。在 Mosquitto 的安装目录下执行命令（使用单独的命令提示符窗口）：

```
mosquitto_pub.exe -t test/b -m "(MQTT Client) This is a phone."
```

本案例运行结果的整体视图如图 10-23 所示。

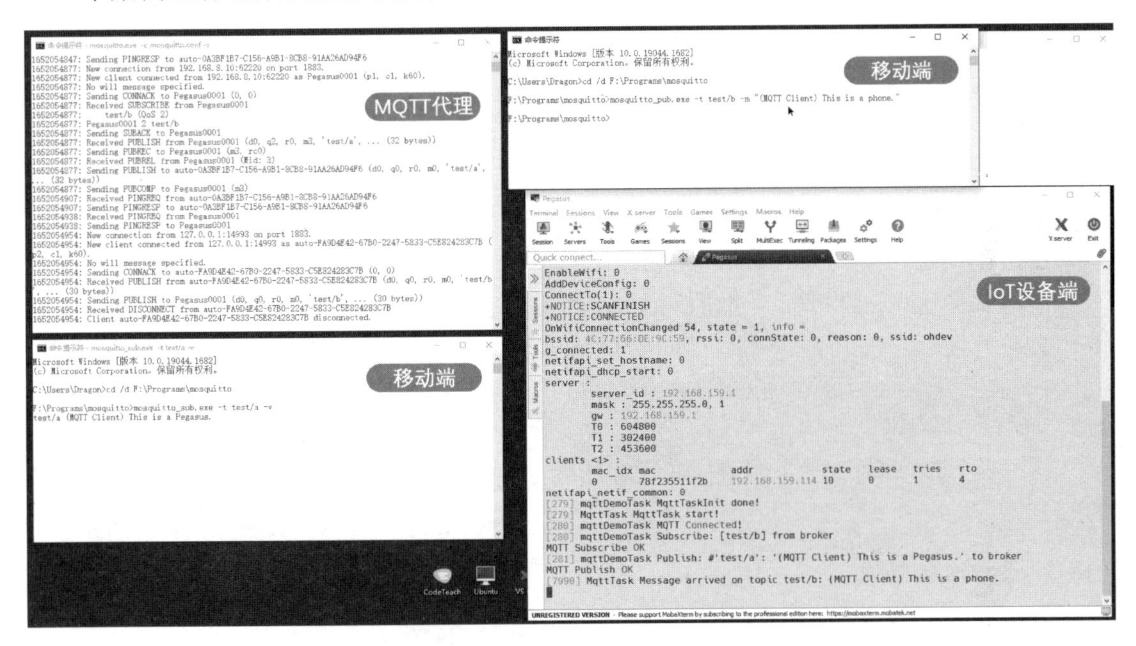

图 10-23　案例的运行结果（整体视图）

10.4　案例：灯光控制

本节内容：

案例项目简介；实现灯光控制案例项目。

10.4.1　灯光控制案例项目简介

1. 实现功能

这个案例需要实现以下功能：

第一，通过手机（模拟的方式）远程控制 IoT 设备端红、黄、绿三色灯的开关。

第二，IoT 设备端上线后，手机（模拟的方式）能够收到上线提醒。

第三，能够跨子网传输。

2. 对应的实际产品

本案例提供了特定场景的解决方案原型，对应的实际产品包括但不限于道路交通灯控制系统、智能家居灯光控制系统、智慧农业灯光控制系统等。

10.4.2 实现灯光控制案例项目

1. 目标

本案例的目标如下：

第一，学会分析项目需求、设计系统架构、制定通信协议、划分功能模块。

第二，熟练掌握 Wi-Fi、MQTT、OLED 等模块的接入方法。

第三，熟练掌握 GPIO 编程、Wi-Fi 编程、MQTT 客户端编程。

第四，熟练使用 OpenHarmony 的编译构建系统进行组件和模块的开发。

请注意，这里的“目标”指的是通过学习实现这个案例项目，即您能学到什么、掌握什么、具备什么能力。这与前面的案例项目简介中的案例需要实现的功能是不同的。

2. 准备开发套件

请准备好智能家居开发套件，组装好底板、核心板、交通灯板和 OLED 显示屏板（可选的）。

3. 设计通信架构

首先，需要设计整个系统的通信架构，如图 10-24 所示。

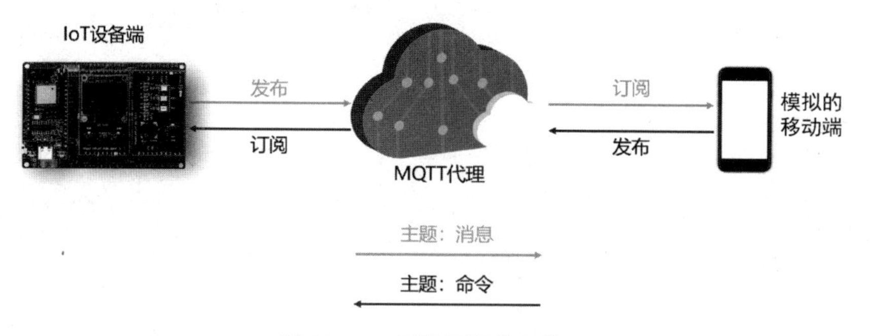

图 10-24 系统的通信架构

有一个 IoT 设备端、一个模拟的移动端和一个 MQTT 代理。IoT 设备端既是发布者，也是订阅者。移动端同样既是发布者也是订阅者。IoT 设备端和移动端之间通过 MQTT 代理进行通信。IoT 设备端发布消息，移动端订阅对应的消息，主题是消息，这个过程可以被认为是信息上报。移动端发布消息，IoT 设备端订阅对应的消息，主题是命令，这个过程可以被认为是命令下发。

4. 定义通信协议

（1）移动端下发命令。移动端下发命令的主题定义如图 10-25 所示。

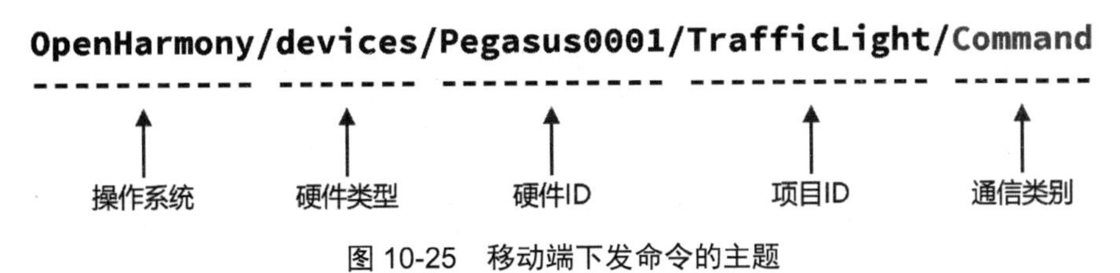

图 10-25 移动端下发命令的主题

OpenHarmony 是操作系统；devices 是硬件类型，表示 IoT 设备；Pegasus0001 是硬件 ID，表示某个开发板（对于学生来说，可以使用学号区分）；TrafficLight 是项目 ID，表示本案例项目；Command 是通信类别，表示命令。

移动端下发命令的内容定义如下：

命令格式：color,state

命令含义：打开或关闭指定颜色的灯。color 用于指定灯的颜色，1 代表红色，2 代表绿色，3 代表黄色。state 用于指定灯的状态，1 代表关闭，2 代表打开。

（2）设备端上报消息。设备端上报消息的主题定义如图 10-26 所示。

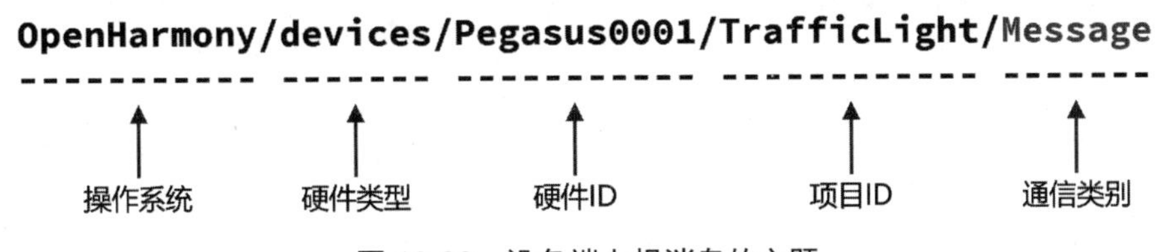

图 10-26 设备端上报消息的主题

OpenHarmony 是操作系统；devices 是硬件类型，表示 IoT 设备；Pegasus0001 是硬件 ID，表示某个开发板（对于学生来说，可以使用学号区分）；TrafficLight 是项目 ID，表示本案例项目；Message 是通信类别，表示消息。

设备端上报消息的内容定义如下：

消息内容：online。

消息含义：上线提醒。

5. 划分功能模块

下面将案例项目划分功能模块。具体划分如下：

（1）主模块：创建主线程、连接 AP、启动 MQTT 任务、订阅主题、发布消息和控制硬件。

（2）交通灯控制模块：提供初始化硬件设备、控制三色灯的接口。

（3）Wi-Fi 联网模块：提供 Wi-Fi STA 模式编程接口。

（4）MQTTPacket 模块：负责处理 MQTT Packet 的序列化和反序列化，提供底层的接口。

（5）MQTTClient-C 模块：提供 MQTT 客户端编程的下层接口。

（6）MQTT 接口模块：对 MQTTClient-C 模块进行二次封装，提供更简单的上层接口。

（7）OLED 显示屏驱动模块：这是可选的，提供 OLED 显示屏编程接口。

6. 新建目录

启动虚拟机。在 VS Code 中打开 OpenHarmony 源码根目录。新建 applications\sample\wifi-iot\app\mqtt_light 目录，这个目录将作为本案例程序的根目录。

7. 编写源码与编译脚本

新建 applications\sample\wifi-iot\app\mqtt_light\mqtt_task.c 文件，源码从 10.3.3 节的案例中（applications\sample\wifi-iot\app\mqtt_demo\mqtt_task.c）复制过来。然后包含交通灯板的三色灯接口头文件：

```
1. #include "traffic_light.h"  // 交通灯板的三色灯接口头文件
```

修改消息到达的回调函数，源码如下：

```
1. // 消息到达的回调函数
2. static void OnMessageArrived(MessageData *data)
3. {
4.     // 日志输出
5.     LOGI("Message arrived on topic %.*s: %.*s",
6.          (int)data->topicName->lenstring.len, (char *)data->topicName->
lenstring.data,
7.          (int)data->message->payloadlen, (char *)data->message->payload);
8.
9.     // 可以在此处理消息
10.    // ...
11.
12.    // 分解出命令
13.    // 命令格式: "color,state"
14.    // color 指定灯的颜色。1: 红色, 2: 绿色, 3: 黄色
15.    // state 指定灯的状态。1: 关闭, 2: 打开
16.    int color = 0;
17.    int state = 0;
18.
19.    // 按逗号分隔出 color
20.    char *p = strtok((char *)data->message->payload, ",");
21.    if (p)
22.        color = atoi(p);              // 转换为数字，转换失败返回 0
```

```
23.
24.     // 按逗号分隔出 state
25.     p = strtok(NULL, ",");
26.     if (p)
27.         state = atoi(p);             // 转换为数字，转换失败返回 0
28.
29.     // 检查 color 和 state 是否合法
30.     if (color == 0 || state == 0)
31.     {
32.         LOGI("Invalid command!\r\n");
33.         return;
34.     }
35.
36.     // 根据命令设置灯的状态
37.     SetTrafficLight(color, state);
38. }
```

新建 applications\sample\wifi-iot\app\mqtt_light\mqtt_task.h 文件，源码从 10.3.3 节的案例中（applications\sample\wifi-iot\app\mqtt_demo\mqtt_task.h）复制过来。

新建 applications\sample\wifi-iot\app\mqtt_light\traffic_light.c 文件，源码如下：

```
1. // 交通灯板的三色灯接口头文件
2. // Pegasus 交通灯板的三色灯与主控芯片引脚的对应关系
3. // GPIO_10 连接红色 LED 灯，输出高电平点亮
4. // GPIO_11 连接绿色 LED 灯，输出高电平点亮
5. // GPIO_12 连接黄色 LED 灯，输出高电平点亮
6.
7. #include <stdio.h>       // 标准输入输出头文件
8. #include <unistd.h>      // POSIX 头文件
9.
10. #include "ohos_init.h" // 用于初始化服务(service)和功能(feature)的头文件
11. #include "cmsis_os2.h" // CMSIS-RTOS2 头文件
12.
13. #include "iot_gpio.h"   // OpenHarmony API: IoT 硬件设备操作接口中的 GPIO 接口
头文件
14. #include "hi_io.h"      // 海思 Pegasus SDK: IoT 硬件设备操作接口中的 IO 接口头
文件
15. #include "hi_pwm.h"     // 海思 Pegasus SDK: IoT 硬件设备操作接口中的 PWM 接口
头文件
16.
17. // 定义 GPIO 引脚，尽量避免直接用数值
18. #define RED_GPIO 10     // 红色 LED 灯
19. #define GREEN_GPIO 11  // 绿色 LED 灯
```

```
20. #define YELLOW_GPIO 12          // 黄色 LED 灯
21.
22. /// 初始化三色灯设备
23. void InitTrafficLight(void)
24. {
25.     // 初始化 GPIO 模块
26.     IoTGpioInit(RED_GPIO);      // 初始化红色 LED 灯
27.     IoTGpioInit(GREEN_GPIO);    // 初始化绿色 LED 灯
28.     IoTGpioInit(YELLOW_GPIO);   // 初始化黄色 LED 灯
29.
30.     // 设置 GPIO-10 的功能为 GPIO
31.     hi_io_set_func(RED_GPIO, HI_IO_FUNC_GPIO_10_GPIO);
32.     // 设置 GPIO-10 的模式为输出模式（引脚方向为输出）
33.     IoTGpioSetDir(RED_GPIO, IOT_GPIO_DIR_OUT);
34.
35.     // 设置 GPIO-11 的功能为 GPIO
36.     hi_io_set_func(GREEN_GPIO, HI_IO_FUNC_GPIO_11_GPIO);
37.     // 设置 GPIO-11 的模式为输出模式（引脚方向为输出）
38.     IoTGpioSetDir(GREEN_GPIO, IOT_GPIO_DIR_OUT);
39.
40.     // 设置 GPIO-12 的功能为 GPIO
41.     hi_io_set_func(YELLOW_GPIO, HI_IO_FUNC_GPIO_12_GPIO);
42.     // 设置 GPIO-12 的模式为输出模式（引脚方向为输出）
43.     IoTGpioSetDir(YELLOW_GPIO, IOT_GPIO_DIR_OUT);
44. }
45.
46. /// 设置三色灯的状态
47. /// @param color 指定灯的颜色。1：红色，2：绿色，3：黄色
48. /// @param state 指定灯的状态。1：关闭，2：打开
49. void SetTrafficLight(int color, int state)
50. {
51.     // 设置红色 LED 灯
52.     if (color == 1)
53.     {
54.         IoTGpioSetOutputVal(RED_GPIO, state == 1 ? IOT_GPIO_VALUE0 :
IOT_GPIO_VALUE1);
55.     }
56.
57.     // 设置绿色 LED 灯
58.     else if (color == 2)
59.     {
60.         IoTGpioSetOutputVal(GREEN_GPIO, state == 1 ? IOT_GPIO_VALUE0 :
```

```
IOT_GPIO_VALUE1);
61.     }
62.
63.     // 设置黄色 LED 灯
64.     else if (color == 3)
65.     {
66.         IoTGpioSetOutputVal(YELLOW_GPIO, state == 1 ? IOT_GPIO_VALUE0 :
IOT_GPIO_VALUE1);
67.     }
68. }
```

新建 applications\sample\wifi-iot\app\mqtt_light\traffic_light.h 文件，源码如下：

```
1. // 交通灯板的三色灯接口头文件
2.
3. // 声明接口函数
4.
5. void InitTrafficLight(void);
6. void SetTrafficLight(int color, int state);
```

新建 applications\sample\wifi-iot\app\mqtt_light\demo_entry.c 文件，源码如下：

```
 1. #include <stdio.h>               // 标准输入输出头文件
 2. #include <stdlib.h>              // 标准函数库头文件
 3. #include <string.h>              // 字符串处理(操作字符数组)头文件
 4.
 5. #include "ohos_init.h" // 用于初始化服务(service)和功能(feature)的头文件
 6. #include "cmsis_os2.h"           // CMSIS-RTOS2 头文件
 7.
 8. #include "traffic_light.h"       // 交通灯板的三色灯接口头文件
 9. #include "wifi_connecter.h"      // EasyWiFi(STA 模式)头文件
10. #include "mqtt_task.h"           // MQTT 接口头文件
11.
12. // 定义一系列宏，用于标识 SSID、密码、加密方式、MQTT 服务器的 IP 地址等，请根据实际
情况修改
13. #define PARAM_HOTSPOT_SSID "ohdev"                 // AP 名称
14. #define PARAM_HOTSPOT_PSK "openharmony"            // AP 密码
15. #define PARAM_HOTSPOT_TYPE WIFI_SEC_TYPE_PSK  // 安全类型，定义在
wifi_device_config.h 文件中
16. #define PARAM_SERVER_ADDR "192.168.8.10"         // MQTT 服务器的 IP 地址
17. #define PARAM_SERVER_PORT "1883"                 // MQTT 服务器的端口
18.
19. // 主线程函数
20. static void mqttDemoTask(void *arg)
```

```
21. {
22.     (void)arg;
23.
24.     // 连接AP
25.     WifiDeviceConfig config = {0};                    // 定义热点配置
26.     strcpy(config.ssid, PARAM_HOTSPOT_SSID);          // 设置热点配置中的SSID
27.     strcpy(config.preSharedKey, PARAM_HOTSPOT_PSK); // 设置热点配置中的密码
28.     config.securityType = PARAM_HOTSPOT_TYPE;         // 设置热点配置中的加密
方式
29.     osDelay(10);
30.     int netId = ConnectToHotspot(&config);            // 连接到热点
31.     if (netId < 0)                                    // 检查是否成功连接到热点
32.     {
33.         printf("Connect to AP failed!\r\n");
34.         return;
35.     }
36.
37.     // 初始化并启动MQTT任务，连接MQTT服务器
38.     MqttTaskInit();                                   // 初始化并启动MQTT任务
39.     const char *host = PARAM_SERVER_ADDR;             // MQTT服务器的IP地址
40.     unsigned short port = atoi(PARAM_SERVER_PORT); // MQTT服务器的端口
41.     const char *clientId = "Pegasus0001";             // MQTT客户端的ID
42.     const char *username = NULL;                      // MQTT服务器的用户名
43.     const char *password = NULL;                      // MQTT服务器的密码
44.     if (MqttTaskConnect(host, port, clientId, username, password) != 0)
                                                          // 连接MQTT服务器
45.     {
46.         printf("Connect to MQTT server failed!\r\n");
47.         return;
48.     }
49.
50.     // 订阅主题"OpenHarmony/devices/Pegasus0001/TrafficLight/Command"
51.     char *stopic = "OpenHarmony/devices/Pegasus0001/TrafficLight/
Command";                                                 // 主题
52.     int rc = MqttTaskSubscribe(stopic);               // 订阅主题
53.     if (rc != 0)                                      // 检查是否成功订阅主题
54.     {
55.         printf("MQTT Subscribe failed!\r\n");
56.         return;
57.     }
58.     printf("MQTT Subscribe OK\r\n");                  // 输出订阅成功信息
59.
```

```
60.     // 向主题"OpenHarmony/devices/Pegasus0001/TrafficLight/Message"发布一
条消息
61.     char *ptopic = "OpenHarmony/devices/Pegasus0001/TrafficLight/
Message";                                                        // 主题
62.     char *payload = "online";                                // 消息内容
63.     rc = MqttTaskPublish(ptopic, payload);                   // 发布消息
64.     if (rc != 0)                                             // 检查是否成功发布消息
65.     {
66.         printf("MQTT Publish failed!\r\n");                  // 输出发布失败信息
67.         return;
68.     }
69.     printf("MQTT Publish OK\r\n");                           // 输出发布成功信息
70. }
71.
72. // 入口函数
73. static void mqttDemoEntry(void)
74. {
75.     // 初始化三色灯
76.     InitTrafficLight();
77.
78.     // 定义线程属性
79.     osThreadAttr_t attr;
80.     attr.name = "mqttDemoTask";
81.     attr.attr_bits = 0U;
82.     attr.cb_mem = NULL;
83.     attr.cb_size = 0U;
84.     attr.stack_mem = NULL;
85.     attr.stack_size = 10240;
86.     attr.priority = osPriorityNormal;
87.
88.     // 创建线程
89.     if (osThreadNew(mqttDemoTask, NULL, &attr) == NULL)
90.     {
91.         printf("[mqttDemoEntry] Falied to create mqttDemoTask!\n");
92.     }
93. }
94.
95. // 运行入口函数
96. SYS_RUN(mqttDemoEntry);
```

新建 applications\sample\wifi-iot\app\mqtt_light\BUILD.gn 文件，源码如下：

```
1. static_library("mqtt_light") {
2.   # 设置编译选项，指定以下编译警告不当成错误处理
```

```
3.   cflags = [
4.     "-Wno-sign-compare",                          # 有符号数和无符号数对比
5.     "-Wno-unused-parameter",                      # 未使用的参数
6.   ]
7.
8.   # Paho-MQTT 相关宏定义
9.   defines = [
10.    "MQTT_TASK",                                  # 使用线程方式
11.    "MQTTCLIENT_PLATFORM_HEADER=mqtt_ohos.h",     # 指定OHOS(LiteOS)适配接口头文件
12.    "CMSIS",                                      # 使用 CMSIS 库
13.  ]
14.
15.  # 指定要编译的程序文件
16.  sources = [
17.    "demo_entry.c",              # 主程序文件
18.    "mqtt_task.c",               # MQTT 接口文件 (对 MQTTClient-C 库二次封装)
19.    "traffic_light.c",           # 交通灯程序文件
20.  ]
21.
22.  # 设置头文件路径
23.  include_dirs = [
24.    "//utils/native/lite/include",
25.    "//kernel/liteos_m/kal/cmsis",
26.    "//base/iot_hardware/peripheral/interfaces/kits",
27.    # MQTTClient-C 模块接口
28.    "//applications/sample/wifi-iot/app/paho_mqtt/MQTTClient-C/src",
29.    # MQTTClient-C 模块接口
30.    "//applications/sample/wifi-iot/app/paho_mqtt/MQTTClient-C/src/ohos",
31.    # MQTTPacket 模块接口
32.    "//applications/sample/wifi-iot/app/paho_mqtt/MQTTPacket/src",
33.    # HAL 接口中的 Wi-Fi 接口
34.    "//foundation/communication/wifi_lite/interfaces/wifiservice",
35.    # EasyWiFi 模块接口
36.    "../easy_wifi/src",
37.  ]
38. }
```

修改 applications\sample\wifi-iot\app\BUILD.gn 文件，源码如下：

```
1. import("//build/lite/config/component/lite_component.gni")
2.
3. # for "mqtt_light" example.
4. lite_component("app") {
5.   features = [
6.     "mqtt_light",                                           # 案例程序模块
7.     "paho_mqtt/MQTTPacket:paho-mqttpacket",                 # MQTTPacket 模块
8.     "paho_mqtt/MQTTClient-C/src:paho-embed-mqtt3cc",        # MQTTClient-C 模块
9.     "easy_wifi/src:easy_wifi",                              # EasyWiFi 模块
10.   ]
11. }
```

8. 编译、烧录

编译、烧录的具体操作不再赘述。

9. 运行测试

可以参考以下步骤。请注意观察各端的信息输出和开发板上灯的亮灭。

（1）在 PC 端启动 MQTT 代理。在 Mosquitto 的安装目录下执行命令（使用单独的命令提示符窗口）：

```
mosquitto.exe -c mosquitto.conf -v
```

在本案例中 PC 端的 IP 地址为 192.168.8.10。

（2）在 PC 端（扮演移动端的角色）订阅消息。在 Mosquitto 的安装目录下执行命令（使用单独的命令提示符窗口）：

```
mosquitto_sub.exe -t OpenHarmony/devices/Pegasus0001/TrafficLight/Message -v
```

（3）在智能家居开发套件端（IoT 设备端的角色）发布消息/订阅命令。具体步骤为：

第一步，准备好无线路由器（或使用 USB 无线网卡配合“Wi-Fi 热点工具”开启热点）。

第二步，连接串口调试工具。

第三步，重启开发板，查看通信内容。

（4）在 PC 端（扮演移动端的角色）发布命令。在 Mosquitto 的安装目录下执行命令（使用单独的命令提示符窗口）：

```
➢ mosquitto_pub.exe -t OpenHarmony/devices/Pegasus0001/TrafficLight/
Command -m "1,2"
➢ mosquitto_pub.exe -t OpenHarmony/devices/Pegasus0001/TrafficLight/
Command -m "1,1"
```

本案例的运行结果如图 10-27 所示。

```
[296] mqttDemoTask MqttTaskInit done!
[296] MqttTask MqttTask start!
[297] mqttDemoTask MQTT Connected!
[297] mqttDemoTask Subscribe: [OpenHarmony/devices/Pegasus0001/TrafficLight/Command] from broker
MQTT Subscribe OK
[298] mqttDemoTask Publish: #'OpenHarmony/devices/Pegasus0001/TrafficLight/Message': 'online' to
 broker
MQTT Publish OK
[18843] MqttTask Message arrived on topic OpenHarmony/devices/Pegasus0001/TrafficLight/Command:
1,2
[20116] MqttTask Message arrived on topic OpenHarmony/devices/Pegasus0001/TrafficLight/Command:
1,1
```

图 10-27 案例的运行结果（串口输出信息）

10. 扩展练习

下面布置一个扩展练习，完善案例项目。目标如下：
第一，通过手机（模拟的方式）远程查询 IoT 设备端是否在线。
第二，通过手机（模拟的方式）远程查询 IoT 设备端的三色灯的状态。
请您自行完成此扩展练习。

10.5 案例：环境光采集

本节内容：
案例项目简介；实现环境光采集案例项目。

10.5.1 环境光采集案例项目简介

1. 实现功能

这个案例需要实现以下功能：
第一，通过手机（模拟的方式）远程读取 IoT 设备端环境光的强度。
第二，IoT 设备端上线后，手机（模拟的方式）能收到上线提醒。
第三，能够跨子网传输。

2. 对应的实际产品

本案例提供了特定场景的解决方案原型，对应的实际产品包括但不限于道路照明控制系统、智慧楼宇照明控制系统、智慧农业照明控制系统等。

10.5.2 实现环境光采集案例项目

1. 目标

本案例的目标如下：熟练掌握 ADC 编程，其他同 10.4.2 节。

2. 准备开发套件

请准备好智能家居开发套件，组装好底板、核心板、炫彩灯板和 OLED 显示屏板（可选的）。

3. 设计通信架构

首先，需要设计整个系统的通信架构，如图 10-28 所示。

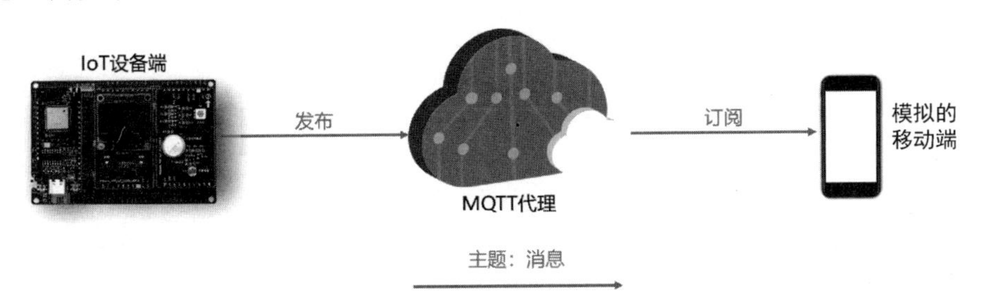

图 10-28　系统的通信架构

有一个 IoT 设备端、一个模拟的移动端和一个 MQTT 代理。IoT 设备端是发布者，移动端是订阅者。IoT 设备端和移动端之间通过 MQTT 代理进行通信。IoT 设备端发布消息，移动端订阅对应的消息，主题是消息，这个过程可以被认为是信息上报。

4. 定义通信协议

设备端上报消息的主题定义如图 10-29 所示。

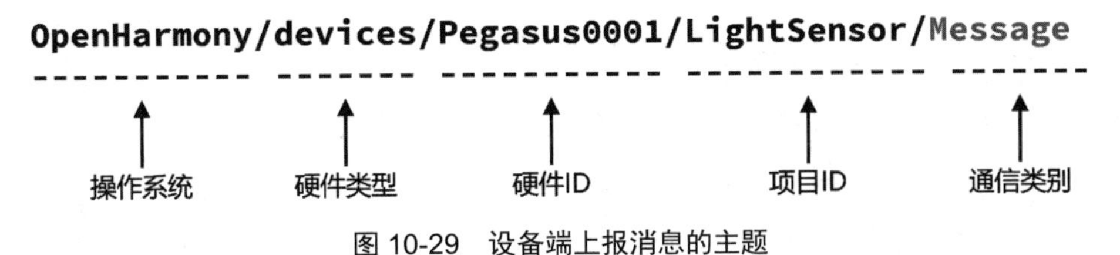

图 10-29　设备端上报消息的主题

OpenHarmony 是操作系统；devices 是硬件类型，表示 IoT 设备；Pegasus0001 是硬件 ID，表示某个开发板（对于学生来说，可以使用学号区分）；LightSensor 是项目 ID，表示本案例项目；Message 是通信类别，表示消息。

设备端上报消息的内容采用 JSON 格式，具体定义如下：

（1）上线提醒：{"device_id":"Pegasus0001", "status":"online"}

（2）上报环境光强度：{"device_id":"Pegasus0001", "light":"xxx"}

5. 划分功能模块

下面将案例项目划分功能模块。具体划分如下：

（1）主模块：创建主线程、连接 AP、启动 MQTT 任务、采集硬件数据和发布消息。

（2）环境光采集模块：提供初始化硬件设备和环境光采集的接口。

（3）Wi-Fi 联网模块：提供 Wi-Fi STA 模式编程接口。

（4）MQTTPacket 模块：负责处理 MQTT Packet 的序列化和反序列化，提供底层的接口。

（5）MQTTClient-C 模块：提供 MQTT 客户端编程的下层接口。

（6）MQTT 接口模块：对 MQTTClient-C 模块进行二次封装，提供更简单的上层接口。

（7）OLED 显示屏驱动模块：这是可选的，提供 OLED 显示屏编程接口。

6. 新建目录

启动虚拟机。在 VS Code 中打开 OpenHarmony 源码根目录。新建 applications\sample\wifi-iot\app\mqtt_light_sensor 目录，这个目录将作为本案例程序的根目录。

7. 编写源码与编译脚本

新建 applications\sample\wifi-iot\app\mqtt_light_sensor\mqtt_task.c 文件，源码从 10.3.3 节的案例中（applications\sample\wifi-iot\app\mqtt_demo\mqtt_task.c）复制过来。

新建 applications\sample\wifi-iot\app\mqtt_light_sensor\mqtt_task.h 文件，源码从 10.3.3 节的案例中（applications\sample\wifi-iot\app\mqtt_demo\mqtt_task.h）复制过来。

新建 applications\sample\wifi-iot\app\mqtt_light_sensor\light_sensor.c 文件，源码如下：

```
1. // 炫彩灯板的光敏电阻接口文件
2.
3. #include <stdio.h>      // 标准输入输出头文件
4. #include <unistd.h>     // POSIX 头文件
5.
6. #include "ohos_init.h"  // 用于初始化服务(service)和功能(feature)的头文件
7. #include "cmsis_os2.h"  // CMSIS-RTOS2 头文件
8.
9. #include "iot_gpio.h"   // OpenHarmony API：IoT 硬件设备操作接口中的 GPIO 接口头文件
10. #include "hi_io.h"     // 海思 Pegasus SDK：IoT 硬件设备操作接口中的 IO 接口头文件
11. #include "hi_adc.h"    // 海思 Pegasus SDK：IoT 硬件设备操作接口中的 ADC 接口头文件
12.
13. // 用于标识 ADC4 通道
14. #define LIGHT_SENSOR_CHAN_NAME HI_ADC_CHANNEL_4
15.
16. // 获取环境光的强度
17. unsigned short GetLightLevel()
```

```
18. {
19.     // 保存 ADC4 通道的值
20.     unsigned short data = 0;
21.
22.     // 获取 ADC4 通道的值
23.     if (hi_adc_read(LIGHT_SENSOR_CHAN_NAME, &data,
24.         HI_ADC_EQU_MODEL_4, HI_ADC_CUR_BAIS_DEFAULT, 0) == HI_ERR_SUCCESS)
25.     {
26.         // 获取成功
27.         printf("ADC_VALUE = %d\n",(unsigned int)data);// 输出 ADC4 通道的值
28.         return data;                                  // 返回 ADC4 通道的值
29.     }
30.
31.     // 获取失败返回 0
32.     return 0;
33. }
```

新建 applications\sample\wifi-iot\app\mqtt_light_sensor\light_sensor.h 文件，源码如下：

```
1. // 炫彩灯板的光敏电阻接口文件
2.
3. // 声明接口函数
4.
5. unsigned short GetLightLevel();
```

新建 applications\sample\wifi-iot\app\mqtt_light_sensor\demo_entry.c 文件，源码如下：

```
1. #include <stdio.h>                // 标准输入输出头文件
2. #include <stdlib.h>               // 标准函数库头文件
3. #include <string.h>               // 字符串处理(操作字符数组)头文件
4.
5. #include "ohos_init.h"   // 用于初始化服务(service)和功能(feature)的头文件
6. #include "cmsis_os2.h"            // CMSIS-RTOS2 头文件
7.
8. #include "light_sensor.h"         // 炫彩灯板光敏电阻接口
9. #include "wifi_connecter.h"       // EasyWiFi(STA 模式)头文件
10. #include "mqtt_task.h"           // MQTT 接口头文件
11.
12. // 定义一系列宏，用于标识 SSID、密码、加密方式、MQTT 服务器的 IP 地址等，请根据实际
情况修改
13. #define PARAM_HOTSPOT_SSID "ohdev"                   // AP 名称
14. #define PARAM_HOTSPOT_PSK "openharmony"              // AP 密码
15. #define PARAM_HOTSPOT_TYPE WIFI_SEC_TYPE_PSK  // 安全类型，定义在
wifi_device_config.h 文件中
```

```
16. #define PARAM_SERVER_ADDR "192.168.8.10"        // MQTT 服务器的 IP 地址
17. #define PARAM_SERVER_PORT "1883"                // MQTT 服务器的端口
18.
19. // 主线程函数
20. static void mqttDemoTask(void *arg)
21. {
22.     (void)arg;
23.
24.     // 连接 AP
25.     WifiDeviceConfig config = {0};               // 定义热点配置
26.     strcpy(config.ssid, PARAM_HOTSPOT_SSID);     // 设置热点配置中的 SSID
27.     strcpy(config.preSharedKey, PARAM_HOTSPOT_PSK);// 设置热点配置中的密码
28.     config.securityType = PARAM_HOTSPOT_TYPE;    // 设置热点配置中的加密方式
29.     osDelay(10);
30.     int netId = ConnectToHotspot(&config);       // 连接到热点
31.     if (netId < 0)                               // 检查是否成功连接到热点
32.     {
33.         printf("Connect to AP failed!\r\n");
34.         return;
35.     }
36.
37.     // 初始化并启动 MQTT 任务，连接 MQTT 服务器
38.     MqttTaskInit();                              // 初始化并启动 MQTT 任务
39.     const char *host = PARAM_SERVER_ADDR;        // MQTT 服务器的 IP 地址
40.     unsigned short port = atoi(PARAM_SERVER_PORT);    // MQTT 服务器的端口
41.     const char *clientId = "Pegasus0001";        // MQTT 客户端的 ID
42.     const char *username = NULL;                 // MQTT 服务器的用户名
43.     const char *password = NULL;                 // MQTT 服务器的密码
44.     if (MqttTaskConnect(host, port, clientId, username, password) != 0)
                                                     // 连接 MQTT 服务器
45.     {
46.         printf("Connect to MQTT server failed!\r\n");
47.         return;
48.     }
49.
50.     // 向主题"OpenHarmony/devices/Pegasus0001/LightSensor/Message"发布上线消息
51.     char *ptopic = "OpenHarmony/devices/Pegasus0001/LightSensor/Message";
                                                     // 主题
52.     char *payload = "{\"device_id\":\"Pegasus0001\", \"status\":\
"online\"}";   // 消息内容
53.     int rc = MqttTaskPublish(ptopic, payload); // 发布消息
54.     if (rc != 0)                                 // 检查是否成功发布消息
```

```
55.         printf("MQTT Publish failed!\r\n");
56.     else
57.         printf("MQTT Publish OK\r\n");
58.
59.     // 向主题"OpenHarmony/devices/Pegasus0001/LightSensor/Message"上报光敏电阻数据
60.     // 工作循环
61.     while (1)
62.     {
63.         char payload[64] = {0};                          // 消息内容
64.         snprintf(payload, sizeof(payload),
65.                 "{\"device_id\":\"Pegasus0001\", \"light\":\"%d\"}",
66.                 GetLightLevel());                        // 获取光敏电阻数据
67.         int rc = MqttTaskPublish(ptopic, payload); // 发布消息
68.         if (rc != 0)                                     // 检查是否成功发布消息
69.             printf("MQTT Publish failed!\r\n");
70.         else
71.             printf("MQTT Publish OK\r\n");
72.         osDelay(100);                   // 发布消息间隔 1 秒。实际上报无须这么频繁
73.     }
74. }
75.
76. // 入口函数
77. static void mqttDemoEntry(void)
78. {
79.     // 定义线程属性
80.     osThreadAttr_t attr;
81.     attr.name = "mqttDemoTask";
82.     attr.attr_bits = 0U;
83.     attr.cb_mem = NULL;
84.     attr.cb_size = 0U;
85.     attr.stack_mem = NULL;
86.     attr.stack_size = 10240;
87.     attr.priority = osPriorityNormal;
88.
89.     // 创建线程
90.     if (osThreadNew(mqttDemoTask, NULL, &attr) == NULL)
91.     {
92.         printf("[mqttDemoEntry] Falied to create mqttDemoTask!\n");
93.     }
94. }
95.
```

```
96. // 运行入口函数
97. SYS_RUN(mqttDemoEntry);
```

新建 applications\sample\wifi-iot\app\mqtt_light_sensor\BUILD.gn 文件，源码如下：

```
1. static_library("mqtt_light_sensor") {
2.   # 设置编译选项，指定以下编译警告不当成错误处理
3.   cflags = [
4.     "-Wno-sign-compare",          # 有符号数和无符号数对比
5.     "-Wno-unused-parameter",      # 未使用的参数
6.   ]
7.
8.   # Paho-MQTT 相关宏定义
9.   defines = [
10.    "MQTT_TASK",                  # 使用线程方式
11.    "MQTTCLIENT_PLATFORM_HEADER=mqtt_ohos.h",
                                    # 指定 OHOS(LiteOS)适配接口头文件
12.    "CMSIS",                      # 使用 CMSIS 库
13.  ]
14.
15.  # 指定要编译的程序文件
16.  sources = [
17.    "demo_entry.c",               # 主程序文件
18.    "mqtt_task.c",                # MQTT 接口文件 (对 MQTTClient-C 库二次封装)
19.    "light_sensor.c",             # 环境光采集程序文件
20.  ]
21.
22.  # 设置头文件路径
23.  include_dirs = [
24.    "//utils/native/lite/include",
25.    "//kernel/liteos_m/kal/cmsis",
26.    "//base/iot_hardware/peripheral/interfaces/kits",
27.    # MQTTClient-C 模块接口
28.    "//applications/sample/wifi-iot/app/paho_mqtt/MQTTClient-C/src",
29.    # MQTTClient-C 模块接口
30.    "//applications/sample/wifi-iot/app/paho_mqtt/MQTTClient-C/src/ohos",
31.    # MQTTPacket 模块接口
32.    "//applications/sample/wifi-iot/app/paho_mqtt/MQTTPacket/src",
33.    # HAL 接口中的 Wi-Fi 接口
34.    "//foundation/communication/wifi_lite/interfaces/wifiservice",
35.    # EasyWiFi 模块接口
36.    "../easy_wifi/src",
37.  ]
38. }
```

修改 applications\sample\wifi-iot\app\BUILD.gn 文件，源码如下：

```
1. import("//build/lite/config/component/lite_component.gni")
2.
3. # for "mqtt_light_sensor" example.
4. lite_component("app") {
5.   features = [
6.     "mqtt_light_sensor",                              # 案例程序模块
7.     "paho_mqtt/MQTTPacket:paho-mqttpacket",           # MQTTPacket 模块
8.     "paho_mqtt/MQTTClient-C/src:paho-embed-mqtt3cc", # MQTTClient-C 模块
9.     "easy_wifi/src:easy_wifi",                        # EasyWiFi 模块
10.  ]
11. }
```

8. 编译、烧录

编译、烧录的具体操作不再赘述。

9. 运行测试

可以参考以下步骤。请注意观察各端的通信内容。

（1）在 PC 端启动 MQTT 代理。在 Mosquitto 的安装目录下执行命令（使用单独的命令提示符窗口）：

```
mosquitto.exe -c mosquitto.conf -v
```

在本案例中 PC 端的 IP 地址为 192.168.8.10。

（2）在 PC 端（扮演移动端的角色）订阅消息。在 Mosquitto 的安装目录下执行命令（使用单独的命令提示符窗口）：

```
mosquitto_sub.exe -t OpenHarmony/devices/Pegasus0001/LightSensor/Message -v
```

（3）在智能家居开发套件端（IoT 设备端的角色）发布消息。具体步骤为：

第一步，准备好无线路由器（或使用 USB 无线网卡配合“Wi-Fi 热点工具”开启热点）。

第二步，连接串口调试工具。

第三步，重启开发板，查看通信内容。

本案例的运行结果如图 10-30 所示。

10. 扩展练习

下面布置一个扩展练习，目标如下：

第一，通过手机（模拟的方式）远程控制 IoT 设备端三色灯的开关。

第二，这是个团队任务，所有人的设备上报到同一个 MQTT 代理中，并且使用 mosquitto_sub.exe 从该 MQTT 代理处订阅自己设备的消息。需要给 mosquitto_sub.exe 增加-h 和-p 参数，请自行查阅相关资料。

请您自行完成此扩展练习。

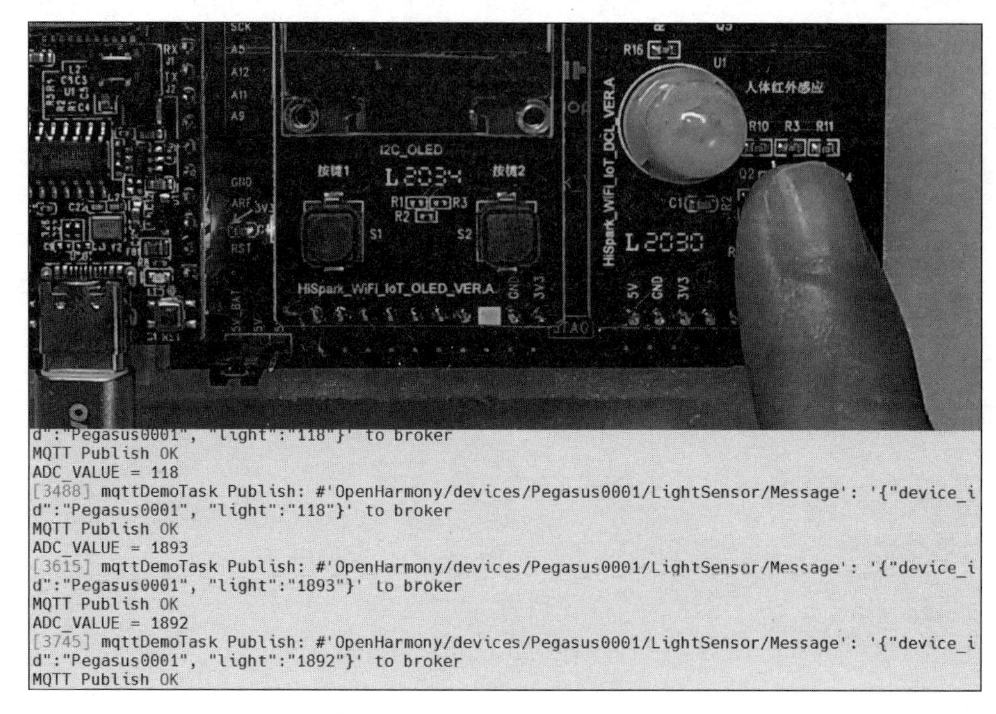

图 10-30 案例的运行结果

10.6 案例：人体感应

本节内容：

案例项目简介；实现人体感应案例项目。

10.6.1 人体感应案例项目简介

1. 实现功能

这个案例需要实现以下功能：
第一，通过手机（模拟的方式）远程读取 IoT 设备端人体红外传感器的数据。
第二，IoT 设备端上线后，手机（模拟的方式）能收到上线提醒。
第三，能够跨子网传输。

2. 对应的实际产品

本案例提供了特定场景的解决方案原型，对应的实际产品包括但不限于安防布控系统、智慧楼宇人员探测系统、智能家居人员感知系统等。

10.6.2 实现人体感应案例项目

1. 目标

本案例的目标同 10.4.2 节。

2. 准备开发套件

请准备好智能家居开发套件，组装好底板、核心板、炫彩灯板和 OLED 显示屏板（可选的）。

3. 设计通信架构

首先需要设计整个系统的通信架构，如图 10-31 所示。

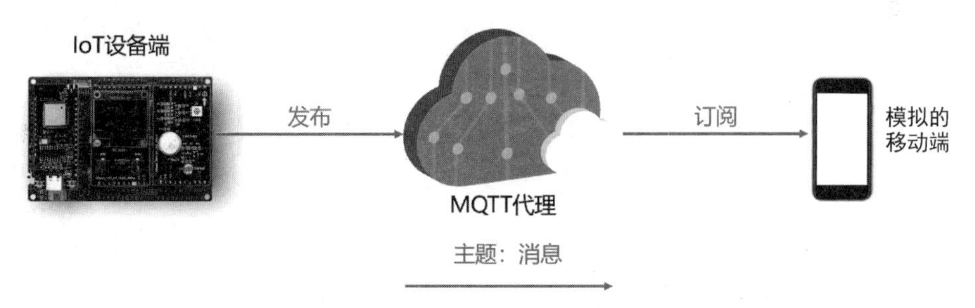

图 10-31 系统的通信架构

有一个 IoT 设备端，一个模拟的移动端和一个 MQTT 代理。IoT 设备端是发布者，移动端是订阅者。IoT 设备端和移动端之间通过 MQTT 代理进行通信。IoT 设备端发布消息，移动端订阅对应的消息，主题是消息，这个过程可以被认为是信息上报。

4. 定义通信协议

设备端上报消息的主题定义如图 10-32 所示。

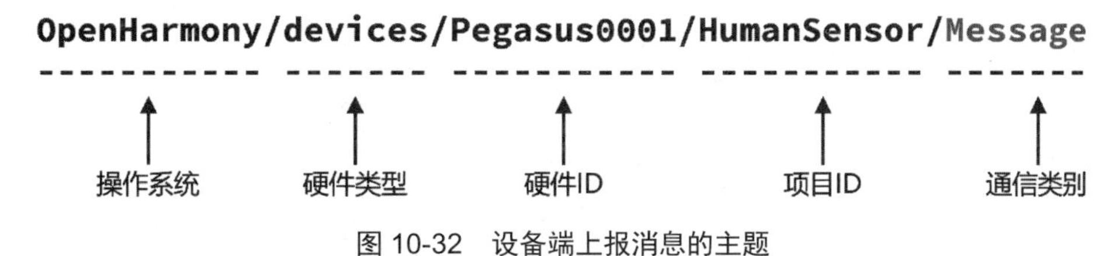

图 10-32 设备端上报消息的主题

其中 OpenHarmony 是操作系统；devices 是硬件类型，表示 IoT 设备；Pegasus0001 是硬件 ID，表示某个开发板（对于学生来说，可以使用学号进行区分）；HumanSensor 是项目 ID，表示本案例项目；Message 是通信类别，表示消息。

设备端上报消息的内容采用 JSON 格式，具体定义如下：

（1）上线提醒：{"device_id":"Pegasus0001", "status":"online"}

（2）上报人体感应数值：{"device_id":"Pegasus0001", "human":"xxx"}

5. 划分功能模块

下面将案例项目划分功能模块。具体划分如下：

（1）主模块：创建主线程、连接 AP、启动 MQTT 任务、采集硬件数据和发布消息。

（2）人体感应模块：提供初始化硬件设备和人体感应数据的接口。

（3）Wi-Fi 联网模块：提供 Wi-Fi STA 模式编程接口。

（4）MQTTPacket 模块：负责处理 MQTT Packet 的序列化和反序列化，提供底层的接口。

（5）MQTTClient-C 模块：提供 MQTT 客户端编程的下层接口。

（6）MQTT 接口模块：对 MQTTClient-C 模块进行二次封装，提供更简单的上层接口。

（7）OLED 显示屏驱动模块：这是可选的，提供 OLED 显示屏编程接口。

6. 新建目录

启动虚拟机。在 VS Code 中打开 OpenHarmony 源码根目录。新建 applications\sample\wifi-iot\app\mqtt_human_sensor 目录，这个目录将作为本案例程序的根目录。

7. 编写源码与编译脚本

新建 applications\sample\wifi-iot\app\mqtt_human_sensor\mqtt_task.c 文件，源码可以从 10.3.3 节的案例中（applications\sample\wifi-iot\app\mqtt_demo\mqtt_task.c）复制过来。

新建 applications\sample\wifi-iot\app\mqtt_human_sensor\mqtt_task.h 文件，源码可以从 10.3.3 节的案例中（applications\sample\wifi-iot\app\mqtt_demo\mqtt_task.h）复制过来。

新建 applications\sample\wifi-iot\app\mqtt_human_sensor\human_sensor.c 文件，源码如下：

```
1. // 炫彩灯板的人体红外传感器接口文件
2.
3. #include <stdio.h>      // 标准输入输出头文件
4. #include <unistd.h>     // POSIX 头文件
5.
6. #include "ohos_init.h"  // 用于初始化服务(service)和功能(feature)的头文件
7. #include "cmsis_os2.h"  // CMSIS-RTOS2 头文件
8.
9. #include "iot_gpio.h"   // OpenHarmony API：IoT 硬件设备操作接口中的 GPIO 接
口头文件
```

```
10. #include "hi_io.h"      // 海思 Pegasus SDK：IoT 硬件设备操作接口中的 IO 接口头
文件
11. #include "hi_adc.h"     // 海思 Pegasus SDK：IoT 硬件设备操作接口中的 ADC 接口
头文件
12.
13. // 用于标识 ADC3 通道
14. #define HUMAN_SENSOR_CHAN_NAME HI_ADC_CHANNEL_3
15.
16. // 获取人体红外传感器的值
17. unsigned short GetHuman()
18. {
19.     // 保存 ADC3 通道的值
20.     unsigned short data = 0;
21.
22.     // 获取 ADC3 通道的值
23.     if (hi_adc_read(HUMAN_SENSOR_CHAN_NAME, &data,
24.                     HI_ADC_EQU_MODEL_4, HI_ADC_CUR_BAIS_DEFAULT, 0) ==
HI_ERR_SUCCESS)
25.     {
26.         // 获取成功
27.         printf("ADC_VALUE = %d\n", (unsigned int)data);// 输出 ADC3 通道的值
28.         return data;                                   // 返回 ADC3 通道的值
29.     }
30.
31.     // 获取失败返回 0
32.     return 0;
33. }
```

新建 applications\sample\wifi-iot\app\mqtt_human_sensor\human_sensor.h 文件，源码如下：

```
1. // 炫彩灯板的人体红外传感器接口文件
2.
3. // 声明接口函数
4.
5. unsigned short GetHuman();
```

新建 applications\sample\wifi-iot\app\mqtt_human_sensor\demo_entry.c 文件，源码如下：

```
1. #include <stdio.h>             // 标准输入输出头文件
2. #include <stdlib.h>            // 标准函数库头文件
3. #include <string.h>            // 字符串处理(操作字符数组)头文件
```

```
4.
5. #include "ohos_init.h"// 用于初始化服务(service)和功能(feature)的头文件
6. #include "cmsis_os2.h"          // CMSIS-RTOS2 头文件
7.
8. #include "human_sensor.h"       // 炫彩灯板的人体红外传感器接口头文件
9. #include "wifi_connecter.h"     // EasyWiFi(STA 模式)头文件
10. #include "mqtt_task.h"         // MQTT 接口头文件
11.
12. // 定义一系列宏，用于标识 SSID、密码、加密方式、MQTT 服务器的 IP 地址等，请根据实际
情况修改
13. #define PARAM_HOTSPOT_SSID "ohdev"               // AP 名称
14. #define PARAM_HOTSPOT_PSK "openharmony"          // AP 密码
15. #define PARAM_HOTSPOT_TYPE WIFI_SEC_TYPE_PSK
                               // 安全类型，定义在 wifi_device_config.h 文件中
16. #define PARAM_SERVER_ADDR "192.168.8.10"         // MQTT 服务器的 IP 地址
17. #define PARAM_SERVER_PORT "1883"                 // MQTT 服务器的端口
18.
19. // 主线程函数
20. static void mqttDemoTask(void *arg)
21. {
22.     (void)arg;
23.
24.     // 连接 AP
25.     WifiDeviceConfig config = {0};               // 定义热点配置
26.     strcpy(config.ssid, PARAM_HOTSPOT_SSID);    // 设置热点配置中的 SSID
27.     strcpy(config.preSharedKey, PARAM_HOTSPOT_PSK); // 设置热点配置中的密码
28.     config.securityType = PARAM_HOTSPOT_TYPE;  // 设置热点配置中的加密方式
29.     osDelay(10);
30.     int netId = ConnectToHotspot(&config);      // 连接到热点
31.     if (netId < 0)                              // 检查是否成功连接到热点
32.     {
33.         printf("Connect to AP failed!\r\n");
34.         return;
35.     }
36.
37.     // 初始化并启动 MQTT 任务，连接 MQTT 服务器
38.     MqttTaskInit();                             // 初始化并启动 MQTT 任务
39.     const char *host = PARAM_SERVER_ADDR;       // MQTT 服务器的 IP 地址
40.     unsigned short port = atoi(PARAM_SERVER_PORT); // MQTT 服务器的端口
41.     const char *clientId = "Pegasus0001";       // MQTT 客户端的 ID
42.     const char *username = NULL;                // MQTT 服务器的用户名
```

```
43.     const char *password = NULL;                     // MQTT 服务器的密码
44.     if (MqttTaskConnect(host, port, clientId, username, password) != 0)
                                                         // 连接 MQTT 服务器
45.     {
46.         printf("Connect to MQTT server failed!\r\n");
47.         return;
48.     }
49.
50.     // 向主题"OpenHarmony/devices/Pegasus0001/HumanSensor/Message"发布上
线消息
51.     char *ptopic = "OpenHarmony/devices/Pegasus0001/HumanSensor/
Message";                                                // 主题
52.     char *payload = "{\"device_id\":\"Pegasus0001\",
\"status\":\"online\"}";    // 消息内容
53.     int rc = MqttTaskPublish(ptopic, payload);      // 发布消息
54.     if (rc != 0)                                     // 检查是否成功发布消息
55.         printf("MQTT Publish failed!\r\n");
56.     else
57.         printf("MQTT Publish OK\r\n");
58.
59.     // 向主题"OpenHarmony/devices/Pegasus0001/HumanSensor/Message"上报人
体红外传感器数据
60.     // 工作循环
61.     while (1)
62.     {
63.         char payload[64] = {0};                      // 消息内容
64.         snprintf(payload, sizeof(payload),
65.                 "{\"device_id\":\"Pegasus0001\", \"human\":\"%d\"}",
66.                 GetHuman());                         // 获取人体红外传感器数据
67.         int rc = MqttTaskPublish(ptopic, payload); // 发布消息
68.         if (rc != 0)                                 // 检查是否成功发布消息
69.             printf("MQTT Publish failed!\r\n");
70.         else
71.             printf("MQTT Publish OK\r\n");
72.         osDelay(100);                   // 发布消息间隔 1 秒。实际上报无须这么频繁
73.     }
74. }
75.
76. // 入口函数
77. static void mqttDemoEntry(void)
78. {
79.     // 定义线程属性
```

```
80.     osThreadAttr_t attr;
81.     attr.name = "mqttDemoTask";
82.     attr.attr_bits = 0U;
83.     attr.cb_mem = NULL;
84.     attr.cb_size = 0U;
85.     attr.stack_mem = NULL;
86.     attr.stack_size = 10240;
87.     attr.priority = osPriorityNormal;
88.
89.     // 创建线程
90.     if (osThreadNew(mqttDemoTask, NULL, &attr) == NULL)
91.     {
92.         printf("[mqttDemoEntry] Falied to create mqttDemoTask!\n");
93.     }
94. }
95.
96. // 运行入口函数
97. SYS_RUN(mqttDemoEntry);
```

新建 applications\sample\wifi-iot\app\mqtt_human_sensor\BUILD.gn 文件，源码如下：

```
1. static_library("mqtt_human_sensor") {
2.   # 设置编译选项，指定以下编译警告不当成错误处理
3.   cflags = [
4.     "-Wno-sign-compare",         # 有符号数和无符号数对比
5.     "-Wno-unused-parameter",     # 未使用的参数
6.   ]
7.
8.   # Paho-MQTT 相关宏定义
9.   defines = [
10.     "MQTT_TASK",                  # 使用线程方式
11.     "MQTTCLIENT_PLATFORM_HEADER=mqtt_ohos.h", # 指定 OHOS(LiteOS)适配接口头文件
12.     "CMSIS",                      # 使用 CMSIS 库
13.   ]
14.
15.   # 指定要编译的程序文件
16.   sources = [
17.     "demo_entry.c",               # 主程序文件
18.     "mqtt_task.c",                # MQTT 接口文件 (对 MQTTClient-C 库二次封装)
19.     "human_sensor.c",             # 人体红外采集程序文件
20.   ]
21.
22.   # 设置头文件路径
```

```
23.   include_dirs = [
24.     "//utils/native/lite/include",
25.     "//kernel/liteos_m/kal/cmsis",
26.     "//base/iot_hardware/peripheral/interfaces/kits",
27.     # MQTTClient-C 模块接口
28.     "//applications/sample/wifi-iot/app/paho_mqtt/MQTTClient-C/src",
29.     # MQTTClient-C 模块接口
30.     "//applications/sample/wifi-iot/app/paho_mqtt/MQTTClient-C/src/ohos",
31.     # MQTTPacket 模块接口
32.     "//applications/sample/wifi-iot/app/paho_mqtt/MQTTPacket/src",
33.     # HAL 接口中的 WiFi 接口
34.     "//foundation/communication/wifi_lite/interfaces/wifiservice",
35.     # EasyWiFi 模块接口
36.     "../easy_wifi/src",
37.   ]
38. }
```

修改 applications\sample\wifi-iot\app\BUILD.gn 文件，源码如下：

```
 1. import("//build/lite/config/component/lite_component.gni")
 2.
 3. # for "mqtt_human_sensor" example.
 4. lite_component("app") {
 5.   features = [
 6.     "mqtt_human_sensor",                                # 案例程序模块
 7.     "paho_mqtt/MQTTPacket:paho-mqttpacket",             # MQTTPacket 模块
 8.     "paho_mqtt/MQTTClient-C/src:paho-embed-mqtt3cc",    # MQTTClient-C 模块
 9.     "easy_wifi/src:easy_wifi",                          # EasyWiFi 模块
10.   ]
11. }
```

8. 编译、烧录

编译、烧录的具体操作不再赘述。

9. 运行测试

可以参考以下步骤。请注意观察各端的信息输出。

（1）在 PC 端启动 MQTT 代理。在 Mosquitto 的安装目录下执行命令（使用单独的命令提示符窗口）：

```
mosquitto.exe -c mosquitto.conf -v
```

在本案例中 PC 端的 IP 地址为 192.168.8.10。

（2）在 PC 端（扮演移动端的角色）订阅消息。在 Mosquitto 的安装目录下执行命令：

```
mosquitto_sub.exe -t OpenHarmony/devices/Pegasus0001/HumanSensor/Message -v
```

（3）在智能家居开发套件端（扮演 IoT 设备端的角色）发布消息。具体步骤为：

第一步，准备好无线路由器（或使用 USB 无线网卡配合“Wi-Fi 热点工具”开启热点）。

第二步，连接串口调试工具。

第三步，重启开发板，查看通信内容。

本案例的运行结果如图 10-33 所示。

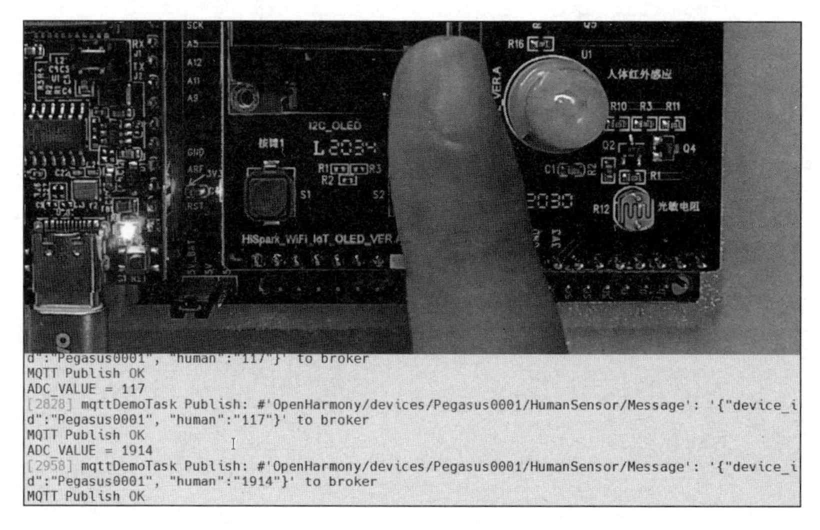

图 10-33 案例的运行结果

10. 扩展练习

下面布置一个扩展练习，完善案例项目。目标如下：

方案 A：实现 6.1.7 节案例的功能，并将灯光状态上报到 MQTT 代理。

方案 B：这是一个团队任务，所有人的设备都上报到同一个 MQTT 代理中，以实现安防布控信息的采集。团队中有能力的人可以开发 HarmonyOS / 安卓 / iOS 端的 App，负责图形化呈现安防布控信息和报警。

请您自行完成此扩展练习。

10.7 案例：可燃气体报警

本节内容：

案例项目简介；实现可燃气体报警案例项目。

10.7.1　可燃气体报警案例项目简介

1. 实现功能

这个案例需要实现以下功能：

第一，通过手机（模拟的方式）远程采集 IoT 设备端可燃气体传感器的 ADC 值。

第二，IoT 设备端上线后，手机（模拟的方式）能收到上线提醒。

第三，能够跨子网传输。

2. 对应的实际产品

本案例提供了特定场景的解决方案原型，对应的实际产品包括但不限于煤矿气体安全预警系统、智慧楼宇消防系统、智能家居可燃气体报警系统等。

10.7.2　实现可燃气体报警案例项目

1. 目标

本案例的目标同 10.4.2 节。

2. 准备开发套件

请准备好智能家居开发套件，组装好底板、核心板、环境监测板和 OLED 显示屏板（可选的）。

3. 设计通信架构

首先需要设计整个系统的通信架构，如图 10-34 所示。

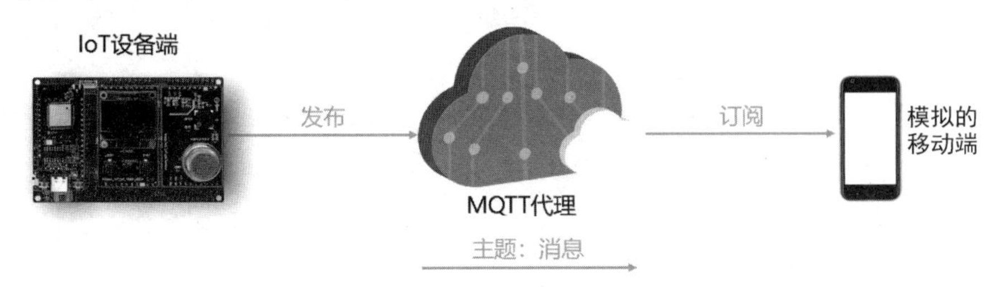

图 10-34　系统的通信架构

有一个 IoT 设备端，一个模拟的移动端和一个 MQTT 代理。IoT 设备端是发布者，移动端是订阅者。IoT 设备端和移动端之间通过 MQTT 代理进行通信。IoT 设备端发布消息，移动端订阅对应的消息，主题是消息，这个过程可以被认为是信息上报。

4. 定义通信协议

设备端上报消息的主题定义如图 10-35 所示。

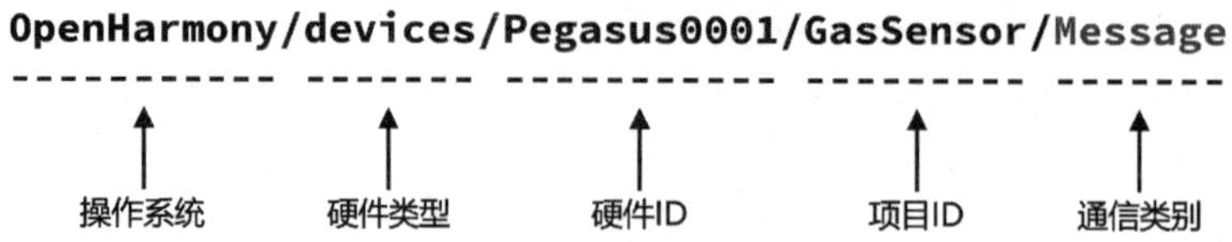

```
OpenHarmony/devices/Pegasus0001/GasSensor/Message
```


图 10-35 设备端上报消息的主题

OpenHarmony 是操作系统；devices 是硬件类型，表示 IoT 设备；Pegasus0001 是硬件 ID，表示某个开发板（对于学生来说，可以使用学号进行区分）；GasSensor 是项目 ID，表示本案例项目；Message 是通信类别，表示消息。

设备端上报消息的内容采用 JSON 格式，具体定义如下：

（1）上线提醒：{"device_id":"Pegasus0001", "status":"online"}

（2）上报可燃气体数值：{"device_id":"Pegasus0001", "gas":"xxx"}

5. 划分功能模块

下面将案例项目划分功能模块。具体划分如下：

（1）主模块：创建主线程、连接 AP、启动 MQTT 任务、采集硬件数据和发布消息。

（2）可燃气体探测模块：提供初始化硬件设备和可燃气体数据的接口。

（3）Wi-Fi 联网模块：提供 Wi-Fi STA 模式编程接口。

（4）MQTTPacket 模块：负责处理 MQTT Packet 的序列化和反序列化，提供底层的接口。

（5）MQTTClient-C 模块：提供 MQTT 客户端编程的下层接口。

（6）MQTT 接口模块：对 MQTTClient-C 模块进行二次封装，提供更简单的上层接口。

（7）OLED 显示屏驱动模块：这是可选的，提供 OLED 显示屏编程接口。

6. 新建目录

启动虚拟机。在 VS Code 中打开 OpenHarmony 源码根目录。新建 applications\sample\wifi-iot\app\mqtt_gas_sensor 目录，这个目录将作为本案例程序的根目录。

7. 编写源码与编译脚本

新建 applications\sample\wifi-iot\app\mqtt_gas_sensor\mqtt_task.c 文件，源码从 10.3.3 节的案例中（applications\sample\wifi-iot\app\mqtt_demo\mqtt_task.c）复制过来。

新建 applications\sample\wifi-iot\app\mqtt_gas_sensor\mqtt_task.h 文件，源码从 10.3.3 节的案例中（applications\sample\wifi-iot\app\mqtt_demo\mqtt_task.h）复制过来。

新建 applications\sample\wifi-iot\app\mqtt_gas_sensor\gas_sensor.c 文件，源码如下：

```
1. // 环境监测板的 MQ-2 可燃气体传感器的接口文件
2.
3. #include <stdio.h>      // 标准输入输出头文件
```

```
4. #include <unistd.h>    // POSIX 头文件
5.
6. #include "ohos_init.h" // 用于初始化服务(service)和功能(feature)的头文件
7. #include "cmsis_os2.h" // CMSIS-RTOS2 头文件
8.
9. #include "iot_gpio.h"// OpenHarmony HAL: IoT 硬件设备操作接口中的 GPIO 接口头文件
10. #include "hi_io.h" // 海思 Pegasus SDK: IoT 硬件设备操作接口中的 IO 接口头文件
11. #include "hi_adc.h"// 海思 Pegasus SDK: IoT 硬件设备操作接口中的 ADC 接口头文件
12.
13. // 用于标识 ADC5 通道（MQ-2 可燃气体传感器）
14. #define GAS_SENSOR_CHAN_NAME HI_ADC_CHANNEL_5
15.
16. // 将 ADC 值转换为电压值
17. static float ConvertToVoltage(unsigned short data)
18. {
19.     return (float)data * 1.8 * 4 / 4096;
20. }
21.
22. // 获取可燃气体浓度
23. float GetGasLevel()
24. {
25.     // 用于接收 MQ-2 可燃气体传感器的值
26.     unsigned short data = 0;
27.
28.     // 读取 ADC5 通道的值
29.     if (hi_adc_read(GAS_SENSOR_CHAN_NAME, &data, HI_ADC_EQU_MODEL_4,
30.                     HI_ADC_CUR_BAIS_DEFAULT, 0) == HI_ERR_SUCCESS)
31.     {
32.         // 空气中可燃气体（或烟雾）浓度增加，导致 MQ-2 可燃气体传感器的电阻值降低，从
而导致 ADC 通道的电压增大
33.         // 转换为电压值
34.         float Vx = ConvertToVoltage(data);
35.
36.         // 计算 MQ-2 可燃气体传感器的电阻值
37.         // Vcc          ADC          GND
38.         //  |   ______   |   ______   |
39.         //  +---| MG-2 |---+---| 1kom |---+
40.         //      ------       ------
41.         // 查阅原理图，ADC 引脚位于 1kΩ电阻和 MQ-2 可燃气体传感器之间，MQ-2 可燃气
体传感器另一端接在 5V 电源的正极上
42.         // 串联电路电压和阻值成正比：
43.         // Vx / 5 == 1kom / (1kom + Rx)
44.         //   => Rx + 1 == 5/Vx
```

```
45.         //   =>  Rx = 5/Vx - 1
46.         float gasSensorResistance = 5 / Vx - 1;
47.
48.         // 日志输出 ADC 值、电阻值
49.         printf("ADC_VALUE = %d, gasSensorResistance = %f\n", data,
gasSensorResistance);
50.
51.         // 返回 MQ-2 可燃气体传感器的电阻值
52.         return gasSensorResistance;
53.     }
54.
55.     // 读取失败返回 0
56.     return 0;
57. }
```

新建 applications\sample\wifi-iot\app\mqtt_gas_sensor\gas_sensor.h 文件，源码如下：

```
1. // 环境监测板的 MQ-2 可燃气体传感器接口文件
2.
3. // 声明接口函数
4.
5. float GetGasLevel();
```

新建 applications\sample\wifi-iot\app\mqtt_gas_sensor\demo_entry.c 文件，源码如下：

```
 1. #include <stdio.h>               // 标准输入输出头文件
 2. #include <stdlib.h>              // 标准函数库头文件
 3. #include <string.h>              // 字符串处理(操作字符数组)头文件
 4.
 5. #include "ohos_init.h" // 用于初始化服务(service)和功能(feature)的头文件
 6. #include "cmsis_os2.h" // CMSIS-RTOS2 头文件
 7.
 8. #include "gas_sensor.h"          // 环境监测板的 MQ-2 可燃气体传感器接口头文件
 9. #include "wifi_connecter.h"      // EasyWiFi(STA 模式)头文件
10. #include "mqtt_task.h"           // MQTT 接口头文件
11.
12. // 定义一系列宏，用于标识 SSID、密码、加密方式、MQTT 服务器的 IP 地址等，请根据实际
情况修改
13. #define PARAM_HOTSPOT_SSID "ohdev"              // AP 名称
14. #define PARAM_HOTSPOT_PSK "openharmony"         // AP 密码
15. #define PARAM_HOTSPOT_TYPE WIFI_SEC_TYPE_PSK // 安全类型，定义在
wifi_device_config.h 中
16. #define PARAM_SERVER_ADDR "192.168.8.10"        // MQTT 服务器的 IP 地址
17. #define PARAM_SERVER_PORT "1883"                // MQTT 服务器的端口
```

```
18.
19. // 主线程函数
20. static void mqttDemoTask(void *arg)
21. {
22.     (void)arg;
23.
24.     // 连接 AP
25.     WifiDeviceConfig config = {0};                  // 定义热点配置
26.     strcpy(config.ssid, PARAM_HOTSPOT_SSID);   // 设置热点配置中的 SSID
27.     strcpy(config.preSharedKey, PARAM_HOTSPOT_PSK);// 设置热点配置中的密码
28.     config.securityType = PARAM_HOTSPOT_TYPE;  // 设置热点配置中的加密方式
29.     osDelay(10);
30.     int netId = ConnectToHotspot(&config);     // 连接到热点
31.     if (netId < 0)                              // 检查是否成功连接到热点
32.     {
33.         printf("Connect to AP failed!\r\n");
34.         return;
35.     }
36.
37.     // 初始化并启动 MQTT 任务，连接 MQTT 服务器
38.     MqttTaskInit();                             // 初始化并启动 MQTT 任务
39.     const char *host = PARAM_SERVER_ADDR;       // MQTT 服务器的 IP 地址
40.     unsigned short port = atoi(PARAM_SERVER_PORT);// MQTT 服务器的端口
41.     const char *clientId = "Pegasus0001";       // MQTT 客户端的 ID
42.     const char *username = NULL;                // MQTT 服务器的用户名
43.     const char *password = NULL;                // MQTT 服务器的密码
44.     if (MqttTaskConnect(host, port, clientId, username, password) != 0)
                                                    // 连接 MQTT 服务器
45.     {
46.         printf("Connect to MQTT server failed!\r\n");
47.         return;
48.     }
49.
50.     // 向主题"OpenHarmony/devices/Pegasus0001/GasSensor/Message"发布上线消息
51.     char *ptopic = "OpenHarmony/devices/Pegasus0001/GasSensor/Message";
                                                            // 主题
52.     char *payload = "{\"device_id\":\"Pegasus0001\", \"status\":\"online\"}";
                                                            // 消息内容
53.     int rc = MqttTaskPublish(ptopic, payload);          // 发布消息
54.     if (rc != 0)                                        // 检查是否成功发布消息
55.         printf("MQTT Publish failed!\r\n");             // 输出发布失败信息
56.     else
```

```
57.         printf("MQTT Publish OK\r\n");              // 输出发布成功信息
58.
59.     // 向主题"OpenHarmony/devices/Pegasus0001/GasSensor/Message"上报 MQ-2
可燃气体传感器数据
60.     // 工作循环
61.     while (1)
62.     {
63.         char payload[64] = {0};                     // 消息内容
64.         snprintf(payload, sizeof(payload),
65.                 "{\"device_id\":\"Pegasus0001\", \"gas\":\"%.3f\"}",
66.                 GetGasLevel());                 // 获取 MQ-2 可燃气体传感器数据
67.         rc = MqttTaskPublish(ptopic, payload); // 发布消息
68.         if (rc != 0)                            // 检查是否成功发布消息
69.            printf("MQTT Publish failed!\r\n"); // 输出发布失败信息
70.         else
71.            printf("MQTT Publish OK\r\n");       // 输出发布成功信息
72.         osDelay(100);                  // 发布消息间隔 1 秒。实际上报无须这么频繁
73.     }
74. }
75.
76. // 入口函数
77. static void mqttDemoEntry(void)
78. {
79.     // 定义线程属性
80.     osThreadAttr_t attr;
81.     attr.name = "mqttDemoTask";
82.     attr.attr_bits = 0U;
83.     attr.cb_mem = NULL;
84.     attr.cb_size = 0U;
85.     attr.stack_mem = NULL;
86.     attr.stack_size = 10240;
87.     attr.priority = osPriorityNormal;
88.
89.     // 创建线程
90.     if (osThreadNew(mqttDemoTask, NULL, &attr) == NULL)
91.     {
92.        printf("[mqttDemoEntry] Falied to create mqttDemoTask!\n");
93.     }
94. }
95.
96. // 运行入口函数
97. SYS_RUN(mqttDemoEntry);
```

新建 applications\sample\wifi-iot\app\mqtt_gas_sensor\BUILD.gn 文件，源码如下：

```
1. static_library("mqtt_gas_sensor") {
2.   # 设置编译选项，指定以下编译警告不当成错误处理
3.   cflags = [
4.     "-Wno-sign-compare",                        # 有符号数和无符号数对比
5.     "-Wno-unused-parameter",                    # 未使用的参数
6.   ]
7.
8.   # Paho-MQTT 相关宏定义
9.   defines = [
10.    "MQTT_TASK",                                # 使用线程方式
11.    "MQTTCLIENT_PLATFORM_HEADER=mqtt_ohos.h", # 指定OHOS(LiteOS)适配接口头文件
12.    "CMSIS",                                    # 使用 CMSIS 库
13.  ]
14.
15.  # 指定要编译的程序文件
16.  sources = [
17.    "demo_entry.c",               # 主程序文件
18.    "mqtt_task.c",                # MQTT 接口文件 (对 MQTTClient-C 库二次封装)
19.    "gas_sensor.c",               # 可燃气体采集程序文件
20.  ]
21.
22.  # 设置头文件路径
23.  include_dirs = [
24.    "//utils/native/lite/include",
25.    "//kernel/liteos_m/kal/cmsis",
26.    "//base/iot_hardware/peripheral/interfaces/kits",
27.    # MQTTClient-C 模块接口
28.    "//applications/sample/wifi-iot/app/paho_mqtt/MQTTClient-C/src",
29.    # MQTTClient-C 模块接口
30.    "//applications/sample/wifi-iot/app/paho_mqtt/MQTTClient-C/src/ohos",
31.    # MQTTPacket 模块接口
32.    "//applications/sample/wifi-iot/app/paho_mqtt/MQTTPacket/src",
33.    # HAL 接口中的 Wi-Fi 接口
34.    "//foundation/communication/wifi_lite/interfaces/wifiservice",
35.    # EasyWiFi 模块接口
36.    "../easy_wifi/src",
37.  ]
38. }
```

修改 applications\sample\wifi-iot\app\BUILD.gn 文件，源码如下：

```
1. import("//build/lite/config/component/lite_component.gni")
2.
3. # for "mqtt_gas_sensor" example.
4. lite_component("app") {
5.   features = [
6.     "mqtt_gas_sensor",                                # 案例程序模块
7.     "paho_mqtt/MQTTPacket:paho-mqttpacket",           # MQTTPacket 模块
8.     "paho_mqtt/MQTTClient-C/src:paho-embed-mqtt3cc",  # MQTTClient-C 模块
9.     "easy_wifi/src:easy_wifi",                        # EasyWiFi 模块
10.  ]
11. }
```

8. 编译、烧录

编译、烧录的具体操作不再赘述。

9. 运行测试

可以参考以下步骤。请注意观察各端的信息输出。

（1）在 PC 端启动 MQTT 代理。在 Mosquitto 的安装目录下执行命令（使用单独的命令提示符窗口）：

```
mosquitto.exe -c mosquitto.conf -v
```

本案例中 PC 端的 IP 地址为 192.168.8.10。

（2）在 PC 端（扮演移动端的角色）订阅消息。在 Mosquitto 的安装目录下执行命令（使用单独的命令提示符窗口）：

```
mosquitto_sub.exe -t OpenHarmony/devices/Pegasus0001/GasSensor/Message -v
```

（3）在智能家居开发套件端（扮演 IoT 设备端的角色）发布消息。具体步骤为：

第一步，准备好无线路由器（或使用 USB 无线网卡配合“Wi-Fi 热点工具”开启热点）。

第二步，连接串口调试工具。

第三步，重启开发板，查看通信内容。

本案例的运行结果如图 10-36 所示。

10. 扩展练习

下面布置一个扩展练习，完善案例项目。目标如下：

方案 A：实现 6.2.4 节的功能，并且将报警信息上报到 MQTT 代理。

方案 B：这是一个团队任务，所有人的设备都上报到同一个 MQTT 代理中，以实现

智慧楼宇消防布控信息的采集。团队中有能力的人可以开发 PC 端或移动端程序，负责图形化呈现消防布控信息和报警。

请您自行完成此扩展练习。

```
ADC_VALUE = 565, gasSensorResistance = 4.034415
[646] mqttDemoTask Publish: #'OpenHarmony/devices/Pegasus0001/GasSensor/Message': '{"device_id":
"Pegasus0001", "gas":"4.035"}' to broker
MQTT Publish OK
ADC_VALUE = 561, gasSensorResistance = 4.070311
[773] mqttDemoTask Publish: #'OpenHarmony/devices/Pegasus0001/GasSensor/Message': '{"device_id":
"Pegasus0001", "gas":"4.071"}' to broker
MQTT Publish OK
ADC_VALUE = 560, gasSensorResistance = 4.079365
[902] mqttDemoTask Publish: #'OpenHarmony/devices/Pegasus0001/GasSensor/Message': '{"device_id":
"Pegasus0001", "gas":"4.080"}' to broker
MQTT Publish OK
```

图 10-36　案例的运行结果（串口输出信息）

10.8　案例：温湿度收集

本节内容：

案例项目简介；实现温湿度收集案例项目。

10.8.1　温湿度收集案例项目简介

1. 实现功能

这个案例需要实现以下功能：

第一，通过手机（模拟的方式）远程采集 IoT 设备端数字温湿度传感器的数值。

第二，IoT 设备端上线后，手机（模拟的方式）能收到上线提醒。

第三，能够跨子网传输。

2. 对应的实际产品

本案例提供了特定场景的解决方案原型，对应的实际产品包括但不限于智能家居舒适度控制系统、工业制造温湿度控制系统、智慧农业温湿度控制系统等。

10.8.2　实现温湿度收集案例项目

1. 目标

本案例的目标如下：

第一，熟练掌握 AHT20 数字温湿度传感器驱动模块的接入方法。

第二，熟练掌握 I2C 编程。

其他同 10.4.2 节。

2. 准备开发套件

请准备好智能家居开发套件，组装好底板、核心板、环境监测板和 OLED 显示屏板（可选的）。

3. 设计通信架构

首先需要设计整个系统的通信架构，如图 10-37 所示。

有一个 IoT 设备端，一个模拟的移动端和一个 MQTT 代理。IoT 设备端是发布者，移动端是订阅者。IoT 设备端和移动端之间通过 MQTT 代理进行通信。IoT 设备端发布消息，移动端订阅对应的消息，主题是消息，这个过程可以认为是信息上报。

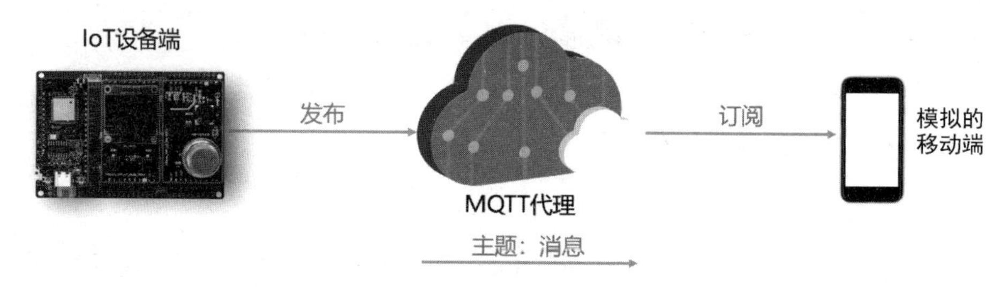

图 10-37　系统的通信架构

4. 定义通信协议

设备端上报消息的主题定义如图 10-38 所示。

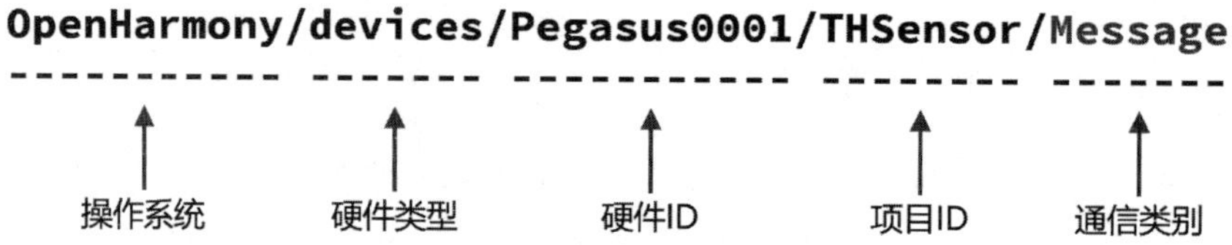

OpenHarmony/devices/Pegasus0001/THSensor/Message

操作系统　硬件类型　硬件ID　项目ID　通信类别

图 10-38　设备端上报消息的主题

其中 OpenHarmony 是操作系统；devices 是硬件类型，表示 IoT 设备；Pegasus0001 是硬件 ID，表示某个开发板（对于学生来说，可以使用学号进行区分）；THSensor 是项目 ID，表示本案例项目；Message 是通信类别，表示消息。

设备端上报消息的内容采用 JSON 格式，具体定义如下：

（1）上线提醒：{"device_id":"Pegasus0001", "status":"online"}

（2）上报温湿度数值：{"device_id":"Pegasus0001", "temp":"xxx", "humi":"xxx"}

5. 划分功能模块

下面将案例项目划分功能模块。具体划分如下：

（1）主模块：创建主线程、连接 AP、启动 MQTT 任务、采集硬件数据和发布消息。

（2）AHT20 数字温湿度传感器驱动模块：负责与 AHT20 数字温湿度传感器通信，

提供下层接口。

（3）温湿度采集模块：提供初始化硬件设备和获取温湿度数据的上层接口。

（4）Wi-Fi 联网模块：提供 Wi-Fi STA 模式编程接口。

（5）MQTTPacket 模块：负责处理 MQTT Packet 的序列化和反序列化，提供底层的接口。

（6）MQTTClient-C 模块：提供 MQTT 客户端编程的下层接口。

（7）MQTT 接口模块：对 MQTTClient-C 模块进行二次封装，提供更简单的上层接口。

（8）OLED 显示屏驱动模块：这是可选的，提供 OLED 显示屏编程接口。

6. 新建目录

启动虚拟机。在 VS Code 中打开 OpenHarmony 源码根目录。新建 applications\sample\wifi-iot\app\mqtt_temp-humi_sensor 目录，这个目录将作为本案例程序的根目录。

7. 编写源码与编译脚本

新建 applications\sample\wifi-iot\app\mqtt_temp-humi_sensor\mqtt_task.c 文件，源码可以从 10.3.3 节的案例中（applications\sample\wifi-iot\app\mqtt_demo\mqtt_task.c）复制过来。

新建 applications\sample\wifi-iot\app\mqtt_temp-humi_sensor\mqtt_task.h 文件，源码可以从 10.3.3 节的案例中（applications\sample\wifi-iot\app\mqtt_demo\mqtt_task.h）复制过来。

新建 applications\sample\wifi-iot\app\mqtt_temp-humi_sensor\aht20.c 文件，源码可以从 6.3.4 节的案例中（applications\sample\wifi-iot\app\i2c_demo\aht20.c）复制过来。

新建 applications\sample\wifi-iot\app\mqtt_temp-humi_sensor\aht20.h 文件，源码可以从 6.3.4 节的案例中（applications\sample\wifi-iot\app\i2c_demo\aht20.h）复制过来。

新建 applications\sample\wifi-iot\app\mqtt_temp-humi_sensor\temp-humi_sensor.c 文件，源码如下：

```
1. // 环境监测板的 AHT20 数字温湿度传感器接口头文件
2.
3. #include <stdio.h>      // 标准输入输出头文件
4. #include <unistd.h>     // POSIX 头文件
5.
6. #include "ohos_init.h"  // 用于初始化服务(service)和功能(feature)的头文件
7. #include "cmsis_os2.h"  // CMSIS-RTOS2 头文件
8.
9. #include "iot_gpio.h"   // OpenHarmony HAL: IoT 硬件设备操作接口中的 GPIO 接
口头文件
```

```
10. #include "iot_i2c.h"    // OpenHarmony HAL: IoT 硬件设备操作接口中的 I2C 接口头文件
11. #include "iot_errno.h"  // OpenHarmony HAL: IoT 硬件设备操作接口中的错误代码定义接口头文件
12. #include "hi_io.h"      // 海思 Pegasus SDK: IoT 硬件设备操作接口中的 IO 接口头文件
13. #include "hi_adc.h"     // 海思 Pegasus SDK: IoT 硬件设备操作接口中的 ADC 接口头文件
14.
15. #include "aht20.h"      // AHT20 数字温湿度传感器驱动程序接口头文件
16.
17. // 用于标识 AHT20 数字温湿度传感器的波特率（传输速率）
18. #define AHT20_BAUDRATE 400 * 1000
19.
20. // 用于标识要使用的 I2C 总线编号是 I2C0
21. #define AHT20_I2C_IDX 0
22.
23. /// @brief 初始化 AHT20 数字温湿度传感器
24. void InitTempHumiSensor()
25. {
26.     // 初始化 GPIO
27.     IoTGpioInit(HI_IO_NAME_GPIO_13);
28.     IoTGpioInit(HI_IO_NAME_GPIO_14);
29.
30.     // 设置 GPIO-13 引脚功能为 I2C0_SDA
31.     hi_io_set_func(HI_IO_NAME_GPIO_13, HI_IO_FUNC_GPIO_13_I2C0_SDA);
32.
33.     // 设置 GPIO-14 引脚功能为 I2C0_SCL
34.     hi_io_set_func(HI_IO_NAME_GPIO_14, HI_IO_FUNC_GPIO_14_I2C0_SCL);
35.
36.     // 用指定的波特率初始化 I2C0
37.     IoTI2cInit(AHT20_I2C_IDX, AHT20_BAUDRATE);
38.
39.     // 校准 AHT20 数字温湿度传感器，如果校准失败，等待 100ms 后重试
40.     while (IOT_SUCCESS != AHT20_Calibrate())
41.     {
42.         printf("AHT20 sensor init failed!\r\n");
43.         usleep(100 * 1000);
44.     }
45. }
46.
47. /// @brief 获取温湿度
```

```
48. /// @param[out] temp 温度
49. /// @param[out] humi 湿度
50. /// @return 若成功则返回 0，若失败则返回-1
51. int GetTempHumiLevel(float *temp, float *humi)
52. {
53.     // 接收接口的返回值
54.     uint32_t retval = 0;
55.
56.     // 启动测量
57.     retval = AHT20_StartMeasure();
58.     if (retval != IOT_SUCCESS)
59.     {
60.         printf("trigger measure failed!\r\n");
61.         return -1;
62.     }
63.
64.     // 接收测量结果
65.     retval = AHT20_GetMeasureResult(temp, humi);
66.     if (retval != IOT_SUCCESS)
67.     {
68.         printf("get data failed!\r\n");
69.         return -1;
70.     }
71.
72.     // 输出测量结果
73.     printf("temperature: %.2f, humidity: %.2f\r\n", *temp, *humi);
74.
75.     // 返回成功
76.     return 0;
77. }
```

新建 applications\sample\wifi-iot\app\mqtt_temp-humi_sensor\temp-humi_sensor.h 文件，源码如下：

```
1. // 环境监测板的 AHT20 数字温湿度传感器接口文件
2.
3. // 声明接口函数
4.
5. void InitTempHumiSensor();
6. int GetTempHumiLevel(float *temp, float *humi);
```

新建 applications\sample\wifi-iot\app\mqtt_temp-humi_sensor\demo_entry.c 文件，源码如下：

```
1. #include <stdio.h>     // 标准输入输出头文件
2. #include <stdlib.h>    // 标准函数库头文件
3. #include <string.h>    // 字符串处理(操作字符数组)头文件
4.
5. #include "ohos_init.h" // 用于初始化服务(service)和功能(feature)的头文件
6. #include "cmsis_os2.h" // CMSIS-RTOS2 头文件
7.
8. #include "temp-humi_sensor.h" // 环境监测板的 AHT20 数字温湿度传感器接口头文件
9. #include "wifi_connecter.h"   // EasyWiFi(STA 模式)头文件
10. #include "mqtt_task.h"        // MQTT 接口头文件
11.
12. // 定义一系列宏，用于标识 SSID、密码、加密方式、MQTT 服务器的 IP 地址等，请根据实际
情况修改
13. #define PARAM_HOTSPOT_SSID "ohdev"            // AP 名称
14. #define PARAM_HOTSPOT_PSK "openharmony"       // AP 密码
15. #define PARAM_HOTSPOT_TYPE WIFI_SEC_TYPE_PSK
                                     // 安全类型，定义在 wifi_device_config.h 中
16. #define PARAM_SERVER_ADDR "192.168.8.10"      // MQTT 服务器的 IP 地址
17. #define PARAM_SERVER_PORT "1883"              // MQTT 服务器的端口
18.
19. // 主线程函数
20. static void mqttDemoTask(void *arg)
21. {
22.     (void)arg;
23.
24.     // 连接 AP
25.     WifiDeviceConfig config = {0};                // 定义热点配置
26.     strcpy(config.ssid, PARAM_HOTSPOT_SSID);  // 设置热点配置中的 SSID
27.     strcpy(config.preSharedKey, PARAM_HOTSPOT_PSK);// 设置热点配置中的密码
28.     config.securityType = PARAM_HOTSPOT_TYPE; // 设置热点配置中的加密方式
29.     osDelay(10);
30.     int netId = ConnectToHotspot(&config);    // 连接到热点
31.     if (netId < 0)                            // 检查是否成功连接到热点
32.     {
33.         printf("Connect to AP failed!\r\n");
34.         return;
35.     }
36.
37.     // 初始化并启动 MQTT 任务，连接 MQTT 服务器
38.     MqttTaskInit();                               // 初始化并启动 MQTT 任务
39.     const char *host = PARAM_SERVER_ADDR;     // MQTT 服务器的 IP 地址
40.     unsigned short port = atoi(PARAM_SERVER_PORT);  // MQTT 服务器的端口
```

```
41.     const char *clientId = "Pegasus0001";      // MQTT 客户端的 ID
42.     const char *username = NULL;               // MQTT 服务器的用户名
43.     const char *password = NULL;               // MQTT 服务器的密码
44.     if (MqttTaskConnect(host, port, clientId, username, password) != 0)
                                                   // 连接 MQTT 服务器
45.     {
46.         printf("Connect to MQTT server failed!\r\n");
47.         return;
48.     }
49.
50.     // 向主题"OpenHarmony/devices/Pegasus0001/THSensor/Message"发布上线消息
51.     char *ptopic = "OpenHarmony/devices/Pegasus0001/THSensor/Message";
                                                          // 主题
52.     char *payload = "{\"device_id\":\"Pegasus0001\",
\"status\":\"online\"}";   // 消息内容
53.     int rc = MqttTaskPublish(ptopic, payload);    // 发布消息
54.     if (rc != 0)                                  // 检查是否成功发布消息
55.         printf("MQTT Publish failed!\r\n");
56.     else
57.         printf("MQTT Publish OK\r\n");
58.
59.     // 向主题"OpenHarmony/devices/Pegasus0001/THSensor/Message"上报数字温
湿度传感器数据
60.     // 工作循环
61.     while (1)
62.     {
63.         char payload[64] = {0};                   // 消息内容
64.         float temperature = 0.0f;                 // 温度
65.         float humidity = 0.0f;                    // 湿度
66.         if (GetTempHumiLevel(&temperature, &humidity) == 0)
                                             //成功获取数字温湿度传感器数据
67.         {
68.             snprintf(payload, sizeof(payload),
69.                      "{\"device_id\":\"Pegasus0001\", \"temp\":%.2f,
\"humi\":%.2f}",
70.                      temperature, humidity); // 消息内容采用 JSON 格式
71.             rc = MqttTaskPublish(ptopic, payload); // 发布消息
72.             if (rc != 0)                     // 检查是否成功发布消息
73.                 printf("MQTT Publish failed!\r\n");
74.             else
75.                 printf("MQTT Publish OK\r\n");
76.         }
```

```
77.         osDelay(100);                // 发布消息间隔 1 秒。实际上报无须这么频繁
78.     }
79. }
80.
81. // 入口函数
82. static void mqttDemoEntry(void)
83. {
84.     // 初始化 AHT20 数字温湿度传感器
85.     InitTempHumiSensor();
86.
87.     // 定义线程属性
88.     osThreadAttr_t attr;
89.     attr.name = "mqttDemoTask";
90.     attr.attr_bits = 0U;
91.     attr.cb_mem = NULL;
92.     attr.cb_size = 0U;
93.     attr.stack_mem = NULL;
94.     attr.stack_size = 10240;
95.     attr.priority = osPriorityNormal;
96.
97.     // 创建线程
98.     if (osThreadNew(mqttDemoTask, NULL, &attr) == NULL)
99.     {
100.        printf("[mqttDemoEntry] Falied to create mqttDemoTask!\n");
101.    }
102. }
103.
104. // 运行入口函数
105. SYS_RUN(mqttDemoEntry);
```

新建 applications\sample\wifi-iot\app\mqtt_temp-humi_sensor\BUILD.gn 文件，源码如下：

```
1. static_library("mqtt_temp-humi_sensor") {
2.   # 设置编译选项，指定以下编译警告不当成错误处理
3.   cflags = [
4.     "-Wno-sign-compare",        # 有符号数和无符号数对比
5.     "-Wno-unused-parameter",    # 未使用的参数
6.   ]
7.
8.   # Paho-MQTT 相关宏定义
9.   defines = [
10.    "MQTT_TASK",                # 使用线程方式
```

```
11.     "MQTTCLIENT_PLATFORM_HEADER=mqtt_ohos.h", # 指定 OHOS(LiteOS)适配接口头文件
12.     "CMSIS",                       # 使用 CMSIS 库
13.   ]
14.
15.   # 指定要编译的程序文件
16.   sources = [
17.     "demo_entry.c",                # 主程序文件
18.     "aht20.c",                     # AHT20 数字温湿度传感器驱动
19.     "mqtt_task.c",                 # MQTT 接口文件 (对 MQTTClient-C 库二次封装)
20.     "temp-humi_sensor.c",          # 数字温湿度采集程序文件
21.   ]
22.
23.   # 设置头文件路径
24.   include_dirs = [
25.     "//utils/native/lite/include",
26.     "//kernel/liteos_m/kal/cmsis",
27.     "//base/iot_hardware/peripheral/interfaces/kits",
28.     # MQTTClient-C 模块接口
29.     "//applications/sample/wifi-iot/app/paho_mqtt/MQTTClient-C/src",
30.     # MQTTClient-C 模块接口
31.     "//applications/sample/wifi-iot/app/paho_mqtt/MQTTClient-C/src/ohos",
32.     # MQTTPacket 模块接口
33.     "//applications/sample/wifi-iot/app/paho_mqtt/MQTTPacket/src",
34.     # HAL 接口中的 Wi-Fi 接口
35.     "//foundation/communication/wifi_lite/interfaces/wifiservice",
36.     # EasyWiFi 模块接口
37.     "../easy_wifi/src",
38.   ]
39. }
```

修改 applications\sample\wifi-iot\app\BUILD.gn 文件，源码如下：

```
1. import("//build/lite/config/component/lite_component.gni")
2.
3. # for "mqtt_temp-humi_sensor" example.
4. lite_component("app") {
5.   features = [
6.     "mqtt_temp-humi_sensor",                              # 案例程序模块
7.     "paho_mqtt/MQTTPacket:paho-mqttpacket",               # MQTTPacket 模块
8.     "paho_mqtt/MQTTClient-C/src:paho-embed-mqtt3cc", # MQTTClient-C 模块
9.     "easy_wifi/src:easy_wifi",                            # EasyWiFi 模块
10.   ]
11. }
```

8. 编译、烧录

编译、烧录的具体操作不再赘述。

9. 运行测试

可以参考以下步骤。请注意观察各端的信息输出。

（1）在 PC 端启动 MQTT 代理。在 Mosquitto 的安装目录下执行命令（使用单独的命令提示符窗口）：

```
mosquitto.exe -c mosquitto.conf -v
```

本案例中 PC 端的 IP 地址为 192.168.8.10。

（2）在 PC 端（扮演移动端的角色）订阅消息。在 Mosquitto 的安装目录下执行命令（使用单独的命令提示符窗口）：

```
mosquitto_sub.exe -t OpenHarmony/devices/Pegasus0001/THSensor/Message -v
```

（3）在智能家居开发套件端（扮演 IoT 设备端的角色）发布消息。具体步骤为：

第一步，准备好无线路由器（或使用 USB 无线网卡配合“Wi-Fi 热点工具”开启热点）。

第二步，连接串口调试工具。

第三步，重启开发板，查看通信内容。

本案例的运行结果如图 10-39 所示。

```
[398] mqttDemoTask Publish: #'OpenHarmony/devices/Pegasus0001/THSensor/Message': '{"device_id":"
Pegasus0001", "temp":26.60, "humi":56.36}' to broker
MQTT Publish OK
temperature: 26.61, humidity: 56.25
[515] mqttDemoTask Publish: #'OpenHarmony/devices/Pegasus0001/THSensor/Message': '{"device_id":"
Pegasus0001", "temp":26.61, "humi":56.25}' to broker
MQTT Publish OK
temperature: 26.64, humidity: 56.18
[645] mqttDemoTask Publish: #'OpenHarmony/devices/Pegasus0001/THSensor/Message': '{"device_id":"
Pegasus0001", "temp":26.64, "humi":56.19}' to broker
MQTT Publish OK
temperature: 26.66, humidity: 56.10
[772] mqttDemoTask Publish: #'OpenHarmony/devices/Pegasus0001/THSensor/Message': '{"device_id":"
Pegasus0001", "temp":26.67, "humi":56.10}' to broker
MQTT Publish OK
```

图 10-39　案例的运行结果（串口输出信息）

10. 扩展练习

下面布置一个扩展练习，完善案例项目。目标如下：

第一，将温湿度显示在 OLED 显示屏上。

第二，优先进行边缘计算，以降低服务端的压力和网络流量。具体包括：

（1）停止实时传输温湿度数值。

（2）设定最低温度/湿度的阈值，当低于该阈值的时候，上报温度/湿度过低的消息。

（3）设定最高温度/湿度的阈值，当高于该阈值的时候，上报温度/湿度过高的消息。

（4）模拟移动端发布空调开启命令，设备端显示在 OLED 显示屏上即可。

（5）模拟移动端发布加湿器开启命令，设备端显示在 OLED 显示屏上即可。
（6）有能力的读者朋友可以自备继电器模块。
请您自行完成此扩展练习。

10.9　案例：广告屏

本节内容：
案例项目简介；实现广告屏案例项目。

10.9.1　广告屏案例项目简介

1. 实现功能

这个案例需要实现以下功能：
第一，通过手机（模拟的方式）远程控制 IoT 设备端的 OLED 显示屏显示内容。
第二，IoT 设备端上线后，手机（模拟的方式）能够收到上线提醒。
第三，能够跨子网传输。

2. 对应的实际产品

本案例提供了特定场景的解决方案原型，对应的实际产品包括但不限于道路广告屏系统、实体店广告屏系统、机场/车站的公告屏系统等。

10.9.2　实现广告屏案例项目

1. 目标

本案例的目标如下：熟练掌握 OLED 编程，其他同 10.4.2 节。

2. 准备开发套件

请准备好智能家居开发套件，组装好底板、核心板和 OLED 显示屏板。

3. 设计通信架构

首先需要设计整个系统的通信架构，如图 10-40 所示。

有一个 IoT 设备端、一个模拟的移动端和一个 MQTT 代理。IoT 设备端既是发布者也是订阅者。移动端同样既是发布者也是订阅者。IoT 设备端和移动端之间通过 MQTT 代理进行通信。IoT 设备端发布消息，移动端订阅对应的消息，主题是消息，这个过程可以被认为是信息上报。移动端发布消息，IoT 设备端订阅对应的消息，主题是命令，这个过程可以被认为是命令下发。

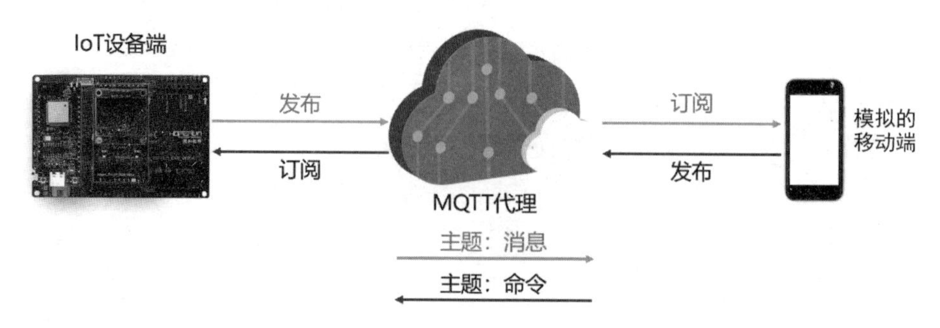

图 10-40 系统的通信架构

4. 定义通信协议

（1）移动端下发命令。移动端下发命令的主题定义如图 10-41 所示。

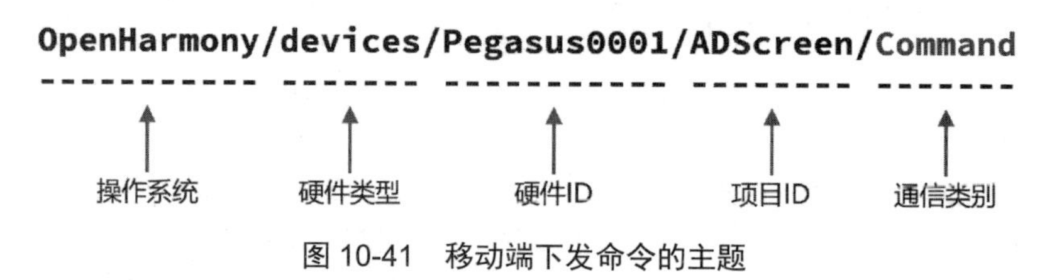

图 10-41 移动端下发命令的主题

其中 OpenHarmony 是操作系统；devices 是硬件类型，表示 IoT 设备；Pegasus0001 是硬件 ID，表示某个开发板（对于学生来说，可以使用学号进行区分）；ADScreen 是项目 ID，表示本案例项目；Command 是通信类别，表示命令。

移动端下发命令的内容定义如下：

① 命令格式：具体的 ASCII 字符串。

② 命令含义：要显示的文字。

（2）设备端上报消息。设备端上报消息的主题定义如图 10-42 所示。

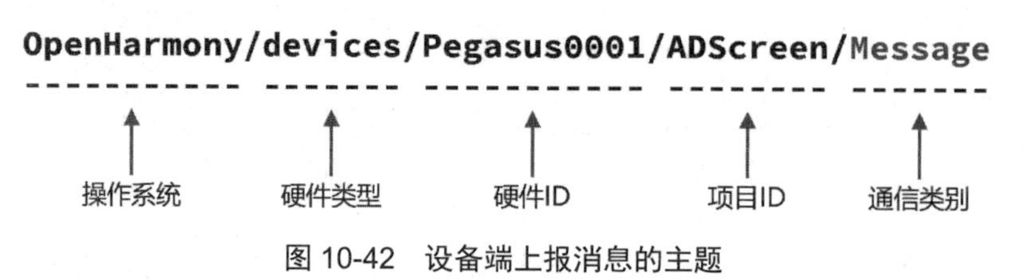

图 10-42 设备端上报消息的主题

其中 OpenHarmony 是操作系统；devices 是硬件类型，表示 IoT 设备；Pegasus0001 是硬件 ID，表示某个开发板（对于学生来说，可以使用学号进行区分）；ADScreen 是项目 ID，表示本案例项目；Message 是通信类别，表示消息。

设备端上报消息的内容采用 JSON 格式，具体定义如下：

上线提醒：{"device_id":"Pegasus0001", "status":"online"}

5. 划分功能模块

下面将案例项目划分功能模块。具体划分如下：

（1）主模块：创建主线程、连接 AP、启动 MQTT 任务、订阅主题、发布消息和控制硬件。

（2）OLED 显示屏驱动模块：提供 OLED 显示屏编程接口。

（3）Wi-Fi 联网模块：提供 Wi-Fi STA 模式编程接口。

（4）MQTTPacket 模块：负责处理 MQTT Packet 的序列化和反序列化，提供底层的接口。

（5）MQTTClient-C 模块：提供 MQTT 客户端编程的下层接口。

（6）MQTT 接口模块：对 MQTTClient-C 模块进行二次封装，提供更简单的上层接口。

6. 新建目录

启动虚拟机。在 VS Code 中打开 OpenHarmony 源码根目录。新建 applications\sample\wifi-iot\app\mqtt_oled 目录，这个目录将作为本案例程序的根目录。

7. 编写源码与编译脚本

新建 applications\sample\wifi-iot\app\mqtt_oled\mqtt_task.c 文件，源码从 10.3.3 节的案例中（applications\sample\wifi-iot\app\mqtt_demo\mqtt_task.c）复制过来，然后包含 OLED 显示屏驱动程序的接口头文件：

```
1. #include "ssd1306.h"        // OLED 显示屏驱动程序的接口头文件
```

修改消息到达的回调函数，源码如下：

```
1. // 消息到达的回调函数
2. static void OnMessageArrived(MessageData *data)
3. {
4.     // 日志输出
5.     LOGI("Message arrived on topic %.*s: %.*s",
6.         (int)data->topicName->lenstring.len, (char *)data->topicName->
lenstring.data,
7.         (int)data->message->payloadlen, (char *)data->message->payload);
8.
9.     // 可以在此处理消息
10.    // ...
11.
12.    // 全屏填充黑色
13.    ssd1306_Fill(Black);
14.
15.    // 光标回到原点
```

```
16.     ssd1306_SetCursor(0, 0);
17.
18.     // 取出消息内容
19.     // 如果格式化后的字符串长度大于等于 size，超过 size 的部分会被截断，只将其中的
(size-1)个字符复制到 str 中
20.     // 并给其后添加一个字符串结束符'\0'。所以需要+1
21.     char message[512] = {0};
22.     snprintf(message, (int)data->message->payloadlen + 1,
23.             "%s", (char *)data->message->payload);
24.
25.     // 显示消息，用"|"分隔换行(目前的 OLED 显示屏驱动程序不支持自动换行，接收到的消
息也不包含'\r'或'\n')
26.     char *p = strtok(message, "|");
27.     while (p != NULL)
28.     {
29.         ssd1306_PrintString(p, Font_7x10, White);              // 显示一行
30.         ssd1306_PrintString("\r\n", Font_7x10, White);        // 回车换行
31.         p = strtok(NULL, "|");                                 // 分隔出下一行
32.     }
33. }
```

新建 applications\sample\wifi-iot\app\mqtt_oled\mqtt_task.h 文件，源码从 10.3.3 节的案例中（applications\sample\wifi-iot\app\mqtt_demo\mqtt_task.h）复制过来。

新建 applications\sample\wifi-iot\app\mqtt_oled\demo_entry.c 文件，源码如下：

```
 1. #include <stdio.h>              // 标准输入输出头文件
 2. #include <stdlib.h>             // 标准函数库头文件
 3. #include <string.h>             // 字符串处理(操作字符数组)头文件
 4.
 5. #include "ohos_init.h" // 用于初始化服务(service)和功能(feature)的头文件
 6. #include "cmsis_os2.h"          // CMSIS-RTOS2 头文件
 7.
 8. #include "ssd1306.h"            // OLED 驱动程序的接口头文件
 9. #include "wifi_connecter.h"     // EasyWiFi(STA 模式)头文件
10. #include "mqtt_task.h"          // MQTT 接口头文件
11.
12. // 定义一系列宏，用于标识 SSID、密码、加密方式、MQTT 服务器的 IP 地址等，请根据实际
情况修改
13. #define PARAM_HOTSPOT_SSID "ohdev"                // AP 名称
14. #define PARAM_HOTSPOT_PSK "openharmony"           // AP 密码
15. #define PARAM_HOTSPOT_TYPE WIFI_SEC_TYPE_PSK // 安全类型，定义在
wifi_device_config.h 中
16. #define PARAM_SERVER_ADDR "192.168.8.10"         // MQTT 服务器的 IP 地址
```

```
17. #define PARAM_SERVER_PORT "1883"                    // MQTT 服务器的端口
18.
19. // 主线程函数
20. static void mqttDemoTask(void *arg)
21. {
22.     (void)arg;
23.
24.     // 连接 AP
25.     WifiDeviceConfig config = {0};                  // 定义热点配置
26.     strcpy(config.ssid, PARAM_HOTSPOT_SSID);  // 设置热点配置中的 SSID
27.     strcpy(config.preSharedKey, PARAM_HOTSPOT_PSK); // 设置热点配置中的密码
28.     config.securityType = PARAM_HOTSPOT_TYPE; // 设置热点配置中的加密方式
29.     osDelay(10);
30.     int netId = ConnectToHotspot(&config);    // 连接到热点
31.     if (netId < 0)                              // 检查是否成功连接到热点
32.     {
33.         printf("Connect to AP failed!\r\n");
34.         return;
35.     }
36.
37.     // 初始化并启动 MQTT 任务，连接 MQTT 服务器
38.     MqttTaskInit();                             // 初始化并启动 MQTT 任务
39.     const char *host = PARAM_SERVER_ADDR;       // MQTT 服务器的 IP 地址
40.     unsigned short port = atoi(PARAM_SERVER_PORT);   // MQTT 服务器的端口
41.     const char *clientId = "Pegasus0001";       // MQTT 客户端的 ID
42.     const char *username = NULL;                // MQTT 服务器的用户名
43.     const char *password = NULL;                // MQTT 服务器的密码
44.     if (MqttTaskConnect(host, port, clientId, username, password) != 0)
                                                    // 连接 MQTT 服务器
45.     {
46.         printf("Connect to MQTT server failed!\r\n");
47.         return;
48.     }
49.
50.     // 订阅主题"OpenHarmony/devices/Pegasus0001/ADScreen/Command"
51.     char *stopic = "OpenHarmony/devices/Pegasus0001/ADScreen/Command";
// 移动端下发命令主题
52.     int rc = MqttTaskSubscribe(stopic);         // 订阅主题
53.     if (rc != 0)                                // 检查是否成功订阅主题
54.     {
55.         printf("MQTT Subscribe failed!\r\n");
56.         return;
```

```
57.     }
58.     printf("MQTT Subscribe OK\r\n");
59.
60.     // 向主题"OpenHarmony/devices/Pegasus0001/ADScreen/Message"发布上线消息
61.     char *ptopic = "OpenHarmony/devices/Pegasus0001/ADScreen/Message";
                                                    // 设备端上报消息主题
62.     char *payload = "{\"device_id\":\"Pegasus0001\", \"status\":\
"online\"}";                                        // 消息内容
63.     rc = MqttTaskPublish(ptopic, payload);          // 发布消息
64.     if (rc != 0)                                    // 检查是否成功发布消息
65.     {
66.         printf("MQTT Publish failed!\r\n");
67.         return;
68.     }
69.     printf("MQTT Publish OK\r\n");
70. }
71.
72. // 入口函数
73. static void mqttDemoEntry(void)
74. {
75.     // 初始化 OLED 显示屏
76.     ssd1306_Init();
77.
78.     // 全屏填充黑色
79.     ssd1306_Fill(Black);
80.
81.     // OLED 显示屏显示 App 标题
82.     ssd1306_PrintString("MQTT Test\r\n", Font_7x10, White);
83.
84.     // 定义线程属性
85.     osThreadAttr_t attr;
86.     attr.name = "mqttDemoTask";
87.     attr.attr_bits = 0U;
88.     attr.cb_mem = NULL;
89.     attr.cb_size = 0U;
90.     attr.stack_mem = NULL;
91.     attr.stack_size = 10240;
92.     attr.priority = osPriorityNormal;
93.
94.     // 创建线程
95.     if (osThreadNew(mqttDemoTask, NULL, &attr) == NULL)
96.     {
```

```
97.         printf("[mqttDemoEntry] Falied to create mqttDemoTask!\n");
98.     }
99. }
100.
101. // 运行入口函数
102. SYS_RUN(mqttDemoEntry);
```

新建 applications\sample\wifi-iot\app\mqtt_oled\BUILD.gn 文件，源码如下：

```
1. static_library("mqtt_oled") {
2.   # 设置编译选项，指定以下编译警告不当成错误处理
3.   cflags = [
4.     "-Wno-sign-compare",          # 有符号数和无符号数对比
5.     "-Wno-unused-parameter",      # 未使用的参数
6.   ]
7.
8.   # Paho-MQTT 相关宏定义
9.   defines = [
10.    "MQTT_TASK",                  # 使用线程方式
11.    "MQTTCLIENT_PLATFORM_HEADER=mqtt_ohos.h", # 指定 OHOS(LiteOS)适配接口头文件
12.    "CMSIS",                      # 使用 CMSIS 库
13.  ]
14.
15.  # 指定要编译的程序文件
16.  sources = [
17.    "demo_entry.c",               # 主程序文件
18.    "mqtt_task.c",                # MQTT 接口文件 (对 MQTTClient-C 库二次封装)
19.  ]
20.
21.  # 设置头文件路径
22.  include_dirs = [
23.    "//utils/native/lite/include",
24.    "//kernel/liteos_m/kal/cmsis",
25.    "//base/iot_hardware/peripheral/interfaces/kits",
26.    # MQTTClient-C 模块接口
27.    "//applications/sample/wifi-iot/app/paho_mqtt/MQTTClient-C/src",
28.    # MQTTClient-C 模块接口
29.    "//applications/sample/wifi-iot/app/paho_mqtt/MQTTClient-C/src/ohos",
30.    # MQTTPacket 模块接口
31.    "//applications/sample/wifi-iot/app/paho_mqtt/MQTTPacket/src",
32.    # HAL 接口中的 WiFi 接口
33.    "//foundation/communication/wifi_lite/interfaces/wifiservice",
34.    # EasyWiFi 模块接口
```

```
35.     "../easy_wifi/src",
36.     # OLED 显示屏驱动模块接口
37.     "../ssd1306_3rd_driver/ssd1306",
38.   ]
39. }
```

修改 applications\sample\wifi-iot\app\BUILD.gn 文件，源码如下：

```
 1. import("//build/lite/config/component/lite_component.gni")
 2.
 3. # for "mqtt_oled" example.
 4. lite_component("app") {
 5.   features = [
 6.     "mqtt_oled",                                          # 案例程序模块
 7.     "paho_mqtt/MQTTPacket:paho-mqttpacket",               # MQTTPacket 模块
 8.     "paho_mqtt/MQTTClient-C/src:paho-embed-mqtt3cc",      # MQTTClient-C 模块
 9.     "ssd1306_3rd_driver/ssd1306:oled_ssd1306",            # OLED 显示屏驱动模块
10.     "easy_wifi/src:easy_wifi",                            # EasyWiFi 模块
11.   ]
12. }
```

8. 编译、烧录

编译、烧录的具体操作不再赘述。

9. 运行测试

可以参考以下步骤。请注意观察各端的信息输出和 OLED 显示屏的内容。

（1）在 PC 端启动 MQTT 代理。在 Mosquitto 的安装目录下执行命令（使用单独的命令提示符窗口）：

```
mosquitto.exe -c mosquitto.conf -v
```

本案例中 PC 端的 IP 地址为 192.168.8.10。

（2）在 PC 端（扮演移动端的角色）订阅消息。在 Mosquitto 的安装目录下执行命令（使用单独的命令提示符窗口）：

```
mosquitto_sub.exe -t OpenHarmony/devices/Pegasus0001/ADScreen/Message -v
```

（3）在智能家居开发套件端（扮演 IoT 设备端的角色）发布消息/订阅命令。

第一步，准备好无线路由器（或使用 USB 无线网卡配合“Wi-Fi 热点工具”开启热点）。

第二步，连接串口调试工具。

第三步，重启开发板，查看通信内容。

（4）在 PC 端（扮演移动端的角色）发布命令。在 Mosquitto 的安装目录下执行命令（使用单独的命令提示符窗口）：

```
mosquitto_pub.exe -t OpenHarmony/devices/Pegasus0001/ADScreen/Command -m
"OpenHarmony Course|dragon|Pegasus|ADScreen|12345678"
```

本案例的运行结果如图 10-43 所示。

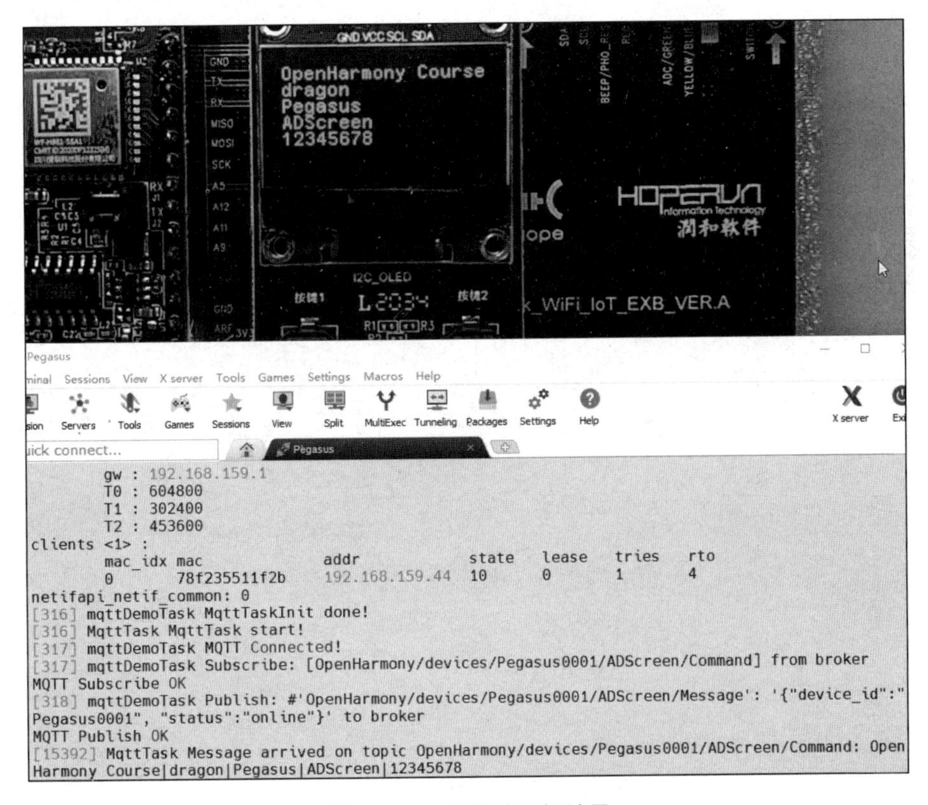

图 10-43　案例的运行结果

10. 扩展练习

下面布置一个扩展练习，完善案例项目。目标如下：

第一，通过手机（模拟的方式）远程查询 IoT 设备端是否在线。

第二，支持汉字显示。

第三，支持滚屏显示。

请您自行完成此扩展练习。

本书内容已经全部叙述完毕，

感谢您的一路陪伴。

OpenHarmony 还很年轻，

路还很长，

但是没有人能够熄灭满天星光。

每一位开发者

都是 OpenHarmony 要汇聚的星星之火，

让我们在国产自主的道路上

冲锋陷阵，高歌前行！